MSE

MATHEMATICS
SCIENCE
ENGINEERING

기본을 튼튼히 다질 수
한빛아카데미의 이공계

공학도라면 반드시 알아야 할

최소한의 과학

SCIENCE FOR ENGINEERING

John Bird 지음   권기영 옮김

HB 한빛아카데미
Hanbit Academy, Inc.

지은이 **John Bird**

영국 포츠머스에 있는 하이버리 대학(Highbury College)의 기술학부 응용전자공학과 전 학과장이다. 최근에는 포츠머스 대학교(University of Portsmouth)에서 강의를 병행했으며, 시티앤드길드협회(Advanced Mathematics with City and Guilds)와 IBO(International Baccalaureate Organization, 국제대학입학 자격 시험 기구)의 고급수학 책임 심사위원으로 활동하였다. 현재는 영국 햄프셔 고스포트 HMS 술탄의 DCTT(Defence College of Technical Training, 방위기술전문학교)의 국방 학교 해양공학에서 선임 훈련 전문가로 활동하고 있다. John Bird는 공학 및 수학을 주제로 약 125권의 도서를 집필했으며, 이 책들은 전 세계적으로 백만 권의 판매를 기록하였다.

옮긴이 **권기영** kky@kongju.ac.kr

공주대학교 전기전자제어공학부 교수로, 한국과학기술원(KAIST)에서 전기 및 전자공학 박사 학위를 취득하였다. 삼성반도체 선임연구원으로 근무하였으며, 텍사스 주 SMU(Southern Methodist University, 서던메소디스트 대학교)에서 객원교수를 역임하였다. 저서로 『핵심이 보이는 반도체 공학』(한빛아카데미, 2015)이 있고, 역서로는 『전기전자공학 개론』(한빛미디어, 2008), 『현대 반도체 소자 공학』(한빛아카데미, 2013), 『전기전자공학 개론, 개정 6판』(한빛아카데미, 2017)이 있다.

공학도라면 반드시 알아야 할 최소한의 과학
SCIENCE FOR ENGINEERING

초판발행 2018년 12월 21일
2쇄발행 2022년 6월 27일

지은이 John Bird / **옮긴이** 권기영 / **펴낸이** 전태호
펴낸곳 한빛아카데미(주) / **주소** 서울시 서대문구 연희로2길 62 한빛아카데미(주) 2층
전화 02-336-7112 / **팩스** 02-336-7199
등록 2013년 1월 14일 제2017-000063호 / **ISBN** 979-11-5664-404-0 93500

책임편집 박현진 / **기획** 김은정 / **편집** 김은정 / **진행** 임여울
디자인 이아란 / **전산편집** 태을기획 / **제작** 박성우, 김정우
영업 김태진, 김성삼, 이정훈, 임현기, 이성훈, 김주성 / **마케팅** 길진철, 김호철, 주희

이 책에 대한 의견이나 오탈자 및 잘못된 내용에 대한 수정 정보는 아래 이메일로 알려주십시오.
잘못된 책은 구입하신 서점에서 교환해 드립니다. 책값은 뒤표지에 표시되어 있습니다.
홈페이지 www.hanbit.co.kr / **이메일** question@hanbit.co.kr

지금 하지 않으면 할 수 없는 일이 있습니다.
책으로 펴내고 싶은 아이디어나 원고를 메일(**writer@hanbit.co.kr**)로 보내주세요.
한빛아카데미(주)는 여러분의 소중한 경험과 지식을 기다리고 있습니다.

기본을 튼튼히 다질 수 있는
한빛아카데미의 이공계 기본 교재 시리즈

MSE 시리즈로
전공의 초석을
다지자!

기본을 튼튼히 다질 수 있는 학습 구성

명쾌한 해답이 있는 콘텐츠
무엇을 왜 배우는지, 어떻게 풀고, 어디에 쓰는지를 알려줍니다.

핵심이 보이는 원리와 개념
명확한 정의와 논리적 전개로 핵심을 짚어줍니다.

개념을 다지는 예제
친절하고 상세한 풀이 과정을 보여줍니다.

응용력을 길러주는 연습문제
수준별 /유형별 연습문제를 담았습니다.

지은이 머리말

『공학도라면 반드시 알아야 할 **최소한의 과학**(원제 : *SCIENCE FOR ENGINEERING*)』은 기본 공학 문제의 해를 구할 수 있는 수준으로 기초과학과 응용수학 원리를 이해시키는 것이 목적이다. 공학 시스템을 기본 과학 법칙과 원리를 사용하여 묘사하고, 공학에서 간단한 선형 시스템의 동작을 연구하며, 변수들이 변화할 때 공학 시스템의 응답을 계산하고, 또한 매개변수들이 변화할 때 그러한 공학 시스템들의 응답을 결정하도록 한다. 특히 이 책을 통해 응용수학, 정역학, 동역학, 전기 법칙, 에너지 시스템 및 공학 시스템들을 이해할 수 있다.

이 책은 다음과 같은 내용을 담고 있다.

❶ **공학 기술인을 위한 수학** : BTEC First Certificate/Diploma, level 2, Unit 3

❷ **공학에 응용되는 전기 및 기계 과학** : BTEC National Certificate/Diploma, level 2, Unit 4

❸ **공학 기술인을 위한 수학** : BTEC National Certificate/Diploma, level 3, Unit 4

❹ **수학 및 공학 교과의 입문/도입/예비 과정**

이 책의 각 주제는 독자가 그에 대한 배경지식이 거의 없다는 가정 하에 기술되었다. 기초가 되는 정보, 정의, 공식, 법칙, 절차들에 대한 간단한 개요와 함께 각 장의 이론을 소개한다. 이론은 최소한으로 설명하고, 문제 풀이는 자세하게 다루어 그 이론을 다지고 연습하도록 한다. 이는 독자가 풀이가 있는 문제들을 보고 그와 비슷한 연습문제들을 풀어보면서 실제적으로 이해할 수 있게끔 하려는 의도이다.

이 책은 580개의 실전문제, 206개의 연습문제에 준비된 425개의 사지선다형 문제와 1300개의 확장 문제를 포함하며, 모든 답은 온라인으로 제공된다. 또한 400개의 단답형 문제도 제공된다. 그리고 433개의 선 다이어그램을 통해 이론을 더 잘 이해할 수 있다. 사지선다형 문제, 단답형 문제, 확장 문제 등 모든 문제들은 과학과 공학에서 가능한 실제 상황을 반영하고 있다.

이해 정도를 점검하기 위해 총 15개의 [복습문제(Revision Test)]가 별도로 제공된다. 예를 들어 [복습문제 1]은 1~2장에 수록된 내용을 다루고, [복습문제 2]는 3~4장에 수록된 내용을 다룬다. 이러한 복습문제는 강의자가 수업의 일환으로 학생의 시험 문제로 준비할 수 있으므로 학생에게는 답안이 제공되지 않는다. 강의자는 출판사의 교수전용 메뉴에서 복습문제 답안을 제공받을 수 있다.

'**예제를 통한 학습**'은 이 책만의 핵심 접근법이다.

지은이 JOHN BIRD

옮긴이 머리말

공학을 전공하고 있는 학생 중에 저학년에서 일반물리를 배웠지만 배운 내용이 정리가 잘 안 되어 있거나 어렵게 느껴져 아쉬움을 가지고 있다면, 그리고 짧은 시간에 전반적으로 공학의 기계 분야와 전기 분야에 응용되는 물리 개념을 정리하고 싶은 학생이 있다면 이 책『공학도라면 반드시 알아야 할 **최소한의 과학**』이 큰 도움이 될 것이다. 뿐만 아니라 이 책은 자연과학을 전공하는 학생 중에 물리 개념이나 지식이 공학의 기계 분야나 전기 분야에 어떻게 응용되고 활용되고 있는지 알고 싶다면 큰 부담 없이 읽어볼 수 있는 좋은 책이다.

이 책의 특징

이 책에서는 공학에 대한 사전 배경지식 없이도 일반물리의 기본 개념들이 기계 분야와 전기 분야에 어떻게 응용되는지 쉽게 이해할 수 있도록 설명하고 있으며, 또한 일반적인 공학 시스템의 개념도 함께 다룬다.

[PART 1. 수학 응용]에서는 과학과 공학을 이해하기 위해 꼭 필요한 기초수학 개념과 공식을 자세한 풀이 과정과 함께 다루고, 그 응용에 대해 설명한다.

[PART 2. 기계 응용]에서는 공학의 기본 단위와 물리 역학적 개념을 다룬다. 기계의 물리적 원리와 동작을 이해함으로써 기계, 자동차, 항공, 메카트로닉스 등에 응용할 수 있다.

[PART 3. 전기 응용]에서는 전기회로 개론, 전기 변환, 대체 에너지원, 전기기기 및 전기 측정 등에 대해 다룬다. 이 개념들은 전기 및 기계 관련 엔지니어에게 유용하다.

[PART 4. 공학 시스템]에서는 공학에 사용되는 시스템의 일반적 형태와 시스템 다이어그램, 시스템 제어, 시스템 응답 및 평가 등의 공학 시스템에 대한 전반적인 개념을 간략하게 정리한다. 여기서는 전자공학 및 기계공학 시스템의 원리를 개략적으로 다루는데, 이는 더 많은 학습과 응용을 위한 기초가 된다.

독자들이『공학도라면 반드시 알아야 할 **최소한의 과학**』을 통해 공학에 필요한 기본 수학 및 물리 개념을 잘 이해하고, 이 개념들이 각 분야에서 어떻게 응용되는지를 전체적으로 쉽게 공부하며 정리하는 데 많은 도움이 되기를 바란다. 이 책의 기획과 출간까지 여러 측면에서 많은 수고를 해 준 한빛아카데미(주) 관계자들께 감사의 마음을 전한다.

옮긴이 권기영

미리보기

■ 누구를 위한 책인가

이 책은 이공계 분야를 전공하는 학생을 대상으로 한다. 공학을 공부하기 위해 필요한 기초물리를 크게 기계 분야와 전기 분야로 나누어 기초 개념부터 간단한 응용에 이르기까지 개념을 정리해주고, 마지막에는 공학 시스템의 일반 개념을 간략하게 소개한다. 쉬운 개념 설명과 풍부한 문제 및 연습문제를 통해 충분한 이해를 돕는다. 따라서 일반물리의 기본 개념을 쉽게 정리하고 습득하기를 원하는 학생, 그리고 이 개념들이 기계 분야와 전기 분야에 어떻게 응용되는지 알고 싶은 학생들에게 많은 도움이 될 것이다.

■ 이 책을 시작하려면

이 책은 고등학교 과정의 과학을 공부한 학생이면 누구나 쉽게 접근하여 학습할 수 있다. 공학에 필요한 기본 물리 지식을 기본 개념부터 쉬운 응용에 이르기까지 친절하게 소개하고 있으므로, 누구나 거부감 없이 물리의 기초를 정리해보고 싶은 마음만 있으면 충분하다.

■ 이 책의 구성요소

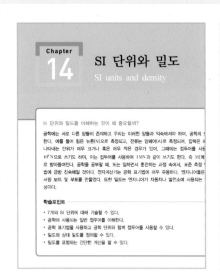

도입글, 학습포인트

해당 장의 내용을 왜 배워야 하는지, 어떻게 응용되는지를 공학적 관점에서 설명하고, 무엇을 배우는지를 보여준다.

문제

주요 개념과 원리를 이해할 수 있는 다양한 유형의 문제와 상세한 풀이를 보여준다. 문제 풀이를 통해 스스로 기본 개념을 터득할 수 있다.

연습문제

해당 절이 끝날 때마다 개념과 원리를 익히고 응용할 수 있는 연습문제를 제시한다. 또한 장이 끝날 때마다 단답형 문제와 사지선다형 문제를 제시하여 개념을 정리할 수 있다.

■ 이 책의 구성

PART 1　수학 응용

1장~4장_기본 연산, 분수, 소수, 백분율, 지수, 단위, 접두어, 공학적 표기법, 계산 및 공식 구하기

5장~8장_기본 대수, 간단한 방정식 풀기, 공식 변환, 연립 방정식 풀기

9장~13장_직선 그래프, 삼각법 입문, 기본적인 도형의 넓이, 원, 기본적인 입체도형의 부피

PART 2　기계 응용

14장~21장_SI 단위와 밀도, 물질의 원자 구조, 속력과 속도, 가속도, 힘, 질량, 가속도, 한 점에 작용하는 힘, 일, 에너지, 일률, 단순 지지 빔

22장~27장_선운동과 각운동, 마찰, 단순 기계, 재료에 작용하는 힘의 효과, 선운동과 충격량, 토크

28장~32장_유체 압력, 열에너지와 전달, 열팽창, 이상기체 법칙, 온도 측정

PART 3　전기 응용

33장~36장_전기회로 개론, 저항 변화, 배터리와 대체 에너지원, 직렬 및 병렬 회로망

37장~39장_키르히호프의 법칙, 자기와 전자기, 전자기 유도

40장~42장_교류 전압과 전류, 커패시터와 인덕터, 전기 계측기와 측정

PART 4　공학 시스템

43장_공학 시스템 소개

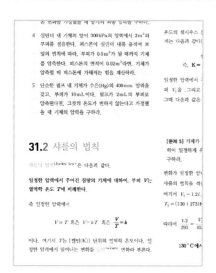

주요 용어와 개념

핵심이 되는 용어와 개념을 한눈에 보고 쉽게 이해할 수 있도록 글씨 색과 굵기를 달리하여 보여준다.

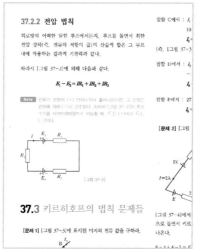

Check, Note

수식이나 풀이 과정을 이해하는 데 도움이 되는 간단한 개념이나 Tip 또는 보충설명을 보여준다.

공학자, 수학자

본문의 개념과 연관된 주요 공학자나 수학자에 대해 간략히 소개한다.

강의 보조 자료 및 별도 제공 자료

■ 강의 보조 자료

한빛아카데미 홈페이지에서 '교수회원'으로 가입하신 분은 인증 후 교수용 강의 보조 자료를 제공받을 수 있습니다.
한빛아카데미 홈페이지 상단의 〈교수전용공간〉 메뉴를 클릭하세요.

http://www.hanbit.co.kr/academy

■ 연습문제 해답

본 도서는 대학 강의용 교재로 개발되었으므로 연습문제 풀이는 제공하지 않습니다.
단, 정답은 아래의 경로에서 내려받을 수 있습니다.

> 한빛아카데미 홈페이지 접속 → [도서명] 검색 → 도서 상세 페이지의 [부록/예제소스]

■ 별도 제공 자료

학생을 위해
- [연습문제] 답안
- [복습문제] 문항지
- **다운로드 경로** : 한빛아카데미 홈페이지 내 도서 상세 페이지의 [부록/예제소스]

강의자를 위해
- [연습문제] 답안
- [복습문제] 문항지 및 답안
- **다운로드 경로** : 한빛아카데미 홈페이지 내 〈교수전용공간〉

* 이 책의 부록에 수록된 **공학도를 위한 여러 가지 공식과 용어 해설**을 포함해, **공학자와 수학자 소개**, 이 책의 수록 그림에 대한 영문 버전은 아래 공식 사이트에서 제공받을 수 있습니다.

http://www.routledge.com/cw/bird

목차

PART 1 수학 응용

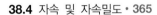

PART 1

수학 응용
Applied mathematics

기본 연산
Basic arithmetic

기본 연산을 이해하는 것이 왜 중요할까?

계산하는 것, 즉 자신 있게 수들을 더하고, 빼고, 곱하고 나눌 수 있는 능력을 갖는 것은 수학 실력을 기르는 데 많은 도움이 된다. 물론 공학에서는 매우 복잡한 계산을 해야 할 때가 종종 있으며, 이때는 전자계산기의 도움을 받아야 한다. 하지만 머리로 직접 수를 느끼는 것이야말로 실제 계산을 함에 있어 매우 중요하다. 우리는 이후에 계산기를 다룰 것이니 이 장에는 너무 많은 시간을 소비하지 말자. 하지만 계산기 없이 빨리 계산하는 방법에 대해서도 생각하고 노력해야 한다. 그러면 보다 자신감 있게 수와 계산을 다룰 수 있게 될 것이다.

학습포인트

- 양의 정수와 음의 정수를 이해한다.
- 정수를 더하고 뺀다.
- 두 정수를 곱하고 나눈다.
- 12×12까지 외워서 수를 곱한다(12단 곱셈).
- 여러 수들의 최대공약수를 결정한다.
- 여러 수들의 최소공배수를 결정한다.
- 식을 계산할 때, 연산 순서를 이해한다.
- 식에서 괄호의 사용을 이해한다.
- $+$, $-$, $\times$, $\div$와 괄호를 포함한 식을 계산한다.

1.1 서론

범자연수$^{\text{whole numbers}}$는 간단히 0, 1, 2, 3, 4, 5, …와 같은 수이다. 정수^{integer}는 범자연수와 비슷하지만 음의 수를 포함한다. 예를 들어 $+3$, $+5$, $+7$ 등은 양의 정수(또는 자연수$^{\text{natural number}}$)이고, -13, -6, -51 등은 음의 정수이다. 양의 정수와 음의 정수 사이에는 양수도, 음수도 아닌 0이 있다. 기본 연산 네 가지는 더하기($+$), 빼기($-$), 곱하기($\times$), 나누기($\div$)이다. 여기서는 작은 수들의 더하기, 빼기, 곱하기, 나누기를 계산기 없이도 할 수 있다고 가정한다. 그러나 이 분야의 복습이 필요하다면 다음 절에 포함된 몇 가지 문제로 학습할 수 있을 것이다.

계산에서 **서로 다른 부호**가 연달아 사용되면, 최종적인 부호는 **음의 부호**가 된다. 예를 들어 $+(-3) = -3$, $-(+3) = -3$이며, 이를 이용해 다음과 같이 계산할 수 있다.

$$3 + (-4) = 3 + -4$$
$$= 3 - 4 = -1$$
$$(+5) \times (-2) = -10$$

반면에 **동일한 부호**가 연달아 사용되면, 최종적인 부호는 **양의 부호**이다. 예를 들어 $+(+3) = +3$, $-(-3) = +3$이며, 이를 이용해 다음과 같이 계산할 수 있다.

$$3 - (-4) = 3 - -4$$
$$= 3 + 4 = 7$$
$$(-6) \times (-4) = +24$$

1.2 덧셈과 뺄셈 복습

여러분은 이미 두 개 이상의 수를 더하거나, 어떤 수에서 다른 수를 뺄 수 있을 것이다. 그러나 복습이 필요하다면 다음 문제와 풀이를 살펴보자.

[문제 1] $735+167$을 구하라.

$$
\begin{array}{r}
{\scriptstyle 1\ 1}\\
7\ 3\ 5\\
+\ 1\ 6\ 7\\
\hline
9\ 0\ 2
\end{array}
$$

❶ $5+7=12$. 일의 자리 숫자 열에 2를 놓고, 1은 십의 자리 숫자 열로 옮긴다.

❷ $3+6+\underline{1}$(옮겨진 수)$=10$. 0은 십의 자리 숫자 열에 놓고, 1은 백의 자리 숫자 열로 옮긴다.

❸ $7+1+\underline{1}$(옮겨진 수)$=9$. 9를 백의 자리 숫자 열에 놓는다.

그러므로 $735+167=902$이다.

[문제 2] $632-369$를 구하라.

$$
\begin{array}{r}
{\scriptstyle 5\ \ 12\ \ 10}\\
\cancel{6}\ \cancel{3}\ 2\\
-\ 3\ 6\ 9\\
\hline
2\ 6\ 3
\end{array}
$$

❶ $2-9$는 계산이 불가능하다. 그러므로 십의 자리 숫자 열에서 1을 빌려온다(십의 자리 숫자 열에 2가 남는다). 일의 자리 숫자 열에서 $12-9=3$이다.

❷ 일의 자리 숫자 열에 3을 놓는다.

❸ $2-6$은 계산이 불가능하다. 백의 자리 숫자 열에서 1을 빌려온다(백의 자리 숫자 열에 5가 남는다). 십의 자리 숫자 열에서 $12-6=6$이다.

❹ 십의 자리 숫자 열에 6을 놓는다.

❺ $5-3=2$.

❻ 백의 자리 숫자 열에 2를 놓는다.

그러므로 $632-369=263$이다.

[문제 3] $27,\ -74,\ 81,\ -19$를 더하라.

이 문제는 $27-74+81-19$로 쓸 수 있다.

양의 정수의 절댓값끼리 더한다.

$$
\begin{array}{r}
2\ 7\\
+\ 8\ 1\\
\hline
\text{양의 정수의 합} \leftarrow \quad 1\ 0\ 8
\end{array}
$$

음의 정수의 절댓값끼리 더한다.

$$
\begin{array}{r}
7\ 4\\
+\ 1\ 9\\
\hline
\text{음의 정수의 합} \leftarrow \quad 9\ 3
\end{array}
$$

양의 정수의 절댓값끼리의 합에서 음의 정수의 절댓값끼리의 합을 뺀다.

$$
\begin{array}{r}
1\ 0\ 8\\
-\quad 9\ 3\\
\hline
1\ 5
\end{array}
$$

그러므로 $27-74+81-19=15$이다.

[문제 4] 377에서 -74를 빼라.

이 문제는 $377-(-74)$로 쓸 수 있다. 연달아 사용한 동일한 부호는 최종적으로 양의 부호이므로 $377-(-74)=377+74$이다.

$$
\begin{array}{r}
3\ 7\ 7\\
+\ \ 7\ 4\\
\hline
4\ 5\ 1
\end{array}
$$

그러므로 $377-(-74)=451$이다.

◆ 이제 다음 연습문제를 풀어보자.

[연습문제 1] 덧셈과 뺄셈에 대한 추가 문제

※ (문제 1~11) 계산기를 사용하지 않고, 주어진 식의 값을 구하라.

1 $67\text{kg}-82\text{kg}+34\text{kg}$

2 $851\text{mm}-372\text{mm}$

3 $124-273+481-398$

4 927원-114원$+182$원-183원-247원

5 $647-872$

6 $2417-487+2424-1778-4712$

7 2715원-18250원$+11471$원-1509원 $+113274$원

8 $47+(-74)-(-23)$

9 $813-(-674)$

10 $-23148-47724$

11 $\$53774-\$38441$

1.3 곱셈과 나눗셈 복습

두 수의 곱셈과 나눗셈에 대해 좀 더 살펴보자.

[문제 5] 86×7을 구하라.

$$
\begin{array}{r}
8\ 6 \\
\times \quad\quad 7 \\
\hline
{\scriptstyle 1}\ 4\ 2 \\
5\ 6 \\
\hline
6\ 0\ 2
\end{array}
$$

❶ $7 \times 6 = 42$. 일의 자리 숫자 열에 2를 놓고, 4는 십의 자리 숫자 열로 옮긴다.

❷ $7 \times 8 = 56$; $56 + \underline{4}$(옮겨진 수)$= 60$. 0은 십의 자리 숫자 열에 놓고, 6은 백의 자리 숫자 열로 옮긴다.

그러므로 $86 \times 7 = 602$이다.

이러한 수를 곱할 때 곱셈표$^{\text{multiplication table}}$에 대해 잘 파악하는 것이 좋다. [표 1-1]은 12×12까지의 곱셈표를 나타낸 것이다.

[문제 6] 764×38을 구하라.

$$
\begin{array}{r}
7\ 6\ 4 \\
\times \quad\quad 3\ 8 \\
\hline
6\ 1\ 1\ 2 \\
2\ 2\ 9\ 2\ 0 \\
\hline
2\ 9\ 0\ 3\ 2
\end{array}
$$

❶ $8 \times 4 = 32$. 일의 자리 숫자 열에 2를 놓고, 3은 십의 자리 숫자 열로 옮긴다.

❷ $8 \times 6 = 48$; $48 + \underline{3}$(옮겨진 수)$= 51$. 1은 십의 자리 숫자 열에 놓고, 5는 백의 자리 숫자 열로 옮긴다.

❸ $8 \times 7 = 56$; $56 + \underline{5}$(옮겨진 수)$= 61$. 1은 백의 자리 숫자 열에 놓고, 6은 천의 자리 숫자 열로 옮긴다.

❹ 0을 일의 자리 숫자 열의 2 밑에 놓는다.

❺ $3 \times 4 = 12$. 십의 자리 숫자 열에 2를 놓는다. 그리고 1을 백의 자리 숫자 열로 옮긴다.

❻ $3 \times 6 = 18$; $18 + \underline{1}$(옮겨진 수)$= 19$. 백의 자리 숫자 열에 9를 놓고, 1은 천의 자리 숫자 열로 옮긴다.

❼ $3 \times 7 = 21$; $21 + \underline{1}$(옮겨진 수)$= 22$. 천의 자리 숫자 열에 2를 놓고, 2는 만의 자리 숫자 열로 옮긴다.

❽ $6112 + 22920 = 29032$

그러므로 $764 \times 38 = 29032$이다.

다시금, 이와 같은 수를 곱할 때 곱셈표를 이용하는 것이 도움이 된다. 물론 이러한 곱셈에 계산기를 사용해도 좋지만, 계산기를 사용할 수 없을 때가 있다. 곱셈표는 긴 곱셈을 계산할 때 유용하다.

[표 1-1] 곱셈표

×	2	3	4	5	6	7	8	9	10	11	12
2	4	6	8	10	12	14	16	18	20	22	24
3	6	9	12	15	18	21	24	27	30	33	36
4	8	12	16	20	24	28	32	36	40	44	48
5	10	15	20	25	30	35	40	45	50	55	60
6	12	18	24	30	36	42	48	54	60	66	72
7	14	21	28	35	42	49	56	63	70	77	84
8	16	24	32	40	48	56	64	72	80	88	96
9	18	27	36	45	54	63	72	81	90	99	108
10	20	30	40	50	60	70	80	90	100	110	120
11	22	33	44	55	66	77	88	99	110	121	132
12	24	36	48	60	72	84	96	108	120	132	144

[문제 7] $1834 \div 7$을 구하라.

$$\begin{array}{r} 2\,6\,2 \\ 7\,\overline{)\,1\,8\,3\,4} \end{array}$$

❶ 18을 7로 나누면 몫이 2이고 나머지가 4이다. 1834의 8 위에 2를 놓고, 나머지 4를 오른쪽에 있는 다음 자리로 옮긴다. 그러면 43이다.

❷ 43을 7로 나누면 몫이 6이고 나머지가 1이다. 1834의 3 위에 6을 놓고, 나머지 1을 오른쪽에 있는 다음 자리로 옮긴다. 그러면 14이다.

❸ 14를 7로 나누면 몫이 2이고 나머지는 0이다. 2를 1834의 4 위에 놓는다.

따라서 $1834 \div 7 = 1834/7 = \dfrac{1834}{7} = 262$이다.

이러한 방법을 단제법$^{\text{short division}}$이라 한다.

[문제 8] $5796 \div 12$를 구하라.

$$\begin{array}{r} 4\,8\,3 \\ 12\,\overline{)\,5\,7\,9\,6} \\ \underline{4\,8} \\ 9\,9 \\ \underline{9\,6} \\ 3\,6 \\ \underline{3\,6} \\ 0 \end{array}$$

❶ 5를 12로 나눌 수 없다. 57을 12로 나누면 몫이 4이다. 4를 5796의 7 위에 놓는다.
❷ $4 \times 12 = 48$. 48을 5796의 57 아래에 놓는다.
❸ $57 - 48 = 9$.
❹ 5796의 9를 아래로 옮겨서 99를 만든다.
❺ 99를 12로 나누면 몫이 8이다. 8을 5796의 9 위에 놓는다.
❻ $8 \times 12 = 96$. 96을 99 아래 놓는다.
❼ $99 - 96 = 3$.
❽ 5796의 6을 아래로 옮겨서 36을 만든다.
❾ 36을 12로 나누면 몫이 정확히 3이다.
❿ 3을 마지막 6 위에 놓는다.
⓫ $3 \times 12 = 36$. 36을 36 아래 놓는다.
⓬ $36 - 36 = 0$

따라서 $5796 \div 12 = 5796/12 = \dfrac{5796}{12} = 483$이다.

이 방법을 장제법$^{\text{long division}}$이라 한다.

◆ 이제 다음 연습문제를 풀어보자.

[연습문제 2] 곱셈과 나눗셈에 대한 확장 문제

※ (문제 1~7) 계산기를 사용하지 않고, 주어진 식의 값을 구하라.

1 (a) 78×6 (b) 124×7

2 (a) 261원$\times 7$ (b) 462원$\times 9$

3 (a) 783kg$\times 11$ (b) 73kg$\times 8$

4 (a) 27mm$\times 13$ (b) 77mm$\times 12$

5 (a) 288m$\div 6$ (b) 979m$\div 11$

6 (a) $\dfrac{1813}{7}$ (b) $\dfrac{896}{16}$

7 (a) $\dfrac{88737}{11}$ (b) $46858 \div 14$

8 나사 한 개의 질량이 15g이다. 이 나사 1200개의 질량을 kg 단위로 계산하라(1kg = 1000g).

9 금속 접시에 36 mm 간격으로 구멍들이 뚫려있다. 행으로 26개의 구멍을 뚫는다면, 첫 번째 구멍의 중심과 마지막 구멍의 중심 사이의 거리를 cm 단위로 구하라.

10 건축업자가 벽돌과 표토 부지를 청소해야 한다. 제거할 총 중량은 696톤이다. 트럭의 최대 하중은 24톤이다. 이 부지를 치우기 위해 필요한 트럭의 수는 몇 대인가?

1.4 최대공약수와 최소공배수

두 개 이상의 수를 함께 곱할 때, 개개의 수를 약수(인수)^{factor}라 한다. 따라서 한 약수는 다른 수를 정확하게 나누는 수가 된다. 최대공약수(HCF)$^{\text{highest common factor}}$는 두 개 이상 수를 정확히 나누는 가장 큰 수이다. 예를 들어,

12와 15를 생각하자. 12의 약수는 1, 2, 3, 4, 6, 12(즉, 12를 정확히 나누는 수들)이다. 15의 약수는 1, 3, 5, 15(즉, 15를 정확히 나누는 수들)이다. 1과 3은 공약수 common factor이다. 즉 12와 15 모두의 약수이다. 여기서 3은 12와 15를 **모두** 나누는 가장 큰 수이고, 따라서 **12와 15의 최대공약수(HCF)는 3**이다.

배수multiple는 몇 배가 되는 다른 수를 포함하는 수이다. 두 개 이상의 수 각각에 의해 나누어지는 가장 작은 수를 최소공배수(LCM)lowest common multiple라 한다. 예를 들어 12의 배수는 12, 24, 36, 48, 60, 72, …이고, 15의 배수는 15, 30, 45, 60, 75, …이다. 여기서 60은 공배수(즉, 12와 15 모두의 배수)이고 이보다 더 작은 공배수는 없다. 그러므로 60은 12와 15 모두로 나누어지는 가장 작은 수이고, **따라서 12와 15의 최소공배수(LCM)는 60**이다.

다음 문제들을 통해 HCF와 LCM을 구하는 방법을 연습해 보자.

[문제 9] 12, 30, 42의 HCF를 구하라.

HCF를 결정하는 가장 간단한 방법은 각각의 수를 가장 작은 약수로 표현하는 것이다. 즉 다음과 같이 소수 2, 3, 5, 7, 11, 13, …으로 반복하여 나눈다.

$$12 = \boxed{2} \times 2 \times \boxed{3}$$
$$30 = \boxed{2} \qquad \times \boxed{3} \times 5$$
$$42 = \boxed{2} \qquad \times \boxed{3} \times 7$$

각 수들의 공통인 약수들은 점선으로 표시한 1열에 있는 2와 3열에 있는 3이다. 그러므로 **HCF는 2×3, 즉 6**이다. 다시 말해서, 6은 12, 30, 42를 나눌 수 있는 가장 큰 수이다.

[문제 10] 12, 42, 90의 LCM을 구하라.

LCM은 [문제 9]에서와 같이 각 수들의 가장 작은 약수들을 찾고, 나열된 약수들의 가장 큰 그룹을 선정함으로써 얻는다.

$$12 = \boxed{2 \times 2} \times 3$$
$$42 = 2 \qquad \times 3 \qquad\qquad \times \boxed{7}$$
$$90 = 2 \qquad \times \boxed{3 \times 3} \times \boxed{5}$$

나열된 약수들의 가장 큰 그룹은 점선으로 표시한 12에 있는 2×2, 90에 있는 3×3과 5, 그리고 42에 있는 7이다. 그러므로 LCM은 $2 \times 2 \times 3 \times 3 \times 5 \times 7 = 1260$이고, 이는 12, 42, 90 모두가 정확히 나누는 가장 작은 수이다.

◆ 이제 다음 연습문제를 풀어보자.

[연습문제 3] 최대공약수와 최소공배수에 대한 확장 문제

※ 다음 수들의 그룹에 대해 (a) HCF, (b) LCM을 구하라.

1 8, 12   **2** 60, 72

3 50, 70   **4** 270, 900

5 6, 10, 14   **6** 12, 30, 45

7 10, 15, 70, 105   **8** 90, 105, 300

1.5 계산 순서와 괄호

1.5.1 계산 순서

우리는 가끔씩 다음과 같이 덧셈, 뺄셈, 곱셈, 나눗셈, 거듭제곱, 괄호 등이 포함된 계산식을 접하게 될 것이다.

$$5 - 3 \times 4 + 24 \div (3+5) - 3^2$$

이것은 극단적인 예이지만, 이 예를 통해 계산 순서를 알아보자. 글을 읽을 때는 왼쪽에서 오른쪽으로 읽지만, 수학에서는 반드시 지켜야 하는 계산 순서(순차)가 있다.

Brackets(괄호)
Order(또는 pOwer)(차수 또는 거듭제곱)
Division(나눗셈)
Multiplication(곱하기)
Addition(더하기)
Subtraction(빼기)

기억하기 쉽게 각 단어의 첫 글자로 이루어진 **BODMAS**를 생각한다. 예를 들어, $4^2 = 4 \times 4 = 16$이다.

$5-3\times4+24\div(3+5)-3^2$은 다음과 같이 계산한다.

$$5-3\times4+24\div(3+5)-3^2$$
$$=5-3\times4+24\div8-3^2 \qquad \text{B : 괄호 제거, 3+5를 8로 대체}$$
$$=5-3\times4+24\div8-9 \qquad \text{O} : 3^2=3\times3=9$$
$$=5-3\times4+3-9 \qquad \text{D} : 24\div8=3$$
$$=5-12+3-9 \qquad \text{M} : -3\times4=-12$$
$$=8-12-9 \qquad \text{A} : 5+3=8$$
$$=-13 \qquad \text{S} : 8-12-9=-13$$

실제 계산에서는 **나눗셈 전에 곱셈을 하거나 덧셈 전에 뺄셈을 해도** 문제가 없다. 중요한 것은 **곱셈과 나눗셈이 덧셈과 뺄셈 이전에** 이루어져야 한다.

1.5.2 괄호와 연산

괄호와 연산에 대한 기본 법칙은 다음과 같다.

(a) $2+3=3+2$; 즉, 더할 때 수들의 순서는 상관없다.

(b) $2\times3=3\times2$; 즉, 곱할 때 수들의 순서는 상관없다.

(c) $2+(3+4)=(2+3)+4$; 즉, 더할 때 괄호의 사용은 결과에 영향을 주지 않는다.

(d) $2\times(3\times4)=(2\times3)\times4$; 즉, 곱할 때 괄호의 사용은 결과에 영향을 주지 않는다.

(e) $2\times(3+4)=2(3+4)=2\times3+2\times4$; 즉, 괄호 밖에 위치한 수는 괄호 안의 모든 성분이 그 수에 의해 곱해져야 함을 나타낸다.

(f) $(2+3)(4+5)=(5)(9)=5\times9=45$; 즉, 이웃하는 괄호는 곱셈을 나타낸다.

(g) $2[3+(4\times5)]=2[3+20]=2\times23=46$; 즉 수식이 소괄호와 대괄호를 포함할 때, **소괄호부터 계산한다.**

BODMAS의 규칙으로 다음 문제들을 풀어보자.

[**문제 11**] $6+4\div(5-3)$을 구하라.

$$6+4\div(5-3)=6+4\div2 \qquad \text{(Bracket)}$$
$$=6+2 \qquad \text{(Division)}$$
$$=8 \qquad \text{(Addition)}$$

[**문제 12**] $13-2\times3+14\div(2+5)$의 값을 구하라.

$$13-2\times3+14\div(2+5)=13-2\times3+14\div7 \qquad \text{(B)}$$
$$=13-2\times3+2 \qquad \text{(D)}$$
$$=13-6+2 \qquad \text{(M)}$$
$$=15-6 \qquad \text{(A)}$$
$$=9 \qquad \text{(S)}$$

[**문제 13**] $16\div(2+6)+18[3+(4\times6)-21]$의 값을 구하라.

$$16\div(2+6)+18[3+(4\times6)-21]$$
$$=16\div(2+6)+18[3+24-21] \qquad \text{(B)}$$
$$=16\div8+18\times6 \qquad \text{(B)}$$
$$=2+18\times6 \qquad \text{(D)}$$
$$=2+108 \qquad \text{(M)}$$
$$=110 \qquad \text{(A)}$$

◆ 이제 다음 연습문제를 풀어보자.

[연습문제 4] 계산 순서와 괄호에 대한 확장 문제

※ 다음을 계산하라.

1 $14+3\times15$

2 $17-12\div4$

3 $86+24\div(14-2)$

4 $7(23-18)\div(12-5)$

5 $63-8(14\div2)+26$

6 $\dfrac{40}{5}-42\div6+(3\times7)$

7 $\dfrac{(50-14)}{3}+7(16-9)-7$

8 $\dfrac{(7-3)(1-6)}{4(11-6)\div(3-8)}$

분수, 소수, 백분율

Fractions, decimals and percentages

분수, 소수, 백분율을 이해하는 것이 왜 중요할까?

기계공학에서의 변형율에 대한 압축력 비율과 화학적 농축 비율 및 반응율, 전기 방정식에서의 전류와 전압을 풀기 위한 비율 등의 예에서, 공학자들은 쉬지 않고 분수를 사용한다. 또한 분수는 방사성 붕괴 비율에서부터 통계적 분석까지, 자연과학의 모든 곳에서 사용된다. 우리는 계산기를 이용해 분수를 쉽게 계산할 수 있지만, 때론 분수의 덧셈, 뺄셈, 곱셈, 나눗셈의 계산을 신속히 해야 할 때도 있다. 또 다시 말하지만, 이후에 계산기를 다룰 것이니 이 장에 너무 많은 시간을 소비하지 말자. 하지만 계산기 없이 빨리 계산하는 방법에 대해서도 생각하고 노력해야 한다. 그러면 보다 자신감 있게 수와 계산을 다룰 수 있게 될 것이다.

비율과 비례는 실생활에서 수없이 많이 사용된다. 요리를 준비할 때, 집을 페인트로 칠할 때, 자동차 트랜스미션 또는 대형 기계의 기어를 수리할 때 등, 이러한 경우에 우리는 비율과 비례를 사용한다. 지붕이나 교량을 떠받치는 트러스(truss)는 눈과 지붕의 하중을 버티기 위해 정확한 비율로 정해야 하고, 시멘트는 튼튼함을 유지하기 위해 정확한 비율로 혼합되어야 하며, 의사는 약물치료를 결정할 때 항상 비율을 계산한다. 거의 모든 직업군에서 어떻게든 비율이 사용된다. 비율은 건축과 건설, 모형제작, 예술과 공예, 토지 측량, 금형과 공구제작, 음식과 요리, 화학적 혼합, 자동차 조립, 항공기와 정비 등에 사용된다. 공학자는 수용력과 안전문제에 대한 구조적이고 기계적인 체계를 시험하기 위해 비율을 사용한다. 기계 수리 기술자는 도르래 회전과 기어 문제를 해결하기 위해 비율을 사용한다. 작업장에서 운전기사는 비율을 응용하여, 정확한 장비가 철과 같이 무거운 자재를 안전하게 운반할 수 있도록 한다. 따라서 비율과 비례를 이해하는 것이 중요하다.

공학자와 과학자는 모든 계산에서 소수를 사용한다. 계산기를 이용해 쉽게 소수 계산을 할 수 있으나, 소수의 덧셈, 뺄셈, 곱셈, 나눗셈을 포함하는 신속한 계산이 요구될 때도 있다.

공학자와 과학자는 모든 계산에서 백분율을 사용하며, 계산기를 통해 백분율 계산을 손쉽게 할 수 있다. 예를 들어, 백분율의 증감은 공학, 통계학, 물리학, 재정학, 화학, 경제학에서 공통적으로 사용한다.

계산기의 도움으로 기본적인 대수, 분수, 소수, 백분율 계산을 할 수 있다고 느끼게 될 때, 갑자기 수학이 그다지 어렵지 않게 보일 것이다.

학습포인트

- 분자, 분모, 진분수와 가분수, 대분수(또는 혼합수) 등의 용어를 이해한다.
- 분수를 더하고 빼며, 두 분수를 곱하고 나눈다.
- 분수를 포함하는 식을 계산할 때 연산 순서를 이해한다.
- 비율을 정의하고, 비율 계산을 한다.
- 정비례를 정의하고, 후크의 법칙, 샤를의 법칙, 옴의 법칙을 포함하는 정비례 계산을 한다.
- 반비례를 정의하고, 보일의 법칙을 포함하는 반비례 계산을 한다.
- 소수를 분수로, 분수를 소수로 변환한다.
- 계산에서 유효숫자와 소수점을 이해한다.
- 소수를 더하고 빼며, 또한 소수를 곱하고 나눈다.
- 용어 '백분율'을 이해한다.
- 소수를 백분율로, 백분율을 소수로 변환한다.
- 어떤 물리량의 백분율을 계산한다.
- 어떤 물리량을 또 다른 양의 백분율로 표현한다.
- 백분율 오차와 백분율의 증감을 계산한다.

2.1 분수

14개 중에서 9개라는 표시를 $\frac{9}{14}$ 또는 9/14로 쓸 것이다. $\frac{9}{14}$ 는 분수의 예이다. 선 위의 숫자, 즉 9를 분자^{numerator}라 하고, 선 아래의 숫자, 즉 14를 분모^{denominator}라고 한다. 분자의 값이 분모의 값보다 작을 때 진분수$^{proper\ fraction}$라 한다. $\frac{9}{14}$ 는 진분수의 예이다. 분자의 값이 분모의 값보다 클 때 가분수$^{improper\ fraction}$라 한다. $\frac{5}{2}$ 는 가분수의 예이다. 대분수 $^{mixed\ number}$는 정수와 분수의 합성이다. $2\frac{1}{2}$ 은 대분수의 한 예로, 사실은 $\frac{5}{2} = 2\frac{1}{2}$ 이다.

일상생활에서 이미 분수가 매일 사용되고 있다. 예를 들어, 세 사람이 초코바 하나를 동등하게 나눈다면 각각 $\frac{1}{3}$ 씩 가질 것이다. 또, 슈퍼마켓에서 6팩들이 맥주를 $\frac{1}{5}$ 할인한다고 할 때, 맥주의 정상가격이 9000원이면 할인가격은 7200원이다. 또 다른 예로, 어떤 회사의 근로자 $\frac{3}{4}$ 이 여성이라 할 때, 이 회사의 근로자가 48명이면 이 중 여성은 36명이다.

계산기를 이용하여 분수를 쉽게 계산할 수 있다. 그러나 분수를 좀 더 이해하기 위해 이 장에서는 계산기를 사용하지 않고 분수에 대한 덧셈, 뺄셈, 곱셈, 나눗셈을 하는 방법을 보일 것이다.

[문제 1] 다음 가분수를 대분수로 변환하라.

(a) $\frac{9}{2}$ (b) $\frac{13}{4}$

(a) $\frac{9}{2}$ 는 9를 2등분하는 것을 의미하며, $\frac{9}{2} = 9 \div 2$이다. $9 \div 2 = 4$와 $\frac{1}{2}$, 즉 다음과 같다.

$$\frac{9}{2} = 4\frac{1}{2}$$

(b) $\frac{13}{4}$ 은 13을 4등분하는 것을 의미하며, $\frac{13}{4} = 13 \div 4$이다. $13 \div 4 = 3$과 $\frac{1}{4}$, 즉 다음과 같다.

$$\frac{13}{4} = 3\frac{1}{4}$$

[문제 2] 다음 대분수를 가분수로 변환하라.

(a) $5\frac{3}{4}$ (b) $1\frac{7}{9}$

(a) $5\frac{3}{4}$ 은 $5 + \frac{3}{4}$ 을 의미하고, 5를 $\frac{1}{4}$ 로 잘라낸 조각으로 계산하면 전체 조각의 개수는 $5 \times 4 = 20$개이다. 따라서 $5\frac{3}{4}$ 은 $\frac{1}{4}$ 인 조각이 $20 + 3 = 23$개이다. 즉 다음과 같다.

$$5\frac{3}{4} = \frac{23}{4}$$

$5\frac{3}{4}$ 을 진분수로 빠르게 바꾸는 방법은 $\frac{4 \times 5 + 3}{4} = \frac{23}{4}$ 이다.

(b) $1\frac{7}{9} = \frac{9 \times 1 + 7}{9} = \frac{16}{9}$ 이다.

2.1.1 분수의 덧셈과 뺄셈

더하고자 하는 두 개(또는 그 이상)의 분수의 분모가 같을 때, 이 두 분수는 곧바로 더할 수 있다. 예를 들어 다음과 같다.

$$\frac{2}{9} + \frac{5}{9} = \frac{7}{9}, \quad \frac{3}{8} + \frac{1}{8} = \frac{4}{8}$$

마지막 예에서 4와 8은 4에 의해 모두 나누어지므로 $\frac{4}{8} = \frac{1}{2}$ 이고, 이러한 방법으로 구한 답을 간단히 할 수 있다. 이것을 약분한다^{cancelling}고 한다.

다음 예를 통해 분수의 덧셈과 뺄셈을 하는 방법을 알아보자.

[문제 3] $\frac{1}{3} + \frac{1}{2}$ 을 간단히 하라.

❶ 각 분수의 분모를 같게 만든다. 두 분모가 나눌 수 있는 가장 작은 수를 **최소공배수** 또는 **LCM**이라 부른다. 이 예에서 3과 2의 LCM은 6이다.

❷ 3은 6을 두 번 나눈다. $\frac{1}{3}$ 의 분자와 분모 모두에 2를 곱하여 다음을 얻는다.

$\frac{1}{3} = \frac{2}{6}$

❸ 2는 6을 세 번 나눈다. $\frac{1}{2}$ 의 분자와 분모 모두에 3을 곱하여 다음을 얻는다.

$$\frac{1}{2} = \frac{3}{6}$$

❹ 따라서 $\frac{1}{3} + \frac{1}{2}$ 은 다음과 같다.

$$\frac{1}{3} + \frac{1}{2} = \frac{2}{6} + \frac{3}{6} = \frac{5}{6}$$

[문제 4] $\frac{3}{4} - \frac{7}{16}$ 을 간단히 하라.

❶ 각 분수의 분모를 같게 만든다. 4와 16의 최소공배수 (LCM)는 16이다.

❷ 4는 16을 네 번 나눈다. $\frac{3}{4}$ 의 분자와 분모 모두에 4를 곱하여 다음을 얻는다.

$$\frac{3}{4} = \frac{12}{16}$$

❸ $\frac{7}{16}$ 은 이미 분모가 16이다.

❹ 따라서 $\frac{3}{4} - \frac{7}{16}$ 은 다음과 같다.

$$\frac{3}{4} - \frac{7}{16} = \frac{12}{16} - \frac{7}{16} = \frac{5}{16}$$

[문제 5] $4\frac{2}{3} - 1\frac{1}{6}$ 을 간단히 하라.

$4\frac{2}{3} - 1\frac{1}{6}$ 은 $\left(4\frac{2}{3}\right) - \left(1\frac{1}{6}\right)$, 즉 $\left(4 + \frac{2}{3}\right) - \left(1 + \frac{1}{6}\right)$ 이다. 이것은 $4 + \frac{2}{3} - 1 - \frac{1}{6}$ 과 같고, $3 + \frac{2}{3} - \frac{1}{6}$, 즉 $3 + \frac{4}{6} - \frac{1}{6} = 3 + \frac{3}{6} = 3 + \frac{1}{2}$ 이다. 따라서 다음을 얻는다.

$$4\frac{2}{3} - 1\frac{1}{6} = 3\frac{1}{2}$$

◆ 이제 다음 연습문제를 풀어보자.

[연습문제 5] 분수 입문

1 가분수 $\frac{15}{7}$ 를 대분수로 변환하라.

2 대분수 $2\frac{4}{9}$ 를 가분수로 변환하라.

3 상자 안에 종이 클립 165개가 들어있다. 이 중 클립 60개를 상자에서 꺼냈다. 이것을 가장 간단한 형태의 분수로 나타내라.

4 다음 분수를 가장 작은 수에서 가장 큰 수로 배열하라.

$$\frac{4}{9}, \frac{5}{8}, \frac{3}{7}, \frac{1}{2}, \frac{3}{5}$$

※ (문제 5~14) 주어진 식을 분수 형태로 계산하라.

5 $\frac{1}{3} + \frac{2}{5}$ 6 $\frac{5}{6} - \frac{4}{15}$

7 $\frac{1}{2} + \frac{2}{5}$ 8 $\frac{7}{16} - \frac{1}{4}$

9 $\frac{2}{7} + \frac{3}{11}$ 10 $\frac{2}{9} - \frac{1}{7} + \frac{2}{3}$

11 $3\frac{2}{5} - 2\frac{1}{3}$ 12 $\frac{7}{27} - \frac{2}{3} + \frac{5}{9}$

13 $5\frac{3}{13} + 3\frac{3}{4}$ 14 $4\frac{5}{8} - 3\frac{2}{5}$

2.1.2 분수의 곱셈과 나눗셈

곱셈

두 개 이상의 분수를 곱하려면, 먼저 분자끼리 곱해서 새로운 분자를 만들고, 그 다음에 분모끼리 곱해서 새로운 분모를 만든다. 예를 들어 다음과 같다.

$$\frac{2}{3} \times \frac{4}{7} = \frac{2 \times 4}{3 \times 7} = \frac{8}{21}$$

[문제 6] $\frac{3}{7} \times \frac{14}{15}$ 의 값을 구하라.

분자와 분모를 3으로 나누어 다음을 얻는다.

$$\frac{3}{7} \times \frac{14}{15} = \frac{1}{7} \times \frac{14}{5} = \frac{1 \times 14}{7 \times 5}$$

분자와 분모를 7로 나누어 다음을 얻는다.

$$\frac{1 \times 14}{7 \times 5} = \frac{1 \times 2}{1 \times 5} = \frac{2}{5}$$

분수의 분모와 분자를 동일한 인수로 나누는 과정을 **약분한다**고 한다.

[문제 7] $1\frac{3}{5} \times 2\frac{1}{3} \times 3\frac{3}{7}$ 을 계산하라.

대분수는 곱셈을 하기 전에 반드시 가분수로 바꾸어야 한다. 따라서 다음과 같다.

$$1\frac{3}{5} \times 2\frac{1}{3} \times 3\frac{3}{7} = \left(\frac{5}{5} + \frac{3}{5}\right) \times \left(\frac{6}{3} + \frac{1}{3}\right) \times \left(\frac{21}{7} + \frac{3}{7}\right)$$

$$= \frac{8}{5} \times \frac{7}{3} \times \frac{24}{7} = \frac{8 \times 1 \times 8}{5 \times 1 \times 1} = \frac{64}{5}$$

$$= 12\frac{4}{5}$$

나눗셈

분수의 나눗셈은, 두 번째 분수를 뒤집어서 나눗셈 부호를 곱셈 부호로 바꾸면 간단하다. 예를 들어 다음과 같다.

$$\frac{2}{3} \div \frac{3}{4} = \frac{2}{3} \times \frac{4}{3} = \frac{8}{9}$$

[문제 8] $\frac{3}{7} \div \frac{8}{21}$ 을 간단히 하라.

$$\frac{3}{7} \div \frac{8}{21} = \frac{3}{7} \times \frac{21}{8} = \frac{3}{1} \times \frac{3}{8} \quad \text{약분에 의해}$$

$$= \frac{3 \times 3}{1 \times 8} = \frac{9}{8} = 1\frac{1}{8}$$

[문제 9] $3\frac{2}{3} \times 1\frac{3}{4} \div 2\frac{3}{4}$ 을 간단히 하라.

대분수는 곱셈과 나눗셈을 하기 전에 반드시 가분수로 바꾸어 계산하면 다음과 같다.

$$3\frac{2}{3} \times 1\frac{3}{4} \div 2\frac{3}{4} = \frac{11}{3} \times \frac{7}{4} \div \frac{11}{4} = \frac{11}{3} \times \frac{7}{4} \times \frac{4}{11}$$

$$= \frac{1 \times 7 \times 1}{3 \times 1 \times 1} \quad \text{약분에 의해}$$

$$= \frac{7}{3} = 2\frac{1}{3}$$

◆ 이제 다음 연습문제를 풀어보자.

[연습문제 6] 분수를 곱하고 나누기

※ (문제 1~18) 주어진 식을 계산하라.

1 $\frac{2}{5} \times \frac{4}{7}$　　　　　**2** $\frac{3}{4} \times \frac{8}{11}$

3 $\frac{3}{4} \times \frac{5}{9}$　　　　　**4** $\frac{17}{35} \times \frac{15}{68}$

5 $\frac{3}{5} \times \frac{7}{9} \times 1\frac{2}{7}$　　　**6** $\frac{1}{4} \times \frac{3}{11} \times 1\frac{5}{39}$

7 $\frac{2}{9} \div \frac{4}{27}$　　　　　**8** $\frac{3}{8} \div \frac{45}{64}$

9 $\frac{3}{8} \div \frac{5}{32}$　　　　　**10** $2\frac{1}{4} \times 1\frac{2}{3}$

11 $1\frac{1}{3} \div 2\frac{5}{9}$　　　　**12** $2\frac{3}{4} \div 3\frac{2}{3}$

13 $\frac{1}{9} \times \frac{3}{4} \times 1\frac{1}{3}$　　**14** $3\frac{1}{4} \times 1\frac{3}{5} \div \frac{2}{5}$

15 저장 탱크에 $\frac{3}{4}$ 만큼 채워질 때 450 리터의 물이 들어간다면, $\frac{2}{3}$ 가 채워질 때는 얼마나 많은 물이 들어있는가?

16 탱크 안에 24,000 리터의 기름이 들어있다. 처음에 내용물의 $\frac{7}{10}$ 이 빠져 나가고, 나머지의 $\frac{3}{5}$ 이 빠져 나갔다. 탱크 안에 남아 있는 기름의 양은 얼마인가?

2.1.3 분수 계산의 순서

1장에서 학습했듯이, 간혹 덧셈, 뺄셈, 곱셈, 나눗셈, 거듭제곱, 괄호 등이 포함된 계산식을 볼 수 있다. 이와 같은 계산을 할 때는 우선순위가 있으며, 그 순서는 다음과 같다.

❶ 괄호 **❷** 거듭제곱 **❸** 나눗셈
❹ 곱셈 **❺** 덧셈 **❻** 뺄셈

다음 문제들을 통해 살펴보자.

[문제 10] $\dfrac{1}{4}-2\dfrac{1}{5}\times\dfrac{5}{8}+\dfrac{9}{10}$ 를 간단히 하라.

$$\dfrac{1}{4}-2\dfrac{1}{5}\times\dfrac{5}{8}+\dfrac{9}{10}=\dfrac{1}{4}-\dfrac{11}{5}\times\dfrac{5}{8}+\dfrac{9}{10}$$

약분에 의해 $=\dfrac{1}{4}-\dfrac{11}{1}\times\dfrac{1}{8}+\dfrac{9}{10}$

$$=\dfrac{1}{4}-\dfrac{11}{8}+\dfrac{9}{10}$$

4, 8, 10의 LCM이 40이므로 $=\dfrac{1\times10}{4\times10}-\dfrac{11\times5}{8\times5}+\dfrac{9\times4}{10\times4}$

$$=\dfrac{10}{40}-\dfrac{55}{40}+\dfrac{36}{40}$$

$$=\dfrac{10-55+36}{40}=-\dfrac{9}{40}$$

[문제 11] $\dfrac{1}{3}\times\left(5\dfrac{1}{2}-3\dfrac{3}{4}\right)+3\dfrac{1}{5}\div\dfrac{4}{5}-\dfrac{1}{2}$ 을 계산하라.

$$\dfrac{1}{3}\times\left(5\dfrac{1}{2}-3\dfrac{3}{4}\right)+3\dfrac{1}{5}\div\dfrac{4}{5}-\dfrac{1}{2}$$

$$=\dfrac{1}{3}\times1\dfrac{3}{4}+3\dfrac{1}{5}\div\dfrac{4}{5}-\dfrac{1}{2}=\dfrac{1}{3}\times\dfrac{7}{4}+\dfrac{16}{5}\div\dfrac{4}{5}-\dfrac{1}{2}$$

$$=\dfrac{1}{3}\times\dfrac{7}{4}+\dfrac{16}{5}\times\dfrac{5}{4}-\dfrac{1}{2}=\dfrac{1}{3}\times\dfrac{7}{4}+\dfrac{4}{1}\times\dfrac{1}{1}-\dfrac{1}{2}$$

$$=\dfrac{7}{12}+\dfrac{4}{1}-\dfrac{1}{2}=\dfrac{7}{12}+\dfrac{48}{12}-\dfrac{6}{12}$$

$$=\dfrac{49}{12}=4\dfrac{1}{12}$$

◆ **이제 다음 연습문제를 풀어보자.**

[연습문제 7] 분수 계산의 순서

※ 다음을 계산하라.

1 $\quad 2\dfrac{1}{2}-\dfrac{3}{5}\times\dfrac{20}{27}$

2 $\quad \dfrac{1}{3}-\dfrac{3}{4}\times\dfrac{16}{27}$

3 $\quad \dfrac{1}{2}+\dfrac{3}{5}\div\dfrac{9}{15}-\dfrac{1}{3}$

4 $\quad \dfrac{1}{5}+2\dfrac{2}{3}\div\dfrac{5}{9}-\dfrac{1}{4}$

5 $\quad \dfrac{4}{5}\times\dfrac{1}{2}-\dfrac{1}{6}\div\dfrac{2}{5}+\dfrac{2}{3}$

6 $\quad \dfrac{3}{5}-\left(\dfrac{2}{3}-\dfrac{1}{2}\right)\div\left(\dfrac{5}{6}\times\dfrac{3}{2}\right)$

7 $\quad \dfrac{1}{2}\times\left(4\dfrac{2}{5}-3\dfrac{7}{10}\right)+\left(3\dfrac{1}{3}\div\dfrac{2}{3}\right)-\dfrac{2}{5}$

8 $\quad \dfrac{6\dfrac{2}{3}\times1\dfrac{2}{5}-\dfrac{1}{3}}{6\dfrac{3}{4}\div1\dfrac{1}{2}}$

2.2 비율과 비례

비율^{ratio}은 어떤 양들을 비교하는 방법으로서 하나의 양이 다른 양에 비해 얼마나 큰지 보여준다. 실질적인 예로, 페인트와 모래, 시멘트의 혼합, 또는 자동차 앞 유리 세척액 등을 들 수 있다. 톱니바퀴, 지도 축척, 음식 조리법, 비례 척도, 금속합금성분 등이 모두 비율을 사용한다.

어떤 두 양이 **동일한 비율**로 증가하거나 감소하는 경우는 정비례$^{\text{direct proportion}}$ 관계에 있다. 정비례 관계를 보이는 실용적이고 공학적인 법칙들이 있으며, 또한 환율 계산과 단위 변환 등도 정비례를 이용한다.

때로는 어떤 양이 특정 비율로 증가함에 따라 다른 양이 동일한 비율로 감소한다. 이것을 반비례$^{\text{inverse proportion}}$라고 한다. 예를 들어, 일을 하는 데 걸리는 시간은 팀원의 수에 반비례한다. 즉 팀원이 두 사람이면 일하는 시간은 반으로 줄어든다.

이 장이 끝날 즈음에는 비율과 비례에 대해 이해하고 자신감 있게 계산할 수 있을 것이다. 이 장에서는 소수와 분수에 대해 알아야 하며, 계산기를 사용할 수 있어야 한다.

비율에 대해 보다 자세히 이해하기 위해 몇 가지 예를 살펴보자.

[문제 12] 교실 안에 여학생 대 남학생의 비율이 $6:27$이다. 이 비율을 가장 간단한 형태로 변환하라.

❶ 6과 27은 모두 3으로 나누어질 수 있다.

❷ 따라서 6 : 27은 **2 : 9**와 같다.

6 : 27과 2 : 9는 동치 비율$^{\text{equivalent ratio}}$이다.

비율을 가장 낮거나 가장 간단한 형태로 표현하는 것이 정상이다. 이 예에서 가장 간단한 형태인 **2 : 9**는 여학생 2명당 남학생 9명이 있음을 의미한다.

[문제 13] 128개의 톱니를 갖는 톱니바퀴가 48개의 톱니를 갖는 바퀴와 맞물려 있다. 톱니의 비율은 얼마인가?

$$\text{톱니 비율} = 128 : 48$$

비율은 공통 인수를 찾음으로써 간단한 형태로 표현할 수 있다.

❶ 128과 48은 모두 2로 나눌 수 있다. 즉 128 : 48은 64 : 24와 같다.

❷ 64와 24는 모두 8로 나눌 수 있다. 즉 64 : 24는 8 : 3이다.

❸ 8과 3을 동시에 나눌 수 있는 수는 없다. 따라서 8 : 3은 가장 간단한 형태의 비율이다. 즉 **톱니 비율은 8 : 3이다.**

따라서 128 : 48은 64 : 24와 동치이고, 8 : 3과 동치이다. 그리고 **8 : 3은 가장 간단한 형태이다.**

[문제 14] 길이 2.08 m인 나무 기둥이 있다. 이것을 7 대 19의 비율로 나누어라.

❶ 비율이 7 : 19이므로 전체 분할의 수는 7 + 19 = 26분할이다.

❷ 26분할은 2.08 m = 208 cm에 대응하고, 따라서 1분할은 $\frac{208}{26} = 8$에 대응한다.

❸ 따라서 7분할은 7 × 8 = **56cm**에 대응하고, 19분할은 19 × 8 = **152cm**에 대응한다.

그러므로 **2.08m**는 **7 : 19**의 비율인 **56cm** 대 **152cm**로 분할한다.

> **Check** 56 + 152가 208이어야 한다. 그렇지 않으면 잘못 계산된 것이다.

[문제 15] 어떤 지도의 축척은 1 : 30000이다. 두 학교 사이의 거리가 지도상에서 6 cm이다. 두 학교 사이의 실제 거리를 km 단위로 구하라.

두 학교 사이의 실제 거리

$$= 6 \times 30000\,\text{cm} = 180000\,\text{cm}$$
$$= \frac{180000}{100}\,\text{m} = 1800\,\text{m}$$
$$= \frac{1800}{1000}\,\text{m} = \mathbf{1.80\,km}$$

◆ 이제 다음 연습문제를 풀어보자.

[연습문제 8] 비율

1 상자 안에 들어 있는 333개의 종이 클립 중 9개가 불량품이다. 양호한 종이 클립 수를 불량인 종이 클립 수에 대한 가장 간단한 형태의 비율로 표현하라.

2 84개의 톱니를 가진 톱니바퀴가 24개의 톱니를 가진 톱니바퀴와 맞물려 있다. 톱니 비율을 가장 간단한 형태로 표현하라.

3 상자 안에 들어 있는 2000개의 못 중 120개가 불량품이다. 양호한 못의 수를 불량인 못의 수에 대한 가장 간단한 형태의 비율로 표현하라.

4 3.36m의 금속관을 6 대 15의 비율로 잘라야 한다. 각 관의 길이를 계산하라.

5 설명서에 따르면 칠면조 요리는 kg당 45분간 조리해야 한다. 7kg 무게의 칠면조를 조리하기 위한 시간은 얼마인가?

6 유언장에 세 명의 상속자에게 6440만 원을 4 : 2 : 1로 분할하도록 기록되어 있다. 각 상속자가 받는 금액을 계산하라.

7 지역지도의 축척은 1 : 22500이다. 두 고속도로 사이의 거리가 2.7km일 때, 지도에서 두 고속도로가 떨어진 거리는 얼마인가?

8 하루에 320개의 볼트를 생산하는 기계가 있다. 4대의 기계로 7일 동안 생산할 수 있는 볼트의 수는?

2.3 소수

소수 체계는 자릿수 0에서 9를 기초로 한다. 일상생활에서 우리는 소수를 사용한다. 예를 들어, 라디오 주파수를 107.5 MHz FM으로 돌리라고 말할 때, 여기서 107.5는 소수의 예이다. 또, 어떤 제품의 A 성분 함량비가 57.95% 라고 할 때, 여기서 57.95는 십진수의 또 다른 예이다. 57.95는 또한 소수이기도 하다. 이때 소수점은 정수 57과 소수 0.95로 분리한다.

57.95는 $(5 \times 10) + (7 \times 1) + \left(9 \times \dfrac{1}{10}\right) + \left(5 \times \dfrac{1}{100}\right)$을 의미한다.

2.3.1 유효숫자와 소수 자리

정확하게 소수로 표현되는 수를 유한소수$^{\text{terminating decimal}}$라 한다. 예를 들어 $3\dfrac{3}{16} = 3.1825$ 가 유한소수이다. 정확하게 소수로 표현되지 않는 수를 무한소수$^{\text{non-terminating decimal}}$라 한다. 예를 들어 $1\dfrac{5}{7} = 1.7142857 \cdots$이 무한소수이다. 무한소수는 요구되는 정확도에 따라 다음과 같이 두 가지 방법으로 표현된다.

❶ **유효숫자**의 수를 보정한다.
❷ **소수점 아래의 자릿수**를 보정한다. 즉, 소수점 아래 자릿수 다음의 수

소수점 아래 지정된 자릿수의 다음 숫자가 0, 1, 2, 3, 4이면 마지막 자릿수는 보정되지 않는다. 예를 들어,

$$1.714\,2857\cdots = 1.714 \qquad \text{유효숫자 4자리로 보정한다.}$$
$$1.714\,2857\cdots = 1.714 \qquad \text{소수점 아래 3자리로 보정한다.}$$

이 예에서 지정된 소수점 아래 3자리의 다음 숫자가 2이기 때문이다.

소수점 아래 지정된 자릿수의 다음 숫자가 5, 6, 7, 8, 9이면 지정된 마지막 자릿수는 1만큼 커진다. 예를 들어,

$$1.714\,2857\cdots = 1.7143 \qquad \text{유효숫자 5자리로 보정한다.}$$
$$1.714\,2857\cdots = 1.7143 \qquad \text{소수점 아래 4자리로 보정한다.}$$

이 예에서 지정된 소수점 아래 4자리 다음 숫자가 8이기 때문이다.

[문제 16] 15.36815를 다음과 같이 보정하라.
(a) 소수점 아래 2자리　　(b) 유효숫자 3자리
(c) 소수점 아래 3자리　　(d) 유효숫자 6자리

(a) 소수점 아래 2자리로 보정하면,
　　$15.36815 = \mathbf{15.37}$이다.
(b) 유효숫자 3자리로 보정하면,
　　$15.36815 = \mathbf{15.4}$이다.
(c) 소수점 아래 3자리로 보정하면,
　　$15.36815 = \mathbf{15.368}$이다.
(d) 유효숫자 6자리로 보정하면,
　　$15.36815 = \mathbf{15.3682}$이다.

[문제 17] 0.004369를 다음과 같이 보정하라.
(a) 소수점 아래 4자리　　(b) 유효숫자 3자리

(a) 소수점 아래 4자리로 보정하면,
　　$0.004369 = \mathbf{0.0044}$이다.
(b) 유효숫자 3자리로 보정하면,
　　$0.004369 = \mathbf{0.00437}$이다.

소수점 오른쪽에 있는 0은 모두 유효숫자에 포함시키지 않는다.

◆ **이제 다음 연습문제를 풀어보자.**

[연습문제 9] 유효숫자와 소수 자리

1　14.1794를 소수점 아래 2자리로 보정하라.

2　2.7846을 유효숫자 4자리로 보정하라.

3　65.3792를 소수점 아래 2자리로 보정하라.

4　43.2746을 유효숫자 4자리로 보정하라.

5　1.2973을 소수점 아래 3자리로 보정하라.

6　0.0005279를 유효숫자 3자리로 보정하라.

2.3.2 소수의 덧셈과 뺄셈

소수를 더하고 뺄 때, 소수점들을 맞추어 각 수를 아래로 놓는다. 즉 소수점을 기준으로 각 자릿수의 위치를 맞춘다. 다음 예를 통해 살펴보자.

[문제 18] $46.8 + 3.06 + 2.4 + 0.09$를 계산하고, 유효숫자 3자리로 보정한 답을 구하라.

아래 계산과 같이 소수점을 맞추어 각 수의 아래에 놓고 오른쪽부터 계산한다.

$$
\begin{array}{r}
{\scriptstyle 1\ 1\ 1} \\
46.8 \\
3.06 \\
2.4 \\
+\ 0.09 \\
\hline
52.35
\end{array}
$$

❶ $6 + 9 = 15$. 5를 소수점 아래 백의 자리 숫자 열에 놓고, 1은 십의 자리 열로 옮긴다.
❷ $8 + 0 + 4 + 0 + \underline{1}$(옮겨진 수)$= 13$. 3을 소수점 아래 십의 자리 숫자 열에 놓고, 1은 일의 자리 숫자 열로 옮긴다.
❸ $6 + 3 + 2 + 0 + \underline{1}$(옮겨진 수)$= 12$. 2를 일의 자리 숫자 열에 놓고 1은 십의 자리 숫자 열로 옮긴다.
❹ $4 + \underline{1}$(옮겨진 수)$= 5$. 5를 백의 자리 숫자 열에 놓는다.

그러므로 유효숫자 3자리로 보정하여 다음과 같이 구할 수 있다.

$$46.8 + 3.06 + 2.4 + 0.09 = 52.35 = 52.4$$

[문제 19] $64.46 - 28.77$을 계산하고, 소수점 아래 1자리로 보정한 답을 구하라.

덧셈에서와 마찬가지로, 소수점을 맞추어 각 수의 아래에 놓는다.

$$
\begin{array}{r}
{\scriptstyle 5\ 13\ \ \ 13\ 10} \\
6\,4.\,4\,6 \\
-\ 2\,8.\,7\,7 \\
\hline
3\,5.\,6\,9
\end{array}
$$

❶ $6 - 7$은 불가능하므로 소수점 아래 십의 자리 수에서 1을 빌려온다. 그러면 $16 - 7 = 9$이고, 9를 소수점 아래 백의 자리 숫자 열에 놓는다.

❷ $3 - 7$은 불가능하므로 일의 자리 수에서 1을 빌려온다. 그러면 $13 - 7 = 6$이고, 6을 소수점 아래 십의 자리 숫자 열에 놓는다.
❸ $3 - 8$은 불가능하므로 십의 자리 수에서 1을 빌려온다. 그러면 $13 - 8 = 5$이고, 5를 일의 자리 숫자 열에 놓는다.
❹ $5 - 2 = 3$. 3을 십의 자리 숫자 열에 놓는다.

그러므로 소수점 아래 1자리로 보정하여 다음과 같이 구할 수 있다.

$$64.46 - 28.77 = 35.69 = 35.7$$

◆ 이제 다음 연습문제를 풀어보자.

[연습문제 10] 소수의 덧셈과 뺄셈

※ 계산기를 사용하지 않고, 다음을 구하라.

1 $37.69 + 42.6$을 계산하고, 유효숫자 3자리로 보정하라.

2 $378.1 - 48.85$를 계산하고, 소수점 아래 1자리로 보정하라.

3 $68.92 + 34.84 - 31.223$을 계산하고, 유효숫자 4자리로 보정하라.

4 $67.841 - 249.55 + 56.883$을 계산하고, 소수점 아래 2자리로 보정하라.

5 $483.24 - 120.44 - 67.49$를 계산하고, 유효숫자 4자리로 보정하라.

2.3.3 소수의 곱셈과 나눗셈

소수를 곱할 때는,

❶ 소수를 정수인 것처럼 곱한다.
❷ 구한 답에서 소수점의 위치는, 곱해지는 두 수의 소수점 오른쪽에 있는 자릿수의 합만큼 오른쪽에 있는 자릿수와 같다.

다음 예를 통해 살펴보자.

[문제 20] 37.6×5.4를 계산하라.

$$
\begin{array}{r}
3\,7\,6 \\
\times\quad 5\,4 \\
\hline
1\,5\,0\,4 \\
1\,8\,8\,0\,0 \\
\hline
2\,0\,3\,0\,4
\end{array}
$$

❶ $376 \times 54 = 20304$이다.

❷ 곱해지는 두 수 37.6×5.4의 소수점 오른쪽에 있는 자릿수가 $1+1=2$이므로 **$37.6 \times 5.4 = 203.04$**이다.

[문제 21] $44.25 \div 1.2$를 계산하고, (a) 유효숫자 3자리, (b) 소수점 아래 2자리로 보정하라.

$$
44.25 \div 1.2 = \frac{44.25}{1.2}
$$

분모는 10을 곱하여 정수로 바꿀 수 있다. 동일한 분수가 되도록 분자에도 10을 곱한다.

$$
\frac{44.25}{1.2} = \frac{44.25 \times 10}{1.2 \times 10} = \frac{442.5}{12}
$$

소수의 장제법은 정수의 장제법과 유사하며, 각 단계는 다음 계산과 같다.

$$
\begin{array}{r}
3\,6.8\,7\,5 \\
12\,\overline{)\,4\,4\,2.5\,0\,0} \\
\underline{3\,6} \\
8\,2 \\
\underline{7\,2} \\
1\,0\,5 \\
\underline{9\,6} \\
9\,0 \\
\underline{8\,4} \\
6\,0 \\
\underline{6\,0} \\
0
\end{array}
$$

❶ 44를 12로 나누면 몫이 3이다. 3을 442.500의 두 번째 4 위에 놓는다.

❷ $3 \times 12 = 36$; 36을 442.500의 44 아래 놓는다.

❸ $44 - 36 = 8$.

❹ 2를 아래로 옮기면 82이다.

❺ 82를 12로 나누면 몫이 6이다. 6을 442.500의 2 위에 놓는다.

❻ $6 \times 12 = 72$; 72를 82 아래 놓는다.

❼ $82 - 72 = 10$.

❽ 5를 아래로 옮기면 105이다.

❾ 105를 12로 나누면 몫이 8이다. 8을 442.500의 5 위에 놓는다.

❿ $8 \times 12 = 96$; 96을 105 아래 놓는다.

⓫ $105 - 96 = 9$.

⓬ 0을 아래로 옮기면 90이다.

⓭ 90을 12로 나누면 몫이 7이다. 7을 442.500의 첫 번째 0 위에 놓는다.

⓮ $7 \times 12 = 84$; 84를 90 아래 놓는다.

⓯ $90 - 84 = 6$.

⓰ 0을 아래로 옮기면 60이다.

⓱ 60을 12로 나누면 정확하게 몫이 5이다. 5를 442.500의 두 번째 0 위에 놓는다.

⓲ 그러므로 $44.25 \div 1.2 = \dfrac{442.5}{12} = 36.875$ 이다.

따라서,

(a) 유효숫자 3자리로 보정하면

$$
44.25 \div 1.2 = \frac{442.5}{12} = 36.9 \text{ 이다.}
$$

(b) 소수점 아래 2자리로 보정하면

$$
44.25 \div 1.2 = \frac{442.5}{12} = 36.88 \text{ 이다.}
$$

[문제 22] $7\dfrac{2}{3}$를 소수로 나타내고, 유효숫자 4자리로 보정하라.

3을 2로 나누면 $\dfrac{2}{3} = 0.666666\cdots$ 이고, $7\dfrac{2}{3} = 7.666666\cdots$ 이다. 그러므로 유효숫자 4자리로 보정하면 $7\dfrac{2}{3} = 7.667$이다. 이때 $7.666666\cdots$은 반복하는 $7.\dot{6}$이라 하고 $7.\dot{6}$으로 쓴다.

◆ 이제 다음 연습문제를 풀어보자.

[연습문제 11] 소수의 곱셈과 나눗셈

※ (문제 1~5) 계산기를 사용하지 않고 다음을 구하라.

1 3.57×1.4를 계산하라.

2 67.92×0.7을 계산하라.

3 $548.28 \div 1.2$를 계산하라.

4 $478.3 \div 1.1$을 계산하고, 유효숫자 5자리로 보정하라.

5 $563.48 \div 0.9$를 계산하고, 유효숫자 4자리로 보정하라.

※ (문제 6~9) 주어진 분수를 괄호 안 내용에 맞춰 소수로 표현하라.

6 $\dfrac{4}{9}$ (유효숫자 3자리로 보정)

7 $\dfrac{17}{27}$ (소수점 아래 5자리로 보정)

8 $1\dfrac{9}{16}$ (유효숫자 4자리로 보정)

9 $13\dfrac{31}{37}$ (소수점 아래 2자리로 보정)

10 $421.8 \div 17$을 계산하여 다음과 같이 나타내라.
  (a) 유효숫자 4자리로 보정
  (b) 소수점 아래 3자리로 보정

11 $\dfrac{0.0147}{2.3}$을 계산하여 다음과 같이 나타내라.
  (a) 소수점 아래 5자리로 보정
  (b) 유효숫자 2자리로 보정

12 다음을 계산하라.
  (a) $\dfrac{12.\dot{6}}{1.5}$ (b) $5.\dot{2} \times 12$

2.4 백분율

백분율^{percentage}은 공통된 표준을 위해 사용된다. 백분율은 공학에서뿐만 아니라 상업적인 생활의 양상에서도 매우 흔히 사용된다. 이자율, 매출 감소, 가격 상승, 시험, 부가가치세 등은 백분율이 사용되는 상황에 대한 예이다.

우리는 백분율에 대한 기호, 즉 %에 익숙해 있다. 몇 가지 예를 살펴본다.

- 상점에서 운동화 한 켤레의 비용이 60000원인데, **20% 할인**하여 판매한다고 광고한다. 얼마를 지불하면 되는가?

- 연봉 2000만 원에서 **2.5%의 임금 상승**을 받는다. 다음 해에 소비해야 할 추가 금액은 얼마인가?

- 16000원인 책을 인터넷에서 **30% 저렴하게** 구입할 수 있다. 책을 구입하는 비용은 얼마인가?

다음 예제들을 통해 백분율에 대해 이해해보자.

[문제 23] 0.015를 백분율로 나타내라.

소수를 백분율로 변환하기 위해 단순히 100을 곱한다. 즉 다음과 같다.

$$0.015 = 0.015 \times 100\%$$
$$= 1.5\%$$

소수에 100을 곱하는 것은 소수점을 **오른쪽으로** 2자리 옮기는 것을 의미한다.

백분율은 100으로 나누어 소수로 바꿀 수 있다.

[문제 24] 6.5%를 소수로 나타내라.

$$6.5\% = \frac{6.5}{100} = 0.065$$

100으로 나누는 것은 소수점을 **왼쪽으로** 2자리 옮기는 것을 의미한다.

[문제 25] $\dfrac{5}{8}$를 백분율로 나타내라.

$$\frac{5}{8} = \frac{5}{8} \times 100\%$$
$$= \frac{500}{8}\%$$
$$= 62.5\%$$

[문제 26] 두 번의 연속적인 시험에서 한 학생이 57/79점과 49/67점을 얻었다. 두 번째 점수가 첫 번째 점수보다 좋은가, 아니면 나쁜가?

$$57/79 = \frac{57}{79} = \frac{57}{79} \times 100\%$$

$$= \frac{5700}{79}\%$$

$$= 72.15\% \quad \text{소수점 아래 2자리로 보정함}$$

$$49/67 = \frac{49}{67} = \frac{49}{67} \times 100\%$$

$$= \frac{4900}{67}\%$$

$$= 73.13\% \quad \text{소수점 아래 2자리로 보정함}$$

그러므로 **두 번째 점수가 첫 번째 점수보다 좋다.** 이 문제는 두 분수가 백분율로 표현될 때, 두 수를 쉽게 비교하는 방법을 보여준다.

[문제 27] 75%를 분수로 나타내라.

$$75\% = \frac{75}{100} = \frac{3}{4}$$

분수 $\frac{75}{100}$ 는 약분에 의해, 즉 분자와 분모를 모두 25로 나누어 가장 간단한 형태로 변형된다.

[문제 28] 몸무게 65kg의 27%를 구하라.

$$65\,\text{kg의 } 27\% = \frac{27}{100} \times 65$$

$$= 17.55\,\text{kg}$$

[문제 29] 23cm를 72cm에 대한 백분율로 표현하되, 가장 근접한 %로 보정하라.

$$72\text{cm에 대한 백분율로서 } 23\,\text{cm} = \frac{23}{72} \times 100\%$$

$$= 31.94444 \cdots \%$$

$$= 32\%$$

가장 근접한 %로 보정함

[문제 30] 47분을 2시간에 대한 백분율로 표현하되, 소수점 아래 1자리로 보정하라.

두 양은 **동일한 단위**로 맞추어야 한다.

$$\text{분 단위로 } 2\text{시간} = 2 \times 60 = 120\text{분}$$

$$120\text{분에 대한 백분율로서 } 47\text{분} = \frac{47}{120} \times 100\%$$

$$= 39.2\%$$

소수점 아래 1자리로

[문제 31] 저항들이 담겨있는 한 상자의 가격이 45000원에서 52000원으로 올랐다. 비용에 대한 백분율 증감을 유효숫자 3자리로 보정하여 계산하라.

$$\% \text{ 변화} = \frac{\text{새로운 값} - \text{최초값}}{\text{최초값}} \times 100\%$$

$$= \frac{52000 - 45000}{45000} \times 100\%$$

$$= \frac{7}{45} \times 100\%$$

$$= 15.6\% = \text{비용에 대한 백분율 변화}$$

[문제 32] 천공속도$^{\text{drilling speed}}$는 400rev/min로 맞춰져야 한다. 기계에 적용할 수 있는 가장 가까운 속도는 412 rev/min이다. 초과속도의 백분율을 계산하라.

$$\% \text{ 초과속도} = \frac{\text{가용할 속도} - \text{정확한 속도}}{\text{정확한 속도}} \times 100\%$$

$$= \frac{412 - 400}{400} \times 100\%$$

$$= \frac{12}{400} \times 100\%$$

$$= 3\%$$

◆ 이제 다음 연습문제를 풀어보자.

[연습문제 12] 백분율

※ (문제 1~3) 주어진 수를 백분율로 표현하라.

1 0.0032

2 1.734

3 0.057

4 20%를 소수로 표현하라.

5 1.25%를 소수로 표현하라.

6 $\dfrac{11}{16}$ 을 백분율로 표현하라.

7 다음을 유효숫자 3자리인 백분율로 표현하라.

   (a) $\dfrac{7}{33}$ (b) $\dfrac{19}{24}$ (c) $1\dfrac{11}{16}$

8 소수점 아래 1자리로 보정하여 가장 작은 수를 처음에 놓고, 크기 순서대로 나열하라.

   (a) $\dfrac{12}{21}$ (b) $\dfrac{9}{17}$ (c) $\dfrac{5}{9}$ (d) $\dfrac{6}{11}$

9 31.25%를 가장 간단한 형태의 분수로 나타내라.

10 56.25%를 가장 간단한 형태의 분수로 나타내라.

11 50kg의 43.6%를 계산하라.

12 27m의 36%를 구하라.

13 다음을 계산하여 유효숫자 4자리로 나타내라.

   (a) 2758t의 18%

   (b) 18.42g의 47%

   (c) 14.1초의 147%

14 다음을 표현하라.

   (a) 1t의 백분율로서 140kg

   (b) 5분의 백분율로서 47초

   (c) 2.5m의 백분율로서 13.4cm

15 325mm를 867mm에 대한 백분율로 소수점 아래 2자리로 보정하여 표현하라.

16 408g을 2.40kg에 대한 백분율로 표현하라.

17 새로운 계약서에 서명할 때, 영국 프리미어 리그 축구 선수의 주급이 £15500에서 £21500로 증가한다. 유효숫자 3자리로 보정하여 증가한 주급의 백분율을 계산하라.

18 1.80m 길이의 금속 막대에 열이 가해지고 48.6mm만큼 길이가 늘어났다. 늘어난 길이를 백분율로 계산하라.

19 기계부품의 길이가 36mm이다. 이 길이가 36.9mm로 부정확하게 측정되었다. 측정에 대한 백분율 오차를 구하라.

20 820Ω±5%의 값을 갖는 저항기가 있다. 예상되는 저항값의 범위를 구하라.

21 다음 저항 각각에 대해 (i) 최솟값, (ii) 최댓값을 구하라.

   (a) 680Ω±20%   (b) 47kΩ±5%

22 엔진 속도가 2400 rev/min이다. 속도가 8% 증가했을 때, 증가한 새 속도를 계산하라.

Chapter 03

지수, 단위, 접두어, 공학적 표기법

Indices, units, prefixes and engineering notation

지수, 단위, 접두어, 공학적 표기법을 이해하는 것이 왜 중요할까?

거듭제곱과 제곱근은 수학과 공학에서 광범위하게 사용된다. 따라서 거듭제곱과 제곱근이 무엇인지, 어떻게 그리고 왜 사용되는지 확실히 이해하는 것이 중요하다. 거듭제곱의 곱셈은 지수를 더하는 방법으로 계산할 수 있는데, 이는 공학 및 전자공학과 같이 수량이 10의 거듭제곱으로 곱한 값으로 표현되는 분야에서 특히 유용하다. 예를 들어, 전자공학 분야에서 전기시스템에서의 전류, 전압, 저항 간의 관계는 대단히 중요하다. 그러나 이러한 성질에 대한 일반적인 단위 값은 여러 자릿수에 따라 달라질 수 있다. 공학 분야에서 연구하고 작업할 때, 거듭제곱과 제곱근, 지수법칙에 금방 익숙해질 수 있다.

공학에서 사용되는 양(quantities)은 다양하게 나타나며, 여러 가지 단위를 통해 이들 양을 익숙하게 사용할 수 있다. 예를 들어, 힘은 [N](뉴턴)으로 측정되고, 전류는 [A](암페어), 압력은 [Pa](파스칼)로 측정된다. 때로는 이러한 양의 단위는 매우 크거나 매우 작아서 접두어가 함께 사용된다. 예를 들어, 1000파스칼은 10^3 Pa로 쓸 수 있으며, 접두어 형식으로는 1 kPa로 쓴다. k는 1000 또는 10^3을 나타내는 기호로 받아들인다. 공학 분야에서 연구하고 작업할 때, 표준 측정단위와 사용되는 접두어, 그리고 공학적 표기법에 금방 익숙해질 수 있다. 공학적 표기법을 사용하는 데는 전자계산기가 매우 유용하다.

학습포인트

- 밑, 지수, 거듭제곱의 용어를 이해한다.
- 제곱근을 이해한다.
- 거듭제곱과 제곱근을 계산한다.
- 지수법칙을 설명한다.
- 7개의 SI 단위를 설명한다.
- 유도단위를 이해한다.
- 공통의 공학적 단위를 인식한다.
- 공학에서 사용되는 공통적인 접두어를 이해한다.
- 표준형으로 소수를 표현한다.
- 공학적 표기법과 공학적 단위를 갖는 접두어 형식을 사용한다.

3.1 거듭제곱과 제곱근

3.1.1 지수

수 16은 $2 \times 2 \times 2 \times 2$와 동일하며, $2 \times 2 \times 2 \times 2$는 간단히 2^4으로 쓸 수 있다. 2^4으로 쓸 때, 2를 밑 base, 4를 지수 exponent 또는 거듭제곱 power이라 한다. 그리고 2^4을 '**2의 4 거듭제곱**'으로 읽는다. 마찬가지로, 3^5은 '**3의 5거듭제곱**'

으로 읽는다.

지수가 2 또는 3일 때 이 수들에 특별한 명칭을 부여하는데, 지수가 2일 때는 '제곱', 지수가 3일 때는 '세제곱'이라 부른다. 따라서 4^2을 '4의 2거듭제곱'이라 하기보다는 '**4의 제곱**'이라 하고, 5^3은 '5의 3거듭제곱'이라 하기보다는 '**5의 세제곱**'이라 한다. 지수가 없는 경우는 거듭제곱이 1이다. 예를 들어, 2는 2^1을 의미한다.

[문제 1] 다음을 계산하라.

(a) 2^6 (b) 3^4

(a) 2^6은 $2 \times 2 \times 2 \times 2 \times 2 \times 2$(즉, 2를 6번 곱한 수)를 의미한다. $2 \times 2 \times 2 \times 2 \times 2 \times 2 = 64$, 즉 $2^6 = 64$이다.

(b) 3^4은 $3 \times 3 \times 3 \times 3$(즉, 3을 4번 곱한 수)을 의미한다. $3 \times 3 \times 3 \times 3 = 81$, 즉 $3^4 = 81$이다.

[문제 2] $3^3 \times 2^2$을 계산하라.

$$3^3 \times 2^2 = 3 \times 3 \times 3 \times 2 \times 2$$
$$= 27 \times 4 = 108$$

3.1.2 제곱근

자기 자신과의 곱셈을 제곱이라 한다. 예를 들어, 3의 제곱은 $3 \times 3 = 3^2 = 9$이다. 제곱근은 역과정이다. 즉 자기 자신의 제곱에서 밑의 값을 말한다. 따라서 9의 제곱근은 3이다. 제곱근을 나타낼 때는 기호 $\sqrt{\ }$ 를 사용한다. 따라서 $\sqrt{9} = 3$이다. 마찬가지로 $\sqrt{4} = 2$, $\sqrt{25} = 5$이다.

$(-3) \times (-3) = 9$이므로 $\sqrt{9}$ 는 -3과도 같다. 따라서 $\sqrt{9} = +3$ 또는 -3이고, 보통 $\sqrt{9} = \pm 3$으로 쓴다. 마찬가지로 $\sqrt{16} = \pm 4$, $\sqrt{36} = \pm 6$ 이다. 9의 제곱근을 $9^{\frac{1}{2}}$ 과 같이 지수 형식으로도 쓸 수 있다.

$$9^{\frac{1}{2}} \equiv \sqrt{9} = \pm 3$$

[문제 3] 양의 제곱근만을 이용하여 $\dfrac{3^2 \times 2^3 \times \sqrt{36}}{\sqrt{16} \times 4}$ 을 계산하라.

$$\frac{3^2 \times 2^3 \times \sqrt{36}}{\sqrt{16} \times 4} = \frac{3 \times 3 \times 2 \times 2 \times 2 \times 6}{4 \times 4}$$
$$= \frac{9 \times 8 \times 6}{16} = \frac{9 \times 1 \times 6}{2}$$
$$= \frac{9 \times 1 \times 3}{1} = 27$$

[문제 4] 양의 제곱근만을 이용하여 $\dfrac{10^4 \times \sqrt{100}}{10^3}$ 을 계산하라.

$$\frac{10^4 \times \sqrt{100}}{10^3} = \frac{10 \times 10 \times 10 \times 10 \times 10}{10 \times 10 \times 10}$$
$$= \frac{1 \times 1 \times 1 \times 10 \times 10}{1 \times 1 \times 1}$$
$$= \frac{100}{1} = 100$$

◆ 이제 다음 연습문제를 풀어보자.

[연습문제 13] 거듭제곱과 제곱근

※ 계산기 없이 다음을 계산하라.

1 3^3 **2** 2^7

3 10^5 **4** $2^4 \times 3^2 \times 2 \div 3$

5 $25^{\frac{1}{2}}$ **6** $\dfrac{10^5}{10^3}$

7 $\dfrac{10^2 \times 10^3}{10^5}$

8 $\dfrac{2^5 \times 64^{\frac{1}{2}} \times 3^2}{\sqrt{144} \times 3}$ (양의 제곱근만 이용하여)

3.2 지수법칙

다음과 같이 6가지 지수법칙이 있다.

❶ 첫 번째 지수법칙

$$2^2 \times 2^3 = (2 \times 2) \times (2 \times 2 \times 2)$$
$$= 32 = 2^5$$

따라서 $2^2 \times 2^3 = 2^5$ 또는 $2^2 \times 2^3 = 2^{2+3}$이다.

밑이 같은 두 개 이상의 수의 곱은 지수를 더한다.

❷ 두 번째 지수법칙

$$\frac{2^5}{2^3} = \frac{2 \times 2 \times 2 \times 2 \times 2}{2 \times 2 \times 2} = \frac{1 \times 1 \times 1 \times 2 \times 2}{1 \times 1 \times 1}$$

$$= \frac{2 \times 2}{1} = 4 = 2^2$$

따라서 $\frac{2^5}{2^3} = 2^2$ 또는 $\frac{2^5}{2^3} = 2^{5-3}$ 이다.

밑이 같은 두 수를 나눌 때, 분자의 지수에서 분모의 지수를 뺀다.

❸ 세 번째 지수법칙

$$\left(3^5\right)^2 = 3^{5 \times 2} = 3^{10}, \quad \left(2^2\right)^3 = 2^{2 \times 3} = 2^6$$

거듭제곱의 거듭제곱은 지수끼리의 곱이다.

❹ 네 번째 지수법칙

$$3^0 = 1, \quad 17^0 = 1$$

지수가 0인 수의 값은 1이다.

❺ 다섯 번째 지수법칙

$$3^{-4} = \frac{1}{3^4}, \quad \frac{1}{2^{-3}} = 2^3$$

절댓값이 같고, 부호가 다른 수를 지수로 갖는 수는 서로 역수 관계이다.

❻ 여섯 번째 지수법칙

$$8^{\frac{2}{3}} = \sqrt[3]{8^2} = (2)^2 = 4, \quad 25^{\frac{1}{2}} = \sqrt[2]{25^1} = \sqrt{25^1} = \pm 5$$
(여기서 $\sqrt{} \equiv \sqrt[2]{}$)

양의 정수 n과 m에 대해, 지수가 분수 $\frac{n}{m}$인 경우 분모 m은 m 제곱근을 나타내고, 분자 n은 n 거듭제곱을 나타낸다.

거듭제곱에 대한 몇 가지 예를 살펴보자.

[문제 5] $5^3 \times 5 \times 5^2$을 지수 형식으로 계산하라.

$$5^3 \times 5 \times 5^2 = 5^3 \times 5^1 \times 5^2 \qquad \text{5는 } 5^1 \text{이다.}$$

$$= 5^{3+1+2} = 5^6 \qquad \text{법칙 ❶}$$

[문제 6] $\frac{3^5}{3^4}$을 계산하라.

$$\frac{3^5}{3^4} = 3^{5-4} \qquad \text{법칙 ❷}$$

$$= 3^1 = 3$$

[문제 7] $\frac{2^4}{2^4}$을 계산하라.

$$\frac{2^4}{2^4} = 2^{4-4} = 2^0 \qquad \text{법칙 ❷}$$

그러나 $\frac{2^4}{2^4} = \frac{2 \times 2 \times 2 \times 2}{2 \times 2 \times 2 \times 2} = \frac{16}{16} = 1$이므로 법칙 ❹에 의해 $2^0 = 1$이다.

거듭제곱이 0인 임의의 수는 1과 같다. 예를 들어, $6^0 = 1$, $128^0 = 1$, $13742^0 = 1$이다.

[문제 8] $\frac{10^3 \times 10^2}{10^8}$을 계산하라.

$$\frac{10^3 \times 10^2}{10^8} = \frac{10^{3+2}}{10^8} = \frac{10^5}{10^8} \qquad \text{법칙 ❶}$$

$$= 10^{5-8} = 10^{-3} \qquad \text{법칙 ❷}$$

$$= \frac{1}{10^{+3}} = \frac{1}{1000} \qquad \text{법칙 ❺}$$

그러므로 $\frac{10^3 \times 10^2}{10^8} = 10^{-3} = \frac{1}{1000} = 0.001$이다.

10의 거듭제곱에 대한 예는 다음과 같다.

$$10^2 = 100, \quad 10^3 = 1000, \quad 10^4 = 10000,$$

$$10^5 = 100000, \quad 10^6 = 1000000$$

$$10^{-1} = \frac{1}{10} = 0.1, \quad 10^{-2} = \frac{1}{100} = 0.01$$

[문제 9] 다음을 계산하라.

(a) $5^2 \times 5^3 \div 5^4$ (b) $\left(3 \times 3^5\right) \div \left(3^2 \times 3^3\right)$

법칙 ❶과 ❷에 따라 다음과 같이 계산한다.

(a) $5^2 \times 5^3 \div 5^4 = \dfrac{5^2 \times 5^3}{5^4} = \dfrac{5^{(2+3)}}{5^4} = \dfrac{5^5}{5^4}$

$\qquad\qquad\qquad = 5^{5-4} = 5^1 = \mathbf{5}$

(b) $\left(3 \times 3^5\right) \div \left(3^2 \times 3^3\right) = \dfrac{3 \times 3^5}{3^2 \times 3^3} = \dfrac{3^{(1+5)}}{3^{(2+3)}} = \dfrac{3^6}{3^5}$

$\qquad\qquad\qquad\qquad = 3^{6-5} = 3^1 = \mathbf{3}$

[문제 10] 다음을 지수 형식으로 간단히 표현하라.

(a) $\left(2^3\right)^4$ $\qquad\qquad$ (b) $\left(3^2\right)^5$

법칙 ❸에 따라 다음과 같이 계산한다.

(a) $\left(2^3\right)^4 = 2^{3 \times 4} = \mathbf{2^{12}}$

(b) $\left(3^2\right)^5 = 3^{2 \times 5} = \mathbf{3^{10}}$

[문제 11] 다음을 계산하라.

(a) $4^{1/2}$ $\qquad\qquad$ (b) $16^{3/4}$

(c) $27^{2/3}$ $\qquad\qquad$ (d) $9^{-1/2}$

(a) $4^{1/2} = \sqrt{4} = \mathbf{\pm 2}$

(b) $16^{3/4} = \sqrt[4]{16^3} = (2)^3 = \mathbf{8}$

$\quad$ (16의 4제곱근을 먼저 구하든지 16의 세제곱을 먼저 구하든지 아무런 문제가 없다. 둘 다 답은 동일하다.)

(c) $27^{2/3} = \sqrt[3]{27^2} = (3)^2 = \mathbf{9}$

(d) $9^{-1/2} = \dfrac{1}{9^{1/2}} = \dfrac{1}{\sqrt{9}} = \dfrac{1}{\pm 3} = \mathbf{\pm \dfrac{1}{3}}$

[문제 12] $\dfrac{3^3 \times 5^7}{5^3 \times 3^4}$ 을 계산하라.

지수법칙은 동일한 밑을 갖는 항에만 적용할 수 있다. 같은 밑을 갖는 항으로 그룹화하고 각 그룹에 지수법칙을 독립적으로 적용하면 다음과 같이 계산된다.

$$\dfrac{3^3 \times 5^7}{5^3 \times 3^4} = \dfrac{3^3}{3^4} \times \dfrac{5^7}{5^3} = 3^{3-4} \times 5^{7-3}$$

$$= 3^{-1} \times 5^4 = \dfrac{5^4}{3^1} = \dfrac{625}{3} = 208\dfrac{1}{3}$$

[문제 13] $\dfrac{2^3 \times 3^5 \times \left(7^2\right)^2}{7^4 \times 2^4 \times 3^3}$ 을 계산하라.

$$\dfrac{2^3 \times 3^5 \times \left(7^2\right)^2}{7^4 \times 2^4 \times 3^3} = 2^{3-4} \times 3^{5-3} \times 7^{2 \times 2 - 4}$$

$$= 2^{-1} \times 3^2 \times 7^0 = \dfrac{1}{2} \times 3^2 \times 1 = \dfrac{9}{2} = 4\dfrac{1}{2}$$

[문제 14] $\dfrac{4^{1.5} \times 8^{1/3}}{2^2 \times 32^{-2/5}}$ 을 계산하라.

$$4^{1.5} = 4^{3/2} = \sqrt{4^3} = 2^3 = 8, \quad 8^{1/3} = \sqrt[3]{8} = 2,$$

$$2^2 = 4, \quad 32^{-2/5} = \dfrac{1}{32^{2/5}} = \dfrac{1}{\sqrt[5]{32^2}} = \dfrac{1}{2^2} = \dfrac{1}{4}$$

따라서 다음과 같다.

$$\dfrac{4^{1.5} \times 8^{1/3}}{2^2 \times 32^{-2/5}} = \dfrac{8 \times 2}{4 \times \dfrac{1}{4}} = \dfrac{16}{1} = 16$$

다른 방법으로 다음과 같이 계산할 수도 있다.

$$\dfrac{4^{1.5} \times 8^{1/3}}{2^2 \times 32^{-2/5}} = \dfrac{\left(2^2\right)^{3/2} \times \left(2^3\right)^{1/3}}{2^2 \times \left(2^5\right)^{-2/5}}$$

$$= \dfrac{2^3 \times 2^1}{2^2 \times 2^{-2}} = 2^{3+1-2-(-2)} = 2^4 = 16$$

◆ 이제 다음 연습문제를 풀어보자.

[연습문제 14] 지수법칙

※ 계산기 없이 다음을 계산하라.

1 $2^2 \times 2 \times 2^4$ $\qquad$ **2** $3^5 \times 3^3 \times 3$

$\qquad\qquad\qquad\qquad\qquad$ (지수 형식으로)

3 $\dfrac{2^7}{2^3}$ $\qquad\qquad\qquad$ **4** $\dfrac{3^3}{3^5}$

5 7^0 $\qquad\qquad\qquad$ **6** $\dfrac{2^3 \times 2 \times 2^6}{2^7}$

7 $\dfrac{10 \times 10^6}{10^5}$ $\qquad\qquad$ **8** $10^4 \div 10$

9 $\dfrac{10^3 \times 10^4}{10^9}$ $\qquad\qquad$ **10** $5^6 \times 5^2 \div 5^7$

11 $\left(7^2\right)^3$ (지수 형식으로) $\quad$ **12** $\left(3^3\right)^2$

13 $\dfrac{3^2 \times 3^{-4}}{3^3}$ **14** $\dfrac{7^2 \times 7^{-3}}{7 \times 7^{-4}}$

15 $\dfrac{2^3 \times 2^{-4} \times 2^5}{2 \times 2^{-2} \times 2^6}$ **16** $\dfrac{5^{-7} \times 5^2}{5^{-8} \times 5^3}$

※ (문제 17~19) 양의 지수를 갖는 지수 형식으로 답을 표현하여 주어진 식을 간단히 하라.

17 $\dfrac{3^3 \times 5^2}{5^4 \times 3^4}$ **18** $\dfrac{7^{-2} \times 3^{-2}}{3^5 \times 7^4 \times 7^{-3}}$

19 $\dfrac{4^2 \times 9^3}{8^3 \times 3^4}$

※ (문제 20~23) 주어진 식을 계산하라.

20 $\left(\dfrac{1}{3^2}\right)^{-1}$ **21** $81^{0.25}$

22 $16^{-\frac{1}{4}}$ **23** $\left(\dfrac{4}{9}\right)^{1/2}$

3.3 공학 단위에 대한 서론

공학에서 중요한 것은, 공학적인 양^{quantities}의 단위, 단위에 사용되는 접두어, 그리고 공학적 표기법을 아는 것이다. 예를 들어, 다음을 알 필요가 있다.

$80\text{kV} = 80 \times 10^3\,\text{V}$ 는 $80000\,\text{V}$ 를 의미한다.

$25\text{mA} = 25 \times 10^{-3}\,\text{A}$ 는 $0.025\,\text{A}$ 를 의미한다.

$50\text{nF} = 50 \times 10^{-9}\,\text{F}$ 은 $0.000000050\,\text{F}$ 을 의미한다.

이와 같은 것들이 이 장에서 설명된다.

3.4 SI 단위

공학과 과학에서 사용되는 단위 체계는 **국제단위계**^{Système} $_{\text{Internationale d'Unités(International System of Units)}}$이다. 이것은 미터법에 기초하며, 통상적으로 'SI 단위'라고 간략하게 쓴다. 이것은 1960년에 소개되었으며, 공식적인 측정 체계로 주요 국가들에서 수용되고 있다.

SI 체계에서 사용되는 기본적인 7개의 단위와 기호를 [표 3-1]에 나타내었다. 물론 이것 외에도 많은 단위가 있다. 다른 단위들을 **유도단위**$^{\text{derived units}}$라 하며, 표에 나열된 기본 단위에 의해 정의된다. 예를 들어, 속력은 초당 미터로 측정되며, 두 개의 표준 단위, 즉 길이와 시간을 이용한다.

[표 3-1]

양	단위	기호
길이	미터	m ($1\text{m} = 100\text{cm} = 1000\text{mm}$)
질량	킬로그램	kg ($1\text{kg} = 1000\text{g}$)
시간	초	s
전기적 전류	암페어	A
열역학적 온도	켈빈	K ($\text{K} = {}^{\circ}\text{C} + 273$)
광도	칸델라	cd
물질량	몰	mol

몇몇 유도단위에는 **특정 이름**이 주어진다. 예를 들어, 힘 = 질량×가속도는 초 제곱당 킬로그램 미터($\text{kg}\,\text{m}/\text{s}^2$) 단위를 갖는다. 이 단위에는 특별히 **뉴턴**$^{\text{newton*}}$이라는 명칭이 부여되었다. [표 3-2]는 공학에서 공통적으로 사용하는 어떤 양과 단위를 보여준다.

[표 3-2]

양	단위	기호
길이	미터	m
넓이	제곱미터	m^2
부피	세제곱미터	m^3
질량	킬로그램	kg
시간	초	s
전기적 전류	암페어	A
속력, 속도	초당 미터	m/s
가속도	초 제곱당 미터	m/s^2
밀도	세제곱 미터당 킬로그램	kg/m^3
온도	켈빈 또는 섭씨	K 또는 ${}^{\circ}\text{C}$
각도	라디안 또는 도	rad 또는 ${}^{\circ}$
각속도	초당 라디안	rad/s
주파수	헤르츠	Hz
힘	뉴턴	N

(계속)

양	단위	기호
압력	파스칼	Pa
에너지, 일	줄	J
전력	와트	W
전하, 전기량	쿨롱	C
전위	볼트	V
전기용량	패럿	F
전기적 저항	옴	Ω
인덕턴스	헨리	H
힘의 모멘트	뉴턴미터	Nm

*뉴턴은 누구?

아이작 뉴턴(Sir Isaac Newton PRS MP, 1642. 12. 25 ~ 1727. 3. 20)은 영국의 학자로, 행성운동의 케플러 법칙과 자신이 발견한 만류인력의 법칙 사이의 일관성을 증명함으로써 물체의 움직임이 동일한 자연법칙에 의해 지배됨을 보였다.

3.5 공통 접두어

SI 단위는 특정 양으로 곱하거나 나누는 것을 나타내는 접두어를 사용하여 커지거나 작아진다.

[표 3-3]은 가장 일반적인 곱셈을 나타낸 것이다. 모든 접두어가 3의 배수인 지수를 갖는 10의 거듭제곱이므로 지수에 대한 지식이 필요하다. 공학 단위에서 사용되는 몇 가지 예를 보면 다음과 같다.

15 GHz 의 주파수는 15×10^9 Hz 를 의미하며, 이는 15 000 000 000 헤르츠*이다. 즉 15기가헤르츠는 15 GHz 로 쓰고 150억 헤르츠와 같다(15 000 000 000 헤르츠라고 쓰는 대신 깔끔하게 15 GHz 으로 씀으로써 0이 너무 많을 때 야기되는 표현상의 오류와 공간을 줄일 수 있다).

40 MV 의 전압은 40×10^6 V를 의미하며, 이는 40 000 000 볼트이다. 즉 40메가볼트는 40 MV 로 쓰고 4천만 볼트와 같다.

12 mH 의 인덕턴스는 12×10^{-3} H 또는 $\frac{12}{10^3}$ H 또는 $\frac{12}{1000}$ H 이고, 이는 0.012 H 이다. 즉 12밀리헨리는 12 mH 로 쓰고 1000분의 12헨리*와 같다.

150 ns 의 시간은 150×10^{-9} s 또는 $\frac{150}{10^9}$ s 를 의미하고, 이는 0.000 000 150 s 이다. 즉 150나노초는 150 ns 로 쓰고 10억분의 150초와 같다.

20 kN 의 힘은 20×10^3 N을 의미하고, 이는 20 000 N이다. 즉 20킬로뉴턴은 20 kN 으로 쓰고 20 000뉴턴과 같다.

*헤르츠는 누구?

하인리히 헤르츠(Heinrich Rudolf Hertz, 1857. 2. 22 ~ 1894. 1. 1)는 최초로 전자파의 존재성을 결정적으로 증명한 학자이다. 주파수에 대한 과학 단위(초당 사이클)는 그의 업적을 기리기 위해 '[Hz](Hertz)'라고 명명되었다.

*헨리는 누구?

조지프 헨리(Joseph Henry, 1797. 12. 17 ~ 1878. 3. 13)는 자기 인덕턴스의 전자기 현상을 발견한 미국 과학자이다. 그는 마이클 패러데이(Michael Faraday)와는 별도로 상호 인덕턴스를 발견했으나 패러데이가 자신의 결과를 먼저 출간했다. 헨리는 전기초인종과 전기계전기에 있어서 선구적인 발명가이다. 인덕턴스에 대한 SI 단위인 [H](henry)는 그의 업적을 기리기 위해 명명되었다.

[표 3-3]

접두어	이름		의미
G	기가(giga)	$\times 10^9$	$\times 1\,000\,000\,000$
M	메가(mega)	$\times 10^6$	$\times 1\,000\,000$
k	킬로(kilo)	$\times 10^3$	$\times 1000$
m	밀리(milli)	$\times 10^{-3}$	$\times \dfrac{1}{10^3} = \dfrac{1}{1000} = 0.001$
μ	마이크로(micro)	$\times 10^{-6}$	$\times \dfrac{1}{10^6} = \dfrac{1}{1\,000\,000} = 0.000001$
n	나노(nano)	$\times 10^{-9}$	$\times \dfrac{1}{10^9} = \dfrac{1}{1\,000\,000\,000} = 0.000\,000\,001$
p	피코(pico)	$\times 10^{-12}$	$\times \dfrac{1}{10^{12}} = \dfrac{1}{1\,000\,000\,000\,000} = 0.000\,000\,000\,001$

◆ 이제 다음 연습문제를 풀어보자.

[연습문제 15] SI 단위와 공통 접두어

1 부피에 대한 SI 단위를 말하라.

2 전기용량에 대한 SI 단위를 말하라.

3 넓이에 대한 SI 단위를 말하라.

4 속도에 대한 SI 단위를 말하라.

5 밀도에 대한 SI 단위를 말하라.

6 에너지에 대한 SI 단위를 말하라.

7 전하에 대한 SI 단위를 말하라.

8 전력에 대한 SI 단위를 말하라.

9 전위에 대한 SI 단위를 말하라.

10 단위 kg을 갖는 양을 말하라.

11 단위 Ω을 갖는 양을 말하라.

12 단위 Hz를 갖는 양을 말하라.

13 단위 m/s^2을 갖는 양을 말하라.

14 단위 기호 A를 갖는 양을 말하라.

15 단위 기호 H를 갖는 양을 말하라.

16 단위 기호 m를 갖는 양을 말하라.

17 단위 기호 K을 갖는 양을 말하라.

18 단위 rad/s를 갖는 양을 말하라.

19 접두어 G의 의미는 무엇인가?

20 접두어 밀리의 기호와 의미는 무엇인가?

21 접두어 p의 의미는 무엇인가?

22 접두어 메가의 기호와 의미는 무엇인가?

3.6 표준형

소수점 위 한자리 수와 10의 거듭제곱의 곱으로 표현된 수를 표준형standard form이라 한다. 예를 들어, 다음은 표준형이다.

$$43645 = 4.3645 \times 10^4$$

$$0.0534 = 5.34 \times 10^{-2}$$

[문제 15] 다음을 표준형으로 표현하라.
  (a) 38.71   (b) 3746   (c) 0.0124

표준형인 수들은 소수점 위로 한자리의 수만 나타난다.

(a) 38.71은 왼쪽의 첫 번째 자릿수에 소수점을 놓기 위해 10으로 나누어야 한다. 그리고 양을 유지하기 위해 10을 곱해야 한다. 즉 표준형은 다음과 같다.

$$38.71 = \frac{38.71}{10} \times 10 = 3.871 \times 10$$

(b) 표준형은 $3746 = \frac{3746}{1000} \times 1000 = 3.746 \times 10^3$ 이다.

(c) 표준형은 다음과 같다.

$$0.0124 = 0.0124 \times \frac{100}{100} = \frac{1.24}{100} = 1.24 \times 10^{-2}$$

[문제 16] 표준형인 다음 수를 십진수로 표현하라.

(a) 1.725×10^{-2} (b) 5.491×10^4

(c) 9.84×10^0

(a) $1.725 \times 10^{-2} = \frac{1.725}{100} = 0.01725$

    (즉 소수점을 왼쪽으로 2자리 옮긴다.)

(b) $5.491 \times 10^4 = 5.491 \times 10000 = 54910$

    (즉 소수점을 오른쪽으로 4자리 옮긴다.)

(c) $10^0 = 1$ 이므로 $9.84 \times 10^0 = 9.84 \times 1 = 9.84$ 이다.

[문제 17] 다음을 유효숫자 3자리로 보정한 표준형으로 표현하라.

(a) $\frac{3}{8}$ (b) $19\frac{2}{3}$ (c) $741\frac{9}{16}$

(a) $\frac{3}{8} = 0.375$ 이고 표준형으로 표현하면 다음과 같다.

$$0.375 = 3.75 \times 10^{-1}$$

(b) 유효숫자 3자리로 보정한 표준형은 다음과 같다.

$$19\frac{2}{3} = 19.\dot{6} = 1.97 \times 10$$

(c) 유효숫자 3자리로 보정한 표준형은 다음과 같다.

$$741\frac{9}{16} = 741.5625 = 7.42 \times 10^2$$

[문제 18] 표준형인 다음 수를 분수 또는 대분수로 표현하라.

(a) 2.5×10^{-1} (b) 6.25×10^{-2}

(c) 1.345×10^2

(a) $2.5 \times 10^{-1} = \frac{2.5}{10} = \frac{25}{100} = \frac{1}{4}$

(b) $6.25 \times 10^{-2} = \frac{6.25}{100} = \frac{625}{10000} = \frac{1}{16}$

(c) $1.354 \times 10^2 = 135.4 = 135\frac{4}{10} = 135\frac{2}{5}$

[문제 19] 주어진 계산을 하여 답을 표준형으로 표현하라.

(a) $(3.75 \times 10^3)(6 \times 10^4)$

(b) $\dfrac{3.5 \times 10^5}{7 \times 10^2}$

(a) $(3.75 \times 10^3)(6 \times 10^4) = (3.75 \times 6)(10^{3+4})$

$$= 22.50 \times 10^7$$

$$= 2.25 \times 10^8$$

(b) $\dfrac{3.5 \times 10^5}{7 \times 10^2} = \dfrac{3.5}{7} \times 10^{5-2} = 0.5 \times 10^3 = 5 \times 10^2$

◆ 이제 다음 연습문제를 풀어보자.

[연습문제 16] 표준형

※ (문제 1~5) 주어진 수를 표준형으로 표현하라.

1 (a) 73.9   (b) 28.4   (c) 197.62

2 (a) 2748   (b) 33170   (c) 274218

3 (a) 0.2401   (b) 0.0174   (c) 0.00923

4 (a) 1702.3   (b) 10.04   (c) 0.0109

5 (a) $\frac{1}{2}$ (b) $11\frac{7}{8}$

    (c) $130\frac{3}{5}$ (d) $\frac{1}{32}$

※ (문제 6~7) 주어진 수를 정수 또는 소수로 표현하라.

6 (a) 1.01×10^3 (b) 9.327×10^2

    (c) 5.41×10^4 (d) 7×10^0

7 (a) 3.89×10^{-2} (b) 6.741×10^{-1}

    (c) 8×10^{-3}

※ (문제 8~9) 주어진 계산을 하여 답을 표준형으로 표현하라.

8 (a) $(4.5 \times 10^{-2})(3 \times 10^3)$

   (b) $2 \times (5.5 \times 10^4)$

9 (a) $\dfrac{6 \times 10^{-3}}{3 \times 10^{-5}}$ (b) $\dfrac{(2.4 \times 10^3)(3 \times 10^{-2})}{4.8 \times 10^4}$

10 다음 명제를 표준형으로 표현하라.

   (a) 알루미늄의 밀도가 $2710\,\mathrm{kgm^{-3}}$이다.

   (b) 금에 대한 푸아송 비율이 0.44이다.

   (c) 자유공간의 임피던스가 $376.73\,\Omega$이다.

   (d) 전자 잔류 에너지가 $0.511\,\mathrm{MeV}$이다.

   (e) 양성자 전위–질량비가 $95789700\,\mathrm{Ckg^{-1}}$이다.

   (f) 완전 기체의 정상적인 부피는 $0.02241\,\mathrm{m^3mol^{-1}}$이다.

3.7 공학적 표기법

공학에서는 표준형보다 공학적 표기법이 더 중요하다. **공학적 표기**는 10의 거듭제곱이 **항상 3의 배수**라는 점을 제외하면 표준형과 유사하다. 예를 들어, $43645 = 43.645 \times 10^3$과 $0.0534 = 53.4 \times 10^{-3}$은 공학적 표기법이다. 공학 접두어 리스트에서, 모든 접두어는 10의 거듭제곱이 3의 배수인 지수와 관련됨을 확실히 알았을 것이다. 예를 들어 $43645\,\mathrm{N}$은 $43.645 \times 10^3\,\mathrm{N}$으로 다시 쓸 수 있고, 접두어 리스트로부터 $43.645\,\mathrm{kN}$으로 표현할 수 있다. 따라서 $43645\,\mathrm{N} = 43.645\,\mathrm{kN}$이다.

좀 더 도움을 받으려면 계산기에서 ENG 버튼을 이용한다. 계산기에서 수 43645를 입력하고, =를 누른다. 이제 ENG 버튼을 누르면 답 43.645×10^3을 확인할 수 있다. 이때 우리는, $43645\,\mathrm{N} = 43.645\,\mathrm{kN}$이고 10^3이 접두어 '킬로(k)'임을 인지해야 한다. 또 다른 예로, 전류가 $0.0745\,\mathrm{A}$라고 하자. 계산기에 0.0745를 입력하고 =를 누른다. 이제 ENG를 누르면 답 74.5×10^{-3}을 확인할 수 있다. 이때 $0.0745\,\mathrm{A} = 74.5\,\mathrm{mA}$이고 10^{-3}은 접두어 '밀리(m)'임을 인지해야 한다.

[문제 20] 다음을 공학적 표기와 접두어 형태로 표현하라.

(a) $300\,000\,\mathrm{W}$ (b) $0.000068\,\mathrm{H}$

(a) 계산기에서 300 000을 입력하고 =를 누른다. 이제 ENG 버튼을 누르면 답 300×10^3이 표시된다. 접두어에 관한 표로부터 10^3이 킬로(k)이므로 다음을 얻는다.

$$300\,000\,\mathrm{W} = 300 \times 10^3\,\mathrm{W} \quad (공학적\ 표기법)$$
$$= 300\,\mathrm{kW} \quad (접두어\ 형식)$$

(b) 계산기에서 0.000068을 입력하고 =를 누른다. 이제 ENG 버튼을 누르면 답 68×10^{-6}이 표시된다. 접두어에 관한 표로부터 10^{-6}이 마이크로(μ)이므로 다음을 얻는다.

$$0.000068\,\mathrm{H} = 68 \times 10^{-6}\,\mathrm{H} \quad (공학적\ 표기법)$$
$$= 68\,\mu\mathrm{H} \quad (접두어\ 형식)$$

[문제 21] 다음을 요구되는 단위로 변경하라.

(a) $63 \times 10^4\,\mathrm{V}$를 kV로

(b) $3100\,\mathrm{pF}$를 nF으로

(a) 계산기에서 63×10^4을 입력하고 =를 누른다. 이제 ENG 버튼을 누르면 답 630×10^3이 표시된다. 접두어에 관한 [표 3-3]으로부터 10^3이 킬로(k)이므로 다음을 얻는다.

$$63 \times 10^4\,\mathrm{V} = 630 \times 10^3\,\mathrm{V}$$
$$= 630\mathrm{kV}$$

(b) 계산기에서 3100×10^{-12}을 입력하고 =를 누른다. 이제 ENG 버튼을 누르면 답 3.1×10^{-9}이 표시된다. 접두어에 관한 [표 3-3]으로부터 10^{-9}이 나노(n)이므로 다음을 얻는다.

$$3100\,\mathrm{pF} = 31 \times 10^{-12}\,\mathrm{F}$$
$$= 3.1 \times 10^{-9}\,\mathrm{F}$$
$$= 3.1\,\mathrm{nF}$$

[문제 22] 다음을 요구되는 단위로 변경하라.

(a) 14700 mm를 m로

(b) 276 cm를 m로

(c) 3.375 kg를 g으로

(a) 1 m = 1000 mm 이므로

$1 \text{ mm} = \dfrac{1}{1000} = \dfrac{1}{10^3} = 10^{-3}$ m 이다. 그러므로 다음을 얻는다.

$$14700 \text{ mm} = 14700 \times 10^{-3} \text{ m} = \mathbf{14.7 \text{ m}}$$

(b) 1 m = 100 cm 이므로 1 cm $= \dfrac{1}{100} = \dfrac{1}{10^2} = 10^{-2}$ m 이다. 그러므로 다음을 얻는다.

$$276 \text{ cm} = 276 \times 10^{-2} \text{ m} = \mathbf{2.76 \text{ m}}$$

(c) 1 kg = 1000 g = 10^3g 이므로 다음을 얻는다.

$$3.375 \text{ kg} = 3.375 \times 10^3 \text{ g} = \mathbf{3375 \text{ g}}$$

◆ 이제 다음 연습문제를 풀어보자.

[연습문제 17] 공학적 표기법

※ (문제 1~12) 공학적 표기를 접두어 형식으로 표현하라.

1 60 000 Pa **2** 0.00015 W

3 5×10^7 V **4** 5.5×10^{-8} F

5 100 000 W **6** 0.00054 A

7 $15 \times 10^5 \, \Omega$ **8** 225×10^{-4} V

9 35 000 000 000 Hz **10** 1.5×10^{-11} F

11 0.000017 A **12** 46 200 Ω

13 0.003 mA를 μA로 나타내라.

14 2025 kHz를 MHz로 나타내라.

15 6250 cm를 m로 나타내라.

16 34.6 g를 kg으로 나타내라.

※ (문제 17~18) 계산기를 사용하여 공학적 표기법에 맞춰 표현하라.

17 $4.5 \times 10^{-7} \times 3 \times 10^4$

18 $\dfrac{(1.6 \times 10^{-5})(25 \times 10^3)}{100 \times 10^{-6}}$

19 지구에서 달까지의 거리는 3.8×10^8 m 이다. 이 거리를 km로 말하라.

20 수소원자의 반지름은 0.53×10^{-10} m 이다. 이 반지름을 nm로 말하라.

21 막대에 작용하는 장력은 5600000 Pa 이다. 이 값을 공학적 표기법에 맞춰 표현하라.

22 막대의 팽창은 0.0043 m 이다. 이 값을 공학적 표기법에 맞춰 표현하라.

04

계산 및 공식 구하기

Calculations and evaluation of formulae

계산 및 공식 구하기를 이해하는 것이 왜 중요할까?

휴대용 전자계산기는 그 유용성 면에서 공학 교육에 상당한 영향을 미친다. 전자계산기를 통해 매우 폭넓은 계산을 다룰 수 있으므로 전자계산기는 공학자와 공학도에게 많이 사용된다. 계산기의 정확한 사용법을 숙지한다면, 공학 연구의 모든 측면에서 더 자신감을 갖게 될 것이다.

학습포인트

- 소수를 더하고, 빼고, 곱하고, 나누는 데 계산기를 사용한다.
- 제곱, 세제곱, 역수, 거듭제곱, 제곱근, $\times 10^x$ 함수를 계산하기 위해 계산기를 사용한다.
- 함수와 삼각함수를 포함하는 식을 계산하기 위해 계산기를 사용한다.
- π와 e^x 함수를 포함하는 식을 계산하기 위해 계산기를 사용한다.
- 주어진 값에 대한 공식을 계산한다.

4.1 서론

공학에는 종종 계산을 해야 할 필요가 있다. 간단한 수인 경우에는 암산이 간편하나, 수가 긴 경우에는 전자계산기가 필요해진다. 시중에는 여러 종류의 계산기가 있으며, 그 중 상당수는 우리가 원하는 기능을 갖추고 있다. 우리는 이 중에서 필요한 기능이 가급적 더 많이 내장된 공학용 계산기를 보유할 필요가 있다. 이 장에서는 CASIO fx–83ES 또는 CASIO fx–991ES 계산기, 또는 이와 유사한 계산기를 가지고 있다고 가정한다.

4.2 계산기 사용

계산기를 이용하여 다음 문제들을 따라하며 확인해보자.

[문제 1] $\dfrac{12.47 \times 31.59}{70.45 \times 0.052}$ 를 계산하여 유효숫자 4자리로 보정하라.

❶ 12.47을 입력한다.

❷ ×를 누른다.

❸ 31.59를 입력한다.

❹ ÷를 누른다.

❺ 분모는 반드시 괄호로 표현해야 한다. 즉 (를 누른다.

❻ 70.45×0.052를 입력하고 괄호를 닫는다. 즉)를 누른다.

❼ =를 누르면, 답 107.530518…이 표시된다.

따라서 **유효숫자 4자리로 보정한 값은** $\dfrac{12.47 \times 31.59}{70.45 \times 0.052} =$ **107.5**이다.

[문제 2] 0.17^2을 공학용 형태, 즉 (유효숫자)$\times 10^n$의 형태로 표현하라.

❶ 0.17을 입력한다.

❷ x^2을 누르면 화면에 0.17^2이 나온다.

❸ Shift와 =를 누르면, 답 0.0289가 표시된다.

❹ ENG 키를 누르면 답은 **공학용 형태**인 28.9×10^{-3}으로 바뀐다.

따라서 **공학용 형태로 나타내면** $0.17^2 = 28.9 \times 10^{-3}$이다. ENG 기능은 공학용 계산기에서 매우 중요하다.

[문제 3] 0.0000538을 공학용 형태로 표현하라.

❶ 0.0000538을 입력한다.

❷ =를 누르고 ENG를 누른다.

따라서 **공학용 형태로 나타내면** $0.0000538 = 53.8 \times 10^{-6}$이다.

[문제 4] 1.4^3을 계산하라.

❶ 1.4를 입력한다.

❷ x^3을 누르면 화면에 1.4^3이 나온다.

❸ =를 누르면 답 $\dfrac{343}{125}$이 나온다.

❹ S⇔D 키를 누르면 분수가 소수 2.744로 바뀐다.

따라서 $1.4^3 = 2.744$이다.

[문제 5] $\dfrac{1}{3.2}$을 계산하라.

❶ 3.2를 입력한다.

❷ x^{-1}을 누르면 화면에 3.2^{-1}이 표시된다.

❸ =를 누르면 답 $\dfrac{5}{16}$가 표시된다.

❹ S⇔D 키를 누르면 분수가 소수 0.3125로 바뀐다.

따라서 $\dfrac{1}{3.2} = 0.3125$이다.

[문제 6] 1.5^5을 계산하고, 유효숫자 4자리로 보정하라.

❶ 1.5를 입력한다.

❷ $x^{\square}$을 누르면 화면에 $1.5^{\square}$이 표시된다.

❸ 5를 누르면 화면에 1.5^5이 표시된다.

❹ Shift와 =를 누르면 답 7.59375가 표시된다.

따라서 **유효숫자 4자리로 보정한 값은** $1.5^5 = 7.594$이다.

[문제 7] $\sqrt{361}$을 계산하라.

❶ $\sqrt{\square}$ 키를 누른다.

❷ 361을 입력하면 화면에 $\sqrt{361}$이 표시된다.

❸ =를 누르면 답 19가 표시된다.

따라서 $\sqrt{361} = 19$이다.

[문제 8] $\sqrt[4]{81}$을 계산하라.

❶ $\sqrt[\square]{\square}$ 키를 누른다.

❷ 4를 입력하면 화면에 $\sqrt[4]{\square}$가 표시된다.

❸ →를 눌러서 커서를 움직이고 81을 입력하면 화면에 $\sqrt[4]{81}$이 표시된다.

❹ =를 누르면 답 3이 표시된다.

따라서 $\sqrt[4]{81} = 3$이다.

◆ **이제 다음 연습문제를 풀어보자.**

[연습문제 18] 계산기를 사용한 덧셈, 뺄셈, 곱셈, 나눗셈

1 $\dfrac{17.35 \times 34.27}{41.53 \div 3.76}$을 계산하고, 소수점 아래 3자리로 보정하라.

2 $\dfrac{(4.527 + 3.63)}{(452.51 \div 34.75)} + 0.468$을 계산하고, 유효숫자 5자리로 보정하라.

3 $52.34 - \dfrac{(912.5 \div 41.46)}{(24.6 - 13.652)}$을 계산하고, 소수점 아래 3자리로 보정하라.

4 3.5^2을 계산하라.

5 $(0.036)^2$을 공학용 형태로 계산하라.

6 1.563^2을 계산하고, 유효숫자 5자리로 보정하라.

7 3.14^3을 계산하고, 유효숫자 4자리로 보정하라.

8 $(0.38)^3$을 계산하고, 소수점 아래 4자리로 보정하라.

9 $\dfrac{1}{1.75}$을 계산하고, 소수점 아래 3자리로 보정하라.

10 $\dfrac{1}{0.0250}$을 계산하라.

11 $\dfrac{1}{0.00725}$ 을 계산하고, 소수점 아래 1자리로 보정하라.

12 $\dfrac{1}{0.065}-\dfrac{1}{2.341}$ 의 값을 유효숫자 4자리로 보정하라.

13 2.1^4 을 계산하라.

14 $(0.22)^5$ 을 계산하고, 유효숫자 5자리로 보정하여 공학용 형태로 나타내라.

15 $(1.012)^7$ 을 계산하고, 소수점 아래 4자리로 보정하라.

16 $1.1^3+2.9^4-4.4^2$ 을 계산하고, 유효숫자 4자리로 보정하라.

17 $\sqrt{123.7}$ 을 계산하고, 유효숫자 5자리로 보정하라.

18 $\sqrt{0.69}$ 를 계산하고, 유효숫자 4자리로 보정하라.

19 $\sqrt[3]{17}$ 을 계산하고, 소수점 아래 3자리로 보정하라.

20 $\sqrt[5]{3.12}$ 를 계산하고, 소수점 아래 4자리로 보정하라.

21 $\sqrt[6]{2451}-\sqrt[4]{46}$ 을 계산하고, 소수점 아래 3자리로 보정하라.

※ (문제 22~25) 공학용 형태로 표현하라.

22 $5\times10^{-3}\times7\times10^8$ 을 계산하라.

23 $\dfrac{3\times10^{-4}}{8\times10^{-9}}$ 을 계산하라.

24 $\dfrac{6\times10^3\times14\times10^{-4}}{2\times10^6}$ 을 계산하라.

25 $\dfrac{99\times10^5\times6.7\times10^{-3}}{36.2\times10^{-4}}$ 을 계산하고, 유효숫자 4자리로 보정하라.

계산기를 이용하여 다음 문제들을 따라하며 확인해보자.

[문제 9] $\dfrac{1}{4}+\dfrac{2}{3}$ 를 계산하라.

❶ $\dfrac{\square}{\square}$ 키를 누른다.

❷ 1을 입력한다.

❸ 커서 키에서 ↓를 누르고 4를 입력한다.

❹ 화면에 $\dfrac{1}{4}$ 이 표시된다.

❺ 커서 키에서 →를 누르고 +를 입력한다.

❻ $\dfrac{\square}{\square}$ 키를 누른다.

❼ 2를 입력한다.

❽ 커서 키에서 ↓를 누르고 3을 입력한다.

❾ 커서 키에서 →를 누른다.

❿ =를 누르면 답 $\dfrac{11}{12}$ 이 표시된다.

⓫ S⇔D 키를 누르면 소수 $0.9166666\cdots$ 으로 바뀐다.

따라서 **소수점 아래 4자리로 보정한 소수 값은** $\dfrac{1}{4}+\dfrac{2}{3}=\dfrac{11}{12}=0.9167$ 이다.

[문제 10] $5\dfrac{1}{5}-3\dfrac{3}{4}$ 을 계산하라.

❶ Shift와 $\dfrac{\square}{\square}$ 키를 누르면 $\square\dfrac{\square}{\square}$ 가 화면에 나타난다.

❷ 5를 입력하고 커서 키에서 →를 누른다.

❸ 1을 입력하고 커서 키에서 ↓를 누른다.

❹ 5를 입력하면 화면에 $5\dfrac{1}{5}$ 이 나온다.

❺ 커서 키에서 →를 누른다.

❻ −를 입력하고 Shift와 $\dfrac{\square}{\square}$ 키를 누르면 화면에 $5\dfrac{1}{5}-\square\dfrac{\square}{\square}$ 가 나타난다.

❼ 3을 입력하고 커서 키에서 →를 누른다.

❽ 3을 입력하고 커서 키에서 ↓를 누른다.

❾ 4를 입력하면 화면에 $5\dfrac{1}{5}-3\dfrac{3}{4}$ 이 표시된다.

❿ 커서 키에서 →를 누른다.

⓫ =를 누르면 답 $\dfrac{29}{20}$ 가 표시된다.

⓬ S⇔D 키를 누르면 분수가 소수 1.45 로 바뀐다.

따라서 **소수로 나타낸 값은** $5\dfrac{1}{5}-3\dfrac{3}{4}=\dfrac{29}{20}=1\dfrac{9}{20}=1.45$ 이다.

[문제 11] $\sin 38°$를 계산하라.

❶ 계산기가 도^{degree} 모드인지 확인하라.

❷ sin 키를 누르면 화면에 sin(가 표시된다.

❸ 38을 입력하고)로 괄호를 닫는다. 그러면 화면에 $\sin(38)$이 표시된다.

❹ =를 누르면 답 $0.615661475\cdots$가 표시된다.

소수점 아래 4자리로 보정한 값은 $\sin 38° = 0.6157$이다.

[문제 12] $5.3 \tan(2.23\,\text{rad})$을 계산하라.

❶ Shift, Setup, 4를 눌러 호도^{radian} 모드인지 확인한다 (화면 상단에 작은 R이 나타난다).

❷ 5.3을 입력한 후에 tan 키를 누르면 화면에 $5.3\tan($가 표시된다.

❸ 2.23을 입력하고)로 괄호를 닫는다. 그러면 화면에 $5.3\tan(2.23)$이 표시된다.

❹ =를 누르면 답 $-6.84021262\cdots$가 표시된다.

따라서 소수점 아래 4자리로 보정한 값은
$5.3 \tan(2.23\,\text{rad}) = -6.8402$이다.

[문제 13] 3.57π를 계산하라.

❶ 3.57을 입력한다.

❷ Shift와 $\times 10^x$ 키를 누르면 화면에 3.57π가 나타난다.

❸ Shift와 $=$(또는 $S \Leftrightarrow D$)를 누르면 3.57π의 값이 $11.2154857\cdots$과 같이 소수로 나타난다.

따라서 유효숫자 4자리로 보정한 값은 $3.57\pi = 11.22$이다.

[문제 14] $e^{2.37}$을 계산하라.

❶ Shift를 누르고 ln 키를 누르면 화면에 $e^{\square}$이 표시된다.

❷ 2.37을 입력하면 화면에 $e^{2.37}$이 나타난다.

❸ Shift와 $=$(또는 $=$와 $S \Leftrightarrow D$)를 누르면 $e^{2.37}$의 값이 $10.6973922\cdots$와 같이 소수로 나타난다.

따라서 유효숫자 4자리로 보정한 값은 $e^{2.37} = 10.70$이다.

◆ 이제 다음 연습문제를 풀어보자.

[연습문제 19] 계산기 이용

1 $\dfrac{2}{3} - \dfrac{1}{6} + \dfrac{3}{7}$ 을 분수로 계산하라.

2 $2\dfrac{5}{6} + 1\dfrac{5}{8}$ 를 유효숫자 4자리로 보정한 소수로 계산하라.

3 $\dfrac{1}{3} - \dfrac{3}{4} \times \dfrac{8}{21}$ 을 분수로 계산하라.

4 $8\dfrac{8}{9} \div 2\dfrac{2}{3}$ 를 대분수로 계산하라.

5 $\dfrac{\left(4\dfrac{1}{5} - 1\dfrac{2}{3}\right)}{\left(3\dfrac{1}{4} \times 2\dfrac{3}{5}\right)} - \dfrac{2}{9}$ 를 유효숫자 3자리로 보정한 소수로 계산하라.

※ (문제 6~12) 공학용 형태로 표현하라. 소수점 아래 4자리로 보정하여 계산하라.

6 $\sin 15.78°$ **7** $\cos 63.74°$

8 $\tan 39.55° - \sin 52.53°$ **9** $\sin(0.437\,\text{rad})$

10 $\cos(1.42\,\text{rad})$ **11** $\tan(5.673\,\text{rad})$

12 $\dfrac{(\sin 42.6°)(\tan 83.2°)}{\cos 13.8°}$

※ (문제 13~18) 유효숫자 4자리로 보정하여 계산하라.

13 1.59π **14** $\pi^2(\sqrt{13} - 1)$

15 $3e^{(2\pi - 1)}$ **16** $2\pi e^{\frac{\pi}{3}}$

17 $\sqrt{\left[\dfrac{5.52\pi}{2e^{-2} \times \sqrt{26.73}}\right]}$ **18** $\sqrt{\left[\dfrac{e^{(2-\sqrt{3})}}{\pi \times \sqrt{8.57}}\right]}$

4.3 공식 구하기

명제 $y = mx + c$는 m, x, c에 관한 y의 식^{formula}이라 한다. y, m, x, c를 기호^{symbol} 또는 변수^{variable}라 한다.

m, x, c가 주어지면 y를 구할 수 있다. 공학에서 사용되는 식은 무수히 많은데, 이 절에서는 공학적인 양을 산출하기 위해 기호 대신 수를 삽입한다.

[문제 15] 밑면이 없는 직원뿔 hollow cone의 겉넓이 A는 $A = \pi r l$ 이다. $r = 3.0\,\mathrm{cm}$ 이고 $l = 8.5\,\mathrm{cm}$ 일 때, 이 직원뿔의 겉넓이를 소수점 아래 1자리로 보정하여 구하라.

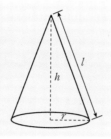

$$A = \pi r l = \pi(3.0)(8.5)$$
$$= \pi(25.5) = 80.1106\cdots$$

따라서 소수점 아래 1자리로 보정한 겉넓이는 $A = 80.1\,\mathrm{cm}^2$ 이다.

[문제 16] 속도 v는 $v = u + at$로 주어진다. $u = 9.54\,\mathrm{m/s}$, $a = 3.67\,\mathrm{m/s}^2$, $t = 7.82\,\mathrm{s}$ 일 때, 유효숫자 3자리로 보정한 v를 구하라.

$$v = u + at = 9.54 + 3.67 \times 7.82$$
$$= 9.54 + 28.6994 = 38.2394$$

따라서 유효숫자 3자리로 보정한 속도는 $v = 38.2\,\mathrm{m/s}$ 이다.

[문제 17] 원의 넓이 A는 $A = \pi r^2$ 이다. 반지름이 $r = 5.23\,\mathrm{m}$ 일 때, 소수점 아래 2자리로 보정한 넓이를 구하라.

$$A = \pi r^2 = \pi(5.23)^2 = \pi(27.3529) = 85.9316\cdots$$

따라서 소수점 아래 2자리로 보정한 넓이는 $A = 85.93\,\mathrm{m}^2$ 이다.

[문제 18] 직원뿔의 부피 $V\,\mathrm{cm}^3$는 $V = \frac{1}{3}\pi r^2 h$로 주어진다. 반지름 $r = 2.45\,\mathrm{cm}$ 이고 높이가 $h = 18.7\,\mathrm{cm}$ 일 때, 유효숫자 4자리로 보정한 부피를 구하라.

$$V = \frac{1}{3}\pi r^2 h = \frac{1}{3}\pi(2.45)^2(18.7)$$
$$= \frac{1}{3} \times \pi \times 2.45^2 \times 18.7$$
$$= 117.544521\cdots$$

그러므로 유효숫자 4자리로 보정한 부피는 $V = 117.5\,\mathrm{cm}^3$ 이다.

[문제 19] 힘 $F[\mathrm{N}]^{\text{newton}}$는 공식 $F = \dfrac{Gm_1 m_2}{d^2}$ 로 주어진다. 이때 m_1과 m_2는 질량이고, d는 두 질량이 떨어진 거리, G는 상수이다. $G = 6.67 \times 10^{-11}$, $m_1 = 7.36$, $m_2 = 15.5$, $d = 22.6$일 때, 힘의 값을 구하라. 답은 유효숫자 3자리로 보정한 표준형으로 표현한다.

$$F = \frac{Gm_1 m_2}{d^2} = \frac{(6.67 \times 10^{-11})(7.36)(15.5)}{(22.6)^2}$$
$$= \frac{(6.67)(7.36)(15.5)}{(10^{11})(510.76)} = \frac{1.490}{10^{11}}$$

따라서 유효숫자 3자리로 보정한 힘은 $F = 1.49 \times 10^{-11}\,\mathrm{N}$ 이다.

[문제 20] 단진자의 흔들림 시간 t초는 $t = 2\pi\sqrt{\dfrac{l}{g}}$ 로 주어진다. $l = 12.9$이고 $g = 9.81$일 때, 소수점 아래 3자리로 보정한 시간을 구하라.

$$t = 2\pi\sqrt{\frac{l}{g}} = (2\pi)\sqrt{\frac{12.9}{9.81}} = 7.20510343\cdots$$

따라서 소수점 아래 3자리로 보정한 시간은 $t = 7.205$초이다.

◆ 이제 다음 연습문제를 풀어보자.

[연습문제 20] 공식 구하기

1 원의 원주 C는 공식 $C = 2\pi r$ 로 주어진다. $r = 8.40\,\mathrm{mm}$ 일 때, 원주를 구하라.

2 기체와 관련되어 사용되는 공식에 $R = \dfrac{PV}{T}$ 가 있다. $P = 1500$, $V = 5$, $T = 200$일 때, R을 계산하라.

3 물체의 속도는 $v = u + at$로 주어진다. 측정된 초기 속도 u는 12m/s인 것으로 밝혀졌다. 가속도 a가 $9.81 \mathrm{m/s^2}$이고 시각 t가 15초일 때, 마지막 속도 v를 계산하라.

4 시각 $t = 0.032$초이고 중력가속도가 $g = 9.81 \mathrm{m/s^2}$일 때, $s = \frac{1}{2}gt^2$으로 주어지는 거리 s를 [mm] 단위로 구하라.

5 커패시터에 저장되는 에너지는 $E = \frac{1}{2}CV^2$[J]^{joule}으로 주어진다. 커패시턴스 $C = 5 \times 10^{-6}$[F]^{farad}이고 전압이 $V = 240$V일 때, 에너지를 구하라.

6 저항 R_2는 $R_2 = R_1(1 + \alpha t)$로 주어진다. $R_1 = 220$, $\alpha = 0.00027$, $t = 75.6$일 때, 유효숫자 4자리로 보정한 R_2를 구하라.

7 밀도 $= \dfrac{\text{질량}}{\text{부피}}$이다. 어떤 물체의 질량이 2.462kg이고 부피가 173cm³일 때, 이 물체의 밀도를 $\mathrm{kg/m^3}$ 단위를 이용하여 구하라. 단, $1 \mathrm{cm^3} = 10^{-6} \mathrm{m^3}$이다.

8 속도 $=$ 주파수 $\times$ 파장이다. 주파수가 1825Hz이고 파장이 0.154m일 때, 속도를 구하라.

9 $R_1 = 5.5\,\Omega$, $R_2 = 7.42\,\Omega$, $R_3 = 12.6\,\Omega$일 때, 다음과 같이 주어지는 저항 R_T를 구하라.

$$\frac{1}{R_T} = \frac{1}{R_1} + \frac{1}{R_2} + \frac{1}{R_3}$$

10 일률 $= \dfrac{\text{힘} \times \text{거리}}{\text{시간}}$이다. 물체를 35초 동안 4.73m를 끌어 올리는 데 3760N의 힘이 작용했을 때, 일률을 구하라.

11 배터리 단자에서 구할 수 있는 전위차 V[V]는 $V = E - Ir$로 주어진다. $E = 5.62$, $I = 0.70$, $r = 4.30$일 때, V를 계산하라.

12 힘은 $F = \frac{1}{2}m(v^2 - u^2)$으로 주어진다. $m = 18.3$, $v = 12.7$, $u = 8.24$일 때, F를 구하라.

13 에너지 E[J]는 공식 $E = \frac{1}{2}LI^2$으로 주어진다. $L = 5.5$이고 $I = 1.2$일 때, 에너지를 계산하라.

14 교류회로에서 전류 I[A]는 $I = \dfrac{V}{\sqrt{R^2 + X^2}}$로 주어진다. $V = 250$, $R = 11.0$, $X = 16.2$일 때, 전류를 계산하라.

15 거리 s[m]는 공식 $s = ut + \frac{1}{2}at^2$으로 주어진다. $u = 9.50$, $t = 4.60$, $a = -2.50$일 때, 거리를 계산하라.

16 삼각형의 넓이 A는 $A = \sqrt{[s(s-a)(s-b)(s-c)]}$로 주어진다. 여기서 $s = \dfrac{a+b+c}{2}$이다. $a = 3.60$cm, $b = 4.00$cm, $c = 5.20$cm일 때, 넓이를 구하라.

05

기본 대수
Basic algebra

기본 대수를 이해하는 것이 왜 중요할까?

대수(algebra)는 공학자에게 가장 기본적인 도구 중 하나이다. 어떤 값(가능한 다른 길이, 물질상수, 질량)들이 주어질 때, 대수를 이용하여 이 값과 관련되는 또 다른 값(길이, 물질상수, 온도, 질량 등)을 결정할 수 있다. 기계, 화학, 토목, 환경 전기 공학자들이 다루는 문제의 유형은 다양하지만, 모든 공학자들은 문제를 해결하기 위해 대수를 사용한다. 대수가 자주 사용되는 예로 저항이 전압에 비례하는 단순 전기회로를 들 수 있다. 옴의 법칙($V = IR$)을 사용하여 공학자는 회로를 지나는 전압을 결정하기 위해 간단히 회로를 흐르는 전류에 저항을 곱한다. 공학자와 과학자는 다방면에서 대수를 사용하고 있으며, 그렇기 때문에 대수에 대한 생각을 멈출 수 없다. 선택하고자 하는 공학의 유형에 따라 다양한 대수를 사용하겠지만, 모든 경우에서 대수는 여러분이 공학자가 되기 위해 필요한 수학의 기초를 쌓도록 돕는다. 대수는 미지수를 다룰 수 있는 형태의 수학이다. 만약 어떤 수인지 알지 못한다면, 대수를 이용한 계산에서 이 미지수를 사용할 수 없다. 대수는 변수를 갖는다. 변수는 아직 알려지지 않은 수와 측정에 붙이는 명칭으로서, 대수를 통해 방정식과 공식에서 이러한 변수를 사용할 수 있다. 대수가 수학의 기본 형식이기는 하나, 그럼에도 불구하고 산업체에서 가장 보편적으로 사용되는 수학 형식 중의 하나이다. 비교적 단순하지만, 대수는 공학의 많은 분야에서 사용되는 강력한 문제 해결 도구를 갖는다. 예를 들어 달에 보낼 로켓을 설계한다고 할 때, 비행 탄도와 추진 엔진의 연소 시간, 강도, 이륙 각도를 계산하기 위해 공학자는 대수를 사용해야 한다. 공학자는 끊임없이 수학, 특히 대수를 사용한다. 대수에 익숙해진다면 모든 공학수학에 대한 학습이 훨씬 더 쉬워질 것이다.

학습포인트

- 대수에서 기본 연산을 이해한다.
- 수 대신 문자를 사용하여 더하고, 빼고, 곱하고, 나눈다.
- 수 대신 문자를 사용한 지수법칙을 설명한다.
- 지수법칙을 이용하여 대수식을 간단히 한다.
- 대수에서 기본연산을 가진 괄호를 사용한다.
- 인수분해를 이해한다.
- 간단한 대수식으로 인수분해한다.
- 대수식을 간단히 하기 위해 우선순위 법칙을 사용한다.

5.1 서론

우리는 이미 4장부터 계산기를 이용해 식을 계산하는 데 익숙해졌을 것이다.

축구 경기장의 길이가 L이고 폭이 b라고 할 때, 넓이 A에 대한 공식은 다음과 같다.

$$A = L \times b$$

이것은 대수방정식$^{algebraic\ equation}$이다. 여기서 $L = 120\,\mathrm{m}$이고 $b = 60\,\mathrm{m}$이면 넓이는 $A = 120 \times 60 = 7200\,\mathrm{m}^2$이다.

화씨온도 F는 셀시우스*인 섭씨온도 C에 대해 다음과 같이 주어진다.

$$F = \frac{9}{5}C + 32$$

이것 또한 대수방정식이다. 여기서 $C = 100\,^\circ\mathrm{C}$ 이면 화씨온도는 $F = \dfrac{9}{5} \times 100 + 32 = 180 + 32 = 212\,^\circ\mathrm{F}$ 이다.

*셀시우스는 누구?

안데르스 셀시우스(Anders Celsius, 1701. 11. 27 ~ 1744. 4. 25)는 스웨덴의 천문학자로, 1742년에 그의 이름이 명명된 셀시우스 온도 척도를 제안하였다.

식을 계산하는 데 어려움이 없다면 대수 계산을 극복하는 데도 어려움이 없을 것이다.

5.2 기본 연산

대수는 수를 나타내기 위해 문자를 사용한다. a, b, c, d 가 임의의 네 수를 나타낸다고 할 때, 대수에서는 다음과 같다.

❶ $a + a + a + a = 4a$. 예를 들어 $a = 2$이면
$2 + 2 + 2 + 2 = 4 \times 2 = 8$이다.

❷ $5b$는 $5 \times b$를 의미한다. 예를 들어 $b = 4$이면
$5b = 5 \times 4 = 20$이다.

❸ $2a + 3b + a - 2b = 2a + a + 3b - 2b = 3a + b$이다. 유사한 항(동류항)끼리만 대수적으로 묶을 수 있다. $2a$와 $+a$ 는 묶어서 $3a$가 되고, $3b$와 $-2b$는 묶어서 $1b$가 되며 이를 b로 표현한다.
추가로, $+$와 $-$ 부호로 항들이 떨어진 경우 그 계산 순서는 아무런 문제가 되지 않는다. 이 예에서 $2a + 3b + a - 2b$는 $2a + a + 3b - 2b$와 동일하고, $3b + a + 2a - 2b$ 등과도 동일하다.
Note 첫 번째 항 $2a$는 $+2a$를 의미한다.

❹ $4abcd = 4 \times a \times b \times c \times d$이다. 예를 들어, $a = 3$, $b = -2$, $c = 1$, $d = -5$이면
$4abcd = 4 \times 3 \times (-2) \times 1 \times (-5) = 120$이다.
Note $(-) \times (-) = (+)$

❺ $(a)(c)(d)$는 $a \times c \times d$를 의미한다. 곱하기 기호 대신에 종종 괄호가 사용한다. 예를 들어 $(2)(5)(3)$은 $2 \times 5 \times 3 = 30$을 의미한다.

❻ $ab = ba$이다. $a = 2$, $b = 3$이면 2×3은 정확히 3×2, 즉 6과 같다.

❼ $b^2 = b \times b$이다. 예를 들어 $b = 3$이면 $3^2 = 3 \times 3 = 9$이다.

❽ $a^3 = a \times a \times a$이다. 예를 들어 $a = 2$이면
$2^3 = 2 \times 2 \times 2 = 8$이다.

대수 입문에서 기본 연산을 이해하는 데 도움이 되는 몇 가지 예제들을 살펴보자.

5.2.1 덧셈과 뺄셈

[문제 1] $4x$, $3x$, $-2x$, $-x$의 합을 구하라.

$$4x + 3x + (-2x) + (-x) = 4x + 3x - 2x - x$$
$$= 4x$$

Note $(+) \times (-) = (-)$

[문제 2] $5x$, $3y$, z, $-3x$, $-4y$, $6z$의 합을 구하라.

$$5x + 3y + z + (-3x) + (-4y) + 6z$$
$$= 5x + 3y + z - 3x - 4y + 6z$$
$$= 5x - 3x + 3y - 4y + z + 6z$$
$$= 2x - y + 7z$$

항들이 $+$와 $-$ 부호로 분리되어 있을 때 순서를 바꿀 수 있다. 단, 유사한 항들끼리만 묶을 수 있다.

[문제 3] $4x^2 - x - 2y + 5x + 3y$를 간단히 하라.

$$4x^2 - x - 2y + 5x + 3y = 4x^2 + 5x - x + 3y - 2y$$
$$= 4x^2 + 4x + y$$

5.2.2 곱셈과 나눗셈

[문제 4] $bc \times abc$를 간단히 하라.

$$bc \times abc = b \times c \times a \times b \times c$$
$$= a \times b \times b \times c \times c$$
$$= a \times b^2 \times c^2$$
$$= ab^2c^2$$

[문제 5] $(-2p) \times (-3p)$를 간단히 하라.

$(-) \times (-) = (+)$이므로 $(-2p) \times (-3p) = 6p^2$이다.

[문제 6] $ab \times b^2c \times a$를 간단히 하라.

$$ab \times b^2c \times a = a \times a \times b \times b \times b \times c$$
$$= a^2 \times b^3 \times c$$
$$= a^2b^3c$$

[문제 7] $a=3$, $b=2$, $c=5$일 때, $3ab+4bc-abc$를 계산하라.

$$3ab+4bc-abc = 3 \times a \times b + 4 \times b \times c - a \times b \times c$$
$$= 3 \times 3 \times 2 + 4 \times 2 \times 5 - 3 \times 2 \times 5$$
$$= 18 + 40 - 30$$
$$= 28$$

[문제 8] $2a+3b$에 $a+b$를 곱하라.

첫 번째 식의 각 항에 a를 곱하고, 첫 번째 식의 각 항에 b를 곱하여, 두 결과를 더한다. 보편적인 방법은 다음과 같다.

	$2a + 3b$	
	$a + b$	
a를 곱한 결과	$2a^2 + 3ab$	
b를 곱한 결과	$2ab + 3b^2$	
더한 결과	$2a^2 + 5ab + 3b^2$	

따라서 $(2a+3b)(a+b) = 2a^2 + 5ab + 3b^2$이다.

[문제 9] $2x \div 8xy$를 간단히 하라.

$2x \div 8xy$는 $\dfrac{2x}{8xy}$를 의미한다.

$$\frac{2x}{8xy} = \frac{2 \times x}{8 \times x \times y}$$
$$= \frac{1 \times 1}{4 \times 1 \times y} \quad \text{약분에 의해}$$
$$= \frac{1}{4y}$$

◆ 이제 다음 연습문제를 풀어보자.

[연습문제 21] 대수에서 기본 연산

1 $4a$, $-2a$, $3a$, $-8a$의 합을 구하라.

2 $2a$, $5b$, $-3c$, $-a$, $-3b$, $7c$의 합을 구하라.

3 $5ab-4a+ab+a$를 간단히 하라.

4 $2x-3y+5z-x-2y+3z+5x$를 간단히 하라.

5 $x-2y+3$과 $3x+4y-1$을 더하라.

6 $4a+3b$에서 $a-2b$를 빼라.

7 $a+b-2c$에서 $3a+2b-4c$를 빼라.

8 $pq \times pq^2r$을 간단히 하라.

9 $(-4a) \times (-2a)$를 간단히 하라.

10 $3 \times (-2q) \times (-q)$를 간단히 하라.

11 $p=3$, $q=-2$, $r=4$일 때, $3pq-5qr-pqr$을 계산하라.

12 $x=5$, $y=6$일 때, $\dfrac{23(x-y)}{y+xy+2x}$를 계산하라.

13 $a=4$, $b=3$, $c=5$, $d=6$일 때, $\dfrac{3a+2b}{3c-2d}$를 계산하라.

14 $2x \div 14xy$를 간단히 하라.

15 $3a-b$에 $a+b$를 곱하라.

16 $3a \div 9ab$를 간단히 하라.

5.3 지수법칙

수들의 지수법칙은 3장에서 다루었다. 대수 항에 대한 지수법칙은 다음과 같다.

❶ $a^m \times a^n = a^{m+n}$ (예) $a^3 \times a^4 = a^{3+4} = a^7$

❷ $\dfrac{a^m}{a^n} = a^{m-n}$ (예) $\dfrac{c^5}{c^2} = c^{5-2} = c^3$

❸ $(a^m)^n = a^{mn}$ (예) $(d^2)^3 = d^{2\times3} = d^6$

❹ $a^{\frac{m}{n}} = \sqrt[n]{a^m}$ (예) $x^{\frac{4}{3}} = \sqrt[3]{x^4}$

❺ $a^{-n} = \dfrac{1}{a^n}$ (예) $3^{-2} = \dfrac{1}{3^2} = \dfrac{1}{9}$

❻ $a^0 = 1$ (예) $17^0 = 1$

지수법칙을 보여주는 몇 가지 문제를 살펴보자.

[문제 10] $a^2b^3c \times ab^2c^5$을 간단히 하라.

$$a^2b^3c \times ab^2c^5 = a^2 \times b^3 \times c \times a \times b^2 \times c^5$$
$$= a^2 \times b^3 \times c^1 \times a^1 \times b^2 \times c^5$$

같은 항들끼리 그룹화한다.

$$a^2 \times a^1 \times b^3 \times b^2 \times c^1 \times c^5$$

지수법칙 ❶을 사용한다.

$$a^{2+1} \times b^{3+2} \times c^{1+5} = a^3 \times b^5 \times c^6$$

즉 $a^2b^3c \times ab^2c^5 = a^3b^5c^6$이다.

[문제 11] $\dfrac{x^5y^2z}{x^2yz^3}$를 간단히 하라.

$$\frac{x^5y^2z}{x^2yz^3} = \frac{x^5 \times y^2 \times z}{x^2 \times y \times z^3}$$
$$= \frac{x^5}{x^2} \times \frac{y^2}{y^1} \times \frac{z}{z^3}$$
$$= x^{5-2} \times y^{2-1} \times z^{1-3} \quad \text{지수법칙 ❷에 의해}$$
$$= x^3 \times y^1 \times z^{-2}$$
$$= x^3yz^{-2} \text{ 또는 } \frac{x^3y}{z^2}$$

[문제 12] $\dfrac{a^3b^2c^4}{abc^{-2}}$을 간단히 하고, $a=3$, $b=\dfrac{1}{4}$, $c=2$ 일 때의 값을 계산하라.

지수법칙 ❷를 이용하면 다음과 같다.

$$\frac{a^3}{a} = a^{3-1} = a^2$$
$$\frac{b^2}{b} = b^{2-1} = b$$
$$\frac{c^4}{c^{-2}} = c^{4-(-2)} = c^6$$

따라서 $\dfrac{a^3b^2c^4}{abc^{-2}} = a^2bc^6$ 이다. $a=3$, $b=\dfrac{1}{4}$, $c=2$일 때 다음을 얻는다.

$$a^2bc^6 = (3)^2\left(\frac{1}{4}\right)(2)^6 = (9)\left(\frac{1}{4}\right)(64) = 144$$

[문제 13] $(p^3)^2(q^2)^4$을 간단히 하라.

지수법칙 ❸을 이용하면 다음과 같다.

$$(p^3)^2(q^2)^4 = p^{3\times2} \times q^{2\times4}$$
$$= p^6q^8$$

[문제 14] $\dfrac{(x^2y^{1/2})(\sqrt{x}\,\sqrt[3]{y^2})}{(x^5y^3)^{1/2}}$을 간단히 하라.

지수법칙 ❸과 ❹를 이용하면 다음을 얻는다.

$$\frac{(x^2y^{1/2})(\sqrt{x}\,\sqrt[3]{y^2})}{(x^5y^3)^{1/2}} = \frac{(x^2y^{1/2})(x^{1/2}y^{2/3})}{x^{5/2}y^{3/2}}$$

지수법칙 ❶과 ❷를 이용하면 다음을 얻는다.

$$x^{2+\frac{1}{2}-\frac{5}{2}}y^{\frac{1}{2}+\frac{2}{3}-\frac{3}{2}} = x^0y^{-\frac{1}{3}} = y^{-\frac{1}{3}}$$

또는 지수법칙 ❺와 ❻을 이용하면 다음을 얻는다.

$$\frac{1}{y^{1/3}} \text{ 또는 } \frac{1}{\sqrt[3]{y}}$$

◆ 이제 다음 연습문제를 풀어보자.

[연습문제 22] 지수법칙

※ (문제 1~16) 다음을 간단히 하여 각 답을 거듭제곱으로 표현하라.

1 $z^2 \times z^6$ **2** $a \times a^2 \times a^5$

3 $n^8 \times n^{-5}$ **4** $b^4 \times b^7$

5 $b^2 \div b^5$ **6** $c^5 \times c^3 \div c^4$

7 $\dfrac{m^5 \times m^6}{m^4 \times m^3}$ **8** $\dfrac{(x^2)(x)}{x^6}$

9 $(x^3)^4$ **10** $(y^2)^{-3}$

11 $(t \times t^3)^2$ **12** $(c^{-7})^{-2}$

13 $\left(\dfrac{a^2}{a^5}\right)^3$ **14** $\left(\dfrac{1}{b^3}\right)^4$

15 $\left(\dfrac{b^2}{b^7}\right)^{-2}$ **16** $\dfrac{1}{(s^3)^3}$

17 $\dfrac{a^5 b c^3}{a^2 b^3 c^2}$ 을 간단히 하고, $a = \dfrac{3}{2}$, $b = \dfrac{1}{2}$, $c = \dfrac{2}{3}$ 일 때의 값을 계산하라.

※ (문제 18~19) 주어진 식을 간단히 하라.

18 $\dfrac{(abc)^2}{(a^2 b^{-1} c^{-3})^3}$

19 $\dfrac{(a^3 b^{1/2} c^{-1/2})(ab)^{1/3}}{\left(\sqrt{a^3}\,\sqrt{b}\,c\right)}$ 을 간단히 하라.

5.4 괄호

대수에서 다음이 성립한다.

❶ $2(a+b) = 2a + 2b$

❷ $(a+b)(c+d) = a(c+d) + b(c+d)$
$$= ac + ad + bc + bd$$

대수에 사용한 괄호를 이해하기 위한 몇 가지 예를 살펴보자.

[문제 15] $2b(a-5b)$ 를 구하라.

$2b(a-5b) = 2b \times a + 2b \times (-5b)$
$$= 2ba - 10b^2$$
$$= 2ab - 10b^2 \qquad \text{\small $2ba$는 $2ab$와 같다.}$$

[문제 16] $(3x+4y)(x-y)$ 를 구하라.

$(3x+4y)(x-y) = 3x(x-y) + 4y(x-y)$
$$= 3x^2 - 3xy + 4yx - 4y^2$$
$$= 3x^2 - 3xy + 4xy - 4y^2 \quad \text{\small $4yx$는 $4xy$와 같다.}$$
$$= 3x^2 + xy - 4y^2$$

[문제 17] $3(2x-3y) - (3x-y)$ 를 간단히 하라.

$3(2x-3y) - (3x-y)$ $\text{\small $-(3x-y) = -1(3x-y)$ 이고, 괄호 안의 두 항에 -1을 곱한다.}$
$$= 3 \times 2x - 3 \times 3y - 3x - (-y)$$
$$= 6x - 9y - 3x + y$$
$$= 6x - 3x - 9y + y$$
$$= 3x - 8y$$

Note $(-) \times (-) = (+)$

[문제 18] $(2x-3y)^2$ 을 간단히 하라.

$(2x-3y)^2 = (2x-3y)(2x-3y)$
$$= 2x(2x-3y) - 3y(2x-3y)$$
$$= 2x \times 2x + 2x \times (-3y) - 3y \times 2x - 3y \times (-3y)$$
$$= 4x^2 - 6xy - 6xy + 9y^2$$
$$= 4x^2 - 12xy + 9y^2$$

Note $(+) \times (-) = (-)$, $(-) \times (-) = (+)$

[문제 19] 식 $2[x^2 - 3x(y+x) + 4xy]$ 의 괄호를 제거하고 간단히 하라.

$$2[x^2 - 3x(y+x) + 4xy] = 2[x^2 - 3xy - 3x^2 + 4xy]$$
$$= 2[-2x^2 + xy]$$
$$= -4x^2 + 2xy$$
$$= 2xy - 4x^2$$

Note 둘 이상의 괄호가 들어 있는 경우에는 항상 안쪽 괄호부터 시작한다.

◆ 이제 다음 연습문제를 풀어보자.

[연습문제 23] 괄호

※ 주어진 식의 괄호를 전개하라.

1 $(x+2)(x+3)$ **2** $(x+4)(2x+1)$

3 $(2x+3)^2$ **4** $(2j-4)(j+3)$

5 $(2x+6)(2x+5)$ **6** $(pq+r)(r+pq)$

7 $(x+6)^2$ **8** $(5x+3)^2$

9 $(2x-6)^2$ **10** $(2x-3)(2x+3)$

11 $3a(b-2a)$ **12** $2x(x-y)$

13 $(2a-5b)(a+b)$

14 $3(3p-2q) - (q-4p)$

15 $(3x-4y) + 3(y-z) - (z-4x)$

16 $(2a+5b)(2a-5b)$

17 $(x-2y)^2$

18 $2x + [y - (2x+y)]$

19 $3a + 2[a - (3a-2)]$

20 $4[a^2 - 3a(2b+a) + 7ab]$

5.5 인수분해

8은 1, 2, 4, 8로 나누어지므로 8의 **약수**는 1, 2, 4, 8이다. 24는 1, 2, 3, 4, 6, 8, 12, 24로 나누어지므로 24의 약수는 1, 2, 3, 4, 6, 8, 12, 24이다. 1, 2, 4, 8이 8과 24의 약수이므로 8과 24의 **공약수**는 1, 2, 4, 8이다. **최대공약수**(HCF)는 두 개 이상의 항을 나누는 가장 큰 수이다. 그러므로 1장에서 설명한 바와 같이 8과 24의 HCF는 8이다.

대수식 안에 두 개 이상의 항이 공약수를 포함할 때, 이 약수는 괄호 밖에 놓을 수 있다. 예를 들어 $df + dg = d(f+g)$인데, 이는 $d(f+g) = df + dg$의 역과정일 뿐이다. 이 과정을 인수분해^{factorization}라 한다.

대수에서의 인수분해를 이해하기 위한 몇 가지 예를 살펴보자.

[문제 20] $ab - 5ac$를 인수분해하라.

a는 ab와 $-5ac$ 모두에 공통으로 있다. 따라서 a는 괄호 밖에 놓는다. 괄호 안은 어떻게 될까?

❶ a를 곱해서 ab가 되는 것은 무엇인가? 답 : b
❷ a를 곱해서 $-5ac$가 되는 것은 무엇인가? 답 : $-5c$

그러므로 괄호 안에 $b - 5c$가 나타난다. 따라서 다음과 같다.

$$ab - 5ac = a(b - 5c)$$

[문제 21] $2x^2 + 14xy^3$을 인수분해하라.

수 2와 14에 대한 최대공약수(HCF)는 2이다(즉 2는 2와 14를 모두 나누는 가장 큰 수이다).
x항들 x^2과 x에 대한 HCF는 x이다.

따라서 $2x^2$과 $14xy^3$의 HCF는 $2x$이다. 그러므로 $2x$를 괄호 밖에 놓는다. 괄호 안은 어떻게 될까?

❶ $2x$를 곱해서 $2x^2$이 되는 것은 무엇인가? 답 : x
❷ $2x$를 곱해서 $14xy^3$이 되는 것은 무엇인가? 답 : $7y^3$

그러므로 괄호 안에 $x + 7y^3$이 나타난다. 따라서 다음과 같다.

$$2x^2 + 14xy^3 = 2x(x + 7y^3)$$

[문제 22] $3x^3y - 12xy^2 + 15xy$를 인수분해하라.

수 3, 12, 15에 대한 최대공약수(HCF)는 3이다(즉 3은 3, 12, 15를 모두 나누는 가장 큰 수이다).

x항들 x^3, x, x에 대한 HCF는 x이다.

y항들 y, y^2, y에 대한 HCF는 y이다.

따라서 $3x^3y$, $12xy^2$과 $15xy$의 HCF는 $3xy$이다. 그러므로 $3xy$를 괄호 밖에 놓는다. 괄호 안은 어떻게 될까?

❶ $3xy$를 곱해서 $3x^3y$가 되는 것은 무엇인가? 답 : x^2

❷ $3xy$를 곱해서 $-12xy^2$이 되는 것은 무엇인가?

답 : $-4y$

❸ $3xy$를 곱해서 $15xy$가 되는 것은 무엇인가? 답 : 5

그러므로 괄호 안에 $x^2 - 4y + 5$가 나타난다. 따라서 다음과 같다.

$$3x^3y - 12xy^2 + 15xy = 3xy(x^2 - 4y + 5)$$

◆ 이제 다음 연습문제를 풀어보자.

[연습문제 24] 인수분해

※ 다음을 인수분해하여 간단히 하라.

1 $2x + 4$ **2** $2xy - 8xz$

3 $pb + 2pc$ **4** $2x + 4xy$

5 $4d^2 - 12df^5$ **6** $4x + 8x^2$

7 $2q^2 + 8qn$ **8** $rs + rp + rt$

9 $x + 3x^2 + 5x^3$ **10** $abc + b^3c$

11 $3x^2y^4 - 15xy^2 + 18xy$ **12** $4p^3q^2 - 10pq^3$

13 $21a^2b^2 - 28ab$ **14** $2xy^2 + 6x^2y + 8x^3y$

15 $2x^2y - 4xy^3 + 8x^3y^4$

5.6 우선순위 법칙

덧셈, 뺄셈, 곱셈, 나눗셈, 거듭제곱, 괄호가 포함된 대수식을 볼 수 있다. 수학에서는 반드시 지켜야 하는 우선순위가 있는데, 이는 이미 1장에서 처음 접했다. **우선순위 법칙** laws of precedence에 대한 순서는 다음과 같다.

Brackets(괄호)

Order(or pOwer)(차수 또는 거듭제곱)

Division(나눗셈)

Multiplication(곱하기)

Addition(더하기)

Subtraction(빼기)

각 단어의 첫 글자로 철자 BODMAS를 만든다.

대수에서 BODMAS를 이해하기 위해 몇 가지 예를 살펴보자.

[문제 23] $2x + 3x \times 4x - x$를 간단히 하라.

$$2x + 3x \times 4x - x = 2x + 12x^2 - x \qquad \text{(M)}$$

$$= 2x - x + 12x^2$$

$$= x + 12x^2 \qquad \text{(S)}$$

또는 $x(1 + 12x)$ 인수분해에 의해

[문제 24] $(y + 4y) \times 3y - 5y$를 간단히 하라.

$$(y + 4y) \times 3y - 5y = 5y \times 3y - 5y \qquad \text{(B)}$$

$$= 15y^2 - 5y \qquad \text{(M)}$$

또는 $5y(3y - 1)$ 인수분해에 의해

[문제 25] $t \div 2t + 3t - 5t$를 간단히 하라.

$$t \div 2t + 3t - 5t = \frac{t}{2t} + 3t - 5t \qquad \text{(D)}$$

$$= \frac{1}{2} + 3t - 5t \qquad \text{약분하여}$$

$$= \frac{1}{2} - 2t \qquad \text{(S)}$$

[문제 26] $x \div (4x + x) - 3x$를 간단히 하라.

$$x \div (4x + x) - 3x = x \div 5x - 3x \qquad \text{(B)}$$

$$= \frac{x}{5x} - 3x \qquad \text{(D)}$$

$$= \frac{1}{5} - 3x \qquad \text{약분하여}$$

[문제 27] $5a+3a \times 2a+a \div 2a-7a$를 간단히 하라.

$$5a+3a \times 2a+a \div 2a-7a$$

$$=5a+3a \times 2a+\frac{a}{2a}-7a \qquad \text{(D)}$$

$$=5a+3a \times 2a+\frac{1}{2}-7a \qquad \text{약분하여}$$

$$=5a+6a^2+\frac{1}{2}-7a \qquad \text{(M)}$$

$$=-2a+6a^2+\frac{1}{2} \qquad \text{(S)}$$

$$=6a^2-2a+\frac{1}{2}$$

◆ 이제 다음 연습문제를 풀어보자.

[연습문제 25] 우선순위 법칙

※ 다음을 간단히 하라.

1 $3x+2x \times 4x-x$

2 $(2y+y) \times 4y-3y$

3 $4b+3b \times (b-6b)$

4 $8a \div 2a+6a-3a$

5 $6x \div (3x+x)-4x$

6 $4t \div (5t-3t+2t)$

7 $3y+2y \times 5y+2y \div 8y-6y$

8 $(x+2x)3x+2x \div 6x-4x$

9 $5a+2a \times 3a+a \div (2a-9a)$

10 $(3t+2t)(5t+t) \div (t-3t)$

Chapter 06

간단한 방정식 풀기
Solving simple equations

간단한 방정식의 풀이를 이해하는 것이 왜 중요할까?

수학, 공학, 자연과학에서, 공식은 물리적인 양들을 서로 연관시키는 데 사용된다. 이 공식들은, 특정 물리량의 값을 알고 있을 때 다른 물리량의 값을 계산할 수 있는 규칙이 된다. 방정식은 공학의 모든 분야에서 발생한다. 간단한 방정식은, 우리가 방정식을 풀 때 구하고자 하는 미지의 물리량 하나를 항상 포함한다. 사실, 우리는 무의식적으로 머릿속으로 간단한 방정식을 풀고 있다. 예를 들어, 동일한 가격으로 CD 두 장을 사고 11000원인 DVD 한 장을 구입하는 데 총 25000원을 소비하였다고 하자. 이때 CD 한 장 가격이 7000원임을 구하는 과정은 선형방정식 $2x + 11000 = 25000$을 푸는 것과 마찬가지 과정이 된다. 공학, 물리학, 경제학, 화학, 컴퓨터과학 분야에서 간단한 방정식의 해법이 필요하지 않은 경우는 없다고 봐야 한다. 간단한 방정식을 풀이하는 능력은 확신을 갖고 공학수학과 과학을 다룰 수 있는 또 다른 디딤돌이 된다.

학습포인트

- 대수식과 대수방정식을 구분한다.
- 산술 연산을 적용할 때, 주어진 방정식의 등가성을 유지한다.
- 괄호와 분수가 포함된, 미지수가 하나인 선형방정식을 푼다.
- 특별한 상황을 수반하는 선형방정식을 세우고 해를 구한다.
- 공식에 데이터를 대입하여 미지의 양을 계산한다.

6.1 서론

$3x - 4$는 대수식algebraic expression의 한 예이다. $3x - 4 = 2$는 대수방정식algebraic equation의 한 예이다(즉 '='기호가 포함된다). 간단히 말해서 방정식은 두 개의 식이 동일함을 말한다. 그러므로 다음은 모두 방정식의 예이다.

$A = \pi r^2$ (A는 반지름의 길이가 r인 원의 넓이이다.)

$F = \dfrac{9}{5}C + 32$ (화씨와 섭씨의 관계이다.)

$y = 3x + 2$ (직선 그래프의 방정식이다.)

6.2 방정식 풀기

"방정식을 푼다"는 것은 "미지의 값을 구한다"는 것을 의미한다. 예를 들어, $3x - 4 = 2$를 푸는 것은 등식을 만족하는 x의 값을 구하는 것을 의미한다. 이 예에서 $x = 2$이다. 그렇다면 어떻게 $x = 2$에 도달했을까? 이것이 바로 이 장의 목적이다. 즉 이러한 방정식을 푸는 방법을 보여주고자 한다.

많은 방정식이 공학에서 발생한다. 그리고 필요할 때 그 방정식들을 푸는 것이 필수불가결하다. 간단한 방정식을 푸는 방법을 이해하기 위해 몇 가지 예를 살펴보자.

[문제 1] $4x = 20$을 풀어라.

방정식의 양변을 4로 나누면 다음과 같다.

$$\frac{4x}{4} = \frac{20}{4}$$

즉 약분을 하면 $x = 5$이고, 이것은 방정식 $4x = 20$의 해가 된다.

등호가 유지되도록 방정식의 양변에 동일한 연산을 적용해야 한다. 동일한 두 식에 똑같은 연산을 적용한다면, 그 결과로 생기는 두 식도 동일하다. 그러므로 **양변이 동일한 방정식**의 양변에 똑같은 연산을 얼마든지 적용할 수 있으며, 그 결과로 생기는 양변의 식 또한 동일하다. 이것은 사실, 반드시 기억해야 할 방정식을 푸는(또한 식을 변환하는[1]) 유일한 법칙이다.

[문제 2] 방정식 $\dfrac{2x}{5} = 6$ 을 풀어라.

양변에 5를 곱하면 $5\left(\dfrac{2x}{5}\right) = 5(6)$ 이고, 괄호를 제거하고 약분하면 $2x = 30$이다. 양변을 2로 나누면 다음과 같다.

$$\frac{2x}{2} = \frac{30}{2}$$

즉 약분을 하면 $x = 15$이고, 이는 방정식 $\dfrac{2x}{5} = 6$ 의 해이다.

[문제 3] 방정식 $a - 5 = 8$을 풀어라.

방정식의 양변에 5를 더한다.

$$a - 5 + 5 = 8 + 5$$
$$a = 8 + 5$$
$$\mathbf{a = 13}$$

이는 방정식 $a - 5 = 8$의 해이다.

위 방정식의 양변에 5를 더하는 것은 -5를 좌변에서 우변으로 옮긴 결과로, 부호가 $+$로 바뀐다.

[문제 4] 방정식 $x + 3 = 7$을 풀어라.

양변에서 3을 뺀다.

$$x + 3 - 3 = 7 - 3$$
$$x = 7 - 3$$
$$\mathbf{x = 4}$$

이는 방정식 $x + 3 = 7$의 해이다.

위 방정식의 양변에서 3을 빼는 것은 $+3$를 좌변에서 우변으로 옮긴 결과로, 부호가 $-$로 바뀐다. 따라서 직접적으로 $x + 3 = 7$에서 $x = 7 - 3$으로 바꿀 수 있다. 그러므로 **부호를 바꿔서** 방정식의 항을 다른 항으로 옮길 수 있다.

[문제 5] 방정식 $6x + 1 = 2x + 9$를 풀어라.

이 방정식에서 x를 포함하는 항을 방정식의 한 변으로 묶고, 나머지 항은 방정식의 다른 변으로 묶는다. [문제 3]과 [문제 4]에서와 같이 방정식의 한 변에서 다른 변으로 바꾸기 위해 부호가 바뀌어야 한다.

$$6x + 1 = 2x + 9$$
$$6x - 2x = 9 - 1$$
$$4x = 8$$
$$\frac{4x}{4} = \frac{8}{4} \qquad \text{양변을 4로 나눈다.}$$
$$\mathbf{x = 2} \qquad \text{약분에 의해}$$

이는 방정식 $6x + 1 = 2x + 9$의 해이다.

위의 예에서, 해를 확인할 수 있다. $6x + 1 = 2x + 9$인 [문제 5]에서 $x = 2$이면 다음을 얻는다.

$$\text{방정식의 좌변} = 6(2) + 1 = 13$$
$$\text{방정식의 우변} = 2(2) + 9 = 13$$

좌변과 우변이 같으므로 $x = 2$는 방정식의 정확한 해가 되어야 한다. 간단한 방정식을 풀 때는, 항상 해를 원래의 방정식에 대입해봄으로써 답을 확인한다.

[문제 6] 방정식 $4 - 3p = 2p - 11$을 풀어라.

p항이 양의 부호를 갖도록 하기 위해 p가 들어 있는 항을 우변으로, 상수항은 좌변으로 놓는다. [문제 5]와 비슷하게,

$$4 - 3p = 2p - 11$$
$$4 + 11 = 2p + 3p$$
$$15 = 5p$$
$$\frac{15}{5} = \frac{5p}{5} \qquad \text{양변을 5로 나눈다.}$$
$$\mathbf{3 = p} \ \text{또는} \ \mathbf{p = 3} \qquad \text{약분에 의해}$$

----

1 식 변환에 대해서는 다음 장에서 다룰 것이다.

이는 방정식 $4-3p=2p-11$의 해이다. 원래의 방정식에 $p=3$을 대입하여 해를 확인할 수 있다.

$$좌변 = 4-3(3) = 4-9 = -5$$
$$우변 = 2(3)-11 = 6-11 = -5$$

좌변=우변이므로 $p=3$은 정확한 해이다. 이 예에서, 미지수(p)를 처음부터 우변 대신 좌변 쪽으로 묶을 수 있다. 그러면 $-3p-2p=-11-4$, 즉

$$-5p = -15$$
$$\frac{-5p}{-5} = \frac{-15}{-5}$$

이고, 앞에서와 같이 $p=3$이다. 그러나 가능하면 양수인 값으로 푸는 것이 좀 더 쉽다.

[문제 7] 방정식 $3(x-2)=9$를 풀어라.

괄호를 제거한다. $3x-6=9$
재배열한다. $3x=9+6$. 즉, $3x=15$
양변을 3으로 나눈다. $x=5$

이는 방정식 $3(x-2)=9$의 해이다. 이는 원래의 방정식에 $x=5$를 대입하여 확인할 수 있다.

[문제 8] 방정식 $4(2r-3)-2(r-4)=3(r-3)-1$을 풀어라.

괄호를 제거한다. $8r-12-2r+8=3r-9-1$
재배열한다. $8r-2r-3r=-9-1+12-8$
즉, $3r=-6$
양변을 3으로 나눈다. $r=\dfrac{-6}{3}=-2$

이는 방정식 $4(2r-3)-2(r-4)=3(r-3)-1$의 해이다. 이는 원래의 방정식에 $r=-2$를 대입하여 확인할 수 있다.

$$좌변 = 4(-4-3)-2(-2-4) = -28+12 = -16$$
$$우변 = 3(-2-3)-1 = -15-1 = -16$$

좌변=우변이므로 $r=-2$는 정확한 해이다.

◆ **이제 다음 연습문제를 풀어보자.**

[연습문제 26] 간단한 방정식 풀기 1

※ 다음 방정식을 풀어라.

1 $2x+5=7$

2 $8-3t=2$

3 $\dfrac{2}{3}c-1=3$

4 $2x-1=5x+11$

5 $7-4p=2p-5$

6 $2a+6-5a=0$

7 $3x-2-5x=2x-4$

8 $20d-3+3d=11d+5-8$

9 $2(x-1)=4$

10 $16=4(t+2)$

11 $5(f-2)-3(2f+5)+15=0$

12 $2x=4(x-3)$

13 $6(2-3y)-42=-2(y-1)$

14 $2(3g-5)-5=0$

15 $4(3x+1)=7(x+4)-2(x+5)$

간단한 방정식 풀이에 대한 문제를 몇 가지 더 살펴보자.

[문제 9] 방정식 $\dfrac{4}{x}=\dfrac{2}{5}$를 풀어라.

분모들의 최소공배수(LCM), 즉 x와 5가 모두 나눌 수 있는 가장 작은 대수식은 $5x$이다.

양변에 $5x$를 곱한다. $5x\left(\dfrac{4}{x}\right)=5x\left(\dfrac{2}{5}\right)$
약분한다. $5(4)=x(2)$
즉, $20=2x$ … ❶
양변을 2로 나눈다. $\dfrac{20}{2}=\dfrac{2x}{2}$

약분하면 $10 = x$ 또는 $x = 10$이고, 이는 방정식 $\dfrac{4}{x} = \dfrac{2}{5}$의 해이다.

이 문제와 같이 방정식의 각 변에 분수가 하나씩 있는 경우, 분모들의 최소공배수를 구하지 않고 식 ❶에 빠르게 도달할 수 있다. $\dfrac{4}{x} = \dfrac{2}{5}$를 교차곱$^{\text{cross-multiplication}}$이라고 하는 방법으로 $4 \times 5 = 2 \times x$로 바꿀 수 있다.

일반적으로 $\dfrac{a}{b} = \dfrac{c}{d}$이면 $ad = bc$이다. 방정식의 각 변에 꼭 하나의 분수가 있으면 교차곱을 사용할 수 있다.

[문제 10] 방정식 $\dfrac{2y}{5} + \dfrac{3}{4} + 5 = \dfrac{1}{20} - \dfrac{3y}{2}$를 풀어라.

분모들의 최소공배수는 20이다. 즉 4, 5, 20, 2가 모두 나눌 수 있는 가장 작은 수이다.

각 항에 20을 곱한다.
$$20\left(\dfrac{2y}{5}\right) + 20\left(\dfrac{3}{4}\right) + 20(5) = 20\left(\dfrac{1}{20}\right) - 20\left(\dfrac{3y}{2}\right)$$
약분한다. $\qquad\qquad 4(2y) + 5(3) + 100 = 1 - 10(3y)$
즉, $\qquad\qquad\qquad 8y + 15 + 100 = 1 - 30y$
재배열한다. $\qquad\qquad 8y + 30y = 1 - 15 - 100$
$$38y = -114$$
양변을 38로 나눈다. $\qquad \dfrac{38y}{38} = \dfrac{-114}{38}$

약분하면 $y = -3$이고, 이는 방정식
$\dfrac{2y}{5} + \dfrac{3}{4} + 5 = \dfrac{1}{20} - \dfrac{3y}{2}$의 해이다.

[문제 11] 방정식 $\sqrt{x} = 2$를 풀어라.

제곱근 기호가 방정식에 포함된 경우에는 방정식의 양변을 제곱한다. 양변을 제곱하면 $\left(\sqrt{x}\right)^2 = (2)^2$이다.

즉 $x = 4$이고, 이는 방정식 $\sqrt{x} = 2$의 해이다.

[문제 12] 방정식 $2\sqrt{d} = 8$을 풀어라.

제곱근이 방정식에 포함될 때는 양변을 제곱하기 전에 한 변을 제곱근 항만으로 만드는 것이 필요하다.

교차곱을 한다. $\qquad\qquad \sqrt{d} = \dfrac{8}{2}$
약분한다. $\qquad\qquad\qquad \sqrt{d} = 4$
양변을 제곱한다. $\qquad\quad \left(\sqrt{d}\right)^2 = (4)^2$

즉 $d = 16$이고, 이는 방정식 $2\sqrt{d} = 8$의 해이다.

[문제 13] 방정식 $x^2 = 25$를 풀어라.

제곱 항이 포함될 때는 방정식의 양변에 제곱근을 취한다. 양변에 제곱근을 취하면 $\sqrt{x^2} = \sqrt{25}$이다. 즉 $x = \pm 5$이고, 이는 방정식 $x^2 = 25$의 해이다.

[문제 14] 방정식 $\dfrac{15}{4t^2} = \dfrac{2}{3}$를 풀어라.

이 방정식은 한 변에 t^2항만을 놓이도록 재배열할 필요가 있다.

교차곱을 한다. $\qquad\qquad 15(3) = 2(4t^2)$
즉, $\qquad\qquad\qquad\qquad 45 = 8t^2$
양변을 8로 나눈다. $\qquad\quad \dfrac{45}{8} = \dfrac{8t^2}{8}$
약분한다. $\qquad\quad 5.625 = t^2$ 또는 $t^2 = 5.625$
양변에 제곱근을 취한다. $\quad \sqrt{t^2} = \sqrt{5.625}$

즉 유효숫자 4자리로 보정하면 $t = \pm 2.372$이고, 이는 방정식 $\dfrac{15}{4t^2} = \dfrac{2}{3}$의 해이다.

◆ 이제 다음 연습문제를 풀어보자.

[연습문제 27] 간단한 방정식 풀기 2

※ 다음 방정식을 풀어라.

1   $\dfrac{1}{5}d + 3 = 4$

2   $2 + \dfrac{3}{4}y = 1 + \dfrac{2}{3}y + \dfrac{5}{6}$

3   $\dfrac{1}{4}(2x - 1) + 3 = \dfrac{1}{2}$

4 $\dfrac{1}{5}(2f-3)+\dfrac{1}{6}(f-4)+\dfrac{2}{15}=0$

5 $\dfrac{x}{3}-\dfrac{x}{5}=2$

6 $1-\dfrac{y}{3}=3+\dfrac{y}{3}-\dfrac{y}{6}$

7 $\dfrac{2}{a}=\dfrac{3}{8}$

8 $\dfrac{1}{3n}+\dfrac{1}{4n}=\dfrac{7}{24}$

9 $\dfrac{x+3}{4}=\dfrac{x-3}{5}+2$

10 $\dfrac{2}{a-3}=\dfrac{3}{2a+1}$

11 $\dfrac{x}{4}-\dfrac{x+6}{5}=\dfrac{x+3}{2}$

12 $3\sqrt{t}=9$

13 $2\sqrt{y}=5$

14 $4=\sqrt{\dfrac{3}{a}}+3$

15 $10=5\sqrt{\dfrac{x}{2}-1}$

16 $16=\dfrac{t^2}{9}$

6.3 간단한 방정식을 포함한 실전문제

공학에서는 방정식의 해를 구해야 하는 실전적인 상황에 많이 놓이게 된다. 대표적인 실제 상황을 보여주는 몇 가지 예를 살펴보자.

[문제 15] 모멘트의 원리를 빔에 적용할 때의 방정식은 $F\times 3=(7.5-F)\times 2$ 이다. 여기서 F 는 힘[N]이다. F 의 값을 구하라.

괄호를 제거한다. $\qquad\qquad 3F=15-2F$

재배열한다. $\qquad\qquad 3F+2F=15$

즉, $\qquad\qquad\qquad\quad 5F=15$

양변을 5로 나눈다. $\qquad \dfrac{5F}{5}=\dfrac{15}{5}$

그러므로 힘은 $\boldsymbol{F=3\,\text{N}}$ 이다.

[문제 16] $PV=mRT$ 는 이상기체의 상태방정식이다. 압력 $P=3\times 10^6\,\text{Pa}$, 부피 $V=0.90\,\text{m}^3$, 질량 $m=2.81\,\text{kg}$, 온도 $T=231\,\text{K}$ 일 때, 기체상수 R 의 값을 구하라.

$PV=mRT$ 의 양변을 mT 로 나눈다. $\qquad \dfrac{PV}{mT}=\dfrac{mRT}{mT}$

약분한다. $\qquad\qquad\qquad\qquad\qquad \dfrac{PV}{mT}=R$

주어진 값을 대입한다. $\qquad\qquad R=\dfrac{(3\times 10^6)(0.90)}{(2.81)(231)}$

계산기를 사용하여 유효숫자 4자리로 보정한 **기체상수는** $\boldsymbol{R=4160\,\text{J}/(\text{kg}\,\text{K})}$ **이다.**

[문제 17] 저항의 온도계수 α 는 식 $R_t=R_0(1+\alpha t)$ 를 이용해 계산할 수 있다. $R_t=0.928$, $R_0=0.80$, $t=40$ 일 때, α 를 구하라.

$R_t=R_0(1+\alpha t)$ 이므로 다음과 같이 구할 수 있다.

$$0.928=0.80[1+\alpha(40)]$$

$$0.928=0.80+(0.8)(\alpha)(40)$$

$$0.928-0.80=32\alpha$$

$$0.128=32\alpha$$

그러므로 $\alpha=\dfrac{0.128}{32}=0.004$ 이다.

[문제 18] t초 동안 움직인 거리 s[m]는 식 $s = ut + \frac{1}{2}at^2$으로 주어진다. 여기서 u는 초기속도[m/s]이고, a는 가속도[m/s^2]이다. 초기속도 $10\,\text{m/s}$로 6초 동안 $168\,\text{m}$를 움직였을 때, 물체의 가속도를 구하라.

$s = ut + \frac{1}{2}at^2$, $s = 168$, $u = 10$, $t = 6$이므로 다음과 같이 구할 수 있다.

$$168 = (10)(6) + \frac{1}{2}a(6)^2$$

$$168 = 60 + 18a$$

$$168 - 60 = 18a$$

$$108 = 18a$$

$$a = \frac{108}{18} = 6$$

그러므로 **물체의 가속도는 $6\,\text{m/s}^2$이다.**

[문제 19] 전기회로에 있는 세 개의 저항이 병렬로 연결되어 있고, 전체 저항 R_T는 $\frac{1}{R_T} = \frac{1}{R_1} + \frac{1}{R_2} + \frac{1}{R_3}$로 주어진다. $R_1 = 5\,\Omega$, $R_2 = 10\,\Omega$, $R_3 = 30\,\Omega$일 때 전체 저항을 구하라.

$$\frac{1}{R_T} = \frac{1}{5} + \frac{1}{10} + \frac{1}{30}$$

$$= \frac{6 + 3 + 1}{30}$$

$$= \frac{10}{30} = \frac{1}{3}$$

양변에 역수를 취하면 $\boldsymbol{R_T = 3\,\Omega}$이다.

다른 방법으로, $\frac{1}{R_T} = \frac{1}{5} + \frac{1}{10} + \frac{1}{30}$이면, 분모들의 LCM은 $30R_T$이다. 그러므로 다음을 얻는다.

$$30R_T\left(\frac{1}{R_T}\right) = 30R_T\left(\frac{1}{5}\right) + 30R_T\left(\frac{1}{10}\right) + 30R_T\left(\frac{1}{30}\right)$$

약분하면 $30 = 6R_T + 3R_T + R_T$, 즉 $30 = 10R_T$이다. 따라서 $\boldsymbol{R_T = \frac{30}{10} = 3\,\Omega}$이고, 이는 위에서 구한 답과 같다.

◆ 이제 다음 연습문제를 풀어보자.

[연습문제 28] 간단한 방정식을 포함한 실전문제 1

1 전선의 저항을 계산하기 사용되는 공식은 $R = \frac{\rho L}{a}$이다. $R = 1.25$, $L = 2500$, $a = 2 \times 10^{-4}$일 때, ρ의 값을 구하라.

2 힘 F[N]는 $F = ma$로 주어진다. 여기서 m은 질량[kg]이고, a는 가속도[m/s^2]이다. 힘 $4\,\text{kN}$이 질량 $500\,\text{kg}$에 작용할 때, 가속도를 구하라.

3 $PV = mRT$는 이상기체의 상태방정식이다. $P = 100 \times 10^3$, $V = 3.00$, $R = 288$, $T = 300$일 때, m의 값을 구하라.

4 세 저항 R_1, R_2, R_3이 병렬로 연결될 때, 전체 저항 R_T는 $\frac{1}{R_T} = \frac{1}{R_1} + \frac{1}{R_2} + \frac{1}{R_3}$로 결정된다.

(a) $R_1 = 3\,\Omega$, $R_2 = 6\,\Omega$, $R_3 = 18\,\Omega$일 때, 전체 저항을 구하라.

(b) $R_T = 3\,\Omega$, $R_1 = 5\,\Omega$, $R_2 = 10\,\Omega$일 때, R_3의 값을 구하라.

5 옴의 법칙은 $I = V/R$로 표현된다. 여기서 I는 전류[A], R은 저항[Ω]이다. 납땜용 인두는 전압 $240\,\text{V}$가 공급되면 $0.30\,\text{A}$의 전류가 흐른다. 저항을 구하라.

6 콘크리트 기둥 안의 철근에 작용하는 응력 σ[Pa]은 다음 방정식으로 주어진다.

$$500 \times 10^{-6}\sigma + 2.67 \times 10^5 = 3.55 \times 10^5$$

응력의 값을 [MPa]로 구하라.

실제 상황에서의 단순한 방정식 풀이에 대한 문제를 더 살펴보자.

[문제 20] 직류회로에서 전력은 $P = \frac{V^2}{R}$으로 주어진다. 여기서 V는 인가전압이고, R은 회로의 저항이다. 회로의 저항이 $1.25\,\Omega$이고 전력이 $320\,\text{W}$로 측정되었을 때, 인가전압을 구하라.

$P = \frac{V^2}{R}$이므로 다음과 같이 구할 수 있다.

$$320 = \frac{V^2}{1.25}$$

$$(320)(1.25) = V^2$$

$$V^2 = 400$$

인가전압은 $V = \sqrt{400} = 20\text{V}$ 이다.

[문제 21] 두꺼운 원통 물질 안의 압력 f는

$\dfrac{D}{d} = \sqrt{\dfrac{f+p}{f-p}}$ 로부터 얻는다. $D = 21.5$, $d = 10.75$,

$p = 1800$일 때, 압력을 계산하라.

$\dfrac{D}{d} = \sqrt{\dfrac{f+p}{f-p}}$ 이므로 다음을 얻는다.

$$\frac{21.5}{10.75} = \sqrt{\frac{f+800}{f-800}}$$

$$2 = \sqrt{\frac{f+800}{f-800}}$$

양변을 제곱하면 $4 = \dfrac{f+1800}{f-1800}$ 이다.

교차로 곱하면 다음과 같다.

$$4(f-1800) = f+1800$$

$$4f - 7200 = f + 1800$$

$$4f - f = 1800 + 7200$$

$$3f = 9000$$

$$f = \frac{9000}{3} = 3000$$

그러므로 **압력은 $f = 3000$** 이다.

◆ **이제 다음 연습문제를 풀어보자.**

[연습문제 29] 간단한 방정식을 포함한 실전문제 2

1 $R_2 = R_1(1+\alpha t)$로 주어진다. $R_1 = 5.0$, $R_2 = 6.03$, $t = 51.5$일 때, α를 구하라.

2 $v^2 = u^2 + 2as$ 이다. $v = 24$, $a = -40$, $s = 4.05$일 때, u를 구하라.

3 화씨와 섭씨 온도 사이의 관계는 $F = \dfrac{9}{5}C + 32$로 주어진다. $113\,^\circ\text{F}$를 섭씨로 표현하라.

4 $t = 2\pi\sqrt{\dfrac{w}{Sg}}$ 이다. $w = 1.219$, $g = 9.81$, $t = 0.3132$일 때, S의 값을 구하라.

5 사각형의 실험실은 길이가 폭의 1과 2분의 1배이고, 둘레가 $40\,\text{m}$이다. 실험실의 폭과 길이를 구하라.

6 모멘트의 원리를 빔에 적용할 때, 그 결과는 다음과 같은 방정식이 된다.

$$F \times 3 = (5 - F) \times 7$$

여기서 F는 힘[N]이다. F의 값을 구하라.

공식 변환

Transposing formulae

공식 변환을 이해하는 것이 왜 중요할까?

11장에서 언급한 바와 같이, 공식은 한 물리량을 하나 이상의 다른 물리량과 연관시키기 위해 공학의 거의 모든 분야에서 빈번하게 사용된다. 잘 알려진 물리 법칙들은 공식을 이용해서 설명되는데, 예를 들면 옴의 법칙 $V = I \times R$, 뉴턴의 제2운동법칙 $F = m \times a$ 등이 그것이다. 일상생활에서 동일한 가격의 물품 5개를 2000원에 구입했다고 생각해보자. 그러면 이 물품의 한 개당 가격은 얼마일까? 400원이라는 답을 얻기 위해 2000원을 5로 나누었다면, 이는 실제 공식 변환이 적용된 것이다. 공식 변환은 모든 분야의 공학에서 요구되는 기본적인 기술이다. 공식을 변환하는 능력은 확신을 갖고 공학수학과 과학을 다루게 하는 또 다른 디딤돌이다.

학습포인트

• 공식의 대상을 정의한다.
• 항들이 플러스 부호 또는 마이너스 부호로 연결된 방정식을 변환한다.
• 분수가 포함된 방정식을 변환한다.
• 제곱근 또는 거듭제곱을 포함하는 방정식을 변환한다.
• 구하고자 하는 미지수가 하나 이상 존재하는 방정식을 변환한다.

7.1 서론

공식 $I = \dfrac{V}{R}$ 에서 I 를 **공식의 대상**이라고 한다. 마찬가지로, 공식 $y = mx + c$ 에서 y 가 공식의 대상이다. 대상이 아닌 문자를 대상으로 바꿀 때는 공식을 재배열해야 한다. 이와 같은 재배열 과정을 공식 변환transposing formula이라 한다.

7.2 공식 변환

공식을 변환하기 위한 새로운 방법은 없으며, 11장에서 간단한 방정식을 풀 때 사용된 것과 동일한 방법이 사용된다. 즉 **방정식의 균형이 유지되어야만 한다.** 다시 말해서, 방정식의 한 변에 이루어진 연산이 다른 변에도 이루어져야 한다.

공식 변환을 이해하는 데 도움이 되는 몇 가지 예를 살펴보자.

[문제 1] $p = q + r + s$ 를 r 에 대한 식으로 변환하라.

목표는 방정식의 우변에 있는 r 을 얻는 것이다. r 이 좌변에 오도록 방정식을 바꾸면 다음과 같다.

$$q + r + s = p \cdots ❶$$

간단한 방정식에 대한 11장으로부터 항은 방정식의 한 변에서 부호를 바꾸어 다른 변으로 옮길 수 있다.

식을 재배열하면 $r = p - q - s$ 이다. 수학적으로 식 ❶의 양변에서 $q + s$ 를 뺀다.

[문제 2] $a + b = w - x + y$ 일 때, x 에 대해 표현하라.

[문제 1]에서 설명한 것과 같이 항은 방정식의 한 변에서 부호를 바꾸어 다른 변으로 옮길 수 있다. 그러므로 재배열하면 $x = w + y - a - b$ 이다.

[문제 3] $v = f\lambda$일 때, λ에 대한 식으로 변환하라.

$v = f\lambda$는 속도 v, 주파수 f, 파장 λ의 관계를 설명한다.

재배열한다. $\qquad\qquad f\lambda = v$

양변을 f로 나눈다. $\qquad \dfrac{f\lambda}{f} = \dfrac{v}{f}$

약분한다. $\qquad\qquad \lambda = \dfrac{v}{f}$

[문제 4] 물체가 높이 h에서 자유낙하할 때, 속도 v는 $v^2 = 2gh$로 주어진다. 이 식을 h에 대한 식으로 표현하라.

재배열한다. $\qquad\qquad 2gh = v^2$

양변을 $2g$로 나눈다. $\qquad \dfrac{2gh}{2g} = \dfrac{v^2}{2g}$

약분한다. $\qquad\qquad h = \dfrac{v^2}{2g}$

[문제 5] $I = \dfrac{V}{R}$일 때, V에 대해 재배열하라.

$I = \dfrac{V}{R}$는 옴의 법칙으로, I는 전류, V는 전압, R은 저항이다.

재배열한다. $\qquad\qquad \dfrac{V}{R} = I$

양변에 R을 곱한다. $\qquad R\left(\dfrac{V}{R}\right) = R(I)$

약분한다. $\qquad\qquad \boldsymbol{V = IR}$

[문제 6] $a = \dfrac{F}{m}$에서 m에 대한 식으로 변환하라.

$a = \dfrac{F}{m}$는 가속도 a, 힘 F, 질량 m의 관계를 설명한다.

재배열한다. $\qquad\qquad \dfrac{F}{m} = a$

양변에 m을 곱한다. $\qquad m\left(\dfrac{F}{m}\right) = m(a)$

약분한다. $\qquad\qquad F = ma$

재배열한다. $\qquad\qquad ma = F$

양변을 a로 나눈다. $\qquad \dfrac{ma}{a} = \dfrac{F}{a}$

즉, $\qquad\qquad\qquad m = \dfrac{F}{a}$

[문제 7] 공식 $R = \dfrac{\rho L}{A}$에서 (a) A에 대해, (b) L에 대해 재배열하라.

$R = \dfrac{\rho L}{A}$은 도체의 저항 R, 저항률 ρ, 도체 길이 L, 도체 단면적 A의 관계를 설명한다.

(a) 재배열한다. $\qquad\qquad \dfrac{\rho L}{A} = R$

양변에 A를 곱한다. $\qquad A\left(\dfrac{\rho L}{A}\right) = A(R)$

약분한다. $\qquad\qquad \rho L = AR$

재배열한다. $\qquad\qquad AR = \rho L$

양변을 R로 나눈다. $\qquad \dfrac{AR}{R} = \dfrac{\rho L}{R}$

약분한다. $\qquad\qquad A = \dfrac{\rho L}{R}$

(b) $\dfrac{\rho L}{A} = R$의 양변에 A를 곱한다. $\qquad \rho L = AR$

양변을 ρ로 나눈다. $\qquad \dfrac{\rho L}{\rho} = \dfrac{AR}{\rho}$

약분한다. $\qquad\qquad \boldsymbol{L = \dfrac{AR}{\rho}}$

◆ 이제 다음 연습문제를 풀어보자.

[연습문제 30] 공식 변환하기

※ 다음 각 식의 지정된 문자에 대해 가장 간단한 형태의 식으로 표현하라.

1 $a + b = c - d - e$ $\qquad (d)$

2 $y = 7x$ $\qquad (x)$

3 $pv = c$ $\qquad (v)$

4 $v = u + at$ $\qquad (a)$

5 $x + 3y = t$ $\qquad (y)$

6 $c = 2\pi r$ $\qquad (r)$

7 $y = mx + c$ $\qquad (x)$

8 $I = PRT$ $\qquad$ (T)

9 $X_L = 2\pi f L$ $\qquad$ (L)

10 $I = \dfrac{E}{R}$ $\qquad$ (R)

11 $y = \dfrac{x}{a} + 3$ $\qquad$ (x)

12 $F = \dfrac{9}{5} C + 32$ $\qquad$ (C)

7.3 식의 변환 확장

좀 더 어려운 공식을 변환하는 방법을 이해하는 데 도움이 되는 몇 가지 예를 살펴보자.

[문제 8] 공식 $v = u + \dfrac{Ft}{m}$ 를 F에 대한 식으로 변환하라.

$v = u + \dfrac{Ft}{m}$ 는 최종 속도 v, 초기속도 u, 힘 F, 질량 m 과 시간 t의 관계를 설명한다($\dfrac{F}{m}$ 은 가속도 a이다).

재배열한다. $\qquad$ $u + \dfrac{Ft}{m} = v$, $\dfrac{Ft}{m} = v - u$

양변에 m 을 곱한다. $\qquad$ $m\left(\dfrac{Ft}{m}\right) = m(v - u)$

약분한다. $\qquad$ $Ft = m(v - u)$

양변을 t로 나눈다. $\qquad$ $\dfrac{Ft}{t} = \dfrac{m(v - u)}{t}$

약분한다. $\qquad$ $\boldsymbol{F = \dfrac{m(v - u)}{t}}$ 또는 $\boldsymbol{F = \dfrac{m}{t}(v - u)}$

위 결과는 답을 표현하는 두 가지 방법을 보이는데, 변환된 답을 표현하는 방법에 두 가지 이상인 경우가 종종 있다. 이 경우에 F에 대한 방정식들은 똑같은 식으로, 두 표현은 동일하다.

[문제 9] $\theta\,℃$ 에서 가열된 철사 조각의 최종 길이 L_2는 공식 $L_2 = L_1(1 + \alpha\theta)$ 로 주어진다. 여기서 L_1은 처음 길이이다. 공식을 확장계수 α에 대한 식으로 변환하라.

재배열한다. $\qquad$ $L_1(1 + \alpha\theta) = L_2$

괄호를 제거한다. $\qquad$ $L_1 + L_1\alpha\theta = L_2$

재배열한다. $\qquad$ $L_1\alpha\theta = L_2 - L_1$

양변을 $L_1\theta$로 나눈다. $\qquad$ $\dfrac{L_1\alpha\theta}{L_1\theta} = \dfrac{L_2 - L_1}{L_1\theta}$

약분한다. $\qquad$ $\alpha = \dfrac{L_2 - L_1}{L_1\theta}$

$L_2 = L_1(1 + \alpha\theta)$를 α에 대해 변환하는 또 다른 방법을 살펴보자.

양변을 L_1으로 나눈다. $\qquad$ $\dfrac{L_2}{L_1} = 1 + \alpha\theta$

양변에서 1을 뺀다.

$\dfrac{L_2}{L_1} - 1 = \alpha\theta$ 또는 $\alpha\theta = \dfrac{L_2}{L_1} - 1$

양변을 θ로 나눈다. $\qquad$ $\alpha = \dfrac{\dfrac{L_2}{L_1} - 1}{\theta}$

두 개의 답 $\alpha = \dfrac{L_2 - L_1}{L_1\theta}$ 과 $\alpha = \dfrac{\dfrac{L_2}{L_1} - 1}{\theta}$ 은 다르게 보인다. 그러나 이들은 동치이다. 첫 번째 답이 깔끔해 보이지만 그렇다고 두 번째 답보다 더 정확한 것은 아니다.

[문제 10] 물체에 의해 움직인 거리 s에 대한 공식은 $s = \dfrac{1}{2}(v + u)t$이다. u에 대해 공식을 재배열하라.

재배열한다. $\qquad$ $\dfrac{1}{2}(v + u)t = s$

양변에 2를 곱한다. $\qquad$ $(v + u)t = 2s$

양변을 t로 나눈다. $\qquad$ $\dfrac{(v + u)t}{t} = \dfrac{2s}{t}$

약분한다. $\qquad$ $v + u = \dfrac{2s}{t}$

재배열한다. $\qquad$ $u = \dfrac{2s}{t} - v$ 또는 $u = \dfrac{2s - vt}{t}$

[문제 11] 운동에너지에 대한 공식은 $k = \dfrac{1}{2}mv^2$이다. v 에 대한 공식으로 변환하라.

재배열한다.
$$\frac{1}{2}mv^2 = k$$

예상되는 새 대상이 제곱항일 때, 그 항만 좌변에 놓은 다음, 방정식의 양변에 제곱근을 취한다.

양변에 2를 곱한다.
$$mv^2 = 2k$$

양변을 m으로 나눈다.
$$\frac{mv^2}{m} = \frac{2k}{m}$$

약분한다.
$$v^2 = \frac{2k}{m}$$

양변에 제곱근을 취한다.
$$\sqrt{v^2} = \sqrt{\frac{2k}{m}} \text{ 또는 } v = \sqrt{\frac{2k}{m}}$$

[문제 12] $t = 2\pi\sqrt{\dfrac{l}{g}}$ 이 주어졌을 때, g를 t, l, π의 항으로 구하라.

예상되는 새 대상이 제곱근 기호 안에 있을 때, 그 항을 좌변으로 이동하고 방정식의 양변을 제곱하는 것이 가장 좋다.

재배열한다.
$$2\pi\sqrt{\frac{l}{g}} = t$$

양변을 2π로 나눈다.
$$\sqrt{\frac{l}{g}} = \frac{t}{2\pi}$$

양변을 제곱한다.
$$\frac{l}{g} = \left(\frac{t}{2\pi}\right)^2 = \frac{t^2}{4\pi^2}$$

교차로 곱한다(즉 각 항에 $4\pi^2 g$를 곱한다).
$$4\pi^2 l = g\,t^2 \text{ 또는 } g\,t^2 = 4\pi^2 l$$

양변을 t^2으로 나눈다.
$$\frac{g\,t^2}{t^2} = \frac{4\pi^2 l}{t^2}$$

약분한다.
$$g = \frac{4\pi^2 l}{t^2}$$

◆ 이제 다음 연습문제를 풀어보자.

[연습문제 31] 공식 변환하기 확장 문제

※ 다음 각 식의 지정된 문자에 대해 가장 간단한 형태의 식으로 표현하라.

1   $S = \dfrac{a}{1-r}$ (r)

2   $y = \dfrac{\lambda(x-d)}{d}$ (x)

3   $A = \dfrac{3(F-f)}{L}$ (f)

4   $y = \dfrac{AB^2}{5CD}$ (D)

5   $R = R_0(1+\alpha t)$ (t)

6   $\dfrac{1}{R} = \dfrac{1}{R_1} + \dfrac{1}{R_2}$ (R_2)

7   $I = \dfrac{E-e}{R+r}$ (R)

8   $y = 4ab^2c^2$ (b)

9   $\dfrac{a^2}{x^2} + \dfrac{b^2}{y^2} = 1$ (x)

10   $t = 2\pi\sqrt{\dfrac{L}{g}}$ (L)

11   $v^2 = u^2 + 2as$ (u)

12   $N = \sqrt{\dfrac{a+x}{y}}$ (a)

13   항공기에 대한 양력lift force L은 $L = \dfrac{1}{2}\rho v^2 ac$로 주어진다. 여기서 ρ는 밀도, v는 속도, a는 넓이, c는 이송상수lift coefficient이다. 이 방정식을 속도에 관한 식으로 변환하라.

7.4 좀 더 복잡한 식의 변환

좀 더 어려운 공식을 변환하는 방법을 이해하는 데 도움이 되는 몇 가지 예를 살펴보자.

[문제 13] (a) $S = \sqrt{\dfrac{3d(L-d)}{8}}$ 를 L에 대한 식으로 변환하라.

(b) $d = 1.65$이고 $S = 0.82$일 때, L을 계산하라.

공식 $S = \sqrt{\dfrac{3d(L-d)}{8}}$ 는 전기선 중심부의 이완도 S를 나타낸다.

(a) 양변을 제곱한다.　　　$S^2 = \dfrac{3d(L-d)}{8}$

　　양변에 8를 곱한다.　　$8S^2 = 3d(L-d)$

　　양변을 $3d$로 나눈다.　$\dfrac{8S^2}{3d} = L-d$

　　재배열한다.　　　　　$L = d + \dfrac{8S^2}{3d}$

(b) $d = 1.65$이고 $S = 0.82$일 때,

$L = d + \dfrac{8S^2}{3d} = 1.65 + \dfrac{8 \times 0.82^2}{3 \times 1.65} = \mathbf{2.737}$이다.

[문제 14] 공식 $a = \dfrac{x-y}{\sqrt{bd+be}}$를 b에 대한 식으로 변환하라.

재배열한다.　　　　　　$\dfrac{x-y}{\sqrt{bd+be}} = a$

양변에 $\sqrt{bd+be}$를 곱한다.

$x-y = a\sqrt{bd+be}$ 또는 $a\sqrt{bd+be} = x-y$

양변을 a로 나눈다.　　$\sqrt{bd+be} = \dfrac{x-y}{a}$

양변을 제곱한다.　　　　$bd+be = \left(\dfrac{x-y}{a}\right)^2$

좌변을 인수분해한다.　　$b(d+e) = \left(\dfrac{x-y}{a}\right)^2$

양변을 $(d+e)$로 나눈다.

$$b = \dfrac{\left(\dfrac{x-y}{a}\right)^2}{d+e} \quad \text{또는} \quad b = \dfrac{(x-y)^2}{a^2(d+e)}$$

[문제 15] $a = \dfrac{b}{1+b}$일 때, b에 대한 식으로 변환하라.

재배열한다.　　　　　　$\dfrac{b}{1+b} = a$

양변에 $(1+b)$를 곱한다.　$b = a(1+b)$

괄호를 제거한다.　　　　$b = a + ab$

좌변에서 b인 항을 얻기 위해 재배열한다.

$b - ab = a$

좌변을 인수분해한다.　　$b(1-a) = a$

양변을 $(1-a)$로 나눈다.　$b = \dfrac{a}{1-a}$

[문제 16] 식 $V = \dfrac{Er}{R+r}$을 r에 대한 식으로 변환하라.

재배열한다.　　　　　　$\dfrac{Er}{R+r} = V$

양변에 $(R+r)$을 곱한다.　$Er = V(R+r)$

괄호를 제거한다.　　　　$Er = VR + Vr$

좌변에서 r인 항을 얻기 위해 재배열한다.

$Er - Vr = VR$

좌변을 인수분해한다.　　$r(E-V) = VR$

양변을 $(E-V)$로 나눈다.　$r = \dfrac{VR}{E-V}$

◆ 이제 다음 연습문제를 풀어보자.

[연습문제 32] 공식 변환하기 확장 문제

※ (문제 1~6) 다음 각 식의 지정된 문자에 대해 가장 간단한 형태의 식으로 표현하라.

1　$y = \dfrac{a^2m - a^2n}{x}$　　　　(a)

2　$M = \pi(R^4 - r^4)$　　　　(R)

3　$x + y = \dfrac{r}{3+r}$　　　　(r)

4　$m = \dfrac{\mu L}{L + rCR}$　　　　(L)

5　$a^2 = \dfrac{b^2 - c^2}{b^2}$　　　　(b)

6　$\dfrac{x}{y} = \dfrac{1+r^2}{1-r^2}$　　　　(r)

7　볼록렌즈의 초점거리 f에 대한 공식은 $\dfrac{1}{f} = \dfrac{1}{u} + \dfrac{1}{v}$ 이다. 이 식을 v에 대한 식으로 변환하고, $f = 5$이고 $u = 6$일 때의 v를 계산하라.

8　열량 Q는 공식 $Q = mc(t_2 - t_1)$으로 주어진다. t_2에 대한 공식을 만들고, $m = 10$, $t_1 = 15$, $c = 4$, $Q = 1600$일 때의 t_2를 계산하라.

9　파이프를 관통하는 물의 속도 v는 $h = \dfrac{0.03Lv^2}{2dg}$으

로 주어진다. 이 식을 v에 대한 식으로 표현하고, $h = 0.712$, $L = 150$, $d = 0.30$, $g = 9.81$일 때의 v를 계산하라.

10 전기선 중심부의 이완도 S는 $S = \sqrt{\dfrac{3d(L-d)}{8}}$ 로 주어진다. 이 식을 L에 대한 식으로 변환하고, $d = 1.75$, $S = 0.80$일 때의 L을 계산하라.

11 밀링커터의 톱니 수 T, 커터 반지름 D, 절삭 깊이 d 사이의 근사적인 관계는 $T = \dfrac{12.5D}{D+4d}$ 로 주어진다. $T = 10$, $d = 4\,\text{mm}$ 일 때, D의 값을 계산하라.

12 길이 L인 단순보는, 중심에 적용되는 하중 F와 보의 1미터마다 균등하게 분포된 하중 w를 갖는다. 보 지지에서 반작용은 $R = \dfrac{1}{2}(F+wL)$로 주어진다. 이 방정식을 w에 대해 재배열하라. 그리고 $L = 4\,\text{m}$, $F = 8\,\text{kN}$, $R = 10\,\text{kN}$일 때, w를 구하라.

13 도체 판을 관통하는 열전도율 Q는 공식 $Q = \dfrac{kA(t_1 - t_2)}{d}$ 로 주어진다. 여기서 t_1과 t_2는 도체의 각 면의 온도이고, A는 판의 넓이, d는 판의 두께, k는 열전도율이다. 공식을 재배열하여 t_2에 관한 식으로 나타내라.

14 자동차의 슬립^{slip}은 $s = \left(1 - \dfrac{r w}{v}\right) \times 100\%$로 주어진다. 여기서 r은 바퀴의 반지름, w는 각속도, v는 속도이다. 이 공식을 r에 대한 식으로 변환하라.

15 강철기둥의 임계하중 $F[\text{N}]$는 공식 $L\sqrt{\dfrac{F}{EI}} = n\pi$에 의해 결정된다. 여기서 L은 길이, EI는 굴곡강도, n은 양의 정수이다. $n = 1$, $E = 0.25 \times 10^{12}\,\text{N/m}^2$, $I = 6.92 \times 10^{-6}\,\text{m}^4$, $L = 1.12\,\text{m}$ 일 때, F의 값을 구하라.

16 석탄처리공장의 파이프를 따라 흐르는 슬러리^{slurry}의 유동속도는 $V = \dfrac{\pi p r^4}{8\eta l}$으로 주어진다. 이 식을 r에 대한 방정식으로 변환하라.

연립방정식 풀기

Solving simultaneous equations

연립방정식의 풀이를 이해하는 것이 왜 중요할까?

연립방정식은 공학과 자연과학, 구조론, 자료 분석, 전기회로 분석, 항공 교통 관제를 포함한 여러 가지 응용 분야에서 매우 빈번하게 나타난다. 이 장에서 설명하겠지만, 적은 수의 방정식으로 구성된 체계는 대수에서 사용하는 표준적인 방법을 이용하여 해석적으로 해결할 수 있다. 많은 수의 방정식 체계는 수치적 방법과 컴퓨터 사용이 요구된다. 연립방정식을 푸는 능력은 모든 공학 분야에서 요구되는 중요한 기술이다.

학습포인트

• 대입법으로 미지수가 두 개인 연립방정식을 푼다.
• 소거법으로 미지수가 두 개인 연립방정식을 푼다.
• 실제 상황을 포함하는 연립방정식을 푼다.

8.1 서론

하나의 미지수를 구하기 위해서는 (6장에서의 간단한 방정식과 같이) 방정식 하나가 필요하다. 그러나 한 방정식이 **미지수 두 개**를 포함할 때, 이 방정식은 무수히 많은 해를 갖는다. 두 개의 미지수에 대해 두 개의 방정식이 주어진다면 유일한 해가 가능하다. 마찬가지로, 세 개의 미지수에 대해 각각의 미지수를 구하기 위해서는 방정식 세 개가 필수적이다. 각각의 방정식이 참이 되는 미지수들의 유일한 값을 구하기 위해 함께 풀어야 하는 방정식들을 연립방정식 simultaneous equation이라 한다.

연립방정식을 해석적으로 푸는 방법에는 **대입법**과 **소거법**이 있다.

8.2 미지수가 두 개인 연립방정식

다음 문제를 통해 연립방정식을 푸는 방법을 살펴보자.

[문제 1] x와 y에 대한 다음 연립방정식을 (a) 대입법과 (b) 소거법으로 풀어라.

$$x + 2y = -1 \qquad (1)$$
$$4x - 3y = 18 \qquad (2)$$

(a) **대입법**

식 (1)로부터 $x = -1 - 2y$이다. x에 관한 이 표현을 식 (2)에 대입한다.

$$4(-1 - 2y) - 3y = 18$$

이제 이 방정식은 y에 대한 간단한 방정식이 된다. 식의 괄호를 제거한다.

$$-4 - 8y - 3y = 18$$
$$-11y = 18 + 4 = 22$$
$$y = \frac{22}{-11} = -2$$

$y = -2$를 식 (1)에 대입한다.

$$x + 2(-2) = -1$$
$$x - 4 = -1$$
$$x = -1 + 4 = 3$$

따라서 이 연립방정식의 해는 $x = 3$, $y = -2$ 이다.

Check 식 (2)에서 $x = 3$과 $y = -2$이므로,
좌변 $= 4(3) - 3(-2) = 12 + 6 = 18 = $ 우변

(b) **소거법**

$$x + 2y = -1 \tag{1}$$
$$4x - 3y = 18 \tag{2}$$

식 (1)에 4를 곱하면 식 (2)에서 x의 계수가 같아지고, 다음을 얻는다.

$$4x + 8y = -4 \tag{3}$$

식 (2)에서 식 (3)을 빼면 다음을 얻는다.

$$
\begin{array}{r}
4x - 3y = 18 \quad (2) \\
-\ )\ 4x + 8y = -4 \quad (3) \\
\hline
0 - 11y = 22
\end{array}
$$

그러므로 $y = \dfrac{22}{-11} = -2$ 이다.

Note 위의 뺄셈에서 $18 - (-4) = 18 + 4 = 22$이다.

$y = -2$를 방정식 (1) 또는 (2)에 대입하여 방법 (a)에서와 같이 $x = 3$을 얻는다. 해 $x = 3$과 $y = -2$는 원래 주어진 두 방정식을 만족하는 유일한 한 쌍의 해이다.

[문제 2] 대입법으로 다음 연립방정식을 풀어라.
$$3x - 2y = 12 \tag{1}$$
$$x + 3y = -7 \tag{2}$$

식 (2)로부터 $x = -7 - 3y$ 이다. x에 관한 이 표현을 식 (1)에 대입한다.

$$3(-7 - 3y) - 2y = 12$$
$$-21 - 9y - 2y = 12$$
$$-11y = 12 + 21 = 33$$
$$y = \frac{33}{-11} = -3$$

$y = -3$을 식 (2)에 대입한다.

$$x + 3(-3) = -7$$
$$x - 9 = -7$$
$$x = -7 + 9 = 2$$

따라서 이 연립방정식의 해는 $x = 2$, $y = -3$ 이다(이 해를 원래 주어진 두 방정식 각각에 값을 대입하여 항상 확인한다).

[문제 3] 소거법으로 다음 연립방정식을 풀어라.
$$3x + 4y = 5 \tag{1}$$
$$2x - 5y = -12 \tag{2}$$

식 (1)에 2를 곱하고 식 (2)에 3을 곱하면, 새로 만들어진 방정식에서 x의 계수가 같아질 것이다. 따라서 다음을 얻는다.

$$2 \times 식\ (1)\ :\ 6x + 8y = 10 \tag{3}$$
$$3 \times 식\ (2)\ :\ 6x - 15y = -36 \tag{4}$$

식 (3) $-$ 식 (4)이면 다음과 같다.

$$0 + 23y = 46$$
$$y = \frac{46}{23} = 2$$

Note $+8y - (-15y) = 8y + 15y = 23y$,
$10 - (-36) = 10 + 36 = 46$이다.

$y = 2$를 방정식 (1)에 대입한다.

$$3x + 4(2) = 5$$
$$3x = 5 - 8 = -3$$
$$x = -1$$

Check $x = -1$과 $y = 2$를 방정식 (2)에 대입하면,
좌변 $= 2(-1) - 5(2) = -2 - 10 = -12 = $ 우변

따라서 이 연립방정식의 해는 $x = -1$, $y = 2$이다.

소거법은 연립방정식을 풀기 위한 가장 보편적인 방법이다.

[문제 4] 다음 연립방정식을 풀어라.
$$7x - 2y = 26 \tag{1}$$
$$6x + 5y = 29 \tag{2}$$

식 (1)에 5를 곱하고 식 (2)에 2을 곱하면, 각 방정식에서 y의 계수가 수치적으로 같다. 즉 수치는 10이지만 부호는 반대이다. 따라서 다음을 얻는다.

$$5 \times 식\ (1)\ :\quad 35x - 10y = 130 \qquad (3)$$
$$2 \times 식\ (2)\ :\quad 12x + 10y = 58 \qquad (4)$$

식 (3)과 (4)를 더한다.

$$47x + 0 = 188$$
$$x = \frac{188}{47} = 4$$

공통인 계수의 **부호가 서로 다를 때**는 두 방정식을 **더하고**, 공통인 계수의 **부호가 서로 같을 때**는 **뺀다**([문제 1]과 [문제 3]).

식 (1)에 $x = 4$를 대입한다.

$$7(4) - 2y = 26$$
$$28 - 2y = 26$$
$$28 - 26 = 2y$$
$$2 = 2y$$
$$y = 1$$

Check $x = 4$와 $y = 1$을 방정식 (2)에 대입하면,
좌변 $= 6(4) + 5(1) = 24 + 5 = 29 =$ 우변

따라서 이 연립방정식의 해는 $x = 4$, $y = 1$이다.

◆ 이제 다음 연습문제를 풀어보자.

[연습문제 33] 연립방정식 풀기

※ 다음 연립방정식을 풀고, 그 결과를 확인하라.

1 $2x - y = 6$
     $x + y = 6$

2 $2x - y = 2$
     $x - 3y = -9$

3 $x - 4y = -4$
     $5x - 2y = 7$

4 $3x - 2y = 10$
     $5x + y = 21$

5 $2x - 7y = -8$
     $3x + 4y = 17$

6 $a + 2b = 8$
     $b - 3a = -3$

7 $a + b = 7$
     $a - b = 3$

8 $2x + 5y = 7$
     $x + 3y = 4$

9 $3s + 2t = 12$
     $4s - t = 5$

10 $3x - 2y = 13$
     $2x + 5y = -4$

11 $5m - 3n = 11$
     $3m + n = 8$

12 $8a - 3b = 51$
     $3a + 4b = 14$

8.3 연립방정식의 풀이 더 알아보기

연립방정식 풀이에 대한 추가적인 문제들을 살펴보자.

[문제 5] p와 q에 대한 다음 연립방정식을 (a) 대입법과 (b) 소거법으로 풀어라.

$$3p = 2q \qquad (1)$$
$$4p + q + 11 = 0 \qquad (2)$$

식을 재배열한다.

$$3p - 2q = 0 \qquad (3)$$
$$4p + q = -11 \qquad (4)$$

식 (4)에 2를 곱한다.

$$8p + 2q = -22 \qquad (5)$$

식 (3)과 (5)를 더한다.

$$11p + 0 = -22$$
$$p = \frac{-22}{11} = -2$$

식 (1)에 $p = -2$를 대입한다.

$$3(-2) = 2q$$
$$-6 = 2q$$
$$q = \frac{-6}{2} = -3$$

Check $p = -2$와 $q = -3$을 식 (2)에 대입하면,
좌변 $= 4(-2) + (-3) + 11 = -8 - 3 + 11 = 0 =$ 우변

따라서 이 연립방정식의 해는 $p = -2$, $q = -3$이다.

[문제 6] 다음 연립방정식을 풀어라.

$$\frac{x}{8} + \frac{5}{2} = y \qquad (1)$$

$$13 - \frac{y}{3} = 3x \qquad (2)$$

분수가 연립방정식에 포함된 경우에는 가장 먼저 분수를 제거하는 것이 쉬울 것이다. 따라서 식 (1)에 8을 곱하면 다음과 같다.

$$8\left(\frac{x}{8}\right) + 8\left(\frac{5}{2}\right) = 8y$$

$$x + 20 = 8y \qquad (3)$$

식 (2)에 3을 곱한다.

$$39 - y = 9x \qquad (4)$$

식 (3)과 (4)를 재배열한다.

$$x - 8y = -20 \qquad (5)$$

$$9x + y = 39 \qquad (6)$$

식 (6)에 8을 곱한다.

$$72x + 8y = 312 \qquad (7)$$

식 (5)와 (7)을 더한다.

$$73x + 0 = 292$$

$$x = \frac{292}{73} = 4$$

식 (5)에 $x = 4$를 대입한다.

$$4 - 8y = -20$$

$$4 + 20 = 8y$$

$$24 = 8y$$

$$y = \frac{24}{8} = 3$$

Check $x = 4$와 $y = 3$을 원래 방정식에 대입하면 다음과 같다.

(1) : 좌변 $= \frac{4}{8} + \frac{5}{2} = \frac{1}{2} + 2\frac{1}{2} = 3 = y = $ 우변

(2) : 좌변 $= 13 - \frac{3}{3} = 13 - 1 = 12$

우변 $= 3x = 3(4) = 12$

따라서 이 연립방정식의 해는 $x = 4$, $y = 3$이다.

◆ **이제 다음 연습문제를 풀어보자.**

[연습문제 34] 연립방정식 풀기

※ 다음 연립방정식을 풀고, 그 결과를 확인하라.

1 $7p + 11 + 2q = 0$

$-1 = 3q - 5p$

2 $\frac{x}{2} + \frac{y}{3} = 4$

$\frac{x}{6} - \frac{y}{9} = 0$

3 $\frac{a}{2} - 7 = -2b$

$12 = 5a + \frac{2}{3}b$

4 $\frac{3}{2}s - 2t = 8$

$\frac{s}{4} + 3t = -2$

5 $\frac{x}{5} + \frac{2y}{3} = \frac{49}{15}$

$\frac{3x}{7} - \frac{y}{2} + \frac{5}{7} = 0$

6 $v - 1 = \frac{u}{12}$

$u + \frac{v}{4} - \frac{25}{2} = 0$

8.4 연립방정식을 포함하는 실전문제

공학과 자연과학에서 연립방정식의 해가 요구되는 상황이 있다. 다음 문제들을 통해 몇 가지 상황을 살펴보자.

[문제 7] 실험에서 마찰력 F와 하중 L을 연결하는 법칙은 $F = aL + b$ 이다. 여기서 a와 b는 상수이다. $F = 5.6\,\mathrm{N}$ 일 때 $L = 8.0\,\mathrm{N}$이고, $F = 4.4\,\mathrm{N}$ 일 때 $L = 2.0\,\mathrm{N}$이다. a와 b의 값을 구하고, $L = 6.5\,\mathrm{N}$ 일 때 F의 값을 구하라.

$F = 5.6$ 과 $L = 8.0$을 $F = aL + b$ 에 대입한다.

$$5.6 = 8.0a + b \qquad (1)$$

$F = 4.4$ 와 $L = 2.0$을 $F = aL + b$ 에 대입한다.

$$4.4 = 2.0a + b \qquad (2)$$

식 (1)에서 식 (2)를 뺀다.

$$1.2 = 6.0a$$

$$a = \frac{1.2}{6.0} = \frac{1}{5} \text{ 또는 } 0.2$$

$a = \dfrac{1}{5}$을 식 (1)에 대입한다.

$$5.6 = 0.8\left(\frac{1}{5}\right) + b$$

$$5.6 = 1.6 + b$$

$$5.6 - 1.6 = b$$

$$b = 4$$

Check $a = \dfrac{1}{5}$과 $b = 4$를 식 (2)에 대입하면,

우변 $= 2.0\left(\dfrac{1}{5}\right) + 4 = 0.4 + 4 = 4.4 =$ 좌변

따라서 이 연립방정식의 해는 $a = \dfrac{1}{5}$, $b = 4$이다.

$L = 6.5$일 때, $F = aL + b = \dfrac{1}{5}(6.5) + 4 = 1.3 + 4$,

즉 $F = 5.30\,\mathrm{N}$ 이다.

[문제 8] 일정한 가속도 $a\,\mathrm{m/s^2}$으로 수평선을 따라 움직이는 자동차가 고정된 지점으로부터 움직인 거리 $s[\mathrm{m}]$는 $s = ut + \dfrac{1}{2}at^2$으로 주어진다. 여기서 u는 초기속도$[\mathrm{m/s}]$이고, t는 시간$[\mathrm{s}]$이다. $t = 2\,\mathrm{s}$일 때 $s = 42\,\mathrm{m}$이고, $t = 4\,\mathrm{s}$일 때 $s = 144\,\mathrm{m}$이다. 이때 속도와 가속도를 구하라. 또한 $3\,\mathrm{s}$ 후에 움직인 거리를 구하라.

$s = 42$와 $t = 2$를 $s = ut + \dfrac{1}{2}at^2$에 대입한다.

$$42 = 2u + \frac{1}{2}a(2)^2$$

$$42 = 2u + 2a \tag{1}$$

$s = 144$와 $t = 4$를 $s = ut + \dfrac{1}{2}at^2$에 대입한다.

$$144 = 4u + \frac{1}{2}a(4)^2$$

$$144 = 4u + 8a \tag{2}$$

식 (1)에 2를 곱한다.

$$84 = 4u + 4a \tag{3}$$

식 (2)에서 식 (3)을 뺀다.

$$60 = 0 + 4a$$

$$a = \frac{60}{4} = 15$$

$a = 15$를 식 (1)에 대입한다.

$$42 = 2u + 2(15)$$

$$42 - 30 = 2u$$

$$u = \frac{12}{6} = 6$$

$a = 15$와 $u = 6$을 식 (2)에 대입한다.

우변 $= 4(6) + 8(15) = 24 + 120 = 144 =$ 좌변

그러므로 **초기속도는 $u = 6\,\mathrm{m/s}$ 이고, 가속도는 $a = 15\,\mathrm{m/s^2}$** 이다.

$3\,\mathrm{s}$ 후에 움직인 거리는 $t = 3$, $u = 6$, $a = 15$일 때 $s = ut + \dfrac{1}{2}at^2$으로 주어진다. 그러므로 $s = (6)(3) + \dfrac{1}{2}(15)(3)^2 = 18 + 67.5$, 즉 **$3\,\mathrm{s}$ 후에 움직인 거리 $= 85.5\,\mathrm{m}$** 이다.

[문제 9] 고체화합물의 몰 열용량은 방정식 $c = a + bT$로 주어진다. 여기서 a와 b는 상수이다. $c = 52$일 때 $T = 100$이고, $c = 172$일 때 $T = 400$이다. a와 b의 값을 구하라.

$c = 52$일 때 $T = 100$이므로 다음을 얻는다.

$$52 = a + 100b \tag{1}$$

$c = 172$일 때 $T = 400$이므로 다음을 얻는다.

$$172 = a + 400b \tag{2}$$

식 (2) − 식 (1)을 구하면 다음과 같다.

$$120 = 300b$$

$$b = \frac{120}{300} = 0.4$$

$b = 0.4$를 식 (1)에 대입한다.

$$52 = a + 100(0.4)$$

$$a = 52 - 40 = 12$$

그러므로 $a = 12$, $b = 0.4$이다.

◆ 이제 다음 연습문제를 풀어보자.

[연습문제 35] 연립방정식을 포함한 실전문제

1 도르래 시스템에서 짐 W를 끌어 올리는 데 요구되는 작용력 P는 $P=aW+b$로 주어진다. 여기서 a와 b는 상수이다. $P=12$일 때 $W=40$이고, $P=22$일 때 $W=90$이다. a와 b의 값을 구하라.

2 키르히호프 법칙을 전기회로에 적용하면 다음 방정식이 만들어진다. 전류 I_1과 I_2의 값을 구하라.
$$5=0.2I_1+2(I_1-I_2)$$
$$12=3I_2+0.4I_2-2(I_1-I_2)$$

3 속도 v는 공식 $v=u+at$로 주어진다. $t=2$일 때 $v=20$이고, $t=7$일 때 $v=40$이다. u와 a의 값을 구하고, $t=3.5$일 때의 속도를 구하라.

4 $y=mx+c$는 기울기가 m이고 y축 절편이 c인 직선의 방정식이다. 직선이 $x=2$과 $y=2$인 점을 지나고, $x=5$와 $y=0.5$인 점을 지난다. 기울기와 y축 절편의 값을 구하라.

5 고체화합물의 몰 열용량은 방정식 $c=a+bT$로 주어진다. $c=52$일 때 $T=100$이고, $c=172$일 때 $T=400$이다. a와 b의 값을 구하라.

6 힘의 체계에서 두 힘 F_1과 F_2 사이의 관계는 다음으로 주어진다. F_1과 F_2를 풀어라.
$$5F_1+3F_2+6=0$$
$$3F_1+5F_2+18=0$$

7 균형 잡힌 기둥에 대해 평형상태의 힘은 $R_1+R_2=12.0\text{kN}$이고, 모멘트를 취한 결과는 $0.2R_1+7\times0.3+3\times0.6=0.8R_2$이다. 이때 반동력 R_1, R_2의 값을 구하라.

Chapter 09

직선 그래프
Straight line graphs

직선 그래프를 이해하는 것이 왜 중요할까?

그래프는 고유의 간편성 때문에 공학과 물리학에서 폭넓게 응용된다. 그래프는 개별 물체와 물체들 사이의 관계를 포함하는 거의 모든 물리적 상황을 표현하는 데 사용될 수 있다. 두 물리량이 정비례하고 한 물리량이 다른 물리량에 의해 결정되는 경우 직선이 만들어진다. 이러한 예에는, 스프링 인장에 대한 스프링 끝에 작용하는 힘, 시간에 대한 플라이휠(flywheel)의 속도, 응력에 대한 전선의 변형(후크의 법칙(Hooke's law)) 등이 있다. 공학에서 직선 그래프는 그림을 그리고 값을 산출하는 가장 기본적인 그래프가 된다.

학습포인트

- 직사각형 축, 스케일, 좌표를 이해한다.
- 좌표의 위치를 구하고, 최적의 직선 그래프를 그린다.
- 직선 그래프의 기울기를 결정한다.
- y 절편을 추정한다.
- 직선 그래프의 방정식을 설명한다.
- 실제 공학적인 예와 관련된 직선 그래프를 도면에 작성한다.

9.1 그래프 소개

그래프는 정보의 시각적 표현으로서, 한 물리량이 관련된 다른 물리량에 따라 어떻게 변하는지를 보여준다. 우리는 종종 신문이나 업무보고, 여행 안내책자, 정부 간행물에서 그래프를 본다. 한 예로, 음료회사인 Fizzy Pops에 대한 6개월 주기에 걸친 주가의 그래프를 나타낸 [그림 9-1]을 살펴보자. 일반적으로 우리는 주가가 6월에 최고 400펜스까지 오르는 것을 보지만, 9월에 약간 회복되기 전 8월에 280펜스까지 떨어진다. 그래프는, 동일한 정보를 말로 설명하는 것보다 빠르게 독자에게 정보를 전달할 수 있다.

이 장이 끝날 때쯤에 값들에 대한 표를 작성하고, 좌표로 위치를 구하고, 기울기를 구하고, 직선 그래프의 방정식을 설명할 수 있을 것이다. 직선이 사용되는 몇 가지 전형적인 예도 살펴볼 것이다.

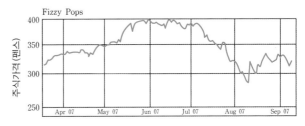

[그림 9-1]

9.2 축, 스케일, 좌표

여러분은 아마 도시를 나타내는 지도 또는 특정 거리를 나타내는 국부지도를 읽는 데 꽤 익숙할 것이다. 한 예로 [그림 9-2]의 영국 포츠머스^{Portsmouth} 도심의 거리 지도를 살펴보자.

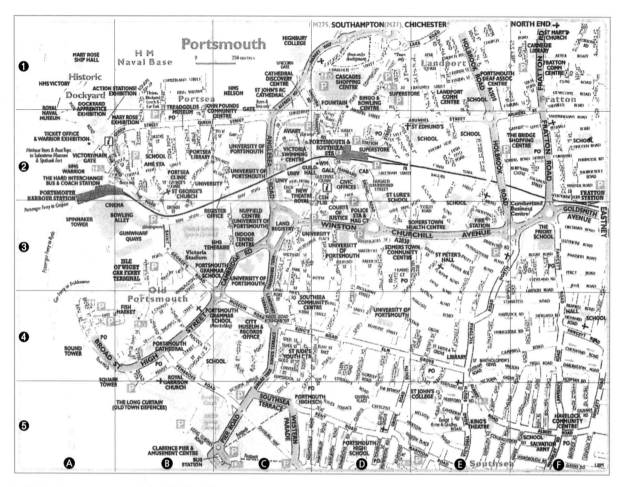

[그림 9-2] AA Media Ltd.로부터 승인 받은 사본

지도 위에 사각형들이 가로선과 세로선으로 그려져 있는 점에 주목하자. 이는 그리드grid라고 하는 것으로, 관심이 있는 위치나 특정 도로를 찾기 쉽게 도와주는 역할을 한다. 대부분의 지도에는 이와 같은 그리드가 그려져 있다.

지도 위에서 문자와 숫자(이것을 격자기준grid reference이라 한다)를 이용해 관심이 있는 위치를 찾는다. 예를 들어, 지도에서 Portsmouth & Southsea 역은 사각형 D2 안에 있고, King's Theatre는 사각형 E5 안에, HMS Warrior는 사각형 A2, Gunwharf Quays는 사각형 B3, High Street는 사각형 B4 안에 있다. Portsmouth & Southsea 역은, 지도의 아랫면을 따라 가로로 D 표시가 있는 사각형까지 움직이고 세로 방향으로 사각형 2까지 움직여서 만나는 위치에 놓여있다. 문자와 숫자로 이루어진 D2를 지표co-ordinate라고 부른다. 즉 좌표는 지도에서 한 점을 나타내는 위치를 지정하는 데 사용된다. 이러한 방법으로 지도를 사용하는

데 익숙해지면 그래프 사용에도 어려움이 없을 것이다. 그 이유는 그래프에서도 유사한 좌표를 사용하기 때문이다.

앞에서 설명했듯이, 그래프graph는 한 물리량이 다른 관련 물리량에 따라 어떻게 변하는지 보여주는 정보의 시각적 표현이다. 두 자료 집합 간의 관계를 보여주는 가장 보편적인 방법은 [그림 9-3]과 같이 기준 축의 쌍을 사용하는 것이다. 기준 축은 두 직선을 서로 직각으로 그리는데, 이를 데카르트 좌표cartesian 또는 사각형 좌표rectangular axes라 부른다(데카르트*의 이름을 따서 명명됨).

가로축을 x축, 세로축을 y축이라 부르고, x가 0이고 y가 0인 점을 원점origin이라 한다. x 값은, 원점의 오른쪽은 양수, 왼쪽을 음수인 스케일scale을 갖는다. y 값은, 원점의 위쪽은 양수, 아래쪽은 음수인 스케일을 갖는다.

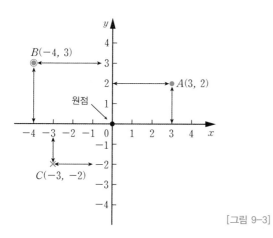

[그림 9-3]

좌표^{co-ordinates}는 두 수 사이에 콤마가 있는 괄호로 쓴다. 예를 들어, 점 A는 좌표 $(3, 2)$를 나타내며, 원점에서 시작하여 양의 x 방향(즉, 오른쪽 방향)으로 3만큼 움직이고, 다시 양의 y 방향(즉, 위쪽 방향)으로 2만큼 움직인 위치를 나타낸다. 좌표를 사용할 때 첫 번째 수는 항상 x 값이고 두 번째 수는 항상 y 값이다. [그림 9-3]에서 점 B는 좌표 $(-4, 3)$이고, 점 C는 좌표 $(-3, -2)$이다.

＊데카르트는 누구?

르네 데카르트(Rene Descartes, 1596. 3. 31 ~ 1650. 2. 11)는 프랑스의 철학자이자 수학자이며, 또한 작가이다. 그는 ≪제1 철학에 관한 성찰(Meditations on First Philosophy)≫을 포함해 많은 영향력이 있는 책을 집필했다.

9.3 직선 그래프

다음 표는 어떤 시간 주기에 따라 자동차로 여행한 거리를 나타낸 것이다.

시간[s]	10	20	30	40	50	60
여행 거리[m]	50	100	150	200	250	300

시간은 가로축(x축)에 $1\,\text{cm} = 10\,\text{s}$ 스케일로 표시하고, 거리는 세로축(y축)에 $1\,\text{cm} = 50\,\text{m}$ 스케일로 표시한다(스케일을 선정할 때, 이러한 값들을 쉽게 읽기 위해 $1\,\text{cm} = 1$단위, $1\,\text{cm} = 2$단위, $1\,\text{cm} = 10$단위와 같이 선정하는 것이 좋다).

위 자료에 따르면, (x, y) 좌표는 (시간, 거리) 좌표이다. 즉

좌표는 $(10, 50)$, $(20, 100)$, $(30, 150)$ 등이다. 이 좌표들은 [그림 9-4]에 ×자 표시로 나타내었다(다른 방법으로, [그림 9-3]과 같이 점 또는 점원을 사용할 수 있다).

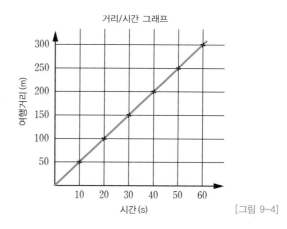

[그림 9-4]

직선은 [그림 9-4]에서와 같이 점으로 표시된 좌표를 이어서 그린다.

실습 과제

※ 다음 표는 기계를 끌어올릴 때 하중 $L\,[\text{N}]$을 극복하기 위해 작용한 힘 $F\,[\text{N}]$를 나타낸다.

$F\,[\text{N}]$	19	35	50	93	125	147
$L\,[\text{N}]$	40	120	230	410	540	680

❶ 가로로는 L을, 세로로는 F인 좌표를 표시한다.

❷ 보편적으로, 그래프가 그래프 용지 위에 가능한 한 많은 공간을 사용할 수 있도록 스케일이 선정된다. 따라서 이 경우에는 다음과 같은 스케일을 선정한다.
  • 가로축(즉, L) : $1\,\text{cm} = 50\,\text{N}$
  • 세로축(즉, F) : $1\,\text{cm} = 10\,\text{N}$

❸ 축을 그리고, 가로축에는 $L\,[\text{N}]$, 세로축에는 $F\,[\text{N}]$라고 이름 붙인다.

❹ 원점에는 0으로 이름 붙인다.

❺ 가로축에는 스케일을 $2\,\text{cm}$ 간격으로 하여, 100, 200, 300 등을 쓴다.

❻ 세로축에는 스케일을 $1\,\text{cm}$ 간격으로 하여, 10, 20, 30 등을 쓴다.

❼ 좌표 $(40, 19)$, $(120, 35)$, $(230, 50)$, $(410, 93)$, $(540, 125)$, $(680, 147)$을 점 또는 ×자 형태로 그래프 위에 표시한다.

❽ 자를 이용해 점들을 지나는 최적의 직선을 그린다. 이때 모든 점이 직선 위에 있어야 하는 것은 아니며, 이는 실험값으로서는 정상적인 상황이다. 실제 상황에서 모든 점들이 직선 위에 정확히 놓인다면, 그것은 놀라운 일이다.

❾ 양 끝 점에서 직선을 연장한다.

❿ 그래프로부터, 하중이 325 N일 때 작용한 힘을 구한다. 이것은 거의 75 N일 것이다. 주어진 자료 내에서 동치인 값을 구하는 과정을 내삽법interpolation이라 한다. 같은 방법으로, 힘 45 N이 극복할 하중을 구한다. 이것은 거의 170 N일 것이다.

⓫ 그래프로부터, 750 N을 극복하기 위해 필요한 힘을 구한다. 이것은 거의 161 N일 것이다. 주어진 자료에서 벗어난 값과 동치인 값을 구하는 과정을 외삽법extrapolation이라 한다. 외삽하기 위해서는 직선을 보다 더 확장해서 그려야 한다. 마찬가지로, 하중이 0일 때 작용한 힘을 구한다. 이것은 거의 11 N일 것이다. 직선이 세로축을 지나는 점을 세로 절편vertical axis intercept이라 한다. 따라서 이 경우에 $(0, 11)$에서 세로 절편 = 11 N이다.

이렇게 그린 그래프는 [그림 9-5]와 같다.

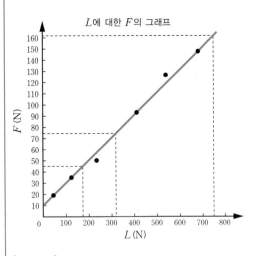

[그림 9-5]

또 다른 예로, 두 변수 x와 y 사이의 관계가 $y = 3x + 2$라고 하자.

$x = 0$일 때, $y = 0 + 2 = 2$
$x = 1$일 때, $y = 3 + 2 = 5$
$x = 2$일 때, $y = 6 + 2 = 8, \cdots$

좌표 $(0, 2)$, $(1, 5)$, $(2, 8)$이 만들어지고, [그림 9-6]과 같이 점으로 표시된다. 이 점들은 **직선 그래프의 결과**로 이어지는데, $y = 3x + 2$가 바로 직선 그래프이다.

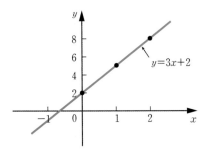

[그림 9-6]

9.3.1 그래프를 그릴 때 적용되는 일반적인 규칙의 요약

❶ 그래프에, 그림이 무엇을 나타내는지 명확하게 설명하는 제목을 넣는다.
❷ 사용되는 그래프 용지에서 가능한 한 많은 공간을 쓸 수 있도록 스케일을 선택한다.
❸ 그래프에 기입한 숫자가 쉽게 이해될 수 있는 범위의 스케일을 선택한다. 보편적으로 1 cm = 1단위, 또는 1 cm = 2단위, 1 cm = 10단위를 사용하며, 1 cm = 3단위, 1 cm = 7단위와 같은 스케일은 사용하지 않는다.
❹ 스케일은 0에서 시작할 필요는 없다. 특별히 0에서 시작하는 경우는 그래프 용지의 작은 영역 내에 점들이 집중할 때이다.
❺ 좌표 또는 점들은 ×자, 점 또는 점원과 같이 명확하게 표시해야 한다.
❻ 다음으로 각 좌표축에 이 점을 나타내는 수를 기입해야 한다.
❼ 각 좌표축에 충분한 개수의 수를 알아보기 쉽게 써야 한다.

[문제 1] $x=-3$ 에서 $x=+4$ 까지 범위에서 그래프 $y=4x+3$ 을 점으로 표현하라. 그래프로부터 다음을 구하라.
(a) $x=2.2$ 일 때의 y 값
(b) $y=-3$ 일 때의 x 값

방정식이 주어지고 그래프를 그려야 한다면, 변수에 대응하는 값을 보여주는 표를 먼저 작성한다. 표는 다음과 같이 작성할 수 있다.

$x=-3$ 일 때, $y=4x+3=4(-3)+3$
$$=-12+3=-9$$

$x=-2$ 일 때, $y=4(-2)+3$
$$=-8+3=-5$$
$$\vdots$$

이렇게 작성한 표는 다음과 같다.

x	-3	-2	-1	0	1	2	3	4
y	-9	-5	-1	3	7	11	15	19

좌표 $(-3,-9), (-2,-5), (-1,-1)$ 등을 점으로 표시하고 연결하여 [그림 9-7]과 같은 직선을 만든다.

> **Note** x축과 y축에 사용된 스케일은 동일하지 않다.

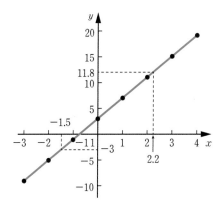

[그림 9-7]

그래프로부터 다음과 같이 구할 수 있다.

(a) $x=2.2$ 일 때, $y=11.8$
(b) $y=-3$ 일 때, $x=-1.5$

◆ 이제 다음 연습문제를 풀어보자.

[연습문제 36] 직선 그래프

1 가로 $20\,\mathrm{cm}$, 세로 $20\,\mathrm{cm}$ 인 그래프 용지가 있다. 다음 값의 범위에 대해 적당한 스케일을 제시하라.
(a) 가로축 : $3\,\mathrm{V}\sim55\,\mathrm{V}$, 세로축 : $10\,\Omega\sim180\,\Omega$
(b) 가로축 : $7\,\mathrm{m}\sim86\,\mathrm{m}$, 세로축 : $0.3\,\mathrm{V}\sim1.69\,\mathrm{V}$
(c) 가로축 : $5\,\mathrm{N}\sim150\,\mathrm{N}$, 세로축 : $0.6\,\mathrm{mm}\sim3.4\,\mathrm{mm}$

2 두 물리량에 대해 실험적으로 얻은 값들은 다음과 같다.

x	-5	-3	-1	0	2	4
y	-13	-9	-5	-3	1	5

가로축인 x축의 스케일을 $2\,\mathrm{cm}=1$, 세로축인 y축의 스케일을 $1\,\mathrm{cm}=1$ 로 하여 x(가로)에 대한 y(세로)의 그래프를 점으로 표시하라(그래프의 원점이 그래프 용지의 중심부에 놓이도록 한다). 그래프로부터 다음을 구하라.
(a) $x=1$ 일 때, y의 값
(b) $x=-2.5$ 일 때, y의 값
(c) $y=-6$ 일 때, x의 값
(d) $y=7$ 일 때, x의 값

3 두 물리량에 대해 실험적으로 얻은 값들은 다음과 같다.

x	-2.0	-0.5	0	1.0	2.5	3.0	5.0
y	-13.0	-5.5	-3.0	2.0	9.5	12.0	22.0

x에 대한 가로축의 스케일을 $1\,\mathrm{cm}=\dfrac{1}{2}$ 단위, y에 대한 세로축의 스케일을 $1\,\mathrm{cm}=2$ 단위를 사용하여 y에 대한 x의 그래프를 그리고, 각 축과 그래프에 이름을 붙여라. 또한 내삽법으로, x가 3.5일 때 y의 값을 그래프에서 찾아라.

4 $x=-3$ 에서 $x=4$까지 범위에서 $y-3x+5=0$ 의 그래프를 그려라. 그리고 다음을 구하라.
(a) $x=1.3$일 때, y의 값
(b) $y=-9.2$ 일 때, x의 값

5 전기자를 지나는 전압 V가 변하면 모터의 속력 n [rev/min]은 변한다. 이 결과는 다음 표와 같다.

$n[\mathrm{rev/min}]$	560	720	900	1010	1240	1410
$V[\mathrm{V}]$	80	100	120	140	160	180

속력의 측정값 중 하나가 부정확한 것으로 의심된다. 전압(가로)에 대한 속력(세로)의 그래프를 점으로 표시하고, 의심되는 값을 구하라. 그리고 다음 값을 구하라.

(a) 전압이 132 V일 때의 속력

(b) 속력이 1300 rev/min일 때의 전압

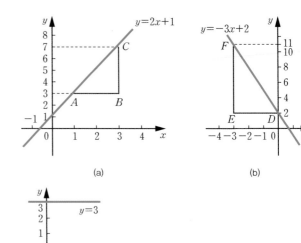

[그림 9-8]

9.4 기울기, 절편, 그래프의 방정식

9.4.1 기울기

직선의 기울기$^{\mathrm{gradient,\ slop}}$는 직선 위의 임의의 두 점 사이에서 x 값의 변화에 대한 y 값의 변화의 비율이다. x가 증가함(→)에 따라 y가 증가(↑)하면, 기울기는 양수이다. [그림 9-8(a)]는 직선 그래프 $y = 2x + 1$을 나타낸 것이다. 직선의 기울기를 구하기 위해 직선 위의 두 점 A와 C를 선택하고, 직각삼각형 ABC를 그린다. 여기서 BC는 세로 방향이고, AB는 가로 방향이다. 그러면 다음을 얻는다.

$$AC\text{의 기울기} = \frac{y\text{의 변화}}{x\text{의 변화}} = \frac{CB}{BA}$$
$$= \frac{7-3}{3-1} = \frac{4}{2} = 2$$

[그림 9-8(b)]는 직선 그래프 $y = -3x + 2$를 나타낸 것이다. 직선의 기울기를 구하기 위해 직선 위의 두 점 D와 F를 선택하고, 직각삼각형 DEF를 그린다. 여기서 EF는 세로 방향이고, DE는 가로 방향이다. 그러면 다음을 얻는다.

$$DF\text{의 기울기} = \frac{y\text{의 변화}}{x\text{의 변화}} = \frac{FE}{ED}$$
$$= \frac{11-2}{-3-0} = \frac{9}{-3} = -3$$

[그림 9-8(c)]는 직선 그래프 $y = 3$을 나타낸 것이다. 직선이 수평이므로 기울기는 0이다.

9.4.2 y 절편

$x = 0$일 때 y의 값을 y 절편이라 한다. [그림 9-8(a)]에서 y 절편은 1이고, [그림 9-8(b)]에서 y 절편은 2이다.

9.4.3 직선 그래프의 방정식

일반적으로 직선 그래프의 방정식은 다음과 같다.

$$y = mx + c$$

여기서 m은 기울기이고, c는 y 절편이다. 따라서 [그림 9-8(a)]의 $y = 2x + 1$은 기울기가 2이고 y 절편이 1인 직선을 나타낸다. 그러므로 방정식 $y = 2x + 1$이 주어지면 별다른 해석 없이 단번에 (기울기)=2이고 (y 절편)=1이라고 말할 수 있다. 마찬가지로 [그림 9-8(b)]의 $y = -3x + 2$는 기울기가 -3이고 y 절편이 2인 직선을 나타낸다. [그림 9-8(c)]의 $y = 3$은 $y = 0x + 3$으로 쓸 수 있으므로 기울기가 0이고 y 절편이 3인 직선을 나타낸다.

기울기, 절편, 그래프의 방정식을 이해하는 데 도움이 되는 몇 가지 예를 살펴보자.

[문제 2] $x = -4$에서 $x = 4$까지 범위에서 동일한 축 위에 다음 그래프를 점으로 표시하고, 각각의 기울기를 구하라.

(a) $y = x$ (b) $y = x + 2$

(c) $y = x + 5$ (d) $y = x - 3$

각 그래프에 대한 좌표를 표로 나타내면 다음과 같다.

(a) $y = x$

x	-4	-3	-2	-1	0	1	2	3	4
y	-4	-3	-2	-1	0	1	2	3	4

(b) $y = x + 2$

x	-4	-3	-2	-1	0	1	2	3	4
y	-2	-1	0	1	2	3	4	5	6

(c) $y = x + 5$

x	-4	-3	-2	-1	0	1	2	3	4
y	1	2	3	4	5	6	7	8	9

(d) $y = x - 3$

x	-4	-3	-2	-1	0	1	2	3	4
y	-7	-6	-5	-4	-3	-2	-1	0	1

각 그래프에 대해 좌표들을 점으로 표시하고 연결하면 [그림 9-9]와 같다. 이렇게 만들어진 각 직선들은 다른 직선과 평행이다. 즉 각각의 기울기가 동일하다.

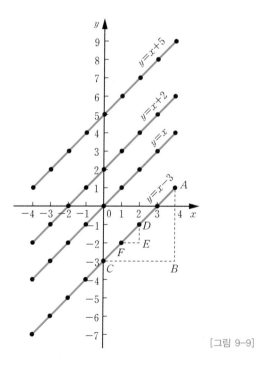

[그림 9-9]

임의의 직선, 예를 들어 $y = x - 3$의 기울기를 구하기 위해, 가로와 세로 성분을 만들 필요가 있다. [그림 9-9]에서 AB는 $x = 4$에서 세로로 만들어지고, BC는 $y = -3$에서 가로로 만들어진다.

$$AC \text{의 기울기} = \frac{AB}{BC} = \frac{1 - (-3)}{4 - 0} = \frac{4}{4} = 1$$

즉 직선 $y = x - 3$의 기울기는 1이다. 한편 $y = 1x - 3$이므로 단숨에 기울기가 1이고 y 절편이 -3인 직선 그래프임을 추론할 수 있다. 기울기가 다음과 같이 주어질 수 있으므로 AB와 BC의 실제 위치는 중요하지 않다.

$$\frac{DE}{EF} = \frac{-1 - (-2)}{2 - 1} = \frac{1}{1} = 1$$

[그림 9-9]의 직선들은 서로 평행이므로 이 직선들의 기울기는 1이다.

[문제 3] $x = -3$에서 $x = 3$까지 범위에서 동일한 축 위에 다음 그래프를 점으로 표시하고, 각각의 기울기와 y 절편을 구하라.

(a) $y = 3x$ (b) $y = 3x + 7$
(c) $y = -4x + 4$ (d) $y = -4x - 5$

각 그래프에 대한 좌표를 표로 나타내면 다음과 같다.

(a) $y = 3x$

x	-3	-2	-1	0	1	2	3
y	-9	-6	-3	0	3	6	9

(b) $y = 3x + 7$

x	-3	-2	-1	0	1	2	3
y	-2	1	4	7	10	13	16

(c) $y = -4x + 4$

x	-3	-2	-1	0	1	2	3
y	16	12	8	4	0	-4	-8

(d) $y = -4x - 5$

x	-3	-2	-1	0	1	2	3
y	7	3	-1	-5	-9	-13	-17

각 그래프는 [그림 9-10]과 같이 점으로 표시되며, 각각은 직선의 형태이다. $y = 3x$와 $y = 3x + 7$은 서로 평행이고 동일한 기울기를 갖는다. AC의 기울기는 다음과 같다.

$$\frac{CB}{BA} = \frac{16 - 7}{3 - 0} = \frac{9}{3} = 3$$

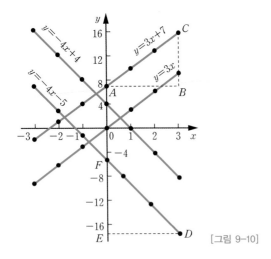

[그림 9-10]

그러므로 $y=3x$와 $y=3x+7$의 기울기는 3이고, $y=-4x+4$와 $y=-4x-5$는 평행이며 동일한 기울기를 갖는다고 추론할 수 있다. DF의 기울기는 다음과 같다.

$$\frac{DF}{ED}=\frac{-5-(-17)}{0-3}=\frac{12}{-3}=-4$$

그러므로 $y=-4x+4$와 $y=-4x-5$의 기울기는 -4임을 한눈에 추론할 수 있다.

y 절편은 직선이 y축을 자르는 y의 값을 의미한다. [그림 9-10]으로부터 다음을 얻는다.

$y=3x$는 $y=0$에서 y축을 자른다.
$y=3x+7$은 $y=7$에서 y축을 자른다.
$y=-4x+4$는 $y=4$에서 y축을 자른다.
$y=-4x-5$는 $y=-5$에서 y축을 자른다.

[그림 9-9]와 [그림 9-10]으로부터 몇 가지 일반적인 결론을 도출할 수 있다. 상수 m과 c에 대해 방정식이 $y=mx+c$의 형태라면, 다음과 같다.

❶ x에 대한 y의 그래프는 직선을 만든다.
❷ m은 직선의 기울기이다.
❸ c는 y 절편이다.

따라서 방정식 $y=3x+7$은, 단숨에 기울기는 3이고 y 절편은 7임을 추론할 수 있다([그림 9-10]). 마찬가지로 $y=-4x-5$이면, 기울기는 -4이고 y 절편은 -5이다([그림 9-10]).

$y=mx+c$ 형태의 그래프를 점으로 표시할 때는 두 좌표만 결정되면 된다. 좌표가 점으로 표시되면 두 점 사이를 이어서 직선을 그리면 된다. 보통은 세 개의 좌표가 결정되며, 세 번째 좌표는 확인용으로서의 역할을 한다.

[문제 4] 그래프 $3x+y+1=0$과 $2y-5=x$를 동일한 축 위에 점으로 표시하고, 그 교점을 구하라.

$3x+y+1=0$을 재배열한다.

$$y=-3x-1$$

$2y-5=x$를 재배열한다.

$$2y=x+5, \ \text{즉} \ y=\frac{1}{2}x+2\frac{1}{2}$$

두 방정식이 모두 $y=mx+c$의 형태이므로 둘 다 직선이다. 방정식이 직선이라 함은 그래프를 그릴 때 두 개의 좌표만 필요하고, 두 좌표를 이어서 직선을 그릴 수 있음을 의미한다. 세 번째 좌표는 항상 확인용이다. 각 방정식에 대한 값들의 표는 다음과 같다.

x	1	0	-1
$-3x-1$	-4	-1	2

x	2	0	-3
$\frac{1}{2}x+2\frac{1}{2}$	$3\frac{1}{2}$	$2\frac{1}{2}$	1

그래프는 [그림 9-11]과 같이 점으로 표시된다. **두 직선은 $(-1, 2)$에서 교차함을 알 수 있다.**

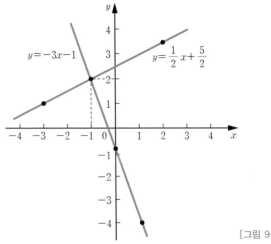

[그림 9-11]

[문제 5] 좌표 (a) $(-2, 5)$와 $(3, 4)$, (b) $(-2, -3)$ 과 $(-1, 3)$을 지나는 직선 그래프의 기울기를 구하라.

[그림 9-12]와 같이 좌표 (x_1, y_1)과 (x_2, y_2)를 지나는 직선의 기울기는 다음과 같다.

$$m = \frac{y_2 - y_1}{x_2 - x_1}$$

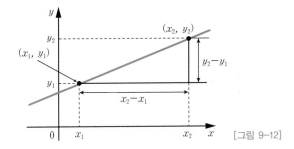

[그림 9-12]

(a) 직선이 $(-2, 5)$와 $(3, 4)$를 지나므로 $x_1 = -2$, $y_1 = 5$, $x_2 = 3$, $y_2 = 4$이고, 따라서 **기울기는**

$$m = \frac{y_2 - y_1}{x_2 - x_1} = \frac{4 - 5}{3 - (-2)} = -\frac{1}{5} \text{이다.}$$

(b) 직선이 $(-2, -3)$ 과 $(-1, 3)$을 지나므로 $x_1 = -2$, $y_1 = -3$, $x_2 = -1$, $y_2 = 3$이고, 따라서 **기울기는**

$$m = \frac{y_2 - y_1}{x_2 - x_1} = \frac{3 - (-3)}{-1 - (-2)} = \frac{3 + 3}{-1 + 2} = \frac{6}{1} = \mathbf{6} \text{이다.}$$

◆ **이제 다음 연습문제를 풀어보자.**

[연습문제 37] 기울기, 절편, 그래프의 방정식

1 직선의 방정식이 $4y = 2x + 5$이다. 각 대응하는 값의 표는 다음과 같다. 표를 완성하고, x에 대한 y의 그래프를 점으로 표시하라. 또, 그래프의 기울기를 구하라.

x	-4	-3	-2	-1	0	1	2	3	4
y		-0.25			1.25				3.25

2 각 방정식에 대한 기울기와 y축에 대한 절편을 구하라.
  (a) $y = 4x - 2$ (b) $y = -x$
  (c) $y = -3x - 4$ (d) $y = 4$

3 각 방정식에 대한 기울기와 y 절편을 구하라.
  (a) $y = 6x - 3$ (b) $y = -2x + 4$
  (c) $y = 3x$ (d) $y = 7$

4 다음 좌표를 지나는 직선 그래프의 기울기를 구하라.
  (a) $(2, 7)$과 $(-3, 4)$
  (b) $(-4, -1)$ 과 $(-5, 3)$
  (c) $\left(\frac{1}{4}, -\frac{3}{4} \right)$ 과 $\left(-\frac{1}{2}, \frac{5}{8} \right)$

5 다음 방정식 중에서 어느 것이 서로 평행인 그래프를 만드는지 설명하라.
  (a) $y - 4 = 2x$ (b) $4x = -(y + 1)$
  (c) $x = \frac{1}{2}(y + 5)$ (d) $1 + \frac{1}{2}y = \frac{3}{2}x$
  (e) $2x = \frac{1}{2}(7 - y)$

6 $y = 3x - 5$와 $3y + 2x = 7$의 그래프를 동일한 축 위에 그리고, 교점의 좌표를 구하라. 그리고 두 연립방정식을 대수적으로 풀어서 얻은 결과와 확인하라.

7 지지대에 고무줄 한 가닥이 고정되어 수직으로 매달려 있고, 중량을 지탱할 수 있는 팬이 자유단에 부착되어 있다. 다양한 중량이 팬에 더해짐에 따라 고무줄의 길이가 측정되며, 그 결과는 다음과 같다.

하중, $W[\text{N}]$	5	10	15	20	25
길이, $l[\text{cm}]$	60	72	84	96	108

길이(세로축)에 대한 하중(가로축)의 그래프를 점으로 표시하라. 그리고 다음을 구하라.
  (a) 하중이 $17\,\text{N}$일 때, 길이의 값
  (b) 길이가 $74\,\text{cm}$일 때, 하중의 값
  (c) 기울기
  (d) 그래프의 방정식

9.5 직선 그래프를 포함하는 실전문제

좌표값들이 주어지거나 실험적으로 구해지고, 이 값들이 $y = mx + c$ 형태의 법칙을 따른다고 하자. 이때 점으로 표

시된 좌표값에 상당히 가까운 직선을 그릴 수 있다면, 이를 통해 $y = mx + c$ 형태의 법칙을 따름을 확인할 수 있다. 그 래프로부터 상수 m(즉, 기울기)과 c(즉, y 절편)를 구할 수 있다. 실제 상황이 반영된 몇 가지 문제들을 살펴보자.

[문제 6] 셀시우스[1] 온도(섭씨온도)와 이에 대응하는 화씨온도의 값은 다음 표와 같다. 사각형 축을 구성하고 적절한 스케일을 선정한 다음, 화씨(세로축 위에)에 대한 섭씨(가로축 위에)의 그래프를 점으로 표시하라.

℃	10	20	40	60	80	100
°F	50	68	104	140	176	212

또한 그래프로부터 다음을 구하라.

(a) 55℃에서 화씨온도   (b) 167°F에서 섭씨온도
(c) 0℃에서 화씨온도   (d) 230°F에서 섭씨온도

좌표 $(10, 50)$, $(20, 68)$, $(40, 104)$ 등을 [그림 9-13]과 같이 점으로 표시한다. 이 좌표들을 연결하면 직선이 되며, 따라서 섭씨온도와 화씨온도는 선형관계임을 알 수 있다.

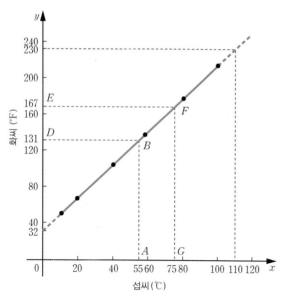

[그림 9-13]

(a) 55℃에서 화씨온도를 구하기 위해 가로축으로부터 세로선 AB를 만들면 B에서 직선과 만난다. 가로선 BD가 세로축과 만나는 점이 동치인 화씨온도이다. 그러므로 55℃는 131°F와 동치이다.

위 표에 주어진 정보를 가지고 동치인 값을 찾는 과정을 **내삽법**이라 한다.

(b) 167°F에서 섭씨온도를 구하기 위해 [그림 9-13]에서와 같이 가로선 EF를 만든다. 세로선 FG가 가로축을 자르는 점이 동치인 섭씨온도이다. 그러므로 167°F는 75℃와 동치이다.

(c) 주어진 자료를 벗어나서도 그래프가 선형이 된다고 가정하면, 그래프는 양 끝으로 확장될 것이다([그림 9-13]의 점선). [그림 9-13]으로부터 0℃는 32°F에 대응한다.

(d) 230°F는 110℃와 동치이다.
주어진 자료에서 벗어난 값에 동치인 값을 구하는 과정을 **외삽법**이라 한다.

[문제 7] 후크[2]의 법칙을 입증하는 실험에서, 응력stress을 변화시켜가며 알루미늄 선의 변형 정도strain를 측정하였다. 그 결과는 다음과 같다.

응력[N/mm³]	4.9	8.7	15.0
변형 정도	0.00007	0.00013	0.00021
응력[N/mm³]	18.4	24.2	27.3
변형 정도	0.00027	0.00034	0.00039

변형 정도(가로축)에 대한 응력(세로축)의 그래프를 점으로 표시하라. 그리고 다음을 구하라.

(a) 그래프의 기울기로 주어지는 알루미늄에 대한 영[3]의 탄성률Young's modulus of elasticity

(b) 응력이 $20 \, \text{N/mm}^2$일 때, 변형 정도strain

(c) 변형 정도가 0.00020일 때, 응력stress

좌표 $(0.00007, 4.9)$, $(0.00013, 8.7)$ 등을 [그림 9-14]와 같이 점으로 표시한다. 이렇게 생성된 그래프는 이 점들에 대응하는 최적의 직선이 된다(실험 결과에 따라 모든 점들이 직선 위에 정확히 놓인 것으로 보이지 않을 수 있다). 그래프와 각 축에 이름을 붙인다. 직선이 원점을 지나므로 응력은 값들의 주어진 범위에서 변형 정도에 정비례한다.

---

1 **셀시우스는 누구?** 자세한 정보는 www.routledge.com/cw/bird에서 찾을 수 있다.

2 **후크는 누구?** 자세한 정보는 www.routledge.com/cw/bird에서 찾을 수 있다.

3 **영은 누구?** 자세한 정보는 www.routledge.com/cw/bird에서 찾을 수 있다.

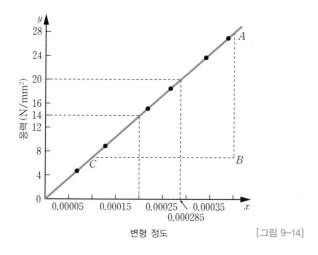

[그림 9-14]

좌표 $(16, 30)$, $(29, 48.5)$ 등을 [그림 9-15]와 같이 점으로 표시한다. 점들을 이음으로써 최적의 직선을 얻을 수 있다.

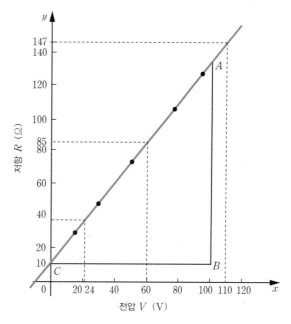

[그림 9-15]

(a) 직선 AC의 기울기는 다음과 같다.

$$\frac{AB}{BC} = \frac{28 - 7}{0.00040 - 0.00010} = \frac{21}{0.00030}$$

$$= \frac{21}{3 \times 10^{-4}} = \frac{7}{10^{-4}} = 7 \times 10^4$$

$$= 70000 \, \text{N/mm}^2$$

따라서 **알루미늄에 대한 영의 탄성률은 $70000 \, \text{N/mm}^2$** 이다. $1 \, \text{m}^2 = 10^6 \, \text{mm}^2$ 이므로 $70000 \, \text{N/mm}^2$ 은 $70000 \times 10^6 \, \text{N/m}^2$, 즉 **$70 \times 10^9 \, \text{N/m}^2$(또는 Pa)**이다.

(b) $20 \, \text{N/mm}^2$ 의 응력에서 변형 정도는 **0.000285**이다.

(c) 변형 정도가 0.00020일 때 응력은 **$14 \, \text{N/mm}^2$**이다.

[문제 8] 필라멘트 전구를 실험하여 얻은 저항 $R[\Omega]$과 그에 대응하는 전압 $V[\text{V}]$의 값이 다음과 같다.

$R[\Omega]$	30	48.5	73	107	128
$V[\text{V}]$	16	29	52	76	94

적당한 스케일을 선정하여, 세로축은 R, 가로축은 V인 그래프를 점을 표현하라. 그리고 다음을 구하라.

(a) 그래프의 기울기
(b) R 절편 값
(c) 그래프의 방정식
(d) 전압이 $60 \, \text{V}$일 때 저항의 값
(e) 저항이 $40 \, \Omega$일 때 전압의 값
(f) 그래프가 동일한 방식으로 계속된다고 할 때, $110 \, \text{V}$ 에서 얻어질 저항의 값

(a) 직선 AC의 기울기는 다음과 같다.

$$\frac{AB}{BC} = \frac{135 - 10}{100 - 0} = \frac{125}{100} = 1.25$$

Check 세로선 AB와 가로선 BC는 직선의 길이에 따라 임의로 만들어질 수 있다. 그러나 가로선 BC를 가령 24, 60과 같은 수가 아닌 위의 경우와 같이 100 정도로 정한다면, 계산이 좀 더 쉬워진다.

(b) R 절편 값은 **$R = 10 \, \Omega$**이다(외삽법에 의해).

(c) y가 세로축 위에서, 그리고 x가 가로축 위에서 점으로 표시될 때, 직선의 방정식은 $y = mx + c$이다. 여기서 m은 기울기이고, c는 y 절편이다. 이 경우에 R은 y 에 대응하고, V는 x에 대응한다. 그리고 $m = 1.25$이 고 $c = 10$이다. 그러므로 그래프의 방정식은 **$R = (1.25V + 10) \, \Omega$**이다.

(d) 전압이 $60 \, \text{V}$일 때 저항은 **$85 \, \Omega$**이다.

(e) 저항이 $40 \, \Omega$일 때 전압은 **$24 \, \text{V}$**이다.

(f) 외삽법에 의해 전압이 $110 \, \text{V}$일 때 저항은 **$147 \, \Omega$**이다.

◆ 이제 다음 연습문제를 풀어보자.

[연습문제 38] 직선 그래프를 포함하는 실전문제

1 구리 접속체의 저항 $R[\Omega]$이 다양한 온도 $t[℃]$에서 다음과 같이 측정되었다.

$R[\Omega]$	112	120	126	131	134
$t[℃]$	20	36	48	58	64

t(가로축)에 대한 R(세로축)의 그래프를 점으로 표시하라. 그리고 이를 이용하여 다음을 구하라.

(a) 저항이 $122\,\Omega$일 때의 온도

(b) 온도가 $52℃$일 때의 저항

2 다음 실험 결과에서 볼 수 있듯이 전기자 전압에 따라 모터의 속력 $n[\text{rev/min}]$이 변한다.

$n[\text{rev/min}]$	285	517	615
$V[\text{V}]$	60	95	110
$n[\text{rev/min}]$	750	917	1050
$V[\text{V}]$	130	155	175

전압(세로축)에 대한 속력(가로축)의 그래프를 점으로 표시하고, 점들을 지나는 최적의 직선을 그려라. 그리고 그래프로부터 다음을 구하라.

(a) 전압이 $145\,\text{V}$일 때의 속력

(b) 속력이 $400\,\text{rev/min}$일 때의 전압

3 다음 표는 리프팅 기계가 하중 $L[\text{N}]$을 극복하기 위한 힘 $F[\text{N}]$를 나타낸다.

힘 $F[\text{N}]$	25	47	64	120	149	187
하중 $L[\text{N}]$	50	140	210	430	550	700

적당한 스케일을 선정하고, L(가로축)에 대한 F(세로축)의 그래프를 점으로 표시하라. 이 점들을 지나는 최적의 직선을 그리고, 이로부터 다음을 구하라.

(a) 기울기

(b) F 절편

(c) 그래프의 방정식

(d) 하중이 $310\,\text{N}$일 때, 적용된 힘

(e) $160\,\text{N}$의 힘을 극복하기 위한 하중

(f) 그래프가 동일한 방식으로 계속된다고 할 때, $800\,\text{N}$의 하중을 극복하기 위해 필요한 힘의 값

4 변동되고 있는 시간 구간 t에서 측정한 물체의 속도 v는 다음과 같다.

$t[초]$	2	5	8	11	15	18
$v[\text{m/s}]$	16.9	19.0	21.1	23.2	26.0	28.1

가로축으로 t를, 세로축으로 v를 점으로 표시하고, 시간에 대한 속도의 그래프를 그려라. 그리고 그래프로부터 다음을 구하라.

(a) 10초 후의 속도

(b) $20\,\text{m/s}$에서의 시간

(c) 그래프의 방정식

5 강철제 보의 질량 m이 길이 L에 의해 다음과 같이 변한다.

질량 $m[\text{kg}]$	80	100	120	140	160
길이 $L[\text{m}]$	3.00	3.74	4.48	5.23	5.97

길이(가로축)에 대한 질량(세로축)의 그래프를 점으로 표시하라. 그래프의 방정식을 구하라.

6 도르래 장치 기구를 이용한 실험 결과가 다음과 같다.

작용력 $E[\text{N}]$	9.0	11.0	13.6	17.4	20.8	23.6
하중 $L[\text{N}]$	15	25	38	57	74	88

하중(가로축)에 대한 작용력(세로축)의 그래프를 점으로 표시하라. 그리고 다음을 구하라.

(a) 기울기

(b) 세로 절편

(c) 그래프의 방정식

(d) 하중이 $30\,\text{N}$일 때의 작용력

(e) 작용력이 $19\,\text{N}$일 때의 하중

7 온도 T에 따른 용기 안의 압력 p의 변화는 $p = aT + b$의 규칙에 따른다고 한다. 여기서 a와 b는 상수이다. 다음에 주어진 결과로 이 규칙이 적용됨을 확인하라. 그리고 a와 b의 근삿값을 구하라. 또한 온도가 $285\,\text{K}$와 $310\,\text{K}$일 때의 압력과, 압력이 $250\,\text{kPa}$일 때의 온도를 구하라.

압력 $p[\text{kPa}]$	244	247	252	258	262	267
온도 $T[\text{K}]$	273	277	282	289	294	300

Chapter

10

삼각법 입문
Introduction to trigonometry

삼각법을 이해하는 것이 왜 중요할까?

각과 삼각형에 대한 지식은 공학에서 매우 중요하다. 삼각법(trigonometry)은 건축물 구조/공사, 교량 설계, 과학적 문제를 해결하기 위해 측량술과 건축에서 필요하다. 또한 삼각법은 전기공학에서 사용된다. 직각삼각형의 각과 변의 길이의 관계를 나타내는 함수는 교류(AC) 전류가 시간에 따라 어떻게 변하는지를 표현할 때 유용하다. 공학자들은 삼각형을 이용하여 경사로를 따라 물체를 옮기기 위해 얼마나 많은 힘이 필요한지를 결정한다. GPS 위성 수신기는 삼각형을 이용하여 수백 킬로미터 떨어진 곳에 있는 위성이 정확한 궤도를 선회할 수 있도록 위치를 결정한다. 스케이트보드 경사로(램프)나 계단, 교량 등을 건설할 때마다 우리는 삼각법에서 벗어날 수 없다.

학습포인트

- 피타고라스의 정리를 설명하고, 이를 이용해 직각삼각형의 미지의 변의 길이를 구한다.
- 직각삼각형에서 한 각의 사인(sin), 코사인(cos), 탄젠트(tan)를 정의한다.
- 각의 삼각비를 계산한다.
- 직각삼각형 문제를 푼다.
- 사인, 코사인, 탄젠트 파형을 그린다.
- 사인법칙에 대해 설명하고 사용한다.
- 코사인법칙에 대해 설명하고 사용한다.
- 여러 가지 공식을 이용하여 임의의 삼각형의 넓이를 결정한다.
- 사인법칙과 코사인법칙을 적용하여 실질적인 삼각법 문제를 해결한다.

10.1 서론

삼각법은 삼각형의 변과 각, 그리고 이들 사이의 관계에 대해 다루는 수학의 한 분야이다.

공학과 과학에는 삼각법을 필요로 하는 많은 응용 분야가 있다.

10.2 피타고라스 정리

피타고라스[1] 정리는 임의의 직각삼각형에서 빗변의 제곱은 다른 두 변의 제곱의 합과 같음을 말한다. 이 정리는 [그림

10-1]의 직각삼각형 ABC에서 다음이 성립함을 의미한다.

$$b^2 = a^2 + c^2 \qquad (10.1)$$

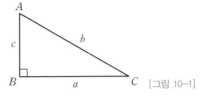

[그림 10-1]

직각삼각형의 임의의 두 변의 길이를 알고 있다면, 피타고라스 정리에 의해 세 번째 변의 길이를 계산할 수 있다. 식

---

1 **피타고라스는 누구?** 자세한 정보는 www.routledge.com/cw/bird에서 찾을 수 있다.

(10.1)로부터 $b = \sqrt{a^2 + c^2}$ 이다.

식 (10.1)을 a에 대해 변환하면 $a^2 = b^2 - c^2$이고, 따라서 $a = \sqrt{b^2 - c^2}$ 이다.

식 (10.1)을 c에 대해 변환하면 $c^2 = b^2 - a^2$이고, 따라서 $c = \sqrt{b^2 - a^2}$ 이다.

피타고라스 정리를 보여주는 몇 가지 문제를 살펴보자.

[문제 1] [그림 10-2]에서 BC의 길이를 구하라.

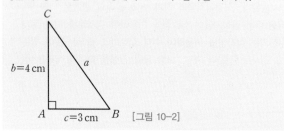
[그림 10-2]

피타고라스 정리로부터 $a^2 = b^2 + c^2$, 즉 다음이 성립한다.

$$a^2 = 4^2 + 3^2 = 16 + 9 = 25$$

그러므로 $a = \sqrt{25} = 5\,\text{cm}$ 이다. $\sqrt{25} = \pm 5$이지만, 이와 같은 실제 예에서 $a = -5\,\text{cm}$ 인 답은 아무런 의미가 없다. 따라서 양수인 답만을 선택한다. 그러므로 $a = BC = 5\,\text{cm}$ 이다.

ABC는 3, 4, 5 삼각형이다. 세 변에 대해 정수 값을 갖는 직각삼각형은 많지 않다.

[문제 2] [그림 10-3]에서, EF의 길이를 구하라.

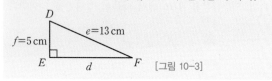
[그림 10-3]

피타고라스 정리에 의해 $e^2 = d^2 + f^2$이므로,

$$13^2 = d^2 + 5^2$$
$$169 = d^2 + 5^2$$
$$d^2 = 169 - 25 = 144$$

따라서 다음과 같이 구할 수 있다.

$$d = \sqrt{144} = 12\,\text{cm}, \ \ 즉 \ d = EF = 12\,\text{cm}$$

DEF는 5, 12, 13 삼각형이다. 이것은 세 변이 모두 정수 값을 갖는 또 다른 직각삼각형이다.

[문제 3] 두 항공기가 비행장에서 동시에 이륙한다. 한 대는 북쪽을 향해 평균 $300\,\text{km/h}$의 속도로 움직이고, 다른 한 대는 서쪽을 향해 평균 $220\,\text{km/h}$의 속도로 움직인다. 4시간 후에 두 항공기 사이의 거리를 구하라.

4시간 후, 첫 번째 항공기는 다음과 같이 움직인다([그림 10-4] 참고).

$$4 \times 300 = 1200\,\text{km} \qquad \text{북쪽으로}$$

그리고 두 번째 항공기는 다음과 같이 움직인다.

$$4 \times 220 = 880\,\text{km} \qquad \text{서쪽으로}$$

4시간 후의 거리는 BC이다.

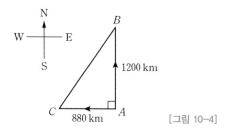
[그림 10-4]

피타고라스 정리로부터 다음을 얻는다.

$$BC^2 = 1200^2 + 880^2$$
$$= 1440000 + 774400 = 2214400$$

$BC = \sqrt{2214400} = 1488\,\text{km}$ 이다. 그러므로 **(4시간 후의 거리)** $= 1488\,\text{km}$ 이다.

◆ **이제 다음 연습문제를 풀어보자.**

[연습문제 39] 피타고라스 정리

1 [그림 10-5(a)]에서 변 x의 길이를 구하라.

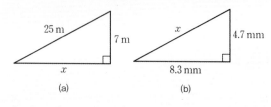

[그림 10-5]

2 [그림 10-5(b)]에서 변 x의 길이를 유효숫자 3자리로 보정하여 구하라.

3 삼각형 ABC에서, $AB = 17\,\text{cm}$, $BC = 12\,\text{cm}$, $\angle ABC = 90°$이다. AC의 길이를 소수점 아래 2자리로 보정하여 구하라.

4 천막말뚝이 $6.0\,\text{m}$ 높이의 천막에서 $4.0\,\text{m}$ 떨어져 있다. 천막 위쪽에서 말뚝까지의 밧줄 길이는 얼마인가? 이때 [cm] 단위의 가장 근접한 정수로 보정하라.

5 삼각형 ABC에서, $\angle B$는 직각이고 $AB = 6.92\,\text{cm}$, $BC = 8.78\,\text{cm}$이다. 빗변의 길이를 구하라.

6 삼각형 CDE에서, $D = 90°$, $CD = 14.83\,\text{mm}$, $CE = 28.31\,\text{mm}$이다. DE의 길이를 구하라.

9 한 사람이 남쪽으로 $24\,\text{km}$를 이동하다가 방향을 돌아 동쪽으로 $20\,\text{km}$를 이동한다. 또 다른 사람은 첫 번째 사람과 동일한 시각에 시작하여, 동쪽으로 $32\,\text{km}$를 이동하다가 방향을 돌아 남쪽으로 $7\,\text{km}$를 이동한다. 두 사람 사이의 거리를 구하라.

8 $3.5\,\text{m}$ 길이의 사다리가 수직인 벽면에서 밑동이 $1.0\,\text{m}$ 떨어진 채로 기대어 놓여있다. 사다리의 끝이 위치한 벽의 높이는 [cm] 단위의 가장 근접한 정수로 보정하여 얼마인가? 사다리 밑동이 벽면으로부터 $30\,\text{cm}$ 더 이동한다면, 사다리의 끝이 위치한 벽의 높이는 얼마가 되는가?

9 두 배가 항구에서 동시에 출발한다. 한 배는 서쪽을 향해 18.4노트로 움직이고, 다른 배는 남쪽을 향해 27.6노트로 움직인다. 1노트＝1해리/h라 할 때, 4시간 후에 두 배는 얼마나 떨어져 있는지 계산하라.

10.3 사인, 코사인, 탄젠트

[그림 10-6]의 직각삼각형 ABC에서 각 θ에 대해 다음과 같이 정의한다.

$$\text{sine}\,\theta = \frac{\text{대변}}{\text{빗변}}$$

이때 'sine(사인)'을 간단히 'sin'으로 나타내며, 따라서 $\sin\theta = \dfrac{BC}{AC}$이다.

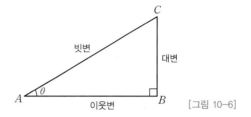
[그림 10-6]

또한,

$$\cos\text{ine}\,\theta = \frac{\text{이웃변}}{\text{빗변}}$$

이다. 'cosine(코사인)'을 간단히 'cos'로 나타내며, 따라서 $\cos\theta = \dfrac{AB}{AC}$이다. 끝으로,

$$\text{tangent}\,\theta = \frac{\text{대변}}{\text{이웃변}}$$

이다. 'tangent(탄젠트)'를 간단히 'tan'으로 나타내며, 따라서 $\tan\theta = \dfrac{BC}{AB}$이다.

이 세 개의 삼각비는 오직 직각삼각형에만 적용된다. 이 세 개의 식은 매우 중요하며, [그림 10-7]과 같이 기억하면 쉽다.

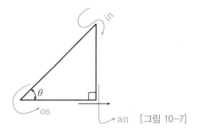
[그림 10-7]

삼각비와 관련한 몇 가지 문제들을 살펴보자.

[문제 4] [그림 10-8]의 삼각형 PQR에서, $\sin\theta$, $\cos\theta$, $\tan\theta$를 구하라.

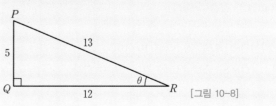
[그림 10-8]

$$\sin\theta = \frac{\text{대변}}{\text{빗변}} = \frac{PQ}{PR} = \frac{5}{13} = 0.3846$$

$$\cos\theta = \frac{\text{이웃변}}{\text{빗변}} = \frac{QR}{PR} = \frac{12}{13} = 0.9231$$

$$\tan\theta = \frac{\text{대변}}{\text{이웃변}} = \frac{PQ}{QR} = \frac{5}{12} = 0.4167$$

[문제 5] [그림 10-9]의 삼각형 ABC에서, AC의 길이, $\sin C$, $\cos C$, $\tan C$, $\sin A$, $\cos A$, $\tan A$를 구하라.

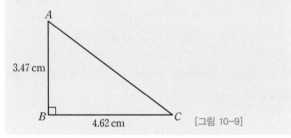

[그림 10-9]

피타고라스 정리에 의해 $AC^2 = AB^2 + BC^2$, 즉 $AC^2 = 3.47^2 + 4.62^2$이다. 따라서 $AC = \sqrt{3.47^2 + 4.62^2} = 5.778\,\text{cm}$이다.

$$\sin C = \frac{\text{대변}}{\text{빗변}} = \frac{AB}{AC} = \frac{3.47}{5.778} = 0.6006$$

$$\cos C = \frac{\text{이웃변}}{\text{빗변}} = \frac{BC}{AC} = \frac{4.62}{5.778} = 0.7996$$

$$\tan C = \frac{\text{대변}}{\text{이웃변}} = \frac{AB}{BC} = \frac{3.47}{4.62} = 0.7511$$

$$\sin A = \frac{\text{대변}}{\text{빗변}} = \frac{BC}{AC} = \frac{4.62}{5.778} = 0.7996$$

$$\cos A = \frac{\text{이웃변}}{\text{빗변}} = \frac{AB}{AC} = \frac{3.47}{5.778} = 0.6006$$

$$\tan A = \frac{\text{대변}}{\text{이웃변}} = \frac{BC}{AB} = \frac{4.62}{3.47} = 1.3314$$

[문제 6] $\tan B = \frac{8}{15}$일 때, $\sin B$, $\cos B$, $\sin A$, $\tan A$의 값을 구하라.

직각삼각형 ABC는 [그림 10-10]과 같다. $\tan B = \frac{8}{15}$이면, $AC = 8$, $BC = 15$와 같이 쓸 수 있다.

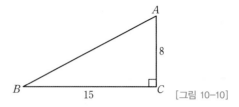

[그림 10-10]

피타고라스 정리에 의해 $AB^2 = AC^2 + BC^2$, 즉 $AB^2 = 8^2 + 15^2$이다. 따라서 $AB = \sqrt{8^2 + 15^2} = 17$이다.

$$\sin B = \frac{AC}{AB} = \frac{8}{17} \ \text{또는} \ 0.4706$$

$$\cos B = \frac{BC}{AB} = \frac{15}{17} \ \text{또는} \ 0.8824$$

$$\sin A = \frac{BC}{AB} = \frac{15}{17} \ \text{또는} \ 0.8824$$

$$\tan A = \frac{BC}{AC} = \frac{15}{8} \ \text{또는} \ 1.8750$$

[문제 7] 점 A는 좌표 $(2, 3)$에 놓여 있고, 점 B는 $(8, 7)$에 놓여 있다. AB의 거리를 구하라.

점 A와 B는 [그림 10-11(a)]와 같다. [그림 10-11(b)]에서 가로선 AC와 세로선 BC를 그린다. 삼각형 ABC가 직각삼각형이고, $AC = 8 - 2 = 6$, $BC = 7 - 3 = 4$이므로, 피타고라스 정리에 의해 $AB^2 = AC^2 + BC^2 = 6^2 + 4^2$이다. 이를 소수점 아래 3자리로 보정한 AB의 거리는 다음과 같다.

$$AB = \sqrt{6^2 + 4^2} = \sqrt{52} = 7.211$$

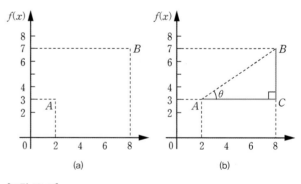

(a)　　　　　　(b)

[그림 10-11]

◆ 이제 다음 연습문제를 풀어보자.

[연습문제 40] 삼각비

1 $\angle Y = 90°$, $XY = 9\,\mathrm{cm}$, $YZ = 40\,\mathrm{cm}$ 인 삼각형 XYZ 를 그려라. $\sin Z$, $\cos Z$, $\tan X$, $\cos X$를 구하라.

2 [그림 10-12]의 삼각형 ABC에서, $\sin A$, $\cos A$, $\tan A$, $\sin B$, $\cos B$, $\tan B$를 구하라.

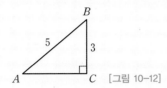

[그림 10-12]

3 $\cos A = \dfrac{15}{17}$ 일 때, $\sin A$와 $\tan A$를 분수 형태로 구하라.

4 [그림 10-13]의 직각삼각형에 대해, (a) $\sin \alpha$, (b) $\cos \theta$, (c) $\tan \theta$를 구하라.

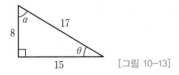

[그림 10-13]

5 $\tan \theta = \dfrac{7}{24}$ 일 때, (a) $\sin \theta$와, (b) $\cos \theta$를 분수 형태로 구하라.

6 점 P는 좌표 $(-3, 1)$에 놓여 있고, 점 Q는 $(5, -4)$에 놓여 있다. 다음을 구하라.
(a) PQ의 거리   (b) 직선 PQ의 기울기

10.4 예각의 삼각비 계산하기

임의의 각에 대한 삼각비를 계산하는 가장 쉬운 방법은 계산기를 사용하는 것이다. 계산기를 사용하여 다음을 확인해보자(소수점 아래 4자리로 보정한다).

$\sin 29° = 0.4848$ $\sin 53.62° = 0.8051$
$\cos 67° = 0.3907$ $\cos 83.57° = 0.1120$
$\tan 34° = 0.6745$ $\tan 67.83° = 2.4541$

$$\sin 67°43' = \sin 67\frac{43°}{60} = \sin 67.7166666\cdots° = 0.9253$$
$$\cos 13°28' = \cos 13\frac{28°}{60} = \cos 13.466666\cdots° = 0.9725$$
$$\tan 56°54' = \tan 56\frac{54°}{60} = \tan 56.90° = 1.5340$$

삼각비의 값을 알고 있다면, 계산기에서 **역함수**를 이용하여 각을 구할 필요가 있다. 예를 들어, 계산기에서 shift와 sin을 이용하면 $\sin^{-1}$을 얻는다. 예를 들어 어떤 각의 sin이 0.5임을 알고 있다면, 각에 대한 값은 $\sin^{-1} 0.5 = \mathbf{30°}$로 주어진다.

> **Check** $\sin 30° = 0.5$

마찬가지로, $\cos \theta = 0.4371$ 이면 $\theta = \cos^{-1} 0.4371 = \mathbf{64.08°}$ 이다. 그리고 $\tan A = 3.5984$이면 $A = \tan^{-1} 3.5984 = \mathbf{74.47°}$이다. 이때 θ와 A는 모두 소수점 아래 2자리로 보정했다.

계산기를 이용하여 다음 문제들을 확인해보자.

[문제 8] $\sin 43°39'$을 소수점 아래 4자리로 보정하여 구하라.

$$\sin 43°39' = \sin 43\frac{39°}{60} = \sin 43.65° = 0.6903$$

이 답은 **계산기**를 이용하여 다음과 같이 구할 수 있다.

1. sin 을 누른다.   2. 43을 입력한다.
3. °'''를 누른다.   4. 39를 입력한다.
5. °'''를 누른다.   6.)를 누른다.
7. =를 누른다.   **답** $= 0.6902512\cdots$
                         $= 0.6903$ (보정)

[문제 9] $6\cos 62°12'$을 소수점 아래 3자리로 보정하여 구하라.

$$6\cos 62°12' = 6\cos 62\frac{12°}{60} = 6\cos 62.20° = 2.798$$

이 답은 계산기를 이용하여 다음과 같이 구할 수 있다.

1. 6을 입력한다.   2. cos 을 누른다.
3. 62를 입력한다.   4. °'''를 누른다.
5. 12를 입력한다.   6. °'''를 누른다.
7.)를 누른다.   8. =를 누른다.
답 $= 2.798319\cdots = 2.798$ (보정)

[문제 10] $\sin 1.481$을 유효숫자 4자리로 보정하여 구하라.

$\sin 1.481$은 1.481 **라디안**에 대한 사인을 의미한다(도 기호, 즉 $^\circ$ 기호가 없으면 라디안으로 간주한다). 그러므로 라디안 기능이 있는 계산기가 필요하다. 따라서 $\sin 1.481 = \mathbf{0.9960}$이다.

[문제 11] $\tan 2.93$을 유효숫자 4자리로 보정하여 구하라.

다시 도($^\circ$) 기호가 없으므로 2.93은 2.93라디안을 의미한다. 그러므로 $\tan 2.93 = \mathbf{-0.2148}$이다.

가지고 있는 계산기가 도 모드인지 라디안 모드인지 아는 것이 중요하다. 주의하지 않으면 실수를 범할 수 있다.

[문제 12] 예각 $\sin^{-1}0.4128$을 소수점 아래 2자리로 보정하여 도 단위로 구하라.

$\sin^{-1}0.4128$은 '사인 값이 0.4128인 도'를 의미한다. 계산기를 이용하여 다음과 같이 구한다.

1. shift를 누른다.　　　　2. sin 을 누른다.
3. 0.4128을 입력한다.　　4.)를 누른다.
5. =를 누른다.

답은 $24.380848\cdots$로 표시된다. 그러므로 소수점 아래 2자리로 보정하면 다음과 같다.

$$\sin^{-1}0.4128 = 24.38^\circ$$

[문제 13] 예각 $\cos^{-1}0.2437$을 도, 분으로 구하라.

$\cos^{-1}0.2437$은 '코사인이 0.2437인 각'을 의미한다. 계산기를 이용하여 다음과 같이 구한다.

1. shift를 누른다.　　　　2. cos 을 누른다.
3. 0.2437을 입력한다.　　4.)를 누른다.
5. =를 누른다.

답은 $75.894979\cdots$로 표시된다.

6. $^{\circ'''}$를 누르면, $75^\circ 53' 41.93''$가 표시된다.

그러므로 가장 근접한 분 단위로 보정하면 다음과 같다.

$$\cos^{-1}0.2437 = 75.89^\circ = 77^\circ 54'$$

[문제 14] 예각 $\tan^{-1}7.4523$을 도, 분으로 구하라.

$\tan^{-1}7.4523$은 '탄젠트가 7.4523인 각'을 의미한다. 계산기를 이용하여 다음과 같이 구한다.

1. shift를 누른다.　　　　2. tan 를 누른다.
3. 7.4523을 입력한다.　　4.)를 누른다.
5. =를 누른다.

답은 $82.357318\cdots$로 표시된다.

6. $^{\circ'''}$를 누르면, $82^\circ 21' 26.35''$가 표시된다.

그러므로 가장 근접한 분 단위로 보정하면 다음과 같다.

$$\tan^{-1}7.4523 = 82.36^\circ = 82^\circ 21'$$

[문제 15] [그림 10-14]의 삼각형 EFG에서 각 G를 구하라.

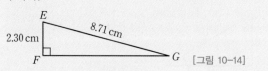

[그림 10-14]

$\angle G$와 관련하여, 삼각형의 주어진 두 변은 대변 EF와 빗변 EG이다. 그러므로 sin이 사용된다. 즉 $\sin G = \dfrac{2.30}{8.71} = 0.26406429\cdots$이다.

따라서 $G = \sin^{-1}0.26406429\cdots$, 즉 $G = 15.311360^\circ$이다. 그러므로 다음과 같다.

$$\angle G = 15.31^\circ \text{ 또는 } 15^\circ 19'$$

◆ **이제 다음 연습문제를 풀어보자.**

[연습문제 41] 삼각비 계산하기

1 $3\sin 66^\circ 41'$을 소수점 아래 4자리로 보정하여 구하라.

2 $5\cos 14^\circ 15'$을 소수점 아래 3자리로 보정하여 구하라.

3 $7\tan 79^\circ 9'$을 유효숫자 4자리로 보정하여 구하라.

4 다음을 구하라.
　(a) $\cos 1.681$　　　　(b) $\tan 3.672$

5 예각 $\sin^{-1}0.6734$를 소수점 아래 2자리로 보정하여 구하라.

6 예각 $\cos^{-1} 0.9648$을 소수점 아래 2자리로 보정하여 구하라.

7 예각 $\tan^{-1} 3.4385$를 소수점 아래 2자리로 보정하여 구하라.

8 예각 $\sin^{-1} 0.1381$을 도, 분으로 구하라.

9 예각 $\cos^{-1} 0.8539$를 도, 분으로 구하라.

10 예각 $\tan^{-1} 0.8971$을 도, 분으로 구하라.

11 [그림 10-15]의 삼각형에서, 각 θ를 소수점 아래 2 자리로 보정하여 구하라.

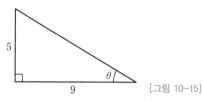
[그림 10-15]

12 [그림 10-16]의 삼각형에서, 각 θ를 도, 분으로 구하라.

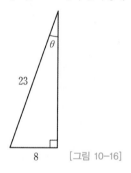
[그림 10-16]

13 [그림 10-17]의 지지대 AB에 대해, (a) 버팀줄 CD가 지지대와 만드는 각 θ를 가장 근접한 [도] 단 위로 구하고, (b) 버팀줄 CD에 대한 길이를 가장 근접한 [cm] 단위로 구하라.

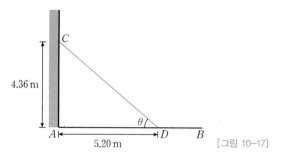
[그림 10-17]

10.5 직각삼각형 문제 풀기

"직각삼각형의 문제풀기"는 "미지의 변과 각을 구하는 것" 을 의미한다. 이는 다음과 같은 방법으로 해결할 수 있다.

❶ 피타고라스 정리   **❷** 삼각비

여섯 개의 정보, 즉 세 변과 세 각에 대한 정보로 삼각형을 완전히 파악할 수 있다. 이때 적어도 세 개의 정보가 주어 지면, 나머지 세 개를 계산할 수 있다.

작각삼각형 문제 해법에 대한 몇 가지 예를 살펴보자.

> **[문제 16]** [그림 10-18]의 삼각형 ABC에서, AC와 AB의 길이를 구하라.
>
>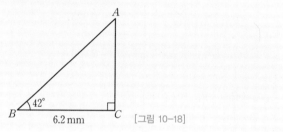
> [그림 10-18]

보통 삼각형 문제는 한 가지 이상의 방법으로 풀 수 있다.

삼각형 ABC에서 다음과 같이 구할 수 있다.

$$\tan 42° = \frac{AC}{BC} = \frac{AC}{6.2}$$

변환하면 $AC = 6.2 \tan 42° = 5.583\,\text{mm}$ 이다. 한편

$$\cos 42° = \frac{BC}{AB} = \frac{6.2}{AB}$$

이므로 다음과 같다.

$$AB = \frac{6.2}{\cos 42°} = 8.343\,\text{mm}$$

또 다른 방법으로, 피타고라스 정리를 이용한다. $AB^2 = AC^2 + BC^2$이므로 다음과 같이 구할 수 있다.

$$AB = \sqrt{AC^2 + BC^2} = \sqrt{5.583^2 + 6.2^2}$$

$$= \sqrt{69.609889} = 8.343\,\text{mm}$$

[문제 17] $B = 90°$, $AB = 5\,cm$, $BC = 12\,cm$ 인 직각삼각형 ABC를 그려라. AC의 길이를 구하고, $\sin A$, $\cos C$, $\tan A$를 구하라.

삼각형 ABC는 [그림 10-19]와 같다.

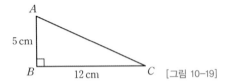

[그림 10-19]

피타고라스 정리에 의해 $AC = \sqrt{5^2 + 12^2} = 13$이므로 다음과 같이 구할 수 있다.

$$\sin A = \frac{\text{대변}}{\text{빗변}} = \frac{12}{13} \quad \text{또는} \quad 0.9231$$

$$\cos C = \frac{\text{이웃변}}{\text{빗변}} = \frac{12}{13} \quad \text{또는} \quad 0.9231$$

$$\tan A = \frac{\text{대변}}{\text{이웃변}} = \frac{12}{5} \quad \text{또는} \quad 2.400$$

[문제 18] [그림 10-20]의 삼각형 PQR에서 PQ와 PR의 길이를 구하라.

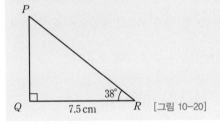

[그림 10-20]

$\tan 38° = \dfrac{PQ}{QR} = \dfrac{PQ}{7.5}$ 이므로 다음과 같다.

$$PQ = 7.5 \tan 38° = 7.5\,(0.7813) = 5.860\,cm$$

$\cos 38° = \dfrac{QR}{PR} = \dfrac{7.5}{PR}$ 이므로 다음과 같다.

$$PR = \frac{7.5}{\cos 38°} = \frac{7.5}{0.7880} = 9.518\,cm$$

Check 피타고라스 정리를 이용하면
$(7.5)^2 + (5.860)^2 = 90.59 = (9.518)^2$ 이다.

[문제 19] [그림 10-21]의 삼각형 ABC를 풀어라.

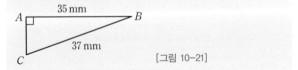

[그림 10-21]

"삼각형 ABC를 푼다."는 것은 "길이 AC와 각 B, C를 구한다."는 의미이다.

$$\sin C = \frac{35}{37} = 0.94595$$

그러므로 다음과 같이 구할 수 있다.

$$C = \sin^{-1} 0.94595 = \mathbf{71.08°}$$

$$B = 180° - 90° - 71.08° = \mathbf{18.92°}$$

삼각형의 각을 모두 더하면 $180°$이므로

$\sin B = \dfrac{AC}{37}$ 이고, 그러므로 다음과 같이 구할 수 있다.

$$AC = 37 \sin 18.92° = 37\,(0.3242) = \mathbf{12.0\,mm}$$

또는 피타고라스 정리를 이용한다. $37^2 = 35^2 + AC^2$이므로 다음과 같다.

$$AC = \sqrt{37^2 - 35^2} = \mathbf{12.0\,mm}$$

[문제 20] 전봇대가 수평인 땅 위에 세워져 있다. 전봇대의 밑동으로부터 $80\,m$인 지점에서 전봇대의 꼭대기를 올려다 본 각인 $23°$이다. 전봇대의 높이를 가장 근접한 [m] 단위로 계산하라.

[그림 10-22]는 전봇대 AB와 점 C에서 A를 올려다 본 각이 $23°$임을 나타낸다.

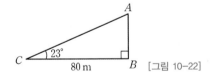

[그림 10-22]

$$\tan 23° = \frac{AB}{BC} = \frac{AB}{80}$$

그러므로 전봇대의 높이를 가장 근접한 [m] 단위로 나타내면 다음과 같다.

$$AB = 80 \tan 23°$$
$$= 80\,(0.4245) = 33.96\,m$$
$$= \mathbf{34\,m}$$

◆ 이제 다음 연습문제를 풀어보자.

[연습문제 42] 직각삼각형 문제 풀기

1 [그림 10-23]의 (a)~(f)에서 x의 길이를 유효숫자 4자리로 보정하여 구하라.

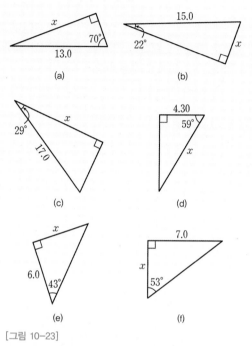

[그림 10-23]

2 [그림 10-24]의 직각삼각형에서 미지의 변과 각을 구하라. 여기서 길이는 [cm] 단위이다.

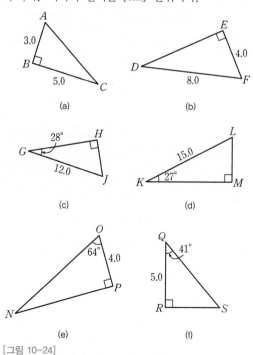

[그림 10-24]

3 사다리가 빌딩의 수직 벽면 꼭대기에 기대어 세워져 있다. 이 사다리가 바닥과 이루는 각이 73°이다. 사다리의 밑동이 벽으로부터 2 m 떨어져 있을 때, 빌딩의 높이를 계산하라.

4 [그림 10-25]에서 x의 길이를 구하라.

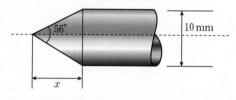

[그림 10-25]

5 수직인 탑이 평지에 세워져 있다. 탑의 바닥으로부터 105 m 인 지점에서 탑의 꼭대기를 올려다 본 각이 19°이다. 탑의 높이를 구하라.

10.6 삼각함수의 그래프

0°에서 360°까지 값을 나타낸 표를 그림으로 나타내면, $y = \sin A$, $y = \cos A$, $y = \tan A$의 그래프가 그려진다. 계산기를 이용해 30° 간격으로 구한 값(그림을 보다 명확히 나타내기 위해 소수점 아래 3자리로 보정함)은 아래 표와 같으며, 이에 대한 그래프는 [그림 10-26]에 나타내었다.

(a) $y = \sin A$

A	0	30°	60°	90°	120°	150°	180°
$\sin A$	0	0.500	0.866	1.000	0.866	0.500	0

A	210°	240°	270°	300°	330°	360°
$\sin A$	-0.500	-0.866	-1.000	-0.866	-0.500	0

(b) $y = \cos \boldsymbol{A}$

A	0	30°	60°	90°	120°	150°	180°
$\cos A$	1.000	0.866	0.500	0	-0.500	-0.866	-1.000

A	210°	240°	270°	300°	330°	360°
$\cos A$	-0.866	-0.500	0	0.500	0.866	1.000

(c) $y = \tan A$

A	0	30°	60°	90°	120°	150°	180°
$\tan A$	0	0.577	1.732	∞	-1.732	-0.577	0

A	210°	240°	270°	300°	330°	360°
$\tan A$	0.577	1.732	∞	-1.732	-0.577	0

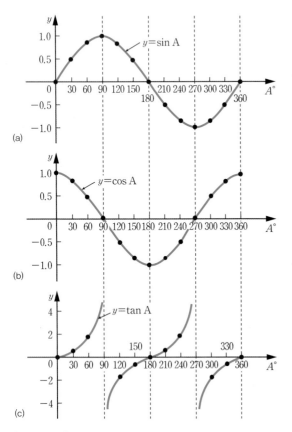

[그림 10-26]

[그림 10-26]으로부터 다음을 알 수 있다.

❶ 사인(sin)과 코사인(cos) 그래프는 최댓값/최솟값 ± 1 사이에서 진동한다.
❷ 코사인(cos) 곡선은 사인(sin) 곡선과 모양은 동일하지만, 위상은 90°만큼 차이가 난다.
❸ 사인(sin)과 코사인(cos) 곡선은 연속이고, 360° 구간마다 반복된다. 그리고 탄젠트(tan) 곡선은 불연속이고, 180° 구간마다 반복된다.

10.7 사인과 코사인 법칙

"삼각형을 푼다."는 것은 "미지의 변과 각을 구한다."는 것을 의미한다. 삼각형이 직각이면, 앞에서 살펴보았던 삼각비와 피타고라스 정리를 이용하여 이 문제를 해결할 수 있다. 그러나 직각삼각형이 아니라면 삼각비와 피타고라스 정리를 사용할 수 없다. 대신에, 이때는 **사인법칙**과 **코사인법칙**이라 불리는 두 법칙이 사용된다.

10.7.1 사인법칙

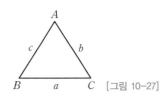

[그림 10-27]

[그림 10-27]의 삼각형 ABC에 대해, 사인법칙$^{sine\ rule}$은 다음과 같다.

$$\frac{a}{\sin A} = \frac{b}{\sin B} = \frac{c}{\sin C}$$

이 법칙은 다음과 같은 경우에 대해서만 사용된다.

❶ 한 변과 임의의 두 각이 처음에 주어졌을 때
❷ 두 변과 끼여 있지 않은 한 각이 처음에 주어졌을 때

10.7.2 코사인법칙

[그림 10-27]의 삼각형 ABC에 대해, 코사인법칙$^{cosine\ rule}$은 다음과 같다.

$$a^2 = b^2 + c^2 - 2bc \cos A$$
$$b^2 = a^2 + c^2 - 2ac \cos B$$
$$c^2 = a^2 + b^2 - 2ab \cos C$$

이 법칙은 다음과 같은 경우에 대해서만 사용된다.

❶ 두 변과 끼인각이 처음에 주어졌을 때
❷ 세 변이 처음에 주어졌을 때

10.8 삼각형의 넓이

[그림 10-27]의 ABC와 같은 임의의 삼각형의 넓이는 다음과 같은 방법으로 구할 수 있다.

❶ $\dfrac{1}{2} \times$ 밑변 $\times$ 수직 높이

❷ $\dfrac{1}{2} ab \sin C$ 또는 $\dfrac{1}{2} ac \sin B$ 또는 $\dfrac{1}{2} bc \sin A$

❸ $\sqrt{s(s-a)(s-b)(s-c)}$, 여기서 $s = \dfrac{a+b+c}{2}$

10.9 삼각형 및 넓이의 해법에 대한 실전문제

[문제 21] 삼각형 XYZ에서, $\angle X = 51°$, $\angle Y = 67°$, $YZ = 15.2\,\text{cm}$ 이다. 이 삼각형을 풀고, 삼각형의 넓이를 구하라.

삼각형 XYZ는 [그림 10-28]과 같다.

삼각형을 푼다는 것은 $\angle Z$와 변 XZ, XY를 구하는 것을 의미한다. 삼각형의 내각의 합이 $180°$이므로 $Z = 180° - 51° - 67° = 62°$이다.

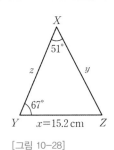

[그림 10-28]

사인법칙을 적용하면 다음과 같다.

$$\frac{15.2}{\sin 51°} = \frac{y}{\sin 67°} = \frac{z}{\sin 62°}$$

$\dfrac{15.2}{\sin 51°} = \dfrac{y}{\sin 67°}$ 이므로 변환하면 다음과 같다.

$$y = \frac{15.2 \sin 67°}{\sin 51°} = 18.00\,\text{cm} = XZ$$

$\dfrac{15.2}{\sin 51°} = \dfrac{z}{\sin 62°}$ 이므로 변환하면 다음과 같다.

$$z = \frac{15.2 \sin 62°}{\sin 51°} = 17.27\,\text{cm} = XY$$

삼각형 XYZ의 넓이 $= \dfrac{1}{2} xy \sin Z$

$$= \frac{1}{2}(15.2)(18.00)\sin 62°$$

$$= 120.8\,\text{cm}^2$$

또는 다음과 같이 구할 수 있다.

$$\text{넓이} = \frac{1}{2} xz \sin Y = \frac{1}{2}(15.2)(17.27)\sin 67°$$

$$= 120.8\,\text{cm}^2$$

삼각형 문제를 다룰 때, 가장 긴 변이 가장 큰 각과 마주보고, 가장 작은 변이 가장 작은 각과 마주본다는 사실을 확인할 필요가 있다. 이 문제에서 Y가 가장 큰 각이고, XZ가 세 변들 중에서 가장 긴 변이다.

[문제 22] $B = 78°51'$, $AC = 22.31\,\text{mm}$, $AB = 17.92\,\text{mm}$인 삼각형 ABC를 풀어라. 그리고 넓이를 구하라.

삼각형 ABC는 [그림 10-29]와 같다.

삼각형을 푸는 것은 각 A와 C, 그리고 변 BC를 구하는 것이다.

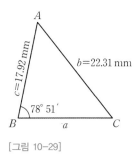

[그림 10-29]

사인법칙을 적용하면, $\dfrac{22.31}{\sin 78°51'} = \dfrac{17.92}{\sin C}$

이로부터, $\sin C = \dfrac{17.92 \sin 78°51'}{22.31} = 0.7881$

따라서, $C = \sin^{-1} 0.7881 = 52°0'$ 또는 $128°0'$

$B = 78°51'$이므로, $128°0' + 78°51'$이 $180°$보다 크기 때문에 C는 $128°0'$이 될 수 없다. 따라서 $C = 52°0'$만 적합하다. 각 $A = 180° - 78°51' - 52°0' = 49°9'$이다.

사인법칙을 적용하면, $\dfrac{a}{\sin 49°9'} = \dfrac{22.31}{\sin 78°51'}$

이로부터,

$$a = \frac{22.31 \sin 49°9'}{\sin 78°51'} = 17.20\,\text{mm}$$

그러므로 $A = 49°9'$, $C = 52°0'$, $BC = 17.20\,\text{mm}$ 이다.

삼각형 ABC 의 넓이 $= \frac{1}{2}\,ac\sin B$

$$= \frac{1}{2}\,(17.20)(17.92)\sin 78°51'$$

$$= 151.2\,\text{mm}^2$$

[문제 23] 삼각형 ABC는 변 $a = 9.0\,\text{cm}$, $b = 7.5\,\text{cm}$, $c = 6.5\,\text{cm}$ 를 갖는다. 이 삼각형의 세 각과 넓이를 구하라.

삼각형 ABC는 [그림 10-30] 과 같다. 보편적으로 삼각형 이 예각인지 둔각인지 구하 기 위해 처음에 가장 큰 각을 계산한다. 이 경우에 가장 큰 각은 A이다. 즉 가장 긴 변 의 대각이다.

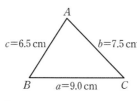

[그림 10-30]

코사인법칙을 적용하면 $a^2 = b^2 + c^2 - 2bc\cos A$ 이므로 다음을 얻는다.

$$2bc\cos A = b^2 + c^2 - a^2$$

$$\cos A = \frac{b^2 + c^2 - a^2}{2bc} = \frac{7.5^2 + 6.5^2 - 9.0^2}{2(7.5)(6.5)} = 0.1795$$

그러므로 $A = \cos^{-1} 0.1795 = \mathbf{79.67°}$(또는 $280.33°$이고, 이는 명백히 불가능한 값이다.)이다. 따라서 $\cos A$가 양수이므로 삼각형은 예각이다(만일 $\cos A$가 음수이면 각 A는 둔각, 즉 $90°$와 $180°$ 사이가 될 것이다).

사인법칙을 적용하면, $\dfrac{9.0}{\sin 79.67°} = \dfrac{7.5}{\sin B}$

이것으로부터 $\sin B = \dfrac{7.5 \sin 79.67°}{9.0} = 0.8198$이고, 따라서 다음과 같다.

$$B = \sin^{-1} 0.8198 = \mathbf{55.07°}$$

$$C = 180° - 79.67° - 55.07° = \mathbf{45.26°}$$

넓이 $= \sqrt{[s(s-a)(s-b)(s-c)]}$, 여기서 s 는 다음과 같다.

$$s = \frac{a+b+c}{2} = \frac{9.0 + 7.5 + 6.5}{2} = 11.5\,\text{cm}$$

그러므로 구하고자 하는 넓이는 다음과 같다.

$$\text{넓이} = \sqrt{[11.5(11.5-9.0)(11.5-7.5)(11.5-6.5)]}$$

$$= \sqrt{[11.5(2.5)(4.0)(5.0)]} = \mathbf{23.98\,\text{cm}^2}$$

다른 방법으로, 다음과 같이 구할 수도 있다.

$$\text{넓이} = \frac{1}{2}\,ac\sin B$$

$$= \frac{1}{2}\,(9.0)(6.5)\sin 55.07° = \mathbf{23.98\,\text{cm}^2}$$

◆ 이제 다음 연습문제를 풀어보자.

[연습문제 43] 삼각형 및 넓이의 해법

※ (문제 1~2) 사인법칙을 이용하여 삼각형 ABC를 풀고, 넓이를 구하라.

1 $A = 29°$, $B = 68°$, $b = 27\,\text{mm}$

2 $B = 71°26'$, $C = 56°32'$, $b = 8.60\,\text{cm}$

※ (문제 3~4) 사인법칙을 이용하여 삼각형 DEF를 풀고, 넓이를 구하라.

3 $d = 17\,\text{cm}$, $f = 22\,\text{cm}$, $F = 26°$

4 $d = 32.6\,\text{mm}$, $e = 25.4\,\text{mm}$, $D = 104°22'$

※ (문제 5~6) 코사인법칙과 사인법칙을 이용하여 삼각형 PQR을 풀고, 넓이를 구하라.

5 $q = 12\,\text{cm}$, $r = 16\,\text{cm}$, $P = 54°$

6 $q = 3.25\,\text{m}$, $r = 4.42\,\text{m}$, $P = 105°$

※ (문제 7~8) 코사인법칙과 사인법칙을 이용하여 삼각형 XYZ를 풀고, 넓이를 구하라.

7 $x = 10.0\,\text{cm}$, $y = 8.0\,\text{cm}$, $z = 7.0\,\text{cm}$

8 $x = 21\,\text{mm}$, $y = 34\,\text{mm}$, $z = 42\,\text{mm}$

10.10 삼각법과 관련한 실제 상황

삼각형의 미지의 변과 각을 구하기 위해 삼각법을 사용하는 많은 실제 상황이 있다. 다음 문제들을 통해 살펴보자.

[문제 24] 방의 너비는 8.0 m 이고, 이 방의 지붕은 한쪽 면이 33°로 기울고, 다른 면은 40°로 기울어진 삼각형 모양의 박공지붕span roof이다. 지붕의 기울어진 길이를 가장 근접한 [cm] 단위로 구하라.

[그림 10-31]은 지붕의 측면을 나타낸 것이다.

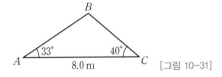

[그림 10-31]

솟은 부분의 각은 $B = 180° - 33° - 40° = 107°$이다.

사인법칙을 적용하면, $\dfrac{8.0}{\sin 107°} = \dfrac{a}{\sin 33°}$

이로부터, $a = \dfrac{8.0 \sin 33°}{\sin 107°} = 4.556\,\mathrm{m} = BC$

사인법칙을 다시 적용하면, $\dfrac{8.0}{\sin 107°} = \dfrac{c}{\sin 40°}$

그러므로, $c = \dfrac{8.0 \sin 40°}{\sin 107°} = 5.377\,\mathrm{m} = AB$

따라서 **기울어진 지붕**은 가장 근접한 [cm] 단위로 보정하면 **456 cm** 와 **538 cm** 이다.

[문제 25] 두 전압 페이저phasor가 [그림 10-32]와 같다. $V_1 = 40\,\mathrm{V}$, $V_2 = 100\,\mathrm{V}$일 때, 그 결과로 생성되는 값 (즉, 길이 OA)과 이 값이 V_1과 만드는 각을 구하라.

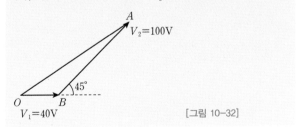

[그림 10-32]

각 $OBA = 180° - 45° = 135°$이다.

코사인법칙을 적용하면,

$OA^2 = V_1^2 + V_2^2 - 2\,V_1 V_2 \cos OBA$

$= 40^2 + 100^2 - \{2\,(40)\,(100) \cos 135°\}$

$= 1600 + 10000 - \{-5657\}$

$= 1600 + 10000 + 5657 = 17257$

따라서, **결과물** $OA = \sqrt{17257} = 131.4\,\mathrm{V}$

사인법칙을 적용하면, $\dfrac{131.4}{\sin 135°} = \dfrac{100}{\sin AOB}$

이로부터, $\sin AOB = \dfrac{100 \sin 135°}{131.4} = 0.5381$

그러므로, 각 $AOB = \sin^{-1} 0.5381 = 32.55°$

(또는 $147.45°$이지만, 이는 불가능한 값이다.)

그러므로 **결과적인 전압은** V_1에서 $32.55°$ 기운 $131.4\,\mathrm{V}$이다.

[문제 26] [그림 10-33]에서, PR은 크레인의 기운 지브jib를 나타내고, 지브의 길이는 10.0 m 이다. PQ는 4.0 m 이다. 수직에 대해 지브의 기운 정도와 QR의 길이를 구하라.

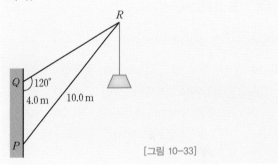

[그림 10-33]

사인법칙을 적용하면, $\dfrac{PR}{\sin 120°} = \dfrac{PQ}{\sin R}$

이로부터, $\sin R = \dfrac{PQ \sin 120°}{PR} = \dfrac{(4.0) \sin 120°}{10.0} = 0.3464$

그러므로, $\angle R = \sin^{-1} 0.3464 = 20.27°$

(또는 $159.73°$이지만, 이는 불가능한 값이다.)

따라서, $\angle P = 180° - 120° - 20.27° = 39.73°$

이는 수직에 대해 지브가 기운 정도이다.

사인법칙을 적용하면, $\dfrac{10.0}{\sin 120°} = \dfrac{QR}{\sin 39.73°}$

따라서 지지대의 길이는 다음과 같다.

$$QR = \dfrac{10.0 \sin 39.73°}{\sin 120°} = 7.38\,\mathrm{m}$$

[문제 27] 마당의 넓이가 [그림 10-34]와 같이 사각형 *ABCD*의 형태이다. 이 마당의 넓이를 구하라.

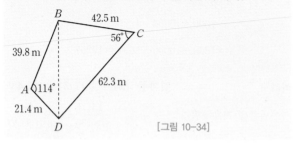

[그림 10-34]

*B*에서 *D*까지 점선을 그려서 두 삼각형으로 분리한다.

사각형 *ABCD*의 넓이

= 삼각형 *ABD*의 넓이 + 삼각형 *BCD*의 넓이

$$= \frac{1}{2}(39.8)(21.4)\sin 114° + \frac{1}{2}(42.5)(62.3)\sin 56°$$

$$= 389.04 + 1097.5$$

$$= 1487 \text{m}^2$$

◆ **이제 다음 연습문제를 풀어보자.**

[연습문제 44] 삼각법과 관련한 실제 상황

1 배 *P*가 항구에서 45 km/h의 일정한 속력으로 W32°N(즉, 302° 방향)을 향해 운항한다. 동시에 다른 배 *Q*는 35 km/h의 일정한 속력으로 N15°E (즉, 015° 방향)를 향해 떠난다. 4시간 후에 두 배 사이의 거리를 구하라.

2 [그림 10-35]는 지브 크레인을 나타낸다. 지지대 *PR*의 길이는 8.0 m이고, *PQ*의 길이는 4.5 m이다. (a) 지브 *RQ*의 길이와, (b) 지지대와 지브 사이의 각을 구하라.

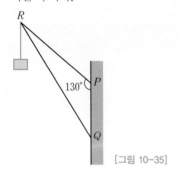

[그림 10-35]

3 건축부지가 [그림 10-36]과 같은 사각형 모양이고, 넓이는 1510 m²이다. 이 부지의 경계선의 길이를 구하라.

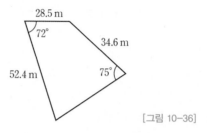

[그림 10-36]

4 [그림 10-37]의 지붕틀에서 구성 성분 *BF*와 *EB* 의 길이를 구하라.

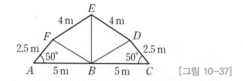

[그림 10-37]

5 너비 9.0 m인 실험실은 한쪽 면이 36°로 기울어지고 다른 면은 44°로 기울어진 박공지붕을 갖는다. 지붕의 기울어진 길이를 구하라.

6 *PQ*와 *QR*은 회로의 두 지로^branch에서의 교류 전류를 나타내는 페이저^phasor이다. 페이저 *PQ*는 20.0 A로 수평으로 놓여 있다. 페이저 *QR*은 14.0 A로 *PQ*의 끝에서 연결되어 삼각형 *PQR*을 이루고, 수평과는 35°의 각을 이룬다. 페이저 *PR*이 페이저 *PQ*와 이루게 되는 각을 구하라.

7 [그림 10-38]의 점 *P*에서 구멍 중심의 위치를 나타내는 좌표 *x*와 *y*를 유효숫자 3자리로 보정하여 계산하라.

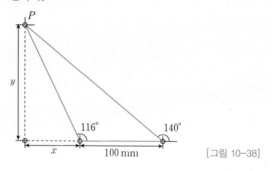

[그림 10-38]

8 지름이 70 mm인 피치원^pitch circle 위에 16개의 구멍이 균등한 간격으로 뚫려 있다. 두 개의 이웃하는 구멍의 중심을 연결하는 현의 길이를 구하라.

Chapter 11

기본적인 도형의 넓이

Areas of common shapes

기본적인 도형의 넓이를 이해하는 것이 왜 중요할까?

벽에 페인트를 칠하거나, 벽지를 바르거나, 또는 널빤지를 붙이기 위해서는 먼저 벽의 넓이를 알아야 하고, 넓이를 알면 작업을 마무리하기 위한 적당한 물품들을 구입할 수 있다. 새로운 건물을 설계하거나 건축허가를 신청할 때, 건물의 연면적을 명시하는 것이 필요할 때가 있다. 건축에서, 건물의 박공벽의 넓이를 계산하는 것은 벽돌의 개수와 회반죽의 양을 결정할 때 중요하다. 볼트를 사용할 때 가장 중요한 것은 사용 용도에 따른 충분한 길이이고, 또한 볼트 접합부의 전단 면적을 계산할 필요가 있다. 굴뚝은 집을 제대로 환기시킬 수 있어야 하며, 반면에 비 또는 다른 형태의 물이 다락이나 지붕의 좁은 공간 하부로 새어 들어가지 않도록 해야 한다. 무엇보다 적절한 열 교환을 위해서는 굴뚝을 통해 유입되는 찬 공기와 따뜻한 공기의 균등한 양의 흐름이 중요하다. 지붕으로 가용할 표면적이 얼마인가를 계산하는 것은 굴뚝의 길이를 결정하는 데 도움이 된다. 아치형은 조각상과 기념비에서부터 건축물의 한 부분과 악기의 현에 이르기까지 도처에서 찾아볼 수 있다. 이때 아치의 높이나 단면적을 구하는 것이 필요할 때가 있다. 보 구조물(beam structure)의 단면적을 구하는 것은 설계공학에서 매우 중요하다. 이와 같이 공학에서는 넓이를 구해야 할 때가 너무나 많다.

학습포인트

- 넓이에 대한 SI 단위를 설명한다.
- 기본적인 다각형, 즉 삼각형, 사각형, 오각형, 육각형, 칠각형, 팔각형을 알아본다.
- 기본적인 사각형, 즉 직사각형, 정사각형, 평행사변형, 마름모, 사다리꼴을 알아본다.
- 사각형과 원의 넓이를 계산한다.
- 닮은 도형의 넓이는 대응하는 변들의 길이 제곱에 비례함을 이해한다.

11.1 서론

넓이^{area}는 평면 표면의 크기 또는 범위를 나타내는 척도이다. 넓이는 mm^2, cm^2, m^2과 같은 제곱 단위로 측정된다. 이 장에서는 기본적인 도형의 넓이를 구하는 것에 대해 다룬다. 공학에서는 여러 가지 도형의 간단한 넓이를 계산하는 것이 중요하다. 일상생활에서, 카펫을 깔거나, 새로운 벽을 꾸미기 위한 충분한 페인트를 주문하거나 또는 충분한 벽돌을 주문하기 위해 넓이를 측정하는 것이 중요하다. 이 장을 마칠 때쯤에 기본적인 도형을 인식할 수 있으며, 직사각형, 정사각형, 평행사변형, 삼각형, 사다리꼴, 원의 넓이를 구할 수 있을 것이다.

11.2 기본적인 도형

11.2.1 다각형

다각형은 선분으로 둘러싸인 평면도형이다. 다각형은 다음과 같다.

- 변이 세 개인 다각형을 삼각형^{triangle}이라 한다.
  : [그림 11-1(a)]
- 변이 네 개인 다각형을 사각형^{quadrilateral}이라 한다.
  : [그림 11-1(b)]
- 변이 다섯 개인 다각형을 오각형^{pentagon}이라 한다.
  : [그림 11-1(c)]

- 변이 여섯 개인 다각형을 육각형hexagon이라 한다.
  : [그림 11-1(d)]
- 변이 일곱 개인 다각형을 칠각형heptagon이라 한다.
  : [그림 11-1(e)]
- 변이 여덟 개인 다각형을 팔각형octagon이라 한다.
  : [그림 11-1(f)]

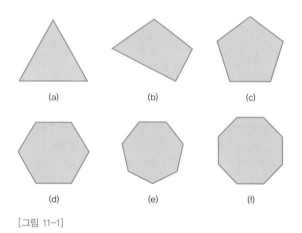

(a)　　(b)　　(c)

(d)　　(e)　　(f)

[그림 11-1]

11.2.2 사각형

직사각형, 정사각형, 평행사변형, 마름모, 사다리꼴이라 부르는 다섯 종류의 사각형이 있다. 사각형의 맞꼭지점을 직선으로 연결하면 두 개의 삼각형이 만들어진다. 삼각형의 내각의 합이 $180°$이므로 사각형의 내각의 합은 $360°$이다.

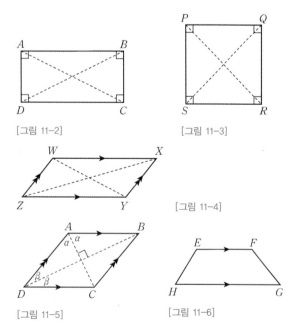

[그림 11-2]　　　　[그림 11-3]

[그림 11-4]

[그림 11-5]　　　[그림 11-6]

직사각형

[그림 11-2]의 직사각형 $ABCD$에서,
- 네 각이 모두 직각이다.
- 대변은 서로 평행이고, 길이가 같다.
- 대각선 AC와 BD는 길이가 같고, 서로 이등분한다.

정사각형

[그림 11-3]의 정사각형 $PQRS$에서,
- 네 각이 모두 직각이다.
- 대변은 평행이다.
- 모든 네 변의 길이가 같다.
- 대각선 PR과 QS는 길이가 같고, 서로 이등분한다.

평행사변형

[그림 11-4]의 평행사변형 $WXYZ$에서,
- 대각의 크기가 같다.
- 대변은 평행이고, 길이가 같다.
- 대각선 WY와 XZ는 서로 이등분한다.

마름모

[그림 11-5]의 마름모 $ABCD$에서,
- 대각의 크기가 같다.
- 대각은 대각선에 의해 이등분된다.
- 대변은 평행하다.
- 네 변의 길이가 모두 같다.
- 대각선 AC와 BD는 서로 직각으로 이등분한다.

사다리꼴

[그림 11-6]의 사다리꼴 $EFGH$에서
- 오직 한 쌍의 변만이 평행이다.

[문제 1] [그림 11-7]의 사각형의 종류를 설명하라. 그리고 a에서 l까지 표시된 각을 구하라.

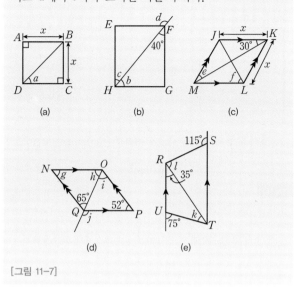

[그림 11-7]

(a) **$ABCD$는 정사각형이다.**

정사각형의 대각선은 각각 직각을 이등분한다. 그러므로 다음과 같이 구할 수 있다.

$$a = \frac{90°}{2} = 45°$$

(b) **$EFGH$는 직사각형이다.**

삼각형 안의 각을 합하면 180°이므로 삼각형 FGH에서 $40° + 90° + b = 180°$이고, 따라서 $b = 50°$이다. 또한 $c = 40°$(평행선 EF와 HG 사이의 엇각. 다른 방법으로, b와 c가 여각이고 합이 90°이다).

$d = 90° + c$(삼각형의 외각은 내대각의 합이다)이고, 그러므로 $d = 90° + 40° = 130°$(또는 $\angle EFH = 50°$이고, 따라서 $d = 180° - 50° = 130°$)이다.

(c) **$JKLM$은 마름모이다.**

마름모의 대각선은 내각을 이등분하고, 내대각이 동일하다. 따라서 $\angle JKM = \angle MKL = \angle JMK = \angle LMK = 30°$이고, $e = 30°$이다.

삼각형 KLM에서 $30° + \angle KLM + 30° = 180°$(삼각형에서 내각의 합은 180°)이므로 $\angle KLM = 120°$이다. 대각선 JL은 $\angle KLM$을 이등분한다. 그러므로 $f = \frac{120°}{2} = 60°$이다.

(d) **$NOPQ$는 평행사변형이다.**

평행사변형의 내대각은 동일하므로 $g = 52°$이다.

삼각형 NOQ에서 $g + h + 65° = 180°$(삼각형에서 내각의 합은 180°)이다. 이것으로부터 $h = 180° - 65° - 52° = 63°$이다.

$i = 65°$(평행선 NQ와 OP 사이의 엇각)이다.

$j = 52° + i = 52° + 65° = 117°$(삼각형의 외각은 내대각의 합이다. 다른 방법으로, $\angle PQO = h = 63°$이고, 따라서 $j = 180° - 63° = 117°$)이다.

(e) **$RSTU$는 사다리꼴이다.**

$35° + k = 75°$(삼각형의 외각은 내대각의 합이다)이므로 $k = 40°$이다.

$\angle STR = 35°$(평행선 RU와 ST 사이의 엇각)이다. $l + 35° = 115°$(삼각형의 외각은 내대각의 합이다)이므로 $l = 115° - 35° = 80°$이다.

◆ **이제 다음 연습문제를 풀어보자.**

[연습문제 45] 기본적인 도형

1 [그림 11-8(a)]에서 각 p와 q를 구하라.

2 [그림 11-8(b)]에서 각 r과 s를 구하라.

3 [그림 11-8(c)]에서 각 t를 구하라.

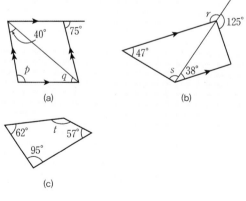

[그림 11-8]

11.3 기본적인 도형의 넓이

기본적인 도형의 넓이 공식을 [표 11-1]에 나타내었다.

[표 11-1] 기본적인 도형의 넓이 공식

평면도형의 넓이		
정사각형	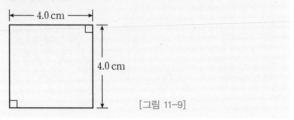 (생략)	넓이 $= x^2$
직사각형		넓이 $= l \times b$
평행사변형		넓이 $= b \times h$
삼각형		넓이 $= \dfrac{1}{2} \times b \times h$
사다리꼴		넓이 $= \dfrac{1}{2}(a+b) \times h$
원		넓이 $= \pi r^2$ 또는 $\dfrac{\pi d^2}{4}$ (d는 원의 지름) 원주 $= 2\pi r$ 2π 라디안 $= 360$도
부채꼴		넓이 $= \dfrac{\theta^\circ}{360}(\pi r^2)$

공식을 이용하여 기본적인 도형의 넓이를 구하는 방법을 살펴보자.

[문제 2] [그림 11-9]의 정사각형의 넓이와 둘레의 길이를 계산하라.

[그림 11-9]

$$\text{정사각형의 넓이} = x^2 = (4.0)^2 = 4.0\,\text{cm} \times 4.0\,\text{cm}$$
$$= 16.0\,\text{cm}^2$$

Note 넓이의 단위는 $\text{cm} \times \text{cm} = \text{cm}^2$, 즉 제곱 센티미터 또는 제곱한 센티미터이다.

$$\text{정사각형의 둘레} = 4.0\,\text{cm} + 4.0\,\text{cm} + 4.0\,\text{cm} + 4.0\,\text{cm}$$
$$= 16.0\,\text{cm}$$

[문제 3] [그림 11-10]의 직사각형의 넓이와 둘레의 길이를 계산하라.

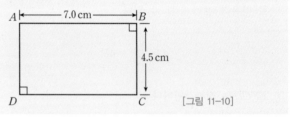

[그림 11-10]

$$\text{직사각형의 넓이} = l \times b = 7.0 \times 4.5$$
$$= 31.5\,\text{cm}^2$$
$$\text{직사각형의 둘레} = 7.0\,\text{cm} + 4.5\,\text{cm} + 7.0\,\text{cm} + 4.5\,\text{cm}$$
$$= 23.0\,\text{cm}$$

[문제 4] [그림 11-11]의 평행사변의 넓이를 계산하라.

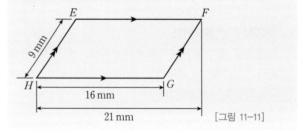

[그림 11-11]

평행사변형의 넓이 $=$ (밑변) $\times$ (높이)이다. 높이 h는 [그림 11-11]에 나타나지 않지만, 피타고라스 정리(10장 참조)를 이용하여 구할 수 있다. [그림 11-12]로부터 $9^2 = 5^2 + h^2$

이므로 $h^2 = 9^2 - 5^2 = 81 - 25 = 56$이다. 따라서 높이는 다음과 같다.

$$h = \sqrt{56} = 7.48\,\text{mm}$$

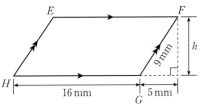

[그림 11-12]

그러므로 다음과 같이 구할 수 있다.

$$\text{평행사변형 } EFGH\text{의 넓이} = 16\,\text{mm} \times 7.48\,\text{mm}$$
$$= 120\,\text{mm}^2$$

[문제 5] [그림 11-13]의 삼각형의 넓이를 계산하라.

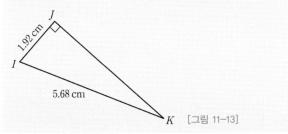

[그림 11-13]

$$\text{삼각형 } IJK\text{의 넓이} = \frac{1}{2} \times \text{밑변} \times \text{높이} = \frac{1}{2} \times IJ \times JK$$

JK를 구하기 위해 피타고라스 정리를 이용한다.
즉 $5.68^2 = 1.92^2 + JK^2$이다. 따라서 다음과 같다.

$$JK = \sqrt{5.68^2 - 1.92^2} = 5.346\,\text{cm}$$

그러므로 다음과 같이 구할 수 있다.

$$\text{삼각형 } IJK\text{의 넓이} = \frac{1}{2} \times 1.92 \times 5.346 = \mathbf{5.132\,cm^2}$$

[문제 6] [그림 11-14]의 사다리꼴의 넓이를 계산하라.

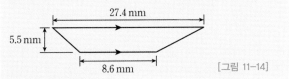

[그림 11-14]

사다리꼴의 넓이 $= \dfrac{1}{2} \times$ (평행인 변의 합)
$\times$ (평행인 변 사이의 수직 거리)

그러므로 다음과 같이 구한다.

$$\text{사다리꼴 } LMNO\text{의 넓이} = \frac{1}{2} \times (27.4 + 8.6) \times 5.5$$
$$= \frac{1}{2} \times 36 \times 5.5 = 99\,\text{mm}^2$$

[문제 7] 직사각형 쟁반의 길이는 $820\,\text{mm}$이고 너비가 $400\,\text{mm}$이다. 다음 주어진 단위로 이 쟁반의 넓이를 구하라.

(a) mm^2 (b) cm^2 (c) m^2

(a) 쟁반의 넓이 $=$ (길이) $\times$ (너비) $= 820 \times 400$
$$= 328000\,\text{mm}^2$$

(b) $1\,\text{cm} = 10\,\text{mm}$이므로,
$$1\,\text{cm}^2 = 1\,\text{cm} \times 1\,\text{cm} = 10\,\text{mm} \times 10\,\text{mm} = 100\,\text{mm}^2$$

또는 $1\,\text{mm}^2 = \dfrac{1}{100}\,\text{cm}^2 = 0.01\,\text{cm}^2$이므로 다음과 같다.
$$328000\,\text{mm}^2 = 328000 \times 0.01\,\text{cm}^2 = \mathbf{3280\,cm^2}$$

(c) $1\,\text{m} = 100\,\text{cm}$이므로,
$$1\,\text{m}^2 = 1\,\text{m} \times 1\,\text{m} = 100\,\text{cm} \times 100\,\text{cm} = 10000\,\text{cm}^2$$

또는 $1\,\text{cm}^2 = \dfrac{1}{10000}\,\text{m}^2 = 0.0001\,\text{m}^2$이므로 다음과 같다.
$$3280\,\text{cm}^2 = 3280 \times 0.0001\,\text{m}^2 = \mathbf{0.3280\,m^2}$$

[문제 8] 사진틀의 바깥쪽 치수는 $100\,\text{cm} \times 50\,\text{cm}$이다. 틀의 폭이 $4\,\text{cm}$라 할 때, 사진틀을 만들기 위한 나무의 넓이를 구하라.

사진틀을 그림으로 나타내면 [그림 11-15]와 같다.

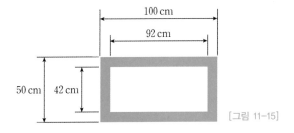

[그림 11-15]

나무의 넓이

= (큰 사각형의 넓이) − (작은 사각형의 넓이)

= (100 × 50) − (92 × 42) = 5000 − 3864

= 1136 cm²

[문제 9] [그림 11-16]의 대들보의 단면적을 구하라.

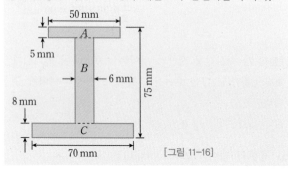

[그림 11-16]

대들보는 총 세 개의 직사각형으로 분리된다.

직사각형 A의 넓이 = 50 × 5 = 250 mm²

직사각형 B의 넓이 = (75 − 8 − 5) × 6

= 62 × 6 = 372 mm²

직사각형 C의 넓이 = 70 × 8 = 560 mm²

전체 대들보의 넓이 = 250 + 372 + 560

= 1182 mm² 또는 11.82 cm²

[문제 10] [그림 11-17]은 건물의 박공벽(측면의 삼각형의 벽)을 나타낸다. 박공벽에 있는 벽돌의 넓이를 구하라.

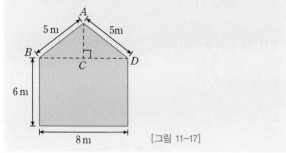

[그림 11-17]

도형은 직사각형과 삼각형으로 구분된다.

직사각형의 넓이 = 6 × 8 = 48 m²

삼각형의 넓이 = $\frac{1}{2}$ × (밑변) × (높이)

$CD = 4\,\mathrm{m}$이고 $AD = 5\,\mathrm{m}$이므로 $AC = 3\,\mathrm{m}$이다(이는 3, 4, 5삼각형, 또는 피타고라스 정리에 의해 구할 수 있다).

그러므로 삼각형 ABD의 넓이는 다음과 같다.

삼각형 ABD의 넓이 = $\frac{1}{2}$ × 8 × 3 = 12 m²

벽돌의 전체 넓이 = 48 + 12 = 60 m²

◆ **이제 다음 연습문제를 풀어보자.**

[연습문제 46] 기본적인 도형의 넓이

1 [그림 11-18]의 (i)~(iv)는 어떤 사각형인지 이름을 붙여라. 그리고 각각에 대한 (a) 넓이와, (b) 둘레의 길이를 구하라.

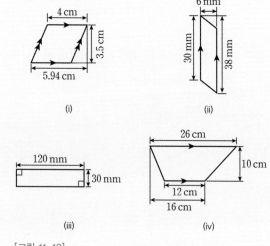

[그림 11-18]

2 길이가 85 mm이고 너비가 42 mm인 직사각형 판이 있다. 넓이를 [cm²] 단위로 구하라.

3 길이가 150 m이고 넓이가 1.2 ha인 직사각형 모양의 밭이 있다. 1 ha = 10000 m²일 때, (a) 밭의 너비와, (b) 대각선의 길이를 구하라.

4 밑변이 8.5 cm이고 높이가 6.4 cm인 삼각형의 넓이를 구하라.

5 정사각형의 넓이가 162 cm²이다. 대각선의 길이를 구하라.

6 직사각형 그림의 넓이가 0.96 m²이다. 한 변의 길이가 800 mm일 때, 다른 변의 길이를 [mm] 단위로 계산하라.

7 [그림 11-19]의 철로 된 앵글 부품의 넓이를 각각 구하라.

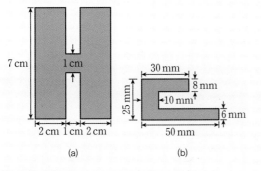

[그림 11-19]

8 [그림 11-20]은 길의 폭이 4 m 이고, 외부가 41 m × 37 m 인 정원이다. 이 길의 넓이를 구하라.

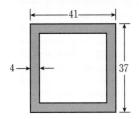

[그림 11-20]

9 사다리꼴의 넓이가 13.5 cm² 이고 두 평행한 변 사이의 거리가 3 cm 이다. 평행인 한 변의 길이가 5.6 cm 일 때, 평행한 다른 변의 길이를 구하라.

10 [그림 11-21]의 금속판의 넓이를 계산하라. 각 치수의 단위는 [mm]이다.

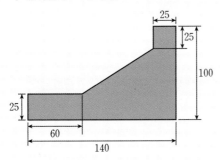

[그림 11-21]

11 한 변의 길이가 10.0 cm 인 정삼각형의 넓이를 구하라.

12 포장용 평판이 250 mm × 250 mm 크기의 정사각형으로 생산된다. 2 m² 의 넓이를 씌우기 위해 필요한 평판의 개수를 구하라.

[표 11-1]의 공식을 이용하여 기본적인 도형의 넓이를 구하는 방법을 좀 더 살펴보자.

[문제 11] 반지름이 5 cm 인 원의 넓이를 구하라.

$$원의\ 넓이 = \pi r^2 = \pi (5)^2 = 25\pi = 78.54\,\mathrm{cm}^2$$

[문제 12] 지름이 15 mm 인 원의 넓이를 구하라.

$$원의\ 넓이 = \frac{\pi d^2}{4} = \frac{\pi (15)^2}{4} = \frac{225\pi}{4} = 176.7\,\mathrm{mm}^2$$

[문제 13] 원주의 길이가 70 mm 인 원의 넓이를 구하라.

원주는 $c = 2\pi r$ 이므로 반지름은 다음과 같다.

$$r = \frac{c}{2\pi} = \frac{70}{2\pi} = \frac{35}{\pi}\,\mathrm{mm}$$

$$원의\ 넓이 = \pi r^2 = \pi \left(\frac{35}{\pi} \right)^2 = \frac{35^2}{\pi}$$

$$= 389.9\,\mathrm{mm}^2 \ 또는\ \ 3.899\,\mathrm{cm}^2$$

[문제 14] 중심각이 107°42′ 이고 지름이 80 mm 인 부채꼴의 넓이를 구하라.

지름이 80 mm 이므로 반지름은 $r = 40\,\mathrm{mm}$ 이다. 그러므로 다음과 같이 구한다.

$$부채꼴의\ 넓이 = \frac{107°42′}{360} (\pi 40^2)$$

$$= \frac{107\frac{42}{60}}{360} (\pi 40^2) = \frac{107.7}{360} (\pi 40^2)$$

$$= 1504\,\mathrm{mm}^2 \ 또는\ \ 15.04\,\mathrm{cm}^2$$

[문제 15] 외부 지름이 5.45 cm 이고 내부 지름이 2.25 cm 인 속이 빈 축이 있다. 이 축의 단면적을 계산하라.

축의 단면적은 [그림 11-22]와 같다(이런 모양을 환형 annulus이라 한다).

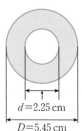

$d = 2.25\,\text{cm}$
$D = 5.45\,\text{cm}$

[그림 11-22]

음영 부분의 넓이 = (큰 원의 넓이) − (작은 원의 넓이)

$$= \frac{\pi D^2}{4} - \frac{\pi d^2}{4} = \frac{\pi}{4}(D^2 - d^2)$$

$$= \frac{\pi}{4}(5.45^2 - 2.25^2) = 19.35\,\text{cm}^2$$

◆ 이제 다음 연습문제를 풀어보자.

[연습문제 47] 기본적인 도형의 넓이

1. $40\,\text{m} \times 15\,\text{m}$ 규모의 직사각형 모양의 정원이 있다. 이 정원의 짧은 두 변과 긴 한 변의 주변으로 1m 너비의 꽃 담장이 둘러진다. 또한 정원 중앙에는 지름 8m인 원형 수영장이 만들어진다. 이 정원의 나머지 부분의 넓이를 [m²] 단위로 보정하여 구하라.

2. (a) 반지름 4cm, (b) 지름 30mm, (c) 원주 200mm 인 각 원들의 넓이를 구하라.

3. 환형의 외부 지름이 60mm이고, 내부 반지름이 20mm이다. 이 도형의 넓이를 구하라.

4. 원의 넓이가 320mm²일 때, (a) 지름과, (b) 원주 의 길이를 구하라.

5. 다음 부채꼴의 넓이를 계산하라.
   (a) 반지름 9cm, 중심각 75°
   (b) 지름 35mm, 중심각 48°37′

6. [그림 11-23]와 같은 형판의 색칠한 부분의 넓이를 구하라.

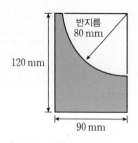

반지름 80 mm
120 mm
90 mm

[그림 11-23]

7. [그림 11-24]와 같은 아치형 입구는 직사각형 모양의 문 위에 반원형 아치를 올려 만든 모양이다. 너비가 1m이고 가장 큰 높이가 2m인 문의 넓이를 구하라.

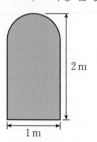

2 m
1 m

[그림 11-24]

기본적인 도형과 관련한 몇 가지 문제를 더 풀어보자.

[문제 16] 각 변이 5cm이고 편평한 변 사이의 폭이 12cm인 정팔각형의 넓이를 계산하라.

팔각형은 변이 8개인 다각형이다. 다각형의 중심에서 꼭짓점까지 반지름을 그리면, [그림 11-25]와 같이 8개의 동일한 삼각형이 만들어진다.

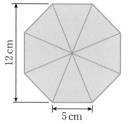

12 cm
5 cm

[그림 11-25]

삼각형 하나의 넓이 $= \frac{1}{2} \times (밑변) \times (높이)$

$$= \frac{1}{2} \times 5 \times \frac{12}{2} = 15\,\text{cm}^2$$

팔각형의 넓이 $= 8 \times 15 = 120\,\text{cm}^2$

[문제 17] 한 변의 길이가 8cm인 정육각형의 넓이를 구하라.

육각형은 변이 6개인 다각형이며, [그림 11-26]과 같이 동일한 삼각형 6개로 분리된다. 각 삼각형의 중심각은 $360° \div 6 = 60°$이다. 삼각형에서 다른 두 각의 합은 120°이고, 각각 동일하다. 그러므로 각 삼각형은 각이 60°이고, 변이 8cm인 정삼각형이다.

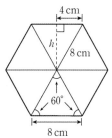

[그림 11-26]

삼각형 하나의 넓이 $= \frac{1}{2} \times (밑변) \times (높이) = \frac{1}{2} \times 8 \times h$

피타고라스 정리 $8^2 = h^2 + 4^2$ 으로부터

$h = \sqrt{8^2 - 4^2} = 6.928\,\text{cm}$ 이다.

그러므로 다음과 같다.

삼각형 하나의 넓이 $= \frac{1}{2} \times 8 \times 6.928 = 27.71\,\text{cm}^2$

육각형의 넓이 $= 6 \times 27.71 = \mathbf{166.3\,cm^2}$

[문제 18] [그림 11-27]은 어떤 건물의 한 층에 대한 평면도로 이는 카펫으로 덮여 있다. 이 층의 넓이를 $[\text{m}^2]$ 단위로 계산하라. 카펫 비용은 $1\,\text{m}^2$당 16800원이고, 모양에 맞췄을 때 낭비되는 양을 감안하여 30%의 여분의 카펫이 필요하다고 할 때, 카펫의 비용을 계산하라.

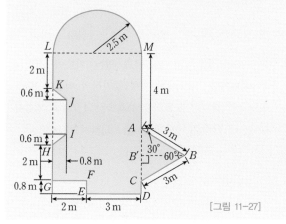

[그림 11-27]

평면도의 넓이

$=$ (삼각형 ABC의 넓이) $+$ (반원의 넓이)

$\quad +$ (사각형 $CGLM$의 넓이) $+$ (사각형 $CDEF$의 넓이)

$\quad -$ (사다리꼴 $HIJK$의 넓이)

$AB = BC = 3\,\text{m}$ 이므로 삼각형 ABC는 정삼각형이다. 그

러므로 각 $B'CB = 60°$ 이고, $\sin B'CB = \frac{BB'}{3}$ 이다.

즉 $BB' = 3\sin 60° = 2.598\,\text{m}$ 이다.

삼각형 ABC의 넓이 $= \frac{1}{2}(AC)(BB') = \frac{1}{2}(3)(2.598)$

$= 3.897\,\text{m}^2$

반원의 넓이 $= \frac{1}{2}\pi r^2 = \frac{1}{2}\pi(2.5)^2 = 9.817\,\text{m}^2$

$CGLM$의 넓이 $= 5 \times 7 = 35\,\text{m}^2$

$CDEF$의 넓이 $= 0.8 \times 3 = 2.4\,\text{m}^2$

$HIJK$의 넓이 $= \frac{1}{2}(KH + IJ)(0.8)$

$MC = 7\,\text{m}$ 이고 $LG = 7\,\text{m}$ 이므로 $JI = 7 - 5.2 = 1.8\,\text{m}$ 이다. 그러므로 다음과 같다.

$HIJK$의 넓이 $= \frac{1}{2}(3 + 1.8)(0.8) = 1.92\,\text{m}^2$

전체 층의 넓이 $= 3.897 + 9.817 + 35 + 2.4 - 1.92$

$= 49.194\,\text{m}^2$

30%의 낭비되는 양을 감안하면 다음과 같이 계산할 수 있다.

카펫의 요구되는 양 $= 1.3 \times 49.194 = 63.95\,\text{m}^2$

카펫의 비용이 16800원$/\text{m}^2$이므로 총 카펫 비용은 다음과 같다.

카펫의 비용 $= 63.95 \times 16800 = \mathbf{1074360\ 원}$

◆ **이제 다음 연습문제를 풀어보자.**

[연습문제 48] 기본적인 도형의 넓이

1 각 변이 $20\,\text{mm}$이고 편평한 변 사이의 폭이 $48.3\,\text{mm}$인 정팔각형의 넓이를 계산하라.

2 한 변이 $25\,\text{mm}$인 정육각형의 넓이를 구하라.

3 [그림 11-28]는 어떤 건물의 평면도를 나타낸다. 다음을 구하라.

(a) [ha] 단위의 넓이($1\,\text{ha} = 10^4\,\text{m}^2$)

(b) 평면도를 완전히 감싸기 위해 필요한 담장의 길이(가장 근접한 [m] 단위로 나타낸다.)

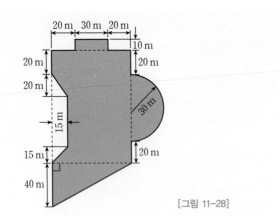

[그림 11-28]

[문제 19] 평면도에 그려진 직사각형 모양의 차고의 치수는 $10\,\text{mm} \times 20\,\text{mm}$ 이다. 이 평면도가 1대 250의 척도로 그려져 있다면, 차고의 실제 넓이를 $[\text{m}^2]$ 단위로 구하라.

평면도상의 차고의 넓이 $= 10\,\text{mm} \times 20\,\text{mm} = 200\,\text{mm}^2$ 이고, 닮은 도형의 넓이는 대응하는 변들의 길이 제곱에 비례하므로 차고의 실제 넓이는 다음과 같다.

$$
\begin{aligned}
\text{차고의 실제 넓이} &= 200 \times (250)^2 \\
&= 12.5 \times 10^6\,\text{mm}^2 \\
&= \frac{12.5 \times 10^6}{10^6}\,\text{m}^2 \quad {\scriptstyle 1\,\text{m}^2 = 10^6\,\text{mm}^2\,\text{이므로}} \\
&= 12.5\,\text{m}^2
\end{aligned}
$$

◆ 이제 다음 연습문제를 풀어보자.

11.4 닮은꼴의 넓이

[그림 11-29]는 한 사각형의 변들이 다른 사각형의 변들의 3배인 두 정사각형을 나타낸 것이다.

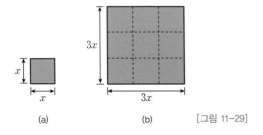

(a)　　　　(b)　　　　[그림 11-29]

[그림 11-29(a)]의 넓이 $= (x)(x) = x^2$

[그림 11-29(b)]의 넓이 $= (3x)(3x) = 9x^2$

따라서 [그림 11-29(b)]는 [그림 11-29(a)]의 넓이의 3^2 배, 즉 9배이다. 요약하면, **닮은 도형의 넓이는 대응하는 변들의 길이 제곱에 비례한다.**

[연습문제 49] 닮은꼴의 넓이

1 지도상에서 공원의 넓이는 $500\,\text{mm}^2$ 이다. 지도의 척도가 1대 40000일 때, $[\text{ha}]$ 단위로 이 공원의 실제 넓이를 계산하라. 단, $1\,\text{ha} = 10^4\,\text{m}^2$ 이다.

2 보일러 모형의 전체 높이는 $75\,\text{mm}$ 이고, 이에 해당하는 실제 보일러의 전체 높이는 $6\,\text{m}$ 이다. 이 모형에 필요한 금속판의 넓이가 $12500\,\text{mm}^2$ 일 때, 실제 보일러에 필요한 금속판의 넓이를 $[\text{m}^2]$ 단위로 구하라.

3 국토지리정보원에서 보유하고 있는 지도의 척도는 $1 : 2500$ 이다. 지도에서 원형 경기장의 지름이 $8\,\text{cm}$ 이다. 이 경기장의 넓이를 유효숫자 3자리로 보정하여 $[\text{ha}]$ 단위로 나타내라. 단, $1\,\text{ha} = 10^4\,\text{m}^2$ 이다.

원
The circle

원을 이해하는 것이 왜 중요할까?

원은 기하학에서 기본적인 도형 중의 하나이다. 원은 중심점으로부터 동일한 거리를 갖는 모든 점들로 구성된다. 원을 포함한 계산은 크랭크 메커니즘(crank mechanisms), 경도와 위도의 측정, 시계추, 그리고 종이클립을 디자인할 때조차도 필요하다. 축구 경기장의 조명으로 비추어진 넓이, 정원의 자동 스프레이가 물을 뿌린 넓이, 벨트 구동 장치의 랩(lab)의 각 등은 모두 원호와 관련한 계산으로 구할 수 있다. 공학 설계의 여러 분야에서는 원과 원의 성질을 포함하는 문제를 반드시 다룰 수 있어야 한다.

학습포인트

- 원을 정의한다.
- 반지름, 원주, 지름, 반원, 사분원, 접선, 부채꼴, 현, 활꼴, 호 등을 포함하는 원에 대한 몇 가지 성질을 설명한다.
- 반원의 지름을 한 변으로 하고 꼭짓점 하나가 원주 위에 있는 삼각형의 각이 직각임을 이해한다.
- 라디안을 정의한다. 또한 도를 라디안으로 변환하고, 그 역으로도 변환한다.
- 호의 길이, 원의 넓이, 부채꼴의 넓이를 구한다.

12.1 서론

원circle은 중심centre이라고 하는 한 점으로부터 같은 거리에 있는 모든 점을 곡선으로 둘러싼 평면도형이다. 11장에서 원과 부채꼴의 넓이에 대한 문제를 풀어보았다. 이 장에서는 부채꼴의 넓이에 대한 좀 더 많은 실전 문제와 더불어 원의 성질들을 나열하고, 호의 길이를 계산한다.

12.2 원의 성질

❶ 중심으로부터 곡선까지의 거리를 원의 반지름radius이라 하고 r로 나타낸다([그림 12-1]에서 OP).

❷ 원의 경계를 원주circumference라 하고, c로 나타낸다.

❸ 중심을 지나고 양 끝이 원주와 만나는 선분을 지름diameter이라 하고, d로 나타낸다([그림 12-1]에서 QR). 따라서 $d=2r$이다.

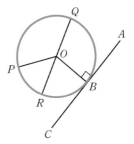

[그림 12-1]

❹ 임의의 원에 대해 $\dfrac{원주}{지름}$의 비율은 일정하다. 이것을 그리스 문자 π(파이pie)로 나타내며, 이를 소수점 아래 5자리로 보정하면 $\pi = 3.14159$이다(계산기로 확인하라).

그러므로 다음과 같다.

$$\frac{c}{d} = \pi \quad 또는 \quad c = \pi d \quad 또는 \quad c = 2\pi r$$

❺ 반원semicircle은 전체 원의 반$\left(\dfrac{1}{2}\right)$이다.

❻ 사분원quadrant은 전체 원의 $\dfrac{1}{4}$이다.

❼ 원에 대한 접선tangent은 오로지 한 점에서만 원과 만나고, 원을 자르지 않는 직선이다. [그림 12-1]에서 AC는 점 B에서만 원과 만나므로 원에 대한 접선이다. 반지름 OB를 그렸을 때, 각 ABO는 직각이다.

❽ 원의 부채꼴sector은 두 반지름 사이인 원의 일부이다(예를 들어, [그림 12-2]의 OXY 부분은 부채꼴이다). 부채꼴이 반원보다 작으면 이것을 열부채꼴minor sector이라 하고, 반원보다 크면 우부채꼴major sector이라 한다.

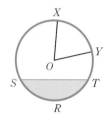
[그림 12-2]

❾ 원의 현chord은 원을 두 부분으로 나누며, 양 끝이 원주에서 끝나는 임의의 선분이다. [그림 12-2]에서 ST는 현이다.

❿ 활꼴segment은 현에 의해 분리된 원의 부분을 말한다. 현이 반원보다 작으면 열활꼴minor segment이라 하고([그림 12-2]의 색칠한 부분), 활꼴이 반원보다 크면 우활꼴major segment이라 한다([그림 12-2]의 색칠하지 않은 부분).

⓫ 호arc는 원주의 일부이다. [그림 12-2]에서 길이 SRT를 열호minor arc, 길이 $SXYT$를 우호major arc라 한다.

⓬ 호에 대한 중심각은 동일한 호가 갖는 원주각의 두 배이다. 즉 [그림 12-3]과 관련하여 다음이 성립한다.

$$각\ AOC = 2 \times 각\ ABC$$

⓭ 반원에서 원주각은 직각이다([그림 12-3]에서 각 BQP)

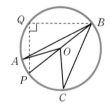
[그림 12-3]

[문제 1] 반지름이 12.0 cm인 원의 원주를 구하라.

원주는 다음과 같다.

$$c = 2 \times \pi \times 반지름 = 2\pi r = 2\pi(12.0) = \mathbf{75.40\,cm}$$

[문제 2] 원의 지름이 75 mm일 때, 원주를 구하라.

원주는 다음과 같다.

$$c = \pi \times 지름 = \pi d = \pi(75) = \mathbf{235.6\,mm}$$

[문제 3] 둘레가 112 m인 둥근 못의 반지름을 구하라.

둘레 = 원주이므로 $c = 2\pi r$이다. 그러므로 못의 반지름은 다음과 같다.

$$r = \frac{c}{2\pi} = \frac{112}{2\pi} = \mathbf{17.83\,cm}$$

[문제 4] [그림 12-4]에서, AB는 점 B에서 원에 접한다. 원의 반지름이 40 mm이고 $AB = 150$ mm일 때, AO의 길이를 계산하라.

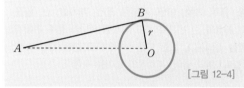
[그림 12-4]

원에 대한 접선은 접점으로부터 그려진 반지름과 직각, 즉 $ABO = 90°$이다. 그러므로 피타고라스 정리에 의해 다음이 성립한다.

$$AO^2 = AB^2 + OB^2$$

이로부터 다음과 같이 계산할 수 있다.

$$AO = \sqrt{AB^2 + OB^2} = \sqrt{150^2 + 40^2} = \mathbf{155.2\,mm}$$

◆ 이제 다음 연습문제를 풀어보자.

[연습문제 50] 원의 성질

1 반지름이 7.2 cm인 원의 원주를 계산하라.

2 원의 지름이 82.6 mm일 때, 원의 원주를 계산하라.

3 원주가 16.52 cm인 원의 반지름을 구하라.

4 둘레가 149.8 cm인 원의 지름을 구하라.

5 [그림 12-5]는 크랭크 메커니즘을 나타낸 것이다. 여기서 XY는 점 X에서 원과 접한다. 원의 반지름

OX가 10 cm이고, 길이 OY가 40 cm일 때, 연결봉 XY의 길이를 구하라.

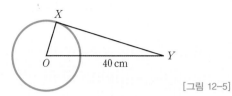

[그림 12–5]

6 적도에서 지구의 둘레가 40000 km라 할 때, 지구의 지름을 계산하라.

7 [그림 12–6]의 종이 클립에서 철선의 길이를 계산하라. 지름의 단위는 [mm]이다.

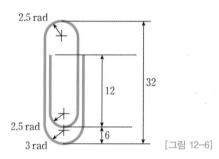

[그림 12–6]

12.3 라디안과 도

1 라디안^{radian}은 반지름의 길이와 같은 호에 대한 중심각으로 정의한다. [그림 12–7]과 관련하여, 호의 길이 s에 대해 다음이 성립한다.

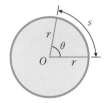

[그림 12–7]

$$\theta \text{ 라디안} = \frac{s}{r}$$

s = 전체 원주($=2\pi r$)일 때, 다음이 성립한다.

$$\theta = \frac{s}{r} = \frac{2\pi r}{r} = 2\pi$$

즉 **2π 라디안 = 360°** 또는 **π 라디안 = 180°**이다. 따라서 소수점 아래 2자리로 보정하면 **1 rad** $= \dfrac{180°}{\pi} = $ **57.30°**이다. π rad $= 180°$이므로 다음과 같다.

$$\frac{\pi}{2} = 90°, \quad \frac{\pi}{3} = 60°, \quad \frac{\pi}{4} = 45°, \cdots$$

[문제 5] 다음을 라디안으로 변환하라.
(a) 125°   (b) 69°47′

(a) $180° = \pi$ rad, $1° = \dfrac{\pi}{180}$ rad이므로 다음과 같다.

$$125° = 125\left(\frac{\pi}{180}\right)\text{rad} = \textbf{2.182 라디안}$$

(b) $69°47′ = 69\dfrac{47°}{60} = 69.783°$ (또는, 계산기에서 $69°47′$을 입력한다. °‴ 기능을 이용하고, =를 누른다. 그리고 다시 °‴을 누른다.) 그러면 다음과 같다.

$$69.783° = 69.783\left(\frac{\pi}{180}\right)\text{rad} = \textbf{1.218 라디안}$$

[문제 6] 다음을 도(°)와 분(′)으로 변환하라.
(a) 0.749라디안   (b) $\dfrac{3\pi}{4}$ 라디안

(a) π rad $= 180°$, $1°$rad $= \dfrac{180°}{\pi}$이므로 다음과 같다.

$$0.749 \text{ rad} = 0.749\left(\frac{180}{\pi}\right)° = 42.915°$$

$0.915° = (0.915 \times 60)′ = 55′$ 가장 근접한 분 단위로 보정

그러므로 **0.749 라디안** $= $ **42° 55′**이다.

(b) $1 \text{ rad} = \left(\dfrac{180}{\pi}\right)°$ 이므로 다음과 같다.

$$\frac{3\pi}{4} \text{ rad} = \frac{3\pi}{4}\left(\frac{180}{\pi}\right)° = \frac{3}{4}(180)° = \textbf{135°}$$

[문제 7] π를 이용하여 라디안으로 표현하라.
(a) 150°   (b) 270°   (c) 37.5°

$180° = \pi$ rad, $1° = \dfrac{\pi}{180}$ rad이므로 다음과 같다.

(a) $150° = 150\left(\dfrac{\pi}{180}\right)\text{rad} = \dfrac{5\pi}{6}$ **rad**

(b) $270° = 270\left(\dfrac{\pi}{180}\right)\text{rad} = \dfrac{3\pi}{2}$ **rad**

(c) $37.5° = 37.5\left(\dfrac{\pi}{180}\right)\text{rad} = \dfrac{75\pi}{360}\text{rad} = \dfrac{5\pi}{24}$ **rad**

◆ 이제 다음 연습문제를 풀어보자.

[연습문제 51] 라디안과 도

1 π를 이용하여 라디안으로 변환하라.

(a) 30°   (b) 75°   (c) 225°

2 라디안으로 변환하여 소수점 아래 3자리로 보정하라.

(a) 48°   (b) 84°51′   (c) 232°15′

3 도(°)로 변환하라.

(a) $\dfrac{7\pi}{6}$ rad   (b) $\dfrac{4\pi}{9}$ rad   (c) $\dfrac{7\pi}{12}$ rad

4 도(°)와 분(′)으로 변환하라.

(a) 0.0125 rad   (b) 2.69 rad   (c) 7.241 rad

5 자동차 엔진의 속도가 1000 rev/min 이다. 이 속도를 rad/s 로 변환하라.

12.4 호의 길이, 원과 부채꼴의 넓이

12.4.1 호의 길이

12.3절과 [그림 12–7]의 라디안의 정의로부터, 호의 길이 s는 $s = r\theta$이다. 단, 여기서 θ는 라디안이다.

12.4.2 원의 넓이

11장으로부터, 임의의 원의 넓이 $= \pi \times ($반지름$)^2$이다. 즉, **넓이** $= \pi r^2$이다. 여기서 $r = \dfrac{d}{2}$이므로 **넓이** $= \pi r^2$ 또는 $\dfrac{\pi d^2}{4}$이다.

12.4.3 부채꼴의 넓이

$$
\begin{aligned}
\text{부채꼴의 넓이} &= \frac{\theta}{360}(\pi r^2) &&\theta\text{가 도일 때}\\
&= \frac{\theta}{2\pi}(\pi r^2)\\
&= \frac{1}{2}r^2\theta &&\theta\text{가 라디안일 때}
\end{aligned}
$$

[문제 8] 하키 경기장은 골네트 주위가 반지름 14.63 m 인 반원으로 되어 있다. 반원으로 둘러싸인 부분의 넓이를 가장 근접한 [m²] 단위로 보정하여 구하라.

반원의 넓이 $= \dfrac{1}{2}\pi r^2$이므로 $r = 14.63$ m 일 때,

넓이 $= \dfrac{1}{2}\pi(14.63)^2$이므로 다음과 같이 구한다.

반원의 넓이 $= 336\,\text{m}^2$

[문제 9] 지름이 35.0 mm 인 원형 금속판의 넓이를 가장 근접한 [mm²] 단위로 보정하여 구하라.

$$
\text{원의 넓이} = \pi r^2 = \frac{\pi d^2}{4}
$$

$d = 35.0$ mm 일 때, 넓이 $= \dfrac{\pi(35.0)^2}{4}$ 이므로 다음과 같이 구한다.

원형판의 넓이 $= 962\,\text{mm}^2$

[문제 10] 원주가 60.0 mm 인 원의 넓이를 구하라.

원주가 $c = 2\pi r$이므로 반지름은 다음과 같다.

$$
r = \frac{c}{2\pi} = \frac{60.0}{2\pi} = \frac{30.0}{\pi}
$$

원의 넓이 $= \pi r^2$이므로 다음과 같이 구한다.

$$
\text{넓이} = \pi\left(\frac{30.0}{\pi}\right)^2 = 286.5\,\text{mm}^2
$$

[문제 11] 중심각이 1.20 라디안일 때, 반지름 5.5 cm 인 원호의 길이를 구하라.

θ가 라디안일 때, 호의 길이는 $s = r\theta$이다. 그러므로 다음과 같이 구한다.

호의 길이 $s = (5.5)(1.20) = 6.60\,\text{cm}$

[문제 12] 호의 길이가 4.75 cm 이고, 중심각이 0.91 라디안인 원의 지름과 원주를 구하라.

호의 길이가 $s = r\theta$이므로 반지름은 다음과 같다.

$$r = \frac{s}{\theta} = \frac{4.75}{0.91} = 5.22 \, \text{cm}$$

따라서 지름과 원주는 다음과 같다.

$$\text{지름} = 2 \times \text{반지름} = 2 \times 5.22 = \mathbf{10.44 \, cm}$$
$$\text{원주} \ c = \pi d = \pi(10.44) = \mathbf{32.80 \, cm}$$

[문제 13] 반지름이 8.4 cm인 원호의 중심각이 125°일 때, (a) 열호와, (b) 우호의 길이를 유효숫자 3자리로 보정하여 구하라.

$180° = \pi \, \text{rad}$이므로 $1° = \left(\dfrac{\pi}{180}\right) \text{rad}$이고,

$125° = 125 \left(\dfrac{\pi}{180}\right) \text{rad}$이다.

(a) 유효숫자 3자리로 보정한 열호의 길이는 다음과 같다.

$$s = r\theta = (8.4)(125)\left(\frac{\pi}{180}\right) = \mathbf{18.3 \, cm}$$

(b) 유효숫자 3자리로 보정한 우호의 길이는 다음과 같다.

$$\text{우호의 길이} = (\text{원주} - \text{열호})$$
$$= 2\pi(8.4) - 18.3 = \mathbf{34.5 \, cm}$$

다른 방법으로, 다음과 같이 구할 수 있다.

$$\text{우호} = r\theta = 8.4(360 - 125)\left(\frac{\pi}{180}\right) = \mathbf{34.5 \, cm}$$

[문제 14] 축구 경기장의 조명등은 거리 55 m를 각 45°까지 비출 수 있다. 조명의 최대 넓이를 구하라.

$$\text{조명등의 넓이} = \text{부채꼴의 넓이} = \frac{1}{2}r^2\theta$$
$$= \frac{1}{2}(55)^2\left(45 \times \frac{\pi}{180}\right) = \mathbf{1188 \, m^2}$$

[문제 15] 정원용 자동 분무기는 거리 1.8 m까지 물을 뿌리면서 회전하며, 이 회전각 α는 조절 가능하다. 원하는 집수 넓이가 2.5 m²일 때, 각 α의 크기는 얼마로 조절되어야 하는지 가장 근접한 [도] 단위로 구하라.

부채꼴의 넓이 $= \dfrac{1}{2}r^2\theta$이므로 $2.5 = \dfrac{1}{2}(1.8)^2\alpha$ 이다. 따라서 다음과 같다.

$$\alpha = \frac{2.5 \times 2}{1.82} = 1.5432 \, \text{rad}$$
$$1.5432 \, \text{rad} = \left(\frac{1.5432 \times 180}{\pi}\right)^\circ = 88.42°$$

그러므로 도 단위로 보정하면 **각 α = 88°**이다.

[문제 16] [그림 12-8]과 같이 지름 20 mm인 롤러를 이용하여 점점 좁아지는 홈$^{\text{tapered groove}}$의 각을 점검한다. 롤러가 홈의 위쪽에서 2.12 mm 아래에 놓여 있을 때, 각 θ의 값을 구하라.

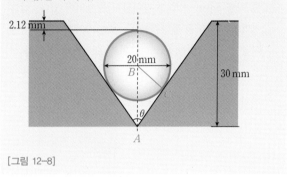

[그림 12-8]

[그림 12-8]에서 삼각형 ABC는 C에서 직각이다(12.2절의 성질 ❻ 참고).

[그림 12-8]로부터 길이 $BC = 10 \, \text{mm}$ (즉, 원의 반지름)이고, $AB = 30 - 10 - 2.12 = 17.88 \, \text{mm}$ 이다. 그러므로 다음과 같이 구한다.

$$\sin\frac{\theta}{2} = \frac{10}{17.88}, \ \ \text{즉} \ \ \frac{\theta}{2} = \sin^{-1}\left(\frac{10}{17.88}\right) = 34°$$

따라서 구하고자 하는 각은 $\theta = \mathbf{68°}$이다.

◆ 이제 다음 연습문제를 풀어보자.

[연습문제 52] 원과 부채꼴의 길이와 넓이

1 반지름 6.0 cm인 원의 넓이를 가장 근접한 [cm²] 단위로 보정하여 계산하라.

2 원의 지름이 55.0 mm이다. 이 원의 넓이를 가장 근접한 [mm²] 단위로 보정하여 구하라.

3 원의 둘레가 150 mm이다. 이 원의 넓이를 가장 근접한 [mm²] 단위로 보정하여 구하라.

4 반지름이 35 mm이고, 중심각이 75°인 부채꼴의 넓이를 가장 근접한 [mm²] 단위로 보정하여 구하라.

5 환형의 외부 지름이 49.0mm이고, 내부 지름이 15.0mm이다. 이 환형의 넓이를 유효숫자 4자리로 보정하여 구하라.

6 지름 200m인 원형 토지구획 주위로 폭 2m인 길이 둘러싸고 있다. 이 길의 넓이를 가장 근접한 [m²] 단위로 보정하여 구하라.

7 50m × 40m인 사각형 모양의 공원이 있다. 긴 두 변과 짧은 한 변에 폭이 3m인 화단이 있고, 공원 중심에 지름 8.0m인 원형 양어장이 건설되어 있다. 남은 지역에는 잔디를 깔 계획이다. 잔디가 깔릴 영역의 넓이를 가장 근접한 [m²] 단위로 보정하여 구하라.

8 [그림 12-9] 도형의 (a) 둘레와, (b) 넓이를 구하라.

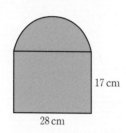

17 cm
28 cm
[그림 12-9]

9 [그림 12-10]의 색칠한 부분의 넓이를 구하라.

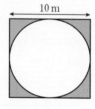

10 m
[그림 12-10]

10 중심각이 2.14라디안일 때, 반지름 8.32cm인 원호의 길이를 구하라. 또한 형성된 작은 부채꼴의 넓이를 구하라.

11 지름이 82mm인 원호의 중심각이 1.46rad이다. 다음을 구하라.
(a) 열호의 길이   (b) 우호의 길이

12 길이 1.5m의 시계추가 움직이면서 한 번 흔들린 각이 10°이다. 시계추가 움직인 호의 길이를 [cm] 단위로 구하라.

13 벨트 구동 장치의 180mm가 지름 250mm인 도르래에 접할 때, 랩lap의 각을 도와 분 단위로 구하라.

14 오토바이 바퀴의 지름이 85.1cm일 때, 2km를 움직인 바퀴의 회전 수를 구하라.

15 스포츠 경기장의 조명등은 40°의 각에서 거리 48m까지 조명을 비춘다. 다음을 구하라.
(a) 각의 라디안   (b) 조명에 비친 최대 넓이

16 대형 꽃시계의 분침 길이가 2m이다. 이 꽃시계의 분침이 50분까지 지나간 넓이를 구하라.

17 다음을 구하라.
(a) [그림 12-11]에서 색칠한 부분의 넓이
(b) 전체 부채꼴에 대한 색칠한 부분이 차지하는 넓이의 백분율

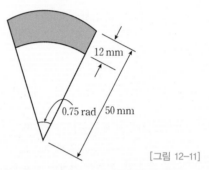

12 mm
0.75 rad   50 mm
[그림 12-11]

18 [그림 12-12]와 같은 클립을 만들기 위해 필요한 철심의 길이를 구하라.

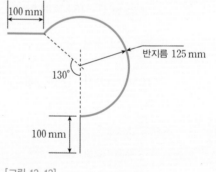

100 mm
반지름 125 mm
130°
100 mm
[그림 12-12]

19 [그림 12-13]과 같이, 폭이 점점 좁아지는 50°의 홈에 지름 40mm인 공이 놓여 있다. 이때 그림에서 x의 길이를 구하라.

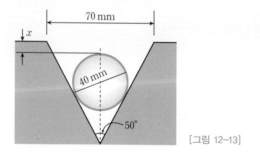

70 mm
x
40 mm
50°
[그림 12-13]

기본적인 입체도형의 부피
Volumes of common solids

기본적인 입체도형의 부피를 이해하는 것이 왜 중요할까?

실생활에서는 기본적인 입체의 부피와 겉넓이를 구해야 하는 경우가 많다. 그 예로, 기름, 물, 휘발유와 수조, 환기구와 냉각탑의 용량을 결정하거나, 금속 덩어리, 볼 베어링(ball-bearing), 보일러와 부표의 부피를 구하는 경우, 또한 길을 포장하기 위한 콘크리트의 부피를 계산하는 경우를 들 수 있다. 좀 더 실전적인 예를 들자면, 진동판 확성기(loudspeaker diaphragms)와 전등갓의 겉넓이를 구하는 경우를 들 수 있다. 공학, 건설, 건축, 자연과학에서의 실제 응용을 위해 기본적인 입체의 부피와 겉넓이에 대한 이해가 필수적이다.

학습포인트

- 부피에 대한 SI 단위를 설명한다.
- 육면체, 원기둥, 각기둥, 사각뿔, 원뿔, 구의 부피와 겉넓이를 계산한다.
- 닮은 입체의 부피는 대응하는 길이의 세제곱에 비례함을 이해한다.

13.1 서론

입체의 부피^{volume}는 이 입체가 차지하는 크기이다. 부피는 mm^3, cm^3, m^3 등과 같이 **기본 단위의 세제곱**으로 측정된다.

이 장은 기본적인 입체의 부피를 구하는 방법을 다룬다. 공학에서는 다른 모양의 용기에 들어 있는 물, 기름, 휘발유 등과 같은 용액의 양을 추정하는 경우와 같이 부피 또는 용량을 계산할 수 있어야 한다.

각기둥^{prism}은 두 개의 양면이 평행하고 일정한 단면을 가지는 입체도형이다. 양면의 모양을 가지고 각기둥을 설명할 수 있다. 예를 들어, 사각기둥(육면체), 삼각기둥, 원기둥(원통)들이 있다. 이 장을 마치게 되면, 사각기둥과 다른 각기둥, 원기둥, 사각뿔, 원뿔, 구뿐만 아니라 사각뿔대와 원추대의 부피와 겉넓이를 계산할 수 있을 것이다. 또한 닮은 모양의 부피까지 알 수 있다.

13.2 기본적인 입체도형의 부피와 겉넓이 계산

13.2.1 직육면체와 사각기둥

직육면체^{cuboid}는 6개의 사각면으로 둘러싸인 입체도형이다. 모든 각은 직각이고, 반대편에 있는 면은 동일하다. 길이 l, 폭 b, 높이 h를 갖는 대표적인 직육면체는 [그림 13-1]과 같다.

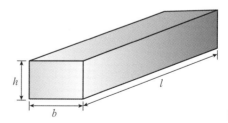

[그림 13-1]

직육면체의 부피 $= l \times b \times h$

겉넓이 $= 2bh + 2hl + 2lb = 2(bh + hl + lb)$

정육면체^{cube}는 사각기둥이다. 정육면체의 모든 변이 x이면 부피와 겉넓이는 다음과 같다.

$$\text{부피} = x^3, \quad \text{겉넓이} = 6x^2$$

[문제 1] 치수가 각각 12 cm, 4 cm, 3 cm인 직육면체가 있다. (a) 부피와, (b) 전체 겉넓이를 구하라.

직육면체는 [그림 13-1]에서 $l = 12$ cm, $b = 4$ cm, $h = 3$ cm인 것으로 생각하면 된다.

(a) **직육면체의 부피** $= l \times b \times h = 12 \times 4 \times 3 = \textbf{144 cm}^3$

(b) **겉넓이** $= 2(bh + hl + lb) = 2(4 \times 3 + 3 \times 12 + 12 \times 4)$

$$= 2(12 + 36 + 48) = 2 \times 96 = \textbf{192 cm}^2$$

[문제 2] 각 변의 길이가 1.5 m인 정육면체 모양의 기름 탱크가 있다. 다음을 구하라.
(a) 최대 용량 : [m^3] 단위와 [리터] 단위로 각각 나타낸다.
(b) 전체 겉넓이 : 기름이 들어가고 나오는 유출구는 무시한다.

(a) **기름 탱크의 부피** = 정육면체의 부피

$$= 1.5 \text{ m} \times 1.5 \text{ m} \times 1.5 \text{ m}$$

$$= 1.5^3 \text{ m}^3 = \textbf{3.375 m}^3$$

$1 \text{ m}^3 = 100 \text{ cm} \times 100 \text{ cm} \times 100 \text{ cm} = 10^6 \text{ cm}^3$이므로 다음과 같다.

$$\text{탱크의 부피} = 3.375 \times 10^6 \text{ cm}^3$$

그리고 1리터 $= 1000 \text{ cm}^3$이므로 다음과 같이 구한다.

$$\textbf{기름 탱크의 용량} = \frac{3.375 \times 10^6}{1000} \text{리터} = \textbf{3375 리터}$$

(b) **한 면의 겉넓이** $= 1.5 \text{ m} \times 1.5 \text{ m} = 2.25 \text{ m}^2$

정육면체는 동일한 면 6개를 갖고 있으므로 다음과 같이 구한다.

$$\textbf{기름 탱크의 전체 겉넓이} = 6 \times 2.25 = \textbf{13.5 m}^2$$

[문제 3] 물탱크는 길이 2 m, 폭 75 cm, 높이 500 mm인 사각기둥 모양이다. 탱크의 용량을 (a) [m^3], (b) [cm^3], (c) [리터] 단위로 구하라.

'용량'은 '부피'를 의미한다. 즉 용액을 다룰 때는 보편적으로 '용량'이라는 용어를 사용한다.

물탱크는 $l = 2$ m, $b = 75$ cm, $h = 500$ mm인 [그림 13-1]의 모양과 비슷하다.

(a) 물탱크의 용량 $= l \times b \times h$이고, 이 공식을 이용하기 위해서는 반드시 단위를 맞춰야 한다. $1 \text{ m} = 100 \text{ cm} = 1000 \text{ mm}$이므로 다음과 같이 단위를 맞출 수 있다.

$$l = 2 \text{ m}, \quad b = 0.75 \text{ m}, \quad h = 0.5 \text{ m}$$

그러므로 다음과 같이 구할 수 있다.

$$\textbf{탱크의 용량} = 2 \times 0.75 \times 0.5 = \textbf{0.75 m}^3$$

(b) $1 \text{ m}^3 = 1 \text{ m} \times 1 \text{ m} \times 1 \text{ m} = 100 \text{ cm} \times 100 \text{ cm} \times 100 \text{ cm}$

즉 $1 \text{ m}^3 = 1000000 = 10^6 \text{ cm}^3$이다. 그러므로 다음과 같이 구할 수 있다

$$\textbf{용량} = 0.75 \text{ m}^3 = 0.75 \times 10^6 \text{ cm}^3 = \textbf{750000 cm}^3$$

(c) 1리터 $= 1000 \text{ cm}^3$이므로 다음과 같이 구할 수 있다

$$750000 \text{ cm}^3 = \frac{750000}{1000} = \textbf{750 리터}$$

13.2.2 원기둥

원기둥은 원형 기둥이다. 반지름 r이고 높이 h인 원기둥은 [그림 13-2]와 같다.

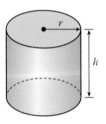

[그림 13-2]

$$부피 = \pi r^2 h$$

$$측면\ 넓이 = 2\pi rh$$

$$전체\ 겉넓이 = 2\pi rh + 2\pi r^2$$

전체 겉넓이는 측면 넓이와 원 모양의 두 양면 넓이의 합을 의미한다.

[문제 4] 원기둥의 밑면의 지름은 $12\,\mathrm{cm}$ 이고, 높이는 $20\,\mathrm{cm}$ 이다. (a) 부피와, (b) 전체 겉넓이를 계산하라.

(a) $부피 = \pi r^2 h = \pi \times \left(\dfrac{12}{2}\right)^2 \times 20$

$$= 720\pi = 2262\,\mathrm{cm}^3$$

(b) $전체\ 겉넓이 = 2\pi rh + 2\pi r^2$

$$= (2 \times \pi \times 6 \times 20) + (2 \times \pi \times 6^2)$$

$$= 240\pi + 72\pi = 312\pi = 980\,\mathrm{cm}^2$$

[문제 5] 동 파이프의 각 치수는 [그림 13-3]과 같다. 파이프에 있는 동의 부피를 $[\mathrm{cm}^3]$ 단위로 계산하라.

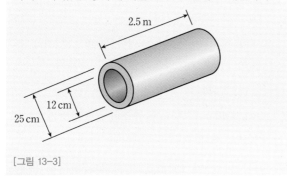

[그림 13-3]

외부 지름은 $D = 25\,\mathrm{cm} = 0.25\,\mathrm{m}$ 이고, 내부 지름은 $d = 12\,\mathrm{cm} = 0.12\,\mathrm{m}$ 이다.

동의 절단면의 넓이

$$= \frac{\pi D^2}{4} - \frac{\pi d^2}{4} = \frac{\pi (0.25)^2}{4} - \frac{\pi (0.12)^2}{4}$$

$$= 0.0491 - 0.0113 = 0.0378\,\mathrm{m}^2$$

그러므로 다음과 같이 구할 수 있다.

$동의\ 부피 = 절단면의\ 넓이 \times 파이프의\ 길이$

$$= 0.0378 \times 2.5 = 0.0945\,\mathrm{m}^3$$

13.2.3 다른 각기둥

각 치수가 b, h, l인 직삼각기둥은 [그림 13-4]와 같다.

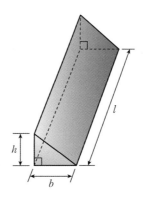

[그림 13-4]

$$부피 = \frac{1}{2} bhl$$

$$겉넓이 = 양면의\ 넓이 + 세\ 면의\ 넓이$$

여기서 부피는 끝 면의 넓이(즉, $삼각면 = \dfrac{1}{2}bh$)와 길이 l의 곱이 됨에 주목하자. 사실상, 임의의 각기둥의 부피는 밑면의 넓이와 길이의 곱이 된다.

[문제 6] [그림 13-5]의 부피를 $[\mathrm{cm}^3]$ 단위로 구하라.

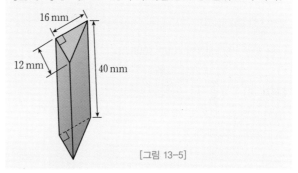

[그림 13-5]

[그림 13-5]의 입체는 삼각기둥이다. 임의의 각기둥의 부피 V는 단면적 A와 높이 h에 대해 $V = Ah$ 로 주어진다. 그리고 $1\,\mathrm{cm}^3 = 1000\,\mathrm{mm}^3$ 이므로 다음과 같이 구할 수 있다.

$$부피 = \frac{1}{2} \times 16 \times 12 \times 40$$

$$= 3840\,\mathrm{mm}^3$$

$$= 3.840\,\mathrm{cm}^3$$

[문제 7] [그림 13-6]의 직삼각기둥의 부피를 계산하라. 또한 전체 겉넓이를 구하라.

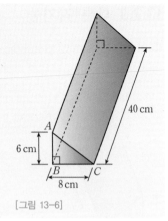

[그림 13-6]

직삼각기둥의 부피 $= \frac{1}{2}bhl = \frac{1}{2} \times 8 \times 6 \times 40 = \mathbf{960\,cm^3}$

전체 겉넓이 = 양면의 넓이 + 세 면의 넓이이다. 삼각형 ABC에서 $AC^2 = AB^2 + BC^2$이므로

$$AC = \sqrt{AB^2 + BC^2} = \sqrt{6^2 + 8^2} = 10\,cm$$

그러므로 전체 겉넓이는 다음과 같이 구한다.

전체 겉넓이

$$= 2\left(\frac{1}{2}bh\right) + (AC \times 40) + (BC \times 40) + (AB \times 40)$$

$$= (8 \times 6) + (10 \times 40) + (8 \times 40) + (6 \times 40)$$

$$= 48 + 400 + 320 + 240 = \mathbf{1008\,cm^2}$$

[문제 8] [그림 13-7]의 입체 기둥의 부피와 전체 겉넓이를 계산하라.

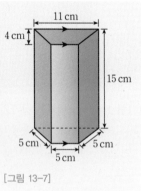

[그림 13-7]

[그림 13-7]의 입체는 사다리꼴 기둥이다.

기둥의 부피 $=$ 단면적 × 높이 $= \frac{1}{2}(11+5)4 \times 15$

$$= 32 \times 15 = 480\,cm^3$$

기둥의 겉넓이

$= $ 두 사다리꼴의 합 + 네 개의 직사각형

$= (2 \times 32) + (5 \times 15) + (11 \times 15) + 2(5 \times 15)$

$= 64 + 75 + 165 + 150 = \mathbf{454\,cm^2}$

◆ 이제 다음 연습문제를 풀어보자.

[연습문제 53] 기본적인 입체도형의 부피와 겉넓이

1 $1200000\,cm^3$인 부피를 $[m^3]$ 단위로 변환하라.

2 $5000\,mm^3$인 부피를 $[cm^3]$ 단위로 변환하라.

3 금속 정육면체의 겉넓이가 $24\,cm^2$이다. 이 육면체의 부피를 구하라.

4 직육면체인 나무토막의 치수는 각각 $40\,mm$, $12\,mm$, $8\,mm$이다. 다음을 구하라.
(a) $[mm^3]$ 단위인 부피
(b) $[mm^2]$ 단위인 전체 겉넓이

5 $90\,cm \times 60\,cm \times 1.8\,m$로 측정되는 수조의 용량을 [리터] 단위로 구하라. 1리터 $= 1000\,cm^3$이다.

6 직육면체인 금속 조각은 치수가 $40\,mm \times 25\,mm \times 15\,mm$이다. $[cm^3]$ 단위로 이 수조의 부피를 구하라. 또한 이 금속의 밀도가 $9\,g/cm^3$일 때, 금속의 질량을 구하라.

7 $50\,cm \times 40\,cm \times 2.5\,m$인 수조의 최대 용량을 [리터] 단위로 구하라. 1리터 $= 1000\,cm^3$이다.

8 길이 $120\,m$, 폭 $150\,mm$, 깊이 $80\,mm$가 요구되는 콘크리트 용량은 몇 m^3인지 구하라.

9 지름이 $30\,mm$이고 높이가 $50\,mm$인 원기둥이 있다. 다음을 계산하라.
(a) 소수점 아래 1자리로 보정한 $[cm^3]$ 단위의 부피
(b) 소수점 아래 1자리로 보정한 $[cm^2]$ 단위의 전체 겉넓이

10 양면의 모양이 밑변 $12\,cm$, 높이 $5\,cm$인 삼각형이고, 길이는 $80\,cm$인 직삼각기둥이 있다. 이에 대해 다음을 구하라.
(a) 부피   (b) 전체 겉넓이

11 부피가 $2\,\mathrm{m}^3$인 강철 주괴$^{\text{steel ingot}}$가 너비 $1.80\,\mathrm{m}$, 두께 $30\,\mathrm{mm}$인 철판으로 제작되었다. 이 철판의 길이를 $[\mathrm{m}]$ 단위로 구하라.

12 외부 지름이 $8\,\mathrm{cm}$이고, 내부 지름이 $6\,\mathrm{cm}$인 금속관의 부피를 계산하라. 이때 금속관의 길이는 $4\,\mathrm{m}$이다.

13 원기둥의 부피가 $400\,\mathrm{cm}^3$이다. 이 원기둥의 반지름이 $5.20\,\mathrm{cm}$일 때, 높이를 구하라. 또한 측면의 넓이를 구하라.

14 치수가 $5\,\mathrm{cm}\times7\,\mathrm{cm}\times12\,\mathrm{cm}$인 직육면체 합금으로 원기둥을 주조했다. 원기둥의 길이가 $60\,\mathrm{cm}$일 때, 원기둥의 지름을 구하라.

15 단면이 정육각형 모양인 철근이 있다. 육각형의 각 변이 $6\,\mathrm{cm}$이고, 철근의 길이가 $3\,\mathrm{m}$일 때, 이 철근의 부피와 전체 겉넓이를 구하라.

16 $1.5\,\mathrm{m}\times90\,\mathrm{cm}\times750\,\mathrm{mm}$인 납 조각을 망치로 두들겨서 두께 $15\,\mathrm{mm}$인 정사각형 모양의 판으로 만들었다. 정사각형 판의 치수를 가장 근접한 $[\mathrm{cm}]$ 단위로 보정하여 구하라.

17 치수가 $5.20\,\mathrm{cm}\times6.50\,\mathrm{cm}\times19.33\,\mathrm{cm}$인 직육면체 합금으로 원기둥을 만든다. 원기둥의 높이가 $52.0\,\mathrm{cm}$일 때, 이 원기둥의 지름을 가장 근접한 $[\mathrm{cm}]$ 단위로 보정하여 구하라.

18 [그림 13-8]과 같은 길을 건설하기 위해서는 얼마나 많은 양의 콘크리트가 필요한가? 단, 길의 두께는 $12\,\mathrm{cm}$이다.

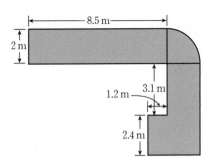

[그림 13-8]

13.2.4 사각뿔

$$\text{임의의 사각뿔의 부피} = \frac{1}{3}\times\text{밑넓이}\times\text{높이}$$

[그림 13-9]는 밑면이 정사각형인 사각뿔이다. 이 사각뿔의 밑면 치수는 $x\times x$이고, 사각뿔의 높이는 h이다.

$$\text{부피} = \frac{1}{3}x^2h$$

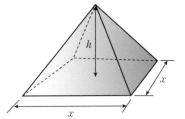

[그림 13-9]

[문제 9] 정사각뿔의 높이는 $16\,\mathrm{cm}$이다. 밑면의 한 변이 $6\,\mathrm{cm}$일 때, 이 사각뿔의 부피를 구하라.

$$\text{사각뿔의 부피} = \frac{1}{3}\times\text{밑넓이}\times\text{높이}$$

$$= \frac{1}{3}\times(6\times6)\times16 = 192\,\mathrm{cm}^3$$

[문제 10] [그림 13-10]의 정사각뿔의 부피와 전체 겉넓이를 구하라. 이 정사각뿔의 높이는 $12\,\mathrm{cm}$이다.

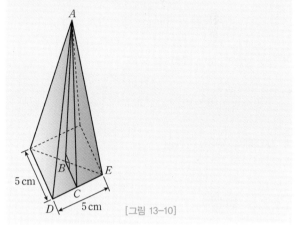

[그림 13-10]

$$\text{정사각뿔의 부피} = \frac{1}{3}\times\text{밑넓이}\times\text{높이}$$

$$= \frac{1}{3}\times(5\times5)\times12 = 100\,\mathrm{cm}^3$$

겉넓이는 정사각형인 밑면과 4개의 동일한 삼각형으로 구성된다.

$$삼각형 \ ADE의 \ 넓이 = \frac{1}{2} \times 밑변 \times 높이$$

$$= \frac{1}{2} \times 5 \times AC$$

길이 AC는 삼각형 ABC에서 피타고라스 정리를 이용하여 구할 수 있다. 이때 $AB = 12\,\mathrm{cm}$, $BC = \frac{1}{2} \times 5 = 2.5\,\mathrm{cm}$ 이므로 다음과 같다.

$$AC = \sqrt{AB^2 + BC^2} = \sqrt{12^2 + 2.5^2} = 12.26\,\mathrm{cm}$$

그러므로 다음과 같이 구할 수 있다.

$$삼각형 \ ADE의 \ 넓이 = \frac{1}{2} \times 5 \times 12.26 = 30.65\,\mathrm{cm}^2$$

따라서 정사각뿔의 겉넓이는 다음과 같다.

정사각뿔의 전체 겉넓이 $= (5 \times 5) + 4(30.65) = \mathbf{147.6\,cm^2}$

[문제 11] 치수가 $5\,\mathrm{cm} \times 6\,\mathrm{cm} \times 18\,\mathrm{cm}$ 인 직사각기둥이 용해되어 밑면이 $6\,\mathrm{cm} \times 10\,\mathrm{cm}$ 인 사각뿔로 다시 만들어진다. 금속의 손실이 없다고 가정할 때, 이 사각뿔의 높이를 계산하라.

$$직사각기둥의 \ 부피 = 5 \times 6 \times 18 = 540\,\mathrm{cm}^3,$$

$$사각뿔의 \ 부피 = \frac{1}{3} \times 밑넓이 \times 높이$$

이므로 다음과 같이 구할 수 있다.

$$540 = \frac{1}{3} \times (6 \times 10) \times h, \ 즉 \ h = \frac{3 \times 540}{6 \times 10} = 27\,\mathrm{cm}$$

즉 **사각뿔의 높이는 27 cm** 이다.

13.2.5 원뿔

원뿔은 밑면이 원 모양인 각뿔이다. 밑면의 반지름이 r이고, 높이가 h인 원뿔은 [그림 13-11]과 같다.

$$부피 = \frac{1}{3} \times 밑넓이 \times 높이$$

$$부피 = \frac{1}{3} \pi r^2 h$$

$$측면 \ 넓이 = \pi r l$$

$$전체 \ 겉넓이 = \pi r l + \pi r^2$$

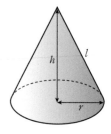

[그림 13-11]

[문제 12] 반지름이 $30\,\mathrm{mm}$ 이고 높이가 $80\,\mathrm{mm}$ 인 원뿔의 부피를 $[\mathrm{cm}^3]$ 단위로 구하라.

$$원뿔의 \ 부피 = \frac{1}{3} \pi r^2 h = \frac{1}{3} \times \pi \times 30^2 \times 80$$

$$= 75398.2236 \cdots \ \mathrm{mm}^3$$

$1\,\mathrm{cm} = 10\,\mathrm{mm}$ 이고,

$1\,\mathrm{cm}^3 = 10\,\mathrm{mm} \times 10\,\mathrm{mm} \times 10\,\mathrm{mm} = 10^3\,\mathrm{mm}^3$ 또는

$1\,\mathrm{mm}^3 = 10^{-3}\,\mathrm{cm}^3$ 이므로 다음과 같다.

$$75398.2236 \cdots \ \mathrm{mm}^3 = 75398.2236 \cdots \times 10^{-3}\,\mathrm{cm}^3$$

따라서 **부피 $= 75.40\,\mathrm{cm}^3$** 이다.

다른 방법으로, 방정식으로부터 $r = 30\,\mathrm{mm} = 3\,\mathrm{cm}$ 이고 $h = 80\,\mathrm{mm} = 8\,\mathrm{cm}$ 이므로 다음과 같이 구할 수 있다.

$$부피 = \frac{1}{3} \pi r^2 h = \frac{1}{3} \times \pi \times 3^2 \times 8 = \mathbf{75.40\,cm^3}$$

[문제 13] 반지름이 $5\,\mathrm{cm}$ 이고 높이가 $12\,\mathrm{cm}$ 인 원뿔의 부피와 전체 겉넓이를 구하라.

원뿔은 [그림 13-12]와 같다.

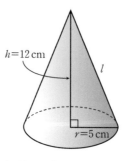

[그림 13-12]

원뿔의 부피 $=\dfrac{1}{3}\pi r^2 h=\dfrac{1}{3}\times\pi\times5^2\times12=314.2\,\mathrm{cm}^3$

전체 겉넓이 $=$ 측면 넓이 $+$ 밑면의 넓이 $=\pi rl+\pi r^2$

[그림 13-12]로부터 측면의 변의 길이 l은 다음과 같이 피타고라스 정리를 이용하여 구할 수 있다.

$$l=\sqrt{12^2+5^2}=13\,\mathrm{cm}$$

그러므로 이 원뿔의 전체 겉넓이는 다음과 같다.

전체 겉넓이 $=(\pi\times5\times13)+(\pi\times5^2)=\mathbf{282.7\,cm^2}$

13.2.6 구

[그림 13-13]의 구에 대해 다음이 성립한다.

부피 $=\dfrac{4}{3}\pi r^3$, 겉넓이 $=4\pi r^2$

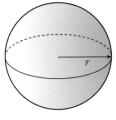

[그림 13-13]

[문제 14] 지름이 $10\,\mathrm{cm}$인 구의 부피와 겉넓이를 구하라.

지름이 $10\,\mathrm{cm}$이므로 반지름은 $r=5\,\mathrm{cm}$이다.

구의 부피 $=\dfrac{4}{3}\pi r^3=\dfrac{4}{3}\times\pi\times5^3=\mathbf{523.6\,cm^3}$

구의 겉넓이 $=4\pi r^2=4\times\pi\times5^2=\mathbf{314.2\,cm^2}$

[문제 15] 구의 겉넓이가 $201.1\,\mathrm{cm}^2$이다. 이 구의 지름과 부피를 구하라.

구의 겉넓이 $=4\pi r^2$

그러므로 $201.1\,\mathrm{cm}^2=4\times\pi\times r^2$이고, 따라서 다음과 같다.

$$r^2=\dfrac{201.1}{4\times\pi}=16.0$$

따라서 반지름은 $r=\sqrt{16.0}=4.0\,\mathrm{cm}$이다. 이로부터 다음과 같이 구할 수 있다.

지름 $=2\times r=2\times4.0=\mathbf{8.0\,cm}$

구의 부피 $=\dfrac{4}{3}\pi r^3=\dfrac{4}{3}\times\pi\times(4.0)^3=\mathbf{268.1\,cm^3}$

◆ **이제 다음 연습문제를 풀어보자.**

[연습문제 54] 기본적인 입체도형의 부피와 겉넓이

1 원뿔의 밑면 지름은 $80\,\mathrm{mm}$, 높이는 $120\,\mathrm{mm}$이다. 이 원뿔의 부피를 $[\mathrm{cm}^3]$ 단위로 구하고, 측면의 넓이를 구하라.

2 정사각뿔의 높이는 $4\,\mathrm{cm}$, 밑면의 한 변의 길이는 $2.4\,\mathrm{cm}$이다. 이 사각뿔의 부피와 전체 겉넓이를 구하라.

3 지름이 $6\,\mathrm{cm}$인 구가 있다. 이 구의 부피와 겉넓이를 구하라.

4 정사각형 모양의 밑면을 가지는 사각뿔의 높이가 $25\,\mathrm{cm}$이고, 부피는 $75\,\mathrm{cm}^3$이다. 밑면의 각 변의 길이를 $[\mathrm{cm}]$ 단위로 구하라.

5 밑면의 지름이 $16\,\mathrm{mm}$이고 높이가 $40\,\mathrm{mm}$인 원뿔이 있다. 이 원뿔의 부피를 가장 근접한 $[\mathrm{mm}^3]$ 단위로 보정하여 구하라.

6 반지름이 $40\,\mathrm{mm}$인 구에 대해 (a) 부피와, (b) 겉넓이를 구하라.

7 구의 부피가 $325\,\mathrm{cm}^3$일 때, 이 구의 지름을 구하라.

8 지구의 반지름이 $6380\,\mathrm{km}$로 주어진다. 다음을 계산하여 공학적인 기호로 나타내라.
(a) $[\mathrm{km}^2]$ 단위인 겉넓이   (b) $[\mathrm{km}^3]$ 단위인 부피

9 부피가 $1.5\,\mathrm{m}^3$인 주철괴^{ingot}를 가지고 반지름이 $8.0\,\mathrm{cm}$인 볼 베어링$^{\mathrm{ball\ bearing}}$을 만든다. 이 중 5%는 손실된다고 가정할 때, 이 주철괴로 생산할 수 있는 볼 베어링은 몇 개인가?

10 구 모양의 화학물질 저장 탱크의 내부 반지름이 $5.6\,\mathrm{m}$이다. 이 탱크의 저장 용량을 가장 근접한 $[\mathrm{m}^3]$ 단위로 보정하여 계산하라. 1리터 $=1000\,\mathrm{cm}^3$일 때, 이 탱크의 용량을 [리터] 단위로 구하라.

13.3 기본적인 입체도형의 부피와 겉넓이의 요약

[표 13-1]은 자주 접하는 입체도형의 부피와 겉넓이를 요약하여 나타낸 것이다.

[표 13-1] 자주 접하는 입체도형의 부피와 겉넓이

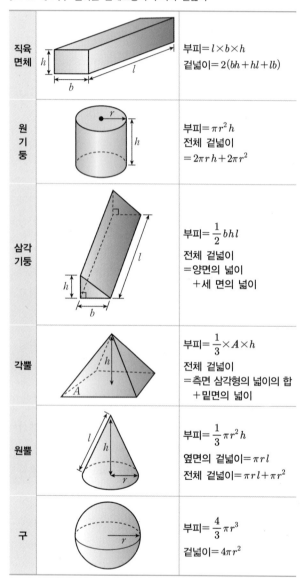

직육면체	부피 $= l \times b \times h$ 겉넓이 $= 2(bh + hl + lb)$
원기둥	부피 $= \pi r^2 h$ 전체 겉넓이 $= 2\pi r h + 2\pi r^2$
삼각기둥	부피 $= \dfrac{1}{2} bhl$ 전체 겉넓이 $=$ 양면의 넓이 $\quad +$ 세 면의 넓이
각뿔	부피 $= \dfrac{1}{3} \times A \times h$ 전체 겉넓이 $=$ 측면 삼각형의 넓이의 합 $\quad +$ 밑면의 넓이
원뿔	부피 $= \dfrac{1}{3} \pi r^2 h$ 옆면의 겉넓이 $= \pi r l$ 전체 겉넓이 $= \pi r l + \pi r^2$
구	부피 $= \dfrac{4}{3} \pi r^3$ 겉넓이 $= 4\pi r^2$

13.4 좀 더 복잡한 입체도형의 부피와 겉넓이

좀 더 복잡하고 복합적인 입체도형에 대한 문제를 살펴보자.

[문제 16] 어떤 나무 조각이 [그림 13-14]와 같다.
(a) 부피를 [m^3] 단위로 구하라.
(b) 전체 겉넓이를 구하라.

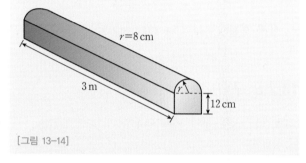

[그림 13-14]

(a) 이 나무 조각은 직사각형과 반원을 포함하는 측면을 가진 각기둥이다. 반원의 반지름이 8 cm, 즉 지름은 16 cm이므로 직사각형의 치수는 12 cm × 16 cm이다.

$$\text{측면의 넓이} = (12 \times 16) + \frac{1}{2} \pi 8^2 = 292.5 \, cm^2$$

나무 조각의 부피 $=$ 밑넓이 × 높이
$$= 292.5 \times 300 = 87750 \, cm^3$$

$1 m^3 = 10^6 cm^3$ 이므로 $= \dfrac{87750}{10^6} \, m^3 = 0.08775 \, m^3$

(b) 전체 겉넓이는 두 개의 측면(넓이는 각각 292.5 cm²이다)과 직사각형, 그리고 곡면의 넓이(원기둥의 반)를 합한 것이다. 그러므로 다음과 같이 구할 수 있다.

$$\begin{aligned}
\text{전체 겉넓이} &= (2 \times 292.5) + 2(12 \times 300) \\
&\quad + (16 \times 300) + \frac{1}{2}(2\pi \times 8 \times 300) \\
&= 585 + 7200 + 4800 + 2400\pi \\
&= 20125 \, cm^2 \quad \text{또는} \quad 2.0125 \, m^2
\end{aligned}$$

[문제 17] 사각뿔의 밑면은 치수 3.60 cm × 5.40 cm인 직사각형 모양이다. 사각뿔의 경사진 모서리가 각각 15.0 cm일 때, 사각뿔의 부피와 전체 겉넓이를 구하라.

이 사각뿔은 [그림 13-15]와 같다.

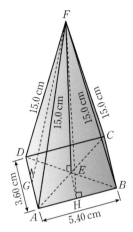

[그림 13-15]

사각뿔의 부피를 계산하기 위해서는 높이 EF를 알아야 한다. 대각선 BD는 피타고라스 정리에 의해 다음과 같이 계산된다.

$$BD = \sqrt{3.60^2 + 5.40^2} = 6.490 \, \text{cm}$$

그러므로 $EB = \dfrac{1}{2} BD = \dfrac{6.490}{2} = 3.245 \, \text{cm}$ 이다. 삼각형 BEF에 피타고라스 정리를 적용하면 $BF^2 = EB^2 + EF^2$이고, 따라서 다음과 같다.

$$EF = \sqrt{BF^2 - EB^2} = \sqrt{15.0^2 - 3.245^2} = 14.64 \, \text{cm}$$

따라서 사각뿔의 부피는 다음과 같다.

사각뿔의 부피 $= \dfrac{1}{3} (\text{밑넓이}) (\text{높이})$

$$= \dfrac{1}{3} (3.60 \times 5.40) (14.64) = \mathbf{94.87 \, cm^3}$$

삼각형 ADF의 넓이는 삼각형 BCF의 넓이와 같으며, AD의 중점 G에 대해 다음과 같다.

삼각형 ADF의 넓이 $= \dfrac{1}{2} (AD)(FG)$

삼각형 FGA에 피타고라스 정리를 적용하면 다음과 같다.

$$FG = \sqrt{15.0^2 - 1.80^2} = 14.89 \, \text{cm}$$

그러므로 삼각형 ADF의 넓이는 다음과 같다.

삼각형 ADF의 넓이 $= \dfrac{1}{2} (3.60)(14.89) = 26.80 \, \text{cm}^2$

마찬가지로, H가 AB의 중점이면 다음과 같다.

$$FH = \sqrt{15.0^2 - 2.70^2} = 14.75 \, \text{cm}$$

그러므로 삼각형 ABF의 넓이는 삼각형 CDF와 같으며, 다음과 같다.

삼각형 ABF의 넓이 $= \dfrac{1}{2} (5.40)(14.75) = 39.83 \, \text{cm}^2$

따라서 사각뿔 전체의 넓이는 다음과 같다.

사각뿔 전체의 넓이

$$= 2(26.80) + 2(39.83) + (3.60)(5.40)$$

$$= 53.60 + 79.66 + 19.44 = \mathbf{152.7 \, cm^2}$$

[문제 18] 지름이 $5.0 \, \text{cm}$인 반구의 부피와 전체 겉넓이를 계산하라.

반구의 부피 $= \dfrac{1}{2} (\text{구의 부피}) = \dfrac{2}{3} \pi r^3$

$$= \dfrac{2}{3} \pi \left(\dfrac{5.0}{2} \right)^3 = \mathbf{32.7 \, cm^3}$$

전체 겉넓이 $=$ 곡면의 넓이 $+$ 원의 넓이

$$= \dfrac{1}{2} (\text{구의 곡면 넓이}) + \pi r^2$$

$$= \dfrac{1}{2} (4\pi r^2) + \pi r^2 = 2\pi r^2 + \pi r^2 = 3\pi r^2$$

$$= 3\pi \left(\dfrac{5.0}{2} \right)^2 = \mathbf{58.9 \, cm^2}$$

[문제 19] 치수 $4 \, \text{cm} \times 3 \, \text{cm} \times 12 \, \text{cm}$인 직육면체 모양의 금속 조각이 용해되어, 밑면의 치수가 $2.5 \, \text{cm} \times 5 \, \text{cm}$인 사각뿔로 다시 만들어진다. 사각뿔의 높이를 계산하라.

사각기둥 금속의 부피 $= 4 \times 3 \times 12 = 144 \, \text{cm}^3$

사각뿔의 부피 $= \dfrac{1}{3} (\text{밑넓이})(\text{높이})$

금속의 손실이 없다는 가정 아래 다음이 성립한다.

$$144 = \dfrac{1}{3} (2.5 \times 5)(\text{높이})$$

즉 사각뿔의 높이는 다음과 같다.

$$\text{사각뿔의 높이} = \frac{144 \times 3}{2.5 \times 5} = 34.56\,\text{cm}$$

[문제 20] 대갈못은 지름이 1 cm 이고 길이가 2 mm 인 원기둥 머리와, 지름이 2 mm 이고 길이가 1.5 cm 인 원기둥 모양 못으로 구성된다. 2000개의 대갈못의 부피를 구하라.

$$\text{원기둥 머리의 반지름} = \frac{1}{2}\,\text{cm} = 0.5\,\text{cm}$$

$$\text{원기둥 머리의 높이} = 2\,\text{mm} = 0.2\,\text{cm}$$

이므로 원기둥 머리의 부피는 다음과 같다.

$$\text{원기둥 머리의 부피} = \pi r^2 h = \pi (0.5)^2 (0.2) = 0.1571\,\text{cm}^3$$

$$\text{원기둥 못의 부피} = \pi r^2 h = \pi \left(\frac{0.2}{2}\right)^2 (1.5) = 0.0471\,\text{cm}^3$$

그러므로 대갈못의 부피는 다음과 같이 구할 수 있다.

$$\text{대갈못 하나의 전체 부피} = 0.1571 + 0.0471$$
$$= 0.2042\,\text{cm}^3$$

$$\text{대갈못 2000개의 부피} = 2000 \times 0.2042$$
$$= 408.4\,\text{cm}^3$$

[문제 21] 질량이 50 kg 인 사각형 모양의 구리 덩어리가 용해되어, 단면이 일정한 500 m 의 전선을 만든다. 구리의 밀도가 8.91 g/cm³일 때, 다음을 계산하라.
(a) 구리의 부피   (b) 전선 단면의 넓이
(c) 전선 단면의 지름

(a) 밀도 8.91 g/cm³란 구리 8.91 g 이 1 cm³의 부피를 가지는 것을 의미한다. 또는 구리 1 g 의 부피가 (1 ÷ 8.91) cm³이다.

$$\text{밀도} = \frac{\text{질량}}{\text{부피}}$$ 이므로 부피 = $$\frac{\text{질량}}{\text{밀도}}$$ 이고, 따라서 50 kg, 즉 50000 g 의 부피는 다음과 같다.

$$\text{부피} = \frac{\text{질량}}{\text{밀도}} = \frac{50000}{8.91}\,\text{cm}^3 = 5612\,\text{cm}^3$$

(b) 전선의 부피 = (원형 단면의 넓이) × (전선의 길이) 이므로 다음과 같다.

$$5612\,\text{cm}^3 = \text{넓이} \times (500 \times 100\,\text{cm})$$

그러므로 단면의 넓이는 다음과 같다.

$$\text{넓이} = \frac{5612}{500 \times 100}\,\text{cm}^2 = 0.1122\,\text{cm}^2$$

(c) 원의 넓이 = πr^2 또는 $\frac{\pi d^2}{4}$ 이므로, $0.1122 = \frac{\pi d^2}{4}$

$$d = \sqrt{\frac{4 \times 0.1122}{\pi}} = 0.3780\,\text{cm}$$

즉 **단면의 지름은 3.780 mm 이다.**

[문제 22] 보일러는 높이가 8 m 이고 지름이 6 m 인 원기둥 부분과, 한쪽 면은 지름이 6 m 인 반구가 얹혀 있는 모양으로, 그리고 다른 쪽 면은 높이가 4 m 이고 밑면의 지름이 6 m 인 원뿔 모양으로 구성된다. 보일러의 부피와 전체 겉넓이를 계산하라.

보일러의 모습은 [그림 13-16]과 같다.

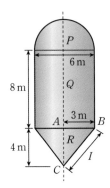

[그림 13-16]

반구의 부피는 다음과 같다.

$$P = \frac{2}{3}\pi r^3 = \frac{2}{3} \times \pi \times 3^3 = 18\pi\,\text{m}^3$$

원기둥의 부피는 다음과 같다.

$$Q = \pi r^2 h = \pi \times 3^2 \times 8 = 72\pi\,\text{m}^3$$

원뿔의 부피는 다음과 같다.

$$R = \frac{1}{3}\pi r^2 h = \frac{1}{3} \times \pi \times 3^2 \times 4 = 12\pi\,\text{m}^3$$

따라서 전체 보일러의 부피는 다음과 같다.

$$\text{전체 보일러의 부피} = 18\pi + 72\pi + 12\pi$$
$$= 102\pi = 320.4\,\mathrm{m}^3$$

반구의 겉넓이는 다음과 같다.

$$P = \frac{1}{2}(4\pi r^2) = 2 \times \pi \times 3^2 = 18\pi\,\mathrm{m}^2$$

원기둥의 곡면의 넓이는 다음과 같다.

$$Q = 2\pi r h = 2 \times \pi \times 3 \times 8 = 48\pi\,\mathrm{m}^2$$

원뿔 측면의 변의 길이 l은 삼각형 ABC에서 피타고라스 정리에 의해 $l = \sqrt{4^2 + 3^2} = 5$이다. 따라서 원뿔의 곡면의 넓이는 다음과 같다.

$$R = \pi r l = \pi \times 3 \times 5 = 15\pi\,\mathrm{m}^2$$

그러므로 보일러의 전체 겉넓이는 다음과 같다.

$$\text{보일러의 전체 겉넓이} = 18\pi + 48\pi + 15\pi$$
$$= 81\pi = 254.5\,\mathrm{m}^2$$

◆ 이제 다음 연습문제를 풀어보자.

[연습문제 55] 좀 더 복잡한 입체도형의 부피와 겉넓이

1 지름이 $50\,\mathrm{mm}$인 반구의 전체 겉넓이를 구하라.

2 지름이 $6\,\mathrm{cm}$인 반구에 대해 (a) 부피와, (b) 전체 겉넓이를 구하라.

3 외부 반지름과 내부 반지름이 각각 $12\,\mathrm{cm}$, $10\,\mathrm{cm}$인 반구 모양의 구리 용기의 질량을 구하라. 여기서 구리 $1\,\mathrm{cm}^3$의 무게는 $8.9\,\mathrm{g}$으로 가정한다.

4 금속 다림추$^{\text{plumb bob}}$는 반구 위에 원뿔이 얹힌 모양으로 구성된다. 반구와 원뿔의 지름이 각각 $4\,\mathrm{cm}$이고, 전체 길이는 $5\,\mathrm{cm}$이다. 전체 부피를 구하라.

5 원기둥 위에 원뿔이 얹힌 모양으로 대형 천막을 만든다. 전체 높이는 $6\,\mathrm{m}$이고, 원기둥 부분은 높이가 $3.5\,\mathrm{m}$, 지름은 $15\,\mathrm{m}$이다. 이 제작 과정에서 12%의 천이 손실된다고 할 때, 대형 천막을 만들기 위해 필요한 천막의 겉넓이를 계산하라.

6 다음 입체의 (a) 부피와, (b) 전체 겉넓이를 구하라.
   ❶ 지름이 $8.0\,\mathrm{cm}$이고 높이가 $10\,\mathrm{cm}$인 원뿔
   ❷ 지름이 $7.0\,\mathrm{cm}$인 구
   ❸ 반지름이 $3.0\,\mathrm{cm}$인 반구
   ❹ 밑면이 $2.5\,\mathrm{cm} \times 2.5\,\mathrm{cm}$인 정사각형이고 높이가 $5.0\,\mathrm{cm}$인 사각뿔
   ❺ 밑면이 $4.0\,\mathrm{cm} \times 6.0\,\mathrm{cm}$인 직사각형이고 높이가 $12.0\,\mathrm{cm}$인 사각뿔
   ❻ 밑면이 $4.2\,\mathrm{cm} \times 4.2\,\mathrm{cm}$인 정사각형이고 측면의 기울어진 변의 길이가 각각 $15.0\,\mathrm{cm}$인 사각뿔
   ❼ 한 변의 길이가 $5.0\,\mathrm{cm}$인 팔각형 모양의 밑면과 높이가 $20\,\mathrm{cm}$인 팔각뿔

7 무게가 $24\,\mathrm{kg}$인 구형 금속이 용해되어 밑면의 반지름이 $8.0\,\mathrm{cm}$인 원뿔 입체로 다시 만들어진다. 금속의 밀도가 $8000\,\mathrm{kg/m}^3$일 때, 다음을 구하라. 이 과정에서 15%의 금속의 손실이 발생한다고 가정한다.
   (a) 금속 구의 지름
   (b) 원뿔의 높이

8 부표는 반구 위에 놓인 원뿔로 구성된다. 원뿔과 반구의 지름이 $2.5\,\mathrm{m}$이고 원뿔의 측면의 길이가 $4.0\,\mathrm{m}$이다. 이 부표의 부피와 겉넓이를 구하라.

9 휘발유 용기는 중심부가 길이 $5.0\,\mathrm{m}$인 원기둥이고, 각 측면이 반구인 형태이다. 반구와 원기둥의 지름이 모두 $1.2\,\mathrm{m}$일 때, 이 탱크의 용량을 [리터] 단위로 구하라(1리터 $= 1000\,\mathrm{cm}^3$).

10 [그림 13-17]은 금속 막대의 절단면을 보인다. 이 막대의 부피와 전체 겉넓이를 구하라.

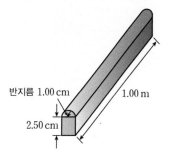

반지름 1.00 cm   1.00 m
2.50 cm

[그림 13-17]

11 환기용 통풍구의 절단 부분이 [그림 13-18]과 같다. 양 끝 부분 AB와 CD 부분은 뚫려 있다. 다음을 계산하라.

  (a) 금속판의 두께를 무시했을 때, 시스템 부분에 들어 있는 공기의 부피. 단, 가장 근접한 [리터] 단위로 보정한다(1리터 = 1000cm³).

  (b) 이 시스템을 만들기 위해 사용된 금속판의 절단면의 넓이. 단, [m²] 단위로 구한다.

  (c) m²당 115000원의 비용이 소요된다고 할 때, 금속판의 비용. 여기서 손실되는 것을 고려하여 25%의 추가 금속판도 필요하다고 가정한다.

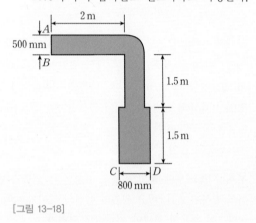

[그림 13-18]

13.5 닮은꼴의 부피

[그림 13-19]의 두 개의 정육면체에서, 한 육면체의 각 변은 다른 육면체의 각 변이 세 배이다.

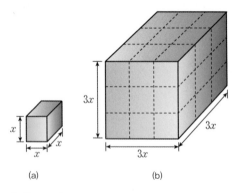

(a)   (b)

[그림 13-19]

[그림 13-19(a)]의 부피 $= (x)(x)(x) = x^3$

[그림 13-19(b)]의 부피 $= (3x)(3x)(3x) = 27x^3$

그러므로 [그림 13-19(b)]는 [그림 13-19(a)] 부피의 $(3)^3$배, 즉 27배의 부피를 갖는다. 요약하면, **닮은 입체의 부피는 대응하는 변들의 길이 세제곱에 비례한다.**

> **[문제 23]** 자동차의 질량이 1000kg이다. 이 자동차의 모형은 1대 50의 척도로 만들어졌다. 자동차와 모형이 동일한 재질로 만들어질 때, 모형의 질량을 구하라.

닮은 입체의 부피는 대응하는 차원의 세제곱에 비례하므로 다음과 같다.

$$\frac{\text{모형의 부피}}{\text{자동차의 부피}} = \left(\frac{1}{50}\right)^3$$

질량 = 밀도 × 부피이고, 자동차와 모형이 동일한 재질로 만들어졌으므로 다음과 같다.

$$\frac{\text{모형의 질량}}{\text{자동차의 질량}} = \left(\frac{1}{50}\right)^3$$

그러므로 모형의 질량은 다음과 같다.

$$\text{모형의 질량} = (\text{자동차의 질량})\left(\frac{1}{50}\right)^3$$

$$= \frac{1000}{50^3} = 0.008\,\text{kg} \ \text{또는} \ 8\text{g}$$

◆ **이제 다음 연습문제를 풀어보자.**

[연습문제 56] 닮은꼴의 부피

1 구 모양의 베어링 두 개의 비율이 2 : 5이다. 이들의 부피의 비율은 얼마인가?

2 한 공학 성분의 질량이 400g이다. 이것의 각 치수가 30% 감소될 때, 새로운 성분의 질량을 구하라.

PART 2

기계 응용
Mechanical applications

SI 단위와 밀도
SI units and density

SI 단위와 밀도를 이해하는 것이 왜 중요할까?

공학에는 서로 다른 양들이 존재하고 우리는 이러한 양들과 익숙해져야 하며, 공학의 모든 양들에는 친숙해져야 하는 단위가 존재한다. 예를 들어 힘은 뉴턴(N)으로 측정되고, 전류는 암페어(A)로 측정되며, 압력은 파스칼(Pa)로 측정된다. 때로는 이러한 양을 나타내는 단위가 매우 크거나 혹은 매우 작은 경우가 있어, 그때에는 접두어를 사용하기도 한다. 예를 들어 1,000,000 뉴턴은 10^6 N으로 쓰기도 하며, 이는 접두어를 사용하여 1MN과 같이 쓰기도 한다. 즉 M(메가)는 1,000,000 혹은 10^6을 표현하는 기호로 받아들여진다. 공학을 공부할 때, 또는 일하면서 훈련하는 과정 속에서, 표준 측정 단위 및 사용되는 접두어, 그리고 공학 표기법에 금방 친숙해질 것이다. 전자계산기는 공학 표기법에 매우 유용하다. 엔지니어들은 밀도에 관한 지식에서 영감을 얻어 선박과 서핑 보드 및 부표를 만들었다. 또한 밀도는 엔지니어가 자동차나 발전소에 사용되는 엔진을 설계할 때 고려해야 하는 중요한 특성이다.

학습포인트

- 7개의 SI 단위에 대해 기술할 수 있다.
- 공학에 사용되는 일반 접두어를 이해한다.
- 공학 표기법을 사용하고 공학 단위와 함께 접두어를 사용할 수 있다.
- 밀도와 상대 밀도를 정의할 수 있다.
- 밀도를 포함하는 간단한 계산을 할 수 있다.

14.1 SI 단위

3장에서 살펴본 바와 같이, 과학과 공학에 사용되는 단위계는 Systeme Internationale d'Unites(국제 단위계 International system of units), 간단히 SI 단위라고 쓰며, 이는 미터계에 기초한다.

SI 단위계의 기본 단위와 그 기호는 [표 14-1]과 같다.

SI 단위는 특정 양만큼 곱하거나 나누는 것을 나타내는 접두어를 사용하여 더 크게 혹은 더 작게 표현할 수 있다. [표 14-2]는 가장 흔하게 사용하는 8가지 배수의 의미를 열거한 것이다.

[표 14-1]

물리량	단위	기호
길이	미터(metre)[1]	m ($1m = 100cm = 1000mm$)
질량	킬로그램(kilogram)	kg ($1kg = 1000g$)
시간	초(second)	s
전류	암페어(ampere)	A
열역학 온도	켈빈(kelvin)	K ($K = °C + 273$)
광도	칸델라(candela)	cd
물질량	몰(mole)	mol

---

1 '미터'의 영문 표기 metre는 영국식 표기법이며, 이는 미국식 표기법 meter로 사용하기도 한다.

[표 14-2]

접두어	이름		의미
T	테라(tera)	$\times 10^{12}$	$\times 1,000,000,000,000$
G	기가(giga)	$\times 10^{9}$	$\times 1,000,000,000$
M	메가(mega)	$\times 10^{6}$	$\times 1,000,000$
k	킬로(kilo)	$\times 10^{3}$	$\times 1000$
m	밀리(milli)	$\times 10^{-3}$	$\times \dfrac{1}{10^3} = \dfrac{1}{1000} = 0.001$
μ	마이크로(micro)	$\times 10^{-6}$	$\times \dfrac{1}{10^6} = \dfrac{1}{1,000,000} = 0.000001$
n	나노(nano)	$\times 10^{-9}$	$\times \dfrac{1}{10^9} = \dfrac{1}{1,000,000,000} = 0.000000001$
p	피코(pico)	$\times 10^{-12}$	$\times \dfrac{1}{10^{12}} = \dfrac{1}{1,000,000,000,000} = 0.000000000001$

길이^{length}는 두 점 간의 거리이다. 길이의 표준 단위는 미터(m)^{metre}이고, 센티미터(cm)^{centimetre}, 밀리미터(mm)^{millimetre}, 킬로미터(km)^{kilometre}도 종종 사용된다.

$$1\,\text{cm} = 10\,\text{mm}, \quad 1\,\text{m} = 100\,\text{cm} = 1000\,\text{mm}$$
$$1\,\text{km} = 1000\,\text{m}$$

면적^{area}은 평면의 크기나 넓이의 척도이고, 길이에 길이를 곱한 값이다. 만약 길이가 미터이면, 면적의 단위는 제곱미터(m^2)$^{\text{square metre}}$가 된다.

$$1\,\text{m}^2 = 1\,\text{m} \times 1\,\text{m} = 100\,\text{cm} \times 100\,\text{cm}$$
$$= 10,000\,\text{cm}^2 \ \text{또는} \ 10^4\,\text{cm}^2$$
$$= 1000\,\text{mm} \times 1000\,\text{mm}$$
$$= 1,000,000\,\text{mm}^2 \ \text{또는} \ 10^6\,\text{mm}^2$$

역으로, $1\,\text{cm}^2 = 10^{-4}\,\text{m}^2$이고 $1\,\text{mm}^2 = 10^{-6}\,\text{m}^2$이다.

부피^{volume}는 입체가 점유한 공간의 척도이고, 길이에 길이를 곱하고 또 길이를 곱한 값이다. 만약 길이가 미터이면, 부피의 단위는 입방미터(세제곱미터, m^3)$^{\text{cubic metre}}$가 된다.

$$1\,\text{m}^3 = 1\,\text{m} \times 1\,\text{m} \times 1\,\text{m}$$
$$= 100\,\text{cm} \times 100\,\text{cm} \times 100\,\text{cm} = 10^6\,\text{cm}^3$$
$$= 1000\,\text{mm} \times 1000\,\text{mm} \times 1000\,\text{mm} = 10^9\,\text{mm}^3$$

역으로, $1\,\text{cm}^3 = 10^{-6}\,\text{m}^3$이고 $1\,\text{mm}^3 = 10^{-9}\,\text{m}^3$이다. 부피를 나타내는 다른 단위로는 특히 액체의 부피에 대한 리터(l)^{litre} 또는 ^{liter} 단위가 있고, $1\,\text{litre} = 1000\,\text{cm}^3$이다.

질량^{mass}은 물체 내 물질의 양이고, 킬로그램(kg)^{kilogram}으로 측정된다.

$$1\,\text{kg} = 1000\,\text{g} \ (\text{혹은 역으로} \ 1\,\text{g} = 10^{-3}\,\text{kg})$$

그리고 1톤(t)은 $1000\,\text{kg}$이다.

[문제 1] 다음 물음에 답하라.
(a) $36\,\text{mm}$의 길이를 m로 표현하라.
(b) $32,400\,\text{mm}^2$를 m^{2}로 표현하라.
(c) $8,540,000\,\text{mm}^3$를 m^{3}로 표현하라.

(a) $1\,\text{m} = 10^3\,\text{mm}$ 혹은 $1\,\text{mm} = 10^{-3}\,\text{m}$ 이므로,

$$36\,\text{mm} = 36 \times 10^{-3}\,\text{m} = \frac{36}{10^3}\,\text{m}$$
$$= \frac{36}{1000}\,\text{m} = 0.036\,\text{m}$$

(b) $1\,\text{m}^2 = 10^6\,\text{mm}^2$ 혹은 $1\,\text{mm}^2 = 10^{-6}\,\text{m}^2$이므로,

$$32,400\,\text{mm}^2 = 32,400 \times 10^{-6}\,\text{m}^2$$
$$= \frac{32,400}{1,000,000}\,\text{m}^2 = 0.0324\,\text{m}^2$$

(c) $1\mathrm{m}^3 = 10^9\mathrm{mm}^3$ 혹은 $1\mathrm{mm}^3 = 10^{-9}\mathrm{m}^3$이므로,

$8,540,000\,\mathrm{mm}^3 = 8,540,000 \times 10^{-9}\mathrm{m}^3$

$$= \frac{8,540,000}{10^9}\mathrm{m}^3$$
$$= 8.54 \times 10^{-3}\mathrm{m}^3 \text{ 혹은 } 0.00854\mathrm{m}^3$$

[문제 2] 길이가 15m이고 폭이 8m인 방의 면적을 (a) m^2, (b) cm^2, (c) mm^2로 표현하라.

(a) 방의 면적 $= 15\mathrm{m} \times 8\mathrm{m} = 120\mathrm{m}^2$

(b) $1\mathrm{m}^2 = 10^4\mathrm{cm}^2$이므로,

$120\mathrm{m}^2 = 120 \times 10^4\mathrm{cm}^2$

$= 1,200,000\mathrm{cm}^2$ 혹은 $1.2 \times 10^6\mathrm{cm}^2$

(c) $1\mathrm{m}^2 = 10^6\mathrm{mm}^2$이므로,

$120\mathrm{m}^2 = 120 \times 10^6\mathrm{mm}^2$

$= 120,000,000\mathrm{mm}^2$ 혹은 $0.12 \times 10^9\mathrm{mm}^2$

Note 통상적으로 $\times 10^3$ 혹은 $\times 10^6$ 혹은 $\times 10^{-9}$ 등과 같이 3의 배수로 10의 거듭제곱을 표현한다.

[문제 3] 정육면체 6변의 길이가 각각 50mm이다. m^3의 단위로 정육면체의 부피를 구하라.

정육면체의 부피 $= 50\mathrm{mm} \times 50\mathrm{mm} \times 50\mathrm{mm}$

$= 125,000\mathrm{mm}^3$

$1\mathrm{mm}^3 = 10^{-9}\mathrm{m}^3$이므로,

부피는 $125,000 \times 10^{-9}\mathrm{m}^3 = 0.125 \times 10^{-3}\mathrm{m}^3$이다.

[문제 4] $2.5l$의 용량을 갖는 그릇의 부피를 (a) m^3, (b) mm^3로 계산하라.

$1l = 1000\mathrm{cm}^3$이므로,

$2.5\,l = 2.5 \times 1000\mathrm{cm}^3 = 2500\mathrm{cm}^3$

(a) $2500\mathrm{cm}^3 = 2500 \times 10^{-6}\mathrm{m}^3$

$= 2.5 \times 10^{-3}\mathrm{m}^3$ 혹은 $0.0025\mathrm{m}^3$

(b) $2500\mathrm{cm}^3 = 2500 \times 10^3\mathrm{mm}^3$

$= 2,500,000\mathrm{mm}^3$ 혹은 $2.5 \times 10^6\mathrm{mm}^3$

◆ 이제 다음 연습문제를 풀어보자.

[연습문제 58] SI 단위에 대한 확장 문제

1 다음 물음에 답하라.
   (a) 52mm의 길이를 m로 표현하라.
   (b) 20,000mm^{2}를 m^2로 표현하라.
   (c) 10,000,000mm^{3}를 m^3로 표현하라.

2 가로 5m이고 세로 2.5m인 차고의 면적을 (a) m^2, (b) mm^2로 표현하라.

3 위 2번 문항에서 차고의 높이가 3m인 경우 차고의 부피를 (a) m^3, (b) mm^3로 표현하라.

4 $6.3l$의 액체를 담는 병의 부피를 (a) m^3, (b) cm^3, (c) mm^3로 계산하라.

14.2 밀도

밀도^{density}는 물질의 단위부피당 질량이다. 밀도를 표시하는 기호는 ρ(그리스 문자 'rho')이고 단위는 $\mathrm{kg/m}^3$이다.

$$밀도 = \frac{질량}{부피}$$

즉 $\rho = \dfrac{m}{V}$ 혹은 $m = \rho V$ 혹은 $V = \dfrac{m}{\rho}$

여기서 m은 [kg] 단위의 질량, V는 $[\mathrm{m}^3]$ 단위의 부피, ρ는 $[\mathrm{kg/m}^3]$ 단위의 밀도이다.

몇 가지 **전형적인 밀도 값**은 다음과 같다.

알루미늄	$2700\mathrm{kg/m}^3$	강철	$7800\mathrm{kg/m}^3$
주철	$7000\mathrm{kg/m}^3$	경유	$700\mathrm{kg/m}^3$
코르크	$250\mathrm{kg/m}^3$	납	$11,400\mathrm{kg/m}^3$
구리	$8900\mathrm{kg/m}^3$	물	$1000\mathrm{kg/m}^3$

물질의 상대 밀도$^{\text{relative density}}$는 물의 밀도에 대한 물질 밀도의 비율이다. 즉

$$상대\ 밀도 = \frac{물질의\ 밀도}{물의\ 밀도}$$

이다. 상대 밀도는 두 개의 동일한 양의 비율이므로 단위가 없다. 상대 밀도의 전형적인 값은 (물이 $1000 \mathrm{kg/m}^3$의 밀도를 가지므로) 상기 값에서 결정할 수 있고, 다음과 같다.

알루미늄	2.7	강철	7.8
주철	7.0	경유	0.7
코르크	0.25	납	11.4
구리	8.9		

액체의 상대 밀도는 **액체 비중계**^{hydrometer}를 사용해서 측정한다.

[문제 5] 구리의 질량이 445g이라면, 부피가 $50 \mathrm{cm}^3$인 구리의 밀도를 구하라.

부피 $= 50 \mathrm{cm}^3 = 50 \times 10^{-6} \mathrm{m}^3$

질량 $= 445 \mathrm{g} = 445 \times 10^{-3} \mathrm{kg}$

$$\text{밀도} = \frac{\text{질량}}{\text{부피}} = \frac{445 \times 10^{-3} \mathrm{kg}}{50 \times 10^{-6} \mathrm{m}^3} = \frac{445}{50} \times 10^3$$

$$= 8.9 \times 10^3 \mathrm{kg/m}^3 \text{ 혹은 } 8900 \mathrm{kg/m}^3$$

[문제 6] 알루미늄의 밀도는 $2700 \mathrm{kg/m}^3$이다. 부피가 $100 \mathrm{cm}^3$인 알루미늄 덩어리의 질량을 구하라.

밀도는 $\rho = 2700 \mathrm{kg/m}^3$이고,

부피는 $V = 100 \mathrm{cm}^3 = 100 \times 10^{-6} \mathrm{m}^3$이다.

$\text{밀도} = \dfrac{\text{질량}}{\text{부피}}$ 이므로 질량 $=$ 밀도$\times$부피이다.

따라서 질량은 다음과 같다.

$$\text{질량} = \rho V = 2700 \mathrm{kg/m}^3 \times 100 \times 10^{-6} \mathrm{m}^3$$

$$= \frac{2700 \times 100}{10^6} \mathrm{kg} = 0.270 \mathrm{kg} \text{ 혹은 } 270 \mathrm{g}$$

[문제 7] 밀도가 $800 \mathrm{kg/m}^3$인 파라핀 오일의 질량이 20kg일 때, 부피를 l로 계산하라.

$\text{밀도} = \dfrac{\text{질량}}{\text{부피}}$ 이므로 부피 $= \dfrac{\text{질량}}{\text{밀도}}$ 이다.

따라서 **부피** $= \dfrac{m}{\rho} = \dfrac{20 \mathrm{kg}}{800 \mathrm{kg/m}^3} = \dfrac{1}{40} \mathrm{m}^3$

$$= \frac{1}{40} \times 10^6 \mathrm{cm}^3 = 25,000 \mathrm{cm}^3$$

$1l = 1000 \mathrm{cm}^3$이므로 $25,000 \mathrm{cm}^3 = \dfrac{25,000}{1000} = 25 l$ 이다.

[문제 8] 밀도가 $7850 \mathrm{kg/m}^3$인 강철 조각의 상대 밀도를 구하라. 물의 밀도는 $1000 \mathrm{kg/m}^3$이다.

상대 밀도 $= \dfrac{\text{강철의 밀도}}{\text{물의 밀도}} = \dfrac{7850}{1000} = \mathbf{7.85}$

[문제 9] 길이가 200mm, 폭이 150mm, 두께가 10mm인 금속 조각의 질량이 2700g이다. 이 금속의 밀도는?

금속의 밀도 $= 200 \mathrm{mm} \times 150 \mathrm{mm} \times 10 \mathrm{mm}$

$$= 300,000 \mathrm{mm}^3 = 3 \times 10^5 \mathrm{mm}^3$$

$$= \frac{3 \times 10^5}{10^9} \mathrm{m}^3 = 3 \times 10^{-4} \mathrm{m}^3$$

질량 $= 2700 \mathrm{g} = 2.7 \mathrm{kg}$

$$\text{밀도} = \frac{\text{질량}}{\text{부피}} = \frac{2.7 \mathrm{kg}}{3 \times 10^{-4} \mathrm{m}^3} = 0.9 \times 10^4 \mathrm{kg/m}^3$$

$$= 9000 \mathrm{kg/m}^3$$

[문제 10] 코르크의 상대 밀도는 0.25이다.

(a) 코르크의 밀도를 구하라.

(b) 코르크 50g의 부피를 $[\mathrm{m}^3]$ 단위로 구하라. 물의 밀도는 $1000 \mathrm{kg/m}^3$이다.

(a) 상대 밀도 $= \dfrac{\text{코르크의 밀도}}{\text{물의 밀도}}$ 이므로

코르크의 밀도 $=$ 상대 밀도$\times$물의 밀도이다.

즉 **코르크의 밀도**는 $\rho = 0.25 \times 1000 = \mathbf{250 \mathrm{kg/m}^3}$이다.

(b) 밀도 $= \dfrac{\text{질량}}{\text{부피}}$ 이므로 부피 $= \dfrac{\text{질량}}{\text{밀도}}$ 이다.

질량은 $m = 50 \mathrm{g} = 50 \times 10^{-3} \mathrm{kg}$이다. 따라서 **부피**는

$$V = \frac{m}{\rho} = \frac{50 \times 10^{-3} \mathrm{kg}}{250 \mathrm{kg/m}^3} = \frac{0.05}{250} \mathrm{m}^3$$

$$= \frac{0.05}{250} \times 10^6 \mathrm{cm}^3 = 200 \mathrm{cm}^3 \text{이다.}$$

◆ **이제 다음 연습문제를 풀어보자.**

[연습문제 59] 밀도에 대한 확장 문제

1 질량이 $2280\,g$, 부피가 $200\,cm^3$인 납의 밀도를 구하라.

2 철의 밀도는 $7500\,kg/m^3$이다. 만약 철 조각의 부피가 $200\,cm^3$라면, 이 철 조각의 질량은 얼마인가?

3 밀도가 $700\,kg/m^3$인 경유의 질량이 $14\,kg$이면, 이 경유의 부피는 몇 l인가?

4 물의 밀도는 $1000\,kg/m^3$이다. 밀도가 $8900\,kg/m^3$인 구리 조각의 상대 밀도를 구하라.

5 길이가 $100\,mm$, 폭이 $80\,mm$, 두께가 $20\,mm$인 금속 조각의 질량이 $1280\,g$이다. 이 금속의 밀도를 구하라.

6 어떤 오일의 상대 밀도는 0.80이다.
 (a) 이 오일의 밀도를 구하라.
 (b) 질량 $2\,kg$인 오일의 부피를 구하라. 물의 밀도는 $1000\,kg/m^3$이다.

[연습문제 60] SI 단위와 밀도에 대한 단답형 문제

1 길이와 질량과 시간에 대한 SI 단위를 기술하라.

2 전류와 열역학 온도에 대한 SI 단위를 기술하라.

3 다음 접두어의 의미는 무엇인가?
 (a) M (b) m (c) μ (d) k

※ (문제 4~8) 다음 ( ) 안에 알맞은 수를 써라.

4 $1\,m =($ $)mm$, $1\,km =($ $)m$

5 $1\,m^2 =($ $)cm^2$, $1\,cm^2 =($ $)mm^2$

6 $1\,l =($ $)cm^3$, $1\,m^3 =($ $)mm^3$

7 $1\,kg =($ $)g$, $1\,t =($ $)kg$

8 $1\,mm^2 =($ $)m^2$, $1\,cm^3 =($ $)m^3$

9 밀도를 정의하라.

10 상대 밀도의 의미는 무엇인가?

11 액체의 상대 밀도는 ( )(으)로 측정한다.

[연습문제 61] SI 단위와 밀도에 대한 사지선다형 문제

1 다음 중 "$1000\,mm^3$는 ( )와 같다."에 들어갈 올바른 내용은 무엇인가?
 (a) $1\,m^3$ (b) $10^{-3}\,m^3$
 (c) $10^{-6}\,m^3$ (d) $10^{-3}\,m^3$

2 다음 중 올바른 것은 무엇인가?
 (a) $1\,mm^2 = 10^{-4}\,m^2$ (b) $1\,cm^3 = 10^{-3}\,m^3$
 (c) $1\,mm^3 = 10^{-6}\,m^2$ (d) $1\,km^2 = 10^{10}\,cm^2$

3 다음 중 "$1000\,l$는 ( )와 같다."에 들어갈 수 없는 것은 무엇인가?
 (a) $10^3\,m^3$ (b) $10^6\,cm^3$
 (c) $10^9\,mm^3$ (d) $10^3\,cm^3$

4 질량$=A$, 부피$=B$, 밀도$=C$라고 할 때, 다음 식 중 틀린 것은 무엇인가?
 (a) $C=A-B$ (b) $C=\dfrac{A}{B}$
 (c) $B=\dfrac{A}{C}$ (d) $A=BC$

5 질량이 $700\,g$인 물질의 부피가 $100\,cm^3$이면 밀도는 얼마인가?
 (a) $70{,}000\,kg/m^3$ (b) $7000\,kg/m^3$
 (c) $7\,kg/m^3$ (d) $70\,kg/m^3$

6 상대 밀도가 10인 어떤 합금이 있다. 물의 밀도가 $1000\,kg/m^3$라면, 이 합금의 밀도는 얼마인가?
 (a) $100\,kg/m^3$ (b) $0.01\,kg/m^3$
 (c) $10{,}000\,kg/m^3$ (d) $1010\,kg/m^3$

7 SI 단위계에서 3개의 기본 물리량은 무엇인가?
 (a) 질량, 속도, 길이
 (b) 시간, 길이, 질량
 (c) 에너지, 시간, 길이
 (d) 속도, 길이, 질량

8 $60\,\mu s$는 무엇과 같은가?
 (a) $0.06\,s$ (b) $0.00006\,s$
 (c) $1000\,min$ (d) $0.6\,s$

9 질량이 2.532 kg이고 부피가 162 cm^{3}일 때, 밀도는 몇 kg/m^{3}인가?

(a) 0.01563 kg/m^3 (b) 410.2 kg/m^3

(c) 15,630 kg/m^3 (d) 64.0 kg/m^3

10 다음 중 "100 cm^{3}는 (   )와 같다."에 들어갈 올바른 것은 무엇인가?

(a) 10^{-4} m^3 (b) 10^{-2} m^3

(c) 0.1 m^3 (d) 10^{-6} m^3

물질의 원자 구조
Atomic structure of matter

물질의 원자 구조를 이해하는 것이 왜 중요할까?

원래 물질은 '공간을 점유하고 무게를 갖는 어떤 것'으로 정의되었다. 과학자들이, 공기와 그 밖의 다른 기체들 역시 물질이라는 사실을 현실화하기까지 많은 시간이 걸렸다. 물질의 과학적 정의는 '공간을 점유하고 질량(무게 대신)을 갖는 어떤 것'이다. 물질을 면밀히 조사한 결과, 물질은 연속적이지 않고 아주 작은 입자들로 만들어진다는 사실이 발견되었다. 이러한 발견은 물질이 분자와 원자라고 하는 아주 작은 입자들로 구성된다는, 물질의 분자론과 원자론의 단초가 되었다. 그 당시에는 원자가 물질의 가장 작은 단위이고, 분할할 수 없다고 생각되었다. 그러나 더 실험을 해 본 결과, 원자는 더 작은 아원자 입자인 양성자, 중성자, 그리고 전자들로 만들어진다는 것을 알았다. 이것들은 더 분할할 수 없다고 생각되었으나, 양성자와 중성자가 쿼크(quark)라고 하는 더 작은 입자들로 만들어짐이 발견되었다. 또한 원자에 속하지 않는 많은 다른 입자들도 발견되었다. 이 장에서는 물질의 원자 구조에 대해 간단히 소개하는데, 이는 재료과학과 공학에서 중요하게 응용된다. 재료과학은 물질의 특성과 그것을 과학과 공학의 넓은 영역에서 응용하는 것을 포함하는 학제 간 영역에 해당된다. 재료과학은 화학공학, 기계공학, 토목공학, 전기공학뿐만 아니라 응용물리와 응용 화학의 원리들을 포함하고 있다.

학습포인트

- 원소, 원자, 분자, 화합물을 정의할 수 있다.
- 혼합물, 용액, 현탁액, 용해도를 정의할 수 있다.
- 결정과 결정화를 이해할 수 있다.
- 다결정 물질과 합금을 정의할 수 있다.
- 어떻게 금속이 경화되고 어닐링(annealing)되는지 설명할 수 있다.

15.1 원소, 원자, 분자, 화합물

세상에는 매우 많은 수의 서로 다른 물질들이 존재하고, 각 물질은 원소라 부르는 하나 혹은 그 이상의 기본 재료를 포함하고 있다.

원소element는 화학적인 수단으로는 더 이상 간단한 어떤 것으로 분리될 수 없는 물질이다.

자연 상태에서 존재하는 원소는 92개이고, 나머지 13개의 원소는 인공적으로 만들어진다.

다음은 통상적인 몇 개의 원소의 예와 그 기호이다.

수소 H, 헬륨 He, 탄소 C, 질소 N, 산소 O, 나트륨 Na, 마그네슘 Mg, 알루미늄 Al, 실리콘 Si, 인 P, 황 S, 칼륨 K, 칼슘 Ca, 철 Fe, 니켈 Ni, 구리 Cu, 아연 Zn, 은 Ag, 주석 Sn, 금 Au, 수은 Hg, 납 Pb, 우라늄 U.

15.1.1 원자

원소는 원자라고 불리는 아주 작은 성분으로 만들어진다.

원자atom는 원소의 특성을 보유하면서 화학 변화에 관여할 수 있는 원소의 가장 작은 성분이다.

각 원소들은 원자라는 유일한 유형을 갖는다. 원자 이론에서, 원자의 모델은 작은 태양계로 간주할 수 있다. 원자는 중앙에 핵이 위치하고, 그 주위에 음(−)으로 대전된 입자인 전자^{electron}가 전자의 껍질^{shell}이라고 불리는 어떤 고정 밴드에서 궤도를 그리며 도는 구조이다. 원자핵은 양(+)으로 대전된 입자인 양성자^{proton}와 전하를 갖지 않는 입자인 중성자^{neutron}를 포함하고 있다.

전자는 양성자 및 중성자와 비교할 때 매우 작은 질량을 가진다. 원자는 같은 수의 양성자와 전자를 갖고 있어 전기적으로 중성이다. 원자 내 양성자의 수는 그 원자를 성분으로 하는 원소의 원자 번호$^{atomic number}$라고 부른다. 원자 번호에 따라 원소를 순서대로 나열한 것을 주기율표$^{periodic table}$라고 한다.

가장 간단한 원자는 수소이고, 원자핵에 양성자 1개와 원자핵 주위 궤도를 도는 1개의 전자를 갖는다. 따라서 수소의 원자 번호는 1이다. 수소 원자를 도식적으로 나타내면 [그림 15-1(a)]와 같다. 헬륨은 [그림 15-1(b)]에 보는 바와 같이, 원자핵 주위를 도는 2개의 전자를 갖고 있고, 이 두 전자는 원자핵에서 동일한 거리에 위치한 동일한 전자껍질을 점유한다.

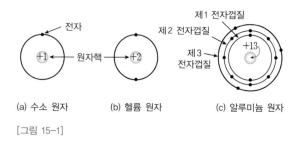

(a) 수소 원자   (b) 헬륨 원자   (c) 알루미늄 원자

[그림 15-1]

원자의 첫 번째 전자껍질은 오직 최대 2개의 전자를 가질 수 있고, 두 번째 전자껍질은 오직 최대 8개의 전자를 가질 수 있으며, 세 번째 전자껍질은 오직 최대 18개의 전자를 가질 수 있다. 따라서 원자핵 주위 궤도를 도는 13개의 전자를 갖는 알루미늄 원자는 [그림 15-1(c)]와 같이 배열된다.

15.1.2 분자

원소가 함께 결합할 때, 원자들은 연결되어 새 물질의 기본 단위를 형성한다. 이렇게 함께 결합된 독립된 원자의 그룹을 분자라고 부른다.

분자^{molecule}는 분리되어 안정된 존재를 가질 수 있는 물질의 가장 작은 성분이다.

같은 물질의 모든 분자들은 동일하다. 원자들과 분자들은 물질이 조립되는 **기본 건축용 블록**$^{basic building block}$들이다.

15.1.3 화합물

원소들이 화학적으로 결합할 때, 그 원자들은 서로 연결되어 화합물이라 부르는 새로운 물질의 분자들을 형성한다.

화합물^{compound}은 둘 혹은 그 이상의 원소가 화학적으로 결합하여 그들의 특성이 변화되어 형성된 새로운 물질이다.

예를 들면 수소 원소와 산소 원소는 물과는 아주 다르지만, 화학적으로 결합하면 물이라는 화합물을 생성한다.

화합물의 성분은 고정된 비율로 구성되고 분리하는 것이 어렵다. 예를 들면

① 물(H_2O) 분자 한 개는 한 개의 산소 원자와 결합한 두 개의 수소 원자로 구성된다.
② 이산화탄소(CO_2) 분자 한 개는 두 개의 산소 원자와 결합한 한 개의 탄소 원자로 구성된다.
③ 염화나트륨($NaCl$)(통상적으로 소금) 분자 한 개는 한 개의 염소 원자와 결합한 한 개의 나트륨 원자로 구성된다.
④ 황산구리($CuSO_4$) 분자 한 개는 한 개의 구리 원자와 한 개의 황 원자와 네 개의 산소 원자가 결합하여 구성된다.

15.2 혼합물, 용액, 현탁액과 용해도

15.2.1 혼합물

혼합물^{mixture}은 화학적으로 함께 결합되지 않은 상태인 물질들의 조합이다.

혼합물은 그들의 성분들과 동일한 특성을 갖는다. 또한 혼합물의 성분들은 고정된 비율로 구성되지 않고 분리하기가 쉽다. 다음과 같은 경우가 혼합물의 예이다.

- 오일과 물
- 설탕과 소금

- 산소와 질소와 이산화탄소와 기타 가스들의 혼합으로 구성된 공기
- 철과 황
- 모래와 물

모르타르^{mortar}는 석회와 모래와 물로 구성된 혼합물의 예이다.

화합물은 다음과 같은 방법으로 혼합물과 구분할 수 있다.

❶ 화합물의 특성은 그것을 구성하는 성분과 다르지만, 혼합물은 그것을 구성하는 성분과 동일한 특성을 갖는다.
❷ 화합물의 성분은 고정된 비율로 구성되지만, 혼합물의 성분은 고정된 구성비를 갖지 않는다.
❸ 화합물의 원자들은 결합되어 있지만, 혼합물의 원자들은 자유롭다.
❹ 화합물은 형성될 때 열 에너지가 생성되거나 흡수되지만, 혼합물은 형성될 때 아주 적은 양의 열만 생성되거나 흡수되고, 혹은 어떠한 열도 생성되거나 흡수되지 않는다.

[문제 1] 다음 물질들에 대하여 원소, 화합물 혹은 혼합물을 구분하라.
(a) 탄소　　　(b) 소금　　　(c) 모르타르
(d) 설탕　　　(e) 구리

(a) 탄소는 **원소**이다.
(b) 소금, 즉 염화나트륨은 염소와 나트륨의 **화합물**이다.
(c) 모르타르는 석회와 모래와 물의 **혼합물**이다.
(d) 설탕은 탄소, 수소와 산소의 **화합물**이다.
(e) 구리는 **원소**이다.

15.2.2 용액

용액^{solution}**은 그 안에 다른 물질들이 용해된 혼합물이다.**

용액은 두 성분을 그대로 내버려 두거나 필터로 걸렀을 때 두 성분이 분리되지 않는 혼합물이다. 예를 들어 설탕이 차에 녹고, 소금은 물에 녹으며, 황산구리 결정은 물에 녹아 맑은 파란 색으로 된다. 용해되는 물질은 고체, 액체 혹은 기체이기도 하고 용질^{solute}이라고 부르며, 용질이 용해되는

액체는 용매^{solvent}라 부른다. 따라서 **용매**^{solvent}**+용질**^{solute}**=용액**^{solution}이다. 용액은 맑은 형태를 갖고 시간이 지나도 변하지 않는다.

15.2.3 현탁액

현탁액^{suspension}**은 액체에 용해되지 않는 고체 입자들과 액체의 혼합물이다.**

현탁액을 그대로 내버려 두거나 필터로 거르면 고체가 액체로부터 분리된다. 다음과 같은 경우가 현탁액의 예이다.

- 물속에 모래
- 물속에 분필
- 경유와 물

15.2.4 용해도

만약 물질이 액체에 녹는다면 그 물질은 용해된다^{soluble}고 말한다. 예를 들면 설탕과 소금은 모두 물에 용해된다. 특정 온도에서 물에 설탕을 계속 투입하면서 혼합물을 저어 주면, 더 이상 설탕이 용해될 수 없는 지점에 다다른다. 그런 용액을 포화^{saturation}되었다고 말한다.

온도를 일정하게 유지한 상태에서 더 이상 용질이 용해될 수 없게 된다면 용액은 포화된다. 용해도는 주어진 온도에서 용매 0.1 kg에 용해될 수 있는 용질의 최대량 수치이다.

예를 들면 20℃에서 염화칼륨의 용해도는 물 0.1 kg당 34 g이고, 이는 34%의 백분율 용해도이다.

❶ 용해도는 온도에 따라 다르다. 고체가 액체에 용해될 때 온도가 증가하면, 대부분의 경우 용액에 녹아들어가는 고체의 양도 따라서 증가한다(같은 양의 찬 물보다 뜨거운 물에 더 많은 설탕이 녹는다). 이것에 예외도 있는데, 물에 녹는 일반 소금의 용해도는 거의 일정하게 유지되고, 또 수산화칼슘의 용해도는 온도가 증가하면 감소한다.
❷ 동일한 양의 물질이라도 큰 입자 형태보다 작은 입자의 형태로 액체에 넣으면 용해도가 더 빠르다.
❸ 혼합물을 젓거나 흔들면 고체는 액체에 더 빨리 용해된다. 즉 용해도는 휘젓는 속도에 따라 달라진다.

[문제 2] 다음 혼합물이 용액인지, 현탁액인지 구분하라.

(a) 소다수   (b) 분필과 물

(c) 바닷물   (d) 경유와 물

(a) 소다수는 이산화탄소와 물의 **용액**이다.

(b) 분필과 물은 그대로 내버려둘 때 분필이 바닥에 가라앉는 **현탁액**이다.

(c) 바닷물은 소금과 물의 **용액**이다.

(d) 경유와 물은 그대로 내버려둘 때 경유가 물 위에 뜨는 **현탁액**이다.

[문제 3] 특정 온도에서 일반 소금 180g이 물 500g에 용해된다면, 일반 소금(염화나트륨)의 용해도와 백분율 용해도를 구하라.

용해도는 0.1kg(즉, 100g)의 물에 용해될 수 있는 염화나트륨의 최대량 수치이다. 소금 180g이 물 500g에 용해되므로, $\frac{180}{5}$g, 즉 36g의 소금이 100g의 물에 용해된다.

따라서 **염화나트륨의 용해도는 0.1kg의 물에 대해 36g**이다.

$$백분율\,용해도 = \frac{36}{100} \times 100\% = \mathbf{36\%}$$

15.3 결정

결정^{crystal}은 원자들 혹은 분자들이 순서 바르게 규칙적인 배열을 해서 명확한 패턴을 형성한 것, 즉 물질의 기본 건축용 블록을 규칙적으로 쌓은 것이다. 대부분의 고체는 결정형을 하고 있고, 금속뿐 아니라 일반 소금과 설탕 같은 결정들이 이에 해당한다. 결정이 아닌 물질은 비정질^{amorphous}이라 부르는데, 유리와 나무가 이 예의 경우이다. 결정화^{crystallisation}는 용액으로부터 결정형으로 고체를 분리하는 공정이다. 이것은 용매에 용질을 포화가 일어날 때까지 투입한 후, 온도를 올리면서 더 많은 용질을 넣어주고, 이런 과정을 반복해서 아주 진한 용액을 만든 후, 용액을 차게 하면 그때 결정이 분리되는 방식으로 진행된다. 흑연, 석영, 다이아몬드, 그리고 일반 소금과 같이, 자연적으로 생성되는 결정형의 많은 예가 있다.

결정은 가지각색으로 크기가 변하지만, 항상 평평한 면과 곧은 모서리와 면 간의 특정 각도를 갖는 규칙적인 기하 구조를 갖는다. [그림 15-2]는 일반적 결정의 두 형상을 나타낸 것이다. 일반 소금 결정에서 면들 간의 각도는 항상 90°이고([그림 15-2(a)]), 석영 결정에서는 항상 60°이다 ([그림 15-2(b)]). 특정한 물질은 항상 같은 모양의 결정을 정확히 생성한다.

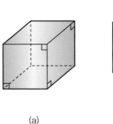

(a)   (b)

[그림 15-2]

[그림 15-3]은 염화나트륨의 결정격자를 보여준다. 이것은 항상 4개의 나트륨 원자와 4개의 염소 원자로 만들어진 정육면체(입방체) 형상의 결정이다. 염화나트륨 결정은 그림에서 보는 바와 같이 서로 결합된다.

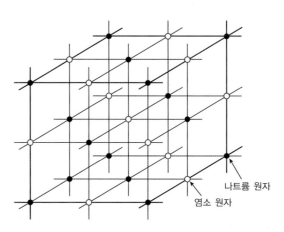

나트륨 원자

염소 원자

[그림 15-3]

15.4 금속

금속은 다결정^{polycrystalline} 물질이다. 이것은 경계에서 서로 접하고 있는 많은 수의 결정으로 금속이 만들어졌음을 의미한다. 이 경계 영역의 수가 많을수록 물질은 강하다.

고체 상태에서 모든 금속은 자신만의 결정 구조를 가진다. 합금alloy을 형성하기 위해 서로 다른 금속들을 녹일 때, 금속들은 용해된 상태에서 결정격자를 갖지 않기 때문에, 서로 섞이게 된다. 그 후 용해된 용액을 차게 하여 응고되도록 남겨둔다. 형성된 고체는 서로 다른 결정의 혼합물이고, 따라서 합금은 고체 용액solid solution이라 한다. 다음과 같은 경우가 합금의 예이다.

- 구리와 아연의 조합인 황동
- 주로 철과 탄소의 조합인 강철
- 구리와 주석의 조합인 청동

강도strength와 같은, 금속의 특성을 향상시키기 위해 합금을 만든다. 예를 들어 철에 낮은 비율의(2~4%와 같은) 니켈을 더해주면, 물질의 강도가 크게 증가한다. 첨가하는 니켈의 비율을 조절하면 서로 다른 정격을 갖는 물질들이 생산된다.

금속을 고온으로 가열했다가 매우 빠르게 냉각시키면 경화hardened된다. 이것은 많은 수의 결정을 만들고, 따라서 많은 수의 경계 영역을 생성시킨다. 결정 영역의 수가 많을수록 금속이 강하다.

금속을 고온으로 가열했다가 매우 느리게 냉각시키면 어닐링annealing된다. 이것은 큰 결정을 만들고, 따라서 결정 영역의 수가 적어서 부드러운 금속이 된다.

◆ **이제 다음 연습문제를 풀어보자.**

[연습문제 62] 물질의 원자 구조에 대한 확장 문제

1 다음이 원소인지, 화합물인지, 혼합물인지 구분하라.
   (a) 도시 가스   (b) 물
   (c) 오일과 물   (d) 알루미늄

2 염화나트륨의 용해도는 0.1 kg의 물에서 0.036 kg이다. 432 g의 염화나트륨을 용해시키기 위해 필요한 물의 양을 구하라.

3 원자의 구조를 묘사하는 모델을 적당하게 그려보라.

4 결정이 무엇을 의미하는지, 결정 구조를 갖는 두 가지 물질의 예를 들어 그림을 그려서 설명하라.

[연습문제 63] 물질의 원자 구조에 대한 단답형 문제

1 원소란 무엇인가? 세 가지 예를 말하라.

2 원자와 분자를 구별하라.

3 화합물은 무엇인가? 세 가지 예를 말하라.

4 화합물과 혼합물을 구별하라.

5 혼합물의 세 가지 예를 말하라.

6 용액을 정의하고, 한 가지 예를 말하라.

7 현탁액을 정의하고, 한 가지 예를 말하라.

8 (a) 용해도와 (b) 포화 용액을 정의하라.

9 액체 내 고체의 용해도에 영향을 주는 세 가지 요인을 설명하라.

10 결정은 무엇인가? 자연에 저절로 존재하는 결정의 세 가지 예를 말하라.

11 용액으로부터의 결정화 공정을 간단하게 묘사하라.

12 다결정은 무엇을 의미하는가?

13 합금은 어떻게 형성되는가? 금속 합금의 세 가지 예를 말하라.

[연습문제 64] 물질의 원자 구조에 대한 사지선다형 문제

1 다음 중 틀린 설명은?
   (a) 혼합물의 특성은 구성 성분들의 특성으로부터 나온다.
   (b) 화합물의 성분들은 고정된 비율로 존재한다.
   (c) 혼합물에서 성분들은 어떤 비율로도 존재할 수 있다.
   (d) 화합물의 특성은 구성 성분들의 특성과 연관된다.

2 다음 중 화합물은 어느 것인가?
   (a) 탄소   (b) 은   (c) 소금   (d) 잉크

3 다음 중 혼합물은 어느 것인가?
   (a) 공기   (b) 물   (c) 납   (d) 소금

4 다음 중 현탁액은 어느 것인가?

(a) 소다수   (b) 분필과 물

(c) 레모네이드   (d) 바닷물

5 다음 중 틀린 말은?

(a) 이산화탄소는 혼합물이다.

(b) 모래와 물은 현탁액이다.

(c) 황동은 합금이다.

(d) 일반 소금은 화합물이다.

6 설탕이 물에 완전히 용해되었을 때 생기는 맑은 액체를 무엇이라고 부르는가?

(a) 용매   (b) 용액

(c) 용질   (d) 현탁액

7 염화칼륨의 용해도는 0.1 kg의 물에서 34 g이다. 510 g의 염화칼륨을 용해시키기 위해 필요한 물의 양을 구하라.

(a) 173.4 g   (b) 1.5 kg

(c) 340 g   (d) 17.34 g

8 다음 중 틀린 말은?

(a) 두 금속을 결합시켜 합금을 형성했을 때, 형성된 물질의 강도는 원재료인 두 물질 중 어느 것보다 크다.

(b) 합금은 고체 용액이라고 불리기도 한다.

(c) 용액에서 용해되는 물질을 용매라고 한다.

(d) 원소의 원자 번호는 원자 내 양성자의 수로 주어진다.

Chapter 16

속력과 속도
Speed and velocity

속력과 속도를 이해하는 것이 왜 중요할까?

속력(speed)은 '물체가 얼마나 빨리 이동하는지'를 가리키는 양이다. 속력은 물체가 가는 거리의 비율로 생각될 수 있다. 빠르게 움직이는 물체는 고속력을 갖고, 짧은 시간에 상대적으로 긴 거리를 간다. 이에 반하여 느리게 움직이는 물체는 저속력을 갖고, 같은 시간에 상대적으로 짧은 거리를 간다. 전혀 움직임이 없는 물체는 0의 속력을 가진다. 인간의 평균 도보 속력은 약 3mph이고, 일류 운동선수는 200m 단거리 경주에서 37km/h로 달릴 수 있다. 자전거 선수는 평균적으로 약 12mph로 달릴 수 있고, 747 항공기는 약 565mph의 평균 속력을 가진다. 속도(velocity)는 '물체가 자신의 위치를 바꿀 수 있는 비율'을 가리키는 양으로서, 속도는 방향을 알아야 한다. 즉 물체의 속도를 평가할 때, 방향 또한 계산할 필요가 있다. 자동차가 65km/h의 속도를 가진다고 말하는 것은 충분하지 않다. 물체의 속도를 완벽히 묘사하기 위해서는 방향 또한 포함하고 있어야만 한다. 예를 들어 자동차의 속도가 정서쪽으로 65km/h의 속도를 가진다고 말해야 한다. 이것이 속력과 속도의 근본적인 차이점 중 하나이다. 속력은 스칼라양이고 방향을 계산하지 않으며, 속도는 벡터양이고 방향을 알아야 한다(스칼라와 벡터에 관한 것은 19장에서 더 자세히 다룬다).

학습포인트

- 속력을 정의할 수 있다.
- 거리/시간 그래프를 그리고, 계산할 수 있다.
- 속력/시간 그래프를 그리고, 계산할 수 있다.
- 속도를 정의할 수 있다.

16.1 속력

속력^{speed}은 이동하는 거리의 시간비율로 다음과 같이 주어진다.

$$속력 = \frac{이동한\ 거리}{소요된\ 시간}$$

보통 속력의 단위는 미터/초(m/s 혹은 ms^{-1})이고, 혹은 킬로미터/시(km/h 혹은 kmh^{-1})이다. 따라서 만약 어떤 사람이 1시간에 5킬로미터를 걸었다면, 그 사람의 속력은 $\frac{5}{1}$, 즉 5km/h이다.

속력(그리고 속도)의 SI 단위 기호는 지수 표기법인 ms^{-1}을 쓴다. 그러나 엔지니어는 보통 사선 표기법인 m/s 기호를 사용하고, 이 장에서, 그리고 기계 응용의 다른 장에서는 이 표기법을 주로 사용하기로 한다. 단, 예외 중 하나는 그래프 축에 명칭을 붙이면서 두 개의 사선이 발생할 경우인데, 이때는 지수 표기법을 사용한다. 따라서 속력 혹은 속도에 대한 축에는 속력/ms^{-1} 혹은 속도/ms^{-1}으로 표시한다.

[문제 1] 한 사람이 5분에 600미터를 걸었다. 그 사람의 속력을 (a) m/s와 (b) km/h로 구하라.

(a) $속력 = \dfrac{이동한\ 거리}{소요된\ 시간} = \dfrac{600\,m}{5\,min}$

$\qquad = \dfrac{600\,m}{5\,min} \times \dfrac{1\,min}{60\,s} = 2\,m/s$

(b) $2\,\text{m/s} = \dfrac{2\,\text{m}}{1\,\text{s}} \times \dfrac{1\,\text{km}}{1000\,\text{m}} \times \dfrac{3600\,\text{s}}{1\,\text{h}}$

$$= 2 \times 3.6 = 7.2\,\text{km/h}$$

Note m/s 에서 km/h로 변환하기 위해 3.6을 곱한다.

[문제 2] 자동차가 50 km/h로 24분 동안 이동한다. 이 시간에 이동한 거리를 구하라.

속력 $= \dfrac{\text{이동한 거리}}{\text{소요된 시간}}$ 이므로

이동한 거리 $=$ 속력 $\times$ 소요된 시간이다.

시간 $= 24$분 $= \dfrac{24}{60}$ 시간이므로

이동한 거리 $= 50\,\dfrac{\text{km}}{\text{h}} \times \dfrac{24}{60}\,\text{h} = \textbf{20\,km}$ 이다.

[문제 3] 기차가 25 m/s의 일정한 속력으로 16 km를 이동하고 있다. 이 거리를 이동하기 위해 소요된 시간을 구하라.

속력 $= \dfrac{\text{이동한 거리}}{\text{소요된 시간}}$ 이므로

소요된 시간 $= \dfrac{\text{이동한 거리}}{\text{속력}}$ 이다.

$16\,\text{km} = 16,000\,\text{m}$ 이므로

소요 시간 $= \dfrac{16,000}{\dfrac{25\,\text{m}}{1\,\text{s}}} = 16,000\,\text{m} \times \dfrac{1\,\text{s}}{25\,\text{m}} = 640\,\text{s}$ 이고,

$640\,\text{s} = 640\,\text{s} \times \dfrac{1\,\text{min}}{60\,\text{s}} = 10\dfrac{2}{3}\,\text{min}$ 혹은 $10\,\text{min}\,40\,\text{s}$ 이다.

◆ 이제 다음 연습문제를 풀어보자.

[연습문제 65] 속력에 대한 확장 문제

1 기차가 1 h 20 min 동안 96 km의 거리를 이동한다. 기차의 평균 속력을 (a) km/h와 (b) m/s로 구하라.

2 말이 12 km/h의 평균 속력으로 18분 동안 걸었다. 이 시간에 말이 이동한 거리를 구하라.

3 배가 15 km/h의 평균 속력으로 1365 km의 거리를 갔다. 이 거리를 가는 데 소요된 시간을 구하라.

16.2 거리/시간 그래프

물체의 움직임을 데이터로 제공하는 하나의 방법은 그래프로 표현하는 방법이다. 시간(그래프의 가로축상 스케일)에 대하여 이동한 거리(그래프의 세로축상 스케일)의 그래프를 거리/시간 그래프$^{\text{distance/time graph}}$라 부른다. 따라서 만약 비행기가 처음 한 시간은 500 km를 비행하고 그다음 한 시간은 750 km를 비행했다면, 두 시간 후 총 비행한 거리는 $(500 + 750)\,\text{km}$, 즉 $1250\,\text{km}$이다. 이 비행의 거리/시간 그래프는 [그림 16-1]과 같다.

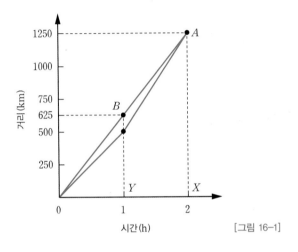

[그림 16-1]

평균 속력$^{\text{average speed}}$은 다음과 같다.

$$\frac{\text{총 이동한 거리}}{\text{총 소요된 시간}}$$

따라서 비행기의 평균 속력은 다음과 같다.

$$\frac{(500 + 750)\,\text{km}}{(1 + 1)\,\text{h}} = \frac{1250}{2} = 625\,\text{km/h}$$

[그림 16-1]과 같이 점 0과 A가 연결된다면, 선 $0A$의 기울기는 선 $0A$상의 임의의 두 점 사이에서 다음 식과 같이 정의된다.

$$\frac{\text{거리 변화(수직)}}{\text{시간 변화(수평)}}$$

점 A에 대해, 거리 변화는 AX, 즉 1250 km이고, 시간 변화는 $0X$, 즉 두 시간이다. 따라서 평균 속력은 $\dfrac{1250}{2}$, 즉 625 km/h이다.

다른 방법으로 선 $0A$상에서 점 B에 대해, 거리 변화는 BY, 즉 $625\,\text{km}$이고, 시간 변화는 $0Y$, 즉 1시간이다. 따라서 평균 속력은 $\dfrac{625}{1}$, 즉 $625\,\text{km/h}$이다.

일반적으로 점 M과 N 사이를 이동하는 물체의 평균 속력은, 거리/시간 그래프상에서 선 MN의 기울기로 주어진다.

[문제 4] 한 사람이 점 0에서 A로, 다시 점 A에서 B로, 그리고 마지막으로 점 B에서 C로 여행한다. 점 0에서 점 A, B, C까지의 거리들과, 출발해서 점 A, B, C들에 도착하기까지 걸린 시간은 아래와 같다.

	A	B	C
거리[m]	100	200	250
시간[s]	40	60	100

거리/시간 그래프를 그리고, 세 여행 지점 각각에 대하여 속력을 구하라.

그래프의 세로축 스케일은 이동한 거리이고, 출발해서 총 이동한 거리 스케일은 0m 에서 250m 에 걸쳐 있다. 가로축 눈금은 시간이고, 전체 여행 동안 걸린 총 시간 스케일은 0s 에서 100s 에 걸쳐 있다. 점 A, B, C에 해당하는 좌표를 표시하고 $0A$, AB, BC를 직선으로 연결한 거리/시간 그래프는 [그림 16-2]와 같다.

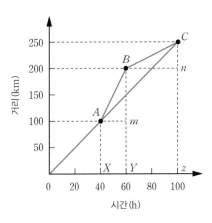

[그림 16-2]

속력은 거리/시간 그래프의 기울기로 주어진다.

여행에서 $0A$ 부분의 속력
$= 0A$의 기울기 $= \dfrac{AX}{0X} = \dfrac{100\,\text{m}}{40\,\text{s}} = 2.5\,\text{m/s}$

여행에서 AB 부분의 속력
$= AB$의 기울기 $= \dfrac{Bm}{Am} = \dfrac{(200-100)\,\text{m}}{(60-40)\,\text{s}} = 5\,\text{m/s}$

여행에서 BC 부분의 속력
$= BC$의 기울기 $= \dfrac{Cn}{Bn} = \dfrac{(250-200)\,\text{m}}{(100-60)\,\text{s}} = 1.25\,\text{m/s}$

[문제 5] [문제 4]에서 주어진 정보를 갖고, 전체 여행에 대한 평균 속력(m/s와 km/h 모두)을 구하라.

평균 속력 $= \dfrac{\text{총 이동한 거리}}{\text{총 소요된 시간}} = $ 선 $0C$의 기울기

[그림 16-2]로부터,

선 $0C$의 기울기 $= \dfrac{Cz}{0z} = \dfrac{250\,\text{m}}{100\,\text{s}} = 2.5\,\text{m/s}$

$2.5\,\text{m/s} = \dfrac{2.5\,\text{m}}{1\,\text{s}} \times \dfrac{1\,\text{km}}{1000\,\text{m}} \times \dfrac{3600\,\text{s}}{1\,\text{h}}$

$\qquad = (2.5 \times 3.6)\,\text{km/h} = 9\,\text{km/h}$

따라서 평균 속력은 **2.5 m/s** 혹은 **9 km/h**이다.

[문제 6] 버스가 A 도시에서 B 도시로 40km 거리를 평균 속력 55km/h로 여행한다. 그다음 B 도시에서 C 도시로 25km 거리를 35분 여행한다. 마지막으로 C 도시에서 D 도시로 60km/h의 평균 속력으로 45분 여행한다. 다음을 구하라.
(a) A에서 B로 여행하는 데 소요된 시간
(b) B에서 C로 갈 때 평균 속력
(c) C에서 D까지의 거리
(d) A에서 D까지 전체 여행의 평균 속력

(a) A 도시에서 B 도시로 :

$\text{속력} = \dfrac{\text{이동한 거리}}{\text{소요된 시간}}$ 이므로

$\text{소요된 시간} = \dfrac{\text{이동한 거리}}{\text{속력}} = \dfrac{40\,\text{km}}{\dfrac{55\,\text{km}}{1\,\text{h}}}$

$\qquad = 40\,\text{km} \times \dfrac{1\,\text{h}}{55\,\text{km}} = 0.727\,\text{h}$

혹은 **43.64분**

(b) B 도시에서 C 도시로 :

$$속력 = \frac{이동한\ 거리}{소요된\ 시간}\ 이고\ \ 35\,\min = \frac{35}{60}\,\text{h}\ 이므로$$

$$속력 = \frac{25\,\text{km}}{\dfrac{35}{60}\,\text{h}} = \frac{25 \times 60}{35}\,\text{km/h} = \mathbf{42.86\,km/h}$$

(c) C 도시에서 D 도시로 :

$$속력 = \frac{이동한\ 거리}{소요된\ 시간}\ 이므로$$

$$이동한\ 거리 = 속력 \times 소요된\ 시간이고,$$

$$45\,\min = \frac{3}{4}\,\text{h}\ 이므로$$

$$이동한\ 거리 = 60\,\frac{\text{km}}{\text{h}} \times \frac{3}{4}\,\text{h} = \mathbf{45\,km}$$

(d) A 도시에서 D 도시로 :

$$평균\ 속력 = \frac{총\ 이동한\ 거리}{총\ 소요된\ 시간} = \frac{(40+25+45)\,\text{km}}{\left(\dfrac{43.64}{60} + \dfrac{35}{60} + \dfrac{45}{60}\right)\text{h}}$$

$$= \frac{110\,\text{km}}{\dfrac{123.64}{60}\,\text{h}} = \frac{110 \times 60}{123.64}\,\text{km/h} = \mathbf{53.38\,km/h}$$

◆ 이제 다음 연습문제를 풀어보자.

[연습문제 66] 거리/시간 그래프에 대한 확장 문제

1 [그림 16-3]의 거리/시간 그래프로 주어진 정보를 사용하여, 0으로부터 A, A로부터 B, B로부터 C, 0으로부터 C, 그리고 A로부터 C를 여행할 때의 평균 속력을 구하라.

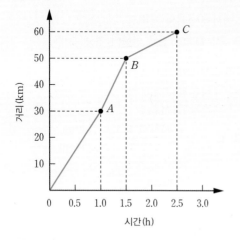

[그림 16-3]

2 점 0으로부터 A, B, C, D의 각 지점까지의 거리와, 물체가 점 0으로부터 출발해서 각 지점에 도달하는 데 걸린 시간이 다음과 같다.

지점	출발	A	B	C	D
거리[m]	0	20	40	60	80
시간[s]	0	5	12	18	25

거리/시간 그래프를 그리고, 그 데이터를 가지고 0으로부터 A, A로부터 B, B로부터 C, C로부터 D, 그리고 0으로부터 D까지의 평균 속력을 구하라.

3 기차가 A역에서 출발하여 B역과 C역을 경유하여 D역까지 여행한다. 기차가 각 역을 통과하는 시간은 다음과 같다.

역	A	B	C	D
시간	10.55 am	11.40 am	12.15 pm	12.50 pm

평균 속력이 A에서 B는 $56\,\text{km/h}$, B에서 C는 $72\,\text{km/h}$, 그리고 C에서 D는 $60\,\text{km/h}$이다. A에서 D까지 총 거리를 구하라.

4 관찰자로부터 북쪽으로 $5\,\text{km}$인 지점에서 총이 발사되고, 15초 후에 관찰자가 총소리를 들었다. 이 장소에서 공기 내 소리 파동의 평균 속도를 구하라.

5 별에서 빛이 관찰자에게 도달하기까지 2.5년이 걸렸다. 빛의 속도가 $330 \times 10^6\,\text{m/s}$라면, 1년을 365일로 하여 관찰자로부터 별까지의 거리를 [km] 단위로 구하라.

16.3 속력/시간 그래프

시간에 대한 속력의 그래프가 그려져 있다면, 그래프 아래의 면적은 이동한 거리를 의미한다. 이는 [문제 7]에서 설명된다.

[문제 7] 물체의 운동이 [그림 16-4]와 같은 속력/시간 그래프로 묘사된다. 물체가 0에서 B까지 움직일 때 물체의 진행 거리를 구하라.

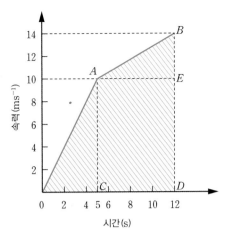

[그림 16-4]

이동한 거리는 [그림 16-4]에서 빗금 친 영역인, 속력/시간 그래프 아래의 면적으로 주어진다.

삼각형 $0AC$의 면적

$$= \frac{1}{2} \times 밑변 \times 수직\ 높이$$
$$= \frac{1}{2} \times 5\,\mathrm{s} \times 10\,\frac{\mathrm{m}}{\mathrm{s}}$$
$$= 25\,\mathrm{m}$$

사각형 $AEDC$의 면적

$$= 밑변 \times 수직\ 높이$$
$$= (12-5)\,\mathrm{s} \times (10-0)\,\frac{\mathrm{m}}{\mathrm{s}}$$
$$= 70\,\mathrm{m}$$

삼각형 ABE의 면적

$$= \frac{1}{2} \times 밑변 \times 수직\ 높이$$
$$= \frac{1}{2} \times (12-10)\,\mathrm{s} \times (14-10)\,\frac{\mathrm{m}}{\mathrm{s}}$$
$$= \frac{1}{2} \times 7\,\mathrm{s} \times 4\,\frac{\mathrm{m}}{\mathrm{s}}$$
$$= 14\,\mathrm{m}$$

따라서 0에서 B까지 움직인 물체의 **진행 거리**는 다음과 같다.

$$(25 + 70 + 14)\,\mathrm{m} = \mathbf{109\,m}$$

◆ 이제 다음 연습문제를 풀어보자.

[연습문제 67] 속력/시간 그래프에 대한 확장 문제

1 자동차 여행의 속력/시간 그래프가 [그림 16-5]와 같이 주어진다. 자동차로 이동한 거리를 구하라.

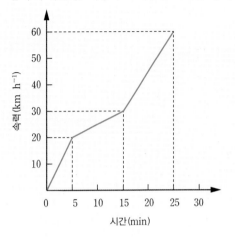

[그림 16-5]

2 물체의 움직임이 다음과 같다.
- $A{\sim}B$: 거리 $122\,\mathrm{m}$, 시간 $64\,\mathrm{s}$
- $B{\sim}C$: 거리 $80\,\mathrm{m}$, 평균 속력 $20\,\mathrm{m/s}$
- $C{\sim}D$: 시간 $7\,\mathrm{s}$, 평균 속력 $14\,\mathrm{m/s}$

A에서 D까지 이동할 때 물체의 전체 평균 속력을 구하라.

16.4 속도

물체의 속도^{velocity}는 **특정 방향으로의** 물체의 속력이다. 따라서 만약 비행기가 정남 방향으로 $500\,\mathrm{km/h}$로 비행한다면 비행기 속력은 $500\,\mathrm{km/h}$이지만, 비행기 속도는 정남 $500\,\mathrm{km/h}$이다. 만약 비행기가 $500\,\mathrm{km/h}$의 속력으로 한 시간 동안 원을 그리며 비행하였으나 이륙 후 한 시간이 지나 다시 공항의 상공에 위치한다면, 첫 한 시간 동안 비행한 평균 속도는 0이다. 평균 속도는 다음 식으로 주어진다.

$$\frac{특정\ 방향으로\ 이동한\ 거리}{소요\ 시간}$$

만약 비행기가 0 지점에서 A 지점으로 한 시간 동안 $300\,\mathrm{km}$ 거리를 비행하고, A 지점은 0 지점의 정북에 위치한다면, 그때 [그림 16-6]에서 $0A$는 첫 한 시간의 비행을 묘사한다. 그다음 A에서 B로 두 번째 한 시간 동안 400 km 거리를 비행하고 B는 A의 정동에 위치하면, [그림 16-6]에서 AB는 두 번째 한 시간의 비행을 묘사한다.

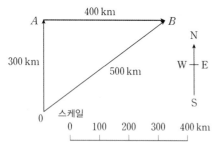

[그림 16-6]

두 시간 동안의 평균 속도는 다음과 같다.

$$\frac{0B의 \; 거리}{2시간} = \frac{500\,m}{2\,h} = 250\,km/h \;\; 0B \; 방향$$

시간(가로축 스케일)에 대한 속도(세로축 스케일)의 그래프를 속도/시간 그래프라 한다. [그림 16-7]의 그래프는 비행기가 특정 방향으로 일정한 속력 600 km/h를 갖고 3시간 동안 비행한 것을 나타낸다. 색칠한 부분은 속도(세로) 곱하기 시간(가로)을 나타내고, 단위는 $\frac{km}{h} \times h$, 즉 km 이며, 특정 방향으로 이동한 거리를 나타낸다. 이 경우에는 다음과 같다.

$$거리 = 600 \frac{km}{h} \times 3\,h = 1800\,km$$

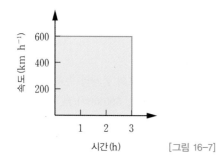

[그림 16-7]

이동한 거리를 계산하는 다른 방법은 다음과 같다.

이동 거리 = 평균 속도 × 시간

따라서 비행기가 정남으로 600 km/h의 속도로 20분 동안 비행했다면, 이동한 거리는 다음과 같다.

$$\frac{600\,km}{1\,h} \times \frac{20}{60}\,h = 200\,km$$

◆ 이제 다음 연습문제를 풀어보자.

[연습문제 68] 속력과 속도에 대한 단답형 문제

1 속력은 ( )(으)로 정의된다.

2 속력은 $\dfrac{(\qquad)}{(\qquad)}$ (으)로 주어진다.

3 속력의 일반적인 단위는 ( ) 혹은 ( )이다.

4 평균 속력은 $\dfrac{(\qquad)}{(\qquad)}$ (으)로 주어진다.

5 물체의 속도는 ( )이다.

6 평균 속도는 $\dfrac{(\qquad)}{(\qquad)}$ (으)로 주어진다.

7 속도/시간 그래프 아래 면적은 ( )을/를 의미한다.

8 이동한 거리 = ( ) × ( )

9 거리/시간 그래프의 기울기는 ( )을/를 의미한다.

10 평균 속력은 거리/시간 그래프의 ( )(으)로부터 결정될 수 있다.

[연습문제 69] 속력과 속도에 대한 사지선다형 문제

※ (문제 1~3) 물체가 3s 동안 10m/s의 평균 속력으로 이동한 후 다시 5s 동안 15m/s의 평균 속력으로 이동한다. 다음 값들을 사용하여 올바른 답을 구하라.
   (a) 105 m/s   (b) 3 m   (c) 30 m
   (d) 13.125 m/s   (e) 3.33 m   (f) 0.3 m
   (g) 75 m   (h) $\frac{1}{3}$ m   (i) 12.5 m/s

1 처음 3s 동안 이동한 거리

2 나중 5s 동안 이동한 거리

3 8s 동안의 평균 속력

4 다음 중 틀린 말은?
   (a) 속력은 이동하는 거리의 시간비율이다.
   (b) 속력과 속도는 모두 [m/s] 단위로 측정된다.
   (c) 속력은 특정한 방향으로 이동하는 속도이다.
   (d) 속도/시간 그래프 아래의 면적은 이동하는 거리를 의미한다.

※ (문제 5~7) 기술한 양을 계산할 때 다음 표를 활용하여, 아래에 주어진 (a)부터 (i) 중에서 올바른 답을 선택하라.

거리	시간	속력
20 m	30 s	X
5 km	Y	20 km/h
Z	3 min	10 m/min

(a) 30 m

(b) $\dfrac{1}{4}$ h

(c) 600 m/s

(d) $3\dfrac{1}{3}$ m

(e) $\dfrac{2}{3}$ m/s

(f) $\dfrac{3}{10}$ m

(g) 4 h

(h) $1\dfrac{1}{4}$ m/s

(i) 100 h

5 양 X

6 양 Y

7 양 Z

※ (문제 8~10) [그림 16-8]의 거리/시간 그래프를 참조하라.

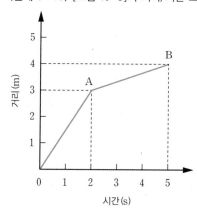

[그림 16-8]

8 0에서 A로 이동할 때 평균 속력은?

(a) 3 m/s   (b) 1.5 m/s

(c) 0.67 m/s   (d) 0.66 m/s

9 A에서 B로 이동할 때 평균 속력은?

(a) 3 m/s   (b) 1.5 m/s

(c) 0.67 m/s   (d) 0.33 m/s

10 0에서 B로 이동할 때 전체 평균 속력은?

(a) 0.8 m/s   (b) 1.2 m/s

(c) 1.5 m/s   (d) 20 m/s

11 자동차가 25분 동안 60 km/h로 이동한다. 이 시간에 이동한 거리는?

(a) 25 km   (b) 1500 km

(c) 2.4 km   (d) 416.7 km

※ (문제 12~14) 물체가 4s 동안 16 m/s의 평균 속력으로 이동한 후 다시 6s 동안 24 m/s의 평균 속력으로 이동한다.

12 첫 4s 동안 이동한 거리는?

(a) 0.25 km   (b) 64 m

(c) 4 m   (d) 0.64 km

13 나중 6s 동안 이동한 거리는?

(a) 4 m   (b) 0.25 km

(c) 144 m   (d) 14.4 km

14 총 10s 동안 평균 속력은?

(a) 20 m/s   (b) 50 m/s

(c) 40 m/s   (d) 20.8 m/s

가속도
Acceleration

17.1 서론

가속도^{acceleration}는 시간에 따른 속도의 변화율이다. 평균 가속도 a는 다음과 같이 주어진다.

$$a = \frac{속도\ 변화}{소요\ 시간}$$

보통의 가속도 단위는 m/s^2 혹은 ms^{-2}이다. 만약 u가 m/s인 물체의 초기 속도이고, v가 m/s인 물체의 최종 속도이며, t가 속도 u와 v 사이에 경과한 s인 시간이라면, 그때의 **평균 가속도**는 다음과 같다.

$$a = \frac{v - u}{t}\ [\text{m/s}^2]$$

17.2 속도/시간 그래프

16장에서 살펴본 바와 같이, 시간(가로축 스케일)에 대한 속도(세로축 스케일)의 그래프를 속도/시간 그래프라 부른다. [그림 17-1]의 속도/시간 그래프에 대하여, 선 $0A$의 기울기는 $\frac{AX}{0X}$로 주어진다. AX는 0인 초기속도 u로부터 $4\,\text{m/s}$인 최종 속도 v까지 속도의 변화이다. $0X$는 이런 속도 변화가 일어나는 데 소요된 시간이다. 따라서 다음과 같다.

$$\frac{AX}{0X} = \frac{\text{속도 변화}}{\text{소요 시간}} = \text{첫 2초 동안의 가속도}$$

그래프에서 $\dfrac{AX}{0X} = \dfrac{4\,\mathrm{m/s}}{2\,\mathrm{s}} = 2\,\mathrm{m/s^2}$,
즉 가속도는 $2\,\mathrm{m/s^2}$이다.

마찬가지로 [그림 17-1]에서 선 AB의 기울기는 $\dfrac{BY}{AY}$로 주어진다. 즉 $2\,\mathrm{s}$와 $5\,\mathrm{s}$의 가속도는 다음과 같다.

$$\frac{8-4}{5-2} = \frac{4}{3} = 1\frac{1}{3}\,\mathrm{m/s^2}$$

일반적으로 속도/시간 그래프상에서 직선의 기울기는 가속도를 의미한다.

'속도'와 '속력'이라는 단어는 보통 일상에서는 혼용된다. 가속도는 벡터양이며, 올바르게는 시간에 대한 속도 변화의 비율로 정의된다. 그러나 가속도는 또한 어떤 특정 방향으로의 시간에 대한 속력 변화의 비율이다.

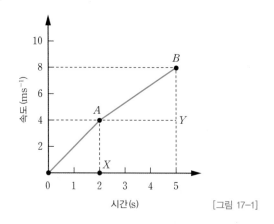

[그림 17-1]

[**문제 1**] 곧게 뻗은 길을 따라 이동하는 자동차의 속력이 $20\,\mathrm{s}$ 동안 0에서 $50\,\mathrm{km/h}$까지 균등하게 변화한다. 그다음 $30\,\mathrm{s}$ 동안 이 속력을 유지하다가, 마지막으로 $10\,\mathrm{s}$ 동안 정지 상태로 균등하게 속력이 감소된다. 이 여행에 대한 속력/시간 그래프를 그려라.

속력/시간 그래프의 세로 스케일은 속력($\mathrm{km\,h^{-1}}$)이고 가로 스케일은 시간(s)이다. 초기에 자동차는 정지 상태이기 때문에, 시간 $0\,\mathrm{s}$에서 속력은 $0\,\mathrm{km/h}$이다. $20\,\mathrm{s}$ 후에 속력은 $50\,\mathrm{km/h}$이며, 이는 [그림 17-2]의 속력/시간 그래프 상에서 점 A에 해당한다. 속력의 변화가 균등하기 때문에, 직선이 점 0에서 A로 연결되게 그린다.

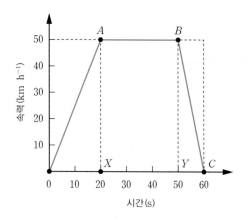

[그림 17-2]

그다음 $30\,\mathrm{s}$ 동안 속력이 $50\,\mathrm{km/h}$로 일정하다. 따라서 $20\,\mathrm{s}$에서 $50\,\mathrm{s}$까지 시간 동안 [그림 17-2]에 수평선 AB가 그려진다. 마지막으로 $50\,\mathrm{s}$인 순간에 속력이 $50\,\mathrm{km/h}$이다가 $10\,\mathrm{s}$ 지나서 0으로 떨어진다. 따라서 [그림 17-2]의 속력/시간 그래프상에서 점 C는 속력이 0이고 시간이 $60\,\mathrm{s}$인 순간에 해당한다. 속력의 감소가 균등하게 일어나므로 BC를 연결하여 직선을 그린다. 따라서 이 여행에 대한 속력/시간 그래프는 [그림 17-2]와 같이 된다.

[**문제 2**] [그림 17-2]의 속력/시간 그래프에 대하여, 이 여행의 세 단계 각각에 대한 가속도를 구하라.

위로부터 직선 $0A$의 기울기는 여행에서 첫 $20\,\mathrm{s}$ 동안의 균등한 가속도를 의미한다.

$$0A\text{의 기울기} = \frac{AX}{0X} = \frac{(50-0)\,\mathrm{km/h}}{(20-0)\,\mathrm{s}} = \frac{50\,\mathrm{km/h}}{20\,\mathrm{s}}$$

$50\,\mathrm{km/h}$를 $\mathrm{m/s}$ 단위로 표현하면 다음과 같다.

$$50\,\frac{\mathrm{km}}{\mathrm{h}} = \frac{50\,\mathrm{km}}{1\,\mathrm{h}} \times \frac{1000\,\mathrm{m}}{1\,\mathrm{km}} \times \frac{1\,\mathrm{h}}{3600\,\mathrm{s}} = \frac{50}{3.6}\,\mathrm{m/s}$$

Note $\mathrm{km/h}$에서 $\mathrm{m/s}$로 변환하기 위해 3.6으로 나눈다.

따라서 다음과 같다.

$$\frac{50\,\mathrm{km/h}}{20\,\mathrm{s}} = \frac{\dfrac{50}{3.6}\,\mathrm{m/s}}{20\,\mathrm{s}} = 0.694\,\mathrm{m/s^2}$$

즉 첫 $20\,\mathrm{s}$ 동안 가속도는 $0.694\,\mathrm{m/s^2}$이다.

가속도는 자동차가 직선 도로를 따라 이동하기 때문에, 다음과 같이 정의된다.

$$\frac{\text{속도 변화}}{\text{소요 시간}} \quad \text{혹은} \quad \frac{\text{속력 변화}}{\text{소요 시간}}$$

그다음 30 s ([그림 17-2]에서 직선 AB가 수평인) 동안 속력의 변화는 없기 때문에, **이 구간에서 가속도는 0이다.**

위로부터 직선 BC의 기울기는 여행에서 마지막 10 s 동안의 균등한 감속도를 나타낸다.

$$BC\text{의 기울기} = \frac{BY}{YC} = \frac{50\,\text{km/h}}{10\,\text{s}}$$

$$= \frac{\frac{50}{3.6}\,\text{m/s}}{10\,\text{s}} = 1.39\,\text{m/s}^2$$

즉 **마지막 10 s 동안 감속도는 $1.39\,\text{m/s}^2$이다.** 달리 표현하면 **가속도는 $-1.39\,\text{m/s}^2$이다.**

◆ **이제 다음 연습문제를 풀어보자.**

[연습문제 70] 속도/시간 그래프와 가속도에 대한 확장 문제

1 버스 속도가 $4\,\text{km/h}$부터 $40\,\text{km/h}$까지 평균 가속도 $0.2\,\text{m/s}^2$으로 증가했다. 이런 속도의 증가가 이루어진 시간을 구하라.

2 배의 속도가 $15\,\text{km/h}$부터 $20\,\text{km/h}$까지 25분 동안 변화했다. 이 시간 동안 배의 평균 가속도를 $[\text{m/s}^2]$ 단위로 구하라.

3 $15\,\text{km/h}$로 달리는 자전거 선수가 1분 동안 $20\,\text{km/h}$로 균등하게 속도가 변화하다가, 5분 동안 이 속도를 유지하고, 또 그다음 15 s 동안에는 균등하게 정지 상태가 되었다. 속도/시간 그래프를 그리고, 이로부터 다음 경우의 가속도를 $[\text{m/s}^2]$ 단위로 구하라.
   (a) 첫 1분 동안
   (b) 그다음 5분 동안
   (c) 마지막 10 s 동안

4 지점 사이에 균등한 가속도를 가정하고, 아래 주어진 데이터로부터 속도/시간 그래프를 그려라. 이로

부터 A에서 B까지, B에서 C까지, 그리고 C에서 D까지의 가속도를 구하라.

지점	A	B	C	D
속력[m/s]	25	5	30	15
시간[s]	15	25	35	45

17.3 자유 낙하와 운동 방정식

돌과 같이 밀도가 높은 물체가 높은 곳에서 떨어지는 것을 자유 낙하$^{\text{free-fall}}$라고 하며, 이때 물체는 약 $9.8\,\text{m/s}^2$의 일정한 가속도를 갖는다. 진공에서 모든 물체는 수직 아래 방향으로 이런 동일한 가속도를 갖는다. 즉 깃털은 돌멩이와 같은 가속도를 갖는다. 그러나 공기 중에서 자유 낙하가 일어나면, 밀도가 높은 물체는 짧은 거리에 걸쳐서 $9.8\,\text{m/s}^2$의 일정한 가속도를 갖는다. 그러나 깃털과 같이 밀도가 낮은 물체는 거의 가속도를 갖지 않거나 전혀 가속도를 갖지 않는다.

일정한 가속도를 갖고 움직이는 물체에 대해, 평균 가속도는 상수 값 가속도이고 17.1절에서 $a = \dfrac{v - u}{t}$이므로 $a \times t = v - u$이고 $v = u + at$가 된다.

여기서,
   u : 초기 속도, $[\text{m/s}]$
   v : 최종 속도, $[\text{m/s}]$
   a : 일정한 가속도, $[\text{m/s}^2]$
   t : 시간, $[\text{s}]$

기호 a가 음의 값을 가질 때, 감속^{deceleration} 혹은 지연^{retardation}이라고 부른다. 방정식 $v = u + at$를 운동 방정식$^{\text{equation of motion}}$이라고 부른다.

[문제 3] 돌멩이가 비행기에서 떨어진다. 다음 물음에 답하라.
(a) 2 s 후의 속도를 구하라.
(b) 중력이외에는 어떠한 힘도 존재하지 않을 때, 그다음 3 s 동안에 일어난 속도의 증가를 구하라.

돌멩이는 자유 낙하하고 있고, 따라서 약 $9.8\,\mathrm{m/s^2}$(양수이므로 아래 방향 움직임을 가짐)의 가속도를 갖는다. 위로부터 최종 속도는 $v = u + at$이다.

(a) 돌멩이의 초기 하강 속도 u는 0이다. 가속도 a는 아래 방향으로 $9.8\,\mathrm{m/s^2}$이고, 돌멩이가 가속되는 시간은 $2\,\mathrm{s}$이다.

따라서 최종 속도는

$v = u + at = 0 + 9.8 \times 2 = 19.6\,\mathrm{m/s}$,

즉 **$2\,\mathrm{s}$ 후의 돌멩이 속도는 약 $19.6\,\mathrm{m/s}$**이다.

(b) 위 (a)의 결과에서, 2초가 지난 뒤 속도 u는 $19.6\,\mathrm{m/s}$이다. 그다음 $3\,\mathrm{s}$가 지난 후의 속도는 $v = u + at$를 적용하면 $v = 19.6 + 9.8 \times 3 = 49\,\mathrm{m/s}$이다.

따라서 **$3\,\mathrm{s}$가 지나는 동안 속도의 변화**는

$49 - 19.6 = \mathbf{29.4\,\mathrm{m/s}}$이다. (값 $a = 9.8\,\mathrm{m/s^2}$은 단지 근삿값이므로, 답도 근삿값이 된다.)

> **[문제 4]** 중력이외에는 어떠한 힘도 무시된다고 할 때, 물체가 자유 낙하하면서 속력이 $100\,\mathrm{km/h}$에서 $150\,\mathrm{km/h}$로 증가하기까지 걸리는 시간을 구하라.

초기 속도 u는 $100\,\mathrm{km/h}$, 즉 $\dfrac{100}{3.6}\,\mathrm{m/s}$[문제 2] 참조)이다.
최종 속도 v는 $150\,\mathrm{km/h}$, 즉 $\dfrac{150}{3.6}\,\mathrm{m/s}$이다.
물체가 자유 낙하하므로 가속도 a는 아래쪽(즉, 양의 방향)으로 약 $9.8\,\mathrm{m/s^2}$이다.

위로부터 $v = u + at$, 즉 $\dfrac{150}{3.6} = \dfrac{100}{3.6} + 9.8 \times t$이다.
변환하면 $9.8 \times t = \dfrac{150 - 100}{3.6} = \dfrac{50}{3.6}$이다.
따라서 시간 $t = \dfrac{50}{3.6 \times 9.8} = 1.42\,\mathrm{s}$가 된다.

a의 값은 단지 근사치이어서 계산할 때 반올림 오차가 생기며, **속도가 $100\,\mathrm{km/h}$에서 $150\,\mathrm{km/h}$로 증가하기까지 걸리는 시간은 근사적으로 $1.42\,\mathrm{s}$**이다.

> **[문제 5]** $30\,\mathrm{km/h}$로 이동하는 기차가 2분 동안에 $50\,\mathrm{km/h}$로 균등하게 가속된다. 가속도를 구하라.

$30\,\mathrm{km/h} = \dfrac{30}{3.6}\,\mathrm{m/s}$ ([문제 2] 참조)

$50\,\mathrm{km/h} = \dfrac{50}{3.6}\,\mathrm{m/s}$

$2\,\mathrm{min} = 2 \times 60 = 120\,\mathrm{s}$

위로부터 $v = u + at$이므로,

$$\frac{50}{3.6} = \frac{30}{3.6} + a \times 120$$

변환하면,

$$120 \times a = \frac{50 - 30}{3.6},$$

$$\text{즉 } a = \frac{20}{3.6 \times 120} = 0.0463\,\mathrm{m/s^2}$$

따라서 **기차의 균등 가속도는 $0.0463\,\mathrm{m/s^2}$**이다.

> **[문제 6]** $50\,\mathrm{km/h}$로 이동하는 자동차가 $6\,\mathrm{s}$ 동안 브레이크를 걸고, $0.5\,\mathrm{m/s^2}$으로 균등하게 감속된다. 브레이크를 건 $6\,\mathrm{s}$ 후에 $\mathrm{km/h}$로 속도를 구하라.

초기 속도는 $u = 50\,\mathrm{km/h} = \dfrac{50}{3.6}\,\mathrm{m/s}$ ([문제 2] 참조)이다.

위로부터 $v = u + at$이다. 자동차는 감속되므로 음의 가속도를 갖는다. 그때 $a = -0.5\,\mathrm{m/s^2}$이고 t는 $6\,\mathrm{s}$이다.

따라서 최종 속도는 다음과 같다.

$$v = \frac{50}{3.6} + (-0.5)(6) = 13.89 - 3 = 10.89\,\mathrm{m/s}$$

$$10.89\,\mathrm{m/s} = 10.89 \times 3.6 = 39.2\,\mathrm{km/h}$$

> `Note` $\mathrm{m/s}$를 $\mathrm{km/h}$로 변환하기 위해서 3.6을 곱한다.

따라서 **브레이크를 건 후 속도는 $39.2\,\mathrm{km/h}$**이다.

> **[문제 7]** 자전거 선수가 $0.3\,\mathrm{m/s^2}$으로 $10\,\mathrm{s}$ 동안 균등하게 가속된 후의 속력이 $20\,\mathrm{km/h}$이다. 초기 속력을 구하라.

최종 속력은 $v = \dfrac{20}{3.6}\,\mathrm{m/s}$이고, 시간은 $t = 10\,\mathrm{s}$이며, 가속도는 $a = 0.3\,\mathrm{m/s^2}$이다.

$v = u + at$이고, 여기서 u는 초기 속력이다. 따라서,

$$\frac{20}{3.6} = u + 0.3 \times 10 ,$$

$$즉 \quad u = \frac{20}{3.6} - 3 = 2.56 \, \text{m/s}$$

$$2.56 \, \text{m/s} = 2.56 \times 3.6 \, \text{km/h} \quad [\text{문제 6}] \, \text{참조}$$

$$= 9.2 \, \text{km/h}$$

즉 자전거 선수의 초기 속력은 $9.2 \, \text{km/h}$이다.

◆ **이제 다음 연습문제를 풀어보자.**

[연습문제 71] 자유 낙하와 운동 방정식에 대한 확장 문제

1 물체가 빌딩의 3층에서 떨어진다. 중력이외에는 어떠한 힘도 무시된다고 할 때, $1.25 \, \text{s}$ 후에 물체의 근사적 속도를 구하라.

2 공이 A 지점에서 떨어져서 자유 낙하하면서, 지점 B를 통과할 때 $100 \, \text{m/s}$로 이동한다. 중력이외에는 어떠한 힘도 무시된다고 하면, A에서 B로 공이 이동하는 시간을 구하라.

3 피스톤이 운동의 중심 지점에서 $10 \, \text{m/s}$로 움직이다가 $0.8 \, \text{m/s}^2$으로 균등하게 감속된다. 운동의 중심 지점을 통과한 후 $3 \, \text{s}$ 뒤의 속도를 구하라.

4 기차가 1.2분 동안 브레이크를 건 후 기차의 최종 속도가 $24 \, \text{km/h}$가 되었다. 만약 $0.06 \, \text{m/s}^2$의 균등한 감속이 있었다면, 브레이크를 걸기 전 속도를 구하라.

5 $400 \, \text{km/h}$로 고공비행을 하는 비행기가 균등 가속도 $0.6 \, \text{m/s}^2$으로 하강하기 시작한다. 비행기 속도가 $670 \, \text{km/h}$일 때 수평 비행 태세로 들어갔다. 고도의 하강이 일어난 동안의 시간을 구하라.

6 승강기가 정지해 있다가 $1.5 \, \text{s}$ 동안 $0.9 \, \text{m/s}^2$으로 균등하게 가속되고, $7 \, \text{s}$ 동안 일정한 속도로 운동하고, 그다음 $3 \, \text{s}$ 동안 정지한다. 일정한 속도로 이동할 때의 속도와 그다음 마지막 $3 \, \text{s}$ 동안의 가속도를 구하라.

[연습문제 72] 가속도에 대한 단답형 문제

1 가속도는 (   )(으)로 정의된다.

2 가속도는 $\dfrac{(\quad\quad)}{(\quad\quad)}$ (으)로 주어진다.

3 가속도의 일반 단위는 (   )이다.

4 속도/시간 그래프의 기울기는 (   )을/를 의미한다.

5 밀도가 높은 물체의 자유 낙하 가속도는 대략 (   )이다.

6 초기 속도 u와 최종 속도 v, 가속도 a, 그리고 시간 t 사이의 관계식은 (   )이다.

7 음의 가속도는 (   ) 혹은 (   )(이)라고 부른다.

[연습문제 73] 가속도에 대한 사지선다형 문제

1 정지해 있는 자동차가 가속되면, 가속도는 다음 중 무엇이 변화하는 비율로 정의하는가?
(a) 에너지   (b) 속도   (c) 질량   (d) 변위

2 기관차가 $15 \, \text{m/s}$의 직선 트랙을 따라 이동한다. 운전자가 기관차를 꺼서 $5 \, \text{s}$ 동안 균등 감속으로 정지하도록 브레이크를 걸었다. 기관차의 감속도는?
(a) $3 \, \text{m/s}^2$ (b) $4 \, \text{m/s}^2$
(c) $\dfrac{1}{3} \, \text{m/s}^2$ (d) $75 \, \text{m/s}^2$

※ (문제 3~4) 아래 (a)~(f)의 6가지 설명에서 일부는 진실이고 일부는 거짓이다. 주어진 설명 중에서 진실과 거짓을 구분하여 다음 물음에 답하라.
(a) 가속도는 거리에 따른 속도의 변화율이다.
(b) 평균 가속도는 $\dfrac{\text{속도 변화}}{\text{소요 시간}}$ 이다.
(c) 평균 가속도는 $\dfrac{u-v}{t}$ 이다. 여기서 u는 초기 속도, v는 최종 속도, t는 시간이다.
(d) 속도/시간 그래프의 기울기는 가속도를 의미한다.
(e) 중력이외에는 어떠한 힘도 존재하지 않을 때, 밀도가 높은 물체가 자유 낙하하는 동안의 가속도는 대략 $9.8 \, \text{m/s}^2$이다.
(f) 초기 속도와 최종 속도가 각각 u와 v이고 a는 가속도이며, t가 시간일 때 $u = v + at$이다.

3 (b), (c), (d), (e) 중에서 틀린 것은?

4 (a), (c), (e), (f) 중에서 올바른 것은?

※ (문제 5~9) 자동차가 $5\,\text{m/s}$에서 $15\,\text{m/s}$까지 $20\,\text{s}$ 동안 균등하게 가속된다. $20\,\text{s}$인 순간의 속도에서 2분 동안 머무른다. 마지막으로 브레이크를 걸어 균등하게 감속을 시켜 $10\,\text{s}$ 동안 정지한다. 이 데이터를 사용해서, 아래 주어진 (a)에서 (l)의 올바른 답을 골라라.

(a) $-1.5\,\text{m/s}^2$ (b) $\dfrac{2}{15}\,\text{m/s}^2$ (c) 0

(d) $0.5\,\text{m/s}^2$ (e) $1.389\,\text{km/h}$ (f) $7.5\,\text{m/s}^2$

(g) $54\,\text{km/h}$ (h) $2\,\text{m/s}^2$ (i) $18\,\text{km/h}$

(j) $-\dfrac{1}{10}\,\text{m/s}^2$ (k) $1.467\,\text{km/h}$ (l) $-\dfrac{2}{3}\,\text{m/s}^2$

5 자동차의 초기 속력은 몇 km/h인가?

6 $20\,\text{s}$ 후의 자동차 속력은 몇 km/h인가?

7 첫 $20\,\text{s}$ 동안 가속도는?

8 2분 동안 가속도는?

9 마지막 $10\,\text{s}$ 동안 가속도는?

10 절단 도구가 $50\,\text{mm/s}$에서 $150\,\text{mm/s}$까지 $0.2\,\text{s}$ 동안 가속되었다. 이 도구의 평균 가속도는 얼마인가?

(a) $500\,\text{m/s}^2$

(b) $1\,\text{m/s}^2$

(c) $20\,\text{m/s}^2$

(d) $0.5\,\text{m/s}^2$

18

힘, 질량, 가속도

Force, mass and acceleration

힘, 질량, 가속도를 이해하는 것이 왜 중요할까?

물체가 밀거나 당겨질 때는 힘이 물체에 작용되어야 한다. 물체를 밀거나 당기면 물체의 모양과 운동에 변화를 일으키고, 물체의 운동에 변화가 일어나면 물체는 가속된다. 따라서 가속도는 물체에 작용되는 힘의 결과로 발생한다. 물체에 힘이 가해졌는데 물체가 움직이지 않았을 경우에는 물체의 모양이 변한다. 보통 모양의 변화는 미미해서 물체를 지켜보는 것만으로는 간파할 수 없다. 그러나 매우 민감한 계측 장비를 사용한다면 매우 작은 치수 변화도 감지할 수 있다. 모든 물체 사이에는 끌리는 힘이 존재한다. 만약 한 사람이 한 물체에 해당하고 지구가 두 번째 물체라면, 사람과 지구 사이에는 끄는 힘이 존재한다. 이 힘을 중력이라고 하는데, 이는 사람이 지표면에 서 있을 때 사람에게 일정한 무게를 제공하는 힘이 된다. 작용하는 다른 힘들이 없이, 자유 낙하하는 물체에 일정한 가속도를 제공하는 것 또한 이 힘이다. 이 장에서는 힘과 가속도를 정의하고 뉴턴의 운동 법칙 세 가지를 기술한 후 관성 모멘트를 정의하는데, 이를 모두 실제 예를 들어 설명할 것이다.

학습포인트

- 힘을 정의하고 힘의 단위를 기술할 수 있다.
- '중력'을 이해할 수 있다.
- 뉴턴의 운동 법칙 세 가지를 기술할 수 있다.
- 힘 $F = ma$를 포함하는 계산을 수행할 수 있다.
- '구심 가속도'를 정의할 수 있다.
- 구심 가속도$= \dfrac{mv^2}{r}$을 포함하는 계산을 수행할 수 있다.
- '질량 관성 모멘트'를 정의할 수 있다.

18.1 서론

물체가 밀거나 당겨질 때는 힘^{force}이 물체에 적용된다. 이 힘은 뉴턴^{newton*}(N)으로 측정된다. 물체를 밀거나 당겼을 때의 효과는 다음과 같다.

❶ 물체의 운동에 변화를 일으키거나
❷ 물체의 모양에 변화를 일으킨다.

물체의 운동에 변화가 생긴다면, 즉 물체의 속도가 u에서 v로 변한다면, 물체는 가속된다. 따라서 가속도는 물체에 가해지는 힘에 의해서 발생한다. 만약 물체에 힘이 가해졌는데 움직이지 않았다면, 물체의 모양이 변한다. 즉 물체의 변형이 발생한다. 보통 모양의 변화는 미미해서 물체를 지켜보는 것만으로는 간파할 수 없다. 그러나 매우 민감한 계측 장비를 사용한다면 매우 작은 치수 변화도 감지할 수 있다.

모든 물체 사이에는 끄는 힘이 존재한다. 이 힘 F의 크기를 결정하는 요인은 다음 식에서 보듯이 물체의 질량과 물체 중심 간의 거리이다.

$$F \propto \frac{m_1 m_2}{d^2}$$

따라서 만약 한 사람이 한 물체에 해당하고 지구가 두 번째 물체라면, 사람과 지구 사이에는 끄는 힘이 존재한다. 이 힘을 중력gravitational force이라고 하는데, 이는 아이작 뉴턴 Isaac Newton 경에 의해 처음 소개되었다. 이 힘은 사람이 지표면에 서 있을 때 사람에게 일정한 무게를 제공하는 힘이 된다. 작용하는 다른 힘들이 없이, 자유 낙하하는 물체에 일정한 가속도를 제공하는 것 또한 이 힘이다.

*뉴턴은 누구?

아이작 뉴턴(Sir Isaac Newton, 1642. 12. 25 ~ 1727. 3. 20)은 영국의 학자로서 행성의 운동에 대한 케플러의 법칙과 중력에 대한 뉴턴의 이론 사이에 일치함을 설명해서, 뉴턴은 물체의 운동이 동일한 자연적 법칙에 따라 지배받는다는 것을 보였다. 힘의 SI 단위는 [N(뉴턴)]으로, 그에게 경의를 표하여 붙인 것이다.

18.2 뉴턴의 운동 방정식

정지된 물체를 움직이거나 움직이는 물체의 방향을 바꾸기 위해서는 외부에서 물체에 작용하는 힘이 요구된다. 이 개념을 뉴턴의 제 1 운동 법칙Newton's first law of motion이라고 하며 이는 다음과 같이 기술된다.

외부에서 물체에 작용하는 힘이 없다면, 물체가 정지 상태에 계속 머물러 있거나, 직선을 따라 일정한 운동 상태를 지속한다.

운동에 변화를 가져오기 위해서는 힘이 필요하기 때문에, 물체는 운동의 대해 약간의 저항을 가지고 있음에 틀림이 없다. 정지한 유모차에 주어진 가속도를 제공하기 위해 필요한 힘은 동일한 표면에서 동일한 가속도를 얻기 위해 정지한 자동차에 가해주어야 하는 힘보다 작다. 운동 변화에 대한 저항을 물체의 관성inertia이라 하는데, 관성의 크기는 물체의 질량에 따라 달라진다. 자동차의 질량은 유모차의 질량보다 매우 크기 때문에, 자동차의 관성은 유모차의 관성보다 매우 크다.

뉴턴의 제 2 운동 법칙Newton's second law of motion은 다음과 같이 기술된다.

외부 힘이 작용한 물체의 가속도는 힘에 비례하고, 방향은 힘과 같은 방향이다.

따라서 힘∝가속도 혹은 힘=상수×가속도이고, 비례 상수는 물체의 질량이므로 다음과 같다.

힘=질량×가속도

힘의 단위는 뉴턴(N)이고 질량과 가속도로 정의된다. 1뉴턴은 1kg의 질량에 $1\,\mathrm{m/s^2}$의 가속도를 갖도록 하기 위해 필요한 힘이다. 따라서 다음과 같다.

$$F = ma$$

여기서 F는 [N] 단위의 힘이고, m은 [kg] 단위의 질량이며, a는 $[\mathrm{m/s^2}]$ 단위의 가속도이다. 즉 $1\,\mathrm{N} = \dfrac{1\,\mathrm{kgm}}{\mathrm{s^2}}$ 이다. 결국 $1\,\mathrm{m/s^2} = 1\,\mathrm{N/kg}$ 이다. 따라서 $9.8\,\mathrm{m/s^2}$의 중력가속도는 $9.8\,\mathrm{N/kg}$의 중력장과 동일하다.

뉴턴의 제 3 운동 법칙Newton's third law of motion은 다음과 같이 기술된다.

모든 힘에 대하여, 동일하고 방향이 반대인 반작용하는 힘이 존재한다.

따라서 예를 들어 탁자 위에 놓인 물체는 탁자에 아래쪽 방향으로 힘을 작용하고, 탁자는 물체에 대하여 위쪽 방향으로 동일한 힘을 발휘하는데, 이를 반작용 힘reaction force 혹은 단지 반작용reaction이라 부른다.

[문제 1] 정지 상태에 있는 20톤의 보트를 10분 동안에 $21.6\,\mathrm{km/h}$의 속력으로 균등하게 가속하기 위해 필요한 힘을 구하라.

보트의 질량 m은 20 t, 즉 20,000 kg이다. 운동의 법칙 $v = u + at$는 가속도 a를 결정하기 위해 사용될 수 있다. 초기 속도 u는 0이고, 최종 속도는

$$v = 21.6\,\mathrm{km/h} = 21.6\,\frac{\mathrm{km}}{\mathrm{h}} \times \frac{1\,\mathrm{h}}{3600\,\mathrm{s}} \times \frac{1000\,\mathrm{m}}{1\,\mathrm{km}}$$

$$= \frac{21.6}{3.6} = 6\,\mathrm{m/s}$$

이고, 시간 $t = 10\,\mathrm{min} = 600\,\mathrm{s}$ 이다.

따라서 $v = u + at$, 즉 $6 = 0 + a \times 600$이므로 $a = \dfrac{6}{600} = 0.01\,\mathrm{m/s^2}$이다.

뉴턴의 제2 법칙으로부터 $F = ma$,

즉 힘 $= 20,000 \times 0.01\,\text{N} = \mathbf{200\,N}$ 이다.

[문제 2] 기계 공구의 이동 헤드가 $30\,\text{m/min}$ 의 절단 속도로부터 $0.8\,\text{s}$ 동안에 정지 상태가 되기 위해 $1.2\,\text{N}$ 의 힘이 들었다. 이동 헤드의 질량을 구하라.

뉴턴의 제2 법칙인 $F = ma$ 로부터, $m = \dfrac{F}{a}$ 이고 여기서 힘이 $1.2\,\text{N}$ 이다. 운동의 법칙 $v = u + at$ 는 가속도 a 를 결정하기 위해 사용될 수 있다.

$v = 0$ 이고 $u = 30\,\dfrac{\text{m}}{\text{min}} = \dfrac{30\,\text{m}}{60\,\text{s}} = 0.5\,\text{m/s}$ 이며, $t = 0.8\,\text{s}$ 이다. 따라서 $0 = 0.5 + a \times 0.8$ 이다.

이로부터 $a = -\dfrac{0.5}{0.8} = -0.625\,\text{m/s}^2$ 혹은 $0.625\,\text{m/s}^2$ 의 감속도이다.

따라서 **질량**^{mass} 은 $m = \dfrac{F}{a} = \dfrac{1.2}{0.625} = \mathbf{1.92\,kg}$ 이다.

[문제 3] $1350\,\text{kg}$ 질량의 트럭이 $18\,\text{s}$ 동안에 $9\,\text{km/h}$ 에서 $45\,\text{km/h}$ 의 속도에 도달하기 위해 균등하게 가속된다.

(a) 트럭의 가속도를 구하라.

(b) 트럭을 가속하기 위해 필요한 균등한 힘을 구하라.

(a) 운동의 법칙 $v = u + at$ 가 가속도를 결정하기 위해 사용될 수 있다.

최종 속도는

$v = 45\,\dfrac{\text{km}}{\text{h}} \times \dfrac{1\,\text{h}}{3600\,\text{s}} \times \dfrac{1000\,\text{m}}{1\,\text{km}} = \dfrac{45}{3.6}\,\text{m/s}$ 이고,

초기 속도는 $u = \dfrac{9}{3.6}\,\text{m/s}$ 이며, 시간은 $t = 18\,\text{s}$ 이다.

따라서 $\dfrac{45}{3.6} = \dfrac{9}{3.6} + a \times 18$ 이고, 이로부터 가속도는

$a = \dfrac{1}{18}\left(\dfrac{45}{3.6} - \dfrac{9}{3.6}\right) = \dfrac{1}{18}\left(\dfrac{36}{3.6}\right) = \dfrac{10}{18} = \dfrac{\mathbf{5}}{\mathbf{9}}\,\mathbf{m/s^2}$ 혹은 $\mathbf{0.556\,m/s^2}$ 이다.

(b) 뉴턴의 제2 운동 법칙으로부터, 힘은

$F = ma = 1350 \times \dfrac{5}{9} = \mathbf{750\,N}$ 이다.

[문제 4] 중력장이 $9.81\,\text{N/kg}$ (혹은 $9.81\,\text{m/s}^2$) 인 지표면 상의 한 지점에 질량 $1.6\,\text{kg}$ 인 물체의 무게를 구하라.

물체의 무게는 물체에 작용하는 중력 때문에 수직 아래쪽으로 작용하는 힘이다. 따라서 다음과 같다.

$$\begin{aligned}\mathbf{무게} &= 수직 \ 아래쪽으로 \ 작용하는 \ 힘 \\ &= 질량 \times 중력장 \\ &= 1.6 \times 9.81 \\ &= \mathbf{15.696\,N}\end{aligned}$$

[문제 5] 질량이 $40\,\text{kg}$ 인 시멘트 양동이가 승강기에 연결된 밧줄 끝에 묶여 있다. 양동이가 정지 상태로 공중에 매달려 있을 때, 밧줄의 장력을 구하라. 중력장은 $9.81\,\text{N/kg}$ (혹은 $9.81\,\text{m/s}^2$) 이다.

밧줄의 장력^{tension} 은 밧줄에 작용하는 힘과 같다. 양동이가 무게 때문에 수직 아래쪽으로 작용하는 힘은 밧줄에 위쪽으로 작용하는 힘인 장력과 같다. 시멘트 양동이의 무게는 다음과 같다.

$$F = mg = 40 \times 9.81 = 392.4\,\text{N}$$

따라서 **밧줄 내 장력** $= \mathbf{392.4\,N}$ 이다.

[문제 6] 위 **[문제 5]** 에서의 시멘트 양동이가 균등 가속도 $0.4\,\text{m/s}^2$ 으로 수직 위쪽으로 올라간다. 이 가속 시간 동안에 밧줄의 장력을 구하라.

[그림 18-1] 을 참조하면, 양동이에 작용하는 힘은 다음과 같다.

- 밧줄에 작용하는 장력(혹은 힘) T
- 수직 아래쪽으로 작용하는 mg 의 힘, 즉 양동이와 시멘트의 무게

결과적으로 힘은 $F = T - mg$, 따라서 $ma = T - mg$, 즉

$$40 \times 0.4 = T - 40 \times 9.81$$

이다. 이로부터 **장력**은 $\mathbf{T = 408.4\,N}$ 이다.

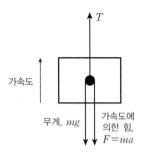

[그림 18-1]

이 결과를 [문제 5]의 결과와 비교하면, 물체가 위쪽으로 가속될 때 밧줄의 장력이 증가함을 알 수 있다.

[문제 7] [문제 5]에서의 시멘트 양동이가 균등 가속도 $1.4\,\mathrm{m/s^2}$으로 수직 아래쪽으로 내려간다. 이 가속 시간 동안에 밧줄의 장력을 구하라.

[그림 18-2]를 참조하면, 양동이에 작용하는 힘은 다음과 같다.

- 수직 위쪽으로 작용하는 장력(혹은 힘) T
- 수직 아래쪽으로 작용하는 mg의 힘, 즉 양동이와 시멘트의 무게

결과적으로 힘은 $F = T - mg$이다.

따라서 $ma = T - mg$이고, 이로부터 **장력**은 다음과 같다.

$$\boldsymbol{T} = m(g-a) = 40(9.81 - 1.4)$$

$$= 336.4\,\mathrm{N}$$

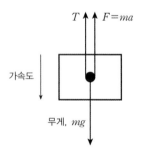

[그림 18-2]

이 결과를 [문제 5]의 결과와 비교하면, 물체가 아래쪽으로 가속될 때 밧줄의 장력이 감소함을 알 수 있다.

◆ 이제 다음 연습문제를 풀어보자.

[연습문제 74] 뉴턴의 운동 법칙에 대한 확장 문제
(g는 $9.81\,\mathrm{m/s^2}$이다. 답은 유효숫자 3자리로 표현하라.)

1 정지 상태에 있는 자동차가 $14\,\mathrm{s}$ 동안에 $55\,\mathrm{km/h}$의 속력으로 균등하게 가속된다. 자동차의 질량이 $800\,\mathrm{kg}$이라면, 가속하기 위해 필요한 힘을 구하라.

2 위 **1**번 문항의 자동차가 $55\,\mathrm{km/h}$로 이동할 때 브레이크가 걸려 $50\,\mathrm{m}$를 균등하게 이동하다가 멈추었다. 자동차가 멈추어 서기까지 걸리는 시간과 제동하는 힘을 구하라.

3 포장용 상자를 수직 위쪽으로 들어 올리는 밧줄의 장력이 $2.8\,\mathrm{kN}$이다. 포장용 상자의 질량이 $270\,\mathrm{kg}$이라고 할 때의 가속도를 구하라.

4 배가 엔진을 껐을 때, $18\,\mathrm{km/h}$로 움직이고 있었다. 배는 $0.6\,\mathrm{km}$ 거리를 표동했고, 그때의 속력은 $14\,\mathrm{km/h}$이다. 속력이 균등하게 감소되고 있고 배의 질량이 $2000\,\mathrm{t}$이라면, 배의 운동에 저항하는 힘을 구하라.

5 질량 $2\,\mathrm{t}$의 승강기 칸이 광산 수갱 아래로 내려가고 있다. 승강기 칸이 정지 상태에서 가속도 $4\,\mathrm{m/s^2}$으로 움직이기 시작해서 $15\,\mathrm{m/s}$로 이동하는 순간에 도달했다. 그다음 $700\,\mathrm{m}$의 거리를 일정한 속력으로 이동하고, 마지막으로 $6\,\mathrm{s}$에 정지 상태에 도달했다. 다음 시간 동안 승강기 칸을 지지하는 밧줄에 걸린 장력을 구하라.
(a) 가속하는 초기 시간
(b) 일정한 속력으로 이동하는 시간
(c) 마지막 감속 시간

18.3 구심 가속도

물체가 일정한 속력으로 원 궤도에서 움직일 때, 운동 방향은 계속하여 바뀌고 따라서 물체의 속도(크기와 방향 모두에 따라 달라진다) 또한 계속 바뀐다. 가속도는 $\dfrac{\text{속도 변화}}{\text{소요 시간}}$이기 때문에 물체는 가속도를 갖는다.

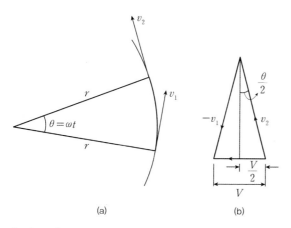

[그림 18-3]

일정한 각속도 ω와 접선 속도 v로 움직이는 물체가 있다. 위상 $\theta(=\omega t)$가 조금씩 변하는 동안의 속도 변화를 V라고 하자([그림 18-3(a)] 참조). 그때 $v_2 - v_1 = V$이다.

벡터 다이어그램은 [그림 18-3(b)]와 같다. v_1과 v_2의 크기가 v로 같기 때문에, 벡터 다이어그램 또한 이등변 삼각형이다.

v_1과 v_2 사이의 각을 이등분하면 다음이 성립한다.

$$\sin\frac{\theta}{2} = \frac{V/2}{v_2} = \frac{V}{2v}$$

$$즉, \quad V = 2v\sin\frac{\theta}{2} \qquad \cdots \ ❶$$

$$\theta = \omega t 이므로 \ t = \frac{\theta}{\omega} \qquad \cdots \ ❷$$

방정식 ❶을 ❷로 나누면 다음과 같다.

$$\frac{V}{t} = \frac{2v\sin\dfrac{\theta}{2}}{\dfrac{\theta}{\omega}} = \frac{v\omega\sin\dfrac{\theta}{2}}{\dfrac{\theta}{2}}$$

작은 각도에 대해서 $\dfrac{\sin\dfrac{\theta}{2}}{\dfrac{\theta}{2}}$는 거의 1에 근접하다. 따라서

$\dfrac{V}{t} = v\omega$ 혹은 $\dfrac{V}{t} = \dfrac{\text{속도 변화}}{\text{소요 시간}} = 가속도$, 즉 $a = v\omega$이다. 그러나 $\omega = \dfrac{v}{r}$, 따라서 $v\omega = v \times \dfrac{v}{r} = \dfrac{v^2}{r} = 가속도이다.$

즉 **가속도** a는 $\dfrac{v^2}{r}$이고, (V를 따라) 운동하는 원의 중심을 향한다. 이를 구심 가속도^{centripetal acceleration}라고 부른다. 만약 돌고 있는 물체의 질량이 m이면, 그때 뉴턴의 제2 법칙에 의해 **구심력**^{centripetal force}은 $\dfrac{mv^2}{r}$이고, 구심력의 방향은 운동하는 원의 중심을 향한다.

[문제 8] 질량 750 kg의 자동차가 반경 150 m의 굴곡을 돌아서 50.4 km/h로 이동한다. 자동차에 작용하는 구심력을 구하라.

구심력은 $\dfrac{mv^2}{r}$으로 주어지고, 방향은 원의 중심을 향한다.
$m = 750\,\mathrm{kg}$, $v = 50.4\,\mathrm{km/h} = \dfrac{50.4}{3.6}\,\mathrm{m/s} = 14\,\mathrm{m/s}$이고, $r = 150\,\mathrm{m}$이다.

따라서 **구심력** $= \dfrac{750 \times 14^2}{150} = 980\,\mathrm{N}$ 이다.

[문제 9] 물체가 길이 250 mm의 줄에 매달려 있고, 물체와 줄 모두 일정한 각속도 2.0 rad/s로 수평 원상에서 움직인다. 줄에 작용하는 장력이 12.5 N이라면, 물체의 질량을 구하라.

구심력(즉, 줄의 장력) $= \dfrac{mv^2}{r} = 12.5\,\mathrm{N}$
각속도 $\omega = 2.0\,\mathrm{rad/s}$
반경 $r = 250\,\mathrm{mm} = 0.25\,\mathrm{m}$
선속도 $v = \omega r = 2.0 \times 0.25 = 0.5\,\mathrm{m/s}$
$F = \dfrac{mv^2}{r}$이므로 $m = \dfrac{Fr}{v^2}$이다.
즉 **물체의 질량** $m = \dfrac{12.5 \times 0.25}{0.5^2} = 12.5\,\mathrm{kg}$ 이다.

[문제 10] 항공기가 일정한 고도에서 반경 1.5 km인 원의 호를 따라 회항하고 있다. 만약 항공기에 허용 가능한 최대 가속도가 2.5 g이면, 최대 회항하는 속력을 [km/h] 단위로 구하라. g는 9.8 m/s²이다.

원 궤도로 돌고 있는 물체의 가속도는 $\dfrac{v^2}{r}$이다. 따라서 최대 회항 속력을 구하기 위해서 $\dfrac{v^2}{r} = 2.5g$를 이용한다. 그러므로 **회항 속력**은 다음과 같다.

$$v = \sqrt{2.5gr} = \sqrt{2.5 \times 9.8 \times 1500}$$
$$= \sqrt{36,750} = 191.7\,\mathrm{m/s}$$
$$= 191.7 \times 3.6\,\mathrm{km/h} = 690\,\mathrm{km/h}$$

◆ 이제 다음 연습문제를 풀어보자.

[연습문제 75] 구심 가속도에 대한 확장 문제

1 질량 1t의 자동차가 40 km/h로 반경 125 m의 굴곡을 돌아서 이동할 때, 자동차에 작용하는 구심력을 구하라. 만약 이 힘이 750 N을 초과할 수 없다면, 이 조건을 충족시키기 위해서는 자동차의 속력이 얼마만큼 감소되어야 하는지 구하라.

2 고속 모터보트가 반경 100 m와 150 m인 두 원의 호로 구성된 S형 굴곡을 통과한다. 보트의 속력이 34 km/h로 일정하다면, 한 호를 벗어나서 다른 호에 진입할 때 가속도의 변화를 구하라.

3 어떤 물체가 길이 400 mm의 줄에 매달려 있고, 물체와 줄 모두 일정한 각속도 3.0 rad/s로 수평 원상에서 움직인다. 줄에 작용하는 장력이 36 N이라 할 때, 이 물체의 질량을 구하라.

[연습문제 76] 힘, 질량, 가속도에 대한 단답형 문제

1 힘은 (   )(으)로 측정된다.

2 물체를 밀거나 당겼을 때 발생하는 두 가지 효과는 (   ) 혹은 (   )이다.

3 중력이외에는 어떤 힘도 존재하지 않을 때, 중력은 자유 낙하하는 물체에 (   )을(를) 제공한다.

4 뉴턴의 제1 운동 법칙을 설명하라.

5 물체의 관성이 의미하는 것을 설명하라.

6 뉴턴의 제2 운동 법칙을 설명하라.

7 뉴턴을 정의하라.

8 뉴턴의 제3 운동 법칙을 설명하라.

9 일정한 각속도로 원 운동을 하는 물체가 왜 가속도를 갖는지 설명하라.

10 구심 가속도를 기호로 정의하라.

11 구심력을 기호로 정의하라.

[연습문제 77] 힘, 질량, 가속도에 대한 사지선다형 문제

1 힘의 단위는?
(a) 와트(W)　　　　　(b) 켈빈(K)
(c) 뉴턴(N)　　　　　(d) 줄(J)

2 $a =$ 가속도, $F =$ 힘이라면, 질량 m은?
(a) $m = a - F$　　　(b) $m = \dfrac{F}{a}$

(c) $m = F - a$　　　(d) $m = \dfrac{a}{F}$

3 중력장이 10 N/kg일 때, 지표면상의 한 지점에서 질량 2 kg인 물체의 무게는?
(a) 20 N　　　　　　(b) 0.2 N
(c) 20 kg　　　　　　(d) 5 N

4 질량이 80 kg인 손수레를 마찰이 적은 베어링상에서 0.2 m/s^{2}까지 가속시키기 위한 힘은?
(a) 400 N　　　　　　(b) 3.2 N
(c) 0.0025 N　　　　(d) 16 N

5 질량이 30 kg인 시멘트 양동이를 밧줄 끝에 묶어 승강기에 연결했다. 중력장이 $g = 10$ N/kg이면, 양동이가 매달려 정지하고 있을 때 밧줄의 장력은?
(a) 300 N　　　　　　(b) 3 N
(c) 300 kg　　　　　(d) 0.67 N

※ **(문제 6~9)** 질량이 75 kg인 사람이 질량이 500 kg인 승강기 안에 서 있다. g는 10 m/s^{2}이다.

6 승강기가 수직 위쪽으로 일정한 속력으로 움직이고 있을 때, 케이블의 장력은?
(a) 4250 N　　　　　(b) 5750 N
(c) 4600 N　　　　　(d) 6900 N

7 승강기가 수직 아래쪽으로 일정한 속력으로 움직이고 있을 때, 승강기를 지지하고 있는 케이블의 장력은?
(a) 4250 N　　　　　(b) 5750 N
(c) 4600 N　　　　　(d) 6900 N

8 승강기가 수직 위쪽으로 일정한 속력으로 움직이고 있을 때, 사람과 승강기 바닥 사이에 작용하는 반작용 힘은?

(a) 750 N

(b) 900 N

(c) 600 N

(d) 475 N

9 승강기가 수직 아래쪽으로 일정한 속력으로 움직이고 있을 때, 사람과 승강기 바닥 사이에 작용하는 반작용 힘은?

(a) 750 N

(b) 900 N

(c) 600 N

(d) 475 N

※ **(문제 10~11)** 질량이 0.5 kg인 공이 줄에 묶여 반경 1 m의 원 궤도를 일정한 각속도 10 rad/s로 회전하고 있다.

10 구심 가속도는?

(a) $50 \, \text{m/s}^2$

(b) $\dfrac{100}{2\pi} \, \text{m/s}^2$

(c) $\dfrac{50}{2\pi} \, \text{m/s}^2$

(d) $100 \, \text{m/s}^2$

11 줄의 장력은?

(a) 25 N

(b) $\dfrac{50}{2\pi} \, \text{N}$

(c) $\dfrac{25}{2\pi} \, \text{N}$

(d) 50 N

12 다음 중 틀린 말은?

(a) 움직이는 물체의 방향을 바꾸기 위해서, 외부에서 가하는 힘이 필요하다.

(b) 모든 힘에 대해, 크기가 같고 방향이 반대인 반작용의 힘이 존재한다.

(c) 일정한 속도로 원운동을 하는 물체는 가속도를 갖지 않는다.

(d) 구심 가속도는 운동하는 원의 중심을 향해 작용한다.

한 점에 작용하는 힘

Forces acting at a point

한 점에 작용하는 힘을 이해하는 것이 왜 중요할까?

이 장에서는 공학의 모든 분야에서 아주 기본이 되는 물리량인 스칼라와 벡터를 소개한다. 힘은 벡터양으로서 벡터양인 힘의 분해를 이 장에서 다룬다. 힘의 분해는 구조물에서 매우 중요한데, 지붕 트러스, 교량, 크레인 등의 강도를 결정하기 위해 이 원리를 사용한다. 이러한 매우 기본적인 기술을 설명하기 위해 긴 말은 필요 없고, 독자들이 이 매우 중요한 절차를 이해할 수 있도록 한 단계씩 차근차근 살펴볼 것이다. 또한 힘의 분해는 벡터가 변위, 속도, 가속도의 형태를 갖는 분야, 즉 배나 항공기 등이 운항할 때나 역학에서 탈 것들과 입자들의 운동을 공부할 때 사용된다. 이 장은 도식적인 방법과 해석적 방법 모두를 사용하여, 스칼라 및 벡터의 계산과 사용법에 대해 서론에서 충분히 설명할 것이다. 구조물 혹은 기계 혹은 기구에 작용하는 힘들의 평형을 평가하기 위해서는 한 점에 작용하는 힘을 이해하는 것이 중요하다.

학습포인트

• 스칼라와 벡터양들을 구별할 수 있다.
• 물체의 '중력 중심'을 정의할 수 있다.
• 물체의 '평형'을 정의할 수 있다.
• '동일 평면상'과 '동시에 작용하는'이란 용어를 이해할 수 있다.
• (a) 힘의 삼각형법과 (b) 힘의 평행사변형법을 사용하여, 동일 평면상의 두 개 힘에 대한 합성력을 결정할 수 있다.
• (a) 코사인 및 사인 법칙과 (b) 힘의 분해를 사용하여, 동일 평면상의 두 개 힘에 대한 합성력을 계산할 수 있다.
• (a) 힘의 다각형법과 (b) 힘의 분해에 의한 계산법을 사용하여, 동일 평면상의 세 개 이상의 힘에 대한 합성력을 결정할 수 있다.
• 동일 평면상에서 세 개 혹은 그 이상의 힘들이 평형상태에 있을 때 미지의 힘을 결정할 수 있다.

19.1 서론

이 장에서는 공학의 모든 분야에서 아주 기본이 되는 물리량인 스칼라와 벡터를 소개한다. 힘은 벡터양이고 이 장에서는 벡터양인 힘의 수직 및 수평 성분으로의 분해를 다룬다. 힘의 분해는 구조물에서 매우 중요한데, 지붕 트러스, 교량, 크레인 등의 강도를 결정하기 위해 이 원리를 사용한다. 또한 힘의 분해는 벡터가 변위, 속도 그리고 가속도의 형태를 갖는 분야, 즉 배나 항공기 등이 운항할 때나 역학에서 탈 것들과 입자들의 운동을 공부할 때 사용된다. 이 장은 도식적인 방법과 해석적 방법 모두를 사용하여, 스칼라 및 벡터의 계산과 사용법에 대해 충분히 설명할 것이다.

19.2 스칼라와 벡터양

공학과 과학에서 사용되는 물리양은 다음과 같이 두 개의 그룹으로 나눌 수 있다.

❶ **스칼라양**scalar quantity : 단지 크기(혹은 치수)만을 가지며, 그것을 자세히 지정하기 위해 다른 정보는 필요 없다. $10\,cm$, $50\,s$, $7l$, $3\,kg$은 모두 스칼라양의 예이다.

❷ **벡터양**vector quantity : 크기(혹은 치수)와 방향 모두를 가지며, 이는 물리량의 작용선이라고 부른다. 정동쪽 $50\,km/h$의 속도, 수직 아래쪽 $9.81\,m/s^2$의 가속도, $30°$ 각도로 $15\,N$의 힘 등은 모두 벡터양의 예이다.

19.3 중력 중심과 평형

물체의 중력 중심center of gravity은 물체에 작용하는 중력의 합성력이 그 지점에 작용하는 것으로 볼 수 있는 한 점이다. 수평 평면에 놓인 균일한 두께의 물체에 대해, 중력 중심은 물체의 균형점과 일치한 수직선에 존재한다.

균일하고 얇은 막대의 경우, 균형점, 곧 질량 중심(G)은 [그림 19-1(a)]와 같이 막대 길이의 중앙에 위치한다.

균일한 두께의 얇고 편평한 종이 형태의 물질을 박막lamina이라 하며, 직사각형 박막의 질량 중심은 [그림 19-1(b)]와 같이 대각선의 교점에 위치한다. 원형 박막의 질량 중심은 [그림 19-1(c)]와 같이 원의 중심에 있다.

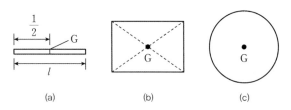

[그림 19-1]

힘들이 물체에 작용하고 있는데 물체가 움직이지 않으면 물체는 평형상태equilibrium에 있다. 물체의 평형상태는 다음과 같이 세 그룹으로 나누어 볼 수 있다.

(a) 안정한 평형   (b) 불안정한 평형   (c) 중립 평형

[그림 19-2]

❶ 물체가 만약 물체가 안정한 평형상태stable equilibrium에 있다면, 그런데 물체를 밀거나 당겨서 약간 교란시킨다면(즉 교란하는 힘이 가해진다면), 물체는 원래의 위치로 되돌아간다. 따라서 반구의 컵 속에 위치한 공은 [그림 19-2(a)]와 같이 안정한 평형상태이다.

❷ 만약 교란하는 힘이 가해질 때, 중력 중심이 낮아지고 물체가 원래 위치에서 멀어진다면, 물체가 불안정한 평형상태unstable equilibrium가 된다. 따라서 반구의 컵 꼭대기에 위치한 균형 잡힌 공은 [그림 19-2(b)]와 같이 불안정한 평형상태이다.

❸ 중립 평형상태neutral equilibrium인 물체에 교란하는 힘이 가해질 때, 중력 중심은 같은 높이에서 유지되고 물체는 교란하는 힘이 제거될 때 이동하지 않는다. 따라서 편평한 수평 표면 위에 위치한 공은 [그림 19-2(c)]와 같이 중립 평형상태이다.

19.4 힘

모든 힘들이 동일한 평면에서 작용하고 있을 때, 그 힘들은 **동일 평면상**coplanar에 있다고 한다. 힘들이 동일한 시간에 그리고 동일한 지점에 작용할 때, 그 힘들은 **동시에 작용하는**concurrent 힘이라고 한다.

힘은 **벡터양**vector quantity이고, 따라서 크기와 방향을 모두 갖는다. 벡터는 힘의 작용선 방향으로 벡터의 크기를 선의 길이에 반영하여 선을 그림으로써 그래프로 나타낸다.

벡터양을 스칼라양과 구분하기 위해서 다음과 같은 여러 가지 방법을 사용한다.

- **굵은 글씨체**
- 두 대문자 위에 화살표를 그려 방향을 표시한, 즉 $\overrightarrow{AB}$. 여기서 A는 벡터의 출발점이고 B는 끝점이다.
- 문자 위에 선을 긋는, 즉 $\overline{AB}$ 혹은 $\bar{a}$
- 문자 위에 화살표를 넣어, 즉 $\vec{a}$ 혹은 $\vec{A}$
- 문자 아래에 선을 그어, 즉 $\underline{a}$
- $xi + jy$, 여기서 i와 j는 서로 직각인 두 축이다. 예를 들어 $3i + 4j$는 [그림 19-3]과 같이 i 방향으로 3단위, j 방향으로 4단위를 의미한다.

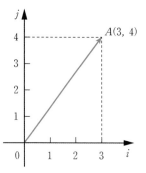

[그림 19-3]

- 열 행렬 $\begin{pmatrix} a \\ b \end{pmatrix}$; 예를 들어 [그림 19-3]의 벡터 $0A$는 $\begin{pmatrix} 3 \\ 4 \end{pmatrix}$ 로 표현할 수 있다. 따라서 [그림 19-3]에서, $0A \equiv \overrightarrow{0A} \equiv \overline{0A} \equiv 3i + 4j \equiv \begin{pmatrix} 3 \\ 4 \end{pmatrix}$ 이다.

이 책에서는 벡터양을 **굵은 글씨체**bold print로 표기하는 방법을 사용했다. 따라서 [그림 19-4]에서 ab는 정동을 향하는 방향으로 작용하는 $5\,N$의 힘이다.

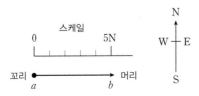

[그림 19-4]

19.5 두 동일 평면상 힘의 합성력

두 힘이 한 점에 작용할 때, 다음과 같은 세 가지 가능성이 있다.

❶ 같은 방향으로 작용해서 같은 작용선을 갖는 힘들인 경우, 두 힘과 같은 효과를 갖는 하나의 힘, 즉 **합성된 힘**resultant force 혹은 간단히 합성력resultant은 각 개별 힘의 산술적 합이다. [그림 19-5(a)]의 점 P에 작용하는 두 힘 F_1과 F_2는 [그림 19-5(b)]의 점 P에 작용하는 힘 F와 정확하게 동일한 효과를 갖는다. [그림 19-5(b)]에서 $F = F_1 + F_2$이고, F는 F_1 및 F_2와 같은 방향으로 작용한다.

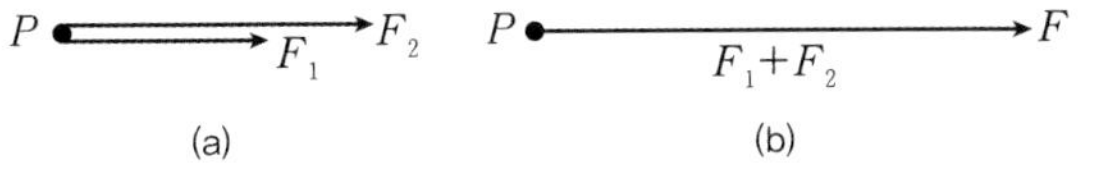

$P \bullet\!\!\longrightarrow F_1 \quad {}_{F_2} \qquad P \bullet\!\!\longrightarrow F$
$\qquad\qquad\qquad\qquad F_1 + F_2$

(a) (b)

[그림 19-5]

❷ 동일한 작용선을 따라 반대 방향으로 작용하는 힘들인 경우, 합성력은 두 힘 간의 산술적 차이다. [그림 19-6(a)]의 점 P에 작용하는 두 힘 F_1과 F_2는 [그림 19-6(b)]의 점 P에 작용하는 힘 F와 정확하게 동일한 효과를 갖는다. [그림 19-6(b)]에서 $F = F_2 - F_1$이고 F는 F_2가 F_1보다 크기 때문에 F_2 방향으로 작용한다.

$F_1 \longleftarrow\!\!\bullet\!\!\longrightarrow F_2 \qquad P \bullet\!\!\longrightarrow F$
$\qquad\quad P \qquad\qquad\qquad F_2 - F_1$

(a) (b)

[그림 19-6]

❸ 두 힘이 동일한 작용선을 갖지 않을 때, 합성된 힘의 크기와 방향은 힘의 벡터 덧셈이라고 하는 과정에 따라 구해진다. 벡터 덧셈vector addition을 수행하는 방법에는 두 가지의 도식적인 방법이 있는데, 하나는 **힘의 삼각형법**triangle of forces method(19.6절 참조)이고, 다른 하나는 **힘의 평행사변형법**parallelogram of forces method(19.7절 참조)이다.

[문제 1] 다음과 같은 두 힘 $5\,kN$과 $8\,kN$의 합성된 힘을 구하라.
(a) 같은 방향으로 작용하고 같은 작용선을 갖는다.
(b) 다른 방향으로 작용하고 같은 작용선을 갖는다.

(a) 같은 방향으로 작용하는 두 힘의 벡터 다이어그램은 [그림 19-7(a)]와 같다. 문제에서 지정하지 않았기 때문에 어떤 방향을 취해도 좋지만, 편의상 그림과 같이 작용선을 수평으로 가정한다. 위로부터 합성된 힘 F는 $F = F_1 + F_2$, 즉 원래 힘의 방향으로 $\boldsymbol{F} = (5 + 8)\,kN = \textbf{13}\,\textbf{kN}$ 이다.

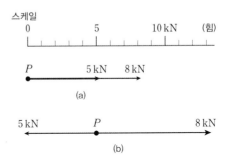

[그림 19-7]

(b) 반대 방향으로 작용하는 두 힘의 벡터 다이어그램은 [그림 19-7(b)]와 같다. 그림과 같이 다시 작용선은 수평 방향으로 가정한다. 위로부터 합성된 힘 F는 $F = F_2 - F_1$, 즉 $8\,kN$ 힘의 방향으로 $\boldsymbol{F} = (8 - 5)\,kN = \textbf{3}\,\textbf{kN}$이다.

19.6 힘의 삼각형법

힘의 삼각형법을 이용한 벡터의 덧셈 과정은 다음과 같다.

❶ 작용선의 방향으로 적절한 스케일로 힘 중의 하나를 나타내는 벡터를 그린다.
❷ 이 벡터의 **머리**^{nose}로부터 같은 스케일로 작용선의 방향으로 두 번째 힘을 나타내는 벡터를 그린다.
❸ 첫 번째 벡터의 꼬리(시작점)와 두 번째 벡터의 머리(끝점)를 이어 크기와 방향 모두를 나타낸 합성력 벡터를 그린다.

> **[문제 2]** 오른쪽 수평으로 작용하는 15 N의 힘과, 이 힘에 60° 각도로 기울어진 20 N의 힘을 합성한 합성력의 크기와 방향을 힘의 삼각형법을 사용하여 구하라.

위에서 설명한 방법과 [그림 19-8]을 참조하여 구한다.

❶ *ab*를 15단위의 길이가 되도록 수평으로 그린다.

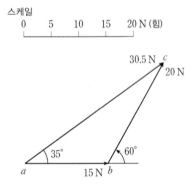

[그림 19-8]

❷ *b*에서부터 *bc*를 20단위의 길이가 되도록 그리는데, *ab*에 60° 각도로 기울어지게 그린다.

> **Note** 각도 측정에서, *ab*로부터 60°의 각도는 반시계 방향으로의 회전을 의미한다.

❸ 측정을 하면, 합성력 *ac*는 길이가 30.5단위이고 *ab*에 35°의 각도로 기울어져 있다. 즉 합성된 힘은 **30.5 N**이고, 15 N의 힘에 **35°**의 각도로 기울어져 있다.

> **[문제 3]** 힘의 삼각형법을 사용해서, 주어진 두 힘의 크기와 방향을 구하라.
> - 첫 번째 힘 : 30°의 각도로 작용하는 1.5 kN
> - 두 번째 힘 : −45°의 각도로 작용하는 3.7 kN

위에서 설명한 방법과 [그림 19-9]를 참조하여 구한다.

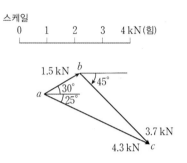

[그림 19-9]

❶ *ab*를 30° 각도로 1.5단위의 길이가 되도록 그린다.
❷ *b*로부터 *bc*를 3.7단위의 길이가 되도록 −45° 각도로 그린다.

> **Note** −45°의 각도는 오른쪽 수평으로 그린 선으로부터 시계 방향으로 45° 회전을 의미한다.

❸ 측정을 하면, 합성력 *ac*는 길이가 4.3단위이고 각도가 −25°이다. 즉 합성된 힘은 **4.3 kN**이고, −25°의 각도로 기울어져 있다.

◆ **이제 다음 연습문제를 풀어보자.**

[연습문제 78] 힘의 삼각형법에 대한 확장 문제

1 같은 작용선을 갖고 같은 방향으로 작용하는 두 힘 1.3 kN과 2.7 kN의 합성력의 크기와 방향을 구하라.

2 같은 작용선을 갖고 반대 방향으로 작용하는 두 힘 470 N과 538 N의 합성력의 크기와 방향을 구하라.

※ (문제 3~5) 주어진 힘들의 합성력의 크기와 방향을 힘의 삼각형법을 사용하여 구하라.

3 0°로 작용하는 13 N과 30°로 작용하는 25 N

4 60°로 작용하는 5 N과 90°로 작용하는 8 N

5 45°로 작용하는 1.3 kN과 −30°로 작용하는 2.8 kN

19.7 힘의 평행사변형법

힘의 평행사변형법을 이용한 벡터의 덧셈 과정은 다음과 같다.

❶ 작용선의 방향으로 적절한 스케일로 힘 중의 하나를 나타내는 벡터를 그린다.

❷ 이 벡터의 **꼬리**tail로부터 같은 스케일로 작용선의 방향으로 두 번째 힘을 나타내는 벡터를 그린다.

❸ ❶과 ❷에서 그린 두 벡터를 평행사변형의 두 변으로 하여 평행사변형을 완성한다.

❹ ❶과 ❷에서 그린 두 벡터의 꼬리로부터 그린, 평행사변형의 대각선에 해당하는 벡터가 합성된 힘의 크기와 방향 모두를 나타낸다.

[문제 4] 135° 각도로 작용하는 250N의 힘과, −120° 각도로 작용하는 400N의 힘을 합성한 합성력의 크기와 방향을 힘의 평행사변형법을 사용하여 구하라.

위에서 설명한 방법과 [그림 19-10]을 참조하여 구한다.

스케일
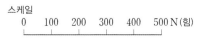
0   100   200   300   400   500 N (힘)

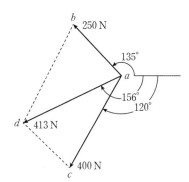

[그림 19-10]

❶ **ab**를 135° 각도로 250단위의 길이가 되도록 그린다.
❷ **ac**를 −120° 각도로 400단위의 길이가 되도록 그린다.
❸ 평행사변형이 되도록 **bd**와 **cd**를 그린다.
❹ **ad**를 그린다. 측정을 하면, **ad**는 길이가 413단위이고 각도가 **−156°**이다.

즉 합성력은 **−156°** 각도에서 **413N**이다.

◆ 이제 다음 연습문제를 풀어보자.

[연습문제 79] 힘의 평행사변형법에 대한 확장 문제

※ (문제 1~5) 주어진 힘들의 합성력의 크기와 방향을 힘의 평행사변형법을 사용하여 구하라.

1   45°로 작용하는 1.7N과 −60°로 작용하는 2.4N

2   126°로 작용하는 9N과 223°로 작용하는 14N

3   −50°로 작용하는 23.8N과 215°로 작용하는 14.4N

4   147°로 작용하는 0.7kN과 −71°로 작용하는 1.3kN

5   79°로 작용하는 47N과 247°로 작용하는 58N

19.8 동일 평면상 힘들의 합성력 계산하기

동일 평면상에 있는 두 힘의 합성력을 그리지 않고 구하는 다른 방법으로 **계산**calculation에 의한 방법이 있다. 이 방법은 **코사인 법칙**cosine rule과 **사인 법칙**sine rule을 사용하는 **삼각법**trigonometry으로 계산할 수 있는데, 이는 [문제 5]에 잘 나타나 있다(삼각법은 10장 참조). 또한 **힘의 분해**resolution of forces(19.11절 참조)를 이용하여 계산할 수도 있다.

[문제 5] 수평선에 대해 50° 각도로 작용하는 8kN 힘과 수평선에 대해 −30° 각도로 작용하는 5kN 힘의 합성력의 크기와 방향을 코사인 및 사인 법칙을 사용하여 구하라.

공간 다이어그램은 [그림 19-11(a)]와 같다. 벡터 다이어그램을 그리면 8kN의 힘의 크기와 방향은 **0a**로 표시되고, 5kN의 힘의 크기와 방향은 **ab**로 표시된다. 합성력은 길이 **0b**로 주어진다. 코사인 법칙에 의해 다음과 같이 구할 수 있다.

$$0b^2 = 0a^2 + ab^2 - 2(0a)(ab)\cos \angle 0ab$$

$$= 8^2 + 5^2 - 2(8)(5)\cos 100°$$

$$\angle 0ab = 180° - 50° - 30° = 100° \text{이므로}$$

$$= 64 + 25 - (-13.892) = 102.892$$

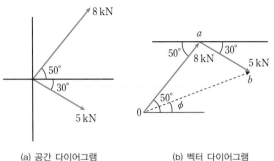

(a) 공간 다이어그램   (b) 벡터 다이어그램

[그림 19–11]

따라서 $0b = \sqrt{102.892} = 10.14\,\mathrm{kN}$이다.

사인 법칙에 의해 $\dfrac{5}{\sin \angle a0b} = \dfrac{10.14}{\sin 100°}$이고, 이로부터

$\sin \angle a0b = \dfrac{5\sin 100°}{10.14} = 0.4856$이다.

따라서 $\angle a0b = \sin^{-1}(0.4856) = 29.05°$이다. 결국 [그림 19–11(b)]에서 각도 ϕ는 $50° - 29.05° = 20.95°$이다.

따라서 두 힘의 합성력은 수평선에 대해 20.95° 각도로 작용하는 10.14 kN의 힘이다.

◆ 이제 다음 연습문제를 풀어보자.

[연습문제 80] 동일 평면상 힘들의 합성력 계산에 대한 확장 문제

1 32°에서의 7.6 kN과 143°에서의 11.8 kN의 힘이 한 점에 작용한다. 두 힘의 합성력의 크기와 방향을 코사인 및 사인 법칙을 사용하여 구하라.

※ (문제 2~5) 주어진 힘들의 합성력을 코사인과 사인 법칙을 사용하여 계산하라.

2 0°로 작용하는 13 N과 30°로 작용하는 25 N

3 45°로 작용하는 1.3 kN과 −30°로 작용하는 2.8 kN

4 126°로 작용하는 9 N과 223°로 작용하는 14 N

5 147°로 작용하는 0.7 kN과 −71°로 작용하는 1.3 kN

19.9 세 개 이상의 동일 평면상 힘들의 합성력

[그림 19–12]와 같이 한 점에 작용하는 세 개의 동일 평면 상 힘 F_1, F_2, F_3에 대하여, 벡터 다이어그램은 19.6절의 머리-꼬리 연결 방법을 사용하여 그릴 수 있다. 그리는 과정은 다음과 같다.

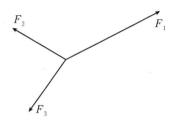

[그림 19–12]

❶ 힘 F_1의 크기와 방향을 표시하기 위해 $0a$를 그린다([그림 19–13] 참조).

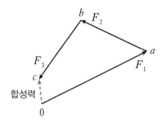

[그림 19–13]

❷ $0a$의 머리로부터, 힘 F_2를 표시하기 위해 ab를 그린다.

❸ ab의 머리로부터, 힘 F_3를 표시하기 위해 bc를 그린다.

❹ [그림 19–13]에서 합성력 벡터는 길이 $0c$로 주어진다. 합성력 $0c$의 방향은 출발점 0에서 종점 c를 향한다. $0c$로 주어진 합성력이 홀로 작용하는 것과 세 힘 F_1, F_2, F_3가 한 점에 동시에 작용하는 것은 동일한 효과를 갖는다. [그림 19–13]과 같은 합성력 벡터 다이어그램을 힘의 다각형^{polygon of forces}이라 부른다.

[문제 6] 다음과 같이 동일 평면상에 있으며, 한 점에 작용하는 세 힘의 합성력의 크기와 방향을 도식적인 방법으로 구하라.
• 수평으로 오른쪽을 향한 12 N의 힘 A
• 힘 A에 60° 기울어진 7 N의 힘 B
• 힘 A에 150° 기울어진 15 N의 힘 C

공간 다이어그램은 [그림 19-14]와 같다.

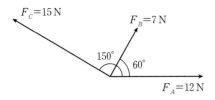

[그림 19-14]

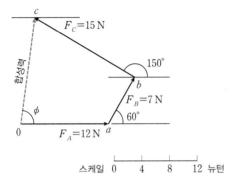

[그림 19-15]

[그림 19-15]의 벡터 다이어그램은 다음과 같이 그린다.

❶ $0a$는 12 N 힘의 크기와 방향을 표시한다.

❷ $0a$의 머리로부터, $0a$에 60° 기울어지고 길이가 7단위 인 ab를 그린다.

❸ ab의 머리로부터, $0a$에 150°(즉, 수평선에 150°) 기울 어지고 길이가 15단위인 bc를 그린다.

❹ $0c$는 합성력을 나타낸다. 측정에 의하면, 합성력은 수평 선에 $\phi = 80°$로 기울어진 13.8 N이다.

따라서 세 힘 F_A, F_B, F_C의 합성력은 수평선에 80°로 기울어진 13.8 N의 힘이다.

[문제 7] 동일 평면상에서 한 점에 작용하는 다음과 같은 힘이 있다. 각도는 수평선으로부터 측정된다. 다섯 개 힘 의 합성력의 크기와 방향을 도식적인 방법으로 구하라.

• 30°로 작용하는 100 N
• 80°로 작용하는 200 N
• −150°로 작용하는 40 N
• −100°로 작용하는 120 N
• −60°로 작용하는 70 N

다섯 개 힘을 [그림 19-16]의 공간 다이어그램으로 표현하 였다. 200 N과 120 N의 힘은 같은 작용선에서 반대 방향으 로 존재하기 때문에, 수평선에 80°로 작용하는 200−120, 즉 80 N인 한 개의 힘으로 나타낼 수 있다. 마찬가지로, 100 N과 40 N의 힘도 수평선에 30°로 작용하는 100−40, 즉 60 N인 한 개의 힘으로 나타낼 수 있다. 따라서 [그림 19-16]의 공간 다이어그램은 [그림 19-17]의 공간 다이어 그램으로 나타낼 수 있다.

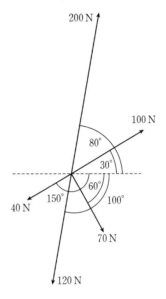

[그림 19-16]

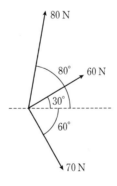

[그림 19-17]

이러한 벡터의 단순화는 필수적이진 않지만, 다섯 개의 힘 을 갖는 공간 다이어그램보다는 세 힘을 갖는 공간 다이어 그램에서 벡터 다이어그램을 구성하는 것이 더 쉽다.

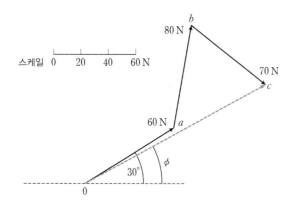

[그림 19-18]

벡터 다이어그램은 [그림 19-18]과 같다. **0a**는 60 N의 힘을 나타내고, **ab**는 80 N의 힘을 나타내며, **bc**는 70 N의 힘을 나타낸다. 합성력 **0c**는 측정에 의해 각도 ϕ가 25°이고 112 N인 힘임을 알 수 있다.

따라서 [그림 19-16]의 다섯 개 힘은 수평선에 대해 25°이고 112 N인 한 개의 힘으로 묘사될 수 있다.

◆ 이제 다음 연습문제를 풀어보자.

[연습문제 81] 세 개 이상의 동일 평면상 힘들의 합성력에 대한 확장 문제

※ (문제 1~3) 동일 평면상의 한 점에 작용하는 주어진 힘들의 합성력의 크기와 방향을 도식적인 방법으로 구하라.

1 수평 오른쪽으로 작용하는 12 N의 힘 *A*
   힘 *A*에 대해 140°로 작용하는 20 N의 힘 *B*
   힘 *A*에 대해 290°로 작용하는 16 N의 힘 *C*

2 수평으로 80°로 작용하는 23 kN의 힘 1
   힘 1에 대해 37°로 작용하는 30 kN의 힘 2
   힘 2에 대해 70°로 작용하는 15 kN의 힘 3

3 수평 오른쪽으로 작용하는 50 kN의 힘 *P*
   힘 *P*에 대해 70°로 작용하는 20 kN의 힘 *Q*
   힘 *P*에 대해 170°로 작용하는 40 kN의 힘 *R*
   힘 *P*에 대해 300°로 작용하는 80 kN의 힘 *S*

4 네 개의 수평 전선이 전봇대에 매달려 있어, 남쪽으로 30 N의 장력을, 동쪽으로 20 N의 장력을, 북동쪽으로 50 N의 장력을, 북서쪽으로 40 N의 장력을 발휘한다. 전봇대에 작용하는 합성력의 크기와 방향을 구하라.

19.10 동일 평면상 힘들의 평형

동일 평면상에서 세 개 혹은 그 이상의 힘들이 한 점에 작용하고 벡터 다이어그램이 닫혀 있다면, 합성력은 없다. 그 점에 작용하는 힘들은 평형상태 equilibrium에 있다.

[문제 8] 수직선에 대해 40°와 35°의 각도를 이루는 두 개의 줄을 하중의 같은 지점에 연결하여 200 N의 짐을 들어 올린다. 시스템이 평형상태에 있을 때 각 줄에 작용하는 장력을 도식적인 방법으로 구하라.

공간 다이어그램은 [그림 19-19]와 같다. 시스템이 평형상태에 있으므로, 벡터 다이어그램은 닫혀 있어야만 한다.

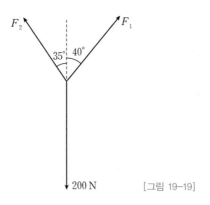

[그림 19-19]

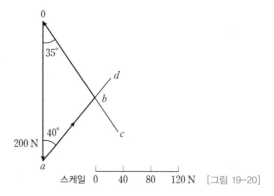

[그림 19-20]

벡터 다이어그램은 [그림 19-20]과 같으며, 다음과 같이 그린다.

❶ 200 N의 하중은 **0a**와 같이 수직 아래쪽으로 그린다.
❷ 힘 F_1은 방향만 알고 있으므로, 점 *a*로부터 수직선에 대해 40°로 **ad**를 그린다.
❸ 힘 F_2는 방향만 알고 있으므로, 점 0으로부터 수직선에 대해 35°로 **0c**를 그린다.

❹ 선 *ad*와 0*c*는 점 *b*에서 만난다. 따라서 벡터 다이어그램은 삼각형 0*ab*로 주어진다. 측정에 의해, *ab*는 119 N이고 0*b*는 133 N이다.

따라서 줄에 작용하는 장력은 $F_1 = 119\,\text{N}$이고 $F_2 = 133\,\text{N}$이다.

> **[문제 9]** 동일 평면상에 다섯 개의 힘이 한 물체상에 작용하고 있고 물체는 평형에 있다. 각 힘들은 수평 오른쪽으로 작용하는 12 kN, 75°의 각도로 작용하는 18 kN, 165°의 각도로 작용하는 7 kN, 7 kN 힘의 머리로부터 작용하는 16 kN, 그리고 16 kN 힘의 머리로부터 작용하는 15 kN이다. 12 kN 힘에 대해 상대적으로 16 kN과 15 kN 힘들의 방향을 구하라.

[그림 19-21]을 참조하면, 0*a*는 수평 오른쪽으로 길이 12단위로 그린다. 점 *a*로부터 75°의 각도로 길이 18단위인 *ab*를 그린다. 점 *b*로부터 165°의 각도로 길이 7단위인 *bc*를 그린다. 16 kN 힘의 방향은 모르기 때문에, 컴퍼스를 사용하여 점 *c*를 중심에 두고 반경 16단위로 호 *pq*를 그린다. 힘들이 평형을 이루기 때문에, 힘들의 다각형은 닫혀 있어야만 한다. 중심을 0에 두고 컴퍼스로 반경 15단위인 호 *rs*를 그린다. 호들이 교차하는 점이 *d*이다.

측정에 의해, 각도 $\phi = 198°$이고 $\alpha = 291°$이다.

따라서 16 kN 힘은 12 kN 힘에 대해 198°(혹은 $-162°$)의 각도로 작용하고, 15 kN 힘은 12 kN 힘에 대해 291°(혹은 $-69°$)의 각도로 작용한다.

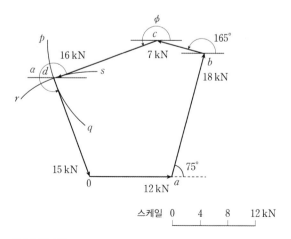

[그림 19-21]

◆ **이제 다음 연습문제를 풀어보자.**

[연습문제 82] 동일 평면상 힘들의 평형에 대한 확장 문제

1. 수직선의 서로 반대편 쪽에 22°와 31°의 각도를 이루는 두 개의 줄을 하중의 같은 지점에 연결하여 12.5 N의 짐을 들어 올린다. 각 줄에 작용하는 장력을 구하라.

2. 기계 부품을 들어올리기 위해 두 다리를 가진 승강기 밧줄이 [그림 19-22]와 같이 작용한다. 아래쪽으로 15 kN의 힘을 발휘하는 부품을 들어 올린다면, 밧줄의 각 다리에 작용하는 힘을 구하라.

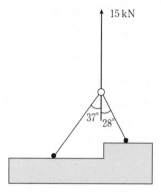

[그림 19-22]

3. 동일 평면상에 네 개의 힘이 한 물체에 작용하여 평형상태에 있다. 힘들의 벡터 다이어그램은 60 N의 힘이 수직 위쪽으로 작용하고, 40 N 힘이 60 N의 힘에 65°로 작용하며, 100 N 힘이 40 N 힘의 머리로부터 작용하고, 그리고 90 N 힘이 100 N 힘의 머리로부터 작용한다. 60 N의 힘에 대해 상대적으로 100 N과 90 N 힘의 방향을 구하라.

19.11 힘들의 분해

벡터양은 수평 성분^{horizontal component}과 수직 성분^{vertical component}으로 표현될 수 있다. 예를 들어, 수평선에 60° 각도로 10 N의 힘을 나타내는 벡터는 [그림 19-23]과 같다. 만약 수평선 0*a*와 수직선 *ab*가 그림처럼 구성된다면, 0*a*는 10 N 힘의 수평 성분이라 부르고, *ab*는 10 N 힘의 수직 성분이라 부른다.

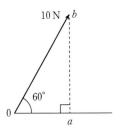

[그림 19-23]

삼각법에 의해 $\qquad \cos 60° = \dfrac{0a}{0b}$

따라서 수평 성분은 $\qquad 0a = 10\cos 60°$

또한 $\qquad \sin 60° = \dfrac{ab}{0b}$

따라서 수직 성분은 $ab = 10\sin 60°$이다.

이 과정은 **한 벡터의 수평 성분과 수직 성분을 찾는 것** 혹은 벡터의 분해라 부르고, 한 점에 작용하는 둘 혹은 그 이상의 동일 평면상 힘들의 합성력을 계산하는 도식적 방법에 대한 대안이 될 수 있다.

예를 들어, 수평선에 $60°$ 각도로 작용하는 $10\,\text{N}$의 힘과 수평선에 $-30°$ 각도로 작용하는 $20\,\text{N}$의 힘의([그림 19-24] 참조) 합성력을 계산하기 위한 과정은 다음과 같다.

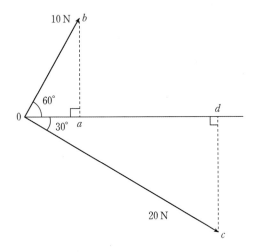

[그림 19-24]

❶ $10\,\text{N}$ 힘의 수평 성분과 수직 성분을 구한다.
수평 성분 : $0a = 10\cos 60° = 5.0\,\text{N}$
수직 성분 : $ab = 10\sin 60° = 8.66\,\text{N}$

❷ $20\,\text{N}$ 힘의 수평 성분과 수직 성분을 구한다.
수평 성분 : $0d = 20\cos(-30°) = 17.32\,\text{N}$
수직 성분 : $cd = 20\sin(-30°) = -10.0\,\text{N}$

❸ 총 수평 성분을 구한다.
$$0a + 0d = 5.0 + 17.32 = 22.32\,\text{N}$$

❹ 총 수직 성분을 구한다.
$$ab + cd = 8.66 + (-10.0) = -1.34\,\text{N}$$

❺ [그림 19-25]와 같이 총 수평 성분과 수직 성분을 그린다. 두 힘의 합성력은 길이 $0r$로 주어지고, 피타고라스 정리에 의해

$$0r = \sqrt{22.32^2 + 1.34^2} = 22.36\,\text{N}$$

이고, 삼각법을 사용하면 각도는 다음과 같다.

$$\phi = \tan^{-1}\dfrac{1.34}{22.32} = 3.44°$$

[그림 19-25]

따라서 [그림 19-24]에 보이는 $10\,\text{N}$과 $20\,\text{N}$ 힘의 합성력은 **수평선에 $-3.44°$인 각도로 $22.36\,\text{N}$이다.**

[문제 10] $25°$에서의 $5.0\,\text{N}$ 힘과 $112°$에서의 $8.0\,\text{N}$ 힘이 한 점에 작용한다. 이 두 힘을 수평 성분과 수직 성분으로 분해하여 합성력을 구하라.

공간 다이어그램은 [그림 19-26]과 같다.

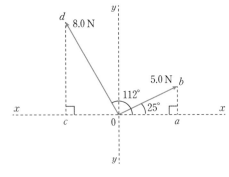

[그림 19-26]

❶ 5.0 N 힘의 수평 성분은 $0a = 5.0\cos 25° = 4.532$이고,
5.0 N 힘의 수직 성분은 $ab = 5.0\sin 25° = 2.113$이다.

❷ 8.0 N 힘의 수평 성분은 $0c = 8.0\cos 112° = -2.997$이고,
8.0 N 힘의 수직 성분은 $cd = 8.0\sin 112° = 7.417$이다.

❸ 총 수평 성분은
$0a + 0c = 4.532 + (-2.997) = +1.535$이다.

❹ 총 수직 성분은
$ab + cd = 2.113 + 7.417 = +9.530$ 이다.

❺ 성분들은 [그림 19-27]과 같이 그릴 수 있다.

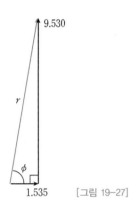

[그림 19-27]

피타고라스 정리에 의해 r은 다음과 같고,

$$r = \sqrt{1.535^2 + 9.530^2} = 9.653$$

삼각법을 사용하면 각도는 다음과 같다.

$$\phi = \tan^{-1}\frac{9.530}{1.535} = 80.85°$$

따라서 [그림 19-26]의 두 힘의 합성력은 수평선에 80.85°로 작용하는 9.653 N의 힘이다.

[문제 9]와 [문제 10]은 한 점에 작용하는 동일 평면상의 두 힘의 합성력을 계산하기 위해 힘의 분해를 사용하는 것을 보여준다. 그러나 이 방법은 [문제 11]과 같이 한 점에 셋 이상의 힘이 작용할 때도 사용된다.

[문제 11] 동일 평면상에 다음과 같은 세 개의 힘이 한 점에 작용할 때 합성력을 구하라.
• 수평선에 20°로 작용하는 200 N
• 수평선에 165°로 작용하는 400 N
• 수평선에 250°로 작용하는 500 N

계산기를 사용하여 표를 작성하면 아래와 같다.

수평 성분

힘1	$200\cos 20°$ =	187.94
힘2	$400\cos 165°$ =	−386.37
힘3	$500\cos 250°$ =	−171.01

총 수평 성분= −369.44

수직 성분

힘1	$200\sin 20°$ =	68.40
힘2	$400\sin 165°$ =	103.53
힘3	$500\sin 250°$ =	−469.85

총 수직 성분= −297.92

총 수평 성분과 수직 성분은 [그림 19-28]과 같다.

합성력은 $r = \sqrt{369.44^2 + 297.92^2} = 474.60$이고,

각도는 $\phi = \tan^{-1}\frac{297.92}{369.44} = 38.88°$이고, 이로부터

$\alpha = 180 - 38.88° = 141.12°$이다.

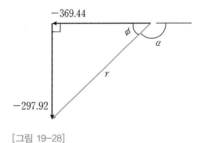

[그림 19-28]

따라서 세 힘의 합성력은 수평선에 −141.12°(혹은 +218.88°)의 각도로 작용하는 474.6 N의 힘이다.

◆ 이제 다음 연습문제를 풀어보자.

[연습문제 83] 힘들의 분해에 대한 확장 문제

1 64° 각도에 23.0 N의 힘을 수평 성분과 수직 성분으로 분해하라.

2 21°에서의 5 N 힘과 126°에서의 9 N 힘이 한 점에 작용한다. 이 두 힘을 수평 성분과 수직 성분으로 분해하여 합성력을 구하라.

※ (문제 3~4) 한 점에 작용하는 동일 평면상에 있는 주어진 힘들의 합성력의 크기와 방향을 힘의 분해를 이용하여 구하라.

3 수평 오른쪽으로 작용하는 12 N의 힘 A
  힘 A에 대해 140°로 작용하는 20 N의 힘 B
  힘 A에 대해 290°로 작용하는 16 N의 힘 C

4 수평선에 대해 80°로 작용하는 23 kN의 힘 1
  힘 1에 대해 37°로 작용하는 30 kN의 힘 2
  힘 2에 대해 70°로 작용하는 15 kN의 힘 3

5 한 점에 작용하는 동일 평면상에 있는 다음 세 힘들의 합성력을 힘의 분해를 이용하여 구하라.
  • 수평선에 대해 32°로 작용하는 10 kN
  • 수평선에 대해 170°로 작용하는 15 kN
  • 수평선에 대해 240°로 작용하는 20 kN

6 동일 평면상에 있는 다음 힘들이 한 점에 작용한다. 힘의 분해를 이용하여 다섯 개 힘의 합성력을 구하라.
  • 수평 오른쪽으로 작용하는 15 N의 힘 A
  • 수평선에 대해 81°로 작용하는 23 N의 힘 B
  • 수평선에 대해 210°로 작용하는 7 N의 힘 C
  • 수평선에 대해 265°로 작용하는 9 N의 힘 D
  • 수평선에 대해 324°로 작용하는 28 N의 힘 E

19.12 요약

❶ 한 점에 작용하는 **동일 평면상의 두 힘의 합성력**을 구하기 위해, 일반적으로 다음과 같은 네 가지 방법이 사용된다.

그림을 그리는 방법 :
  • 힘의 삼각형법
  • 힘의 평행사변형법

계산을 이용하는 방법 :
  • 코사인 및 사인 법칙 이용
  • 힘들의 분해

❷ 한 점에 작용하는 **동일 평면상의 세 힘 이상의 합성력**을 구하기 위해, 일반적으로 다음과 같은 두 가지 방법이 사용된다.

그림을 그리는 방법 :
  • 힘의 다각형법

계산을 이용하는 방법 :
  • 힘들의 분해

◆ 이제 다음 연습문제를 풀어보자.

[연습문제 84] 한 점에 작용하는 힘에 대한 단답형 문제

1 스칼라양과 벡터양의 예를 각각 한 가지씩 들어보라.

2 스칼라양과 벡터양 간의 차이점을 설명하라.

3 물체의 중력 중심은 무엇을 의미하는가?

4 직사각형 박막의 질량 중심은 어디인가?

5 중립 평형은 무엇을 의미하는가?

6 '동일 평면상'이란 용어의 의미를 설명하라.

7 동시에 작용하는 힘이란 무엇인가?

8 힘의 삼각형이 의미하는 것을 설명하라.

9 힘의 평행사변형이 의미하는 것을 설명하라.

10 힘의 다각형이 의미하는 것을 설명하라.

11 한 점에 작용하는 동일 평면상 힘들을 벡터 다이어그램으로 그렸을 때 합성력이 존재하지 않으면, 힘들은 (   )에 있다.

12 6 N과 9 N의 두 힘이 수평 오른쪽으로 작용한다. 합성력은 (   )(으)로 작용하는 (   ) N이다.

13 50° 각도로 10 N의 힘이 작용하고, 또 다른 힘 20 N이 230° 각도로 작용한다. 합성력은 (   )°의 각도로 (   ) N의 힘이다.

14 '힘의 분해'는 무엇을 의미하는가?

15 동일 평면상의 힘 시스템이 수평 오른쪽으로 작용하는 20 kN의 힘, 45°로 작용하는 30 kN, 180°로 작용하는 20 kN, 225°로 작용하는 25 kN으로 구성된다. 합성력은 수평선에 (   )°의 각도로 작용하는 (   ) N의 힘이다.

1 크기뿐 아니라 방향을 갖는 물리량을 무엇이라 하는가?

(a) 힘 (b) 벡터

(c) 스칼라 (d) 무게

2 다음 중 스칼라양이 아닌 것은?

(a) 속도 (b) 위치 에너지

(c) 일 (d) 운동 에너지

3 다음 중 벡터양이 아닌 것은?

(a) 변위 (b) 밀도

(c) 속도 (d) 가속도

4 다음 중 틀린 말은?

(a) 스칼라양은 치수 혹은 크기만을 갖는다.

(b) 벡터양은 크기와 방향을 모두 갖는다.

(c) 질량, 길이, 시간은 모두 스칼라양이다.

(d) 거리, 속도, 가속도는 모두 벡터양이다.

5 물체에 약간의 교란을 일으키면 물체의 중력 중심이 증가하고, 교란시키는 힘이 제거되면 물체가 원래의 위치로 돌아간다. 이때 물체는 어떤 상태에 있다고 말하는가?

(a) 중립 평형 (b) 안정한 평형

(c) 정적 평형 (d) 불안정한 평형

6 다음 중 틀린 말은?

(a) 박막의 중력 중심은 균형점에 위치한다.

(b) 원형 박막의 중력 중심은 중심에 위치한다.

(c) 직사각형 박막의 중력 중심은 두 변의 교차점에 위치한다.

(d) 얇은 균일 막대의 중력 중심은 막대 길이의 중앙에 위치한다.

7 [그림 19–29]에 보인 벡터들의 합성력 크기는?

(a) 2 N (b) 12 N

(c) 35 N (d) −2 N

[그림 19–29]

8 [그림 19–30]에 보인 벡터들의 합성력 크기는?

(a) 7 N (b) 5 N

(c) 1 N (d) 12 N

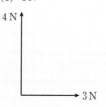

[그림 19–30]

9 다음 중 틀린 말은?

(a) 평형에 있지 않은, 동일 평면상 한 점에 작용하는 힘들의 시스템을 묘사하는 벡터 다이어그램에서 이를 닫히도록 하는 합성력 벡터가 항상 존재한다.

(b) 벡터양은 크기와 방향을 모두 갖는다.

(c) 평형상태에 있는, 동일 평면상 한 점에 작용하는 힘들의 시스템을 묘사하는 벡터 다이어그램은 닫히지 않는다.

(d) 동시에 작용하는 힘들은 동일한 시간에 동일한 지점에 작용하는 힘들이다.

10 다음 중 틀린 말은?

(a) 동일 평면상 한 점에 작용하는 1 N, 2 N, 3 N 힘의 합성력은 4 N일 수 있다.

(b) 같은 작용선에 작용하지만 반대 방향인 6 N과 3 N 힘의 합성력은 3 N이다.

(c) 같은 작용선을 갖고 같은 방향으로 작용하는 6 N과 3 N 힘의 합성력은 9 N이다.

(d) 0°에서 4 N, 90°에서 3 N, 180°에서 8 N인 동일 평면상 힘들의 합성력은 15 N이다.

11 힘 시스템의 공간 다이어그램이 [그림 19–31]과 같다. [그림 19–32]의 벡터 다이어그램 중 이 힘 시스템을 나타내지 않는 것은?

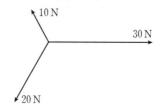

[그림 19–31]

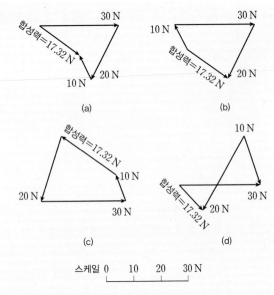

(a)

(b)

(c)

(d)

스케일 0   10   20   30 N

[그림 19-32]

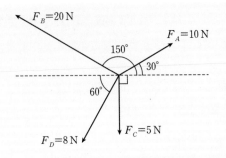

[그림 19-33]

12 [그림 19-33]에서, 다음 중 틀린 말은?

(a) F_A의 수평 성분은 8.66N이다.

(b) F_B의 수직 성분은 10N이다.

(c) F_C의 수평 성분은 0이다.

(d) F_D의 수직 성분은 4N이다.

13 두 힘 3N과 4N 힘의 합성력이 될 수 없는 힘은?

(a) 2.5N   (b) 4.5N

(c) 6.5N   (d) 7.5N

14 [그림 19-34]의 벡터들의 합성력 크기는?

(a) 5N   (b) 13N

(c) 1N   (d) 63N

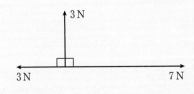

[그림 19-34]

20

일, 에너지, 일률
Work, energy and power

일, 에너지, 일률을 이해하는 것이 왜 중요할까?

이 장에서는 일, 일률, 에너지를 정의하는 것에서 출발한다. 이 장에서는 또한 중간-세로좌표 법칙에 대해 알아보고, 배의 수상 면과 같은 불규칙한 형태의 면적을 계산할 때 이 법칙을 어떻게 적용하는지 설명한다. 이것은 또한 불규칙한 2차원 형태를 갖는 힘-변위 혹은 이와 유사한 관계에서 한 일을 계산하는 데 사용될 수 있다. 이 장은 역학을 실제 문제에 응용하고 연구하는 데 꼭 필요하다. 이 장은 특히 모터 자동차 엔진을 설계할 때 중요하다.

학습포인트

- 일을 정의하고, 일의 단위를 설명할 수 있다.
- 한 일에 대한 간단한 계산을 수행할 수 있다.
- 힘/거리 그래프 아래의 면적을 통해 한 일을 구할 수 있음을 알 수 있다.
- 한 일을 구하기 위해 힘/거리 그래프에서 계산을 수행할 수 있다.
- 에너지를 정의하고, 에너지의 단위를 설명할 수 있다.
- 다양한 형태의 에너지를 설명할 수 있다.
- 에너지 보존 법칙을 설명할 수 있고, 보존의 예를 들 수 있다.
- 시스템의 효율을 정의하고 계산할 수 있다.
- 일률을 정의하고 일률의 단위를 설명할 수 있다.
- (일률)=(힘)×(속도)임을 이해할 수 있다.
- 일률, 한 일, 에너지 및 효율을 포함하는 계산을 수행할 수 있다.
- 위치 에너지를 정의할 수 있다.
- (위치 에너지)=mgh를 포함하는 계산을 수행할 수 있다.
- 운동 에너지를 정의할 수 있다.
- (운동 에너지)=$\frac{1}{2}mv^2$을 포함하는 계산을 수행할 수 있다.
- 탄성 충돌과 비탄성 충돌을 구분할 수 있다.
- (회전 운동 에너지)=$\frac{1}{2}I\omega^2$을 포함하는 계산을 수행할 수 있다.

20.1 서론

이 장은 일, 일률, 에너지를 정의하는 것에서 출발한다. 이 장에서는 또한 중간-세로좌표 법칙에 대해 알아보고, 배의 수상 면과 같은 불규칙한 형태의 면적을 계산할 때 이 법칙을 어떻게 적용하는지 설명한다. 이것은 또한 불규칙한 2차원 형태를 갖는 힘-변위 혹은 이와 유사한 관계에서 한 일을 계산하는 데 사용될 수 있다.

이 장은 역학을 실제 문제에 응용하고 연구하는 데 꼭 필요하며, 특히 모터 자동차 엔진을 설계할 때 중요하다.

20.2 일

만약 물체가 가해진 힘의 결과로 움직인다면, 힘은 물체에 일을 한다고 말한다. 한 일의 양은 가한 힘과 거리를 곱한 값이다. 즉,

한 일 = 힘 × 힘의 방향으로 움직인 거리

일의 단위는 줄^{Joule*}(J)이다. 힘 1N을 작용하여 가한 힘의 방향으로 1m의 거리를 움직이는 동안에 행해진 일의 양을 1J로 정의한다. 즉 다음과 같다.

$$1\,J = 1\,Nm$$

*줄은 누구?

제임스 프레스콧 줄(James Prescott Joule, 1818. 12. 24 ~ 1889. 10. 11)은 영국 물리학자이고 양조자이다. 그는 열의 자연현상을 공부했고, 역학적 일과의 관계를 발견했다. 이는 에너지 보존 이론으로 발전되었으며, 이는 다시 열역학 제1 법칙의 발전으로 이어졌다. 에너지의 SI 단위인 [줄(J)]은 그의 이름에서 온 것이다.

만약 (가로축상에) 움직인 거리에 대하여 (세로축상에) 힘의 실험적 값을 그리면, 힘/거리 그래프 혹은 일 다이어그램이 만들어진다. **그래프 아래의 면적은 한 일을 나타낸다.**

예를 들면, 8m의 높이만큼 짐을 들어 올리는 데 20N의 힘을 일정하게 사용하는 경우에 대하여 힘/거리 그래프를 그리면 [그림 20-1]과 같이 된다. 그래프 아래의 색칠한 영역의 면적은 한 일의 양을 나타낸다. 따라서

한 일 = 20N × 8m = 160J

마찬가지로, 500N의 힘을 가해 20mm만큼 늘어난 스프링에 대하여 일 다이어그램을 그리면 [그림 20-2]와 같다.

한 일 = 색칠한 영역

$$= \frac{1}{2} \times 밑변 \times 높이$$

$$= \frac{1}{2} \times (20 \times 10^{-3})\,m \times 500\,N = 5\,J$$

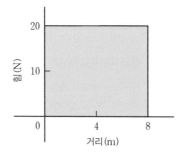

[그림 20-1]

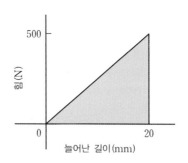

[그림 20-2]

18장에서, (힘)=(질량)×(가속도)이고 물체가 높은 곳에서 떨어진다면 약 9.81m/s^{2}의 일정한 가속도를 갖는다는 것을 배웠다.

따라서 8kg의 질량을 수직으로 4m 들어 올린다면, 한 일은 다음과 같이 주어진다.

한 일 = 힘 × 거리

$$= (질량 \times 가속도) \times 거리$$

$$= (8 \times 9.81) \times 4 = 313.92\,J$$

변하는 힘이 한 일은 중간-세로좌표 법칙$^{mid\text{-}ordinate\ rule}$과 같은 근사적 방법을 사용하여, 힘/거리 그래프에 의해 둘러싸인 면적을 구해서 찾을 수 있다.

[그림 20-3]에서 중간-세로좌표 법칙을 사용하여 면적 $ABCD$를 구하는 방법은 다음과 같다.

❶ 밑변 AD를 각 간격의 폭이 d인 여러 개의 동일한 간격으로 나눈다(간격의 수가 커질수록, 정밀도도 증가한다).

❷ 각 간격의 중간에서 세로좌표를 세운다([그림 20-3]에서 점선 표시).

❸ y_1, y_2, y_3 등의 세로좌표를 정확하게 측정한다.

❹ 면적 $ABCD = d(y_1 + y_2 + y_3 + y_4 + y_5 + y_6)$

일반적으로, 중간-세로좌표 법칙은 다음과 같이 설명한다.

면적 = (간격의 폭)(중간-세로좌표들의 합)

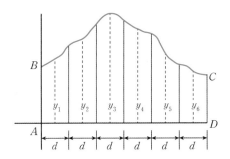

[그림 20-3]

[문제 1] $40\,\mathrm{N}$의 힘이 물체를 밀어 힘의 방향으로 $500\,\mathrm{m}$의 거리를 움직였을 때, 한 일의 양을 구하라.

한 일 = 힘 × 힘의 방향으로 움직인 거리

$\quad = 40\,\mathrm{N} \times 500\,\mathrm{m}$

$\quad = 20,000\,\mathrm{J}$ $1\,\mathrm{J} = 1\,\mathrm{Nm}$이므로

즉 한 일 $= 20\,\mathrm{kJ}$이다.

[문제 2] 크레인을 사용해 질량체를 높이 $5\,\mathrm{m}$만큼 수직으로 들어 올릴 때, 질량체를 들어올리기 위해 $98\,\mathrm{N}$의 힘이 필요했다면, 한 일을 구하라.

들어올리기 위해 한 일은 다음과 같다.

한 일 = (물체의 무게) × (움직인 수직 거리)

무게는 물체의 질량 때문에 아래쪽으로 향한 힘이다. 따라서 다음과 같다.

한 일 $= 98\,\mathrm{N} \times 5\,\mathrm{m}$

$= 490\,\mathrm{J}$

[문제 3] 모터가 짐을 $5\,\mathrm{m}$ 거리만큼 이동시키기 위해 $1\,\mathrm{kN}$의 일정한 힘을 공급한다. 그다음에 힘이 일정한 $500\,\mathrm{N}$의 힘으로 바뀌고, 짐을 $15\,\mathrm{m}$ 더 움직였다. 이 동작에 대한 힘/거리 그래프를 그리고, 이 그래프로부터 모터가 한 일을 구하라.

힘/거리 그래프 혹은 일 다이어그램은 [그림 20-4]와 같다. A 지점과 B 지점 사이에 $1000\,\mathrm{N}$의 일정한 힘이 짐을 $5\,\mathrm{m}$ 움직인다. C 지점과 D 지점 사이에 $500\,\mathrm{N}$의 일정한 힘이 짐을 $5\,\mathrm{m}$에서 $20\,\mathrm{m}$로 움직인다.

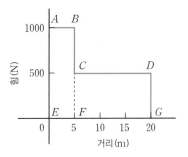

[그림 20-4]

총 한 일 = 힘/거리 그래프 아래 면적

$\quad = $ 면적 $ABFE + $ 면적 $CDGF$

$\quad = (1000\,\mathrm{N} \times 5\,\mathrm{m}) + (500\,\mathrm{N} \times 15\,\mathrm{m})$

$\quad = 5000\,\mathrm{J} + 7500\,\mathrm{J}$

$\quad = 12,500\,\mathrm{J} = 12.5\,\mathrm{kJ}$

[문제 4] 스프링이 처음에 이완 상태에 있다가, 길이가 $100\,\mathrm{mm}$ 만큼 연장되었다. 스프링을 연장하기 위해 $0.6\,\mathrm{N/mm}$의 힘을 가해야 한다면, 일 다이어그램을 사용하여 한 일을 구하라.

$100\,\mathrm{mm}$ 만큼 연장하기 위해 필요한 힘

$= 100\,\mathrm{mm} \times 0.6\,\mathrm{N/mm} = 60\,\mathrm{N}$

[그림 20-5]는 힘이 0에서부터 $60\,\mathrm{N}$으로 증가할 때, 힘에 비례한 연장의 증가를 나타내는 힘/연장 그래프 혹은 일 다이어그램을 보여준다. 한 일은 그래프 아래 면적이므로 다음과 같다.

$$한 \ 일 = \frac{1}{2} \times 밑변 \times 높이$$

$$= \frac{1}{2} \times 100 \, \text{mm} \times 60 \, \text{N}$$

$$= \frac{1}{2} \times 100 \times 10^{-3} \, \text{m} \times 60 \, \text{N}$$

$$= 3 \, \text{J}$$

다른 방법으로, 연장할 때 평균 힘 $= \dfrac{60-0}{2} = 30 \, \text{N}$ 이고 총 연장 $= 100 \, \text{mm} = 0.1 \, \text{m}$ 이므로 다음과 같이 구할 수 있다.

$$한 \ 일 = 평균 \ 힘 \times 연장$$

$$= 30 \, \text{N} \times 0.1 \, \text{m} = 3 \, \text{J}$$

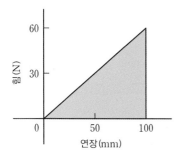

[그림 20-5]

[문제 5] 스프링을 50 mm 연장시키기 위해서 10 N의 힘이 필요하다. 다음 경우에 스프링을 연장하는 데 한 일을 구하라.
(a) 0으로부터 30 mm로 연장
(b) 30 mm로부터 50 mm로 연장

[그림 20-6]은 스프링에 대한 힘/연장 그래프이다.

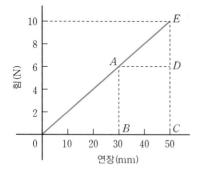

[그림 20-6]

(a) 0으로부터 30 mm로 스프링을 연장할 때 한 일은 [그림 20-6]의 면적 $AB0$으로 주어진다. 즉,

$$한 \ 일 = \frac{1}{2} \times 밑변 \times 높이$$

$$= \frac{1}{2} \times 30 \times 10^{-3} \, \text{m} \times 6 \, \text{N}$$

$$= 90 \times 10^{-3} \, \text{J}$$

$$= 0.09 \, \text{J}$$

(b) 30 mm로부터 50 mm로 스프링을 연장할 때 한 일은 [그림 20-6]의 면적 $ABCE$로 주어진다. 즉,

$$한 \ 일 = 면적 \ ABCD + 면적 \ ADE$$

$$= (20 \times 10^{-3} \, \text{m} \times 6 \, \text{N}) + \frac{1}{2} \times (20 \times 10^{-3} \, \text{m})(4 \, \text{N})$$

$$= 0.12 \, \text{J} + 0.04 \, \text{J}$$

$$= 0.16 \, \text{J}$$

[문제 6] 20 kg의 질량을 높이 5 m만큼 수직으로 들어올릴 때, 한 일을 구하라. 중력가속도는 $9.81 \, \text{m/s}^2$으로 가정한다.

20 kg의 질량을 수직 위쪽으로 들어 올릴 때 극복해야 하는 힘은 mg, 즉 $20 \times 9.81 = 196.2 \, \text{N}$이다(17장과 18장 참조).

$$한 \ 일 = 힘 \times 거리 = 196.2 \times 5.0 = 981 \, \text{J}$$

[문제 7] 물을 펌프질해서 수직 위쪽으로 50.0 m 거리를 이동하는 데 한 일이 294.3 kJ이다. 펌핑된 물의 부피를 $[l]$ 단위로 구하라(1 l의 물은 1 kg의 질량을 갖는다).

$$한 \ 일 = 힘 \times 거리$$

즉 $\qquad 294,300 = 힘 \times 50.0$

이로부터 $\qquad 힘 = \dfrac{294,300}{50.0} = 5886 \, \text{N}$

질량 $m \, [\text{kg}]$을 수직 위쪽으로 들어 올릴 때 극복해야 하는 힘은 mg, 즉 $(m \times 9.81) \, \text{N}$(17장과 18장 참조)이다.

따라서 $\qquad 5886 = m \times 9.81$

이로부터 질량은 $\qquad m = \dfrac{5886}{9.81} = 600 \, \text{kg}$

1 l의 물은 1 kg의 질량이므로, **600 l의 물이 펌프되었다.**

[문제 8] 모형틀 기계의 절단 공구에 가한 힘이 다음과 같이 절단 길이에 따라 변화한다.

거리[mm]	0	20	40	60	80	100
힘[kN]	60	72	65	53	44	50

공구가 거리 100mm를 움직이면서 한 일을 구하라.

주어진 데이터에 대한 힘/거리 그래프는 [그림 20-7]과 같다. 한 일은 그래프 아래 면적으로 주어진다. 면적은 근사적인 방법으로 구할 수 있다. 폭 20mm의 각 막대에 중간-세로좌표 법칙을 사용해서, 중간-세로좌표들 y_1, y_2, y_3, y_4, y_5를 그림에서 보는 바와 같이 세로선을 세우고 각각을 측정한다.

곡선 아래 면적=(각 조각의 폭)

$$\times(중간-세로좌표 값들의 합)$$
$$=(20)(69+69.5+59+48+45.5)$$
$$=(20)(291)=5820\,\text{kNmm}$$
$$=5820\,\text{Nm}=5820\,\text{J}$$

따라서 공구가 100mm를 통과하여 움직일 때 한 일은 **5.82 kJ**이다.

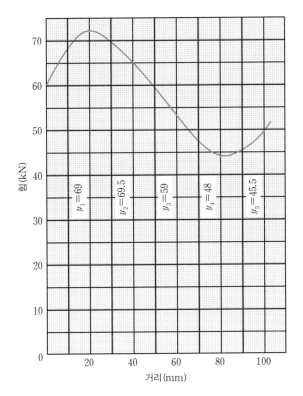

[그림 20-7]

◆ 이제 다음 연습문제를 풀어보자.

[연습문제 86] 일에 대한 확장 문제

1 50N의 힘으로 물체를 밀어 힘과 같은 방향으로 1.5 km를 움직일 때 한 일을 구하라.

2 크레인을 사용해 무게 200 N 질량체를 높이 100 m 만큼 수직으로 들어 올릴 때, 한 일을 구하라.

3 짐을 10 m 움직이는 데 2 kN의 일정한 힘을 모터로 공급했다. 그다음 일정한 힘을 1.5 kN으로 변경해서, 짐을 20 m 더 움직였다. 전체 조작에 대한 힘/거리 그래프를 그리고, 그래프로부터 모터가 한 일을 구하라.

4 초기에 이완되어 있던 스프링을 80 mm 연장시켰다. 스프링이 연장될 때 0.5 N/mm의 힘을 필요로 한다면, 이때의 일 다이어그램을 그리고, 한 일을 구하라.

5 스프링을 100 mm 연장시키기 위해서 50 N의 힘이 필요하다. 다음 경우에 스프링을 연장하는 데 한 일을 구하라.
  (a) 0으로부터 100 mm로 연장
  (b) 40 mm로부터 100 mm로 연장

6 800 mm의 절단 행정을 하는 동안 절단 공구에 대한 저항이 다음과 같이 변화한다.
  • 공구가 500 mm 움직이면서 초기 5000 N에서 10,000 N으로 저항이 균일하게 증가
  • 공구가 300 mm 움직이면서 초기 10,000 N에서 6,000 N으로 저항이 균일하게 감소
  일 다이어그램을 그리고, 일 회의 절단 행정에서 한 일을 계산하라.

20.3 에너지

에너지는 일을 하는 용량 혹은 능력이다. 에너지의 단위는 [J](줄)이고 일의 단위와 같다. 에너지는 일이 행해질 때 소모된다. 에너지는 다음과 같이 여러 가지 형태로 존재한다.

역학적 에너지   열 혹은 온도 에너지
전기 에너지   화학 에너지

핵 에너지　　　　　　　　　빛 에너지

음향 에너지

에너지는 한 형태에서 다른 형태로 변환될 수 있다. 에너지 보존 원리principle of conservation of energy는 에너지가 변환되더라도 에너지의 총량은 동일하게 보존된다는 것이다. 즉 에너지는 생성되거나 소멸되지 않는다는 것이다.

에너지 보존에 대한 다음 몇 가지 예를 살펴보자.

- 발전기에 의해 역학적 에너지가 전기 에너지로 변환된다.
- 모터에 의해 전기 에너지가 역학적 에너지로 변환된다.
- 증기 엔진에 의해 열 에너지가 역학적 에너지로 변환된다.
- 마찰에 의해 역학적 에너지가 열 에너지로 변환된다.
- 태양전지에 의해 열 에너지가 전기 에너지로 변환된다.
- 전기 히터에 의해 전기 에너지가 열 에너지로 변환된다.
- 살아있는 식물에 의해 열 에너지가 화학 에너지로 변환된다.
- 연소하는 연료에 의해 화학 에너지가 전기 에너지로 변환된다.
- 열전대에 의해 열 에너지가 전기 에너지로 변환된다.
- 배터리에 의해 화학 에너지가 전기 에너지로 변환된다.
- 전구에 의해 전기 에너지가 빛 에너지로 변환된다.
- 마이크에 의해 음향 에너지가 전기 에너지로 변환된다.
- 전기분해에 의해 전기 에너지가 화학 에너지로 변환된다.

효율efficiency은 입력 에너지에 대한 유용한 출력 에너지의 비율로 정의한다. 효율의 기호는 η(그리스 문자 에타)이다. 따라서

$$효율\ \eta = \frac{유용한\ 출력\ 에너지}{입력\ 에너지}$$

효율은 단위가 없고 종종 %로 표시된다. 완전한 기계는 100%의 효율을 갖는다. 그러나 모든 기계는 마찰과 기타 손실 때문에 이것보다 낮은 효율을 갖는다. 따라서 만약 모터에 입력 에너지가 1000 J이고 출력 에너지가 800 J이면, 효율은 다음과 같다.

$$\frac{800}{1000} \times 100\% = 80\%$$

[문제 9] 200 N의 힘을 발휘하여 질량체를 수직으로 높이 6 m 들어 올리는 기계가 있다. 만약 물체에 2 kJ의 에너지가 공급되었다면, 기계의 효율은?

$$\begin{aligned}들어\ 올리는\ 질량에\ 한\ 일 &= 힘 \times 움직인\ 거리 \\ &= 물체의\ 무게 \times 움직인\ 거리 \\ &= 200\,N \times 6\,m = 1200\,J \\ &= 유용한\ 출력\ 에너지\end{aligned}$$

입력 에너지 $= 2\,kJ = 2000\,J$

$$\begin{aligned}효율\ \eta &= \frac{유용한\ 출력\ 에너지}{입력\ 에너지} \\ &= \frac{1200}{2000} = 0.6\ 혹은\ \mathbf{60\%}\end{aligned}$$

[문제 10] 전기 모터가 효율이 70%이고 600 J의 전기 에너지를 사용한다면, 모터의 유용한 출력 에너지를 구하라.

$$효율\ \eta = \frac{유용한\ 출력\ 에너지}{입력\ 에너지}$$

$$즉,\quad \frac{70}{100} = \frac{출력\ 에너지}{600\,J}$$

이로부터 출력 에너지 $= \frac{70}{100} \times 600 = \mathbf{420\,J}$ 이다.

[문제 11] 물체를 들어올리기 위해 기계가 공급한 에너지가 4 kJ이다. 공급한 힘은 800 N이다. 기계가 50%의 효율을 갖는다면, 몇 m의 높이를 들어 올릴 수 있는가?

$$효율\ \eta = \frac{유용한\ 출력\ 에너지}{입력\ 에너지}$$

$$즉,\quad \frac{50}{100} = \frac{출력\ 에너지}{4000\,J}$$

이로부터 출력 에너지 $= \frac{50}{100} \times 4000 = 2000\,J$ 이다.

$$한\ 일 = 힘 \times 움직인\ 거리$$
$$2000\,J = 800\,N \times 높이$$

이로부터 높이 $= \frac{2000\,J}{800\,N} = \mathbf{2.5\,m}$ 이다.

[문제 12] 승강기가 $500\,N$의 힘을 발휘해서 높이 $20\,m$ 만큼 하중을 들어 올린다. 승강기 기어의 효율은 $75\,\%$이 고 모터의 효율은 $80\,\%$이다. 승강기의 입력 에너지를 구하라.

승강기 시스템은 [그림 20-8]과 같은 다이어그램으로 표현할 수 있다.

입력 에너지 → 효율 80% 모터 → 효율 75% 기어 → 출력 에너지

[그림 20-8]

출력 에너지=한 일=힘×거리

$$= 500\,N \times 20\,m = 10{,}000\,J$$

기어에 대해서는,

$$효율 = \frac{출력\ 에너지}{입력\ 에너지}$$

$$즉, \quad \frac{75}{100} = \frac{10{,}000}{입력\ 에너지}$$

이로부터 기어에 대한 입력 에너지는 다음과 같다.

$$10{,}000 \times \frac{100}{75} = 13{,}333\,J$$

기어에 대한 입력 에너지는 모터의 출력 에너지와 같다. 따라서 모터에 대해서는,

$$효율 = \frac{출력\ 에너지}{입력\ 에너지}$$

$$즉, \quad \frac{80}{100} = \frac{13{,}333}{입력\ 에너지}$$

이로부터 **승강기에 대한 입력 에너지**는 다음과 같다.

$$13{,}333 \times \frac{100}{80} = 16{,}667\,J = \mathbf{16.67\,kJ}$$

◆ 이제 다음 연습문제를 풀어보자.

[연습문제 87] 에너지에 대한 확장 문제

1 $490.5\,N$의 무게를 갖는 질량체를 $12\,m$ 높이로 들어 올릴 때, 기계에 $7.85\,kJ$의 에너지를 공급하였다. 기계의 효율을 구하라.

2 $60\,\%$ 효율을 갖는 전기 모터가 $2\,kJ$의 전기 에너지를 사용했다면, 이때의 출력 에너지를 구하라.

3 특정 질량을 들어 올리는 데 사용되는 기계에 $5\,kJ$의 에너지가 공급되었다. 만약 기계가 $65\,\%$ 효율을 갖고 $812.5\,N$의 힘을 발휘한다면, 그 질량을 몇 m 높이까지 들어 올릴 수 있는가?

4 하중을 $42\,m$ 들어 올리는 데 $100\,N$의 힘이 필요하다. 승강기 기어의 효율이 $60\,\%$이고 모터의 효율은 $70\,\%$이다. 승강기의 입력 에너지를 구하라.

20.4 일률

일률^{power}은 일이 행해지는 속도 혹은 한 형태에서 다른 형태로 에너지가 변환되는 속도의 척도이다.

$$일률\ P = \frac{사용된\ 에너지}{소요\ 시간} \quad 혹은 \quad P = \frac{한\ 일}{소요\ 시간}$$

일률의 단위는 와트^{watt}*(W)로서, 여기서 $1\,W$는 $1\,J/s$와 같다. W는 많은 경우에 있어 단위가 작으므로 보통 더 큰 단위인 킬로와트(kW)가 사용되고, $1\,kW = 1000\,W$이다.

*와트는 누구?

와트에 관한 정보는 www.routledge.com/cw/bird에서 찾을 수 있다.

30s 동안에 120kJ의 일을 하는 모터의 출력 일률은 다음과 같이 주어진다.[1]

$$P = \frac{120 \, \text{kJ}}{30 \, \text{s}} = 4 \, \text{kW}$$

한 일 = 힘 × 거리이므로

$$P = \frac{\text{한 일}}{\text{소요 시간}} = \frac{\text{힘} \times \text{거리}}{\text{소요 시간}}$$
$$= \text{힘} \times \frac{\text{거리}}{\text{소요 시간}}$$

그러나 $\frac{\text{거리}}{\text{소요 시간}} = $ 속도 이므로 **일률 = 힘 × 속도**이다.

[문제 13] 모터의 출력 일률은 8kW이다. 모터가 30s 동안에 한 일은?

일률 = $\frac{\text{한 일}}{\text{소요 시간}}$ 로부터

한 일 = 일률 × 시간 = 8000 W × 30 s
$$= 240,000 \, \text{J} = \mathbf{240 \, kJ}$$

[문제 14] 20s 동안에 10m 높이로 물체를 들어 올리는 데 필요한 힘이 3924N이라면, 필요한 일률을 구하라.

한 일 = 힘 × 움직인 거리
$$= 3924 \, \text{N} \times 10 \, \text{m} = 39,240 \, \text{J}$$

일률 = $\frac{\text{한 일}}{\text{소요 시간}} = \frac{39,240 \, \text{J}}{20 \, \text{s}}$
$$= 1962 \, \text{W} \text{ 혹은 } \mathbf{1.962 \, kW}$$

[문제 15] 50s 동안에 125m 내내 물체를 균일하게 움직이는 힘이 한 일의 양이 10kJ이다. (a) 힘의 값과 (b) 일률을 구하라.

(a) 한 일 = 힘 × 거리이므로

$$10,000 \, \text{J} = \text{힘} \times 125 \, \text{m}$$

이로부터 **힘** = $\frac{10,000 \, \text{J}}{125 \, \text{m}} = \mathbf{80 \, N}$ 이다.

(b) **일률** = $\frac{\text{한 일}}{\text{소요 시간}} = \frac{10,000 \, \text{J}}{50 \, \text{s}} = \mathbf{200 \, W}$

[문제 16] 일정하게 600N의 끄는 힘을 사용하면서 자동차가 트레일러를 90km/h로 끈다.
(a) 30min 동안 한 일을 구하라.
(b) 필요한 일률을 구하라.

(a) 한 일 = 힘 × 움직인 거리.

30min, 즉 $\frac{1}{2}$ h 동안 90km/h = 45km로 움직인다.
따라서 다음과 같다.

한 일 = 600 N × 45,000 m
$$= 27,000 \, \text{kJ} \text{ 혹은 } \mathbf{27 \, MJ}$$

(b) **필요한 일률** = $\frac{\text{한 일}}{\text{소요 시간}} = \frac{27 \times 10^6 \, \text{J}}{30 \times 60 \, \text{s}}$
$$= 15,000 \, \text{W} \text{ 혹은 } \mathbf{15 \, kW}$$

[문제 17] 일률 2kW를 사용하는 기계를 갖고 40s 동안 981N 무게의 질량체를 몇 m 높이까지 들어 올릴 수 있는가?

$$\text{한 일} = \text{힘} \times \text{거리}$$
$$\text{즉, 한 일} = 981 \, \text{N} \times \text{높이}$$

일률 = $\frac{\text{한 일}}{\text{소요 시간}}$ 이므로,

한 일 = 일률 × 소요 시간
$$= 2000 \, \text{W} \times 40 \, \text{s} = 80,000 \, \text{J}$$

따라서 80,000 = 981 N × 높이 이므로 높이는 다음과 같다.

$$\textbf{높이} = \frac{80,000 \, \text{J}}{981 \, \text{N}} = \mathbf{81.55 \, m}$$

[문제 18] 대패 기계가 4s 동안 2m의 절단 행정을 갖는다. 절단 날에 대한 저항이 900N으로 일정하다면, 다음을 구하라.
(a) 날에서 소모되는 일률
(b) 시스템의 효율이 75%라고 할 때, 시스템에 대한 입력 일률

---

1 전력에 대해서는 33장을 참조한다.

(a) 각 절단 행정에서 한 일 = 힘 × 거리

$$= 900\,\mathrm{N} \times 2\,\mathrm{m} = 1800\,\mathrm{J}$$

절단 날에서 **소모되는 일률** $= \dfrac{\text{한 일}}{\text{소요 시간}}$

$$= \dfrac{1800\,\mathrm{J}}{4\,\mathrm{s}} = 450\,\mathrm{W}$$

(b) 효율 $= \dfrac{\text{출력 에너지}}{\text{입력 에너지}} = \dfrac{\text{출력 일률}}{\text{입력 일률}}$

따라서 $\dfrac{75}{100} = \dfrac{450}{\text{입력 일률}}$ 이므로, 이로부터

입력 일률 $= 450 \times \dfrac{100}{75} = 600\,\mathrm{W}$

[문제 19] 전기 모터가 감는 기계에 일률을 공급한다. 모터에 입력 일률은 2.5 kW이고 전체 효율은 60 %이다.

(a) 기계의 출력 일률을 구하라.

(b) 기계가 300 kg의 하중을 수직 위쪽으로 들어 올리는 속도를 구하라.

(a) 효율 $\eta = \dfrac{\text{출력 일률}}{\text{입력 일률}}$

즉, $\dfrac{60}{100} = \dfrac{\text{출력 일률}}{2500}$

이로부터

출력 일률 $= \dfrac{60}{100} \times 2500$

$$= 1500\,\mathrm{W} \text{ 혹은 } 1.5\,\mathrm{kW}$$

(b) 출력 일률 = 힘 × 속도

즉, 속도 $= \dfrac{\text{출력 일률}}{\text{힘}}$

중력 때문에 300 kg의 하중에 작용하는 힘은 다음과 같다.

$$300\,\mathrm{kg} \times 9.81\,\mathrm{m/s}^2 = 2943\,\mathrm{N}$$

따라서 **속도** $= \dfrac{1500}{2943} = 0.510\,\mathrm{m/s}$ 혹은 **510 mm/s** 이다.

[문제 20] 트럭이 72 km/h의 일정한 속도로 이동하고 있다. 운동에 저항하는 힘은 800 N이다. 트럭이 이 속도로 운동하는 것을 지속시키기 위해 필요한, 견인하는 일률을 구하라.

일률 = 힘 × 속도

트럭이 이 속도로 운동하는 것을 지속시키기 위해 필요한 힘은 운동에 저항하는 힘인 800 N과 크기가 같고 방향이 반대이다.

속도 $= 72\,\mathrm{km/h} = \dfrac{72 \times 1000}{60 \times 60}\,\mathrm{m/s} = 20\,\mathrm{m/s}$

따라서

일률 $= 800\,\mathrm{N} \times 20\,\mathrm{m/s} = 16{,}000\,\mathrm{Nm/s}$

$$= 16{,}000\,\mathrm{J/s} = 16{,}000\,\mathrm{W} \text{ 혹은 } 16\,\mathrm{kW}$$

따라서 트럭이 72 km/h의 일정한 속도로 운동하는 것을 지속시키기 위해 필요한 견인하는 일률은 16 kW이다.

[문제 21] 정지 상태로부터 가속되고 있는 탈 것의 거리에 따른 견인하는 힘의 변화가 다음과 같다.

힘(kN)	8.0	7.4	5.8	4.5	3.7	3.0
거리(m)	0	10	20	30	40	50

만약 정지 상태로부터 50 m를 이동하는 데 소요된 시간이 25 s라면, 필요한 평균 일률을 구하라.

힘/거리 다이어그램은 [그림 20-9]와 같다. 한 일은 곡선 아래 면적에서 구할 수 있다. 다섯 구간에 대해 중간-세로 좌표 법칙을 적용하면 다음과 같다.

면적 = (간격의 폭) × (중간 세로좌표들의 합)

$$= (10)\left[y_1 + y_2 + y_3 + y_4 + y_5\right]$$

$$= (10)\left[7.8 + 6.6 + 5.1 + 4.0 + 3.3\right]$$

$$= (10)\left[26.8\right] = 268\,\mathrm{kNm}$$

즉 한 일 = 268 kJ이다. 따라서

평균 일률 $= \dfrac{\text{한 일}}{\text{소요시간}} = \dfrac{268{,}000\,\mathrm{J}}{25\,\mathrm{s}}$

$$= 10{,}720\,\mathrm{W} \text{ 혹은 } 10.72\,\mathrm{kW}$$

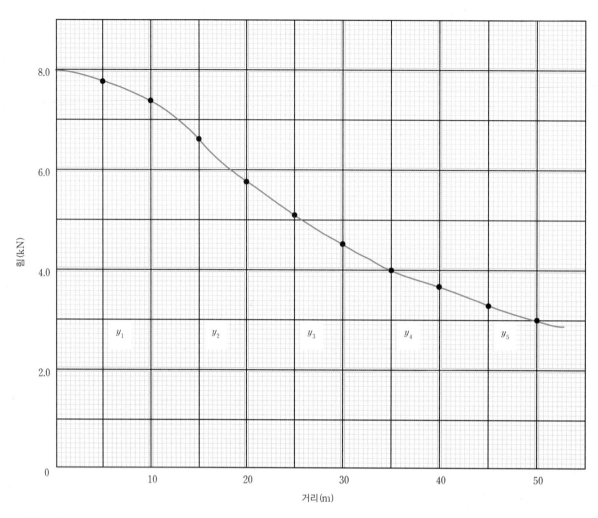

[그림 20-9]

◆ 이제 다음 연습문제를 풀어보자.

[연습문제 88] 일률에 대한 확장 문제

1 모터의 출력 일률이 10 kW이다. 이 모터가 1 min 동안 한 일은?

2 12.5 s 시간 동안 짐을 20 m만큼 들어 올리는 데 2.5 kN의 힘이 요구된다면, 필요한 일률을 구하라.

3 물체가 균일하게 움직이도록 힘을 가해 40 s에 50 m 길이를 움직여 25 kJ의 일을 했다. (a) 힘의 값과 (b) 일률을 구하라.

4 54 km/h의 속도로 다른 차를 견인하는 차가 일정하게 800 N의 당기는 힘을 사용한다.

(a) $\frac{1}{4}$ h 동안 한 일을 구하라.

(b) 필요한 일률을 구하라.

5 무게 500 N의 질량을 일률 4 kW를 사용하는 모터로, 20 s 동안 얼마의 높이를 들어 올릴 수 있는가?

6 모터의 출력 일률은 10 kW이다.
(a) 2 h 동안 모터가 한 일을 구하라.
(b) 모터가 72 %의 효율을 가진다면 모터가 사용한 에너지를 구하라.

7 자동차가 81 km/h의 일정한 속도로 이동한다. 운동에 대한 마찰 저항은 0.60 kN이다. 자동차가 이 속력으로 계속 이동을 유지하려면 필요한 일률을 구하라.

8 절단되는 동안 모형틀 기계의 탁자를 이동시키기 위해 2.0 kN의 일정한 힘이 필요하다. 만약 1.2 m의 행정이 5.0 s에 완성된다면 필요한 일률을 구하라.

9 감속되는 자동차의 거리에 따른 힘의 변화가 다음과 같다.

거리[m]	600	500	400	300	200	100	0
힘[kN]	24	20	16	12	8	4	0

자동차가 1.2 min 동안 600 m를 간다면, 자동차를 멈추기 위해 필요한 일률을 구하라.

10 원통형 강철 막대기를 선반에 넣는다. 날에 접선방향 절단 힘이 0.5 kN이고 절단 속도는 180 mm/s이다. 강철 절단에 흡수되는 일률을 구하라.

20.5 위치 에너지와 운동 에너지

기계공학에서는 주로 두 종류 에너지, 즉 위치 에너지와 운동 에너지가 중요하다. 위치 에너지$^{\text{potential energy}}$는 물체의 위치에 기인한 에너지이다. m [kg]의 질량에 작용하는 힘은 mg [N](여기서 $g = 9.81\,\text{m/s}^2$이고, 중력에 기인한 가속도)이다. 질량체를 어떤 기준점 위치보다 수직으로 높이 h [m]만큼 더 들어 올리면, 한 일은 다음과 같이 주어진다.

$$\text{힘} \times \text{거리} = (mg)(h)\ [\text{J}]$$

이렇게 한 일은 질량체에 위치 에너지로 저장된다. 따라서

$$\text{위치 에너지} = mgh\ [\text{J}]$$

(기준점 위치에서 위치 에너지는 0으로 취한다.)

운동 에너지$^{\text{kinetic energy}}$는 물체의 운동에 기인한 에너지이다. 최초에 정지($u = 0$)해 있는 질량 m의 물체에 힘 F를 가해서 거리 s를 속도 v로 가속시킨다고 하자.

$$\text{한 일} = \text{힘} \times \text{거리} = Fs = (ma)(s)$$
$$\text{(만약 에너지 손실이 없다면)}$$

여기서 a는 가속도이다.

$v^2 = u^2 + 2as$ (22장 참조)이고 $u = 0$이기 때문에 $v^2 = 2as$이다. 이로부터 $a = \dfrac{v^2}{2s}$이다. 따라서

$$\text{한 일} = (ma)(s) = (m)\left(\frac{v^2}{2s}\right)(s) = \frac{1}{2}mv^2 \text{ 이다.}$$

이 에너지는 질량 m의 운동 에너지라 부른다. 즉 다음과 같다.

$$\text{운동 에너지} = \frac{1}{2}mv^2\ [\text{J}]$$

20.3절에서 기술한대로, 에너지는 한 형태에서 다른 형태로 변환될 수 있다. 에너지 보존 원리$^{\text{principle of conservation of energy}}$는 에너지가 변환되더라도 에너지의 총량은 동일하게 보존된다는 원리이다. 즉 에너지는 생성되거나 소멸되지 않는다는 것이다.

역학에서 물체가 가지고 있는 위치 에너지는 종종 운동 에너지로 변환되고, 그 역도 성립한다. 질량체가 자유 낙하를 할 때, 높이가 낮아지면서 위치 에너지는 감소하고, 속도가 증가하면서 운동 에너지는 증가한다. 공기의 마찰 손실을 무시하면, 모든 순간에 다음이 성립한다.

$$\text{위치 에너지} + \text{운동 에너지} = \text{일정}$$

만약 마찰이 존재하면, 마찰에 기인한 저항을 극복하기 위해 한 일은 열로 소모된다. 그때

초기 에너지
= 최종 에너지 + 마찰 저항을 극복하기 위해 한 일

운동 에너지는 충돌할 때 항상 보존되지는 않는다. 운동 에너지가 보존되는(즉, 같게 유지되는) 충돌을 탄성 충돌$^{\text{elastic collision}}$이라고 하고, 보존되지 않는 충돌을 비탄성 충돌$^{\text{inelastic collision}}$이라고 한다.

[**문제 22**] 질량 800 kg인 자동차가 수평선에 10° 각도로 기울어진 경사면을 올라가고 있다. 경사면을 50 m 이동했을 때 자동차의 위치 에너지 증가량을 구하라.

[그림 20-10]을 참조하면

$$\sin 10° = \frac{\text{높이}}{\text{빗변}} = \frac{h}{50} \quad (10\text{장 참조})$$

이다. 여기서 $h = 50 \sin 10° = 8.682\,\text{m}$ 이다. 따라서

위치 에너지 증가량 $= mgh$
$$= 800\,\text{kg} \times 9.81\,\text{m/s}^2 \times 8.682\,\text{m}$$
$$= 68140\,\text{J} \ \text{혹은} \ \textbf{68.14\,kJ}$$

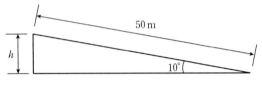

[그림 20–10]

[문제 23] 질량 30 kg의 망치를 치는 순간에 망치는 15 m/s 의 속도를 갖는다. 망치가 갖는 운동 에너지를 구하라.

운동 에너지 $= \frac{1}{2}mv^2 = \frac{1}{2}(30\,\text{kg})(15\,\text{m/s})^2$

즉 **망치가 갖는 운동에너지** $= 3375\,\text{J}$ 혹은 **3.375 kJ**이다.

[문제 24] 질량 1.5 t의 트럭이 72 km/h의 속도를 갖고 도로를 이동하고 있다. 브레이크를 밟아 트럭의 속력이 18 km/h로 감소했다. 줄어든 트럭의 운동 에너지를 구하라.

트럭의 초기 속도 $v_1 = 72\,\text{km/h}$
$$= 72\,\frac{\text{km}}{\text{h}} \times 1000\,\frac{\text{m}}{\text{km}} \times \frac{1\,\text{h}}{3600\,\text{s}}$$
$$= \frac{72}{3.6} = 20\,\text{m/s}$$

트럭의 최종 속도 $v_2 = \dfrac{18}{3.6} = 5\,\text{m/s}$

트럭의 질량 $\quad m = 1.5\,\text{t} = 1500\,\text{kg}$

트럭의 초기 운동 에너지 $= \dfrac{1}{2}mv_1^2$
$$= \frac{1}{2}(1500)(20)^2 = 300\,\text{kJ}$$

트럭의 최종 운동 에너지 $= \dfrac{1}{2}mv_2^2$
$$= \frac{1}{2}(1500)(5)^2 = 18.75\,\text{kJ}$$

따라서

운동 에너지 변화량 $= 300 - 18.75 = \textbf{281.25\,kJ}$

(운동 에너지의 감소 분량은 트럭의 브레이크에서 열 에너지로 변환되고, 따라서 마찰 힘들과 공기 마찰을 극복하는 데 소모된다.)

[문제 25] 질량이 4 kg인 기상용 기구를 담고 있는 산탄이 총에서 초기 속도 400 m/s 로 수직 위쪽으로 발사된다. 공기 저항을 무시하고, 다음을 구하라.
(a) 초기 운동 에너지
(b) 높이 1 km 에서의 속도
(c) 최대 도달 가능한 높이

(a) **초기 운동 에너지** $= \dfrac{1}{2}mv^2$
$$= \frac{1}{2}(4)(400)^2 = 320\,\text{kJ}$$

(b) 높이 1 km 에서 위치 에너지 $= mgh$
$$= 4 \times 9.81 \times 1000$$
$$= 39.24\,\text{kJ}$$

에너지 보존 법칙에 의해,

$$(1\,\text{km 에서 위치 에너지}) + (\text{운동 에너지})$$
$$= (\text{초기 운동 에너지})$$

이다. 따라서

$$39{,}240 + \frac{1}{2}mv^2 = 320{,}000$$

이고, 이로부터

$$\frac{1}{2}(4)v^2 = 320{,}000 - 39{,}240$$
$$= 280{,}760$$

이다. 따라서

$$v = \sqrt{\frac{2 \times 280,760}{4}} = 374.7\,\text{m/s}$$

즉 **높이 1 km에서 산탄의 속도는 374.7 m/s 이다.**

(c) 최대 높이에서 산탄의 속도는 0이고, 모든 운동 에너지는 위치 에너지로 변환된다. 따라서

$$위치\ 에너지 = 초기\ 운동\ 에너지 = 320,000\,\text{J}$$

(a)로부터

그때 $320,000 = mgh = (4)(9.81)(h)$ 이다.

이로부터 높이 $h = \dfrac{320,000}{(4)(9.81)} = 8155\,\text{m}$ 이다.

즉 **도달 가능한 최대 높이는 8155 m, 즉 8.155 km 이다.**

[문제 26] 질량이 500 kg인 파일 드라이버가 질량 200 kg의 말뚝(파일) 위로 1.5 m 높이에서 자유 낙하한다. 드라이버가 말뚝을 치는 속도를 구하라. 충돌 시 말뚝과 드라이버가 함께 땅 속으로 200 mm 만큼 들어가면서 3 kJ의 에너지가 열과 음향으로 손실되고, 잔여 에너지는 말뚝과 드라이버가 갖는다고 한다. 다음을 구하라.
(a) 충돌 직후 공통 속도
(b) 땅의 평균 저항

파일 드라이버의 위치 에너지는 운동 에너지로 변환된다. 따라서

$$위치\ 에너지 = 운동\ 에너지$$
$$즉,\quad mgh = \frac{1}{2}mv^2$$

이로부터 속도는 다음과 같다.

$$v = \sqrt{2gh} = \sqrt{(2)(9.81)(1.5)} = 5.42\,\text{m/s}$$

따라서 **파일 드라이버는 말뚝을 5.42 m/s 의 속도로 때린다.**

(a) 충돌 전, 파일 드라이버의 운동 에너지

$$= \frac{1}{2}mv^2 = \frac{1}{2}(500)(5.42)^2 = 7.34\,\text{kJ}$$

충돌 후 운동 에너지 $= 7.34 - 3 = 4.34\,\text{kJ}$

따라서 파일 드라이버와 말뚝은 함께 질량 $500 + 200$

$= 700\,\text{kg}$을 갖고, $4.34\,\text{kJ}$의 운동 에너지를 갖는다.

따라서 $4.34 \times 10^3 = \dfrac{1}{2}mv^2 = \dfrac{1}{2}(700)v^2$이다.

이로부터 속도는 다음과 같다.

$$v = \sqrt{\frac{2 \times 4.34 \times 10^3}{700}} = 3.52\,\text{m/s}$$

따라서 **충돌 후 공통 속도는 3.52 m/s 이다.**

(b) 충돌 후 운동 에너지는 땅 속으로 200 mm 만큼 들어가면서 땅의 저항을 극복하는 데 흡수된다.

$$운동\ 에너지 = 한\ 일 = 저항 \times 거리$$
$$즉,\ \ 4.34 \times 10^3 = 저항 \times 0.200$$

이로부터

$$저항 = \frac{4.34 \times 10^3}{0.200} = 21700\,\text{N}$$

따라서 **땅의 평균 저항은 21.7 kN이다.**

[문제 27] 질량 600 kg인 자동차가 15 s 동안에 속력이 90 km/h에서 54 km/h로 감속되었다. 이런 속력 변화를 가져오기 위해 필요한 제동 일률을 구하라.

$$자동차의\ 운동\ 에너지\ 변화 = \frac{1}{2}mv_1^2 - \frac{1}{2}mv_2^2$$

여기서 m = 자동차의 질량 = 600 kg이다.

$$v_1 = 초기\ 속도 = 90\,\text{km/h} = \frac{90}{3.6}\,\text{m/s} = 25\,\text{m/s}$$

$$v_2 = 최종\ 속도 = 54\,\text{km/h} = \frac{54}{3.6}\,\text{m/s} = 15\,\text{m/s}$$

따라서

$$운동\ 에너지\ 변화 = \frac{1}{2}m\left(v_1^2 - v_2^2\right)$$
$$= \frac{1}{2}(600)(25^2 - 15^2)$$
$$= 120,000\,\text{J}$$

$$제동\ 일률 = \frac{에너지\ 변화}{소요\ 시간} = \frac{120,000}{15\,\text{s}}\,\text{J}$$
$$= 8000\,\text{W}\ 혹은\ 8\,\text{kW}$$

◆ 이제 다음 연습문제를 풀어보자.

[연습문제 89] 운동 에너지와 위치 에너지에 대한 확장 문제
(중력가속도 $g = 9.81\,\text{m/s}^2$을 가정한다.)

1 질량 400 g의 물체를 수직 위쪽으로 던졌을 때, 위치 에너지의 최대 증가량이 32.6 J이다. 공기 저항을 무시하고, 도달한 최대 높이를 구하라.

2 수평선에 30°의 각도로 기울어지고 높이가 400 m 인 활강로의 꼭대기에서 질량 100 g의 볼 베어링이 아래로 구른다. 베어링이 활강로의 바닥에 도달했을 때, 볼 베어링의 위치 에너지 감소량을 구하라.

3 질량 800 kg의 자동차가 브레이크를 밟는 순간 54 km/h로 이동하고 있었다. 자동차가 멈춰 섰을 때 손실된 운동 에너지를 구하라.

4 고도 60 m를 비행하는 헬리콥터에서 질량 300 kg의 물체를 떨어뜨렸다고 가정하자. 투하한 순간에 지면에 대한 물체의 위치 에너지, 그리고 지면을 때릴 때 물체의 운동 에너지를 구하라.

5 질량 10 kg의 포탄이 초기 속도 200 m/s로 수직 위쪽으로 발사된다. 그것의 초기 운동 에너지와 도달 가능한 최대 높이를 구하라. 가장 근접한 [m] 단위의 값으로 보정하고, 공기 저항은 무시한다.

6 질량체를 높이 25.0 m 수직으로 들어 올릴 때, 위치 에너지가 20.0 kJ만큼 상승한다. 지금 물체를 투하하여 자유 낙하시켰다. 공기 저항을 무시하고, 10.0 m 떨어진 후에 물체의 운동 에너지와 속도를 구하라.

7 질량이 400 kg인 파일 드라이버가 질량 150 kg의 말뚝 상에 1.2 m 높이에서 자유 낙하한다. 드라이버가 말뚝을 치는 속도를 구하라. 충돌 시 말뚝과 드라이버가 함께 땅 속으로 150 mm만큼 들어가면서 2.5 kJ의 에너지가 열과 음향으로 손실되고, 잔여 에너지는 말뚝과 드라이버가 갖는다고 한다. 다음을 구하라.
   (a) 충돌 직후 공통 속도
   (b) 땅의 평균 저항

[연습문제 90] 일, 에너지, 일률에 대한 단답형 문제

1 가한 힘과 움직인 거리로 일을 정의하라.

2 에너지를 정의하고, 에너지의 단위를 설명하라.

3 줄^{joule}을 정의하라.

4 힘/거리 그래프 아래의 면적은 (   )을/를 나타낸다.

5 에너지의 다섯 가지 형태를 적어라.

6 에너지 보존 법칙을 설명하라.

7 열 에너지가 다른 형태의 에너지로 변환되는 두 가지 예를 설명하라.

8 전기 에너지가 다른 형태의 에너지로 변환되는 두 가지 예를 설명하라.

9 화학 에너지가 다른 형태의 에너지로 변환되는 두 가지 예를 설명하라.

10 역학적 에너지가 다른 형태의 에너지로 변환되는 두 가지 예를 설명하라.

11 다음 물음에 답하라.
   (a) 입력 에너지와 출력 에너지를 사용하여 효율을 정의하라.
   (b) 효율의 기호를 설명하라.

12 일률을 정의하고, 일률의 단위를 설명하라.

13 위치 에너지를 정의하라.

14 질량 $m\,[\text{kg}]$의 물체를 높이 $h\,[\text{m}]$만큼 수직 위쪽으로 들어 올릴 때 위치 에너지의 변화는 (   )(으)로 주어진다.

15 운동 에너지는 무엇인가?

16 속도 $v\,[\text{m/s}]$로 이동하는 질량 $m\,[\text{kg}]$인 물체의 운동 에너지는 (   )(으)로 주어진다.

17 탄성 충돌과 비탄성 충돌을 구별하라.

1 다음 중 틀린 설명은?

(a) $1\,W = 1\,J/s$

(b) $1\,J = 1\,Nm$

(c) $\eta = \dfrac{\text{출력 에너지}}{\text{입력 에너지}}$

(d) 에너지 = 일률 × 시간

2 크레인으로 물체를 2000 mm 들어 올렸다. 가한 힘이 100 N이라면, 한 일은?

(a) $\dfrac{1}{20}\,Nm$ (b) $200\,kNm$

(c) $200\,Nm$ (d) $20\,J$

3 효율이 0.8인 모터가 800 J의 전기 에너지를 사용한다. 모터의 출력 에너지는?

(a) $800\,J$ (b) $1000\,J$

(c) $640\,J$ (d) $6.4\,J$

4 물체에 힘을 가해 1 min에 120 m를 균일하게 움직였을 때 이 힘이 한 일이 6 kJ이다. 가한 힘은?

(a) $50\,N$ (b) $20\,N$

(c) $720\,N$ (d) $12\,N$

5 위 **4**번 문항의 물체에 대해 발휘된 일률은?

(a) $6\,kW$ (b) $12\,kW$

(c) $\dfrac{5}{6}\,W$ (d) $0.1\,kW$

6 다음 중 틀린 설명은?

(a) 에너지와 일의 단위는 같다.

(b) 힘/거리 그래프 아래의 면적은 한 일을 의미한다.

(c) 전기 에너지는 발전기에 의해 역학적 에너지로 변환된다.

(d) 효율은 입력 에너지에 대한 유용한 출력 에너지의 비율이다.

7 1 kW의 일률을 가진 기계가 질량체를 10 s에 들어올리기 위해 100 N의 힘을 필요로 한다. 이 시간 동안 들어 올려진 물체의 높이는?

(a) $100\,m$ (b) $1\,km$

(c) $10\,m$ (d) $1\,m$

8 스프링에 대한 힘/연장 그래프가 [그림 20-11]과 같다. 다음 중 틀린 설명은?
스프링을 연장시키면서 한 일은:

(a) 0에서 100 mm로 5 J이다.

(b) 0에서 50 mm로 1.25 J이다.

(c) 20 mm에서 60 mm로 1.6 J이다.

(d) 60 mm에서 100 mm로 3.75 J이다.

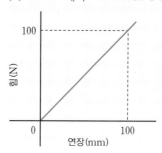

[그림 20-11]

9 질량 1t의 자동차가 수평선에서 30°의 경사면을 오른다. $10\,m/s^2$의 중력가속도를 가정하고, 경사면 위쪽으로 200 m 거리를 이동했을 때 자동차의 위치 에너지 증가는?

(a) $1\,kJ$ (b) $2\,MJ$

(c) $1\,MJ$ (d) $2\,kJ$

10 질량 100 g의 총알이 초기 속도 360 km/h로 총에서 발사된다. 공기 저항을 무시하면 총알이 갖는 초기 운동 에너지는?

(a) $6.48\,kJ$ (b) $500\,J$

(c) $500\,kJ$ (d) $6.48\,MJ$

11 40 W의 출력 역학적 에너지를 생산하기 위해 50 W의 전력이 필요한 작은 모터가 있다. 모터의 효율은?

(a) $10\,\%$ (b) $80\,\%$

(c) $40\,\%$ (d) $90\,\%$

12 크레인으로 짐을 4000 mm 들어 올렸다. 만약 짐을 드는 데 100 N이 필요하다면, 한 일은?

(a) $400\,J$ (b) $40\,Nm$

(c) $25\,J$ (d) $400\,kJ$

13 질량체를 높이 5 m 들어 올리는 데 100 N의 힘을 발휘하는 기계가 있다. 만약 1 kJ의 에너지가 공급되었다면, 그 기계의 효율은?

(a) 10%　　　　　(b) 20%

(c) 100%　　　　(d) 50%

14 물체를 타격하는 순간에, 질량 40kg인 망치의 속도가 10m/s이다. 망치의 운동 에너지는?

(a) 2kJ　　　　　(b) 1kJ

(c) 400J　　　　(d) 8kJ

15 80%의 효율을 갖는 기계가 50N의 짐을 수직으로 높이 10m를 들어 올렸다. 그 기계에 입력한 일은?

(a) 400J　　　　(b) 500J

(c) 800J　　　　(d) 625J

21

단순 지지 빔
Simply supported beams

단순 지지 빔을 이해하는 것이 왜 중요할까?

하중은 빔에 가로 질러 작용하는데, 이 장은 하중을 운반하는 빔을 설계할 때 매우 중요하다. 이러한 구조는 빌딩, 다리, 크레인, 배, 항공기, 자동차 등을 설계할 때 중요하다. 이 장은 힘의 모멘트를 정의하는 것으로 시작해서, 그다음 평형 조건을 사용해 모멘트의 원리를 설명한다. 이것은 구조물을 설계할 때 널리 사용되는 매우 중요한 기술이다. 여기서는 여러 가지 예가 제시되는데, 단순한 예부터 시작하여 점차 복잡성을 증가시킴으로써 이러한 가치 있는 기술을 습득할 수 있도록 도울 것이다. 이 장은 많은 공학 분야에서 기본적이며 지극히 중요한 기술들을 묘사한다. 단순 지지 빔을 이해해야 하는 중요한 이유는 빌딩, 자동차, 항공기 등을 설계할 때 그런 구조들이 나타나기 때문이다.

학습포인트

- 힘의 '모멘트'를 정의하고 그것의 단위를 설명할 수 있다.
- $M = F \times d$로부터 힘의 모멘트를 계산할 수 있다.
- 빔의 평형 조건을 이해할 수 있다.
- 모멘트의 원리를 설명할 수 있다.
- 모멘트의 원리를 포함한 계산을 수행할 수 있다.
- 점 하중이 있는 단순 지지 빔이 실제 응용되는 일반적인 예를 알 수 있다.
- 점 하중을 갖는 단순 지지 빔에 대한 계산을 수행할 수 있다.

21.1 서론

하중은 빔에 가로 질러 작용하는데, 이 장은 하중을 운반하는 빔을 설계할 때 매우 중요하다. 이러한 구조는 빌딩, 다리, 크레인, 배, 항공기, 자동차 등을 설계할 때 중요하다. 이 장은 힘의 모멘트를 정의하는 것으로 시작해서, 그다음 평형 조건을 사용해 모멘트의 원리를 설명한다. 이것은 구조물을 설계할 때 널리 사용되는 매우 중요한 기술이다.

여기서는 단순한 예부터 시작하여 점차 복잡성을 증가시키면서 여러 가지 예를 제시함으로써 이러한 가치 있는 기술을 습득할 수 있도록 도울 것이다. 이 장은 많은 공학 분야에서 기본적이며 지극히 중요한 기술들을 묘사한다.

21.2 힘의 모멘트

스패너로 너트를 단단히 죄일 때, 힘은 시계 방향으로 너트를 회전시키는 경향이 있다. 이런 힘의 회전 효과를 힘의 모멘트moment of a force 혹은 간단히 모멘트moment라 부른다. 너트에 작용하는 모멘트 크기는 다음 두 요인에 따라 달라진다.

- 스패너 자루에 직각으로 작용하는 힘의 크기
- 힘의 작용점과 너트 중심 간의 수직 거리

일반적으로, [그림 21-1]을 참조하면 P점 근방에 작용하는 힘의 모멘트는 (힘)×(힘의 작용선과 P 간의 수직 거리), 즉 $M = F \times d$이다.

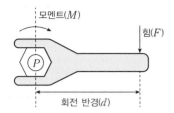

[그림 21-1]

모멘트의 단위는 뉴턴미터$^{\text{newton meter}}$(Nm)이다. 따라서 [그림 21-1]에서 힘 F는 7N이고 거리 d는 3m라면, 그때 모멘트 M은 7N×3m, 즉 21Nm이다.

[문제 1] 너트의 중심에서 유효 길이 140mm 위치에 15N의 힘이 스패너에 작용한다.

(a) 너트에 가한 힘의 모멘트를 계산하라.

(b) 만약 유효 길이가 100mm로 줄어든다면, 같은 모멘트를 생성하기 위해서 필요한 힘의 크기가 얼마인지 계산하라.

$M = F \times d$이다. 여기서 M은 회전 모멘트이고, F는 스패너에 직각으로 가한 힘이며, d는 힘과 너트 중심 간의 유효 길이이다. 따라서 [그림 21-2(a)]를 참조하여 구하면 다음과 같다.

(a) 회전 모멘트는 다음과 같다.

$$M = 15\,\text{N} \times 140\,\text{mm} = 2100\,\text{Nmm}$$
$$= 2100\,\text{Nmm} \times \frac{1\,\text{m}}{1000\,\text{mm}}$$
$$= 2.1\,\text{Nm}$$

(b) 회전 모멘트 M이 2100Nmm이고, 유효 길이 d가 100mm이다([그림 21-2(b)] 참조).

$M = F \times d$를 적용하면, $2100\,\text{Nmm} = F \times 100\,\text{mm}$이다. 이로부터 힘은 다음과 같다.

$$F = \frac{2100\,\text{Nmm}}{100\,\text{mm}} = 21\,\text{N}$$

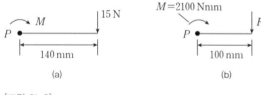

(a)   (b)

[그림 21-2]

[문제 2] 잭으로 들어 올리는 데 25Nm의 모멘트가 필요하다. 만약 가한 힘이 다음과 같다면, 잭의 손잡이의 유효 길이를 구하라.

(a) 125N   (b) 0.4kN

모멘트는 $M = F \times d$이다. 여기서 F는 손잡이에 직각으로 가한 힘이며, d는 손잡이의 유효 길이이다.

(a) $25\,\text{Nm} = 125\,\text{N} \times d$

유효 길이 $d = \dfrac{25\,\text{Nm}}{125\,\text{N}} = \dfrac{1}{5}\,\text{m}$
$$= \frac{1}{5} \times 1000\,\text{mm} = \mathbf{200\,mm}$$

(b) 회전 모멘트 M은 25Nm이고, 힘 F는 0.4kN, 즉 400N이다.

$M = F \times d$이므로 $25\,\text{Nm} = 400\,\text{N} \times d$이다. 따라서

유효 길이 $d = \dfrac{25\,\text{Nm}}{400\,\text{N}} = \dfrac{1}{16}\,\text{m}$
$$= \frac{1}{16} \times 1000\,\text{mm} = \mathbf{62.5\,mm}$$

◆ 이제 다음 연습문제를 풀어보자.

[연습문제 92] 힘의 모멘트에 대한 확장 문제

1 너트의 중심에서 유효 길이 180mm 위치에 25N의 힘이 스패너에 작용할 때, 힘의 모멘트를 구하라.

2 바퀴를 회전시키려면 7.5Nm의 모멘트가 필요하다. 만약 바퀴의 테두리에 37.5N의 힘을 가하여 가까스로 바퀴를 회전시킬 수 있었다면, 테두리로부터 바퀴 축까지의 유효 길이를 계산하라.

3 샤프트^{shaft}의 중심에서부터 힘을 가한 지점까지의 유효 길이가 180mm일 때, 샤프트상에 27N의 모멘트를 생성하기 위해 필요한 힘을 계산하라.

21.3 평형과 모멘트 원리

만약 둘 이상의 힘이 물체에 작용하는데 그 힘들이 한 점에 작용하지 않는다면, 그때 힘들의 회전 효과, 즉 각각의 힘들에 대한 모멘트를 고려해야 한다.

[그림 21-3]은 P에 지지대(피벗^{pivot} 혹은 지레의 받침점 fulcrum이라 함)가 있는 빔의 모습이다. 받침점으로부터 각각 a와 b 거리에 수직 아래로 작용하는 힘 F_1과 F_2가 있다.

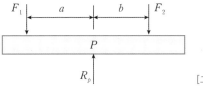

[그림 21-3]

빔을 움직이는 경향이 없을 때, 빔은 **평형상태**^{equilibrium}에 있다고 말한다. 평형을 위한 조건은 다음 두 가지가 있다.

❶ 수직 아래쪽으로 작용하는 힘들의 합은 수직 위쪽으로 작용하는 힘들의 합과 같아야만 한다. 즉 [그림 21-3]에서 다음과 같다.

$$R_p = F_1 + F_2$$

❷ 빔에 작용하는 힘들의 총 모멘트는 0이어야 한다. 총 모멘트가 0이 되려면 **어느 점에 대한 시계방향의 모멘트 합은 그 점에 대한 반시계방향의 모멘트 합과 같아야 한다.**

이 설명을 모멘트의 원리$^{principle\ of\ moment}$라고 한다.

[그림 21-3]에서 P에 대한 모멘트를 구하면 다음과 같다.

$$F_2 \times b = 시계\ 방향\ 모멘트$$
$$F_1 \times a = 반시계\ 방향\ 모멘트$$

따라서 평형이 되려면, $\boldsymbol{F_1 \times a = F_2 \times b}$

[문제 3] 힘의 시스템이 [그림 21-4]와 같다.
(a) 시스템이 평형상태에 있다고 할 때, 거리 d를 구하라.
(b) 5N의 힘이 적용되는 지점을, 지지대에서 200mm 떨어진 점 P로 이동하고 5N 대신 미지의 힘 F를 인가한다면, 시스템이 평형을 이루기 위한 F 값을 구하라.

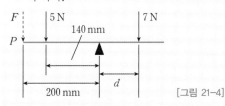

[그림 21-4]

(a) 앞에서 살펴봤듯이, 시계 방향 모멘트 M_1은 지지대에서 거리 d인 지점에 작용한 7N의 힘 때문에 생긴다. 지지대는 지레의 받침점^{fulcrum}이라 한다.
즉, $M_1 = 7\,\text{N} \times d$.

반시계 방향 모멘트 M_2는 받침점에서 거리 140mm인 지점에 작용한 5N의 힘 때문에 생긴다.
즉, $M_2 = 5\,\text{N} \times 140\,\text{mm}$.

모멘트의 원리를 적용하면, 받침점에 대해 평형을 이룬 시스템의 경우 다음과 같다.

시계 방향 모멘트 = 반시계 방향 모멘트
즉, $7\,\text{N} \times d = 5\,\text{N} \times 140\,\text{Nmm}$
따라서, **거리** $d = \dfrac{5 \times 140\,\text{Nmm}}{7\,\text{N}} = 100\,\text{mm}$

(b) 5N의 힘이 받침점에서 200mm 떨어진 점에 작용하는 F로 대치될 때, 반시계 방향 모멘트의 새로운 값은 $F \times 200$이다.

평형에 있는 시스템의 경우 다음과 같다.

시계 방향 모멘트 = 반시계 방향 모멘트
즉, $(7 \times 100)\,\text{Nmm} = F \times 200\,\text{mm}$
따라서, **새로운 힘** $F = \dfrac{700\,\text{Nmm}}{200\,\text{mm}} = 3.5\,\text{N}$

[문제 4] 빔이 중앙 지점 A에 있는 받침점에 지지되어 있고, 여러 힘이 [그림 21-5]와 같이 작용하고 있다.
(a) 빔이 평형을 이루게 만드는 힘 F를 계산하라.
(b) F가 21N으로 감소할 때도 평형이 유지되려면, 23N의 힘의 새로운 위치를 계산하라.

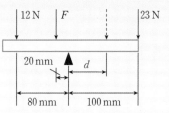

[그림 21-5]

(a) 시계 방향 모멘트 M_1은 받침점에서 거리 100mm인 지점에 작용한 23N의 힘 때문에 생긴다. 즉,

$$M_1 = 23 \times 100 = 2300\,\text{Nmm}$$

반시계 방향 모멘트 M_2를 제공하는 힘은 두 개이다. 하나는 받침점에서 거리 $20\,\text{mm}$인 지점에 작용하는 힘 F이고, 다른 하나는 $80\,\text{mm}$인 지점에 작용하는 힘 $12\,\text{N}$이다. 따라서,

$$M_2 = (F \times 20) + (12 \times 80)\,\text{Nmm}$$

받침점에 대해 모멘트의 원리를 적용하면 다음과 같다.

시계 방향 모멘트 $=$ 반시계 방향 모멘트

즉, $\qquad 2300 = (F \times 20) + (12 \times 80)$

따라서, $F \times 20 = 2300 - 960$

즉, $\qquad$ 힘 $F = \dfrac{1340}{20} = 67\,\text{N}$

(b) 지금 시계 방향 모멘트는 받침점에서 거리 d인 지점에 작용한 $23\,\text{N}$의 힘 때문에 생긴다. F 값이 $21\,\text{N}$으로 감소하기 때문에, 반시계 방향 모멘트는 다음과 같다.

$$(21 \times 20) + (12 \times 80)\,\text{Nmm}$$

모멘트의 원리를 적용하면 다음과 같다.

$$23 \times d = (21 \times 20) + (12 \times 80)$$

즉, 거리 $d = \dfrac{420 + 960}{23} = \dfrac{1380}{23} = 60\,\text{mm}$

[문제 5] [그림 21-6]의 중앙에 지지대가 있는 균일 빔에 대하여, 빔이 평형상태에 있을 때 힘 F_1과 F_2의 값을 구하라.

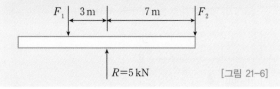

[그림 21-6]

평형일 때:

(i) $R = F_1 + F_2$. 즉, $5 = F_1 + F_2 \qquad \cdots$ ❶

(ii) $F_1 \times 3 = F_2 \times 7 \qquad\qquad \cdots$ ❷

식 ❶로부터, $F_2 = 5 - F_1$

식 ❷에서 F_2에 대입하면,

$$F_1 \times 3 = (5 - F_1) \times 7$$
$$3F_1 = 35 - 7F_1$$
$$10F_1 = 35$$
$$F_1 = 3.5\,\text{kN}$$

$F_2 = 5 - F_1$이므로, $F_2 = 1.5\,\text{kN}$

따라서 **평형일 때, 힘 $F_1 = 3.5\,\text{kN}$이고 힘 $F_2 = 1.5\,\text{kN}$이다.**

◆ 이제 다음 연습문제를 풀어보자.

[연습문제 93] 평형과 모멘트의 원리에 대한 확장 문제

1 [그림 21-7]의 힘 시스템이 평형상태에 있을 때, 지지대 A에 작용하는 힘과 거리 d를 구하라.

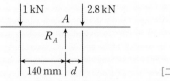

[그림 21-7]

2 [그림 21-7]에서 $1\,\text{kN}$의 힘을 R_A의 왼쪽으로 $250\,\text{mm}$의 거리에 작용하는 힘 F로 대체한다면, 시스템이 평형상태에 있기 위한 F의 값을 구하라.

3 [그림 21-8]의 힘 시스템에 대하여 A와 B에 작용하는 힘을 구하라.

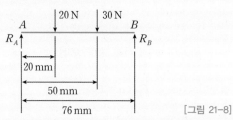

[그림 21-8]

4 빔에 작용하는 힘들이 [그림 21-9]와 같다. 빔의 질량을 무시하고, 빔이 평형에 있을 때 R_A와 거리 d의 값을 구하라.

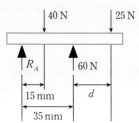

[그림 21-9]

21.4 점 하중을 갖는 단순 지지 빔

단순 지지 빔simply supported beam은 두 개의 칼날 지지대상에 놓여 수평으로 자유롭게 이동하는 빔을 말한다. 빔의 주어진 점들에 작용하는 하중, 즉 점 하중point loading을 갖는 전형적인 두 가지의 단순 지지 빔은 [그림 21–10]과 같다.

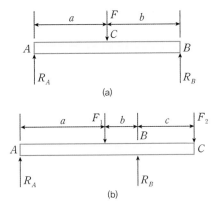

[그림 21–10]

예를 들어, 수직 아래쪽으로 힘 F를 발휘하는 질량을 갖는 사람이 양쪽 끝에서 단순 지지된 나무판자 위에 서 있는 상황을, 판자의 질량을 무시한다고 했을 때 [그림 21–10(a)]의 빔 다이어그램으로 묘사할 수 있다. 판자 양끝 지지대에 작용하는 힘인 R_A와 R_B는 수직 위쪽으로 작용하는데, 이 힘들을 반작용reaction이라 부른다.

작용하는 힘들이 모두 한 평면상에 위치할 때, 모멘트의 산술적 합은 **어느** 점에 대해서도 취할 수 있다.

[그림 21–10(a)]의 빔이 평형인 경우,

❶ $R_A + R_B = F$

❷ A에 대해 모멘트를 구하면, $F \times a = R_B(a+b)$
   (다른 표현으로, C에 대해 모멘트를 구하면, $R_A a = R_B b$)

[그림 21–10(b)]의 빔이 평형인 경우,

❶ $R_A + R_B = F_1 + F_2$

❷ B에 대해 모멘트를 구하면, $R_A(a+b) + F_2 c = F_1 b$

점 하중을 갖는 단순 지지 빔에 대한 일반적인 **실제 응용**practical application 예로는 다리, 빌딩의 빔, 기계 도구의 지지대를 들 수 있다.

[문제 6] 빔에 [그림 21–11]과 같이 하중이 가해진다.

(a) 빔 지지대 B에 작용하는 힘을 구하라.

(b) 빔의 질량을 무시할 때, 빔 지지대 A에 작용하는 힘을 구하라.

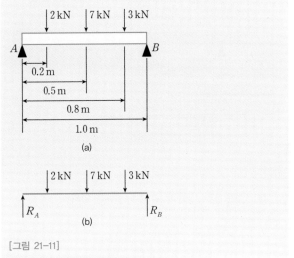

[그림 21–11]

[그림 21–11]과 같이 지지된 빔을 단순 지지 빔이라고 부른다.

(a) 점 A에 대한 모멘트를 구하고 모멘트의 원리를 적용하면 다음과 같다.

시계 방향 모멘트 = 반시계 방향 모멘트
$$(2 \times 0.2) + (7 \times 0.5) + (3 \times 0.8)\,\text{kNm} = R_B \times 1.0\,\text{m}$$

여기서 R_B는 [그림 21–11(b)]에 보는 바와 같이 B에서 빔을 지지하고 있는 힘이다. 따라서

$$(0.4 + 3.5 + 2.4)\,\text{kNm} = R_B \times 1.0\,\text{m}$$

즉, $\boldsymbol{R_B} = \dfrac{6.3\,\text{kNm}}{1.0\,\text{m}} = \boldsymbol{6.3\,\text{kN}}$

(b) 빔이 평형을 이루기 위해서는, 위쪽으로 작용하는 힘이 아래쪽으로 작용하는 힘과 같아야만 한다. 따라서 다음과 같다.

$$R_A + R_B = (2 + 7 + 3)\,\text{kN} = 12\,\text{kN}$$
$$R_B = 6.3\,\text{kN}$$

즉, $\boldsymbol{R_A} = 12 - R_B = 12 - 6.3 = \boldsymbol{5.7\,\text{kN}}$

[문제 7] [그림 21-12]의 빔에 대하여 다음을 계산하라.

(a) 지지대 A에 작용하는 힘

(b) 빔의 질량으로부터 발생하는 어떠한 힘도 무시할 때, 거리 d

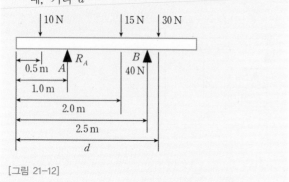

[그림 21-12]

(a) 21.3절로부터 다음과 같이 구할 수 있다.

위쪽 방향으로 작용하는 힘
= 아래쪽 방향으로 작용하는 힘

따라서 다음과 같다.

$$(R_A + 40)\,\text{N} = (10 + 15 + 30)\,\text{N}$$

$$\boldsymbol{R_A} = 10 + 15 + 30 - 40 = \mathbf{15\,N}$$

(b) 빔의 왼쪽 끝에 대한 모멘트를 구하고 모멘트의 원리를 적용하면 다음과 같다.

시계 방향 모멘트 = 반시계 방향 모멘트

$$(10 \times 0.5) + (15 \times 2.0)\,\text{Nm} + 30\,\text{N} \times d$$
$$= (15 \times 1.0) + (40 \times 2.5)\,\text{Nm}$$

즉, $35\,\text{Nm} + 30\,\text{N} \times d = 115\,\text{Nm}$

이로부터, **거리** $\boldsymbol{d} = \dfrac{(115 - 35)\,\text{Nm}}{30\,\text{N}} = \mathbf{2.67\,m}$

[문제 8] 금속 막대 AB의 길이가 4.0 m 이고 수평 위치에서 양 끝이 단순 지지되어 있다. A로부터 2.0 m 와 3.0 m 의 거리에 각각 2.5 kN 과 5.5 kN 의 하중을 받치고 있다. 빔의 질량을 무시할 때, 빔이 평형에 있기 위한 지지대의 반작용을 구하라.

빔과 빔의 하중들은 [그림 21-13]과 같다. 평형상태에서는 다음과 같다.

$$R_A + R_B = 2.5 + 5.5 = 8.0\,\text{kN} \;\cdots\; \mathbf{❶}$$

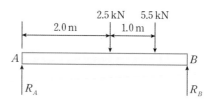

[그림 21-13]

A에 관해 모멘트를 구하면 다음과 같다.

시계 방향 모멘트 = 반시계 방향 모멘트

즉, $(2.5 \times 2.0) + (5.5 \times 3.0) = 4.0 R_B$

혹은 $5.0 + 16.5 = 4.0 R_B$

이로부터, $R_B = \dfrac{21.5}{4.0} = 5.375\,\text{kN}$

식 ❶로부터, $R_A = 8.0 - 5.375 = 2.625\,\text{kN}$

따라서 **평형상태에서 지지대의 반작용은 A에서 2.625 kN 이고 B에서 5.375 kN 이다.**

[문제 9] 길이가 5.0 m 인 빔 PQ가 [그림 21-14]와 같이 수평 위치에서 양 끝에 단순 지지되어 있다. 그것의 질량은 보는 바와 같이 중앙에 작용하는 400 N 의 힘과 등가이다. 12 kN 과 20 kN 의 점 하중이 그림과 같은 위치에서 빔 위에 작용한다. 빔이 평형에 있을 때, 다음을 구하라.

(a) 지지대의 반작용인 R_P와 R_Q

(b) 지지대상의 두 힘이 같아지려면 12 kN 의 하중이 어느 위치로 이동해야 하는지

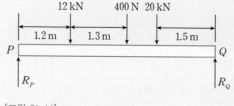

[그림 21-14]

(a) 평형상태에서는 다음과 같다.

$$R_P + R_Q = 12 + 0.4 + 20 = 32.4\,\text{kN} \;\cdots\; \mathbf{❶}$$

P에 대해 모멘트를 구하면 다음과 같다.

시계 방향 모멘트 = 반시계 방향 모멘트

즉, $(12 \times 1.2) + (0.4 \times 2.5) + (20 \times 3.5) = (R_Q \times 5.0)$

$$14.4 + 1.0 + 70.0 = 5.0 R_Q$$

이로부터,　　　　　$R_Q = \dfrac{85.4}{5.0} = \textbf{17.08 kN}$

식 ❶로부터,

$$R_P = 32.4 - R_Q = 32.4 - 17.08 = \textbf{15.32 kN}$$

(b) 지지대의 반작용이 같아지기 위해서는 다음과 같아야 한다.

$$R_P = R_Q = \frac{32.4}{2} = 16.2 \text{ kN}$$

12 kN의 하중이 (P로부터 1.2 m에 위치하는 대신) P로부터 거리 $d\,[\text{m}]$에 위치한다고 하자. P에 대해 모멘트를 구하면 다음과 같다.

$$(12 \times d) + (0.4 \times 2.5) + (20 \times 3.5) = 5.0 R_Q$$

즉,　　　　　$12d + 1.0 + 70.0 = 50 \times 16.2$

$$12d = 81.0 - 71.0$$

이로부터,　$d = \dfrac{10.0}{12} = 0.833 \text{ m}$

따라서 지지대의 반작용이 같아지려면 12 kN의 하중이 P로부터 거리 833 mm의 위치로 이동하는 것이 필요하다(즉, 원래 위치에서 왼쪽으로 367 mm).

◆ 이제 다음 연습문제를 풀어보자.

[연습문제 94] 점 하중을 갖는 단순 지지 빔에 대한 확장 문제

1 [그림 21-15]와 같은 빔에 대해 힘 R_A와 거리 d를 계산하라. 빔의 질량은 무시되고 평형상태를 가정한다.

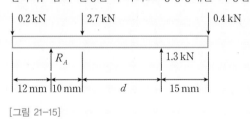

[그림 21-15]

2 [그림 21-16]과 같은 힘의 시스템에 대하여, 시스템이 평형상태에 있기 위한 F와 d의 값을 구하라.

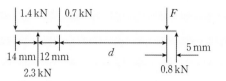

[그림 21-16]

3 [그림 21-17]과 같은 힘의 시스템에 대하여, 평형상태를 가정하여 힘 R_A와 R_B가 같도록 하는 거리 d를 구하라.

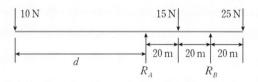

[그림 21-17]

4 [그림 21-18]과 같이 단순 지지 빔 AB에 하중이 가해진다. A 지점에서 반작용이 0이 되도록 하는 하중 F를 구하라.

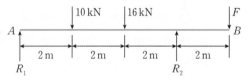

[그림 21-18]

5 길이 4.8 m인 균일한 나무 빔이 왼쪽 끝에, 그리고 또 왼쪽 끝에서 3.2 m인 지점에 지지되어 있다. 빔의 질량이 빔의 중앙에서 수직 아래쪽으로 작용하는 200 N과 등가이다. 지지대에서 반작용을 구하라.

6 [그림 21-19]와 같은 단순 지지 빔 PQ에 대하여 다음을 구하라.

(a) 각 지지대에서 반작용

(b) 평형상태를 잃지 않고 Q에 가해질 수 있는 최대 힘

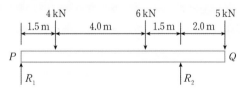

[그림 21-19]

[연습문제 95] 단순 지지 빔에 대한 단답형 문제

1 힘의 모멘트는 (   )와/과 (   )의 곱이다.

2 빔이 움직일 경향이 전혀 없을 때 그것은 (   )에 있다.

3 빔의 평형을 위한 두 가지 조건을 설명하라.

4 모멘트의 원리를 설명하라.

5 단순 지지 빔의 의미는 무엇인가?

6 단순 지지 빔의 두 가지 실제 응용을 설명하라.

[연습문제 96] 단순 지지 빔에 대한 사지선다형 문제

1 너트의 중심에서 길이 0.5 m 위치에, 10 N의 힘이 스패너 손잡이에 직각으로 작용한다. 너트에 가한 힘의 모멘트를 계산하라.
(a) 5 Nm (b) 2 N/m
(c) 0.5 m/N (d) 15 Nm

2 [그림 21-20]에서 빔이 평형상태에 있을 때 거리 d 는?
(a) 0.5 m (b) 1.0 m
(c) 4.0 m (d) 15 m

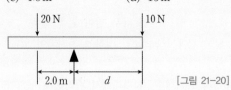

[그림 21-20]

3 [그림 21-21]에서, A에 대한 시계 방향 모멘트는?
(a) 70 Nm (b) 10 Nm
(c) 60 Nm (d) $5 \times R_B$ Nm

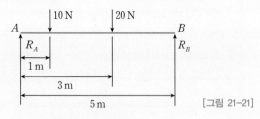

[그림 21-21]

4 [그림 21-21]에서, B에 작용하는 힘(즉, R_B)은?
(a) 16 N (b) 20 N
(c) 5 N (d) 14 N

5 [그림 21-21]에서, A에 작용하는 힘(즉, R_A)은?
(a) 16 N (b) 10 N
(c) 15 N (d) 14 N

6 [그림 21-22]에서, 빔이 평형상태에 있다면 다음 설명 중 틀린 것은?
(a) 반시계 방향 모멘트는 27 Nm 이다.
(b) 힘 F는 9 N이다.
(c) 지지대 R에서 반작용은 18 N이다.
(d) 주어진 조건에서 빔은 평형상태일 수 없다.

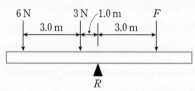

[그림 21-22]

7 [그림 21-23]에서 반작용 R_A는?
(a) 10 N (b) 30 N
(c) 20 N (d) 40 N

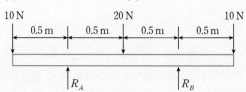

[그림 21-23]

8 [그림 21-23]에서 R_A에 대해 모멘트를 구할 때, 반시계 방향 모멘트의 합은?
(a) 25 Nm (b) 20 Nm
(c) 35 Nm (d) 30 Nm

9 [그림 21-23]에서 오른쪽 끝에 대한 모멘트를 구할 때, 시계 방향 모멘트의 합은?
(a) 10 Nm (b) 20 Nm
(c) 30 Nm (d) 40 Nm

10 [그림 21-23]에 대한 다음 설명 중 틀린 것은?
(a) $(5 + R_B) = 25$ Nm
(b) $R_A = R_B$
(c) $(10 \times 0.5) = (10 \times 1) + (10 \times 1.5) + R_A$
(d) $R_A + R_B = 40$ N

Chapter 22

선운동과 각운동

Linear and angular motion

선운동과 각운동을 이해하는 것이 왜 중요할까?

이 장은 선속도와 각속도, 그리고 선가속도와 각가속도를 정의하는 것에서 출발한다. 그다음 등가속도의 조건에서 변위, 속도, 가속도에 대한 잘 알려진 관계식을 시간과 다른 변수들을 사용하여 유도한다. 상대속도를 구하기 위해, 19장에서 힘에 대해 적용했던 것과 유사하게 기본 벡터 해석을 사용한다. 이 장은 운동학의 기본을 다룬다. 선운동과 각운동을 공부하는 것은 움직이는 운송수단을 설계할 때 중요하다.

학습포인트

- 2π 라디안이 $360°$에 해당함을 이해할 수 있다.
- 선속도와 각속도를 정의할 수 있다.
- $v = \omega r$과 $\omega = 2\pi n$을 사용하여 선속도와 각속도에 대한 계산을 수행할 수 있다.
- 선가속도와 각가속도를 정의할 수 있다.
- $v_2 = v_1 + \alpha t$, $\omega_2 = \omega_1 + \alpha t$, $a = r\alpha$를 사용하여 선가속도와 각가속도에 대한 계산을 수행할 수 있다.
- 간단한 계산을 수행할 때 적절한 운동 방정식을 선택할 수 있다.
- 스칼라와 벡터양의 차이를 이해할 수 있다.
- 그림으로 그리거나 계산을 해서, 상대속도를 구하기 위해 벡터를 사용할 수 있다.

22.1 서론

이 장은 선속도와 각속도, 그리고 선가속도와 각가속도를 정의하는 것에서 출발한다. 그다음 등가속도의 조건에서 변위, 속도, 가속도에 대한 잘 알려진 관계식을 시간과 다른 변수들을 사용하여 유도한다. 상대속도를 구하기 위해, 19장에서 힘에 대해 적용했던 것과 유사하게 기본 벡터 해석을 사용한다. 이 장은 운동학의 기본을 다룬다.

22.2 라디안

각 변위의 단위는 라디안(rad)이다. 1라디안은 [그림 22-1]에서 보듯이 호의 길이가 원의 반경과 같을 때 이 호에 대한 원의 중심각이다.

라디안 각 θ, 호의 길이 s, 원의 반경 r 사이의 관계식은 다음과 같다.

$$s = r\theta \tag{1}$$

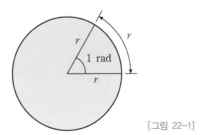

[그림 22-1]

완전한 원의 호 길이는 $2\pi r$이고 중심에 대한 각은 $360°$이기 때문에, 식 (1)로부터 완전한 원에 대해 다음이 성립한다.

$$2\pi r = r\theta \text{ 혹은 } \theta = 2\pi \text{ 라디안}$$

따라서 2π 라디안은 $360°$에 해당한다.　　　　(2)

22.3 선속도와 각속도

22.3.1 선속도

선속도 v는 시간 t에 대한 선 변위 s의 변화율로 정의하고, 직선으로 움직이는 운동에 대해서 다음과 같다.

$$\text{선속도} = \frac{\text{변위의 변화}}{\text{시간 변화}}$$

$$\text{즉,} \quad v = \frac{s}{t} \qquad (3)$$

선속도의 단위는 [m/s]이다.

22.3.2 각속도

바퀴 혹은 축의 회전 속력은 일반적으로 분당 회전 혹은 초당 회전으로 측정되지만, 이러한 단위는 통일된 단위계는 아니다. SI 단위계에서 사용하는 단위는 초당 회전각(라디안)이다.

각속도는 시간 t에 대한 각 변위 θ의 변화율로 정의하고, 일정한 속력으로 고정된 축 둘레를 회전하는 물체에 대해서 다음과 같다.

$$\text{각속도} = \frac{\text{각의 변화}}{\text{시간 변화}}$$

$$\text{즉,} \quad \omega = \frac{\theta}{t} \qquad (4)$$

각속도의 단위는 [rad/s]이다. 초당 n바퀴의 고정된 속력으로 회전하는 물체는 1초에 $2\pi n$ 라디안의 각에 대한다. 즉 각속도는 다음과 같다.

$$\omega = 2\pi n \ [\text{rad/s}] \qquad (5)$$

식 (1)로부터 $s = r\theta$이고, 식 (4)로부터 $\theta = \omega t$이므로 다음과 같다.

$$s = r\omega t \quad \text{혹은} \quad \frac{s}{t} = \omega r$$

그러나 식 (3)으로부터 다음이 성립한다.

$$v = \frac{s}{t}$$

$$\text{따라서} \qquad v = \omega r \qquad (6)$$

식 (6)은 선속도 v와 각속도 ω 사이의 관계식을 나타낸다.

[문제 1] 직경이 $540\,\text{mm}$인 바퀴가 $(1500/\pi)\,\text{rev/min}$으로 회전하고 있다. 바퀴의 각속도와 바퀴 테두리상의 한 점에서 선속도를 구하라.

식 (5)로부터 각속도는 $\omega = 2\pi n$이다. 여기서 n은 초당 회전으로 나타낸 회전 속력이다. 즉

$$n = \frac{1500}{60\pi} \ \text{rev/s}$$

이다. 따라서 **각속도**는 다음과 같다.

$$\omega = 2\pi \left(\frac{1500}{60\pi} \right) = 50 \ \text{rad/s}$$

테두리상의 한 점에서 선속도는 $v = \omega r$이다. 여기서 r은 바퀴의 반경이며 $r = \dfrac{0.54}{2} = 0.27\,\text{m}$이다. 따라서 선속도는 다음과 같다.

$$v = \omega r = 50 \times 0.27 = 13.5\,\text{m/s}$$

[문제 2] 자동차가 $64.8\,\text{km/h}$로 달리고 있으며, 자동차 바퀴의 직경은 $600\,\text{mm}$이다.

(a) 바퀴의 각속도를 [rad/s]와 [rev/min]의 단위로 구하라.

(b) 속력이 $1.44\,\text{km}$ 동안 일정하게 유지된다면, 미끄러짐이 없다고 가정하고 바퀴의 회전수를 구하라.

(a) $64.8\,\text{km/h} = 64.8\,\dfrac{\text{km}}{\text{h}} \times 1000\,\dfrac{\text{m}}{\text{km}} \times \dfrac{1}{3600}\,\dfrac{\text{h}}{\text{s}}$

$$= \frac{64.8}{3.6}\,\text{m/s} = 18\,\text{m/s}$$

즉 선속도 v는 $18\,\text{m/s}$이다.
바퀴의 반경은 $\dfrac{600}{2}\,\text{mm} = 0.3\,\text{m}$이다.

식 (6)으로부터 $v = \omega r$이다. 따라서 $\omega = \dfrac{v}{r}$, 즉 **각속도**는 다음과 같다.

$$\omega = \frac{18}{0.3} = 60 \text{ rad/s}$$

식 (5)로부터 각속도는 $\omega = 2\pi n$이다. 여기서 n은 초당 회전이다. 따라서 $n = \frac{\omega}{2\pi}$이고, 바퀴의 각속력은 분당 회전으로 $\frac{60\omega}{2\pi}$이다. 그런데 $\omega = 60 \text{ rad/s}$이므로, 따라서 각속도는 다음과 같다.

$$\text{각속도} = \frac{60 \times 60}{2\pi} = 573 \text{ rev/min (rpm)}$$

(b) 식 (3)으로부터 18 m/s의 일정한 속력으로 1.44 km를 이동하는 데 소요된 시간은

$$\frac{1440 \text{ m}}{18 \text{ m/s}} = 80 \text{ s}$$

이다. 바퀴가 분당 573회전을 하고 있기 때문에 $\frac{80}{60}$ 분 동안에는 다음과 같이 회전한다.

$$\frac{573 \times 80}{60} = 764 \text{ 회전}$$

◆ 이제 다음 연습문제를 풀어보자.

[연습문제 97] 선속도와 각속도에 대한 확장 문제

1 벨트를 가동시키는 도르래의 직경이 360 mm이고, $2700/\pi \text{ rev/min}$의 속도로 회전한다. 미끄러지는 현상이 없다고 가정하고, 도르래의 각속도와 벨트의 선속도를 구하라.

2 자전거가 36 km/h로 이동하고 있고, 자전거 바퀴의 직경은 500 mm이다. 자전거 바퀴의 각속도와 그 바퀴 테두리상의 한 점에서 선속도를 구하라.

22.4 선가속도와 각가속도

선가속도^{linear acceleration} a는 시간에 따른 선속도 변화의 비율로 정의된다. 선속도가 일정하게 증가하고 있는 물체에 대해 선가속도는 다음과 같다.

$$\text{선가속도} = \frac{\text{선속도의 변화}}{\text{소요 시간}}$$

$$\text{즉,} \quad a = \frac{v_2 - v_1}{t} \tag{7}$$

선가속도의 단위는 $[\text{m/s}^2]$이다. 식 (7)을 v_2에 대하여 다시 쓰면 다음과 같다.

$$v_2 = v_1 + at \tag{8}$$

여기서 v_2는 최종 선속도이고, v_1은 초기 선속도이다.

각가속도^{angular acceleration} α는 시간에 따른 각속도 변화의 비율로 정의된다. 각속도가 일정하게 증가하고 있는 물체에 대해 각가속도는 다음과 같다.

$$\text{각가속도} = \frac{\text{각속도의 변화}}{\text{소요 시간}}$$

$$\text{즉,} \quad \alpha = \frac{\omega_2 - \omega_1}{t} \tag{9}$$

각가속도의 단위는 $[\text{rad/s}^2]$이다. 식 (9)를 ω_2에 대하여 다시 쓰면 다음과 같다.

$$\omega_2 = \omega_1 + \alpha t \tag{10}$$

여기서 ω_2는 최종 각속도이고, ω_1은 초기 각속도이다.

식 (6)으로부터 $v = \omega r$이다. 일정 반경 r을 가진 원운동에서 $v_2 = \omega_2 r$이고, $v_1 = \omega_1 r$이다. 따라서 식 (7)은 다음과 같이 다시 쓸 수 있다.

$$a = \frac{\omega_2 r - \omega_1 r}{t} = \frac{r(\omega_2 - \omega_1)}{t}$$

식 (9)로부터

$$\frac{\omega_2 - \omega_1}{t} = \alpha$$

이고, 따라서 다음과 같다.

$$a = r\alpha \tag{11}$$

축의 속력이 $10\,\mathrm{s}$ 의 시간 동안 $300\,\mathrm{rev/min}$ 에서 $800\,\mathrm{rev/min}$ 으로 일정하게 증가한다. 각가속도를 구하고, 유효숫자 3자리로 보정하라.

식 (9)로부터 $\alpha = \dfrac{\omega_2 - \omega_1}{t}$ 이다.

초기 각속도는

$$\omega_1 = 300\,\mathrm{rev/min} = \frac{300}{60}\,\mathrm{rev/s} = \frac{300 \times 2\pi}{60}\,\mathrm{rad/s}$$

이고, 최종 각속도는

$$\omega_2 = \frac{800 \times 2\pi}{60}\,\mathrm{rad/s}$$

이고, 시간 $t = 10\,\mathrm{s}$ 이다. 따라서 **각가속도**는 다음과 같다.

$$\alpha = \frac{\dfrac{800 \times 2\pi}{60} - \dfrac{300 \times 2\pi}{60}}{10}\,\mathrm{rad/s^2}$$

$$= \frac{500 \times 2\pi}{60 \times 10} = 5.24\,\mathrm{rad/s^2}$$

[문제 4] 만약 [문제 3]의 축 직경이 $50\,\mathrm{mm}$ 라면, 표면상에서 축의 선가속도를 구하고, 유효숫자 3자리로 보정하라.

식 (11)로부터 $a = r\alpha$ 이다.

축 반경은 $\dfrac{50}{2}\,\mathrm{mm} = 25\,\mathrm{mm} = 0.025\,\mathrm{m}$ 이고,

각가속도는 $\alpha = 5.24\,\mathrm{rad/s^2}$ 이다.

따라서 **선가속도**는 다음과 같다.

$$a = r\alpha = 0.025 \times 5.24 = 0.131\,\mathrm{m/s^2}$$

◆ 이제 다음 연습문제를 풀어보자.

[연습문제 98] 선가속도와 각가속도에 대한 확장 문제

1 각속도 $200\,\mathrm{rad/s}$ 로 회전하는 바퀴가 일정하게 $15\,\mathrm{s}$ 동안 $5\,\mathrm{rad/s^2}$ 의 비율로 가속된다. 바퀴의 최종 각속도를 $[\mathrm{rad/s}]$ 와 $[\mathrm{rev/min}]$ 의 단위로 구하라.

2 디스크가 $25\,\mathrm{s}$ 동안 $300\,\mathrm{rev/min}$ 에서 $600\,\mathrm{rev/min}$ 으로 일정하게 가속된다. 만약 디스크의 반경이 $250\,\mathrm{mm}$ 라면, 각가속도와 디스크 테두리상의 한 점에서 선가속도를 구하라.

22.5 더 많은 운동 방정식

식 (3)으로부터 $s = vt$ 이고, 선속도가 v_1 에서 v_2 로 일정하게 변화한다면, 그때 $s = $ 평균 선속도 $\times$ 시간이다. 즉 다음과 같다.

$$s = \left(\frac{v_1 + v_2}{2}\right)t \tag{12}$$

식 (4)로부터 $\theta = \omega t$ 이다. 각속도가 ω_1 에서 ω_2 로 일정하게 변화한다면, 그때 $\theta = $ 평균 각속도 $\times$ 시간이다. 즉 다음과 같다.

$$\theta = \left(\frac{\omega_1 + \omega_2}{2}\right)t \tag{13}$$

선운동에 대한 두 개의 추가 방정식은 식 (8)과 (11)로부터 유도할 수 있다.

$$s = v_1 t + \frac{1}{2}at^2 \tag{14}$$

$$v_2^2 = v_1^2 + 2as \tag{15}$$

각운동에 대한 두 개의 추가 방정식은 식 (10)과 (13)으로부터 유도할 수 있다.

$$\theta = \omega_1 t + \frac{1}{2}\alpha t^2 \tag{16}$$

$$\omega_2^2 = \omega_1^2 + 2\alpha\theta \tag{17}$$

[표 22-1]은 속도의 균일한 변화와 일정 가속도에 대해서 선운동과 각운동의 주요 방정식들을 정리한 것이다. 이 표를 통해 선운동과 각운동 간의 양적 연관성도 알 수 있다.

[표 22-1]

s = 호의 길이 (m)	r = 원의 반경 (m)
t = 시간 (s)	θ = 각 (rad)
v = 선속도 (m/s)	ω = 각속도 (rad/s)
v_1 = 초기 선속도 (m/s)	ω_1 = 초기 각속도 (rad/s)
v_2 = 최종 선속도 (m/s)	ω_2 = 최종 각속도 (rad/s)
a = 선가속도 (m/s^2)	α = 각가속도 (rad/s^2)
n = 회전 속력 (rev/s)	

식 번호	선운동		각운동
(1)		$s = r\theta$ m	
(2)			2π rad $= 360°$
(3), (4)	$v = \dfrac{s}{t}$		$\omega = \dfrac{\theta}{t}$ rad/s
(5)			$\omega = 2\pi n$ rad/s
(6)		$v = \omega r$ m/s^2	
(7), (9)	$a = \dfrac{v_2 - v_1}{t}$		$\alpha = \dfrac{\omega_2 - \omega_1}{t}$
(8), (10)	$v_2 = (v_1 + at)$ m/s		$\omega_2 = (\omega_1 + \alpha t)$ rad/s
(11)		$a = r\alpha$ m/s^2	
(12), (13)	$s = \left(\dfrac{v_1 + v_2}{2}\right)t$		$\theta = \left(\dfrac{\omega_1 + \omega_2}{2}\right)t$
(14), (16)	$s = v_1 t + \dfrac{1}{2}at^2$		$\theta = \omega_1 t + \dfrac{1}{2}\alpha t^2$
(15), (17)	$v_2^2 = v_1^2 + 2as$		$\omega_2^2 = \omega_1^2 + 2\alpha\theta$

[문제 5] 축의 속력이 10s 동안 300 rev/min에서 800 rev/min으로 일정하게 증가된다. 가속되는 10s 동안 축이 회전한 회전수를 구하라.

식 (13)으로부터 회전한 각은 다음과 같다.

$$\theta = \left(\frac{\omega_1 + \omega_2}{2}\right)t = \left(\frac{\dfrac{300 \times 2\pi}{60} + \dfrac{800 \times 2\pi}{60}}{2}\right)(10)\,\text{rad}$$

그러나 1회전이 2π 라디안이므로 회전수는 다음과 같다.

$$\text{회전수} = \left(\frac{\dfrac{300 \times 2\pi}{60} + \dfrac{800 \times 2\pi}{60}}{2}\right)\left(\frac{10}{2\pi}\right)$$

$$= \frac{1}{2}\left(\frac{1100}{60}\right)(10) = \frac{1100}{12} = \textbf{91.67 rev}$$

[문제 6] 전기 모터의 축이 초기에 정지해 있다가, 0.4s 동안 15 rad/s^{2}으로 일정하게 가속된다. 이 시간에 축이 회전한 각을 라디안으로 구하라.

식 (16)으로부터 $\theta = \omega_1 t + \dfrac{1}{2}\alpha t^2$이고, 축이 초기에 정지해 있기 때문에

$$\omega_1 = 0, \quad \theta = \frac{1}{2}\alpha t^2$$

이다. 각가속도와 시간은 각각

$$\alpha = 15\,\text{rad/s}^2, \quad t = 0.4\,\text{s}$$

이고, 따라서 **회전한 각**은 다음과 같다.

$$\theta = 0 + \frac{1}{2} \times 15 \times 0.4^2 = 1.2 \text{ rad}$$

[문제 7] 바퀴가 1500 rev/min으로 회전할 때까지 2.05 rad/s²으로 일정하게 가속된다. 만약 가속되는 시간 동안 5회전을 완성했다면, 초기 각속도를 [rad/s]의 단위로 구하여 유효숫자 4자리로 보정하라.

최종 각속도가 1500 rev/min이므로,

$$\omega_2 = 1500 \frac{\text{rev}}{\text{min}} \times \frac{1 \min}{60 \text{ s}} \times \frac{2\pi \text{ rad}}{1 \text{ rev}} = 50\pi \text{ rad/s}$$

$$5\text{회전} = 5 \text{ rev} \times \frac{2\pi \text{ rad}}{1 \text{ rev}} = 10\pi \text{ rad}$$

이다. 식 (17)로부터 $\omega_2^2 = \omega_1^2 + 2\alpha\theta$이다. 즉

$$(50\pi)^2 = \omega_1^2 + (2 \times 2.05 \times 10\pi)$$

이다. 이로부터

$$\omega_1^2 = (50\pi)^2 - (2 \times 2.05 \times 10\pi)$$
$$= (50\pi)^2 - 41\pi = 24{,}545$$
$$\text{즉, } \omega_1 = \sqrt{24{,}545} = 156.7 \text{ rad/s}$$

이다. 따라서 **유효숫자 4자리로 보정한 초기 각속도**는 **156.7 rad/s**이다.

◆ 이제 다음 연습문제를 풀어보자.

[연습문제 99] 운동 방정식에 대한 확장 문제

1 돌면서 가는 연마 바퀴가 1000 rad/s에서 400 rad/s로 일정하게 느려질 때 300회전을 한다. 이런 감속이 이루어지는 시간을 구하라.

2 위 1번 문항에서 연마 바퀴의 각가속도를 구하라.

3 디스크가 25 s 동안 300 rev/min에서 600 rev/min으로 일정하게 가속된다. 이런 가속이 이루어지는 동안에 디스크가 회전한 회전수를 구하라.

4 도르래가 8 rad/s²의 각가속도로 정지 상태에서 일정하게 가속된다. 20 s가 지난 뒤 가속이 멈추고 도르래는 2 min 동안 일정한 속력으로 운전하다가,

일정하게 감속을 하면서 정지하기까지 40 s가 더 흘렀다. 다음을 구하라.

(a) 가속의 시간이 흐른 뒤 각속도

(b) 감속도

(c) 도르래가 회전한 총 회전 수

22.6 상대속도

19장에서 설명했듯이, 과학과 공학에서 사용되는 양은 다음의 두 가지 그룹으로 나눌 수 있다.

❶ 스칼라양^{scalar quantity} : 크기 혹은 치수만을 가지며, 그것을 자세히 지정하기 위해 다른 정보는 필요 없다. 따라서 20 cm, 5 s, 3 l, 4 kg은 모두 스칼라양의 예이다.

❷ 벡터양^{vector quantity} : 크기(혹은 치수)와 방향 모두를 가지며, 이는 물리량의 작용선이라 불린다. 전형적인 벡터양의 예로는 속도, 가속도, 힘이 있다. 따라서 정서쪽 30 km/h의 속도, 수직 아래쪽 7 m/s²의 가속도 등은 모두 벡터양의 예이다.

벡터양은 물리량의 작용선을 따라 놓인 직선으로 나타낸다. 19장에서 보인대로 직선의 길이는 물리량의 크기에 비례한다. 따라서 [그림 22-2]에서 ab는 20 m/s의 속도를 나타내고, 작용선은 정서쪽을 향한다. 굵은체 ab는 벡터양임을 나타내고, 글자의 순서는 a에서 b로 작용선이 향한다는 것을 의미한다.

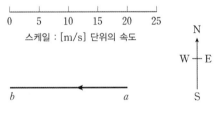

[그림 22-2]

같은 고도를 비행하는 두 항공기 A와 B를 고려해보자. [그림 22-3]과 같이, A는 정북쪽으로 200 m/s로 비행하고, B는 북동쪽으로 30°인 N 30°E 방향으로 300 m/s로 비행한다.

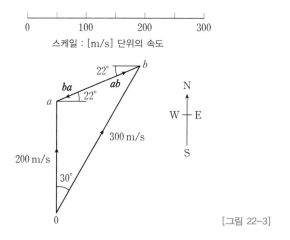

[그림 22-3]

고정점 0에 대하여, $0a$는 A의 속도를 나타내고 $0b$는 B의 속도를 나타낸다. A에 대한 B의 속도, 즉 A에 있는 관측자에 대해 B가 이동하는 것으로 보이는 속도는 ab로 주어지고, 이를 측정하면 E 22°N 방향으로 160 m/s 이다. B에 대한 A의 속도, 즉 B에 있는 관측자에 대해 A가 이동하는 것으로 보이는 속도는 ba로 주어지고, 이를 측정하면 W 22°S 방향으로 160 m/s 이다.

[문제 8] 두 자동차가 수평 길에서 직선으로 이동한다. 차 A는 N 10°E 방향으로 70 km/h로 이동하고, 차 B는 W 60°N 방향으로 50 km/h로 이동한다. 스케일에 맞춰 벡터 다이어그램을 그려, 차 B에 대한 차 A의 속도를 구하라.

[그림 22-4(a)]에서, $0a$는 고정점 0에 대한 차 A의 속도를 나타내고, $0b$는 고정점 0에 대한 차 B의 속도를 나타낸다. 차 B에 대한 차 A의 속도는 ba로 주어지고, 이를 측정하면 **E 35°N 방향으로 45 km/h**이다.

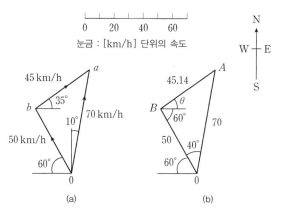

(a)   (b)

[그림 22-4]

[문제 9] [문제 8]의 결과를 계산으로 증명하라.

[그림 22-4(b)]의 삼각형은 [그림 22-4(a)]의 벡터 다이어그램과 유사하다. 각 $B0A$는 40°이다. 코사인 법칙(10장 참조)을 사용하면 다음과 같다.

$$BA^2 = 50^2 + 70^2 - 2 \times 50 \times 70 \times \cos 40°$$

이로부터 $BA = 45.14$이다.

사인 법칙(10장 참조)을 사용하면 다음과 같다.

$$\frac{50}{\sin \angle BA0} = \frac{45.14}{\sin 40°}$$

이로부터

$$\sin \angle BA0 = \frac{50 \sin 40°}{45.14} = 0.7120$$

이고, 따라서 각 $BA0 = 45.40°$이다. 그러므로

각 $AB0 = 180° - (40° + 45.40°) = 94.60°$
각 $\theta = 94.60° - 60° = 34.60°$

이다. 따라서 ba는 계산에 따르면 **E 34.60°N 방향으로 45.14 km/h**이다.

[문제 10] 크레인이 2 m/s의 수평방향 속도로 일정하게 직선상에서 움직이고 있다. 동시에 5 m/s의 수직 속도로 하중을 들어올리고 있다. 지구 표면상의 한 고정점에 대한 하중의 상대적 속도를 계산하라.

크레인과 하중의 움직임을 묘사하는 벡터 다이어그램은 [그림 22-5]와 같다. $0a$는 지구 표면상의 한 고정점에 대한 크레인의 상대속도를 나타내고, ab는 크레인에 대한 하중의 상대속도를 나타낸다. 지구 표면상의 한 고정점에 대한 하중의 상대속도는 $0b$이다. 피타고라스 정리(10장 참조)를 적용하면 다음과 같다.

$$0b^2 = 0a^2 + ab^2 = 4 + 25 = 29$$

따라서 $0b = \sqrt{29} = 5.385 \, \text{m/s}$

$$\tan \theta = \frac{5}{2} = 2.5$$

따라서 $\theta = \tan^{-1} 2.5 = 68.20°$

이다. 즉 지구 표면상의 한 고정점에 대한 하중의 상대속도는 크레인의 움직임에 대하여 $68.20°$ 방향으로 $5.385\,\text{m/s}$ 이다.

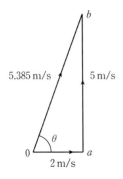

[그림 22-5]

◆ 이제 다음 연습문제를 풀어보자.

[연습문제 100] 상대속도에 대한 확장 문제

1 자동차는 직선 수평 길에서 $79.2\,\text{km/h}$로 이동하고 있고, 비는 수직 아래쪽으로 $26.4\,\text{km/h}$로 떨어지고 있다. 차의 운전자에 대한 비의 상대속도를 구하라.

2 수영하는 사람이 잔잔한 물에서 $2\,\text{km/h}$로 수영할 수 있는데, 강물이 $1\,\text{km/h}$로 흐를 때, $142\,\text{m}$ 폭의 강을 가로질러 수영을 하기 위해 필요한 시간을 구하라. 수영하는 사람은 둑에 대하여 몇 도의 각으로 수영을 해야 하는가?

3 배가 정지한 물에서 $20\,\text{km/h}$의 속력으로 N 60°E 방향으로 움직이고 있다. E 50°S 방향으로 $8\,\text{km/h}$의 해류에 의해 진로를 벗어나 배가 움직인다. 배의 실제 속력과 방향을 계산하라.

[연습문제 101] 선운동과 각운동에 대한 단답형 문제

1 각 변위의 단위를 설명하고 정의하라.

2 각, 호의 길이, 원의 반경에 대한 관계식을 써보라.

3 선속도를 정의하고 그것의 단위를 설명하라.

4 각속도를 정의하고 그것의 단위를 설명하라.

5 통일된 단위로 초당 회전수와 각속도에 대한 관계식을 써보라.

6 선속도와 각속도에 대한 관계식을 써보라.

7 선가속도를 정의하고, 그것의 단위를 설명하라.

8 각가속도를 정의하고, 그것의 단위를 설명하라.

9 선가속도와 각가속도에 대한 관계식을 써보라.

10 스칼라양을 정의하고 두 가지 예를 써보라.

11 벡터양을 정의하고 두 가지 예를 써보라.

[연습문제 102] 선운동과 각운동에 대한 사지선다형 문제

1 각 변위는 무엇으로 측정되는가?
   (a) 도 (b) 라디안
   (c) rev/s (d) 미터

2 $\dfrac{3\pi}{4}$ 라디안 각은 무엇과 같은가?
   (a) $270°$ (b) $67.5°$
   (c) $135°$ (d) $2.356°$

3 $120°$의 각은 무엇과 같은가?
   (a) $\dfrac{2\pi}{3}\,\text{rad}$ (b) $\dfrac{\pi}{3}\,\text{rad}$
   (c) $\dfrac{3\pi}{4}\,\text{rad}$ (d) $\dfrac{1}{3}\,\text{rad}$

4 원의 중심에서 2라디안의 각은 원주에서 $40\,\text{mm}$ 길이의 호에 대한다. 원의 반경은 얼마인가?
   (a) $40\pi\,\text{mm}$ (b) $80\,\text{mm}$
   (c) $20\,\text{mm}$ (d) $\dfrac{40}{\pi}\,\text{mm}$

5 바퀴상의 한 점이 $3\,\text{rad/s}$의 일정한 각속도를 갖는다. 15초 동안 회전한 각은?
   (a) $45\,\text{rad}$ (b) $10\pi\,\text{rad}$
   (c) $5\,\text{rad}$ (d) $90\pi\,\text{rad}$

6 분당 60회전하는 각속도는 다음 중 어느 것과 같은가?
   (a) $\dfrac{1}{2\pi}\,\text{rad/s}$ (b) $120\pi\,\text{rad/s}$
   (c) $\dfrac{30}{\pi}\,\text{rad/s}$ (d) $2\pi\,\text{rad/s}$

7 반경이 $15\,\mathrm{mm}$인 바퀴가 $10\,\mathrm{rad/s}$의 각속도를 갖는다. 바퀴 테두리상의 한 점은 얼마의 선속도를 갖는가?

    (a) $300\pi\,\mathrm{mm/s}$ (b) $\dfrac{2}{3}\,\mathrm{mm/s}$

    (c) $150\,\mathrm{mm/s}$ (d) $1.5\,\mathrm{mm/s}$

8 전기 모터의 축이 $20\,\mathrm{rad/s}$로 회전하고, 축의 속력이 $5\,\mathrm{s}$ 동안 $40\,\mathrm{rad/s}$로 일정하게 증가된다. 축의 각가속도는?

    (a) $4000\,\mathrm{rad/s^2}$ (b) $4\,\mathrm{rad/s^2}$

    (c) $160\,\mathrm{rad/s^2}$ (d) $12\,\mathrm{rad/s^2}$

9 반경이 $0.5\,\mathrm{m}$인 바퀴상의 한 점이 $2\,\mathrm{m/s^2}$의 균일한 선가속도를 갖는다. 그것의 각가속도는?

    (a) $2.5\,\mathrm{rad/s^2}$ (b) $0.25\,\mathrm{rad/s^2}$

    (c) $1\,\mathrm{rad/s^2}$ (d) $4\,\mathrm{rad/s^2}$

※ (문제 10~13) 자동차가 $150\,\mathrm{m}$의 거리에 걸쳐서 $10\,\mathrm{m/s}$로부터 $20\,\mathrm{m/s}$로 균일하게 가속된다. 자동차의 바퀴들은 각각 $250\,\mathrm{mm}$의 반경을 갖는다.

10 자동차가 가속되고 있는 시간은?

    (a) $0.2\,\mathrm{s}$ (b) $15\,\mathrm{s}$

    (c) $10\,\mathrm{s}$ (d) $5\,\mathrm{s}$

11 바퀴 각각의 초기 각속도는?

    (a) $20\,\mathrm{rad/s}$ (b) $40\,\mathrm{rad/s}$

    (c) $2.5\,\mathrm{rad/s}$ (d) $0.04\,\mathrm{rad/s}$

12 바퀴 각각의 초기 각가속도는?

    (a) $1\,\mathrm{rad/s^2}$ (b) $0.25\,\mathrm{rad/s^2}$

    (c) $400\,\mathrm{rad/s^2}$ (d) $4\,\mathrm{rad/s^2}$

13 각 바퀴상의 한 점의 선가속도는?

    (a) $1\,\mathrm{m/s^2}$ (b) $4\,\mathrm{m/s^2}$

    (c) $3\,\mathrm{m/s^2}$ (d) $100\,\mathrm{m/s^2}$

23

마찰
Friction

마찰을 이해하는 것이 왜 중요할까?

블록이 편평한 표면에 놓여 있고 충분한 힘이 블록에 가해질 때, 힘이 표면에 평행하면 블록은 표면을 가로질러 미끄러진다. 힘이 제거되면 블록의 움직임은 멈춘다. 따라서 미끄러짐에 저항하는 힘이 존재한다. 이 장에서는 동적 마찰과 정지 마찰을 모두 설명하고, 마찰력의 크기와 방향에 영향을 주는 요인들도 함께 다룬다. 베어링, 실린더 내를 움직이는 피스톤, 스키 슬로프상에서는 작은 마찰계수가 필요하고, 반면에 벨트 드라이브와 감속 시스템에 의해 힘이 전달되는 경우는 큰 마찰계수가 필요하다. 여기서는 또한 마찰력의 장점과 단점을 살펴본다. 마찰에 대한 지식은 정지한 혹은 움직이는 물체의 정적 및 동적인 동작에서 중요한 개념이다.

학습포인트

- 동적 혹은 미끄러짐 마찰을 이해할 수 있다.
- 마찰력의 크기와 방향에 영향을 주는 요인들을 이해할 수 있다.
- 마찰계수 μ를 정의할 수 있다.
- $F = \mu N$을 포함한 계산을 수행할 수 있다.
- 마찰이 실제 어떻게 응용되는지 설명할 수 있다.
- 마찰력의 장점과 단점을 설명할 수 있다.

23.1 서론

나무 블록 같은 물체가 바닥에 놓여있고 블록에 충분한 힘을 가할 때, 힘이 바닥에 평행하면 블록은 바닥을 가로질러 미끄러진다. 힘이 제거되면 블록의 움직임은 멈춘다. 따라서 미끄러짐에 저항하는 힘이 존재한다. 이 힘을 동적 마찰 dynamic friction 혹은 미끄러짐 마찰sliding friction이라고 부른다. 블록에 가한 힘이 블록을 움직이기에 충분하지 않을 수 있다. 이 경우 움직임에 저항하는 힘을 정지 마찰static friction, stiction이라고 부른다. 따라서 마찰력은 다음 두 가지 범주로 나뉜다.

❶ 움직임이 일어나고 있을 때 발생하는 동적 혹은 미끄러짐 마찰
❷ 움직임이 일어나기 전에 발생하는 정지 마찰

마찰력의 크기와 방향에 영향을 주는 세 가지 요인이 있다.

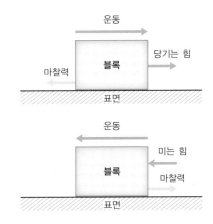

[그림 23-1]

❶ 마찰력의 크기는 표면의 형태에 의존한다(거친 콘크리트 표면상에서보다는 연마된 금속 표면상에서 더 쉽게 나무 블록이 미끄러진다).
❷ 마찰력의 크기는 접촉 표면에 직각으로 작용하는 힘, 즉 법선력normal force의 크기에 의존한다. 따라서 나무 블록

의 무게가 두 배가 된다면, 같은 표면상에서 미끄러질 때 마찰력도 두 배가 된다.

❸ 마찰력의 방향은 항상 운동 방향과 반대이다. 따라서 [그림 23-1]에서 보는 바와 같이 마찰력은 운동을 방해한다.

23.2 마찰계수

마찰계수coefficient of friction μ는 두 표면 사이에 존재하는 마찰의 양에 대한 척도이다. 작은 마찰계수는 미끄러짐이 발생하기 위해 필요한 힘이 큰 마찰계수일 때보다 작다는 것을 의미한다. 마찰계수는 다음 식으로 주어진다.

$$\mu = \frac{\text{마찰력}(F)}{\text{법선력}(N)}$$

이항하면 마찰력 $= \mu \times$ 법선력이므로 즉,

$$F = \mu N$$

이다. 이 방정식에서 힘의 방향은 [그림 23-2]와 같다.

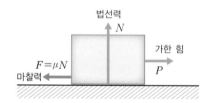

[그림 23-2]

마찰계수는 힘에 대한 힘의 비율이므로 단위가 없다. 미끄러짐이 발생할 때 마찰계수의 전형적인 값, 즉 동적 마찰계수의 값은 다음과 같다.

연마된 오일이 묻은 금속 표면	0.1보다 작음
유리 위의 유리	0.4
타맥tarmac[1] 위의 고무	1.0에 가까움

동적 마찰계수 μ는 일반적으로 정지 마찰계수보다 조금 작다. 그러나 동적 마찰에 대해 μ는 속력에 따라 증가한다. 게다가 μ는 접촉하고 있는 표면의 면적에 의존한다.

---

1 **(옮긴이)** 타맥 : 타르머캐덤(쇄석과 타르를 섞어 굳힌 포장 재료) 포장 도로

강철판을 가로질러 일정한 속도로 강철 블록을 계속 움직이기 위해서는, 강철판에 평행한 10.4 N의 힘을 강철 블록에 가해주어야 한다. 블록과 판 사이에 법선력이 40 N이라면, 동적 마찰계수를 구하라.

블록이 일정한 속도로 움직일 때, 가한 힘은 마찰력을 극복하기 위해 필요한 힘임에 틀림이 없다. 즉 마찰력은 $F = 10.4$ N이다. 법선력은 40 N이고 $F = \mu N$이므로,

$$\mu = \frac{F}{N} = \frac{10.4}{40}$$

$$= 0.26$$

즉 **동적 마찰계수는 0.26**이다.

[문제 2] [문제 1]의 강철판과 블록 사이의 표면에 기름칠을 하면 동적 마찰계수가 0.12로 떨어진다. 일정한 속력으로 블록을 밀기 위해 필요한 힘의 새로운 값을 구하라.

법선력은 블록의 무게에 의존하고 40 N으로 변함없이 유지된다. 새로운 동적 마찰계수가 0.12이고 $F = \mu N$이므로 다음과 같다.

$$F = 0.12 \times 40 = 4.8 \text{ N}$$

블록이 일정한 속력으로 미끄러지고 있고, 따라서 마찰력을 극복하기 위해 필요한 힘은 역시 4.8 N이다. 즉 **필요한 힘은 4.8 N**이다.

[문제 3] 브레이크의 재료를 테스트하고 있는데 재료와 강철 사이의 동적 마찰계수가 0.91임을 알았다. 마찰력이 0.728 kN일 때 법선력을 계산하라.

동적 마찰계수가 $\mu = 0.91$이고, 마찰력은 $F = 0.728$ kN $= 728$ N 이다. $F = \mu N$이므로, 따라서 법선력은 다음과 같다.

$$N = \frac{F}{\mu} = \frac{728}{0.91}$$

$$= 800 \text{ N}$$

즉 **법선력은 800 N**이다.

◆ 이제 다음 연습문제를 풀어보자.

[연습문제 103] 마찰계수에 대한 확장 문제

1 브레이크 패드와 강철 디스크 사이에 마찰계수는 0.82이다. 만약 1025 N의 마찰력이 요구된다면, 패드와 디스크 사이의 법선력을 구하라.

2 한 꾸러미의 천을 비탈길을 따라 일정한 속력으로 밀기 위해 필요한 힘이 0.12 kN이다. 꾸러미와 비탈길 사이의 법선력이 500 N이라면, 동적 마찰계수를 구하라.

3 벨트와 운전 바퀴 사이에 법선력이 750 N이다. 정지 마찰계수가 0.9이고 동적 마찰계수가 0.87이라면, 다음을 구하라.
   (a) 전달될 수 있는 최대 힘
   (b) 벨트가 일정한 속력으로 운전하고 있을 때 전달될 수 있는 최대 힘

23.3 마찰의 응용

어떤 응용 분야에서는 마찰계수가 작은 것이 바람직하다. 예를 들어, 베어링, 실린더 내를 움직이는 피스톤, 스키 슬로프상에서 그러하다. 그러나 벨트 드라이브와 감속 시스템에 의해 힘이 전달되는 경우는 큰 마찰계수가 필요하다.

[문제 4] 마찰력의 장점과 단점을 각각 세 가지 설명하라.

마찰력의 장점을 포함하는 사례들은 다음과 같다.

❶ 조일 수 있게 만든 대부분의 장치들에서, 한번 꽉 조이면 풀리지 않는 것은 마찰력 때문이다. 예로는 나사볼트, 못, 너트, 클립, 꺾쇠 등이 있다.

❷ 브레이크와 클러치가 안정적으로 동작하는 것은 존재하는 마찰력에 달렸다.

❸ 마찰력이 없을 때, 수평 표면을 따라서 대부분 가속이 불가능하다. 예를 들어 사람이 걸으려고 할 때 신발이 계속 미끄러져 걸을 수 없고, 자동차 타이어는 앞으로 움직이지 않고 그저 공회전만 한다.

마찰력이 단점인 사례들은 다음과 같다.

❶ 샤프트, 차축 및 기어와 결합된 베어링에서 생성되는 열 때문에 에너지가 소모된다.

❷ 가령 신발, 브레이크 라이닝 재료 및 베어링에서 닳아해지는 것은 마찰 때문에 생긴다.

❸ 공기를 통과하는 운동을 할 때 에너지가 소모된다(바람 방향에 거슬러 자전거를 타는 것보다 바람 방향을 따라 자전거를 타는 것이 훨씬 더 쉽다).

[문제 5] 마찰력 때문에 발생하는 두 가지 설계 결과를 논의하고, 얼마나 기름칠 하는 것이 도움이 되는지 혹은 안 되는지 논의하라.

❶ 비교적 낮은 녹는점을 갖는 화이트 메탈white metal이라고 하는 합금으로 베어링을 만든다. 이 화이트 메탈 베어링과 닿아있는 축이 회전하면서 마찰하면 보통 한 지점에 마찰로 인한 열이 발생하게 되고, 이 열 때문에 화이트 메탈이 녹아버려, 베어링이 쓸모없게 된다. 오일이나 그리스 등으로 적당히 윤활을 해줌으로서 축이 와이트 메탈로부터 분리되도록 하여, 마찰계수를 작게 유지하여 베어링에 손상이 생기는 것을 막는다. 매우 큰 베어링의 경우에는, 압력을 가해 오일을 베어링 속으로 펌핑시키고, 오일은 생성된 열을 제거하는 데 쓰이며, 흔히 오일 쿨러 속을 통과한 후 재순환된다. 설계자는 반드시 마찰에 의해 생성된 열이 소모될 수 있도록 해야 한다.

❷ 한 장소에서 다른 장소로 힘을 전달하기 위해, 벨트를 운전하는 바퀴가 많은 작업장에서 사용된다. 바퀴와 벨트 사이에 마찰계수는 커야 하고, 타르 같은 물질로 벨트를 입히면 마찰계수가 증가될 수 있다. 마찰계수는 법선력에 비례하기 때문에, 미끄러지는 벨트는 단단히 조임으로써 더 효율적이게 되고, 따라서 법선력을 증가시키면 결국 마찰력은 증가된다. 설계자는 그런 시스템을 설계할 때 상당한 벨트 장력 메커니즘을 반드시 반영시켜야 한다.

[문제 6] 다음 용어가 의미하는 것을 설명하라.
(a) 한계 혹은 정지 마찰계수
(b) 미끄러짐 혹은 동적 마찰계수

(a) 물체가 표면 위에 놓여 있고 이 표면에 평행한 방향으로 물체에 힘이 가해질 때, 움직임이 전혀 없다면 그때 가한 힘은 마찰력과 정확히 균형을 이루고 있다. 가한 힘이 점점 증가되면, 그 값이 물체가 막 움직이려는 순간에 다다르게 된다. 한계 혹은 정지 마찰계수는 이때 가한 힘의 법선력에 대한 비율로 주어진다. 여기서 법선력은 접촉하고 있는 면에 수직으로 작용하는 힘이다.

(b) 일단 가한 힘이 정지 마찰을 극복할 정도로 충분한 크기가 되면, 물체는 표면을 가로질러 움직이고 가하는 힘은 약간 작아질수 있다. 그때 가한 힘의 특정 값은 물체가 일정한 속도로 계속 움직이도록 하기에 충분하다. 미끄러짐 혹은 동적 마찰계수는 법선력에 대한, 일정한 속도를 유지하기 위해 가한 힘의 비율로 주어진다.

◆ 이제 다음 연습문제를 풀어보자.

[연습문제 104] 마찰에 대한 단답형 문제

1 마찰력의 (　　　)은/는 접촉하고 있는 표면의 (　　　)에 의존한다.

2 마찰력의 (　　　)은/는 접촉하고 있는 표면에 대한 (　　　)의 크기에 의존한다.

3 마찰력의 (　　　)은/는 운동하는 방향에 항상 (　　　)이다.

4 베어링과 연관된 재료에 대해서 표면 간의 마찰계수는 (　　　) 값이 되어야 한다.

5 브레이크 시스템과 연관된 재료에 대해서 표면 간의 마찰계수는 (　　　) 값이 되어야 한다.

6 동적 혹은 미끄러짐 마찰계수는 $\dfrac{(\quad)}{(\quad)}$ (으)로 주어진다.

7 정지 혹은 한계 마찰계수는 (　　　)이 막 일어나려고 할 때 $\dfrac{(\quad)}{(\quad)}$ (으)로 주어진다.

8 접촉면에 기름을 칠하면 마찰계수는 (　　　)이/가 된다.

9 마찰력의 크기와 방향에 영향을 주는 요인들에 대해 간략히 설명하라.

10 작은 값의 마찰계수가 바람직한 세 가지 실제 응용 예를 들고, 각 경우 이것을 어떻게 구현할 수 있는지 간단히 설명하라.

11 힘을 전달할 때 큰 값의 마찰계수가 필요한 세 가지 실제 응용 예를 들고, 이것을 어떻게 구현할 수 있는지 논의하라.

12 표면 위에 있는 물체에 대해, 마찰계수는 두 가지 다른 값을 가질 수 있다. 이 두 가지 마찰계수의 명칭을 지정하고, 어떻게 그 값들을 구하는지 설명하라.

[연습문제 105] 마찰에 대한 사지선다형 문제

1 금속 블록을 표면을 가로질러 일정한 속도로 계속 움직이기 위해 마찰력 F가 필요하다. 마찰계수가 μ이면, 그때 법선력 N은 어떻게 주어지는가?

(a) $\dfrac{\mu}{F}$ 　　　　　　　　(b) μF

(c) $\dfrac{F}{\mu}$ 　　　　　　　　(d) F

2 선 마찰계수의 단위는?
(a) 뉴턴 　　　　　　　　(b) 라디안
(c) 무차원^{dimensionless} 　　(d) 뉴턴/미터

※ (문제 3~7) 아래 주어진 말들을 참조하여, 주어진 각 그룹 중에서 해당되는 말을 선택하라.
(a) 마찰계수는 접촉한 표면의 형태에 의존한다.
(b) 마찰계수는 접촉한 표면에 직각으로 작용하는 힘에 의존한다.
(c) 마찰계수는 접촉한 표면의 면적에 의존한다.
(d) 마찰력은 항상 운동 방향과 반대 방향으로 작용한다.
(e) 마찰력은 운동 방향으로 작용한다.
(f) 벨트 운전 시스템에서 벨트와 바퀴 사이에 작은 값의 마찰계수가 필요하다.
(g) 베어링의 재료에 대하여 작은 값의 마찰계수가 필요하다.

(h) 동적 마찰계수는 일정한 속력에서 (법선력)/(마찰력)으로 주어진다.

(i) 정지 마찰계수는 막 미끄러지기 시작할 때 (가한 힘) ÷(마찰력)으로 주어진다.

(j) 윤활은 마찰계수의 감소를 가져온다.

3 (a), (b), (f), (i) 중에서 틀린 말은?

4 (b), (e), (g), (j) 중에서 틀린 말은?

5 (c), (f), (h), (i) 중에서 틀린 말은?

6 (b), (c), (e), (j) 중에서 틀린 말은?

7 (a), (d), (g), (h) 중에서 틀린 말은?

8 두 표면 사이에 법선력이 100N이고 동적 마찰계수는 0.4이다. 일정한 속력의 미끄러짐을 유지하도록 하기 위해 필요한 힘은?
(a) 100.4 N   (b) 40 N
(c) 99.6 N   (d) 250 N

9 두 표면 사이에 법선력이 50N이고 일정한 속력의 미끄러짐을 유지하도록 하기 위해 필요한 힘은 25N 이다. 동적 마찰계수는?
(a) 25   (b) 2
(c) 75   (d) 0.5

10 미끄러짐이 발생하지 않으면서 물체에 가할 수 있는 최대 힘이 60N이다. 정지 마찰계수는 0.3이다. 두 표면 사이의 법선력은?
(a) 200 N   (b) 18 N
(c) 60.3 N   (d) 59.7 N

Chapter 24

단순 기계
Simple machines

단순 기계를 이해하는 것이 왜 중요할까?

이 장은 하중, 작용력, 기계적 확대율, 속도 비율, 효율을 정의하는 것에서 시작한다. 여기서 효율은 기계적 확대율과 속도 비율로 정의된다. 이전 장에서 정의된 다른 용어들과 함께, 간단하거나 아주 복잡한 도르래 시스템, 스크루 잭, 기어 트레인과 지레에 이러한 용어들을 사용한다. 이 장은 기계의 동작을 공부하는 데 기본이 되며, 따라서 기계 운동 및 동작의 기본 개념을 공부하는 데 중요하다.

학습포인트

• 단순 기계를 정의할 수 있다.
• 힘의 비율, 이동 비율, 효율, 한계 효율을 정의할 수 있다.
• 도르래 시스템을 이해하고 계산을 수행할 수 있다.
• 단순 스크루 잭을 이해하고 계산을 수행할 수 있다.
• 기어 트레인을 이해하고 계산을 수행할 수 있다.
• 지레를 이해하고 계산을 수행할 수 있다.

24.1 기계

기계는 힘의 크기, 혹은 힘의 작용선, 혹은 크기와 힘의 작용선 모두를 바꿀 수 있는 장치이다. 단순 기계는 보통 작용력(가한 힘)effort이라 부르는 입력 힘을 증폭해서 하중load이라고 부르는 출력 힘을 더 크게 제공한다. 단순 기계의 몇 가지 전형적 예에는 도르래 시스템, 스크루 잭, 기어 탱크와 지레 등이 있다. 이 장은 기계의 동작을 공부하는 데 기본이 된다.

24.2 힘의 비율, 이동 비율, 효율

힘의 비율(역비)force ratio 혹은 기계적 확대율mechanical advantage은 작용력에 대한 하중의 비율로 정의한다. 즉 다음과 같다.

$$\text{힘의 비율} = \frac{\text{하중}}{\text{작용력}} = \text{기계적 확대율} \qquad (1)$$

하중과 작용력은 모두 뉴턴으로 측정되기 때문에 힘의 비율은 같은 단위의 비율이고, 따라서 차원이 없는 양이 된다.

이동 비율movement ratio 혹은 속도 비율velocity ratio은 하중에 의해 움직인 거리에 대하여 작용력에 의해 움직인 거리의 비율로 정의한다. 즉,

$$\text{이동 비율} = \frac{\text{작용력에 의해 움직인 거리}}{\text{하중에 의해 움직인 거리}}$$
$$= \text{속도 비율} \qquad (2)$$

분모와 분자가 모두 미터로 측정되기 때문에 이동 비율은 같은 단위의 비율이고, 따라서 차원이 없는 양이 된다.

단순 기계의 효율efficiency of a simple machine은 이동 비율에 대한 힘의 비율로 정의된다. 즉,

$$효율 = \frac{힘의\ 비율}{이동\ 비율} = \frac{기계적\ 확대율}{속도\ 비율}$$

분모와 분자가 모두 차원이 없기 때문에, 효율은 차원이 없는 양이다. 보통은 퍼센트로 표현되며, 따라서 다음과 같다.

$$효율 = \frac{힘의\ 비율}{이동\ 비율} \times 100\% \qquad (3)$$

어떤 물체의 움직임과 연관된 마찰과 관성의 효과 때문에, 기계에 대한 입력 에너지의 일부는 열로 변환되어 손실이 발생한다. 손실이 일어나므로, 기계의 출력 에너지는 입력 에너지보다 작고, 따라서 어떤 기계의 기계적 효율도 100%에 다다르지 못한다.

단순 기계의 경우, 작용력과 하중 사이의 관계식은 다음과 같이 된다.

$$F_e = aF_l + b$$

여기서 F_e는 작용력이고, F_l은 하중이며, a와 b는 상수이다. 식 (1)로부터 다음과 같다.

$$힘의\ 비율 = \frac{하중}{작용력} = \frac{F_l}{F_e} = \frac{F_l}{aF_l + b}$$

분모와 분자를 F_l로 나누면

$$\frac{F_l}{aF_l + b} = \frac{1}{a + \dfrac{b}{F_l}}$$

이다. 하중이 클 때, F_l이 크므로 a와 비교하면 $\dfrac{b}{F_l}$는 작다. 그때 힘의 비율은 대략 $\dfrac{1}{a}$에 가깝게 되는데, 이를 한계 힘의 비율limiting force ratio이라고 부른다. 즉

$$한계\ 비율 = \frac{1}{a}$$

이다. 단순 기계의 한계 효율은 이동 비율에 대한 한계 힘의 비율의 비율로 정의한다. 즉,

$$한계\ 효율 = \frac{1}{a \times 이동\ 비율} \times 100\%$$

여기서 a는 다음 식과 같은 기계의 법칙law of the machine에 대한 상수이다.

$$F_e = aF_l + b$$

마찰과 관성 때문에, 단순 기계의 한계 효율은 보통 100%보다 훨씬 낮다.

[문제 1] 단순 기계가 160 kg의 하중을 1.6 m의 거리만큼 들어올린다. 기계에 가해진 작용력은 200 N이고 16 m의 거리를 움직인다. g가 9.8 m/s^{2}이라고 할 때, 힘의 비율, 이동 비율, 기계의 효율을 구하라.

식 (1)로부터,

$$힘의\ 비율 = \frac{하중}{작용력} = \frac{160\ \text{kg}}{200\ \text{N}}$$
$$= \frac{160 \times 9.8\ \text{N}}{200\ \text{N}} = 7.84$$

식 (2)로부터,

$$이동\ 비율 = \frac{작용력에\ 의해\ 움직인\ 거리}{하중에\ 의해\ 움직인\ 거리}$$
$$= \frac{16\ \text{m}}{1.6\ \text{m}} = 10$$

식 (3)으로부터,

$$효율 = \frac{힘의\ 비율}{이동\ 비율} \times 100\%$$
$$= \frac{7.84}{10} \times 100 = 78.4\%$$

[문제 2] [문제 1]의 단순 기계에 대해 다음을 구하라.
(a) 하중을 0.9 m 거리만큼 움직이기 위한 작용력에 의해 움직인 거리
(b) 같은 효율을 가정하고, 200 kg의 하중을 들어올리기 위해 필요한 작용력
(c) 윤활로 인해 160 kg의 하중을 들어올리기 위한 작용력이 180 N으로 줄었다면, 그때의 효율

(a) 이동 비율이 10이므로, 그때 식 (2)로부터 다음과 같이 구할 수 있다.

작용력에 의해 움직인 거리

= 10 × 하중에 의해 움직인 거리

= 10 × 0.9 = **9 m**

(b) 힘의 비율이 7.84이므로 식 (1)로부터,

$$\text{작용력} = \frac{\text{하중}}{7.84} = \frac{200 \times 9.8}{7.84} = 250\text{N}$$

(c) 새로운 힘의 비율은 다음과 같다.

$$\frac{\text{하중}}{\text{작용력}} = \frac{160 \times 9.8}{180} = 8.711$$

따라서 **윤활 후의 새 효율**은 다음과 같다.

$$\frac{8.711}{10} \times 100 = \mathbf{87.11\%}$$

[문제 3] 단순 기계를 테스트하였더니, 작용력/하중 그래프가 $F_e = aF_l + b$ 형태의 직선이었다. 그래프상의 두 점은 $F_e = 10\text{N}$에서 $F_l = 30\text{N}$이고, $F_e = 74\text{N}$에서 $F_l = 350\text{N}$이다. 기계의 이동 비율은 17이다. 다음을 구하라.
(a) 한계 힘의 비율   (b) 기계의 한계 효율

(a) 방정식 $F_e = aF_l + b$는 $y = mx + c$ 형태이고, 여기서 m은 그래프의 기울기이다. 그래프 $y = mx + c$가 점 (x_1, y_1)과 (x_2, y_2)를 통과하는 선의 기울기는 다음과 같다(8장 참조).

$$m = \frac{y_2 - y_1}{x_2 - x_1}$$

따라서 $F_e = aF_l + b$에 대해, 기울기 a는 다음으로 주어진다.

$$a = \frac{74 - 10}{350 - 30} = \frac{64}{320} = 0.2$$

한계 힘의 비율은 $\dfrac{1}{a}$이고, 즉 $\dfrac{1}{0.2} = 5$이다.

(b) **한계 효율** $= \dfrac{1}{a \times \text{이동 비율}} \times 100$

$= \dfrac{1}{0.2 \times 17} \times 100 = \mathbf{29.4\%}$

◆ **이제 다음 연습문제를 풀어보자.**

[연습문제 106] 힘의 비율, 이동 비율, 효율에 대한 확장 문제

1 단순 기계가 825N의 하중을 0.3m 거리만큼 들어올린다. 작용력이 250N이고 3.3m 거리만큼 움직인다. 다음을 구하라.
(a) 힘의 비율
(b) 이동 비율
(c) 이 하중에서 기계의 효율

2 단순 기계의 효율이 50%이다. 1.2kN의 하중이 300N의 작용력에 의해 들어올려진다면, 이동 비율을 구하라.

3 단순 기계에 가해진 10N의 작용력이 40N의 하중을 100mm 거리만큼 움직인다. 이 하중에서 효율은 80%이다. 다음을 계산하라.
(a) 이동 비율
(b) 작용력에 의해 움직인 거리

4 단순 기계를 사용하여 하중을 들어올리기 위해 필요한 작용력을 여러 값의 하중에 대해 적은 것이 아래와 같다.

하중 F_l [N]	2050	4120	7410	8240	10,300
작용력 F_e [N]	252	340	465	505	580

기계의 이동 비율이 30이라고 할 때, 다음을 구하라.
(a) 기계의 법칙   (b) 한계 힘의 비율
(c) 한계 효율

5 위 **4**번 문항에 주어진 데이터에 대해, 하중의 각 값에 대하여 힘의 비율과 효율을 구하라. 이에 따라 하중을 기반으로 작용력, 힘의 비율, 그리고 효율의 그래프를 그려라. 그래프로부터 6kN의 하중을 들어올리기 위해 필요한 작용력과 이 하중에서 효율을 구하라.

24.3 도르래

도르래 시스템^pulley system^은 단순 기계이다. [그림 24-1(a)]의 1-도르래 시스템은 작용력의 작용선을 바꾼다.

그렇지만 힘의 크기는 바꾸지 않는다. [그림 24-1(b)]의 2-도르래 시스템은 힘의 크기와 작용선을 모두 바꾼다.

이론적으로 그림에서 ❶과 ❷로 표시된 각 로프는 하중을 균등하게 공유한다. 따라서 이론적인 작용력은 하중의 절반이 된다. 즉 이론적인 힘의 비율은 2이다. 손실이 있기 때문에 실제로는 힘의 비율이 2보다 작다. 3-도르래 시스템은 [그림 24-1(c)]와 같다. ❶, ❷, ❸으로 표시된 각 로프는 하중의 3분의 1을 운반한다. 따라서 이론적인 힘의 비율은 3이다. 일반적으로 총 n개의 도르래를 갖는 다수 개의 도르래 시스템은 이론적인 힘의 비율이 n이다. (손실을 무시하면) 도르래 시스템의 이론적인 효율이 100이기 때문에, 그리고 식 (3)으로부터

$$효율 = \frac{힘의\ 비율}{이동\ 비율} \times 100\%$$

이므로 힘의 비율이 n일 때는 다음과 같다.

$$100 = \frac{n}{이동\ 비율} \times 100\%$$

즉 이동 비율도 역시 n이다.

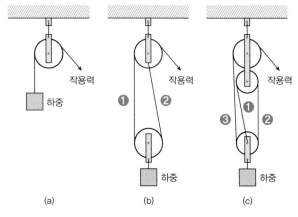

[그림 24-1]

[문제 4] 80 kg의 하중을 [그림 24-1(c)]와 같이 세 도르래 시스템으로 들어올린다. 가해진 작용력은 392 N이다. 다음을 계산하라.
(a) 힘의 비율
(b) 이동 비율
(c) 시스템의 효율. g는 $9.8\,\mathrm{m/s^2}$이라고 한다.

(a) 식 (1)로부터 힘의 비율은 $\frac{하중}{작용력}$으로 주어진다. 하중은 80 kg, 즉 (80×9.8) N이다. 따라서 다음과 같다.

$$힘의\ 비율 = \frac{80 \times 9.8}{392} = 2$$

(b) 위로부터 n개의 도르래를 사용하는 시스템의 경우, 이동 비율은 n이다. 따라서 3-도르래 시스템은 이동 비율이 3이다.

(c) 식 (3)으로부터 다음과 같다.

$$효율 = \frac{힘의\ 비율}{이동\ 비율} \times 100\%$$
$$= \frac{2}{3} \times 100 = 66.67\%$$

[문제 5] 도르래 시스템이 두 블록으로 구성되었는데, 각 블록은 3개 도르래를 포함하고 있고 [그림 24-2]와 같이 연결되었다. 1500 N의 하중을 들어올리기 위해 400 N의 작용력이 필요하다. 다음을 구하라.
(a) 힘의 비율
(b) 이동 비율
(c) 도르래 시스템의 효율

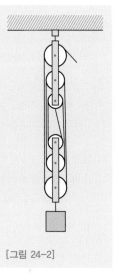

[그림 24-2]

(a) 식 (1)로부터

$$힘의\ 비율 = \frac{하중}{작용력} = \frac{1500}{400} = 3.75$$

(b) n-도르래 시스템은 이동 비율이 n이고, 따라서 6-도르래 시스템은 이동 비율이 6이다.

(c) 식 (3)으로부터

$$효율 = \frac{힘의\ 비율}{이동\ 비율} \times 100\%$$
$$= \frac{3.75}{6} \times 100 = 62.5\%$$

◆ 이제 다음 연습문제를 풀어보자.

[연습문제 107] 도르래에 대한 확장 문제

1 도르래 시스템이 위 블록은 4개의 도르래로 구성되고 아래 블록은 3개의 도르래로 구성된다. 이동 비율이 7인 시스템을 어떻게 얻을 수 있는지 보이기 위해 이 배열을 스케치하라. 만약 힘의 비율이 4.2라면 도르래의 효율은 얼마인가?

2 3-도르래 승강기 시스템이 4.5kN의 하중을 들어올린다. 손실을 무시할 때 이 하중을 들어올리기 위한 작용력을 구하라. 만약 필요한 실제 작용력이 1.6kN이라면, 이 하중에서 도르래 시스템의 효율을 구하라.

24.4 스크루 잭

[그림 24-3]은 단순 스크루 잭^simple screw-jack^을 나타낸 것이다. 스크루 잭은 힘의 작용선과 크기 모두를 바꾸는 단순 기계이다.

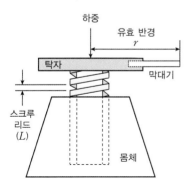

[그림 24-3]

잭의 탁자에 있는 스크루가 잭의 몸체 내에 고정된 너트 안에 위치한다. 막대기를 이용하여 탁자를 회전시키면서 탁자 위에 놓인 하중을 들어올리거나 낮추거나 한다. 그림에서 보듯이 한줄 나사인 경우, 탁자가 완전히 한 회전을 하면 작용력은 $2\pi r$의 거리를 움직이고, 하중은 스크루 리드 L 거리만큼 움직인다.

$$\text{이동 비율} = \frac{2\pi r}{L} \qquad (4)$$

[문제 6] 스크루 잭이 자동차 차축을 지지하기 위해 사용되고, 그것에 실린 하중은 2.4kN이다. 스크루 잭이 유효 반경 200mm의 작용력을 갖고, 5mm의 리드를 갖는 한줄 사각 나사를 갖는다. 자동차 차축을 들어 올리는 데 60N의 작용력이 필요하다면, 잭의 효율을 구하라.

식 (3)으로부터 효율 $= \dfrac{\text{힘의 비율}}{\text{이동 비율}} \times 100\%$ 이므로, 여기서

$$\text{힘의 비율} = \frac{\text{하중}}{\text{작용력}}$$

$$= \frac{2400\,\text{N}}{60\,\text{N}} = 40$$

이다. 식 (4)로부터

$$\text{이동 비율} = \frac{2\pi r}{L} = \frac{2\pi(200)\,\text{mm}}{5\,\text{mm}}$$

$$= 251.3$$

이다. 따라서 효율은 다음과 같다.

$$\textbf{효율} = \frac{\text{힘의 비율}}{\text{이동 비율}} \times 100\%$$

$$= \frac{40}{251.3} \times 100$$

$$= 15.9\%$$

◆ 이제 다음 연습문제를 풀어보자.

[연습문제 108] 스크루 잭에 대한 확장 문제

1 단순 스크루 잭을 스케치하라. 그러한 잭의 한줄 나사가 6mm의 리드를 갖고, 스크루의 중심으로부터 작동 막대의 유효 길이는 300mm이다. 150N의 작용력에 의해 들어 올릴 수 있는 하중을 구하라. 이 하중에서 효율은 20%이다.

2 1.7kN의 하중을 5mm의 리드를 갖는 한줄 나사가 있는 스크루 잭으로 들어올린다. 스크루의 중심으로부터 유효 길이가 320mm인 팔의 끝에 작용력이 가해진다. 이 하중에서 효율이 25%라면, 필요한 작용력을 계산하라.

24.5 기어 트레인

단순 기어 트레인^{simple gear train}은 회전 운동을 전달하는 데 사용되고, 힘의 작용선과 크기를 모두 바꿀 수 있으며, 따라서 단순 기계이다. [그림 24-4]의 기어 트레인은 평기어^{spur gear}들로 구성되고, 드라이버라 부르는 한 기어에 작용력이 가해지며, 하중은 팔로우어^{follower}라 부르는 다른 기어에 가해진다.

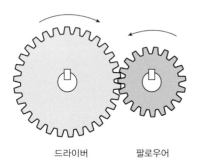

드라이버   팔로우어

[그림 24-4]

이런 시스템에서, 바퀴 톱니는 모두 동일하고 톱니^{teeth}의 총 수는 원주를 정확히 채우도록 배치되어 있으며, 드라이버와 팔로우어의 톱니들은 서로 충돌 없이 맞물려 있다. 이런 조건에서, 드라이버와 팔로우어의 톱니의 수는 바퀴들의 원주에 정비례한다. 즉 다음과 같다.

$$\frac{\text{드라이버의 톱니 수}}{\text{팔로우어의 톱니 수}} = \frac{\text{드라이버 원주}}{\text{팔로우어 원주}} \quad (5)$$

만약 드라이버에 40개의 톱니가 있고 팔로우어에 20개의 톱니가 있다면, 드라이버가 한 바퀴 회전할 때마다 팔로우어는 두 바퀴 회전한다. 일반적으로 다음과 같다.

$$\frac{\text{드라이버 회전 수}}{\text{팔로우어 회전 수}} = \frac{\text{팔로우어의 톱니 수}}{\text{드라이버의 톱니 수}} \quad (6)$$

식 (6)으로부터 기어 트레인에서 바퀴들의 속도는 톱니 수에 반비례한다. 팔로우어의 속력에 대한 드라이버의 속력의 비율은 이동 비율이다. 즉 다음과 같다.

$$\begin{aligned}\text{이동 비율} &= \frac{\text{드라이버 속력}}{\text{팔로우어 속력}} \\ &= \frac{\text{팔로우어의 톱니 수}}{\text{드라이버의 톱니 수}} \quad (7)\end{aligned}$$

드라이버와 팔로우어의 회전 방향이 같아야 할 때는 [그림 24-5]처럼 유동 바퀴^{idler wheel}가 사용된다.

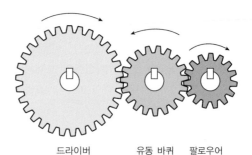

드라이버   유동 바퀴   팔로우어

[그림 24-5]

드라이버, 유동 바퀴, 팔로우어를 각각 A, B, C라 하고, N을 회전 속력, T를 톱니 수라고 하자. 식 (7)로부터

$$\frac{N_B}{N_A} = \frac{T_A}{T_B} \quad \text{혹은} \quad N_A = N_B \frac{T_B}{T_A}$$

$$\frac{N_C}{N_B} = \frac{T_B}{T_C} \quad \text{혹은} \quad N_C = N_B \frac{T_B}{T_C}$$

이고, 따라서

$$\frac{A\text{의 속력}}{C\text{의 속력}} = \frac{N_A}{N_C} = \frac{N_B \dfrac{T_B}{T_A}}{N_B \dfrac{T_B}{T_C}} = \frac{T_B}{T_A} \times \frac{T_C}{T_B} = \frac{T_C}{T_A}$$

이다. 이것은 이동 비율이 유동 바퀴와 무관하며, 오직 팔로우어의 방향만이 바뀐다는 것을 보여준다.

[그림 24-6]은 복합 기어 트레인^{compound gear train}을 나타낸다. 여기서 기어 바퀴 B와 C는 같은 축에 고정이 되고, 따라서 $N_B = N_C$이다.

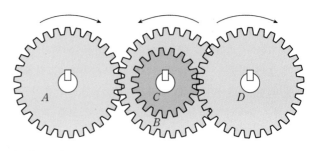

[그림 24-6]

식 (7)로부터 다음과 같다.

$$\frac{N_A}{N_B} = \frac{T_B}{T_A} \qquad\qquad 즉, \quad N_B = N_A \frac{T_A}{T_B}$$

$$\frac{N_D}{N_C} = \frac{T_C}{T_D} \qquad\qquad 즉, \quad N_D = N_C \frac{T_C}{T_D}$$

그러나 $N_B = N_C$이고 $N_D = N_B \times \dfrac{T_C}{T_D}$이다. 따라서 다음과 같다.

$$N_D = N_A \times \frac{T_A}{T_B} \times \frac{T_C}{T_D} \qquad (8)$$

예를 들어 P 기어 바퀴를 갖는 복합 기어 트레인의 경우는

$$N_P = N_A \times \frac{T_A}{T_B} \times \frac{T_C}{T_D} \times \frac{T_E}{T_F} \times \cdots \times \frac{T_O}{T_P}$$

이다. 이로부터 이동 비율은 다음과 같다.

$$이동\ 비율 = \frac{N_A}{N_P} = \frac{T_B}{T_A} \times \frac{T_D}{T_C} \times \cdots \times \frac{T_P}{T_O}$$

[문제 7] 모터 축의 드라이버 기어가 35개의 톱니를 갖고 있고, 98개의 톱니를 가진 팔로우어와 맞물려 있다. 만약 모터의 속력이 1400rev/min이라면, 팔로우어의 회전 속력을 구하라.

식 (7)로부터

$$\frac{드라이버\ 속력}{팔로우어\ 속력} = \frac{팔로우어의\ 톱니\ 수}{드라이버의\ 톱니\ 수}$$

$$즉,\ \frac{1400}{팔로우어\ 속력} = \frac{98}{35}$$

이다. 따라서 다음과 같이 구한다.

$$팔로우어의\ 속력 = \frac{1400 \times 35}{98} = 500 rev/min$$

[문제 8] [그림 24-6]과 같은 복합 기어 트레인이 40개의 톱니를 갖는 드라이버 기어 A, 160개의 톱니를 갖는 기어 B를 갖고 있다. B와 동일한 축에 48개의 톱니를 갖는 기어 C를 붙이고, 출력축에 96개의 톱니를 갖는 기어 D를 맞물렸다. 다음을 구하라.
(a) 이 기어 시스템의 이동 비율
(b) 힘의 비율이 6일 때 효율

(a) 식 (8)로부터

$$D의\ 속력 = A의\ 속력 \times \frac{T_A}{T_B} \times \frac{T_C}{T_D}$$

이므로, 식 (7)로부터 다음과 같이 구한다.

$$이동\ 비율 = \frac{A의\ 속력}{D의\ 속력} = \frac{T_B}{T_A} \times \frac{T_D}{T_C}$$

$$= \frac{160}{40} \times \frac{96}{48} = 8$$

(b) 모든 단순 기계의 효율은 $\dfrac{힘의\ 비율}{이동\ 비율} \times 100\%$이다. 따라서 효율은 다음과 같다.

$$효율 = \frac{6}{8} \times 100 = 75\%$$

◆ **이제 다음 연습문제를 풀어보자.**

[연습문제 109] 기어 트레인에 대한 확장 문제

1 기어 시스템에서 28개의 톱니를 갖는 드라이버 기어가 168개의 톱니를 갖는 팔로우어 기어와 맞물려 있다. 드라이버 기어가 60rev/s로 회전할 때, 이동 비율과 팔로우어 속력을 구하라.

2 복합 기어 트레인이 30개의 이를 갖는 드라이버 기어 A, 90개의 톱니를 갖는 팔로우어 기어 B와 맞물려 있다. B와 동일한 축에 60개의 톱니를 갖는 기어 C를 붙이고, 출력축에 120개의 톱니를 갖는 기어 D를 맞물렸다. 효율이 72%일 때 이동 비율과 힘의 비율을 구하라.

3 복합 기어 트레인이 [그림 24-6]과 같다. 이동 비율이 6이고 기어 A, C, D의 톱니 수는 각각 25, 100, 60이다. 효율이 60%일 때 기어 B의 톱니 수와 힘의 비율을 구하라.

24.6 지레

지레^{lever}는 힘의 작용선과 크기를 모두 변화시키며, 따라서 단순 기계로 분류된다. [그림 24-7]과 같이 세 가지 형태 혹은 차수의 지레가 존재한다.

1차 지레^{lever of the first order}는 [그림 24-7(a)]와 같이 작용력과 하중 사이에 받침점^{fulcrum}이 위치한다.

2차 지레^{lever of the second order}는 [그림 24-7(b)]와 같이 작용력과 받침점 사이에 하중^{load}이 위치한다.

3차 지레^{lever of the third order}는 [그림 24-7(c)]와 같이 하중과 받침점 사이에 작용력^{effort}이 가해진다.

지레에 관한 문제는 대부분 모멘트의 원리(21장 참조)를 적용하여 해결한다. 따라서 [그림 24-7(a)]에 보인 지레에 대해, 지레가 평형에 있을 때 다음과 같다.

반시계방향 모멘트＝시계방향 모멘트

즉,
$$a \times F_l = b \times F_e$$

따라서 다음과 같다.

$$\text{힘의 비율} = \frac{F_l}{F_e} = \frac{b}{a}$$

$$= \frac{\text{받침점에서 작용력까지 거리}}{\text{받침점에서 하중까지 거리}}$$

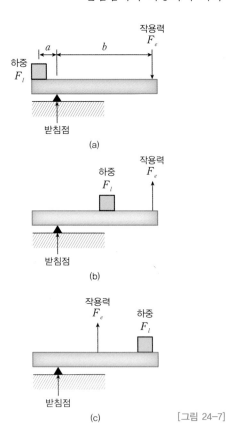

[그림 24-7]

[문제 9] [그림 24-7(a)]와 같은 1차 지레에 하중이 1.2 kN이다. 받침점과 하중 사이의 거리가 0.5 m이고, 받침점과 작용력 사이의 거리가 1.5 m일 때, 힘의 비율과 이동 비율을 구하라. 지레는 100% 효율이라고 가정한다.

모멘트의 원리를 적용하면 평형일 때 다음과 같다.

반시계방향 모멘트＝시계방향 모멘트

즉, $1200\,\text{N} \times 0.5\,\text{m} = \text{작용력} \times 1.5\,\text{m}$

따라서 $\text{작용력} = \dfrac{1200 \times 0.5}{1.5} = 400\,\text{N}$

$$\text{힘의 비율} = \frac{F_l}{F_e} = \frac{1200}{400} = 3$$

다른 방법으로, $\text{힘의 비율} = \dfrac{b}{a} = \dfrac{1.5}{0.5} = 3$

이 결과는 예를 들어 300 N의 하중을 들어올리려면 100 N의 작용력이 필요함을 보여준다.

식 (3)으로부터 효율 $= \dfrac{\text{힘의 비율}}{\text{이동 비율}} \times 100\%$ 이기 때문에 다음과 같이 구한다.

$$\text{이동 비율} = \frac{\text{힘의 비율}}{\text{효율}} \times 100\% = \frac{3}{100} \times 100 = 3$$

이 결과는 가령 하중을 100 mm 들어올리려면 작용력이 300 mm 를 이동하는 것이 필요함을 보여준다.

[문제 10] 2차 지레 AB가 수평으로 놓여 있다. 받침점은 C이다. B에 가한 60 N의 작용력이 D에 있는 하중을 이제 막 움직였다. BD는 0.5 m 이고 BC는 1.25 m 이다. 지레의 하중과 힘의 비율을 구하라.

2차 지레 시스템은 [그림 24-7(b)]와 같다. 하중이 막 움직였을 때 받침점에 대한 모멘트를 구하면 다음과 같다.

반시계방향 모멘트＝시계방향 모멘트

즉, $60\,\text{N} \times 1.25\,\text{m} = \text{하중} \times 0.75\,\text{m}$

따라서 $\text{하중} = \dfrac{60 \times 1.25}{0.75} = 100\,\text{N}$

식 (1)로부터, $\text{힘의 비율} = \dfrac{\text{하중}}{\text{작용력}} = \dfrac{100}{60} = 1.67$

다른 방법으로,

$$힘의\ 비율 = \frac{받침점에서\ 작용력까지\ 거리}{받침점에서\ 하중까지\ 거리}$$

$$= \frac{1.25}{0.75} = 1.67$$

◆ 이제 다음 연습문제를 풀어보자.

[연습문제 110] 지레에 대한 확장 문제

1 2차 지레 시스템에서, 힘의 비율이 2.5이다. 만약 하중이 받침점에서 0.5 m 거리에 위치한다면, 받침점으로부터 작용력이 작용하는 지점까지의 거리를 구하라. 손실은 무시한다.

2 지레 AB가 2 m의 길이를 갖고 받침점은 B로부터 0.5 m 거리에 위치한다. 손실을 무시할 때 B에 있는 0.75 kN의 하중을 들어올리기 위해 A에 가해야 하는 작용력을 구하라.

3 3차 지레 시스템의 하중이 받침점으로부터 750 mm의 거리에 위치하고, 하중을 막 움직이기 시작하였을 때 필요한 작용력이 1 kN이다. 이때 작용력은 받침점에서 250 mm의 거리에 인가한다. 손실을 무시할 때 하중의 값과 힘의 비율을 구하라.

[연습문제 111] 단순 기계에 대한 단답형 문제

1 단순 기계의 의미를 설명하라.

2 힘의 비율을 정의하라.

3 이동 비율을 정의하라.

4 단순 기계의 효율을 힘의 비율과 이동 비율을 사용하여 정의하라.

5 단순 기계의 효율이 100%에 다다를 수 없는 이유를 간단히 설명하라.

6 단순 기계의 법칙을 참조하여, '한계 힘의 비율'이란 용어의 의미를 간단히 설명하라.

7 한계 효율을 정의하라.

8 손실을 무시할 때, 4-도르래 시스템의 힘의 비율이 4인 이유를 설명하라.

9 스크루 잭에서 이동 비율을 작용력의 유효 반경과 스크루 리드를 사용하여 나타내라.

10 유동 바퀴의 작용을 설명하라.

11 2-기어 시스템의 이동 비율을 바퀴의 톱니 수를 사용하여 정의하라.

12 유동 바퀴의 작동이 기어 시스템의 이동 비율에 영향을 주지 않는다는 것을 보여라.

13 4개 기어로 구성된 복합 트레인에서 첫 번째 기어의 속력과 마지막 기어의 속력 간의 관계를 바퀴의 톱니 수를 사용하여 설명하라.

14 1차 지레 시스템에서 힘의 비율을 받침점으로부터 하중 및 작용력까지의 거리를 사용하여 정의하라.

15 다음 시스템이 무엇을 의미하는지 보여주기 위해 그림을 그려보라. 그리고 각 형태의 지레를 사용하는 실제 예 한 가지를 설명하라.
   (a) 1차 지레 시스템
   (b) 2차 지레 시스템
   (c) 3차 지레 시스템

[연습문제 112] 단순 기계에 대한 사지선다형 문제

※ (문제 1~3) 단순 기계가 1000 N의 하중을 2 m만큼 들어올리기 위해 250 N의 작용력이 10 m만큼 움직이는 것이 필요하다. 주어진 문제에 대해, 다음 값들 중에서 올바른 답을 선택하라.

   (a) 0.25   (b) 4   (c) 80%   (d) 20%
   (e) 100   (f) 5   (g) 100%   (h) 0.2
   (i) 25%

1 힘의 비율은 얼마인가?

2 이동 비율은 얼마인가?

3 효율은 얼마인가?

※ (문제 4~6) 기계의 법칙은 $F_e = aF_l + b$이다. 40 N의 하중을 들어올리기 위해서는 12 N의 작용력이 필요하고, 16 N의 하중을 들어올리기 위해서는 6 N의 작용력이 필요하다. 기계의 이동 비율은 5이다. 주어진 문제에 대해, 다음 값들 중에서 올바른 답을 선택하라.

   (a) 80%   (b) 4   (c) 2.8   (d) 0.25

(e) $\dfrac{1}{2.8}$ (f) 25%   (g) 100%   (h) 2

(i) 50%

4 상수 a를 구하라.

5 한계 힘의 비율을 구하라.

6 한계 효율을 구하라.

7 다음 중 틀린 설명은?

(a) 손실이 무시될 때, 1-도르래 시스템은 힘의 작용선을 변화시키지만 힘의 크기는 변화시키지 못한다.

(b) 손실이 무시될 때, 2-도르래 시스템은 힘의 비율이 $\dfrac{1}{2}$이다.

(c) 2-도르래 시스템은 이동 비율이 2이다.

(d) 손실이 무시될 때, 2-도르래 시스템의 효율은 100%이다.

8 다음 스크루 잭과 관련된 설명 중 틀린 것은?

(a) 스크루 잭은 힘의 작용선과 힘의 크기를 모두 변화시킨다.

(b) 한줄 나사에서 l이 스크루의 리드일 때, 탁자가 5회전할 때 움직인 거리는 $5l$이다.

(c) 작용력에 의해 움직인 거리는 $2\pi r$이며, 여기서 r은 작용력의 유효 반경이다.

(d) 이동 비율은 $\dfrac{2\pi r}{5l}$로 주어진다.

9 단순 기어 트레인에서 팔로우어는 50개의 톱니를 가지며, 드라이버는 30개의 톱니를 가진다. 이동 비율은?

(a) 0.6   (b) 20   (c) 1.67   (d) 80

10 다음 중 틀린 설명은?

(a) 드라이버와 팔로우어 사이의 유동 바퀴는 팔로우어의 방향이 드라이버의 방향과 반대가 되도록 하기 위해 사용된다.

(b) 유동 바퀴는 이동 비율을 변화시키기 위해 사용된다.

(c) 유동 바퀴는 힘의 비율을 변화시키기 위해 사용된다.

(d) 유동 바퀴는 팔로우어의 방향이 드라이버의 방향과 같도록 하기 위해 사용된다.

11 다음 중 틀린 설명은?

(a) 1차 지레에서 받침점은 하중과 작용력 사이에 위치한다.

(b) 2차 지레에서 하중은 작용력과 받침점 사이에 위치한다.

(c) 3차 지레에서 작용력은 하중과 받침점 사이에 가해진다.

(d) 1차 지레 시스템에서 힘의 비율은 다음 식으로 주어진다.

$$\dfrac{\text{받침점에서 하중까지 거리}}{\text{받침점에서 작용력까지 거리}}$$

12 2차 지레 시스템에서 하중은 받침점에서 $200\,\text{mm}$에 위치하고, 작용력은 받침점에서 $500\,\text{mm}$에 위치한다. 손실이 무시된다면, $100\,\text{N}$의 작용력은 얼마의 하중을 들어 올릴 것인가?

(a) $100\,\text{N}$

(b) $250\,\text{N}$

(c) $400\,\text{N}$

(d) $40\,\text{N}$

재료에 작용하는 힘의 효과
The effects of forces on materials

재료에 작용하는 힘의 효과를 이해하는 것이 왜 중요할까?

재료의 특성 연구 시 사용되는 몇몇 상수에 대해 잘 알고 있는 것은 대부분의 공학 분야에서 지극히 중요하다. 특히 기계공학, 제조공학, 항공공학, 토목공학, 구조공학이 그러하다. 예를 들어 대부분의 강철은 같아 보이지만, 잠수함의 압력 선체에 사용되는 강철은 작은 빌딩을 건축하는 데 사용되는 강철보다 5배 이상 강하다. 어떤 구조물에 쓸 강철인지를 아는 것은 전문 엔지니어나 공인 엔지니어에게는 매우 중요하다. 그 이유는 잠수함의 압력 선체에 사용되는 고장력 강철의 가격이, 작은 빌딩을 건축하는 데 사용되는 연강 혹은 그와 유사한 재료의 가격보다 매우 높기 때문이다. 엔지니어는 직무를 수행하기 위해 구조물 재료로 선택된 재료의 능력뿐 아니라 가격까지 고려해야 한다. 제조 엔지니어링 분야에서도 이와 유사한 논의가 필요한데, 이 분야의 엔지니어는 생산하고자 하는 인공물을 구부리고 자르고 형태를 만들기 위해 기계의 능력을 판단할 수 있어야만 하고, 동시에 경쟁력 있는 가격을 평가할 수 있어야 한다! 이 장에서는 다양한 재료들의 특성을 결정하는 데 사용되는 서로 다른 용어에 대해 설명한다. 재료에 미치는 힘의 효과를 알아야 하는 것이 중요한 이유는 효율적이고 신뢰할 수 있는 방식으로 구조를 설계하고 건조하는 것을 도와주기 때문이다.

학습포인트

- 힘을 정의하고 힘의 단위를 설명할 수 있다.
- 인장력을 인지하고 연관된 실제 예를 설명할 수 있다.
- 압축력을 인지하고 연관된 실제 예를 설명할 수 있다.
- 전단력을 인지하고 연관된 실제 예를 설명할 수 있다.
- 응력을 정의하고 응력의 단위를 설명할 수 있다.
- $\sigma = \dfrac{F}{A}$ 로부터 응력 σ를 계산할 수 있다.
- 변형을 정의할 수 있다.
- $\epsilon = \dfrac{x}{L}$ 로부터 변형 ϵ을 계산할 수 있다.

- 탄성, 소성, 비례 한계와 탄성 한계를 정의할 수 있다.
- 후크의 법칙을 설명할 수 있다.
- 영의 탄성률 E와 강성을 정의할 수 있다.
- E에 대한 전형적인 값을 식별할 수 있다.
- $E = \dfrac{\sigma}{\epsilon}$ 로부터 E를 계산할 수 있다.
- 후크의 법칙을 사용한 계산을 수행할 수 있다.
- 주어진 데이터로부터 하중/연장 그래프를 그릴 수 있다.
- 연성, 취성 및 전성을 각각의 예와 함께 정의할 수 있다.

25.1 서론

재료^{material}의 특성 연구 시 사용되는 몇몇 상수에 대해 잘 알고 있는 것은 대부분의 공학 분야에서 지극히 중요하다. 특히 기계공학, 제조공학, 항공공학, 토목공학, 구조공학이 그러하다. 예를 들어 대부분의 강철은 같아 보이지만, 잠수함의 압력 선체에 사용되는 강철은 작은 빌딩을 건축하는 데 사용되는 강철보다 5배 이상 강하다. 어떤 구조물에 쓸 강철인지를 아는 것은 전문 엔지니어나 공인 엔지니어에게는 매우 중요하다. 그 이유는 잠수함의 압력 선체에 사용되는 고장력 강철의 가격이, 작은 빌딩을 건축하는 데 사용되는 연강 혹은 그와 유사한 재료의 가격보다 매우 높기 때문이다. 엔지니어는 직무를 수행하기 위해 구조물 재료로 선택된 재료의 능력뿐 아니라 가격 또한 고려해야 한다. 제조 엔지니어링 분야에서도 이와 유사한 논의가 필요한데, 이 분야의 엔지니어는 생산하고자 하는 인공물을 구부리고 자르고 형태를 만들기 위해 기계의 능력을 판단할 수 있어야만 하고, 동시에 경쟁력 있는 가격을 평가할 수 있어야 한다! 이 장에서는 다양한 재료들의 특성을 결정하는 데 사용되는 서로 다른 용어들에 대해 설명한다.

25.2 힘

물체에 발휘된 힘force은 물체의 형태와 운동에 변화를 일으킬 수 있다. 힘의 단위는 **뉴턴**newton*(N)이다.

어떤 고체 물체도 완벽하게 딱딱하지 않아서 물체에 힘이 가해질 때 치수에 변화가 발생한다. 그런 변화는 작아서 사람의 눈에 항상 인지되지는 않는다. 예를 들어 다리의 전장은 탈 것의 무게가 가해지면 휠 것이다. 너트를 단단히 죌 때 스패너는 약간 구부러질 것이다. 재료의 기계적 특성과 함께 재료에 힘이 작용할 때 그 힘의 영향을 평가할 줄 아는 것은 엔지니어나 설계자에게 중요하다. 물체에 작용할 수 있는 기계적 힘의 세 가지 주요 형태는 다음과 같다.

- 인장력tensile
- 압축력compressive
- 전단력shear

*뉴턴은 누구?

아이작 뉴턴(Sir Isaac Newton, 1642. 12. 25 ~ 1727. 3. 20)은 영국의 학자로서 행성의 운동에 대한 케플러의 법칙과 중력에 대한 뉴턴의 이론 사이에 일치함을 설명해서, 뉴턴은 물체의 운동이 동일한 자연적 법칙에 따라 지배받는다는 것을 보였다. 힘의 SI 단위는 [뉴턴(N)]으로, 그에게 경의를 표하여 붙인 것이다.

25.3 인장력

인장력tension은 [그림 25-1]과 같이 재료를 늘이려는 힘이다. 인장력의 예는 다음과 같다.

- 하중을 운반하는 크레인의 로프나 케이블은 인장력을 받는다.
- 고무 밴드를 늘이면 인장력을 받는다.
- 너트를 죄면 볼트는 인장력을 받는다.

인장력, 즉 장력이 생기게 하는 힘은 그 인장력을 받는 재료의 길이를 증가시킨다.

[그림 25-1]

25.4 압축력

압축력compression은 [그림 25-2]와 같이 재료를 압착하거나 눌러서 뭉개려는 힘이다. 압축력의 예는 다음과 같다.

- 다리를 지탱하는 기둥은 압축력을 받는다.
- 신발의 밑바닥은 압축력을 받는다.
- 기중기의 지브jib는 압축력을 받는다.

압축력, 즉 압축이 생기게 하는 힘은 그 압축력이 작용하는 재료의 길이를 감소시킨다.

[그림 25-2]

25.5 전단력

전단력shear은 인접 면 위에 재료의 한 면이 미끄러지게 하려는 힘이다. 전단력의 예는 다음과 같다.

- [그림 25-3]과 같이 두 판 사이에 인장력이 가해진다면, 두 판을 함께 붙들고 있는 리벳은 전단력을 받는다.
- 금속 박판을 자르는 재단기와 정원 가위에 모두 전단력이 있다.
- 수평 빔은 전단력을 받는다.
- 자동차 변속기 이음매는 전단력을 받는다.

전단력은 재료를 구부리거나 미끄러지게 하거나 뒤틀리게 할 수 있다.

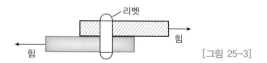

[그림 25-3]

[문제 1] [그림 25-4(a)]는 기중기를 나타내고, [그림 25-4(b)]는 변속기 이음매를 보여준다. A에서 F까지 작용하는 힘의 형태를 설명하라.

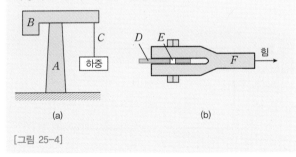

[그림 25-4]

(a) 기중기에서 지지 부분 A는 **압축력**을 받고, 수평 빔 B는 **전단력**을 받으며, 로프 C는 **인장력**을 받는다.

(b) 변속기 이음매에서 D와 F 부분은 **인장력**을 받고, 리벳 혹은 볼트 E는 **전단력**을 받는다.

25.6 응력

재료에 작용하는 힘은 치수에 변화를 가져오고, 그 재료는 응력stress 상태에 있다고 말한다. 응력은 재료의 단면적 A에 대해 가한 힘 F의 비율이다. 인장 응력과 압축 응력에 대해 사용되는 기호는 σ(그리스 문자 시그마)이다. 응력의 단위는 **파스칼**pascal*(Pa)로서, $1\,\text{Pa} = 1\,\text{N/m}^2$이다. 따라서 다음과 같다.

$$\sigma = \frac{F}{A}\ [\text{Pa}]$$

여기서 F는 [N] 단위의 힘이고, A는 $[\text{m}^2]$ 단위의 단면적이다. 인장력과 압축력에 대해서, 단면적은 힘의 방향에 수직인 면적이다.

전단력에 대해 전단 응력은 $\dfrac{F}{A}$이고, 여기서 단면적 A는 힘의 방향과 평행하다. 전단 응력에 대해 사용되는 기호는 τ(그리스 문자 tau)이다.

***파스칼은 누구?**

블레이즈 파스칼(Blase Pascal, 1623. 6. 16 ~ 1662. 8. 19)은 프랑스의 학자로서 유체 연구에 중요한 기여를 했고, 압력과 진공의 개념을 명확히 했다. 파스칼은 확률 이론에 대하여 페르마와 교신하였고, 현대 경제와 사회 과학에 강한 영향을 끼쳤다. 압력의 단위인 [파스칼(Pa)]은 그에게 경의를 표하여 붙인 이름이다.

[문제 2] 단면적이 $75\,\text{mm}^2$인 직사각형 막대가 $15\,\text{kN}$의 인장력을 받는다. 막대의 응력을 구하라.

단면적이 $A = 75\,\text{mm}^2 = 75 \times 10^{-6}\,\text{m}^2$이고 힘은 $F = 15\,\text{kN} = 15 \times 10^3\,\text{N}$ 이다.

$$\textbf{막대의 응력}\ \sigma = \frac{F}{A} = \frac{15 \times 10^3\,\text{N}}{75 \times 10^{-6}\,\text{m}^2}$$
$$= 0.2 \times 10^9 = \mathbf{200\,MPa}$$

[문제 3] 원형 단면을 가진 전선이 $60.0\,\text{N}$의 인장력을 받고, 이 힘은 전선에 $3.06\,\text{MPa}$의 응력을 생성한다. 전선의 직경을 구하라.

힘 $F = 60.0\,\text{N}$
응력 $\sigma = 3.06\,\text{MPa} = 3.06 \times 10^6\,\text{Pa}$

$\sigma = \dfrac{F}{A}$ 이므로 면적은 다음과 같다.

$$A = \frac{F}{\sigma} = \frac{60.0\,\text{N}}{3.06 \times 10^6\,\text{Pa}} = 19.61 \times 10^{-6}\,\text{m}^2$$
$$= 19.61\,\text{mm}^2$$

단면적은 $A = \dfrac{\pi d^2}{4}$ 이므로, $19.61 = \dfrac{\pi d^2}{4}$ 이다. 이로부터

$$d^2 = \frac{4 \times 19.61}{\pi},\ \ \text{즉}\ \ d = \sqrt{\frac{4 \times 19.61}{\pi}} = 5.0$$

이므로, **전선의 직경 = 5.0 mm** 이다.

◆ 이제 다음 연습문제를 풀어보자.

[연습문제 113] 응력에 대한 확장 문제

1 단면적이 $80\,\mathrm{mm}^2$인 직사각형 막대가 $20\,\mathrm{kN}$의 인장력을 받는다. 막대의 응력을 구하라.

2 원형 단면을 가진 케이블이 $1\,\mathrm{kN}$의 인장력을 받고, 이 힘은 케이블에 $7.8\,\mathrm{MPa}$의 응력을 생성한다. 케이블의 직경을 구하라.

3 한 면이 $12\,\mathrm{mm}$인 정사각형 지지대가 하중이 걸려 $10\,\mathrm{kN}$의 압축력을 받는다. 지지대의 압축 응력을 구하라.

4 직경이 $5\,\mathrm{mm}$인 볼트가 하중이 걸려 $120\,\mathrm{MPa}$의 전단 응력을 받는다. 볼트에 가해지는 전단력을 구하라.

5 쪼개진 핀을 전단하기 위해 $400\,\mathrm{N}$의 힘이 필요하다. 전단되기 전 최대 전단 응력이 $120\,\mathrm{MPa}$이다. 핀의 최소 직경을 구하라.

6 외경이 $60\,\mathrm{mm}$이고 내경이 $40\,\mathrm{mm}$인 튜브가 $60\,\mathrm{kN}$의 인장 하중을 갖는다. 이 튜브의 응력을 구하라.

25.7 변형

힘을 받아 생성된 재료의 작은 치수 변화를 변형^{strain}이라 부른다. 인장력 혹은 압축력에 대해, 변형은 원래 길이에 대한 길이의 변화 비율이다. 변형을 표시하기 위한 기호는 ϵ (그리스 문자 입실론)이다. 길이가 $L\,[\mathrm{m}]$인 재료가 응력을 받아 $x\,[\mathrm{m}]$만큼 길이 변화가 일어났다면, 변형은 다음과 같다.

$$\epsilon = \frac{x}{L}$$

변형은 무차원이고 종종 퍼센트로 표현된다. 즉 다음과 같이 표현한다.

$$\text{퍼센트 변형} = \frac{x}{L} \times 100$$

전단력의 경우, 변형은 기호 γ (그리스 문자 감마)로 표시

하고, [그림 25-5]를 참조하면 다음과 같이 주어진다.

$$\gamma = \frac{x}{L}$$

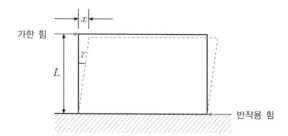

[그림 25-5]

[문제 4] $1.60\,\mathrm{m}$ 길이의 막대에 압축 하중이 가해질 때 막대가 축 방향으로 $0.1\,\mathrm{mm}$ 수축되었다. 변형과 퍼센트 변형을 구하라.

$$\text{변형 } \epsilon = \frac{\text{수축}}{\text{원래 길이}} = \frac{0.1\,\mathrm{mm}}{1.60 \times 10^3\,\mathrm{mm}}$$
$$= \frac{0.1}{1600} = 0.0000625$$

퍼센트 변형 $= 0.0000625 \times 100 = \mathbf{0.00625\,\%}$

[문제 5] 인장력을 갖는 하중이 걸릴 때, 길이 $2.50\,\mathrm{m}$인 전선이 0.012%의 퍼센트 변형을 갖는다. 전선의 늘어난 길이를 구하라.

전선의 원래 길이 $= 2.50\,\mathrm{m} = 2500\,\mathrm{mm}$

$$\text{변형} = \frac{0.012}{100} = 0.00012$$

$$\text{변형 } \epsilon = \frac{\text{늘어난 길이 } x}{\text{원래 길이 } L}$$

늘어난 길이 $x = \epsilon L = 0.00012 \times 2500 = \mathbf{0.30\,mm}$

[문제 6] 다음 물음에 답하라.

(a) 직사각형 단면의 금속 막대가 가로가 $10\,\mathrm{mm}$이고, 최대로 $20\,\mathrm{MPa}$의 압축 응력을 지지할 수 있다. $3\,\mathrm{kN}$의 힘을 갖는 하중을 걸 때 막대의 최소 세로 길이를 구하라.

(b) 만약 (a)에서 막대의 길이가 $2\,\mathrm{m}$인데 힘이 가해져서 $0.25\,\mathrm{mm}$만큼 길이가 줄어든다면, 이때의 변형과 퍼센트 변형을 구하라.

(a) 응력 $\sigma = \dfrac{\text{힘 } F}{\text{면적 } A}$ 이므로, 면적은 다음과 같다.

$$\text{면적 } A = \dfrac{F}{\sigma} = \dfrac{3000\,\text{N}}{20 \times 10^6\,\text{Pa}}$$

$$= 150 \times 10^{-6}\,\text{m}^2$$

$$= 150\,\text{mm}^2$$

단면적 = 가로 × 세로이므로, 세로는 다음과 같다.

$$\text{세로} = \dfrac{\text{면적}}{\text{가로}} = \dfrac{150}{10}$$

$$= 15\,\text{mm}$$

(b) 변형 $\epsilon = \dfrac{\text{수축}}{\text{원래 길이}} = \dfrac{0.25}{2000}$

$$= 0.000125$$

퍼센트 변형 $= 0.000125 \times 100$

$$= 0.0125\,\%$$

[문제 7] 플라스틱 재료로 된 길이 500 mm, 폭 20 mm, 높이 300 mm 인 직육면체 블록의 바닥을 의자에 고정시키고, 윗면에 200 N의 힘을 블록에 정렬하여 가한다. 윗면이 아랫면에 대하여 15 mm 움직였다. 변형이 균일하다고 가정하고, (a) 전단 응력과 (b) 윗면에 발생한 전단 변형을 구하라.

(a) 전단 응력 $\tau = \dfrac{\text{힘}}{\text{힘에 평행인 면적}}$ 이고, 힘에 평행인 면의 면적은 다음과 같다.

$$500\,\text{mm} \times 20\,\text{mm} = (0.5 \times 0.02)\,\text{m}^2$$

$$= 0.01\,\text{m}^2$$

따라서 **전단 응력**은 다음과 같다.

$$\tau = \dfrac{200\,\text{N}}{0.01\,\text{m}^2} = 20{,}000\,\text{Pa} \ \text{혹은} \ 20\,\text{kPa}$$

(b) 전단 변형은 다음과 같다.

$$\gamma = \dfrac{x}{L} \quad \text{[그림 25-6]의 측면도 참조}$$

$$= \dfrac{15}{300}$$

$$= 0.05 \ (\text{혹은 } 5\,\%)$$

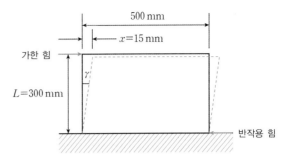

[그림 25-6]

◆ 이제 다음 연습문제를 풀어보자.

[연습문제 114] 변형에 대한 확장 문제

1 길이가 4.5 m 인 전선이 인장력으로 하중이 걸려 퍼센트 변형이 0.050 % 가 되었다. 전선이 늘어난 길이를 구하라.

2 인장 하중이 걸릴 때 길이 2.5 m 인 전선이 0.05 mm 만큼 늘어났다. (a) 변형과 (b) 퍼센트 변형을 구하라.

3 길이가 80 cm 인 막대가 압축 하중이 걸릴 때 0.2 mm 만큼 축 방향으로 수축했다. 변형과 퍼센트 변형을 구하라.

4 외경이 20 mm 이고 내경이 10 mm 이며 길이가 0.30 m 인 파이프가 50 kN의 압축 하중을 지탱하고 있다. 하중이 걸릴 때 이 튜브는 0.6 mm 만큼 짧아졌다. 이 하중을 지탱할 때 파이프의 (a) 압축 응력과 (b) 압축 변형을 구하라.

5 플라스틱 재료로 된 길이 400 mm, 폭 15 mm, 높이 300 mm 인 직육면체 블록의 바닥을 의자에 고정시키고, 윗면에 150 N의 힘을 블록에 정렬하여 가한다. 윗면이 아랫면에 대하여 12 mm 움직였다. 변형이 균일하다고 가정하고, (a) 전단 응력과 (b) 윗면에 발생한 전단 변형을 구하라.

25.8 탄성, 비례 한계, 탄성 한계

탄성^{elasticity}은 외부의 힘을 제거했을 때 원래의 모양과 크기로 되돌아가는 재료의 능력이다. 소성^{plasticity}은 부서짐이 없으면서 힘에 의해 영구적으로 변형되는 재료의 성질이다. 따라서 재료가 원래의 모양으로 되돌아가지 않으면 소성이 있다고 한다. 어떤 정해진 하중 한계 내에서 연강, 구리, 폴리에틸렌, 고무는 탄성 재료의 예이고, 납과 소상용 점토는 소성 재료의 예이다.

연강으로 만든 균일 막대에 인장력을 점점 증가시키면서 상응하는 막대의 늘어난 길이를 측정했을 때, 이때 가한 힘이 충분히 크지는 않다고 가정하면, 그 결과를 묘사하는 그래프는 [그림 25-7]과 같다. **그래프가 직선이기 때문에 연장된 길이는 가한 힘에 정비례한다.**

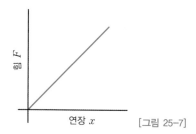

[그림 25-7]

그래프에서 연장이 가한 힘에 더 이상 비례하지 않는 점을 비례 한계^{limit of proportionality}라고 한다. 이 점을 막 넘어서면 재료는 탄성 한계^{elastic limit}에 다다를 때까지, 비선형 탄성 방식으로 행동할 수 있다. 만약 가한 힘이 크다면 재료는 소성으로 되고, 힘이 제거되더라도 원래의 길이로 되돌아가지 않는다. 그 때 재료는 탄성 한계를 넘어섰다고 말하고 힘/연장 그래프는 더 이상 직선이 아니다.

25.6절에서 응력 $\sigma = \dfrac{F}{A}$이고, 특정 막대에 대해 면적 A는 일정하다고 간주할 수 있기 때문에, $F \propto \sigma$이다. 25.7절에서 변형 $\epsilon = \dfrac{x}{L}$이고, 특정 막대에 대해 면적 L은 일정하기 때문에, $x \propto \epsilon$이다. 따라서 비례 한계 아래로 재료에 가한 응력에 대하여 응력/변형 그래프는 [그림 25-8]처럼 될 것이며, 이는 [그림 25-7]의 힘/연장 그래프와 유사한 모양이다.

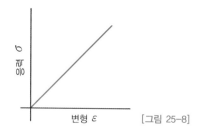

[그림 25-8]

25.9 후크의 법칙

후크의 법칙^{Hooke's law} *은 다음과 같다

비례 한계 이내에서, 재료의 연장은 가한 힘에 비례한다.

25.8절의 내용을 통해 다음을 알 수 있다.

재료의 비례 한계 이내에서, 생성된 변형은 그것을 생성한 응력에 정비례한다.

25.9.1 영의 탄성률

비례 한계 내에서, 응력∝변형이다. 따라서

$$응력 = (상수) \times 변형$$

이다. 이 비례상수는 영의 탄성률^{Young's modulus of elasticity} *이라고 부르고, 기호 E로 표시한다. E의 값은 응력/변형 그래프의 직선 부분의 기울기로부터 결정될 수 있다. E의 치수는 파스칼(변형이 차원이 없기 때문에 응력과 동일한 단위)이다.

$$E = \frac{\sigma}{\epsilon} \ [\text{Pa}]$$

영의 탄성률 E의 몇 가지 **전형적인 값**은 다음과 같다. 알루미늄 합금 70 GPa(즉, 70×10^9 Pa), 황동 90 GPa, 구리 96 GPa, 티타늄 합금 110 GPa, 다이아몬드 1200 GPa, 연강 210 GPa, 납 18 GPa, 텅스텐 410 GPa, 주철 110 GPa, 아연 85 GPa, 유리 섬유 72 GPa, 탄소 섬유 300 GPa.

---

*후크는 누구?

로버트 후크(Robert Hooke, 1635. 7. 28 ~ 1703. 3. 3)는 영국의 자연 철학자, 건축가, 학자로서, 탄성의 법칙을 발견했다.

*영은 누구?

토마스 영(Thomas Young, 1773. 6. 13 ~ 1829. 5. 10)은 영국의 학자이다. 영은 이집트 상형문자와 로제타돌에 대한 업적으로 잘 알려져 있지만, 또한 시각, 빛, 고체 역학, 에너지, 생리학, 언어와 음악 화성 분야에 주목할 만한 과학적 업적을 남겼다. 영률은 물체의 응력을 그와 관련된 변형과 연관시켜준다.

25.9.2 강성

영률(영의 탄성률)이 큰 재료는 재료 강성이 크다고 말한다. 여기서 강성^{stiffness}은 다음과 같이 정의된다.

$$강성 = \frac{\text{힘 } F}{\text{연장 } x}$$

예를 들어 연강은 납보다 매우 강한 재료이다.

$E = \dfrac{\sigma}{\epsilon}$, $\sigma = \dfrac{F}{A}$, $\epsilon = \dfrac{x}{L}$ 이므로,

$$E = \frac{\dfrac{F}{A}}{\dfrac{x}{L}} = \frac{FL}{Ax} = \left(\frac{F}{x}\right)\left(\frac{L}{A}\right)$$

$$즉, \quad E = 강성 \times \frac{L}{A}$$

강성$\left(= \dfrac{F}{x}\right)$은 또한 힘/연장 그래프의 기울기이므로,

$$E = \text{힘/연장 그래프의 기울기} \times \frac{L}{A}$$

특정한 시료에 대하여 L과 A는 일정하기 때문에, 영률이 클수록 재료의 강성도 커진다.

[문제 8] 250N의 힘에 의해 전선이 2mm 늘어났다. 비례 한계를 넘지 않았다고 가정하고, 전선을 5mm 늘이는 데 필요한 힘을 구하라.

후크의 법칙은 비례 한계를 넘지 않는다면, 연장 x가 힘 F에 비례한다고 설명한다. 즉 $x \propto F$ 혹은 $x = kF$, 여기서 k는 상수이다.

$x = 2$mm 이고 $F = 250$N 일 때, $2 = k(250)$이고 이로부터 상수 $k = \dfrac{2}{250} = \dfrac{1}{125}$ 이다.

$x = 5$mm 일 때, $5 = kF$, 즉 $5 = \left(\dfrac{1}{125}\right)F$이고, 이로부터 힘 $F = 5(125) = 625$N이다.

따라서 $x = 5$mm 길이 전선을 늘이기 위해, **625N**의 힘이 필요하다.

[문제 9] 직경이 20mm 이고 길이가 2.0m 인 구리 봉이 인장력 5kN을 받는다. 하중이 걸릴 때 (a) 봉의 응력과 (b) 봉이 늘어나는 길이를 구하라. 구리의 탄성률은 96GPa이다.

(a) 힘 $F = 5$kN $= 5000$N 이고, 단면적

$$A = \frac{\pi d^2}{4} = \frac{\pi(0.020)^2}{4} = 0.000314\,\text{m}^2 \text{ 이다. 따라서 응}$$

력은 다음과 같다.

$$\sigma = \frac{F}{A} = \frac{5000\,\text{N}}{0.000314\,\text{m}^2} = 15.92 \times 10^6\,\text{Pa}$$

$$= 15.92\,\text{MPa}$$

(b) $E = \dfrac{\sigma}{\epsilon}$ 이므로 변형은 다음과 같다.

$$\epsilon = \frac{\sigma}{E} = \frac{15.92 \times 10^6\,\text{Pa}}{96 \times 10^9\,\text{Pa}} = 0.000166$$

변형 $\epsilon = \dfrac{x}{L}$ 이므로 연장은 다음과 같다.

$$x = \epsilon L = (0.000166)(2.0) = 0.000332\,\text{m}$$

즉 **봉의 연장은 0.332mm**이다.

[문제 10] 직사각형 단면을 가진 두께가 15mm 인 막대가 120kN의 하중을 운반한다. 최대 응력을 200MPa로 제한하기 위한 막대의 최소 폭을 구하라. 120kN의 하중을 운반할 때 길이가 1.0m 인 막대가 2.5mm만큼 늘어난다. 막대 재료의 탄성률을 구하라.

힘 $F = 120$kN $= 120{,}000$N 이고, 단면적 $A = (15x)10^{-6}\,\text{m}^2$ 이다. 여기서 x는 [mm] 단위로 직사각형 막대의 폭이다.

응력 $\sigma = \dfrac{F}{A}$ 이고, 이로부터

$$A = \frac{F}{\sigma} = \frac{120{,}000\,\text{N}}{200 \times 10^6\,\text{Pa}} = 6 \times 10^{-4}\,\text{m}^2$$

$$= 6 \times 10^{-4} \times 10^6\,\text{mm}^2$$

$$= 6 \times 10^2\,\text{mm}^2 = 600\,\text{mm}^2$$

이다. 따라서 $600 = 15x$이고, 이로부터 다음과 같이 구한다.

막대의 폭 $x = \dfrac{600}{15} = 40\,\text{mm}$

막대의 연장 $= 2.5\,\text{mm} = 0.0025\,\text{m}$

변형 $\epsilon = \dfrac{x}{L} = \dfrac{0.0025}{1.0} = 0.0025$

탄성률 $E = \dfrac{\text{응력}}{\text{변형}} = \dfrac{200 \times 10^6}{0.0025}$

$$= 80 \times 10^9 = 80\,\text{GPa}$$

[문제 11] 연강 시료의 탄성률을 구하기 위한 실험에서, 전선에 하중을 걸고 해당하는 연장을 기록했다. 실험 결과는 다음과 같다.

하중[N]	0	40	110	160	200	250	290	340
연장[mm]	0	1.2	3.3	4.8	6.0	7.5	10.0	16.2

하중/연장 그래프를 그려라. 전선의 평균 직경은 1.3mm이고 길이는 8.0m이다. 시료의 탄성률 E와 비례 한계에서 응력을 구하라.

하중/연장 그래프는 [그림 25-9]와 같다.

$$E = \frac{\sigma}{\epsilon} = \frac{\dfrac{F}{A}}{\dfrac{x}{L}} = \left(\frac{F}{x}\right)\left(\frac{L}{A}\right)$$

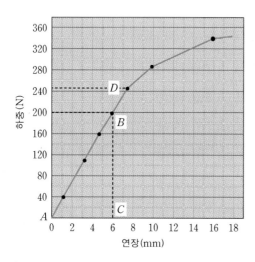

[그림 25-9]

$\dfrac{F}{x}$ 는 하중/연장 그래프의 직선 부분에서 기울기이다.

기울기 $\dfrac{F}{x} = \dfrac{BC}{AC} = \dfrac{200\,\text{N}}{6 \times 10^{-3}\,\text{m}} = 33.33 \times 10^3\,\text{N/m}$

탄성률 $=$ (그래프 기울기) $\left(\dfrac{L}{A}\right)$

시료의 길이 $L = 8.0\,\text{m}$

단면적 $A = \dfrac{\pi d^2}{4} = \dfrac{\pi(0.0013)^2}{4} = 1.327 \times 10^{-6}\,\text{m}^2$

따라서 **탄성률**은 다음과 같다.

$$E = \left(33.33 \times 10^3\right)\left(\frac{8.0}{1.327 \times 10^{-6}}\right) = 201\,\text{GPa}$$

비례 한계는 [그림 25-9]에서 점 D에 존재하며, 여기서 그래프는 더 이상 직선이 아니다. 이 점은 보는 바와 같이 250N의 하중에 해당한다.

$$\text{비례 한계에서 응력} = \frac{\text{힘}}{\text{면적}} = \frac{250}{1.327 \times 10^{-6}}$$

$$= 188.4 \times 10^6\,\text{Pa} = 188.4\,\text{MPa}$$

◆ **이제 다음 연습문제를 풀어보자.**

[연습문제 115] 후크의 법칙에 대한 확장 문제

1 전선에 300N의 힘을 가했더니 1.5mm 늘어났다. 전선의 탄성 한계를 넘지 않는다고 가정할 때, 전선을 4mm 늘이기 위한 힘을 구하라.

2 고무 밴드에 300N의 힘을 가했을 때 50mm 늘어났다. 밴드가 탄성 한계 내에 있다고 가정하면, 60N의 힘을 가했을 때 연장을 구하라.

3 강철 조각에 25kN의 힘을 가했을 때 2mm의 연장이 생성되었다. 탄성 한계를 넘지 않았다고 가정하고, (a) 3.5mm의 연장을 생성하는 데 필요한 힘과 (b) 15kN의 힘을 가했을 때 연장을 구하라.

4 구리 시료의 하중/연장 그래프를 결정하기 위해 테스트를 한 결과가 다음과 같다.

하중[kN]	8.5	15.0	23.5	30.0
연장[mm]	0.04	0.07	0.11	0.14

하중/연장 그래프를 그리고, 그 그래프로부터 (a) 0.09mm의 연장일 때의 하중과 (b) 12.0kN의 하중에 해당하는 연장을 구하라.

5 원형 단면인 막대의 길이가 2.5 m 이고 직경이 60 mm 이다. 30 kN 의 압축 하중이 걸리면 0.20 mm 만큼 짧아진다. 막대 재료에 대해 영의 탄성률을 구하라.

6 두께 20 mm 인 직사각형 단면의 막대가 82.5 kN 의 하중을 운반한다.
   (a) 최대 응력을 150 MPa 로 제한하기 위한 막대의 최소 폭을 구하라.
   (b) 길이 150 mm 인 막대가 200 kN 의 하중을 운반할 때 0.8 mm 만큼 늘어난다면, 막대 재료의 탄성률을 구하라.

7 단면적 100 mm² 의 금속 봉이 20 kN 의 최대 인장 하중을 운반한다. 봉 재료의 탄성률은 200 GPa 이다. 봉이 최대 하중을 운반할 때 퍼센트 변형을 구하라.

25.10 연성, 취성, 전성

연성^{ductility}은 부서짐이 없이 연장되어 소성 변형되는 재료의 능력이다. 이것은 재료를 선으로 뽑을 수 있게 만드는 특성이다. 연강, 구리, 금과 같은 연성 재료인 경우 인장력이 증가하면서 부서지기 이전에 큰 연장이 일어날 수 있다. 연성 재료는 보통 약 15% 혹은 그 이상의 퍼센트 연장 값을 갖는다.

취성^{brittleness}은 감지할 수 있을 정도의 사전 소성 변형이 없이 부서지는 현상이 나타나는 재료의 특성이다. 취성은 연성이 없고, 주철, 유리, 콘크리트, 벽돌, 세라믹과 같은 취성 재료는 사실상 소성 단계를 거치지 않고, 탄성 단계가 지나서 바로 부서짐의 단계를 갖는다. 인장력 테스트를 할 때 취성 재료에서는 부서짐이 발생하기 전에 잘록한 허리 부분이 생기는 일이 아주 적거나 전혀 없다.

전성^{malleability}은 열을 가하지 않고 망치로 두들겨 펴거나 혹은 롤러 사이에 통과시키면서 모양이 만들어질 수 있는 재료의 특성이다. 전성 재료는 부서짐이 없이 소성 변형을 견디는 능력이 있다. 전성 재료의 예로는 납, 금, 퍼티, 연강이 있다.

[문제 12] 전형적인 하중/연장 곡선을 다음 재료에 대하여 스케치하라. 각 재료 형태의 전형적인 예를 써보라.
(a) 비금속 탄성 재료
(b) 취성 재료
(c) 연성 재료

(a) 비금속 탄성 재료에 대한 전형적인 하중/연장 곡선은 [그림 25-10(a)]와 같다. 그리고 이러한 재료의 예는 폴리에틸렌이다.

(b) 취성 재료에 대한 전형적인 하중/연장 곡선은 [그림 25-10(b)]와 같다. 그리고 이러한 재료의 예는 주철이다.

(c) 연성 재료에 대한 전형적인 하중/연장 곡선은 [그림 25-10(c)]와 같다. 그리고 이러한 재료의 예는 연강이다.

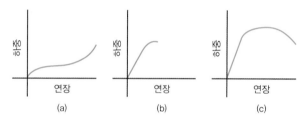

[그림 25-10]

◆ 이제 다음 연습문제를 풀어보자.

[연습문제 116] 재료에 작용하는 힘의 효과에 대한 단답형 문제

1 물체에 작용할 수 있는 기계적 힘의 세 가지 형태의 명칭은?

2 인장력은 무엇인가? 그런 힘의 실제적인 예를 두 가지 써보라.

3 압축력은 무엇인가? 그런 힘의 실제적인 예를 두 가지 써보라.

4 전단력은 무엇인가? 그런 힘의 실제적인 예를 두 가지 써보라.

5 탄성을 정의하고, 탄성 재료의 예를 두 가지 써보라.

6 소성을 정의하고, 소성 재료의 예를 두 가지 써보라.

7 비례 한계를 정의하라.

8 후크의 법칙을 설명하라.

9 연성과 취성 재료 사이의 차이점은 무엇인가?

10 응력을 정의하라. (a) 인장 응력과 (b) 전단 응력을 표시하는 기호는?

11 변형은 비율 $\dfrac{(\qquad)}{(\qquad)}$ 이다.

12 비율 $\dfrac{\text{응력}}{\text{변형}}$ 은 (　　　　)(이)라 한다.

13 (a) 응력, (b) 변형, (c) 영의 탄성률의 단위를 설명하라.

14 강성은 비율 $\dfrac{(\qquad)}{(\qquad)}$ 이다.

15 연성 재료와 취성 재료에 대한 전형적인 하중/연장 그래프를 동일 축상에 스케치하라.

16 다음을 정의하라.

    (a) 연성   (b) 취성   (c) 전성

[연습문제 117] 재료에 작용하는 힘의 효과에 대한 사지선다형 문제

1 변형의 단위는?

    (a) Pa   (b) m
    (c) 무차원   (d) N

2 강성의 단위는?

    (a) N   (b) Pa
    (c) N/m   (d) 무차원

3 영의 탄성률의 단위는?

    (a) Pa   (b) m
    (c) 무차원   (d) N

4 150 N의 힘에 의해 전선이 3 mm 늘어났다. 탄성 한계를 넘어서지 않았다고 가정하고, 전선을 5 mm 늘이기 위한 힘은?

    (a) 150 N   (b) 250 N
    (c) 90 N   (d) 450 N

5 위 **4**번 문항의 전선에 대하여, 450 N의 힘이 가해질 때 연장은?

    (a) 1 mm   (b) 3 mm
    (c) 9 mm   (d) 12 mm

6 작용하는 힘 때문에, 수평 빔은 어떤 상태에 있는가?

    (a) 인장   (b) 압축   (c) 전단

7 다리에 작용하는 힘 때문에, 다리를 지탱하는 기둥은 어떤 상태에 있는가?

    (a) 인장   (b) 압축   (c) 전단

8 다음 중 틀린 설명은?

    (a) 탄성은 하중에 의해 변형이 생긴 뒤 원래 치수로 되돌아가려는 재료의 능력이다.
    (b) 소성은 하중에 의해 생성된 어떤 변형을 존속시키려는 재료의 능력이다.
    (c) 연성은 부서짐 없이 영구히 늘어나는 능력이다.
    (d) 취성은 연성이 없고 취성 재료는 긴 소성 단계를 갖는다.

9 단면적이 100 mm^{2}인 원형 봉이 100 kN의 힘이 가해져 인장력을 받는다. 퍼센트 변형은?

    (a) 1 MPa   (b) 1 GPa
    (c) 1 kPa   (d) 100 MPa

10 길이가 5.0 m인 금속 막대가 인장 하중이 걸릴 때 0.05 mm만큼 늘어난다. 퍼센트 변형은?

    (a) 0.1   (b) 0.01   (c) 0.001   (d) 0.0001

※ (문제 11~13) 길이가 1.0 m이고 단면적이 500 mm^{2}인 알루미늄 봉이 5 kN의 하중을 지지하고 있다. 이 하중은 봉을 100 μm만큼 축소시킨다. 주어진 문제에 대해, 다음 값들 중에서 올바른 답을 선택하라.

    (a) 100 MPa   (b) 0.001   (c) 10 kPa
    (d) 100 GPa   (e) 0.01   (f) 10 MPa
    (g) 10 GPa   (h) 0.0001   (i) 10 Pa

11 봉의 응력은?

12 봉의 변형은?

13 영의 탄성률은?

선운동량과 충격량
Linear momentum and impulse

선운동량과 충격량을 이해하는 것이 왜 중요할까?

이 장은 자동차, 배 등의 운동과 충돌에 대한 연구에 대단히 중요하다. 이 장은 뉴턴의 운동 법칙과 함께 운동량과 충격량을 정의하는 것에서 출발한다. 그다음 이 법칙들을 적용하여 탄도학, 파일 드라이버 등의 분야에서 실제 문제를 풀어본다. 자동차와 버스 등의 운동과 충돌을 설계할 때, 선운동량과 각운동량의 연구는 중요하다.

학습포인트

- 운동량을 정의하고, 그 단위를 설명할 수 있다.
- 뉴턴의 제1 운동 법칙을 설명할 수 있다.
- 질량과 속도가 주어지면 운동량을 계산할 수 있다.
- 뉴턴의 제2 운동 법칙을 설명할 수 있다.
- 충격량을 정의하고, 충격력이 발생할 때를 이해할 수 있다.
- 뉴턴의 제3 운동 법칙을 설명할 수 있다.
- 충격량과 충격력을 계산할 수 있다.
- 운동 방정식 $v = u^2 + 2as$를 계산에 사용할 수 있다.

26.1 서론

이 장은 자동차, 배 등의 운동과 충돌에 대한 연구에 대단히 중요하다. 이 장은 뉴턴의 운동 법칙*과 함께 운동량과 충격량을 정의하는 것에서 출발한다. 그다음 이 법칙들을 적용하여 탄도학, 파일 드라이버 등의 분야에서 실제 문제를 푼다.

*뉴턴은 누구?

아이작 뉴턴(Sir Isaac Newton, 1642. 12. 25 ~ 1727. 3. 20)은 영국의 학자로서 행성의 운동에 대한 케플러의 법칙과 중력에 대한 뉴턴의 이론 사이에 일치함을 설명해서, 뉴턴은 물체의 운동이 동일한 자연적 법칙에 따라 지배받는다는 것을 보였다. 힘의 SI 단위는 [뉴턴(N)]으로, 그에게 경의를 표하여 붙인 것이다.

26.2 선운동량

물체의 운동량^{momentum}은 다음과 같이 질량과 속도를 곱하여 정의한다.

$$운동량 = mu$$

여기서 m = 질량[kg]이고, u = 속도[m/s]이다. 운동량의 단위는 [kg m/s]이다.

속도는 벡터량이기 때문에, **운동량은 벡터량이다.** 즉 크기와 방향을 모두 갖는다. 뉴턴의 제1 운동 법칙^{Newton's first law of motion}은 다음과 같다.

물체는 외부에서 어떤 힘이 작용하지 않으면 정지한 상태를 혹은 직선상의 일정한 운동 상태를 계속 지속한다.

따라서 물체의 운동량은 물체에 외부 힘이 작용하지 않는다면 동일하게 유지된다.

닫힌계(즉, 외부에서 힘이 작용하지 않는 계)에 대한 운동량 보존 법칙principle of conservation of momentum은 다음과 같이 설명된다.

시스템의 총 선운동량은 일정하다.

한 주어진 방향으로 충돌 전에 갖는 시스템의 총 선운동량은 같은 방향으로 충돌 후에 갖는 시스템의 총 선운동량과 같다. [그림 26-1]에서, 질량 m_1과 m_2는 속도 $u_1 > u_2$이며, 같은 방향으로 이동하고 있다. 충돌이 일어날 것이고, 운동량 보존 법칙을 적용하면 다음과 같다.

$$\text{충돌 전 총 운동량} = \text{충돌 후 총 운동량}$$

즉,
$$m_1u_1 + m_2u_2 = m_1v_1 + m_2v_2$$

여기서 v_1과 v_2는 충돌 후의 m_1과 m_2의 속도이다.

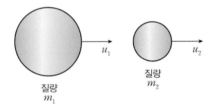

[그림 26-1]

[문제 1] 질량이 400 kg인 파일 드라이버(말뚝 박는 기계)가 12 m/s의 속력으로 아래쪽으로 움직이고 있을 때, 파일 드라이버의 운동량을 구하라.

$$\begin{aligned}\text{운동량} &= \text{질량} \times \text{속도} \\ &= 400\,\text{kg} \times 12\,\text{m/s} \\ &= 4800\,\text{kg m/s 아랫쪽}\end{aligned}$$

[문제 2] 질량이 150 g인 크리켓 공이 4.5 kg m/s의 운동량을 갖는다. 공의 속도를 [km/h] 단위로 구하라.

운동량 = 질량 × 속도 이므로,

$$\text{속도} = \frac{\text{운동량}}{\text{질량}} = \frac{4.5\,\text{kg m/s}}{150 \times 10^{-3}\,\text{kg}} = 30\,\text{m/s}$$

$$\begin{aligned}30\,\text{m/s} &= 30\,\frac{\text{m}}{\text{s}} \times 3600\,\frac{\text{s}}{\text{h}} \times \frac{1\,\text{km}}{1000\,\text{m}} \\ &= 30 \times 3.6\,\text{km/h} \\ &= 108\,\text{km/h} \\ &= \text{크리켓 공의 속도}\end{aligned}$$

[문제 3] 속도 72 km/h로 운동하는 질량 50 t의 철도 화차의 운동량을 구하라.

운동량 = 질량 × 속도
질량 = 50 t = 50,000 kg (1 t = 1000 kg이므로)
$$\begin{aligned}\text{속도} &= 72\,\text{km/h} = 72\,\frac{\text{km}}{\text{h}} \times \frac{1\,\text{h}}{3600\,\text{s}} \times \frac{1000\,\text{m}}{1\,\text{km}} \\ &= \frac{72}{3.6}\,\text{m/s} = 20\,\text{m/s}\end{aligned}$$

따라서
$$\begin{aligned}\text{운동량} &= 50,000\,\text{kg} \times 20\,\text{m/s} \\ &= 1,000,000\,\text{kg m/s} = 10^6\,\text{kg m/s}\end{aligned}$$

[문제 4] 질량 10 t인 화차가 속력 6 m/s로 운동하다가 정지해 있는 질량 15 t인 다른 화차와 충돌했다. 충돌 후 화차들이 함께 결합되었다. 충돌 후 두 화차의 공통 속도를 구하라.

질량 $m_1 = 10\,\text{t} = 10,000\,\text{kg}$, $m_2 = 15,000\,\text{kg}$,
속도 $u_1 = 6\,\text{m/s}$, $u_2 = 0$이다.

충돌 전 총 운동량
$$\begin{aligned}&= m_1u_1 + m_2u_2 = (10,000 \times 6) + (15,000 \times 0) \\ &= 60,000\,\text{kg m/s}\end{aligned}$$

충돌 후 두 화차의 공통 속도를 $v\,[\text{m/s}]$라 하자.
(충돌 전 총 운동량) = (충돌 후 총 운동량)이므로 다음과 같이 구할 수 있다.

$$\begin{aligned}60,000 &= m_1v + m_2v \\ &= v(m_1 + m_2) \\ &= v(25,000)\end{aligned}$$

따라서
$$v = \frac{60,000}{25,000} = 2.4\,\text{m/s}$$

즉 **충돌 후 공통 속도는 10 t인 화차가 처음 운동한 방향으로 2.4 m/s이다.**

[문제 5] 물체의 질량이 30g이고 속도 20m/s로 운동하고 있다. 이 물체가 질량이 20g이고 속도 15m/s로 운동하는 두 번째 물체와 충돌한다. 충돌 후 두 물체가 같은 속도를 갖는다고 가정할 때, 이 공통 속도를 구하라.
(a) 두 초기 속도가 같은 작용선이고 방향이 같을 때
(b) 두 초기 속도가 같은 작용선인데 방향이 반대일 때

질량 $m_1 = 30\,g = 0.030\,kg$, $m_2 = 20\,g = 0.020\,kg$, 속도 $u_1 = 20\,m/s$, $u_2 = 15\,m/s$ 이다.

(a) 두 초기 속도가 같은 작용선이고 방향이 같을 때, u_1과 u_2는 모두 양의 값이다.

충돌 전 총 운동량
$$= m_1 u_1 + m_2 u_2 = (0.030 \times 20) + (0.020 \times 15)$$
$$= 0.60 + 0.30 = 0.90\,kg\,m/s$$

충돌 후 두 물체의 공통 속도를 $v\,[m/s]$라고 하자.

(충돌 전 총 운동량)=(충돌 후 총 운동량)
즉, $0.90 = m_1 v + m_2 v = v(m_1 + m_2)$
$$0.90 = v(0.030 + 0.020)$$

이로부터 **공통 속도는 물체가 초기에 운동하는 방향으로** $v = \dfrac{0.90}{0.050} = 18\,m/s$ **이다.**

(b) 두 초기 속도가 같은 작용선인데 방향이 반대일 때, 속도는 벡터량이기 때문에 하나는 양수이고 다른 하나는 음수이다. 질량 m_1의 방향을 양으로 잡으면, 속도 $u_1 = +20\,m/s$ 이고 $u_2 = -15\,m/s$ 이다.

충돌 전 총 운동량
$$= m_1 u_1 + m_2 u_2 = (0.030 \times 20) + (0.020 \times (-15))$$
$$= 0.60 - 0.30 = +0.30\,kg\,m/s$$

이 결과는 양수이기 때문에 질량 m_1의 방향과 같은 방향으로의 운동량을 의미한다. 만약 충돌 후의 공통 속도가 $v\,[m/s]$라고 하면, 그때

$$0.30 = v(m_1 + m_2) = v(0.050)$$

이다. 이로부터 **공통 속도는 질량이 30g인 물체가 초기**

에 운동하는 방향으로 $v = \dfrac{0.30}{0.050} = 6\,m/s$ **이다.**

◆ **이제 다음 연습문제를 풀어보자.**

[연습문제 118] 선운동량에 대한 확장 문제

※ **필요하면, g를 $9.81\,m/s^2$으로 한다.**

1 속도가 5m/s이고 질량이 50kg인 경우 운동량을 구하라.

2 밀링 머신과 그 부품의 결합 질량이 400kg이다. 급송 속도가 360mm/min일 때 탁자와 부품의 운동량을 구하라.

3 속도가 2.5m/s일 때 물체의 운동량이 160kg m/s이다. 물체의 질량을 구하라.

4 일정한 속도 108km/h로 운동하는 질량이 750kg인 자동차의 운동량을 구하라.

5 질량이 200g인 풋볼 공이 5kg m/s의 운동량을 갖는다. 공의 속도를 [km/h] 단위로 구하라.

6 8t 질량의 화차가 5m/s의 속력으로 운동하고 있다가 정지해 있는 12t 질량의 다른 화차와 충돌하였다. 충돌 후 두 화차는 함께 결합되었다. 충돌 후 두 화차의 공통 속도를 구하라.

7 800kg 질량의 자동차가 15m/s로 운동하던 2000kg 질량의 트럭과 정면충돌 후 멈췄다. 브레이크를 걸지 않고 자동차와 트럭이 하나가 되어 움직인다고 가정하고, 충돌 직후 난파 화물의 속력을 구하라.

8 물체가 25g의 질량을 갖고 30m/s의 속력으로 운동하고 있다. 이 물체가 15g의 질량을 갖고 20m/s의 속력으로 운동하고 있는 제2의 물체와 충돌하였다. 두 물체 모두 충돌 후 같은 속력을 갖는다고 가정하고, 다음의 경우 그들의 공통 속도를 구하라.
(a) 두 속력이 같은 작용선상에 있고 방향이 같을 때
(b) 두 속력이 같은 작용선상에 있으나 방향이 반대일 때

26.3 충격량과 충격력

뉴턴의 제2 운동 법칙^{Newton's second law of motion}은 다음과 같다.

운동량 변화의 비율은 변화를 생성시키려고 인가한 힘에 정비례하고, 방향은 인가한 힘의 방향으로 일어난다.

SI 단위계에서, 단위는 다음과 같다.

$$\text{가한 힘} = \text{운동량 변화 비율}$$
$$= \frac{\text{운동량 변화}}{\text{소요 시간}} \qquad (1)$$

다른 물체와 충돌하거나 망치 같은 물체로 때리는 경우와 같이 갑자기 힘이 물체에 가해질 때, 식 (1)에서 시간은 매우 짧고 측정하기 어렵다. 그런 경우, 힘의 총 효과는 힘이 생성한 운동량 변화로 측정된다.

매우 짧은 시간 동안 작용하는 힘을 충격력^{impulsive force}이라고 부른다. 충격력과 충격력이 작용한 동안의 시간을 곱한 값은 힘의 충격량^{impulse}이라 부르며, 이는 충격력에 의해 생긴 운동량 변화와 같다. 즉,

$$\text{충격량} = \text{가한 힘} \times \text{시간}$$
$$= \text{선운동량의 변화}$$

충격력이 생긴 예는 총이 반동할 때, 그리고 자유 낙하하는 질량이 땅을 때릴 때 등이다. 그런 일이 일어난 것과 연관된 문제를 풀기 위해서는 운동 방정식을 사용하는 것이 필요하다. 22장에서 $v^2 = u^2 + 2as$ 임을 알았다.

파일^{pile}을 땅 속에 때려 박을 때 땅은 파일의 움직임에 저항하는데, 이 저항을 저항력^{resistive force}이라고 부른다.

뉴턴의 제3 운동 법칙^{Newton's third law of motion}은 다음과 같다.

모든 힘에 대하여 크기가 같고 방향이 반대인 반작용이 존재한다.

파일에 가해지는 힘은 저항력이다. 파일은 땅에 대하여, 크기가 같고 방향이 반대인 힘을 발휘한다. 실제 충격력이 발생할 때, 에너지는 완전히 보존되지 않고 약간의 에너지는 열, 잡음 등으로 변환된다.

[문제 6] 압착 공구를 조작할 때 공작물에 평균 150 kN의 힘이 발휘되고, 공구는 공작물과 50 ms 동안 접촉해 있다. 운동량의 변화를 구하라.

선운동량의 변화 = 가한 힘 × 시간 (= 충격량)

공작물의 운동량 변화
$$= 150 \times 10^3 \, \text{N} \times 50 \times 10^{-3} \, \text{s}$$
$$= 7500 \, \text{kg m/s} \quad 1 \, \text{N} = 1 \, \text{kg m/s}^2 \text{이므로}$$

[문제 7] 15 N의 힘이 질량 4 kg인 물체에 0.2 s 동안 작용한다. 속도의 변화를 구하라.

충격량 = 가한 힘 × 시간 = 선운동량의 변화

즉, $\quad 15 \, \text{N} \times 0.2 \, \text{s} = \text{질량} \times \text{속도 변화}$
$$= 4 \, \text{kg} \times \text{속도 변화}$$

$$\text{속도 변화} = \frac{15 \, \text{N} \times 0.2 \, s}{4 \, \text{kg}}$$
$$= 0.75 \, \text{m/s} \quad 1 \, \text{N} = 1 \, \text{kg m/s}^2 \text{이므로}$$

[문제 8] 질량 8 kg인 물체가 고정된 수평면상에 수직으로 떨어져 10 m/s의 충돌 속도를 가진다. 물체는 6 m/s의 속도로 되튄다. 물체와 평면의 접촉 시간이 40 ms이면, (a) 충격량과 (b) 평면상에 충격력의 평균 값을 구하라.

(a) 충격량 = 운동량의 변화 = $m(u_1 - v_1)$

여기서 $u_1 = $ 충격 속도 $= 10 \, \text{m/s}$,

$v_1 = $ 되튀김 속도 $= -6 \, \text{m/s}$ 이다.

(v_1은 u_1과 반대 방향으로 작용하고 속도는 벡터량이므로 v_1은 음이다.)

충격량 $= m(u_1 - v_1)$
$$= 8 \, \text{kg}(10 - (-6)) \, \text{m/s}$$
$$= 8 \times 16 = 128 \, \text{kg m/s}$$

(b) **충격력** $= \dfrac{\text{충격량}}{\text{시간}} = \dfrac{128 \, \text{kg m/s}}{40 \times 10^{-3} \, \text{s}}$
$$= 3200 \, \text{N} \text{ 혹은 } 3.2 \, \text{kN}$$

[문제 9] 질량 1t인 파일 드라이버의 망치가 1.5m의 길이를 낙하하여 말뚝 위에 떨어진다. 25ms 동안에 강타가 일어났고 망치는 되튀지 않았다. 망치에 의해 말뚝 위에 평균적으로 가해진 힘을 구하라.

초기 속도 $u = 0$, 중력가속도 $g = 9.81\,\mathrm{m/s^2}$이고, 거리 $s = 1.5\,\mathrm{m}$이다.

운동 방정식을 사용하면 $v^2 = u^2 + 2gs$로부터

$$v^2 = 0^2 + 2(9.81)(1.5)$$

이다. 이로부터 충돌 속도는 다음과 같다.

$$v = \sqrt{(2)(9.81)(1.5)} = 5.425\,\mathrm{m/s}$$

말뚝과 망치가 충돌 후 움직인 작은 거리를 무시하면 다음과 같다.

$$
\begin{aligned}
\text{망치에 의한 운동량 손실} &= \text{운동량의 변화} \\
&= mv \\
&= 1000\,\mathrm{kg} \times 5.425\,\mathrm{m/s}
\end{aligned}
$$

$$
\begin{aligned}
\text{운동량의 변화 비율} &= \frac{\text{운동량 변화}}{\text{소요 시간}} \\
&= \frac{1000 \times 5.425}{25 \times 10^{-3}} \\
&= 217{,}000\,\mathrm{N}
\end{aligned}
$$

충격력이 운동량의 변화 비율이기 때문에, **말뚝상에 발휘된 평균 힘은 217kN이다.**

[문제 10] 15m/s의 속도로 운동하는 40g의 질량체가 단단한 표면과 충돌하여 5m/s의 속도로 되튀었다. 충돌 시간은 0.20ms이다. (a) 충격량과 (b) 표면에 가해진 충격력을 구하라.

질량 $m = 40\,\mathrm{g} = 0.040\,\mathrm{kg}$, 초기 속도 $u = 15\,\mathrm{m/s}$, 최종 속도 $v = -5\,\mathrm{m/s}$ (되튀는 방향이 속도 u와 반대 방향이기 때문에 음수)이다.

(a) 충돌 전 운동량 $= mu = 0.040 \times 15 = 0.6\,\mathrm{kg\,m/s}$
충돌 후 운동량 $= mv = 0.040 \times (-5) = -0.2\,\mathrm{kg\,m/s}$

$$
\begin{aligned}
\text{충격량} &= \text{운동량의 변화} \\
&= 0.6 - (-0.2) = 0.8\,\mathrm{kg\,m/s}
\end{aligned}
$$

(b) $\text{충격력} = \dfrac{\text{운동량 변화}}{\text{소요 시간}}$

$$= \frac{0.8\,\mathrm{kg\,m/s}}{0.20 \times 10^{-3}\,\mathrm{s}} = 4000\,\mathrm{N} \text{ 혹은 } 4\,\mathrm{kN}$$

◆ 이제 다음 연습문제를 풀어보자.

[연습문제 119] 충격량과 충격력에 대한 확장 문제

※ 필요하면, g를 $9.81\,\mathrm{m/s^2}$으로 한다.

1 공작 기계의 슬라이드 부분이 질량이 200kg이다. 슬라이딩 속력이 10mm/s에서 50mm/s로 증가될 때 운동량의 변화를 구하라.

2 48N의 힘이 질량 8kg인 물체에 0.25s 동안 작용했다. 속도의 변화를 구하라.

3 질량이 800kg인 자동차의 속력이 2s의 시간 동안에 54km/h에서 63km/h로 증가했다. 이런 속력 변화를 만들기 위해 필요한, 운동 방향으로의 평균 힘을 구하라.

4 질량 10kg인 물체가 고정된 수평면상에 수직으로 떨어져 15m/s의 충돌 속도를 가진다. 물체는 5m/s의 속도로 되튄다. 물체와 평면의 접촉 시간이 0.025s이면, (a) 충격량과 (b) 평면상에 가한 충격력의 평균값을 구하라.

5 질량 1.2t인 파일 드라이버의 망치가 1.4m의 길이를 낙하하여 말뚝 위로 떨어진다. 20ms 동안에 강타가 일어났고 망치는 되튀지 않았다. 망치에 의해서 말뚝상에 평균적으로 가해진 힘을 구하라.

6 정지해 있는 질량이 60g인 테니스공을 라켓으로 쳤다. 공이 라켓에 접촉하는 시간은 10ms이고 공이 라켓을 떠나는 속도는 25m/s이다. (a) 충격량과 (b) 라켓이 공에 가한 평균 충격력을 구하라.

7 압착 공구를 조작할 때, 공구가 공작물과 40ms 동안 접촉하였다. 만약 공작물에 평균 90kN의 힘이 발휘된다면, 운동량의 변화를 구하라.

[연습문제 120] 선운동량과 충격량에 대한 단답형 문제

1 운동량을 정의하라.

2 뉴턴의 제1 운동 법칙을 설명하라.

3 운동량 보존 법칙을 설명하라.

4 뉴턴의 제2 운동 법칙을 설명하라.

5 충격량을 정의하라.

6 충격력이 의미하는 것은?

7 뉴턴의 제3 운동 법칙을 설명하라.

[연습문제 121] 선운동량과 충격량에 대한 사지선다형 문제

1 질량이 $100\,\mathrm{g}$인 물체가 $100\,\mathrm{kg\,m/s}$의 운동량을 갖는다. 물체의 속도는?

(a) $10\,\mathrm{m/s}$ (b) $10^2\,\mathrm{m/s}$

(c) $10^{-3}\,\mathrm{m/s}$ (d) $10^3\,\mathrm{m/s}$

2 라이플총의 탄알이 $50\,\mathrm{g}$의 질량을 갖는다. 총구 속도가 $108\,\mathrm{km/h}$일 때 운동량은?

(a) $54\,\mathrm{kg\,m/s}$ (b) $1.5\,\mathrm{kg\,m/s}$

(c) $15{,}000\,\mathrm{kg\,m/s}$ (d) $21.6\,\mathrm{kg\,m/s}$

※ **(문제 3~6)** 질량이 $10\,\mathrm{kg}$이고 $5\,\mathrm{m/s}$의 속도를 갖는 물체 P가 질량이 $2\,\mathrm{kg}$이고 $25\,\mathrm{m/s}$의 속도를 갖는 물체 Q와 같은 작용선에 있다. 두 물체가 충돌했고, 충돌한 후 같은 속도를 갖는다. 주어진 문제에 대해, 다음 보기 중에서 올바른 답을 선택하라.

(a) $\dfrac{25}{3}\,\mathrm{m/s}$ (b) $360\,\mathrm{kg\,m/s}$ (c) 0

(d) $30\,\mathrm{m/s}$ (e) $160\,\mathrm{kg\,m/s}$

(f) $100\,\mathrm{kg\,m/s}$ (g) $20\,\mathrm{m/s}$

3 P와 Q가 같은 방향으로 운동할 때, 충돌 전 이 시스템의 총 운동량을 구하라.

4 P와 Q가 반대 방향으로 운동할 때, 충돌 전 이 시스템의 총 운동량을 구하라.

5 충돌 전 두 물체의 운동 방향이 같다면, P와 Q의 속도를 구하라.

6 충돌 전 두 물체의 운동 방향이 반대라면, P와 Q의 속도를 구하라.

7 $100\,\mathrm{N}$의 힘이 질량 $10\,\mathrm{kg}$인 물체에 $0.1\,\mathrm{s}$ 동안 작용한다. 물체의 속도 변화량은?

(a) $1\,\mathrm{m/s}$ (b) $100\,\mathrm{m/s}$

(c) $0.1\,\mathrm{m/s}$ (d) $0.01\,\mathrm{m/s}$

※ **(문제 8~12)** $1\,\mathrm{t}$의 망치가 $1.25\,\mathrm{m}$만큼 떨어지면서 질량이 $200\,\mathrm{kg}$인 수직 말뚝에 타격을 가하면, 말뚝이 땅속으로 $100\,\mathrm{mm}$ 들어간다. 주어진 문제에 대해 g를 $10\,\mathrm{m/s^2}$으로 하고, 다음 보기 중에서 올바른 답을 선택하라.

(a) $25\,\mathrm{m/s}$ (b) $\dfrac{25}{6}\,\mathrm{m/s}$ (c) $5\,\mathrm{kg\,m/s}$

(d) 0 (e) $\dfrac{625}{6}\,\mathrm{kN}$ (f) $5000\,\mathrm{kg\,m/s}$

(g) $5\,\mathrm{m/s}$ (h) $12\,\mathrm{kN}$

8 충돌 직전 망치의 속도를 계산하라.

9 충돌 직전 망치의 운동량을 계산하라.

10 충돌 직후 망치와 말뚝이 같은 속도를 갖는다고 하면, 망치와 말뚝의 운동량을 계산하라.

11 충돌 직후 망치와 말뚝이 같은 속도를 갖는다고 하면, 망치와 말뚝의 속도를 계산하라.

12 땅의 저항력이 일정하다고 가정하고, 그 땅의 저항력을 계산하라.

Chapter 27

토크

Torque

토크를 이해하는 것이 왜 중요할까?

이 장은 짝힘(couple)과 토크(torque)를 정의하는 것에서 출발한다. 그다음 이 용어들을 적용하여 어떻게 에너지와 한 일을 계산할 수 있는지 보여준 후 관성 질량 모멘트와 각가속도를 곱하여 토크와 연관된 표현을 유도한다. 또한 회전에 기인한 운동 에너지 표현을 유도한다. 이런 표현식들은 한 축에서 다른 축으로 벨트를 통하여 전달되는 일률을 계산하는 데 사용된다. 이러한 일은 공학의 여러 분야에서, 회전하는 축이나 그와 유사한 다른 인공물들에 전달되는 일률을 계산할 때 매우 중요하다. 예를 들어 토크는 배나 자동차, 또한 헬리콥터나 기타 등등에서 프로펠러 회전축을 설계할 때 중요하다.

학습포인트

- 짝힘을 정의할 수 있다.
- 토크를 정의하고 토크의 단위를 설명할 수 있다.
- 힘과 반경이 주어지면 토크를 계산할 수 있다.
- 토크와 회전각이 주어지면 한 일을 계산할 수 있다.
- 토크와 회전각이 주어지면 일률을 계산할 수 있다.
- I가 관성 모멘트일 때 운동 에너지$= \dfrac{I\omega^2}{2}$ 임을 이해할 수 있다.
- α가 각가속도일 때 토크 $T = I\alpha$ 임을 이해할 수 있다.
- I와 α가 주어지면 토크를 계산할 수 있다.
- I와 ω가 주어지면 운동 에너지를 계산할 수 있다.
- 벨트와 도르래를 사용한 일률 전달을 이해할 수 있다.
- 토크, 일률과 벨트 구동장치의 효율을 포함한 계산을 수행할 수 있다.

27.1 서론

이 장은 짝힘couple과 토크torque를 정의하는 것에서 출발한다. 그다음 이 용어들을 적용하여 어떻게 에너지와 한 일을 계산할 수 있는지 보여준다. 그리고 관성 질량 모멘트와 각가속도를 곱하여 토크와 연관된 표현을 유도한다. 또한 회전에 기인한 운동 에너지 표현을 유도한다. 이런 표현식들은 한 축에서 다른 축으로 벨트를 통하여 전달되는 일률을 계산하는 데 사용된다. 이러한 일은 공학의 여러 분야에서, 회전하는 축이나 그와 유사한 다른 인공물들에 전달되는 일률을 계산할 때 매우 중요하다.

27.2 짝힘과 토크

두 개의 같은 힘이 [그림 27-1]과 같이 한 물체에 작용할 때 이 두 힘은 물체를 회전시키게 되는데, 이러한 힘의 시스템을 짝힘couple이라고 부른다. 짝힘의 회전 모멘트를 토크torque T라고 부른다.

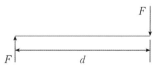

[그림 27-1]

[그림 27-1]에서, (토크)=(각 힘의 크기)×(두 힘 사이 수직 거리), 즉 다음과 같다.

$$T = Fd$$

토크의 단위는 **뉴턴미터**$^{\text{newton meter}}$(Nm)이다.

[그림 27-2]와 같이 스패너에 의해 회전된 너트, 즉 힘 F[N]를 축으로부터 반경 r[m]에 가할 때, 너트에 가한 토크 T는 다음과 같다.

$$T = Fr \, [\text{Nm}]$$

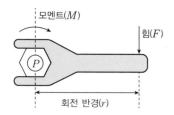

모멘트(M)
힘(F)
P
회전 반경(r)

[그림 27-2]

[**문제 1**] 직경이 300mm인 도르래 바퀴의 테두리에 80N의 힘을 가할 때 토크를 구하라.

토크 $T = Fr$ 이다. 여기서 힘 $F = 80$ N이고, 반경은 $r = \dfrac{300}{2} = 150$ mm $= 0.15$ m 이다.

따라서 **토크 T** $= (80)(0.15) = \textbf{12 Nm}$ 이다.

[**문제 2**] 만약 필요한 토크가 600 Nm이면, 반경이 800mm인 스크루 잭의 막대에 접하는 방향으로 가한 힘을 구하라.

토크 $T = $ 힘×반경이다. 이로부터 다음과 같이 구한다.

$$\text{힘} = \frac{\text{토크}}{\text{반경}} = \frac{600 \, \text{Nm}}{800 \times 10^{-3} \, \text{m}} = 750 \, \text{N}$$

[**문제 3**] 직경이 500mm인 원형 밸브의 수동 핸들에 각각 250N인 두 힘이 짝힘으로 작용한다. 이 짝힘에 의한 토크를 구하라.

짝힘에 의한 토크는 $T = Fd$ 이다. 여기서 힘 $F = 250$ N이고, 두 힘 간의 거리는 $d = 500$ mm $= 0.5$ m 이다.

따라서 **토크 T** $= (250)(0.5) = \textbf{125 Nm}$ 이다.

◆ 이제 다음 연습문제를 풀어보자.

[연습문제 122] 토크에 대한 확장 문제

1 너트 중심으로부터 350mm의 거리에 200N의 힘이 스패너에 접하는 방향으로 가해질 때의 토크를 구하라.

2 선반 위에서 기계 가공 시험을 하는 동안에, 공구에 접하는 방향으로의 힘이 150N이다. 만약 선반 축상에 토크가 12Nm이면, 작업물의 직경을 구하라.

27.3 일정한 토크에 의해 전달된 일률과 한 일

[그림 27-3(a)]는 축에 부착된 반경 r[m]의 도르래 바퀴와 그 바퀴 가장자리의 한 점 P에 가한 힘 F[N]를 보여준다.

[그림 27-3(b)]는 가한 힘 F의 결과로 각 θ[rad]만큼 회전한 도르래 바퀴를 보여준다. 힘은 거리 s를 지나 이동하고, 여기서 호 길이 $s = r\theta$이다.

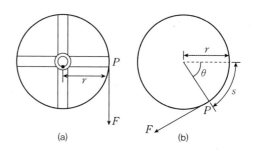

(a)　　　　　(b)

[그림 27-3]

(한 일)=(힘)×(힘에 의해 이동한 거리)
$$= F \times r\theta = Fr\theta \, [\text{Nm}] = Fr\theta \, [\text{J}]$$

그런데 Fr은 토크 T이다. 따라서 다음과 같다.

$$\text{한 일} = T\theta \, [\text{J}]$$

일정한 토크 T에 대하여

$$\text{평균 일률} = \frac{\text{한 일}}{\text{소요 시간}} = \frac{T\theta}{\text{소요 시간}}$$

이다. 그러나 $\dfrac{\text{각}\;\theta}{\text{소요 시간}} = $ 각속도 $\omega\,[\mathrm{rad/s}]$ 이므로, 따라서 다음과 같다.

$$\text{일률}\;\; P = T\omega\,[\mathrm{W}] \qquad\qquad (1)$$

각속도 $\omega = 2\pi n\,[\mathrm{rad/s}]$ 이고, 여기서 n은 $[\mathrm{rev/s}]$ 단위의 속력이다. 따라서

$$\text{일률}\;\; P = 2\pi n T\,[\mathrm{W}] \qquad\qquad (2)$$

이다. 때로는 일률이 마력(hp)의 단위로 표시되고, 여기서 1마력=745.7와트이다. 즉 다음과 같다.

$$1\,\mathrm{hp} = 745.7\,\mathrm{W}$$

[문제 4] 150 N의 일정한 힘이 140 mm 직경의 바퀴에 접선 방향으로 가해진다. 바퀴가 12회전을 하는 동안 한 일을 [J] 단위로 구하라.

토크 $T = Fr$ 이다. 여기서 $F = 150\,\mathrm{N}$ 이고, 반경은 다음과 같다.

$$r = \frac{140}{2} = 70\,\mathrm{mm} = 0.070\,\mathrm{m}$$

따라서 토크 $T = (150)(0.070) = 10.5\,\mathrm{Nm}$ 이다.
한 일 $= T\theta\,[\mathrm{J}]$ 이다. 여기서 토크 $T = 10.5\,\mathrm{Nm}$ 이고, 각 변위 $\theta = 12\,\mathrm{rev} = 12 \times 2\pi\,\mathrm{rad} = 24\pi\,\mathrm{rad}$ 이다.

따라서 **한 일** $= T\theta = (10.5)(24\pi) = \mathbf{792\,J}$

[문제 5] 축이 1000 rev/min으로 회전하고, 일률이 2.50 kW인 모터에 의한 토크를 계산하라.

앞에서 일률 $P = 2\pi n T$ 임을 알았다. 이로부터 토크는 다음과 같다.

$$T = \frac{P}{2\pi n}\,\mathrm{Nm}$$

여기서 일률 $P = 2.50\,\mathrm{kW} = 2500\,\mathrm{W}$ 이고, 속력은

$$n = \frac{1000}{60}\,\mathrm{rev/s}\,\text{이다.}$$

따라서

$$\text{토크}\;\; T = \frac{P}{2\pi n} = \frac{2500}{2\pi\left(\dfrac{1000}{60}\right)}$$

$$= \frac{2500 \times 60}{2\pi \times 1000} = \mathbf{23.87\,Nm}$$

[문제 6] 전기 모터가 일률이 5 hp이고 12.5 Nm의 토크를 생성한다. 모터의 회전 속력을 [rev/min] 단위로 구하라.

일률 $P = 2\pi n T$ 이다. 이로부터 속력은 다음과 같다.

$$n = \frac{P}{2\pi T}\,\mathrm{rev/s}$$

여기서 일률 $P = 5\,\mathrm{hp} = 5 \times 745.7 = 3728.5\,\mathrm{W}$, 그리고 토크 $T = 12.5\,\mathrm{Nm}$ 이다.
따라서 속력 $n = \dfrac{3728.5}{2\pi(12.5)} = 47.47\,\mathrm{rev/s}$ 이다.

$$\textbf{모터의 회전 속력} = 47.47 \times 60$$
$$= \mathbf{2848\,rev/min}$$

[문제 7] 회전 공구 시험에서, 접선 방향의 힘이 50 N이다. 만약 공작물의 평균 직경이 40 mm라면, (a) 축의 회전당 한 일과 (b) 축 속력이 300 rev/min일 때 필요한 일률을 계산하라.

(a) 한 일 $= T\theta$, 여기서 $T = Fr$.
　 힘 $F = 50\,\mathrm{N}$, 반경 $r = \dfrac{40}{2} = 20\,\mathrm{mm} = 0.02\,\mathrm{m}$,
　 각 변위 $\theta = 1\,\mathrm{rev} = 2\pi\,\mathrm{rad}$.

　　축의 회전당 한 일 $= Fr\theta$
$$= (50)(0.02)(2\pi) = \mathbf{6.28\,J}$$

(b) 일률 $P = 2\pi n T$,
　 여기서 토크 $T = Fr = (50)(0.02) = 1\,\mathrm{Nm}$,
　 속력 $n = \dfrac{300}{60} = 5\,\mathrm{rev/s}$.

　　필요한 일률 $P = 2\pi(5)(1) = \mathbf{31.42\,W}$

[문제 8] 축에 연결된 모터가 5 kNm 의 토크를 만든다. 만약 한 일이 9 MJ이라면, 축에 의한 회전수를 구하라.

한 일= $T\theta$, 이로부터 각 변위는 $\theta = \dfrac{\text{한 일}}{\text{토크}}$ 이다.

$$\text{한 일}= 9\,\text{MJ} = 9 \times 10^6\,\text{J}$$
$$\text{토크}= 5\,\text{kNm} = 5000\,\text{Nm}$$

따라서 각 변위는 $\theta = \dfrac{9 \times 10^6}{5000} = 1800\,\text{rad}$ 이고, $2\pi\,\text{rad} = 1\,\text{rev}$ 이다.

$$\text{축에 의한 회전수}= \frac{1800}{2\pi} = 286.5\,\text{rev}$$

◆ 이제 다음 연습문제를 풀어보자.

[연습문제 123] 일정한 토크에 의해 전달된 일률과 한 일에 대한 확장 문제

1   4 kN의 일정한 힘이, 축에 부착된 직경 1.8 m의 도르래 바퀴 테두리에 접선 방향으로 가해진다. 도르래 바퀴가 15회전을 하는 동안 한 일을 [J] 단위로 구하라.

2   축에 연결된 모터가 3.5 kNm 의 토크를 만든다. 한 일이 11.52 MJ이라면, 축이 만든 회전수를 구하라.

3   바퀴의 각속도는 18 rad/s 이고, 이 속력에서 810 W 의 일률을 생성한다. 바퀴에 의한 토크를 구하라.

4   1800 rev/min 에서 3.2 hp의 출력 일률을 생성하는 전기 모터의 축에서 제공되는 토크를 계산하라.

5   가능한 일률이 2.75 kW이고 토크가 200 Nm 일 때 축의 각속도를 구하라.

6   배의 운전 축이 400 rev/min 인 프로펠러에 400 kNm 의 토크를 공급한다. 축이 공급하는 일률을 구하라.

7   모터가 1460 rev/min 에서 운전하고 180 Nm 의 토크를 생성한다. 모터가 생성한 일률을 구하라.

8   바퀴가 1720 rev/min 으로 회전하고 이 속력에서 600 W 의 일률을 생성한다. (a) 토크와 (b) 15분 동안 한 일을 [J] 단위로 계산하라.

27.4 운동 에너지와 관성 모멘트

[그림 27-4]와 같이 반경 r[m]에서 각속도 ω[rad/s]로 움직이는 질량 m인 입자의 접선 방향 속도 v는 다음과 같다.

$$v = \omega r\,[\text{m/s}]$$

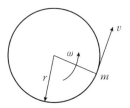

[그림 27-4]

질량 m인 입자의 운동 에너지는 다음과 같이 주어진다.

$$\begin{aligned}
\text{운동 에너지} &= \frac{1}{2}mv^2 \quad \text{20장으로부터}\\
&= \frac{1}{2}m(\omega r)^2\\
&= \frac{1}{2}m\,\omega^2 r^2\,[\text{J}]
\end{aligned}$$

[그림 27-5]와 같이 고정된 축에 서로 다른 반경에서, 그러나 같은 각속도로 회전하는 질량 시스템의 총 운동 에너지는 다음과 같이 주어진다.

$$\begin{aligned}
\text{총 운동 에너지} &= \frac{1}{2}m_1\omega^2 r_1^2 + \frac{1}{2}m_2\omega^2 r_2^2 + \frac{1}{2}m_3\omega^2 r_3^2\\
&= \left(m_1 r_1^2 + m_2 r_2^2 + m_3 r_3^2\right)\frac{\omega^2}{2}
\end{aligned}$$

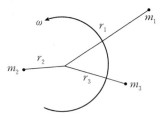

[그림 27-5]

일반적으로, 이는 다음과 같이 쓸 수 있다.

$$\text{총 운동 에너지}= \left(\sum m\,r^2\right)\frac{\omega^2}{2} = I\,\frac{\omega^2}{2}$$

여기서 $I\,(= \sum m\,r^2)$는 회전축에 대한 시스템의 관성 모멘트moment of inertia라고 부르고, [kg m^2]의 단위를 갖는다.

시스템의 관성 모멘트는 각속도 $\omega[\text{rad/s}]$를 시스템에 제공하기 위해 한 일의 양에 대한 척도이고, 혹은 $\omega[\text{rad/s}]$로 회전하는 시스템에 의해 할 수 있는 일의 양이다.

27.3절로부터 한 일 $= T\theta$, 그리고 이 일이 관성 모멘트 I인 회전 물체의 운동 에너지를 증가시키는 것이 가능하다면, 그때는 다음과 같다.

$$T\theta = I\left(\frac{\omega_2^2 - \omega_1^2}{2}\right)$$

여기서 ω_1과 ω_2는 초기 각속도와 최종 각속도이고, 즉 다음과 같다.

$$T\theta = I\left(\frac{\omega_2 + \omega_1}{2}\right)(\omega_2 - \omega_1)$$

그러나 $\left(\frac{\omega_2 + \omega_1}{2}\right)$은 평균 각속도, 즉 $\frac{\theta}{t}$이다. 여기서 t는 시간, 그리고 $(\omega_2 - \omega_1)$은 각속도 변화, 즉 αt이다. 이때 α는 각가속도이다. 따라서 다음과 같다.

$$T\theta = I\left(\frac{\theta}{t}\right)(\alpha t)$$

이로부터 토크는 다음과 같다.

토크 $T = I\alpha$

여기서 I는 $[\text{kg m}^2]$ 단위의 관성 모멘트이고, α는 $[\text{rad/s}^2]$ 단위의 각가속도, 그리고 T는 $[\text{Nm}]$ 단위의 토크이다.

[문제 9] 샤프트 시스템이 $37.5\,\text{kg m}^2$의 관성 모멘트를 갖는다. 이 시스템에 $5.0\,\text{rad/s}^2$의 각가속도를 제공하기 위해 필요한 토크를 구하라.

토크 $T = I\alpha$, 여기서 관성 모멘트 $I = 37.5\,\text{kg m}^2$ 이고, 각가속도 $\alpha = 5.0\,\text{rad/s}^2$이다. 따라서

토크 $T = I\alpha = (37.5)(5.0) = 187.5\,\text{Nm}$

[문제 10] 축이 $31.4\,\text{kg m}^2$의 관성 모멘트를 갖는다. $495\,\text{Nm}$의 가속 토크에 의해 생성되는 축의 각가속도는?

토크 $T = I\alpha$, 이로부터 각가속도 $\alpha = \dfrac{T}{I}$이다. 여기서 토크 $T = 495\,\text{Nm}$ 이고, 관성 모멘트 $I = 31.4\,\text{kg m}^2$이다. 따라서

각가속도 $\alpha = \dfrac{495}{31.4} = 15.76\,\text{rad/s}^2$

[문제 11] 질량 $100\,\text{g}$의 물체가 바퀴에 고정되어 직경 $500\,\text{mm}$인 원 경로를 따라 회전한다. 바퀴의 속력이 $450\,\text{rev/min}$에서 $750\,\text{rev/min}$으로 증가될 때, 물체의 운동 에너지 증가를 구하라.

운동 에너지 $= I\dfrac{\omega^2}{2}$

따라서 운동 에너지 증가 $= I\left(\dfrac{\omega_2^2 - \omega_1^2}{2}\right)$

여기서 관성모멘트 $I = m\,r^2$, 질량 $m = 100\,\text{g} = 0.1\,\text{kg}$,

반경 $r = \dfrac{500}{2} = 250\,\text{mm} = 0.25\,\text{m}$,

초기 각속도

$\omega_1 = 450\,\text{rev/min} = \dfrac{450 \times 2\pi}{60}\,\text{rad/s} = 47.12\,\text{rad/s}$,

최종 각속도

$\omega_2 = 750\,\text{rev/min} = \dfrac{750 \times 2\pi}{60}\,\text{rad/s} = 78.54\,\text{rad/s}$.

따라서

운동 에너지 증가

$$= I\left(\frac{\omega_2^2 - \omega_1^2}{2}\right) = (mr^2)\left(\frac{\omega_2^2 - \omega_1^2}{2}\right)$$

$$= (0.1)(0.25^2)\left(\frac{78.54^2 - 47.12^2}{2}\right)$$

$$= 12.34\,\text{J}$$

[문제 12] 동일한 고정된 축에 대해 같은 속력으로 회전하는 작은 세 개의 질량으로 구성된 시스템이 있다. 질량과 회전 반경은 다음과 같다; $250\,\text{mm}$에 $15\,\text{g}$, $180\,\text{mm}$에 $20\,\text{g}$, $200\,\text{mm}$에 $30\,\text{g}$.

다음을 구하라.

(a) 주어진 축에 대한 시스템의 관성 모멘트

(b) 회전 속력이 $1200\,\text{rev/min}$이라고 할 때 시스템의 운동 에너지

(a) 시스템의 관성 모멘트 $I = \sum m r^2$, 즉

$$I = \left[(15 \times 10^{-3}\,\mathrm{kg})(0.25\,\mathrm{m})^2 \right]$$
$$\quad + \left[(20 \times 10^{-3}\,\mathrm{kg})(0.18\,\mathrm{m})^2 \right]$$
$$\quad + \left[(30 \times 10^{-3}\,\mathrm{kg})(0.20\,\mathrm{m})^2 \right]$$
$$\quad = (9.375 \times 10^{-4}) + (6.48 \times 10^{-4}) + (12 \times 10^{-4})$$
$$\quad = 27.855 \times 10^{-4}\,\mathrm{kg\,m^2}$$
$$\quad = 2.7855 \times 10^{-3}\,\mathrm{kg\,m^2}$$

(b) 운동 에너지 $= I \dfrac{\omega^2}{2}$, 여기서 관성 모멘트

$I = 2.7855 \times 10^{-3}\,\mathrm{kg\,m^2}$ 이고 각속도

$\omega = 2\pi n = 2\pi \left(\dfrac{1200}{60} \right) \mathrm{rad/s} = 40\pi\,\mathrm{rad/s}$ 이다. 따라서

시스템의 운동 에너지

$$= (2.7855 \times 10^{-3}) \frac{(40\pi)^2}{2}$$
$$= 21.99\,\mathrm{J}$$

◆ 이제 다음 연습문제를 풀어보자.

[연습문제 124] 운동 에너지와 관성 모멘트에 대한 확장 문제

1 축 시스템이 $51.4\,\mathrm{kg\,m^2}$의 관성 모멘트를 갖는다. $5.3\,\mathrm{rad/s^2}$의 각가속도를 제공하기 위해 필요한 토크를 구하라.

2 축이 각가속도 $20\,\mathrm{rad/s^2}$을 갖고, 가속 토크 $600\,\mathrm{Nm}$를 생성한다. 축의 관성 모멘트를 구하라.

3 균일한 토크 $3.2\,\mathrm{kNm}$가 축이 25회전을 하는 동안 축에 가해진다. 마찰이나 다른 저항이 없다고 가정하고, 축의 운동 에너지 증가량(즉, 한 일)을 계산하라. 만약 축이 초기에 정지해 있고 관성 모멘트가 $24.5\,\mathrm{kg\,m^2}$라면, 25회전의 마지막 순간에 회전 속력을 [rev/min] 단위로 구하라.

4 가속 토크 $30\,\mathrm{Nm}$가 모터에 가해지고, 모터는 10회전을 한다. 모터의 운동 에너지 증가량을 구하라. 만약 회전자의 관성 모멘트가 $15\,\mathrm{kg\,m^2}$이고 10회전의 초기에 회전자 속력이 $1200\,\mathrm{rev/min}$이라면, 회전자의 최종 속력을 구하라.

5 축과 회전 부분의 관성 모멘트가 $48\,\mathrm{kg\,m^2}$이다. 축을 정지 상태로부터 $1500\,\mathrm{rev/min}$의 속력으로 가속시켜 15회전을 할 동안에 필요한 균일 토크를 구하라.

6 질량 $82\,\mathrm{g}$인 작은 물체가 바퀴에 고정되어 있고 직경 $456\,\mathrm{mm}$의 원 경로를 따라 회전한다. 바퀴의 속력이 $450\,\mathrm{rev/min}$에서 $950\,\mathrm{rev/min}$으로 증가될 때 물체의 운동 에너지 증가량을 구하라.

7 동일한 고정된 축에 대해 같은 속력으로 회전하는 작은 세 개의 질량으로 구성된 시스템이 있다. 질량과 회전 반경이 다음과 같다; $256\,\mathrm{mm}$에 $16\,\mathrm{g}$, $192\,\mathrm{mm}$에 $23\,\mathrm{g}$, $176\,\mathrm{mm}$에 $31\,\mathrm{g}$. 다음을 구하라.
(a) 주어진 축에 대한 시스템의 관성 모멘트
(b) 회전 속력이 $1250\,\mathrm{rev/min}$이라고 할 때 시스템의 운동 에너지

27.5 일률 전달과 효율

한 축으로부터 다른 축으로 일률을 전달하는 일반적이고 간단한 방법은 [그림 27-6]과 같이 축에 고정시킨 도르래 바퀴를 돌리는 벨트^{belt}를 이용하는 것이다. 전형적인 응용에는 선반 혹은 드릴을 운전하는 전기 모터, 펌프 혹은 발전기를 운전하는 엔진이 포함된다.

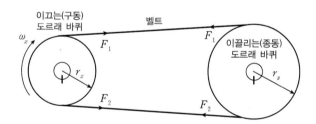

[그림 27-6]

벨트가 두 도르래 사이에서 일률을 전달하도록 하기 위해, 이끄는(구동) 도르래와 이끌리는(종동) 도르래의 어느 한쪽에서 벨트의 장력에 차이가 있음에 틀림이 없다. [그림 27-6]과 같은 회전 방향에 대하여, $F_2 > F_1$이다.

일을 하기 위해 이끄는(구동) 바퀴에 유효한 토크는 다음식으로 주어진다.

$$T = (F_2 - F_1)r_x \, [\text{Nm}]$$

그리고 유효한 일률 P는 다음과 같이 주어진다.

$$P = T\omega = (F_2 - F_1)r_x\omega_x \, [\text{W}]$$

27.4절로부터 구동 바퀴상의 한 점의 선속도는 $v_x = r_x\omega_x$ 이다. 유사하게, 종동 바퀴상의 한 점의 선속도는 $v_y = r_y\omega_y$이다.

미끄러짐이 없다고 가정하면,

$$v_x = v_y, \quad \text{즉} \quad r_x\omega_x = r_y\omega_y$$

이다. 따라서 $r_x(2\pi n_x) = r_y(2\pi n_y)$ 이고, 이로부터 다음과 같다.

$$\frac{r_x}{r_y} = \frac{n_y}{n_x}$$

$$\text{퍼센트 효율} = \frac{\text{유용한 일 출력}}{\text{에너지 출력}} \times 100$$

혹은
$$\textbf{효율} = \frac{\textbf{출력 일률}}{\textbf{입력 일률}} \times 100\%$$

[문제 13] 전기 모터가 $1450\,\text{rev/min}$으로 운전할 때 75%의 효율을 갖는다. 입력 일률이 $3.0\,\text{kW}$일 때 출력 토크를 구하라.

효율 $= \dfrac{\text{출력 일률}}{\text{입력 일률}} \times 100\%$ 이므로,

$$75 = \frac{\text{출력 일률}}{3000} \times 100$$

$$\text{출력 일률} = \frac{75}{100} \times 3000 = 2250\,\text{W}$$

27.3절로부터 출력 일률 $P = 2\pi n T$이므로 이로부터 토크는 $T = \dfrac{P}{2\pi n}$ 이다. 여기서 $n = \dfrac{1450}{60}\,\text{rev/s}$ 이다. 따라서

$$\textbf{출력 토크} = \frac{2250}{2\pi\left(\dfrac{1450}{60}\right)} = \textbf{14.82\,Nm}$$

[문제 14] $15\,\text{kW}$ 모터가 도르래 바퀴와 벨트에 의해 $1150\,\text{rev/min}$으로 축을 운전하고 있다. 구동 도르래 바퀴의 각 벨트에 가해지는 장력이 $400\,\text{N}$과 $50\,\text{N}$이다. 구동 도르래 바퀴와 종동 도르래 바퀴의 직경은 각각 $500\,\text{mm}$와 $750\,\text{mm}$이다. (a) 모터의 효율과 (b) 종동 도르래 바퀴의 속력을 구하라.

(a) 모터의 출력 일률 $= (F_2 - F_1)r_x\omega_x$

힘 $F_2 = 400\,\text{N}$, $F_1 = 50\,\text{N}$, 따라서 $(F_2 - F_1) = 350\,\text{N}$

$$\text{반경} \quad r_x = \frac{500}{2} = 250\,\text{mm} = 0.25\,\text{m}$$

$$\text{각속도} \quad \omega_x = \frac{1150 \times 2\pi}{60}\,\text{rad/s}$$

따라서 모터로부터 출력 일률

$$= (F_2 - F_1)r_x\omega_x = (350)(0.25)\left(\frac{1150 \times 2\pi}{60}\right)$$

$$= 10.54\,\text{kW}$$

입력 일률 $= 15\,\text{kW}$이므로

$$\textbf{모터의 효율} = \frac{\textbf{출력 일률}}{\textbf{입력 일률}} = \frac{10.54}{15} \times 100 = \textbf{70.27\%}$$

(b) $\dfrac{r_x}{r_y} = \dfrac{n_y}{n_x}$ 이므로, 이로부터 **종동 도르래 바퀴의 속력**은 다음과 같다.

$$n_y = \frac{n_x r_x}{r_y} = \frac{1150 \times 0.25}{\dfrac{0.750}{2}} = \textbf{767\,rev/min}$$

[문제 15] 크레인이 $5\,\text{t}$의 질량을 갖는 하중을 $25\,\text{m}$ 높이로 들어 올린다. 만약 크레인의 전체 효율이 65%이고 잡아당기는 모터의 입력 일률이 $100\,\text{kW}$라고 하면, 들어 올리는 작동에 소요된 시간을 구하라.

위치 에너지 증가량은 한 일이고, mgh로 주어진다(20장 참조). 여기서 질량 $m = 5\,\text{t} = 5000\,\text{kg}$, $g = 9.81\,\text{m/s}^2$이고, 높이 $h = 25\,\text{m}$ 이다. 따라서

$$\text{한 일} = mgh = (5000)(9.81)(25) = 1.226\,\text{MJ}$$
$$\text{입력 일률} = 100\,\text{kW} = 100{,}000\,\text{W}$$

효율 $= \dfrac{\text{출력 일률}}{\text{입력 일률}} \times 100$ 이므로, $65 = \dfrac{\text{출력 일률}}{100,000} \times 100$

이로부터 출력 일률은 다음과 같다.

$$\frac{65}{100} \times 100,000 = 65,000\,\text{W} = \frac{\text{한 일}}{\text{소요 시간}}$$

따라서 **들어 올리는 작동에 소요된 시간**은 다음과 같다.

$$\frac{\text{한 일}}{\text{출력 일률}} = \frac{1.226 \times 10^6\,\text{J}}{65000\,\text{W}} = 18.86\,\text{s}$$

[문제 16] 성형 기계의 공구가 평균 절단 속력이 $250\,\text{mm/s}$이고, 어떤 성형 작동 시에 공구의 평균 절단 힘이 $1.2\,\text{kN}$이다. 만약 기계를 운전하는 모터에 입력 일률이 $0.75\,\text{kW}$라면, 기계의 전체 효율을 구하라.

속도 $v = 250\,\text{mm/s} = 0.25\,\text{m/s}$

힘 $F = 1.2\,\text{kN} = 1200\,\text{N}$

20장으로부터 절단 공구에 필요한 출력 일률(즉, 출력 일률), $P = \text{힘} \times \text{속도} = 1200\,\text{N} \times 0.25\,\text{m/s} = 300\,\text{W}$

입력 일률 $= 0.75\,\text{kW} = 750\,\text{W}$

따라서 **기계의 효율**은 다음과 같다.

$$\frac{\text{출력 일률}}{\text{입력 일률}} \times 100 = \frac{300}{750} \times 100 = 40\%$$

[문제 17] 모터의 효율이 80%이고 마찰 때문에 저항이 $20\,\text{kN}$이라면, 수평 선로상을 일정한 속력 $72\,\text{km/h}$로 움직이도록 기차를 운전하는 모터의 입력 일률을 계산하라.

움직임에 대한 저항력 $= 20\,\text{kN} = 20,000\,\text{N}$

속도 $= 72\,\text{km/h} = \dfrac{72}{3.6} = 20\,\text{m/s}$

모터로부터 출력 일률 = 저항력 × 기차 속도(20장 참조)
$$= 20,000 \times 20 = 400\,\text{kW}$$

효율 $= \dfrac{\text{출력 일률}}{\text{입력 일률}} \times 100$ 이므로, $80 = \dfrac{400}{\text{입력 일률}} \times 100$

이로부터

$$\text{입력 일률} = 400 \times \frac{100}{80} = 500\,\text{kW}$$

◆ 이제 다음 연습문제를 풀어보자.

[연습문제 125] 일률 전달과 효율에 대한 확장 문제

1 모터가 $2600\,\text{rev/min}$으로 운전할 때 효율이 72%이다. 출력 토크가 이 속력에서 $16\,\text{N}$이라면, 모터에 공급된 일률을 계산하라.

2 반경 $240\,\text{mm}$인, 구동 도르래에 감긴 벨트의 두 쪽 간 장력의 차이가 $200\,\text{N}$이다. 구동 도르래 바퀴가 $700\,\text{rev/min}$으로 운전하는 전기 모터 축상에 있고 모터에 입력 일률이 $5\,\text{kW}$이면, 모터의 효율을 구하라. 또한 만약 종동 도르래 바퀴의 속력이 $1200\,\text{rev/min}$이라면 그 바퀴의 직경을 구하라.

3 윈치^{winch}가 $4\,\text{kW}$ 전기 모터로 운전이 되고 하중 $400\,\text{kg}$을 높이 $5.0\,\text{m}$로 들어 올린다. 만약 들어 올리는 작동이 $8.6\,\text{s}$ 동안 일어난다면, 윈치와 모터의 총 효율을 계산하라.

4 벨트와 도르래 시스템이 이끄는(구동) 축으로부터 이끌리는(종동) 축으로 $5\,\text{kW}$의 일률을 전달한다. 구동 도르래 바퀴는 직경이 $200\,\text{mm}$이고 $600\,\text{rev/min}$으로 회전한다. 종동 바퀴의 직경은 $400\,\text{mm}$이다. 종동 도르래의 속력을 구하고, 벨트의 팽팽한 쪽 장력이 $1.2\,\text{kN}$일 때 벨트의 느슨한 쪽 장력을 구하라.

5 선반의 절단 공구상에 평균 힘이 $750\,\text{N}$이고, 절단 속력이 $400\,\text{mm/s}$이다. 전체 효율이 55%이면, 선반을 운전하는 모터의 입력 일률을 구하라.

6 배의 닻이 질량 $5\,\text{t}$이다. 닻을 $100\,\text{m}$ 깊이로부터 들어 올릴 때 한 일을 구하라. 끌어당기는 기어가 출력이 $80\,\text{kW}$인 모터에 의해 운전되고 끌기 효율이 75%라면, 들어 올리는 작동이 일어나는 시간을 구하라.

[연습문제 126] 토크에 대한 단답형 문제

1 공학에서 짝힘이 의미하는 것은?

2 토크를 정의하라.

3 토크의 단위를 설명하라.

4 일, 토크 T와 각 변위 θ 사이의 관계를 설명하라.

5 일률 P, 토크 T와 각속도 ω 사이의 관계를 설명하라.

6 다음 식을 완성하라: 1마력=(   )와트

7 관성 모멘트를 정의하고, 사용되는 기호를 말하라.

8 관성 모멘트의 단위를 말하라.

9 토크, 관성 모멘트와 각가속도 사이의 관계를 설명하라.

10 일반적으로 사용되는 일률 전달 방법을 한 가지 설명하라.

11 효율을 정의하라.

[연습문제 127] 토크에 대한 사지선다형 문제

1 토크의 단위는?

(a) N   (b) Pa   (c) N/m   (d) Nm

2 일의 단위는?

(a) N   (b) J   (c) W   (d) N/m

3 일률의 단위는?

(a) N   (b) J   (c) W   (d) N/m

4 관성 모멘트의 단위는?

(a) $\mathrm{kg\,m^2}$ (b) kg (c) $\mathrm{kg/m^2}$ (d) Nm

5 100 N의 힘이 직경 200 mm인 도르래 바퀴의 둘레에 가해진다. 토크는 얼마인가?

(a) 2 Nm   (b) 20 kNm

(c) 10 Nm   (d) 20 Nm

6 5π 라디안을 회전하도록 축에 한 일이 $25\pi\,\mathrm{J}$이다. 축에 가한 토크는 얼마인가?

(a) 0.2 Nm   (b) $125\pi^2\,\mathrm{Nm}$

(c) $30\pi\,\mathrm{Nm}$ (d) 5 Nm

7 5 kW의 전기 모터가 50 rad/s로 회전하고 있다. 이 속력에서 생성된 토크는?

(a) 100 Nm   (b) 250 Nm

(c) 0.01 Nm   (d) 0.1 Nm

8 필요한 토크가 1 kNm라면, 반경이 500 mm인 스크루 잭의 막대기에 접선 방향으로 가한 힘은?

(a) 2 N   (b) 2 kN

(c) 500 N   (d) 0.5 N

9 $\dfrac{200}{\pi}\,\mathrm{Nm}$의 토크를 생성하는 10 kW 모터가 운전하는 속력은?

(a) $\dfrac{\pi}{20}\,\mathrm{rev/s}$ (b) $50\pi\,\mathrm{rev/s}$

(c) $25\,\mathrm{rev/s}$ (d) $\dfrac{20}{\pi}\,\mathrm{rev/s}$

10 축과 회전 부분의 관성 모멘트가 $50\,\mathrm{kg\,m^2}$이다. 가속 토크 5 kNm를 생성하기 위한 축의 각속도는?

(a) $10\,\mathrm{rad/s^2}$ (b) $250\,\mathrm{rad/s^2}$

(c) $0.01\,\mathrm{rad/s^2}$ (d) $100\,\mathrm{rad/s^2}$

11 모터가 3000 rev/min에서 운전할 때 효율이 25%이다. 출력 토크가 10 Nm라면, 입력 일률은?

(a) $4\pi\,\mathrm{kW}$ (b) $0.25\pi\,\mathrm{kW}$

(c) $15\pi\,\mathrm{kW}$ (d) $75\pi\,\mathrm{kW}$

12 벨트–도르래 바퀴 시스템에서, 벨트의 유효 장력이 500 N이고 구동 바퀴의 직경이 200 mm이다. 구동 모터의 출력 일률이 5 kW라면, 구동 도르래 바퀴의 각속도는?

(a) 50 rad/s   (b) 2500 rad/s

(c) 100 rad/s   (d) 0.1 rad/s

유체 압력

Pressure in fluids

유체 압력을 이해하는 것이 왜 중요할까?

이 장은 유체 압력을 설명하고 또 보트, 요트, 배 등의 부력을 결정하는 데 사용되고 있는 아르키메데스의 원리를 정의한다. 또한 이 장은 기압계, 마노미터, 부르동 압력계, 진공 게이지와 같은 유체역학에서 사용되는 게이지들을 설명한다. 이런 게이지들은 실제 현장에서 유체의 특성과 작용을 측정하는 데 사용된다. 유체역학의 지식은 보트, 배, 그리고 기타 떠있는 물체나 구조물에서 중요하다.

학습포인트

- 압력을 정의하고, 압력의 단위를 설명할 수 있다.
- 유체의 압력을 이해할 수 있다.
- 대기압, 절대압력, 게이지압력을 구분할 수 있다.
- 아르키메데스 원리를 설명하고 적용할 수 있다.
- 여러 가지 기압계의 구조와 동작 원리를 설명할 수 있다.
- 여러 가지 마노미터의 구조와 동작 원리를 설명할 수 있다.
- 부르동 압력계의 구조와 동작 원리를 설명할 수 있다.
- 여러 가지 진공 게이지의 구조와 동작 원리를 설명할 수 있다.

28.1 압력

표면에 작용하는 압력은 표면의 단위 면적당 수직으로 작용하는 힘으로 정의한다. 압력의 단위는 **파스칼**pascal(Pa)*이고, 1파스칼은 $1\,\mathrm{N/m^2}$과 같다. 따라서 압력은 다음과 같다.

$$p = \frac{F}{A}\ [\mathrm{Pa}]$$

여기서 F는 표면적 $A\,[\mathrm{m^2}]$에 직각으로 작용하는 $[\mathrm{N}]$ 단위의 힘이다.

$4\,\mathrm{m^2}$의 면적에 균일하게 수직으로 $20\,\mathrm{N}$의 힘이 작용할 때, 면적에 대한 압력 p는 다음과 같이 주어진다.

$$p = \frac{20\,\mathrm{N}}{4\,\mathrm{m^2}} = 5\,\mathrm{Pa}$$

배의 물 평면과 같은 **불규칙한 모양의 평평한 표면**에 대해서, 그 면적은 20장에서 다룬 중간-세로좌표 공식을 사용해서 계산할 수 있다.

> ***파스칼은 누구?**
>
> 블레이즈 파스칼(Blaise Pascal, 1623. 6. 19 ~ 1662. 8. 19)은 프랑스 학자로서 유체 연구에 중요한 기여를 했고, 압력과 진공의 개념을 명확히 했다. 그는 확률 이론에 대하여 피에르 페르마와 교신했고, 현대 경제학과 사회 과학의 개발에 강력한 영향을 주었다. 압력의 단위인 [파스칼(Pa)]은 그에게 경의를 표하여 이름붙인 것이다.

[문제 1] 책으로 하중이 걸린 탁자의 각 다리에 $250\,\mathrm{N}$의 힘이 작용하고 있다. 각 다리와 바닥면 사이에 접촉 면적이 $50\,\mathrm{mm^2}$라고 하면, 각 다리가 바닥면에 발휘하는 압력을 구하라.

압력 $p = \dfrac{\text{힘}}{\text{면적}}$ 이므로,

$$p = \frac{250\,\text{N}}{50\,\text{mm}^2} = \frac{250\,\text{N}}{50 \times 10^{-6}\,\text{m}^2}$$

$$= 5 \times 10^6\,\text{N/m}^2 = 5\,\text{MPa}$$

즉 **각 다리가 바닥면에 발휘하는 압력은 5 MPa**이다.

[문제 2] 대기압이 100 kPa일 때, 폭이 10 m이고 길이가 30 m인 풀장 물에 대기압에 의해 발생하는 힘을 구하라.

압력 $= \dfrac{\text{힘}}{\text{면적}}$ 이므로 힘 $=$ 압력 $\times$ 면적이다. 그러므로 풀장의 면적은 $30\,\text{m} \times 10\,\text{m} = 300\,\text{m}^2$이다.

따라서 풀장의 물에 가해진 힘은

$$F = \text{압력} \times \text{면적} = 100\,\text{kPa} \times 300\,\text{m}^2$$

이고, $1\,\text{Pa} = 1\,\text{N/m}^2$이므로

$$F = \left(100 \times 10^3\right) \frac{\text{N}}{\text{m}^2} \times 300\,\text{m}^2 = 3 \times 10^7\,\text{N}$$

$$= 30 \times 10^6\,\text{N} = 30\,\text{MN}$$

즉 **풀장 물에 가해진 힘은 30 MN**이다.

[문제 3] 피스톤에 가해진 힘이 0.2 kN일 때, 원형 피스톤이 유체상에 80 kPa의 압력을 발휘한다. 피스톤의 직경을 구하라.

압력 $= \dfrac{\text{힘}}{\text{면적}}$ 이므로 면적 $= \dfrac{\text{힘}}{\text{압력}}$ 이다.

뉴턴 단위의 힘 $= 0.2\,\text{kN} = 0.2 \times 10^3\,\text{N} = 200\,\text{N}$
파스칼 단위의 압력 $= 80\,\text{kPa} = 80{,}000\,\text{Pa}$
$$= 80{,}000\,\text{N/m}^2$$

따라서

$$\text{면적} = \frac{\text{힘}}{\text{압력}} = \frac{200\,\text{N}}{80{,}000\,\text{N/m}^2} = 0.0025\,\text{m}^2$$

피스톤이 원형이므로, 면적은 $\dfrac{\pi d^2}{4}$ 으로 주어진다. 여기서 d는 피스톤의 직경이다. 따라서

$$\text{면적} = \frac{\pi d^2}{4} = 0.0025\,,$$

$$d^2 = 0.0025 \times \frac{4}{\pi} = 0.003183\,,$$

$$d = \sqrt{0.003183} = 0.0564\,\text{m} = 56.4\,\text{mm}$$

따라서 **피스톤의 직경은 56.4 mm**이다.

◆ 이제 다음 연습문제를 풀어보자.

[연습문제 128] 압력에 대한 확장 문제

1 단면적 $0.010\,\text{m}^2$인 수압 시스템의 피스톤에 280 N의 힘이 가해진다. 피스톤에 의한 수압 유체 내 압력을 구하라.

2 위 1번 문항에서 450 kPa의 압력을 생성하기 위해 피스톤에 가해야 하는 힘을 구하라.

3 위 1번 문항에서 피스톤의 면적이 반으로 줄고 가한 힘은 280 N이라면, 수압 유체 내 새 압력을 구하라.

28.2 유체 압력

유체는 액체이거나 가스(기체)이고, 유체 내 압력을 지배하는 다음과 같은 기본적인 네 가지 요인이 존재한다.

❶ 유체 내 주어진 깊이에서 압력은 모든 방향에서 동일하다([그림 28-1(a)] 참조).

❷ 유체 내 주어진 깊이에서 압력은 유체를 담고 있는 그릇의 형상과 무관하다. [그림 28-1(b)]에서, X에서의 압력은 Y에서의 압력과 같다.

❸ 압력은 유체를 담고 있는 표면에 직각으로 작용한다. [그림 28-1(c)]에서, 점 A에서 F까지 모든 지점에서의 압력은 그릇에 직각으로 작용한다.

❹ 압력이 유체에 작용할 때, 이 압력은 모든 방향으로 동일하게 전달된다. [그림 28-1(d)]에서, 유체의 질량이 무시된다면, 점 A에서 D까지 모든 지점에서의 압력은 동일하다.

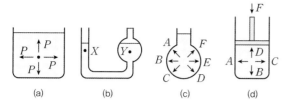

[그림 28-1]

유체 내 어떤 지점에서의 압력 p는 다음의 세 가지 요인에 의존한다.

❶ $[kg/m^3]$ 단위의 유체 밀도 ρ
❷ 약 $9.8 m/s^2$인 중력가속도 g(혹은 [N/kg] 단위의 중력장 힘)
❸ 수직 위쪽으로 유체의 높이 h미터

이 세 양을 관계 짓는 식은 다음과 같다.

$$p = \rho g h \text{ [Pa]}$$

[그림 28-2]와 같이 그릇이 밀도 $1000 kg/m^3$인 물로 채워져 있을 때, 표면 아래 $0.03 m$ 깊이에서 물 때문에 생긴 압력은 다음과 같이 주어진다.

$$p = \rho g h = (1000 \times 9.8 \times 0.03) \text{ Pa} = 294 \text{ Pa}$$

태평양 괌 가까이에 위치한 **마리아나 트렌치**$^{\text{Mariana Trench}}$의 경우에, 수압이 약 $115.2 MPa$ 혹은 $1152 bar$이다. 여기서 $1 bar = 10^5 Pa$이고 바닷물의 밀도는 $1020 kg/m^3$이다.

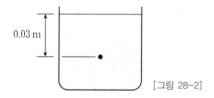

0.03 m

[그림 28-2]

[문제 4] 탱크가 $600 mm$ 깊이로 물을 담고 있다. (a) $350 mm$ 깊이에서 수압과 (b) 탱크 바닥에서 수압을 계산하라. 물의 밀도는 $1000 kg/m^3$으로 하고, 중력가속도는 $9.8 m/s^2$으로 한다.

유체 내 어느 지점에서 압력 p는 $p = \rho g h$ [Pa]로 주어진다. 여기서 ρ는 $[kg/m^3]$ 단위의 밀도이고, g는 $[m/s^2]$ 단위의 중력가속도이며, h는 [m] 단위의 수직 위쪽으로 유체 높이이다.

(a) $350 mm = 0.35 m$의 깊이에서,

$$p = \rho g h = 1000 \times 9.8 \times 0.35$$
$$= 3430 \text{ Pa} = 3.43 \text{ kPa}$$

(b) 탱크 바닥에서, 물의 수직 높이는 $600 mm = 0.6 m$이다. 따라서

$$p = 1000 \times 9.8 \times 0.6$$
$$= 5880 \text{ Pa} = 5.88 \text{ kPa}$$

[문제 5] 저장 탱크가 가솔린을 $4.7 m$ 높이로 담고 있다. 탱크 바닥에서 압력이 $32.2 kPa$이면, 가솔린의 밀도를 구하라. 중력장의 힘은 $9.8 m/s^2$으로 한다.

압력 $p = \rho g h$ [Pa], 여기서 ρ는 $[kg/m^3]$ 단위의 밀도이고, g는 $[m/s^2]$ 단위의 중력가속도이며, h는 [m] 단위의 가솔린 수직 높이이다.

이항하면 $\qquad \rho = \dfrac{p}{gh}$

압력 p는 $\qquad 32.2 kPa = 32,200 \text{ Pa}$

따라서 밀도는 $\qquad \rho = \dfrac{32,200}{9.8 \times 4.7} = 699 kg/m^3$

즉 **가솔린의 밀도는 $699 kg/m^3$**이다.

[문제 6] 수직 튜브가 밀도 $13,600 kg/m^3$인 수은으로 채워져 있다. 튜브 바닥에서 압력이 $101 kPa$일 때, 수은 기둥의 높이를 [mm] 단위로 구하라. 중력장의 힘은 $9.8 m/s^2$으로 한다.

압력 $p = \rho g h$, 여기서 수직 높이 h는 다음과 같이 주어진다.

$$h = \frac{p}{\rho g}$$

압력 p는 $101 kPa = 101,000 \text{ Pa}$이다. 따라서

$$h = \frac{101,000}{13,600 \times 9.8} = 0.758 m$$

즉 **수은 기둥의 높이는 $758 mm$**이다.

◆ 이제 다음 연습문제를 풀어보자.

[연습문제 129] 유체 압력에 대한 확장 문제

※ 중력가속도는 $9.8\,\mathrm{m/s^2}$으로 한다.

1 댐에서 물의 표면이 바닥을 기준으로 위쪽으로 $35\,\mathrm{m}$ 일 때, 댐의 바닥에 작용하는 압력을 구하라. 물의 밀도는 $1000\,\mathrm{kg/m^3}$으로 한다.

2 코르크를 뽑은 병에 밀도가 $1030\,\mathrm{kg/m^3}$인 바닷물이 가득하다. 병의 꼭대기에서 아래로 (a) $30\,\mathrm{mm}$의 깊이와 (b) $70\,\mathrm{mm}$의 깊이인 병의 측벽상에 가해지는 압력을 각각 3자리 유효숫자로 구하라.

3 U−튜브 마노미터^{manometer}가 유체의 자유 표면 아래 $500\,\mathrm{mm}$ 깊이의 압력을 결정하는 데 사용된다. 만약 이 깊이에서 압력이 $6.86\,\mathrm{kPa}$이면, 마노미터에 사용된 액체의 밀도를 계산하라.

28.3 대기압

지표면 위 공기는 유체이고, 공기 밀도 ρ는 해수면에서 약 $1.255\,\mathrm{kg/m^3}$로부터 대기권외에서 0인 값으로 변화한다. $p = \rho g h$이기 때문에, 이 경우 높이 h는 수천 미터이므로 공기는 지표면상의 모든 지점에 압력을 발휘한다. 이 압력을 대기압$^{atmospheric\ pressure}$이라고 하는데, 이는 약 $100\,\mathrm{kPa}$(혹은 $1\,\mathrm{bar}$)의 값을 가진다. 압력을 측정할 때는 일반적으로 다음 두 용어가 사용된다.

❶ **절대 압력**$^{absolute\ pressure}$: 절대 진공(즉, 0인 압력)보다 위로 얼마나 높은지를 나타내는 압력을 의미한다.

❷ **게이지 압력**$^{gauge\ pressure}$: 보통 대기압 때문에 존재하는 압력보다 위로 얼마나 높은지를 나타내는 압력을 의미한다.

따라서 **절대 압력=대기압+게이지 압력**이다.

가령 $50\,\mathrm{kPa}$의 게이지 압력은, 대기압이 대략 $100\,\mathrm{kPa}$이므로 $(100+50)\,\mathrm{kPa}$, 즉 $150\,\mathrm{kPa}$의 절대 압력과 동일하다.

[문제 7] 대기압이 $101\,\mathrm{kPa}$일 때, 해수면 아래 $30\,\mathrm{m}$ 깊이에서 잠수함상의 한 점에서 절대 압력을 계산하라. 바닷물의 밀도는 $1030\,\mathrm{kg/m^3}$로 하고 중력가속도는 $9.8\,\mathrm{m/s^2}$으로 한다.

28.2절로부터 바다 때문에 압력, 즉 게이지 압력(p_g)은 다음과 같이 주어진다.

$p_g = \rho g h\,[\mathrm{Pa}]$이므로,

$$p_g = 1030 \times 9.8 \times 30 = 302{,}820\,\mathrm{Pa}$$
$$= 302.82\,\mathrm{kPa}$$

절대 압력=대기압+게이지 압력
$$= (101 + 302.82)\,\mathrm{kPa}$$
$$= 403.82\,\mathrm{kPa}$$

즉 $30\,\mathrm{m}$ 깊이에서 절대 압력은 $403.82\,\mathrm{kPa}$이다.

◆ 이제 다음 연습문제를 풀어보자.

[연습문제 130] 대기압에 대한 확장 문제

※ 중력가속도는 $9.8\,\mathrm{m/s^2}$, 물의 밀도는 $1000\,\mathrm{kg/m^3}$, 수은의 밀도는 $13{,}600\,\mathrm{kg/m^3}$로 한다.

1 기압계에서 수은 기둥의 높이가 $750\,\mathrm{mm}$이다. 대기압을 유효숫자 3자리로 구하라.

2 수은을 담고 있는 U−튜브 마노미터가 가스 실린더에 연결되었을 때, 수은의 높이가 $250\,\mathrm{mm}$로 읽혔다. 만약 같은 시각에 기압계가 수은 $756\,\mathrm{mm}$로 읽힌다고 할 때, 실린더 내 가스의 절대 압력을 유효숫자 3자리로 계산하라.

3 냉각기에 연결된 물 마노미터가 냉각기 내 압력이 대기압 아래 $350\,\mathrm{mm}$임을 보여준다. 만약 기압계가 수은 $760\,\mathrm{mm}$로 읽힌다고 할 때, 냉각기 내 절대 압력을 유효숫자 3자리로 계산하라.

4 부르동 압력 게이지가 $1.151\,\mathrm{MPa}$의 압력을 보여준다. 만약 절대 압력이 $1.25\,\mathrm{MPa}$이면, 수은의 $[\mathrm{mm}]$ 단위로 대기압을 구하라.

28.4 아르키메데스 원리

아르키메데스 원리^{Archimedes' principle}* 는 다음과 같다.

고체 물체가 액체 속에 떠있다면, 혹은 잠겨 있다면, 액체는 물체에 밀어 올리는 힘을 발휘하고, 그 힘은 물체 대신 들어선 액체에 작용하는 중력과 같다.

다른 말로 하면, 고체 물체가 액체 속에 잠겨 있다면 겉보기 무게 손실은 대체된 액체의 무게와 같다.

V가 액체의 표면 아래에 있는 물체의 부피라면, 그때 무게의 겉보기 손실 W는 다음과 같이 주어진다.

$$W = V\omega = V\rho g$$

여기서 ω는 비중량(즉, 단위 부피당 무게)이고, ρ는 밀도이다.

물체가 액체의 표면에 떠 있다면 물체 무게는 모두 잃어버리는 것으로 나타난다. 대체된 액체의 무게는 떠 있는 물체의 무게와 같다.

*아르키메데스는 누구?

시라쿠사의 아르키메데스(Archimedes of Syracuse, c.287 BC ~ c.212 BC)는 그리스의 학자로, 오늘날에도 여전히 사용되는 아르키메데스 스크루 펌프를 포함해 유체 정역학, 정역학, 지레에 대해 선구자적 과업을 수행하였고, 기계 설계 분야에서 혁신적인 발전을 이룩했다. 아르키메데스는 욕조 안에서 불규칙한 모양을 갖는 물체의 체적을 구하는 방법을 발견하고는 "유레카"라고 외친 것으로 유명하기도 하다.

[문제 8] 물체가 공기 중에서는 무게가 $2.760\,\mathrm{N}$이고, 밀도 $1000\,\mathrm{kg/m^3}$인 물에 완전히 잠겼을 때 무게가 $1.925\,\mathrm{N}$이다. (a) 물체의 부피, (b) 물체의 밀도, (c) 물체의 상대 밀도를 계산하라. 중력가속도는 $9.81\,\mathrm{m/s^2}$으로 한다.

(a) 무게의 겉보기 손실은 $2.760\,\mathrm{N} - 1.925\,\mathrm{N} = 0.835\,\mathrm{N}$이다. 이것은 대신 들어선 물의 무게, 즉 $V\rho g$이다. 여기서 V는 물체의 부피이고, ρ는 물의 밀도이다. 즉,

$$0.835\,\mathrm{N} = V \times 1000\,\mathrm{kg/m^3} \times 9.81\,\mathrm{m/s^2}$$
$$= V \times 9.81\,\mathrm{kN/m^3}$$

$$V = \frac{0.835}{9.81 \times 10^3}\,\mathrm{m^3} = 8.512 \times 10^{-5}\,\mathrm{m^3}$$
$$= 8.512 \times 10^4\,\mathrm{mm^3}$$

(b) 물체의 밀도 $= \dfrac{\text{질량}}{\text{부피}} = \dfrac{\text{무게}}{g \times V}$

$$= \frac{2.760\,\mathrm{N}}{9.81\,\mathrm{m/s^2} \times 8.512 \times 10^{-5}\,\mathrm{m^3}}$$

$$= \frac{\dfrac{2.760}{9.81}\,\mathrm{kg} \times 10^5}{8.512\,\mathrm{m^3}}$$

$$= 3305\,\mathrm{kg/m^3} = 3.305\,\mathrm{t/m^3}$$

(c) 상대 밀도 $= \dfrac{\text{밀도}}{\text{물의 밀도}}$

물체의 상대 밀도 $= \dfrac{3305\,\mathrm{kg/m^3}}{1000\,\mathrm{kg/m^3}} = 3.305$

[문제 9] 직사각형의 방수 상자 치수가 길이 $560\,\mathrm{mm}$, 폭 $420\,\mathrm{mm}$이고, 깊이는 $210\,\mathrm{mm}$이다. 상자의 무게는 $223\,\mathrm{N}$이다.

(a) 밀도가 $1030\,\mathrm{kg/m^3}$인 물에 상자가 수직으로 잠겨 떠 있다면, 상자가 물속에 잠긴 깊이는 얼마인가?

(b) 상자 밑바닥에 체인 하나를 수직으로 부착하여 밀도가 $1030\,\mathrm{kg/m^3}$인 물속에 상자가 완전히 잠겨 붙잡혀 있도록 한다면, 그 체인에 작용하는 힘은 얼마인가?

(a) 떠 있는 물체의 겉보기 무게는 0이다. 즉 물체의 무게는 대체된 액체의 무게와 같다. 이는 $V\rho g$와 같이 주어진다. 여기서 V는 대체된 액체의 부피이고, ρ는 액체의 밀도이다.

$$223\,\text{N} = V \times 1030\,\text{kg/m}^3 \times 9.81\,\text{m/s}^2$$
$$= V \times 10.104\,\text{kN/m}^3$$
$$V = \frac{223\,\text{N}}{10.104\,\text{kN/m}^3} = 22.07 \times 10^{-3}\,\text{m}^3$$

이 부피는 또한 Lbd로 주어진다. 여기서 L은 상자의 길이, b는 상자의 폭, d는 잠긴 상자의 깊이이다. 즉,

$$22.07 \times 10^{-3}\,\text{m}^3 = L \times b \times d$$
$$= 0.56\,\text{m} \times 0.42\,\text{m} \times d$$

따라서 **잠긴 깊이**는 다음과 같다.

$$d = \frac{22.07 \times 10^{-3}}{0.56 \times 0.42} = 0.09384\,\text{m} = \mathbf{93.84\,mm}$$

(b) 대체된 물의 부피는 상자의 총 부피이다. 물의 밀어 올림 혹은 부력, 즉 '무게의 겉보기 손실'은 상자의 무게보다 크다. 체인에 작용하는 힘은 이 차이를 설명해준다.

대체된 물의 부피는 다음과 같다.

$$V = 0.56\,\text{m} \times 0.42\,\text{m} \times 0.21\,\text{m}$$
$$= 4.9392 \times 10^{-2}\,\text{m}^3$$

대체된 물의 무게
$$= V\rho g$$
$$= 4.9392 \times 10^{-2}\,\text{m}^3 \times 1030\,\text{kg/m}^3 \times 9.81\,\text{m/s}^2$$
$$= 499.1\,\text{N}$$

체인에 작용하는 힘
$$= \text{대체된 물의 무게} - \text{상자의 무게}$$
$$= 499.1\,\text{N} - 223\,\text{N} = \mathbf{276.1\,N}$$

◆ 이제 다음 연습문제를 풀어보자.

[연습문제 131] 아르키메데스 원리에 대한 확장 문제

※ 중력가속도는 $9.8\,\text{m/s}^2$, 물의 밀도는 $1000\,\text{kg/m}^3$, 수은의 밀도는 $13600\,\text{kg/m}^3$로 한다.

1 부피가 $0.124\,\text{m}^3$인 물체가 밀도가 $1000\,\text{kg/m}^3$인 물에 완전히 잠겨있다. 물체의 겉보기 무게 손실은?

2 무게 $27.4\,\text{N}$이고 부피가 $1240\,\text{cm}^3$인 물체가 비중량 $9.81\,\text{kN/m}^3$인 물에 완전히 잠겨있다. 물체의 겉보기 무게는?

3 물체의 무게가 공기 중에서는 $512.6\,\text{N}$이고, 밀도가 $810\,\text{kg/m}^3$인 오일에 완전히 잠겨있을 때는 물체의 무게가 $256.8\,\text{N}$이다. 물체의 부피는?

4 물체의 무게가 공기 중에서는 $243\,\text{N}$이고, 물에 완전히 잠겨있을 때는 $125\,\text{N}$이다. 상대 밀도가 0.8인 오일 속에 완전히 잠겼을 때 물체의 무게는?

5 길이가 $1.2\,\text{m}$이고 폭은 $0.75\,\text{m}$인 직사각형의 방수 상자가 밀도 $1000\,\text{kg/m}^3$인 물에 수직으로 떠서 잠겨있다. 물속에 잠긴 상자의 깊이가 $280\,\text{mm}$라면, 상자의 무게는?

6 물체의 무게가 공기 중에서는 $18\,\text{N}$이고, 밀도 $1000\,\text{kg/m}^3$인 물에 완전히 잠겨있을 때는 $13.7\,\text{N}$이다. 물체의 밀도와 상대 밀도는?

7 직사각형의 방수 상자 치수가 길이는 $660\,\text{mm}$이고 폭은 $320\,\text{mm}$이다. 상자의 무게는 $336\,\text{N}$이다. 밀도가 $1020\,\text{kg/m}^3$인 물에 상자가 수직으로 잠겨 떠 있다면, 상자가 물속에 잠긴 깊이는?

8 방수가 되는 드럼이 부피가 $0.165\,\text{m}^3$이고 무게는 $115\,\text{N}$이다. 드럼이 밀도가 $1030\,\text{kg/m}^3$인 물에 완전히 잠겨있고, 드럼 밑바닥에 체인 하나를 수직으로 부착시켜 일정 위치에 붙잡혀 있을 때, 체인에 작용하는 힘은?

28.5 압력의 측정

앞서 설명했듯이, 압력은 단위 면적당 유체에 의해 발휘된 힘이다. 유체(즉, 액체, 증기, 혹은 가스)는 전단 응력에 대해 무시할 만한 저항을 갖는다. 그래서 유체가 발휘하는 힘은 항상 담고 있는 표면에 직각으로 작용한다.

압력의 SI 단위는 **파스칼**^{pascal}(Pa)로서, 이는 단위 면적당 단위 힘, 즉 $1\,\text{Pa} = 1\,\text{N/m}^2$이다. 파스칼은 매우 작은 단위이고 보통은 더 큰 단위인 **바**^{bar}가 사용 된다. $1\,\text{bar} = 10^5\,\text{Pa}$이다.

대기압은 지구 중력에 의해 끌리는, 지표면 위 공기의 질량 때문에 발생한다. 대기압은 연속적으로 변화한다. '표준 대기압'이라고 부르는 대기압의 표준 값이 종종 사용되는데, 101,325 Pa 혹은 1.01325 bar 혹은 1013.25 mbar의 값을 갖는다. 이 후자의 단위 [mbar]는 보통 기상 압력의 측정에 사용된다(대기압이 101,325 Pa에서 변할 때 더 이상 표준이 아님을 주의하라).

압력 지시계기는 응용 분야가 매우 다양하기 때문에, 여러 가지 형태로 만들어진다. 압력 범위, 정확도, 응답 특성 같은 명확한 기준과는 별도로, 또한 재료, 밀봉, 온도 효과에 대한 특별한 주의가 많은 측정에서 필요하다. 압력이 측정되고 있는 유체는 부식되거나 혹은 고온이 될 수 있다. 과학과 산업계에서 사용되는 압력 지시 장치는 다음과 같다.

- 기압계 (28.6절 참조)
- 마노미터 (28.8절 참조)
- 부르동 압력 게이지 (28.9절 참조)
- 맥레오드McLeod와 피라니Pirani 게이지 (28.10절 참조)

28.6 기압계

28.6.1 서론

기압계는 대기압을 측정하는 기구이다. 그것은 계절에 따라 온도가 바뀌면 영향을 받는다. 또한 기압계는 고도의 측정에도 사용되고, 또 날씨 예보의 보조 기구로 사용된다. 따라서 대기압의 값은 기후 조건에 따라 바뀌는데, 보통 표준 대기압의 약 10%를 넘지는 않는다.

28.6.2 구조와 작동 원리

단순 기압계는 1 m보다 좀 짧은 길이의 유리 튜브로 구성되는데, 한쪽 끝은 밀봉이 되고, 수은으로 채워졌으며, 더 많은 수은을 담고 있는 그릇 속에 거꾸로 놓는다. 이 나중 과정에서 공기가 튜브 속에 들어가지 않도록 확실한 주의가 필요하다. 그러한 기압계는 [그림 28-3(a)]와 같다. 이 그림에서 수은 기둥의 높이가 떨어지면서 진공이라 부르는 빈 공간을 남기는 것을 볼 수 있다. 대기압이 그릇의 수은 표면에 작용하며, 이 압력은 뒤집힌 튜브 내 수은 기둥 바닥의 압력과 같다. 즉 대기압은 수은 기둥을 지탱하고 있다. 대기압이 떨어지면 기압계의 높이 h는 감소한다. 마찬가지로 대기압이 올라가면 기압계의 높이 h도 증가한다. 따라서 대기압은 수은 기둥의 높이로 측정될 수 있다. 수은의 경우 표준 대기압에서 높이 h가 760 mm임을 볼 수 있다. 즉 760 mm 높이의 수직 수은 기둥은 대기압의 표준 값과 같은 압력을 발휘한다.

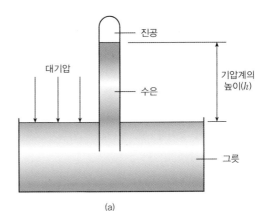

(a)

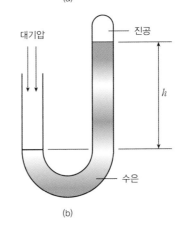

(b)

[그림 28-3]

따라서 대기압을 표현하는 방법에는 여러 가지가 있다:

표준 대기압
  $= 101,325\,\mathrm{Pa}$ 혹은 $101.325\,\mathrm{kPa}$
  $= 101.325\,\mathrm{N/m^2}$ 혹은 $101.325\,\mathrm{kN/m^2}$
  $= 1.01325\,\mathrm{bar}$ 혹은 $1013.25\,\mathrm{mbar}$
  $= 760\,\mathrm{mm}$ 수은

[그림 28-3(a)]와는 다른 배치의 전형적인 기압계이다. [그림 28-3(b)]는 여기서는 U-튜브가 그릇과 뒤집힌 튜브

대신 사용되고 있으며, 원리는 [그림 28-3(a)]와 유사하다.

만약 수은 대신 물이 기압계 내 액체로 사용된다면, 표준 대기압에서 기압계의 높이 h는 수은인 경우보다 13.6배, 즉 10.4 m 의 높이가 될 것이며, 이는 매우 실용적이지 못하다. 이는 수은의 상대 밀도가 13.6이기 때문이다.

28.6.3 기압계의 타입

포르탕Fortin **1** 기압계는 기압계의 높이를 높은 정확도로 측정 가능하도록 하는(mm 의 십분의 일 이하 정도) 수은 기압계의 예이다. 이 구조는 [그림 28-3(a)]의 그릇과 뒤집힌 튜브의 형태를 좀 더 복잡하게 배열한 것일 뿐이며, 높은 정확도로 기압계의 높이를 측정하기 위해 아들자 눈금(부척 눈금)**2**을 추가한 것이다. 이 형태의 기압계가 갖는 단점은 휴대용이 아니라는 점이다.

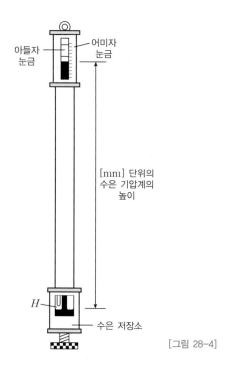

[그림 28-4]

포르탕 기압계는 [그림 28-4]와 같다. 수은 저장소 바닥의 가죽 가방 안에 수은이 담겨있고, 저장소 내 수은의 높이

---

1 **포르탕은 누구?**
포르탕(Fortin)에 관한 정보는 www.routledge.com/cw/bird에서 찾을 수 있다.
2 **(역자주)** 아들자 눈금 : 주 눈금에 추가해서 더 자세한 양을 측정하기 위해 부 눈금을 그려 넣은 것

H는 기압계 바닥의 스크루를 돌려 조절함으로써 가죽 가방을 힘을 빼거나 풀어 놓을 수 있다. 대기압을 측정하기 위해, 포인터가 수은 표면과 막 접촉할 때까지 스크루를 돌려 H를 맞춘 후, 수은 기둥의 높이를 어미자 눈금(주척 눈금)과 아들자 눈금(부척 눈금)을 사용하여 읽는다. 포르탕 기압계를 사용하여 대기압을 측정하는 것은 단순 기압계를 사용하는 것보다 정확도가 매우 높다.

종종 사용되는 휴대용 타입은 아네로이드 기압계aneroid barometer이다. 그런 기압계는 기본적으로 얇고 유연한 금속으로 만든, 원형이면서 속이 빈 밀봉된 용기 S로 구성된다. 용기 내 공기압을 밀봉 전에 거의 0으로 감소시키면, 대기압의 변화가 용기의 모양을 팽창시키거나 수축시킬 것이다. 이 조그만 변화가 지레에 의해 증폭이 되고 보정된 눈금상에 포인터를 움직이도록 만들 수 있다. [그림 28-5]는 전형적인 아네로이드 기압계의 배열을 보여준다. 눈금은 보통 원형이고 수은의 [mm] 단위로 보정이 되어 있다. 이 장치는 보정을 자주 해주어야 한다.

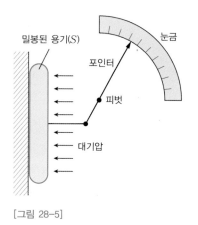

[그림 28-5]

28.7 절대 압력과 게이지 압력

기압계는 대기의 참 혹은 절대 압력을 측정한다. 절대 압력absolute pressure이란 용어는 전에 설명했듯이, 절대 진공(0 압력)의 값 위로 압력이 얼마인지를 의미한다. [그림 28-6]의 압력 눈금에서 선 AB는 0인 절대 압력(즉, 진공)을 표시하고, 선 CD는 대기압을 표시한다. 대부분의 실제 압력 측정 계기에서, 측정하려고 하는 압력에 지배받고 있는 계기의 부품은 또한 대기압에도 지배를 받는다. 따라서 사실

상 실제 계기는 측정하려고 하는 압력과 대기압 사이의 차이를 측정한다. 그때 계기가 측정하고 있는 압력을 게이지 압력이라 부른다. [그림 28-6]에서, 선 *EF*는 대기압보다 큰 값을 갖는 절대 압력을 표시한다. 즉 '게이지' 압력이 양수이다.

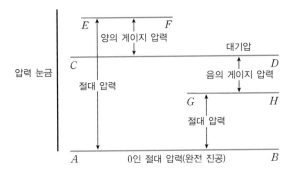

[그림 28-6]

따라서 **절대 압력＝게이지 압력＋대기압**이다.

즉 대기압이 101 kPa일 때, 지시계기상에 기록된 가령 60 kPa의 게이지 압력은 절대 압력이 60 kPa＋101 kPa, 즉 161 kPa인 것과 같다.

압력 측정 지시계기는 일반적으로 압력 게이지^{pressure gauge}(이 말을 통해 '게이지' 압력을 측정하는 것임을 알 수 있다)라 부른다.

물론 압력 게이지상 눈금이 대기압 아래인 압력, 즉 게이지 압력이 음수인 경우도 가능하다. 그런 게이지 압력은 종종 진공이라고 부르는데, 진공이라는 것이 반드시 절대 압력이 0인 완전 진공을 나타낼 필요는 없다. 그런 압력은 [그림 28-6]에서 선 *GH*로 나타나 있다. 그런 압력을 측정하는 데 사용하는 지시계기를 진공 게이지^{vacuum gauge}라 부른다.

예를 들어 0.40 bar의 진공 게이지 지시 값은 압력이 대기압보다 0.40 bar 아래라는 것을 의미한다. 만약 대기압이 1 bar라면, 그때 절대 압력은 1 − 0.4, 즉 0.6 bar이다.

28.8 마노미터

마노미터^{manometer}는 유체 압력을 측정하거나 비교하는 장치이고, 그런 유체 압력을 표시하는 가장 간단한 방법이다.

28.8.1 U-튜브 마노미터

U-튜브 마노미터는 U 모양으로 구부린 유리 튜브와 그 속에 담은 수은과 같은 액체로 구성된다. U-튜브 마노미터는 [그림 28-7(a)]와 같다. 만약 가지 *A*가 대기압보다 높은 압력을 갖는 가스 그릇에 연결된다면, 그때 가스의 압력은 수은의 수준을 [그림 28-7(b)]와 같이 움직여서 높이 차이가 h_1이 되도록 할 것이다. 측정 눈금은 수은 h_1 mm 단위로 가스의 게이지 압력을 제공하도록 보정될 수 있다.

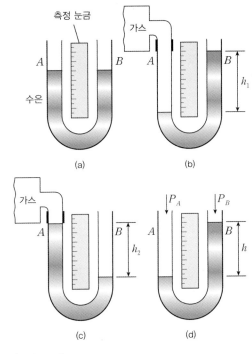

[그림 28-7]

만약 가지 *A*가 대기압보다 낮은 압력을 갖는 가스 용기에 연결된다면, 그때 수은의 수준은 [그림 28-7(c)]와 같이 움직여서 압력 차이가 수은 h_2 [mm]가 될 것이다.

또한 U-튜브 마노미터를 사용하여, 단순히 두 압력 예를 들어 P_A와 P_B를 비교하는 것도 가능하다. [그림 28-7(d)]는 그런 배열을 보여주며 $(P_B - P_A)$는 수은 h [mm]와 같다. 이런 압력차 측정 장치의 응용 예 하나는 파이프 내에 흐르는 유체 속도를 측정하는 것이다.

더 낮은 압력을 측정하기 위해, U-튜브 내에 수은 대신 물이나 파라핀을 사용하면 h의 값이 더 커짐으로써 큰 민감도를 갖도록 할 수 있다.

28.8.2 경사형 마노미터

매우 낮은 압력을 측정하기 위해, 경사형 마노미터inclined manometer를 사용하면 더 큰 민감도를 얻을 수 있다. 경사형 마노미터의 전형적인 배열은 [그림 28-8]과 같다. 경사형 마노미터에 사용된 액체는 물이고, 경사형 튜브에 부착된 눈금은 수직 높이 h로 보정된다. 따라서 압력이 높은 가스를 담고 있는 용기가 마노미터 저장소에 연결되어 있을 때, 마노미터의 액체 수준에 움직임이 발생한다. 작은 구멍의 튜브가 사용되기 때문에, 저장소 내 액체의 움직임은 경사형 튜브 내 움직임과 비교할 때 매우 작고, 따라서 무시된다. 따라서 마노미터상의 눈금은 보통 0.2 mbar에서 2 mbar까지 범위에 있다.

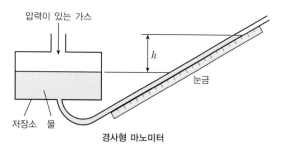

[그림 28-8]

마노미터가 측정 가능한 가스 압력은 사용된 튜브의 길이에 의해 자연스럽게 제한된다. 대부분의 마노미터 튜브는 길이가 2 m 보다 짧아, 이는 수은이 사용될 때 최대 압력을 약 2.5 bar(혹은 250 kPa)로 제한한다.

28.9 부르동 압력 게이지

대기압보다 수배 더 큰 압력은 부르동 압력 게이지Bourdon pressure gauge로 측정할 수 있다. 부르동 압력 게이지는 모든 압력 지시계기에 가장 폭넓게 사용되며, 이는 튼튼한 계기이다. 부르동 압력 게이지의 주요 부품은 금속 튜브 조각(부르동 튜브Bourdon tube라 부름)이며, 보통은 인 청동 혹은 강철 합금으로 만들고, 달걀 모양 혹은 타원형 단면을 가지며, 한쪽 끝은 밀봉하고 호 모양으로 구부린다. 전형적인 배열은 [그림 28-9(a)]와 같다. 부르동 튜브의 한쪽 끝 E는 고정시키고 압력이 측정되는 유체가 이 끝에 연결된다. [그림 28-9(b)]의 튜브 단면에서 보는 바와 같이 금속 튜

브 벽에 직각으로 압력이 작용한다. 타원형이기 때문에 압력 성분의 합, 즉 측면 A와 C 상에 작용하는 총 힘은 양 끝 B와 D 상에 작용하는 압력 성분의 합을 초과한다. 그 결과, 측면 A와 C는 바깥쪽으로 움직이고, 측면 B와 D는 안쪽으로 움직여 원형 단면을 만들려는 경향을 보인다. 튜브 내 압력이 증가할 때 튜브는 펴지려는 경향이 있고, 혹은 압력이 감소하면 튜브는 더 구부러진다. 튜브의 고정되지 않은 자유로운 끝의 움직임은 실제 용도에서 튜브에 가해진 압력에 비례하고, 물론 이 압력은 게이지 압력이 된다(즉, 튜브 바깥쪽에 작용하는 대기압과 튜브 안쪽에 작용하는 가해진 압력 간의 차이). [그림 28-9(a)]에서와 같이 링크와 피벗과 맞물린 톱니바퀴를 사용하여, 튜브의 움직임을 변환시켜 매겨진 보정 눈금 위에서 포인터를 회전시킬 수 있다.

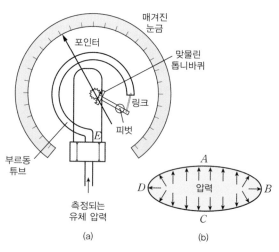

[그림 28-9]

부르동 튜브 압력 게이지는 특별한 안전 기능을 추가하면 10^4 bar(즉, 수은 7600 m)까지 고압을 측정할 수 있다.

압력 게이지는 보정이 되어야만 하고, 이것은 낮은 압력일 때는 마노미터에 의해 시행되거나 혹은 '분동식 압력계dead weight tester'라 부르는 장치 부분품에 의해 시행된다. 이 분동식 압력계는 [그림 28-10]과 같이 오일이 채워진 구경을 알고 있는 구멍의 실린더 내에서 작동하는, 정확히 아는 무게를 받치고 있는 피스톤으로 구성된다. 측정하는 게이지가 분동식 압력계에 부착되고 무게가 막 들어 올려질 때까지, 나사로 된 피스톤 혹은 램ram이 필요한 압력을 인가한다. 게이지를 읽는 동안, 무게는 마찰 효과를 줄이기 위해 회전된다.

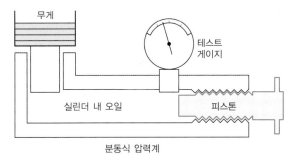

무게

테스트 게이지

실린더 내 오일

피스톤

분동식 압력계

[그림 28-10]

28.10 진공 게이지

진공 게이지$^{\text{Vacuum gauge}}$는 포인터에 의해, 게이지에 가해진 유체의 압력이 주위 환경의 압력보다 작은 정도를 시각적 표시로 제공하는 계기이다. 진공 게이지의 두 가지 예로 맥레오드 게이지와 피라니 게이지가 있다.

28.10.1 맥레오드 게이지

맥레오드[3] 게이지$^{\text{McLeod gauge}}$는 보통 표준으로 취급되어, 다른 형태의 진공 게이지들을 보정하는 데 사용된다. 이 게이지의 기본 원리는 압력이 너무 낮아 측정할 수 없는 가스를 알고 있는 체적만큼 취한 다음, 통상의 마노미터로 측정될 정도로 압력이 충분히 커질 때까지, 알고 있는 비율로 가스를 압축시켜 측정하는 것이다. 이 장치는 낮은 압력을 측정하는 데 사용되며, 종종 수은 $10^{-6} \sim 1.0\,\text{mm}$의 범위이다. 맥레오드 게이지의 단점은 연속적인 압력 값 읽기가 안 되고, 압력의 빠른 변화를 기록하는 데 적당하지 못하다는 것이다.

28.10.2 피라니 게이지

피라니[4] 게이지$^{\text{Pirani gauge}}$는 저항을 측정하고, 따라서 전류가 흐르는 전선의 온도를 측정한다. 열전도도는 수은 $10^{-1} \sim 10^{-4}\,\text{mm}$의 범위에서 압력에 따라 감소해서, 저항의 증가가

---

3 **맥레오드는 누구?** 맥레오드(McLeod)에 관한 정보는 www.routledge. com/cw/bird에서 찾을 수 있다.

4 **피라니는 누구?** 피라니(Pirani)에 관한 정보는 www.routledge.com/ cw/bird에서 찾을 수 있다.

이 영역에서 압력을 측정하는 데 사용될 수 있다. 피라니 게이지는 맥레오드 게이지와 비교를 함으로써 보정한다.

◆ **이제 다음 연습문제를 풀어보자.**

[연습문제 132] 유체 압력에 대한 단답형 문제

1 압력을 정의하라.

2 압력의 단위를 설명하라.

3 유체를 정의하라.

4 유체에서 압력을 지배하는 네 가지 기본 요인을 설명하라.

5 유체 내 한 점의 압력을 구하는 식을 기호로 적고, 각 기호를 정의한 후 그들의 단위를 설명하라.

6 대기압의 의미는 무엇인가?

7 대기압의 근삿값을 설명하라.

8 게이지 압력의 의미를 설명하라.

9 절대 압력의 의미를 설명하라.

10 절대 압력, 게이지 압력, 대기압 간의 관계를 설명하라.

11 아르키메데스 원리를 설명하라.

12 네 가지 압력 측정 장치의 이름을 써보라.

13 표준 대기압이 101325Pa이다. 이 압력을 [mbar] 단위로 설명하라.

14 기압계가 어떻게 동작하는지 간략히 설명하라.

15 단순 기압계와 비교하여 포르탕 기압계의 장점을 설명하라.

16 포르탕 기압계의 주요 단점은 무엇인가?

17 아네로이드 기압계를 간략히 설명하라.

18 진공 게이지란 무엇인가?

19 U-튜브 마노미터의 동작 원리를 간단히 설명하라.

20 경사형 마노미터는 언제 U-튜브 마노미터에 우선하여 사용되는가?

21 부르동 압력 게이지의 동작 원리를 간단히 설명하라.

22 '분동식 압력계'란 무엇인가?

23 피라니 게이지란 무엇인가?

24 맥레오드 게이지란 무엇인가?

[연습문제 133] 유체 압력에 대한 사지선다형 문제

1 50N의 힘이 균일하게 표면에 직각으로 작용한다. 표면의 면적이 $5m^2$일 때, 면적상에 작용하는 압력은?
(a) 250Pa   (b) 10Pa
(c) 45Pa   (d) 55Pa

2 다음 중 틀린 설명은?
유체 내 주어진 깊이에서 압력은
(a) 모든 방향에서 같다.
(b) 그릇의 모양과 무관하다.
(c) 유체를 담고 있는 표면에 직각으로 작용한다.
(d) 표면의 면적에 따라 달라진다.

3 그릇에 밀도 $1000kg/m^3$인 물이 담겨있다. 중력가속도가 $10m/s^2$이라 하면, 100mm 깊이에서 압력은?
(a) 1kPa   (b) 1MPa
(c) 100Pa   (d) 1Pa

4 위 **3**번 문항에서 물을 밀도 $2000kg/m^3$인 유체로 대체한다면, 100mm 깊이에서 압력은?
(a) 2kPa   (b) 500kPa
(c) 200Pa   (d) 0.5Pa

5 파이프 내 유체의 게이지 압력이 70kPa이고 대기압이 100kPa이다. 파이프 내 유체의 절대 압력은?
(a) 7MPa   (b) 30kPa
(c) 170kPa   (d) $\frac{10}{7}$kPa

6 U-튜브 마노미터가 밀도 $13,600kg/m^3$인 수은을 담고 있다. 수은 수준의 높이에서 차이가 100mm이고 중력가속도가 $10m/s^2$이라 할 때, 게이지 압력은?
(a) 13.6Pa   (b) 13.6MPa
(c) 13710Pa   (d) 13.6kPa

7 위 **6**번 문항에서 U-튜브 내 수은을 밀도 $1000kg/m^3$인 물로 대체시킨다. 동일한 게이지 압력에 대해 물을 담고 있는 튜브의 높이는?
(a) 원래 높이의 $\frac{1}{13.6}$
(b) 원래 높이의 13.6배
(c) 원래 높이보다 13.6m 높다.
(d) 원래 높이보다 13.6m 낮다.

8 다음 중 압력을 측정하지 못하는 장치는?
(a) 기압계   (b) 맥레오드 게이지
(c) 열전기쌍   (d) 마노미터

9 10kPa의 압력과 같은 것은?
(a) 10mbar   (b) 1bar
(c) 0.1bar   (d) 0.1mbar

10 1000mbar 압력과 같은 것은?
(a) $0.1kN/m^2$ (b) 10kPa
(c) 1000Pa   (d) $100kN/m^2$

11 다음 중 틀린 설명은?
(a) 기압계는 고도 측정에 사용될 수 있다.
(b) 표준 대기압은 지면 위 공기의 질량 때문에 생긴 압력이다.
(c) 길이 1m인 유리 튜브를 사용하여 측정할 수 있는 수은 마노미터의 최대 압력은 130kPa 수준이다.
(d) 경사형 마노미터는 U-튜브 마노미터보다 더 높은 압력을 측정하기 위해 설계되었다.

※ (문제 12~13) 대기압은 1bar로 가정한다.

12 부르동 압력 게이지가 3bar의 압력을 가리킨다. 측정하려고 하는 시스템의 절대 압력은?
(a) 1bar   (b) 2bar
(c) 3bar   (d) 4bar

13 위 **12**번 문항에서 게이지 압력은?
(a) 1bar   (b) 2bar
(c) 3bar   (d) 4bar

※ (문제 14~18) 다음 목록 중에 가장 적절한 압력-지시 장치를 선택하라.

   (a) 수은으로 채운 U-튜브 마노미터

   (b) 부르동 게이지

   (c) 맥레오드 게이지

   (d) 아네로이드 기압계

   (e) 피라니 게이지

   (f) 포르탕 기압계

   (g) 물로 채워진 경사형 기압계

14 0~30 MPa 범위의 높은 압력을 측정하는 튼튼한 장치

15 피라니 게이지의 보정

16 대기압에 필적하는 가스 압력의 측정

17 1 MPa 정도의 압력을 측정

18 높은 정확도로 대기압을 측정

19 [그림 28-7(b)]는 압력이 있는 가스에 연결된 U-튜브 마노미터를 보여준다. 대기압이 수은 76 cm이고, h_1이 [cm] 단위라면, 가스의 게이지 압력([cm] 단위의 수은)은?

   (a) h_1 (b) $h_1 + 76$

   (c) $h_1 - 76$ (d) $76 - h_1$

20 위 **19**번 문항에서 가스의 절대 압력([cm] 단위의 수은)은?

   (a) h_1 (b) $h_1 + 76$

   (c) $h_1 - 76$ (d) $76 - h_1$

21 다음 중 틀린 설명은?

   (a) $101.325 \, kN/m^2$의 대기압은 $101.325 \, mbar$와 같다.

   (b) 아네로이드 기압계는 보정 목적으로 사용되는 표준이 된다.

   (c) 공학에서 '압력'은 유체에 의해 발휘되는 단위 면적당 힘이다.

   (d) 대기압을 측정하는 기압계에서는 보통 물이 사용된다.

열에너지와 전달

Heat energy and transfer

열에너지와 전달을 이해하는 것이 왜 중요할까?

이 장은 현열과 잠열을 정의하고, 고체를 가스(기체)로, 그리고 가스를 고체로, 또한 고체, 액체 및 가스의 다른 조합에 대하여, 서로 변환시키는 데 필요한 에너지양을 계산할 수 있는 공식을 살펴본다. 이러한 정보는 종종 엔지니어에게 필요한데, 가령 얼음을 액체 상태인 물을 거쳐 증기로 변환시키는 것과 같은 인공물을 설계할 때 필요하다. 이러한 계산이 가정에서 필요한 예로 간단히 가정용 주전자를 들 수 있다. 가정용 전기 주전자를 설계하려 할 때, 적당한 시간에 필요한 양의 물을 끓이기에 충분한 전력 조정이 이루어지도록 설계하는 것이 중요하다. 만약 전력이 너무 낮으면 주전자에 물이 찼을 때 물을 끓이는 것이 매우 어려울 것이다. 각종 다른 용도에 사용되는 많은 양의 물을 끓이는 데 필요한 큰 물그릇을 설계할 때에도 비슷한 계산이 사용된다. 즉 학교 식당에서 차나 커피 등을 만드는 경우이거나, 대형 호텔에서 여러 용도에 사용되는 뜨거운 물을 만드는 경우 등이다. 이 장은 또한 열 전달의 세 가지 주요 방법, 즉 전도, 대류, 복사에 대해 그 활용 예와 함께 설명한다. 이 모든 것은 열 엔진, 컴프레서, 냉장고 등의 설계에 기본이 된다.

학습포인트

- 열과 온도를 서로 구별할 수 있다.
- 온도는 셀시우스로 혹은 열역학 척도에 기초하여 측정됨을 이해할 수 있다.
- 온도를 셀시우스에서 켈빈으로, 그리고 켈빈에서 셀시우스로 변환할 수 있다.
- 여러 가지 온도 측정 장치를 알아볼 수 있다.
- 비열 용량 c를 정의하고 전형적인 값들을 알 수 있다.
- $Q = mc(t_2 - t_1)$을 사용하여 열에너지 양 Q를 계산할 수 있다.
- 고체에서 액체로, 액체에서 가스로, 그리고 그 역으로 상태 변화를 이해할 수 있다.
- 현열과 잠열을 구분할 수 있다.
- 융해 비잠열을 정의할 수 있다.
- 기화 비잠열을 정의할 수 있다.
- 융해 비잠열과 기화 비잠열의 전형적인 값들을 알 수 있다.
- $Q = mL$을 사용하여 열량을 계산할 수 있다.
- 단순 구조를 갖는 냉장고의 동작 원리를 설명할 수 있다.

29.1 서론

이 장은 현열과 잠열을 정의하고, 고체를 가스(기체)로, 그리고 가스를 고체로, 또한 고체, 액체 및 가스의 다른 조합에 대하여, 서로 변환시키는 데 필요한 에너지양을 계산할 수 있는 공식을 살펴본다. 이러한 정보는 종종 엔지니어에게 필요한데, 가령 얼음을 액체 상태인 물을 거쳐 증기로 변환시키는 것과 같은 인공물을 설계할 때 필요하다. 이러한 계산이 가정에서 필요한 예로 간단히 가정용 주전자를 들 수 있다. 가정용 전기주전자를 설계하려 할 때, 적당한 시간에 필요한 양의 물을 끓이기에 충분한 전력 조정이 이루어지도록 설계하는 것이 중요하다. 만약 전력이 너무 낮으면 주전자에 물이 찼을 때 물을 끓이는 것이 매우 어려울 것이다. 각종 다른 용도에 사용되는 많은 양의 물을 끓이는 데 필요한 큰 물그릇을 설계할 때에도 비슷한 계산이 사용된다. 즉 학교 식당에서 차나 커피 등을 만드는 경우이거나, 대형 호텔에서 여러 용도에 사용되는 뜨거운 물을 만드는 경우 등이다. 이 장은 또한 열전달의 세 가지 주요 방법, 즉 전도, 대류, 복사에 대해 그 활용 예와 함께 설명한다.

29.2 열과 온도

열^{heat}은 에너지의 한 형태이고 줄(J) 단위로 측정된다. 온도^{temperature}는 물질의 차고 뜨거운 정도이다. 따라서 열과 온도는 같지 않다. 예를 들어 물로 반이 찬 그릇과 비교할 때 가득 찬 그릇의 물을 끓이는 데는 두 배의 열에너지가 필요하다. 즉 같은 물질이고 동일 온도 증가를 야기하더라도, 양이 달라지면 필요한 열에너지도 달라진다.

온도는 ❶ 셀시우스^{Celsius1}($°$C) 스케일(섭씨)로 측정된다. 여기서 얼음이 녹는, 즉 물이 어는 온도를 0$°$C로 하고, 표준 대기압 상태에서 물이 끓는점의 온도를 100$°$C로 한다. 혹은 온도는 ❷ 열역학 척도$^{thermodynamic\ scale}$로 측정된다. 이때 온도의 단위는 켈빈^{kelvin2}(K)이다. 켈빈 스케일은 셀시우스 스케일과 같은 온도 간격을 사용하지만, 0 값은 '절대 온도 0'을 의미하고, 이는 약 $-273\,°$C이다. 따라서

$$켈빈\ 온도 = 셀시우스\ 온도 + 273$$
$$즉, \quad K = (0\,°C) + 273$$

예를 들어, 0$°$C = 273K, 25$°$C = 298K, 100$°$C = 373K 이다.

> **[문제 1]** 다음 온도를 켈빈 스케일로 변환하라.
> (a) 37$°$C   (b) $-28\,°$C

위로부터, 켈빈 온도 = 셀시우스 온도 + 273

(a) 37$°$C는 37 + 273, 즉 **310 K**의 켈빈 온도에 해당한다.
(b) $-28\,°$C는 $-28 + 273$, 즉 **245 K**의 켈빈 온도에 해당한다.

---

1 **셀시우스는 누구?** 셀시우스에 관한 정보는 www.routledge.com/cw/bird에서 찾을 수 있다.
2 **켈빈은 누구?** 켈빈(kelvin)에 관한 정보는 www.routledge.com/cw/bird에서 찾을 수 있다.

> **[문제 2]** 다음 온도를 셀시우스 스케일로 변환하라.
> (a) 365 K   (b) 213 K

위로부터, 켈빈 온도 = 셀시우스 온도 + 273
따라서, 셀시우스 온도 = 켈빈 온도 $-$ 273

(a) 365 K은 365 $-$ 273, 즉 **92 $°$C**의 온도에 해당한다.
(b) 213 K은 213 $-$ 273, 즉 **$-60\,°$C**의 온도에 해당한다.

◆ **이제 다음 연습문제를 풀어보자.**

> [연습문제 134] 온도 눈금에 대한 확장 문제
>
> 1 다음 온도를 켈빈 눈금으로 변환하라.
>   (a) 51$°$C   (b) $-78\,°$C   (c) 183$°$C
>
> 2 다음 온도를 셀시우스 눈금으로 변환하라.
>   (a) 307K   (b) 237K   (c) 415K

29.3 온도 측정

온도계^{thermometer}는 온도를 측정하는 계기이다. 온도에 따라 변하는 한 가지 이상의 특성을 갖는 물질이라면 어떠한 물질도 온도를 측정하는 데 사용될 수 있다. 이러한 특성에는 길이, 면적, 혹은 부피의 변화, 전기 저항의 변화, 혹은 색깔의 변화가 해당된다. 온도 측정 장치의 예는 다음과 같다.

❶ **유리 속 액체 온도계**$^{liquid-in-glass\ thermometer}$: 이것은 온도가 증가하면 액체가 팽창하는 원리를 이용한다.
❷ **열전기쌍**^{thermocouple} : 이것은 두 개의 다른 금속의 접점이 가열되면 기전력이 생성되는 것을 이용한다.
❸ **저항 온도계**$^{resistance\ thermometer}$: 이것은 온도 변화에 의해 야기된 전기 저항의 변화를 이용한다.
❹ **파이로미터**^{pyrometer} : 이것은 매우 고온을 측정하는 장치이며, 모든 물질이 뜨거우면 복사 에너지를 방출하는데 이때 복사 비율이 온도에 의존한다는 원리를 이용한다.

이러한 온도 측정 장치들 각각에 대하여는 다른 온도 측정 장치들과 함께 32장에서 설명한다.

29.4 비열 용량

물질의 비열 용량specific heat capacity은 물질 1 kg을 1°C 온도를 올리는 데 필요한 열에너지양이다. 비열 용량의 기호는 c이고, 단위는 J/(kg °C) 혹은 J/(kg K)이다(또한 이 단위들은 $J kg^{-1} °C^{-1}$ 혹은 $J kg^{-1} K^{-1}$과 같이 쓸 수 있다).

온도 0°C에서 100°C까지 범위에 대한 비열 용량의 몇 가지 전형적인 값은 다음과 같다.

물	4190 J/(kg °C)	얼음	2100 J/(kg °C)
알루미늄	950 J/(kg °C)	구리	390 J/(kg °C)
철	500 J/(kg °C)	납	130 J/(kg °C)

따라서 철 1 kg을 1°C 온도를 올리기 위해서는 500 J의 에너지가 필요하고, 철 5 kg을 1°C 온도를 올리기 위해서는 (500×5) J의 에너지가 필요하며, 철 5 kg을 40°C 온도를 올리기 위해서는 $(500 \times 5 \times 40)$ J의 에너지, 즉 100 kJ의 에너지가 필요하다.

일반적으로, 비열 용량이 c [J/(kg °C)]인 물질 m [kg]의 질량을, t_1 [°C]에서 t_2 [°C]로 온도를 올리기 위해 필요한 열에너지양 Q는 다음과 같이 주어진다.

$$Q = mc(t_2 - t_1) \, [J]$$

[문제 3] 물 5 kg을 0°C에서 100°C로 온도를 올리는 데 필요한 열량을 계산하라. 물의 비열 용량은 4200 J/(kg °C)로 가정한다.

열에너지양은 다음과 같다.

$Q = mc(t_2 - t_1)$
$= 5 \, kg \times 4200 \, J/(kg °C) \times (100 - 0) °C$
$= 5 \times 4200 \times 100$
$= 2,100,000 \, J$ 혹은 2100 kJ 혹은 2.1 MJ

[문제 4] 질량이 10 kg인 한 블록의 주철이 150°C에서 50°C로 식었다. 주철에 의해 잃어버린 에너지는 얼마인가? 철의 비열 용량은 500 J/(kg °C)로 가정한다.

열에너지양은 다음과 같다.

$Q = mc(t_2 - t_1)$
$= 10 \, kg \times 500 \, J/(kg °C) \times (50 - 150) °C$
$= 10 \times 500 \times (-100)$
$= -500,000 \, J$ 혹은 -500 kJ 혹은 -0.5 MJ

Note 음의 부호는 열이 빠져나가거나 잃어버린 것을 의미한다.

[문제 5] 비열 용량이 130 J/(kg °C)인 소량의 납이 27°C에서 녹는점인 327°C로 가열되었다. 필요한 열량이 780 kJ이라면, 납의 질량을 구하라.

열량 $Q = mc(t_2 - t_1)$이므로,

$780 \times 10^3 \, J = m \times 130 \, J/(kg °C) \times (327 - 27) °C,$
$780,000 = m \times 130 \times 300$

이로부터, **질량** $m = \dfrac{780,000}{130 \times 300} \, kg = 20 \, kg$

[문제 6] 구리 10 kg의 온도를 15°C에서 80°C로 올리는 데 273 kJ의 열에너지가 필요하다. 구리의 비열 용량을 구하라.

열량 $Q = mc(t_2 - t_1)$ 이므로,

$273 \times 10^3 \, J = 10 \, kg \times c \times (85 - 15) °C$

여기서 c는 비열 용량이다. 즉,

$273,000 = 10 \times c \times 70$

이로부터 **비열 용량**은 다음과 같다.

$c = \dfrac{273,000}{10 \times 70} = 390 \, J/(kg °C)$

[문제 7] 초기 온도가 20°C인 알루미늄 30 kg에 5.7 MJ의 열에너지가 공급되었다. 만약 알루미늄의 비열 용량이 950 J/(kg °C)라면, 최종 온도를 구하라.

열량 $Q = mc(t_2 - t_1)$이므로,

$5.7 \times 10^6 \, J = 30 \, kg \times 950 \, J/(kg °C) \times (t_2 - 20) °C$

이로부터, $t_2 - 20 = \dfrac{5.7 \times 10^6}{30 \times 950} = 200$

따라서 최종 온도는 다음과 같다.

$$t_2 = 200 + 20 = \mathbf{220\,°C}$$

[문제 8] 질량이 500g인 구리 그릇에 293K인 물이 1*l* 담겨있다. 열 손실이 없다고 가정하고, 물과 그릇의 온도를 끓는점까지 높이는 데 필요한 열량을 구하라. 구리의 비열 용량은 390 J/(kg K)이고, 물의 비열 용량은 4.2 kJ/(kg K)이며, 물 1*l*의 질량은 1kg으로 가정한다.

열은 물의 온도를 높이기 위해 필요하고, 동시에 구리 그릇의 온도를 높이기 위해 필요하다.

물에 대해 : $m = 1\,\mathrm{kg}$, $t_1 = 293\,\mathrm{K}$,

$\qquad\qquad t_2 = 373\,\mathrm{K}$(즉, 끓는점),

$\qquad\qquad c = 4.2\,\mathrm{kJ/(kg\,K)}$

물에 대해 필요한 열량은 다음과 같이 주어진다.

$$
\begin{aligned}
Q_W &= mc(t_2 - t_1)\\
&= (1\,\mathrm{kg})\left(4.2\,\frac{\mathrm{kJ}}{\mathrm{kg\,K}}\right)(373 - 293)\,\mathrm{K}\\
&= 4.2 \times 80\,\mathrm{kJ}
\end{aligned}
$$

즉, $Q_W = \mathbf{336\,kJ}$

구리 그릇에 대해 :

$\quad m = 500\,\mathrm{g} = 0.5\,\mathrm{kg}$, $t_1 = 293\,\mathrm{K}$, $t_2 = 373\,\mathrm{K}$,

$\quad c = 390\,\mathrm{J/(kg\,K)} = 0.39\,\mathrm{kJ/(kg\,K)}$

구리 그릇에 대해 필요한 열량은 다음과 같이 주어진다.

$$
\begin{aligned}
Q_C &= mc(t_2 - t_1)\\
&= (0.5\,\mathrm{kg})\left(0.39\,\frac{\mathrm{kJ}}{\mathrm{kg\,K}}\right)(80\,\mathrm{K})
\end{aligned}
$$

즉, $Q_C = \mathbf{15.6\,kJ}$

총 필요한 열량은 다음과 같다.

$$Q = Q_W + Q_C = 336 + 15.6 = \mathbf{351.6\,kJ}$$

◆ 이제 다음 연습문제를 풀어보자.

[연습문제 135] 비열 용량에 대한 확장 문제

1 물 10kg의 온도를 0°C에서 50°C로 올리는 데 필요한 열에너지양을 구하라([MJ] 단위로). 물의 비열 용량은 4200 J/(kg °C)로 가정한다.

2 질량이 20kg인 소량의 구리 온도를 120°C에서 70°C로 낮췄다. 구리의 비열 용량이 390 J/(kg °C)라면, 구리에 의해 잃어버린 열에너지는?

3 비열 용량이 950 J/(kg °C)인 알루미늄 블록이 60°C에서 녹는점인 660°C로 가열되었다. 필요한 열량이 2.85 MJ이었다면, 알루미늄 블록의 질량을 구하라.

4 납 2kg의 온도를 16°C에서 96°C로 올리는 데 필요한 열에너지가 20.8 kJ이다. 납의 비열 용량을 구하라.

5 초기 온도가 15°C인 철 10kg에 250kJ의 열에너지가 공급되었다. 철의 비열 용량이 500 J/(kg °C)라면, 철의 최종 온도를 구하라.

29.5 상태 변화

물질은 고체, 액체, 가스의 세 가지 상태 중 어느 한 상태로 존재한다. 만약 초기에, 말하자면 −30°C인 소량의 얼음에 일정한 비율로 열이 공급된다면, [그림 29-1]과 같이 얼음의 온도가 올라간다. 초기에는 −30°C에서 0°C로 선 *AB*처럼 온도가 올라간다. 그다음 얼음이 물로 녹기 위해 필요한 시간 *BC* 동안 온도는 0°C에 고정되어 머문다.

용해가 시작될 때, 계속되는 가열로 얻는 에너지는 상태 변화에 필요한 에너지와 상쇄되어, 가열이 계속될지라도 온도는 일정하게 유지된다. 얼음이 물에 완전히 용해된 후, [그림 29-1]에서 *CD*로 보여주듯이, 계속되는 가열은 온도를 100°C로 올린다. 그때 물은 끓기 시작하고, 온도는 다시 모든 물이 증기로 변화될 때까지 *DE*와 같이 100°C로 일정하게 유지된다. 계속되는 가열은 *EF*와 같이 증기의 온도를 높이고, 이 영역에서 증기는 과열되었다고 한다.

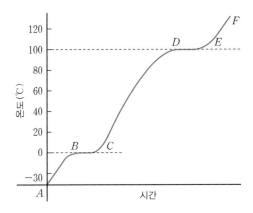

[그림 29-1]

고체에서 액체로, 혹은 액체에서 가스로의 상태 변화는 온도의 변화 없이 발생하고, 그런 변화는 가역 과정이다. 열에너지가 물질로부터, 혹은 물질 속으로 흘러 온도 변화를 야기시킬 때, 즉 [그림 29-1]에서 A와 B 사이, C와 D 사이, 그리고 E와 F 사이와 같은 경우를 현열^{sensible heat}이라 부른다(이는 온도계에 의해 감지될 수 있기 때문이다).

[그림 29-1]에서 B와 C 사이, D와 E 사이와 같은, 온도가 일정하게 유지되는 동안 물질로부터 혹은 물질 속으로 흐르는 열에너지는 잠열^{latent heat}이라 부른다(잠복은 나타나지 않은 혹은 숨겨진 것을 의미한다).

[문제 9] 초기 온도 $130\,^\circ\mathrm{C}$인 증기가 일정한 비율로 열에너지를 잃어버려, 물의 어는점 아래 $20\,^\circ\mathrm{C}$인 온도로 냉각되었다. 이러한 변화를 나타내는 예상되는 온도/시간 그래프를 그리고, 간단히 설명하라.

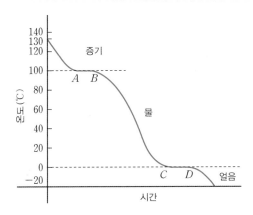

[그림 29-2]

이러한 변화를 나타내는 온도/시간 그래프는 [그림 29-2]

와 같다. 초기에 증기는 물의 끓는점인 $100\,^\circ\mathrm{C}$에 도달할 때까지 냉각된다. 그다음 온도는 여전히 열을 방출할지라도 (즉, 잠열) A와 B 사이에서 일정하게 유지된다. $100\,^\circ\mathrm{C}$의 모든 증기가 $100\,^\circ\mathrm{C}$ 물로 변화된 후, 물이 어는점인 $0\,^\circ\mathrm{C}$에 도달할 때까지 다시 냉각되기 시작한다.

C로부터 D까지, 모든 물이 얼음으로 바뀔 때까지, 다시 온도는 일정하게(즉, 잠열) 유지된다. 그다음 얼음의 온도는 그림에서 보는 바와 같이 떨어진다.

◆ 이제 다음 연습문제를 풀어보자.

[연습문제 136] 상태 변화에 대한 확장 문제

1 초기에 $-40\,^\circ\mathrm{C}$인 소량의 얼음이 $150\,^\circ\mathrm{C}$의 과열된 증기가 될 때까지 일정한 비율로 열이 가해진다. 예상되는 전형적인 온도/시간 그래프를 그린 후, 그래프를 사용하여 현열과 잠열 간의 차이점을 설명하라.

29.6 융해 잠열과 기화 잠열

융해 비잠열^{specific latent heat of fusion}은 $1\,\mathrm{kg}$의 물질을 고체 상태에서 액체 상태로(혹은 그 반대로) 일정한 온도에서 변환하는 데 필요한 열이다. 기화 비잠열^{specific latent heat of vaporization}은 $1\,\mathrm{kg}$의 물질을 액체 상태에서 가스 상태로(혹은 그 반대로) 일정한 온도에서 변환하는 데 필요한 열이다.

융해 비잠열과 기화 비잠열의 단위는 $\mathrm{J/kg}$ 혹은 더 흔하게는 $\mathrm{kJ/kg}$으로 나타낸다. 이에 대한 몇 가지 전형적인 값들을 [표 29-1]에 나타내었다.

[표 29-1]

	융해 잠열[$\mathrm{kJ/kg}$]	녹는점[$^\circ\mathrm{C}$]
수은	11.8	-39
납	22	327
은	100	957
얼음	335	0
알루미늄	387	660

(계속)

	기화 잠열[kJ/kg]	끓는점[°C]
산소	214	−183
수은	286	357
에틸 알코올	857	79
물	2257	100

상태 변화가 일어나는 동안 공급되거나 소진되는 열량 Q는 다음과 같이 주어진다.

$$Q = mL$$

여기서 m은 [kg] 단위의 질량이고, L은 비잠열이다.

따라서 예를 들어, 0°C인 10kg의 얼음을 0°C인 10kg의 물로 변화시키는 데 필요한 열은 $10 \, \text{kg} \times 335 \, \text{kJ/kg} = 3350 \, \text{kJ}$ 혹은 3.35 MJ이다.

온도를 바꾸는 것 외에도, 물질에 열을 공급하면 색, 상태, 전기 저항뿐만 아니라 크기 변화를 가져올 수 있다. 대부분의 물질은 가열되면 팽창하고 냉각되면 수축되며, 이러한 열 움직임을 실제 응용하고 설계하는 많은 사례들이 있다 (30장 참조).

[문제 10] 12kg의 얼음을 0°C에서 완전히 녹이는 데 필요한 열은 얼마인가? 얼음의 융해 잠열은 335 kJ/kg으로 가정한다.

필요한 열량 $Q = mL = 12 \, \text{kg} \times 335 \, \text{kJ/kg}$
$$= 4020 \, \text{kJ} \text{ 혹은 } 4.02 \, \text{MJ}$$

[문제 11] 100°C인 5kg의 물을 100°C인 과열된 증기로 변환하는 데 필요한 열을 구하라. 물의 기화 잠열은 2260 kJ/kg으로 가정한다.

필요한 열량 $Q = mL = 5 \, \text{kg} \times 2260 \, \text{kJ/kg}$
$$= 11{,}300 \, \text{kJ} \text{ 혹은 } 11.3 \, \text{MJ}$$

[문제 12] 초기 −20°C인 5kg의 얼음을 0°C 물로 완전히 변환하는 데 필요한 열에너지를 구하라. 얼음의 비열 용량은 2100 J/(kg·°C)이고, 얼음의 융해 비잠열은 335 kJ/kg으로 가정한다.

필요한 열에너지양 $Q = $ 현열+잠열

얼음의 온도를 −20°C에서 0°C로 올리는 데 필요한 열량, 즉 현열은 다음과 같다.

$$Q_1 = mc(t_2 - t_1)$$
$$= 5 \, \text{kg} \times 2100 \, \text{J/(kg·°C)} \times (0 - (-20)) \, °\text{C}$$
$$= (5 \times 2100 \times 20) \, \text{J} = 210 \, \text{kJ}$$

0°C에서 5kg의 얼음을 녹이는 데 필요한 열량, 즉 잠열은 다음과 같다.

$$Q_2 = mL = 5 \, \text{kg} \times 335 \, \text{kJ/kg} = 1675 \, \text{kJ}$$

총 필요한 열에너지는 다음과 같다.

$$Q = Q_1 + Q_2 = 210 + 1675 = 1885 \, \text{kJ}$$

[문제 13] 물의 비열 용량은 4200 J/(kg·°C)이고, 물의 기화 비잠열은 2260 kJ/kg로 주어졌을 때, 50°C인 10kg의 물을 100°C인 증기로 완전히 변화시키는 데 필요한 열에너지를 계산하라.

필요한 열량 = 현열+잠열

현열은, $Q_1 = mc(t_2 - t_1)$
$$= 10 \, \text{kg} \times 4200 \, \text{J/(kg·°C)} \times (100 - 50) \, °\text{C}$$
$$= 2100 \, \text{kJ}$$

잠열은, $Q_2 = mL$
$$= 10 \, \text{kg} \times 2260 \, \text{kJ/kg}$$
$$= 22{,}600 \, \text{kJ}$$

총 필요한 열에너지는 다음과 같다.

$$Q = Q_1 + Q_2 = (2100 + 22{,}600) \, \text{kJ}$$
$$= 24{,}700 \, \text{kJ} \text{ 혹은 } 24.70 \, \text{MJ}$$

[문제 14] 초기 −20°C인 400g의 얼음을 120°C 증기로 변환하는 데 필요한 열에너지를 구하라. 다음을 가정한다: 얼음의 융해 잠열은 335 kJ/kg, 물의 기화 잠열은 2260 kJ/kg, 얼음의 비열 용량은 2.14 kJ/(kg·°C), 물의 비열 용량은 4.2 kJ/(kg·°C), 증기의 비열 용량은 2.01 kJ/(kg·°C)

필요한 에너지는 다음 다섯 단계로 구한다.

❶ 얼음의 온도를 $-20\,^\circ$C에서 $0\,^\circ$C로 올리는 데 필요한 열에너지는 다음과 같이 주어진다.

$$Q_1 = mc(t_2 - t_1)$$
$$= 0.4\,\text{kg} \times 2.14\,\text{kJ}/(\text{kg}\,^\circ\text{C}) \times (0 - (-20))\,^\circ\text{C}$$
$$= 17.12\,\text{kJ}$$

❷ $0\,^\circ$C의 얼음을 $0\,^\circ$C의 물로 변환하는 데 필요한 잠열은 다음과 같이 주어진다.

$$Q_2 = mL_f = 0.4\,\text{kg} \times 335\,\text{kJ}/\text{kg} = \mathbf{134\,kJ}$$

❸ 물의 온도를 $0\,^\circ$C(즉, 녹는점)에서 $100\,^\circ$C(즉, 끓는점)로 올리는 데 필요한 열에너지는 다음과 같이 주어진다.

$$Q_3 = mc(t_2 - t_1)$$
$$= 0.4\,\text{kg} \times 4.2\,\text{kJ}/(\text{kg}\,^\circ\text{C}) \times 100\,^\circ\text{C}$$
$$= 168\,\text{kJ}$$

❹ $100\,^\circ$C의 물을 $100\,^\circ$C의 증기로 변환하는 데 필요한 잠열은 다음과 같이 주어진다.

$$Q_4 = mL_v = 0.4\,\text{kg} \times 2260\,\text{kJ}/\text{kg} = \mathbf{904\,kJ}$$

❺ 증기의 온도를 $100\,^\circ$C에서 $120\,^\circ$C로 올리는 데 필요한 열에너지는 다음과 같이 주어진다.

$$Q_5 = mc(t_1 - t_2)$$
$$= 0.4\,\text{kg} \times 2.01\,\text{kJ}/(\text{kg}\,^\circ\text{C}) \times 20\,^\circ\text{C}$$
$$= 16.08\,\text{kJ}$$

총 필요한 열에너지는 다음과 같다.

$$Q = Q_1 + Q_2 + Q_3 + Q_4 + Q_5$$
$$= 17.12 + 134 + 168 + 904 + 16.08$$
$$= 1239.2\,\text{kJ}$$

◆ 이제 다음 연습문제를 풀어보자.

[연습문제 137] 융해 잠열과 기화 잠열에 대한 확장 문제

1 $25\,\text{kg}$의 얼음을 $0\,^\circ$C에서 완전히 녹이는 데 필요한 열은 얼마인가? 얼음의 융해 비잠열은 $335\,\text{kJ}/\text{kg}$으로 가정한다.

2 $100\,^\circ$C인 $8\,\text{kg}$의 물을 $100\,^\circ$C인 과열된 증기로 변환하는 데 필요한 열에너지를 구하라. 물의 기화 비잠열은 $2260\,\text{kJ}/\text{kg}$으로 가정한다.

3 초기 $-30\,^\circ$C인 $10\,\text{kg}$의 얼음을 $0\,^\circ$C의 물로 완전히 변환하는 데 필요한 열에너지를 계산하라. 얼음의 비열 용량은 $2.1\,\text{kJ}/(\text{kg}\,^\circ\text{C})$, 얼음의 융해 비잠열은 $335\,\text{kJ}/\text{kg}$으로 가정한다.

4 물의 비열 용량은 $4.2\,\text{kJ}/(\text{kg}\,^\circ\text{C})$이고, 물의 기화 비잠열은 $2260\,\text{kJ}/\text{kg}$으로 주어졌을 때, $60\,^\circ$C인 $5\,\text{kg}$의 얼음을 $100\,^\circ$C의 증기로 완전히 변환하는 데 필요한 열에너지를 구하라.

29.7 단순 구조의 냉장고

만약 압력이 낮아지면, 대부분 액체의 끓는점은 낮아질 수 있다. 단순 구조의 냉장고에서 암모니아나 프레온 같은 작동 유체는 그 유체에 작용하는 압력이 낮아진다. 그 결과로 끓는점이 낮아지면 액체를 기화시킨다. 기화할 때 액체는 주위로부터 필요한 잠열을 취한다. 즉 냉각되는 냉동 장치가 된다. 증기는 펌프에 의해 즉시 제거되어 캐비닛의 외부에 있는 응축기로 이동한다. 응축기에서 증기는 압축되고, 액체로 다시 변환되면서 잠열을 내보낸다. 이 액체가 냉동 장치로 다시 펌핑된 후 기화되는 형태로 냉동 사이클이 반복된다.

29.8 전도, 대류, 복사

열은 뜨거운 물체에서 찬 물체로 다음 세 가지 방법 중 하나 이상의 방법으로 **전달**transfer된다.

❶ 전도   ❷ 대류   ❸ 복사

29.8.1 전도

전도conduction는 물체의 입자가 움직이는 것 없이, 물체의 한 부분에서 다른 부분으로(혹은 한 물체에서 다른 물체로) 열에너지가 전달되는 것이다.

전도는 고체와 관련된다. 예를 들어 금속 막대의 한쪽 끝이 가열되면, 다른 쪽 끝은 전도에 의해 뜨거워질 것이다. 금속과 금속 합금은 훌륭한 열 전도체인 반면, 공기, 나무,

플라스틱, 코르크, 유리, 가스는 나쁜 전도체이다(즉, 이것들은 열 절연체이다).

전도의 실제 응용 예는 다음과 같다.

- 가정의 냄비 혹은 접시는 열원으로부터 내용물로 열을 전도한다. 또한 나무와 플라스틱은 열의 나쁜 전도체이기 때문에 냄비의 손잡이에 사용된다.
- 중앙난방 시스템의 라디에이터의 금속은 내부의 뜨거운 물로부터 바깥 공기로 열을 전도한다.

29.8.2 대류

대류^{convection}는 물질 자체의 실제적 이동에 의해 물질을 통과하여 열에너지가 전달되는 것이다. 대류는 액체와 가스에서 발생하고, 고체에서는 일어나지 않는다. 가열될 때 액체와 가스는 밀도가 낮아진다. 그러면 액체와 가스는 위로 올라가고 더 찬 액체 혹은 가스에 의해 대체되며, 이러한 과정이 반복된다. 예를 들어 전기 주전자와 중앙난방 라디에이터는 항상 꼭대기에서 먼저 온도가 올라간다.

대류의 실제 응용 예는 다음과 같다.

- 자연 순환 온수난방 시스템은 온수가 대류에 의해 집 꼭대기로 상승하고 다시 냉각되면서 집 바닥으로 돌아가는 동작에 의존하는데, 그렇게 함으로써 집을 따뜻하게 하기 위해 열에너지를 방출한다.
- 대류 기류로 인해 공기가 움직이게 되고, 그에 따라 기후에 영향이 발생한다.
- 라디에이터가 주변 공기를 가열할 때, 대류에 의해 뜨거운 공기는 상승하고 찬 공기는 그 자리를 대체하기 위해 안으로 이동한다.
- 자동차 라디에이터에서 냉각 시스템은 대류에 의존한다.
- 대형 전기 변압기는 쓸모없는 열을 오일 탱크에서 소모한다. 가열된 오일은 대류에 의해 꼭대기로 상승하고 다시 냉각 핀을 통과면서 열을 잃어버리고 가라앉는다.
- 냉장고에서, 냉각 장치는 꼭대기 근처에 위치한다. 차가운 관을 둘러싼 공기는 수축하면서 무거워지고 바닥으로 가라앉는다. 더 따뜻하고 덜 밀도가 높은 공기는 위쪽으로 밀리고 그다음 다시 냉각된다. 그에 따라 냉각 대류 흐름이 만들어진다.

29.8.3 복사

복사^{radiation}는 전자기파에 의해 뜨거운 물체로부터 더 찬 물체로 열에너지가 전달되는 것이다.

열복사는 특성이 빛 파동과 유사하다. 즉 같은 속력으로 이동하고 진공을 통과할 수 있다(파동의 주파수가 다른 것을 제외하고). 파동은 뜨거운 물체에 의해 방사되고, 공간(진공까지도)을 전파하여 다른 물체 위에 떨어질 때까지 검출되지 않는다. 복사는 반짝이고 윤이 나는 표면에서 반사되고 무디고 검은 표면에서 흡수된다.

복사의 실제 응용 예는 다음과 같다.

- 지구에 도달하는 태양으로부터 복사
- 불길로부터 느껴지는 열
- 요리기구 석쇠
- 산업용 용광로
- 적외선 공간 히터

29.9 진공 플라스크

전형적인 진공 플라스크$^{vacuum\ flask}$의 단면은 [그림 29-3]과 같다. 여기서 두 벽 사이에 진공 공간이 있고, 전체를 외부 보호 용기로 지탱하고 있는 이중 벽의 병을 볼 수 있다.

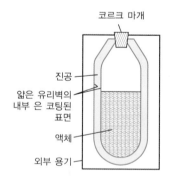

코르크 마개

진공

얇은 유리벽의
내부 은 코팅된
표면

액체

외부 용기

[그림 29-3]

진공 공간과 코르크 마개(코르크는 나쁜 열 전도체이다) 때문에 매우 소량의 열만이 전도에 의해 전달될 수 있다. 또한 진공 공간 때문에 대류가 불가능하다. 복사는 두 유리 표면을 은으로 코팅하여 최소화시킨다(복사는 빛나는 표면에서 반사된다).

따라서 진공 플라스크는 열전달의 세 가지 타입 모두를 방지하는 한 예가 되며, 그러므로 뜨거운 액체는 뜨겁게, 그리고 찬 액체는 차게 보존할 수 있다.

29.10 절연을 사용한 연료 보존

빌딩을 덥히는 데 사용되는 연료는 점점 비싸지고 있다. 절연을 조심스럽게 이용하면 열을 더 긴 시간 동안 빌딩 안에 보존할 수 있고, 따라서 난방비용을 최소화할 수 있다.

- 대류는 뜨거운 공기를 위로 올라가게 하기 때문에 지붕 공간을 절연하는 것이 중요한데, 이는 지붕 공간이 대개는 가정에서 열손실의 최대 원천이기 때문이다. 지붕 공간의 나무 들보들 사이에 섬유−유리 절연을 실시하면 지붕 공간의 절연을 달성할 수 있다.
- 유리는 열의 나쁜 전도체이다. 창유리를 통해 큰 손실이 발생할 수 있고, 이러한 손실은 이중 유리를 사용함으로써 줄일 수 있다. 이중 유리는 공기로 분리된 두 장의 유리가 사용된다. 공기는 매우 훌륭한 절연체이지만 공기 공간은 너무 크지 않도록 해야만 하고, 그렇지 않으면 대류가 발생하여 공간을 가로질러 열을 운반하는 현상이 발생할 수 있다.
- 뜨거운 물탱크는 둘러 싼 공기로 열의 전도와 대류를 방지하기 위해 피복재로 싸야 한다.
- 벽돌, 콘크리트, 회반죽, 나무는 모두 열의 나쁜 전도체이다. 집은 이들 물질 사이에 공기 틈이 생기도록 벽을 이중으로 하여 만든다. 공기는 나쁜 전도체이고, 막힌 공기는 벽을 통한 손실을 최소화한다. 중공벽 절연, 즉 발포수지재료를 사용하면, 벽을 통한 열 손실을 거의 완벽하게 방지할 수 있다.

온도를 바꾸는 것 외에도, 물질에 열을 공급하면 색, 상태, 전기 저항뿐만 아니라 치수에서 변화를 가져올 수 있다.

대부분의 물질은 가열되면 팽창하고 냉각되면 수축되는데, 이러한 열 움직임을 실제 응용하고 설계하는 많은 사례에 대해서는 30장에서 설명할 것이다.

◆ 이제 다음 연습문제를 풀어보자.

[연습문제 138] 열에너지에 대한 단답형 문제

1 온도와 열을 구분하라.

2 온도를 측정하는 두 가지 스케일을 기술하라.

3 네 가지 온도측정 장치를 기술하라.

4 비열 용량을 정의하고, 비열 용량의 단위를 말하라.

5 현열과 잠열을 구분하라.

6 비열 용량이 c인 경우, 질량 m [kg]을 t_1 [°C]에서 t_2 [°C]로 온도를 올리기 위해 필요한 열량 Q는 다음과 같이 주어진다.
   $Q = ($ $)$

7 융해 비잠열의 의미는?

8 기화 비잠열을 정의하라.

9 단순 구조의 냉장고에 대한 동작 원리를 간단히 설명하라.

10 열전달의 세 가지 방법을 설명하라.

11 전도를 정의하고, 이 방법에 의한 열전달의 두 가지 실제 예를 설명하라.

12 대류를 정의하고, 이 방법에 의한 열전달의 세 가지 예를 설명하라.

13 복사의 의미는? 복사의 세 가지 응용 예를 기술하라.

14 일반적인 집에서 절연하는 것이 어떻게 연료를 보존시킬 수 있는가?

[연습문제 139] 열에너지에 대한 사지선다형 문제

1 열에너지의 측정 단위는?
   (a) K   (b) W
   (c) kg   (d) J

2 20°C의 온도 변화는 몇 K의 열역학 온도 변화와 같은가?
   (a) 293 K   (b) 20 K
   (c) 80 K   (d) 120 K

3 20 ˚C의 온도는 무엇과 같은가?

(a) 293 K   (b) 20 K

(c) 80 K   (d) 120 K

4 비열 용량의 단위는?

(a) J/kg   (b) J

(c) J/(kgK)   (d) m^3

5 비열 용량이 500 J/(kg ˚C)라면, 500 g의 철을 2 ˚C 높이는 데 필요한 열량은?

(a) 500 kJ   (b) 0.5 kJ

(c) 2 J   (d) 250 kJ

6 1 kg의 물질을 액체 상태에서 같은 온도의 가스 상태로 변환하는 데 필요한 열에너지를 무엇이라 부르는가?

(a) 비열 용량   (b) 기화 비잠열

(c) 현열   (d) 융해 비잠열

7 순수 얼음이 녹는 온도는?

(a) 373 K   (b) 273 K

(c) 100 K   (d) 0 K

8 500 g의 납을 15 ˚C에서 최종 온도로 높이는 데 필요한 열이 1.95 kJ이다. 납의 비열 용량을 130 kJ/(kg ˚C)로 할 때, 최종 온도는?

(a) 45 ˚C   (b) 37.5 ˚C

(c) 30 ˚C   (d) 22.5 ˚C

9 다음 온도 중 절대 온도 0은?

(a) 0 ˚C   (b) −173 ˚C

(c) −23 ˚C   (d) −373 ˚C

10 서로 다른 두 금속 전선을 함께 꼬아두고 그 접점에 열을 가할 때, 기전력(e.m.f.)이 생성된다. 이 효과는 무엇을 측정하는 열전기쌍에 사용되는가?

(a) e.m.f.   (b) 온도

(c) 팽창   (d) 열

11 다음 설명 중 틀린 것은?

(a) −30 ˚C는 243 K과 같다.

(b) 대류는 액체와 가스에서만 일어난다.

(c) 전도와 대류는 진공에서 일어날 수 없다.

(d) 복사는 은 표면에서 흡수된다.

12 물질의 입자가 실제로 움직이면서 물질을 통과하여 열이 전달되는 것을 무엇이라 부르는가?

(a) 전도   (b) 복사

(c) 대류   (d) 비열 용량

13 다음 설명 중 틀린 것은?

(a) 열은 물체의 뜨겁거나 찬 정도이다.

(b) 온도가 일정하게 유지되면서 물질로부터 혹은 물질로 흐르는 열에너지는 현열이라 부른다.

(c) 융해 비잠열의 단위는 J/(kgK)이다.

(d) 요리기구 석쇠는 복사의 한 실제 응용의 예이다.

Chapter 30

열팽창

Thermal expansion

열팽창을 이해하는 것이 왜 중요할까?

열팽창과 수축은 공학 과학에서 매우 중요한 특징이다. 예를 들어 철도 궤도의 철도 금속 선로가 날씨 때문에 혹은 시간에 따라 가열되거나 혹은 냉각된다면, 그에 따라서 선로 길이가 증가하거나 혹은 감소할 수 있다. 금속 선로가 날씨의 영향으로 가열된다면, 철도 선로는 팽창하려고 할 것이고 선로 구조에 따라 선로는 비틀리고 수송 열차에 쓸모없는 선로가 되어버릴 수 있다. 온도 변화가 큰 나라에서는, 이러한 영향이 최악의 상황이 될 수 있으므로 엔지니어는 이러한 변화를 견디는 뛰어난 금속을 선택해야만 한다. 온도의 상승과 하락 때문에 금속의 팽창과 수축이 발생하는 현상은 좋은 용도로 활용될 수도 있다. 이러한 상황에 대한 고전적 예로 간단한 가정용 서모스탯을 들 수 있다. 물이 너무 뜨거워지면 금속 서모스탯이 팽창되어 전기 히터의 스위치를 끈다. 반대로 물이 너무 차가워지면, 금속 서모스탯은 수축되고 다시 전기 히터의 스위치를 켜지게 만든다. 금속이외에도 모든 종류의 물질은 열팽창과 수축에 의해 영향을 받는다. 이 장에서는 또한 선, 면적, 체적 팽창 계수를 정의한다. 열팽창은 구조물, 스위치 그리고 여러 가지 본체의 설계와 건축에서 중요하다.

학습포인트

- 온도 변화에 따라 팽창과 수축이 일어나는 것을 알 수 있다.
- 팽창과 수축이 허용되어야만 하는 실제 응용을 설명할 수 있다.
- 물의 팽창과 수축을 이해할 수 있다.
- 선팽창 계수 α를 정의할 수 있다.
- 선팽창 계수의 전형적인 값들을 인지할 수 있다.
- $L_2 = L_1[1 + \alpha(t_2 - t_1)]$ 을 사용하여, 팽창과 수축 후의 새 길이 L_2를 계산할 수 있다.
- 면적팽창 계수 β를 정의할 수 있다.
- $A_2 = A_1[1 + \beta(t_2 - t_1)]$ 을 사용하여, 팽창과 수축 후의 새 면적 A_2를 계산할 수 있다.
- $\beta \approx 2\alpha$를 이해할 수 있다.
- 체적팽창 계수 γ를 정의할 수 있다.
- 체적팽창 계수의 전형적인 값을 인지할 수 있다.
- $\gamma \approx 3\alpha$를 이해할 수 있다.
- $V_2 = V_1[1 + \gamma(t_2 - t_1)]$ 을 사용하여, 팽창과 수축 후의 새 체적 V_2를 계산할 수 있다.

30.1 서론

대부분 물질에 열이 가해지면, 모든 방향으로 팽창expansion 이 일어난다. 반대로 만약 열에너지가 물질에서 제거되면 (즉, 물질이 냉각되면), 수축contraction이 모든 방향에서 일어난다. 팽창과 수축의 효과 각각은 물질의 **온도 변화**change

of temperature에 의존한다.

금속 선로가 날씨의 영향으로 가열된다면, 철도 선로는 팽창하려고 할 것이고 선로 구조에 따라 선로는 비틀리고 수송 열차에 쓸모없는 선로가 되어버릴 수 있다. 온도 변화가 큰 나라에서는, 금속 시트를 결합할 때 뜨거운 리벳rivet을 사용한다. 엔지니어는 이러한 변화를 견디는 뛰어난 금속을 선택해야만 한다. 온도의 상승과 하락 때문에 금속의 팽창과 수축이 발생하는 현상은 좋은 용도로 활용될 수도 있다. 이러한 상황에 대한 고전적 예로 간단한 가정용 서모스탯thermostat을 들 수 있다. 물이 너무 뜨거워지면 금속 서모스탯이 팽창되어 전기 히터의 스위치를 끈다. 반대로 물이 너무 차가워지면, 금속 서모스탯은 수축되고 다시 전기 히터의 스위치를 켜지게 만든다. 금속이외에도 모든 종류의 물질은 열팽창과 수축에 의해 영향을 받는다. 이 장에서는 또한 선, 면적, 체적 팽창 계수를 정의한다.

30.2 열팽창의 실제 응용

고체 물질의 열팽창과 수축이 허용되어야만 하는 실제 응용의 몇 가지 예는 다음과 같다.

- 공중의 전기 전송선은 매달려 늘어져 있어서 여름에는 느슨해진다. 그렇지 않으면 겨울에 수축이 되어 전도체를 움켜쥐게 되거나 혹은 고압선용 철탑을 무너뜨릴지 모른다.

- 뜨거운 날씨에 뒤틀리는 것을 방지하기 위해, (철도 선로는 연속적으로 이어져 있으면서도) 철도 선로의 길이에 틈을 남겨둘 필요가 있다.

- 큰 교량의 양끝은 종종 롤러 위에 지탱시켜 교량 끝이 팽창과 수축을 자유롭게 하도록 만든다.

- 금속 이음 고리를 축에 고정시킬 때 혹은 강철 타이어를 바퀴에 고정시킬 때 종종 사용하는 방법은 이음 고리나 타이어를 먼저 가열해서 팽창시킨 후, 그들을 제 위치에 맞추고, 그다음 냉각시켜 수축되면서 제 위치에 단단히 고착되도록 만드는, '수축-맞춤'의 방법을 사용한다. 유사한 방법으로 금속 시트를 결합시키기 위해 뜨거운 리벳[1]을 사용한다.

- 팽창의 정도는 물질마다 다르다. [그림 30-1(a)]는 상온에서 바이메탈[2]의 작은 조각bimetallic strip을 보여 준다(즉, 함께 고정된 서로 다른 두 금속의 작은 조각).

가열이 되면 놋쇠가 강철보다 더 많이 팽창되고, 두 금속은 함께 고정되어 있기 때문에 바이메탈 조각은 [그림 30-1(b)]와 같이 호 모양으로 힘을 받는다. 그러한 호 모양의 움직임은 전기 회로를 연결하거나 혹은 끊거나 하도록 배열할 수 있다. 그래서 바이메탈 조각은 특별히 중앙난방 시스템, 요리기구, 냉장고, 토스터, 다리미, 온수 시스템, 경보 시스템을 조절하기 위해 사용되는 서모스탯(온도에 따라 작동하는 스위치)에 사용된다.

- 모터 엔진은 가열된 가스가 빠르게 팽창하는 것을 이용하여 힘을 가해 피스톤을 움직인다.

- 설계자는 증기가 상승하는 공장에서, 강철 파이프의 팽창을 예견하고 허용해야만 그로 인한 손상과 그 결과로 발생하는 건강상의 위험을 피할 수 있다.

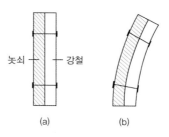

놋쇠 — 강철

(a)   (b)

[그림 30-1]

30.3 물의 팽창과 수축

물은 낮은 온도에서 이상한 효과를 나타내는 액체이다. 만약 차가워지면 수축이 일어나면서 약 $4\,°C$에서 부피가 최소가 된다. 온도가 $4\,°C$에서 $0\,°C$로 더 낮아질 때는 팽창이 일어나 부피는 증가한다(차고 깊은 곳의 신선한 물인 경우, 바닥에서의 온도는 약 $4\,°C$에 더 가깝고, 덜 깊은 물보다 좀 더 따뜻하다). 얼음이 만들어질 때, 주목할 만한 팽창이 일어나면서 얼어버린 물파이프를 터져버리게 할 수 있다.

액체 팽창의 실제적 응용 예로 온도계를 들 수 있다. 온도계에서는 수은이나 알코올 같은 액체의 팽창을 이용해 온도를 측정할 수 있다.

---

1 **(역자주)** 리벳 : 빌딩이나 철교 등의 철골의 조립 또는 선체 철판의 연결 따위에 쓰는 대가리가 둥글고 두툼한 버섯 모양의 굵은 못
2 바이메탈 : 열팽창률이 다른 두 장의 금속을 한데 붙여 합친 것. 온도가 높아지면 팽창률이 작은 금속 쪽으로 구부러지고, 온도가 낮아지면 그 반대쪽으로 굽음.

30.4 선팽창 계수

온도가 1도 증가할 때 물질의 단위 길이가 늘어나는 양을 물질의 선팽창 계수coefficient of linear expansion라고 부르고, α(그리스 문자 알파)로 표시한다.

선팽창 계수의 단위는 m/(mK)이고, 보통 간단히 /K 혹은 K^{-1}으로 인용된다. 예를 들어 구리는 $17 \times 10^{-6}K^{-1}$의 선팽창 계수를 갖는데, 이는 1m 길이의 구리 막대가 온도가 1K(혹은 1°C)만큼 증가한다면 0.000017m만큼 팽창함을 의미한다. 만약 6m 길이의 구리 막대가 25K의 온도 상승에 지배받는다면, 그때 막대는 $(6 \times 0.000017 \times 25)$m, 즉 0.00255m 혹은 2.55mm만큼 팽창할 것이다(켈빈 눈금은 셀시우스 눈금과 동일한 온도 간격을 사용하기 때문에, 즉 50°C의 온도 변화는 50K의 온도 변화와 동일하다).

만약 초기에 길이가 L_1이고 온도가 t_1이며 선팽창 계수 α를 갖는 물질이 온도가 t_2로 증가한다면, 그때 물질의 새 길이 L_2는 다음과 같이 주어진다.

$$\text{새 길이} = \text{원래 길이} + \text{팽창}$$
$$\text{즉,} \quad L_2 = L_1 + L_1\alpha(t_2 - t_1)$$
$$\text{즉,} \quad \boldsymbol{L_2 = L_1[1 + \alpha(t_2 - t_1)]} \tag{1}$$

선팽창 계수의 몇 가지 전형적인 값은 다음과 같다.

[표 30-1]

알루미늄	$23 \times 10^{-6}K^{-1}$
놋쇠	$18 \times 10^{-6}K^{-1}$
콘크리트	$12 \times 10^{-6}K^{-1}$
구리	$17 \times 10^{-6}K^{-1}$
금	$14 \times 10^{-6}K^{-1}$
불변강(니켈-강철 합금)	$0.9 \times 10^{-6}K^{-1}$
철	$11 \sim 12 \times 10^{-6}K^{-1}$
나일론	$100 \times 10^{-6}K^{-1}$
강철	$15 \sim 16 \times 10^{-6}K^{-1}$
텅스텐	$4.5 \times 10^{-6}K^{-1}$
아연	$31 \times 10^{-6}K^{-1}$

[문제 1] 온도 18°C에서 철로 된 증기 파이프의 길이가 20.0m이다. 온도가 300°C인 조건에서 동작하는 파이프의 길이를 구하라. 철의 선팽창 계수는 $12 \times 10^{-6}K^{-1}$을 가정한다.

길이 $L_1 = 20.0\,\text{m}$, 온도 $t_1 = 18°C$, $t_2 = 300°C$이고, $\alpha = 12 \times 10^{-6}K^{-1}$이다.

300°C에서 파이프의 길이는 다음과 같이 주어진다.

$$\begin{aligned} L_2 &= L_1[1 + \alpha(t_2 - t_1)] \\ &= 20.0[1 + (12 \times 10^{-6})(300 - 18)] \\ &= 20.0[1 + 0.003384] = 20.0[1.003384] \\ &= \boldsymbol{20.06768\,\text{m}} \end{aligned}$$

즉 0.06768m 혹은 **67.68mm**의 길이가 증가한다.

실제로 그런 정도 팽창은 허용이 된다. 뜨거운 유체를 운반하는 파이프라인에 U-모양의 팽창 이음매를 연결하여, 이러한 팽창을 감당하도록 약간의 '유연성'을 제공한다.

[문제 2] 공중의 전기 전송선이 지지대 사이에서 길이가 80.0m이고 온도는 15°C이다. 그 길이가 65°C에서 92mm만큼 증가되었다. 전선 물질의 선팽창 계수를 구하라.

길이는 $L_1 = 80.0\,\text{m}$, $L_2 = 80.0\,\text{m} + 92\,\text{mm} = 80.092\,\text{m}$, 온도는 $t_1 = 15°C$, $t_2 = 65°C$.

$$\begin{aligned} \text{길이 } L_2 &= L_1[1 + \alpha(t_2 - t_1)], \\ 80.092 &= 80.0[1 + \alpha(65 - 15)], \\ 80.092 &= 80.0 + (80.0)\alpha(50), \\ 80.092 - 80.0 &= (80.0)\alpha(50) \end{aligned}$$

따라서 선팽창 계수는 다음과 같다.

$$\alpha = \frac{0.092}{(80.0)(50)} = 0.000023$$
$$\text{즉,} \quad \boldsymbol{\alpha = 23 \times 10^{-6}K^{-1}}$$

(이는 알루미늄에 해당한다. [표 30-1] 참조)

[문제 3] 측정 테이프가 온도 288 K에서 길이가 5.0 m인 구리로 만들어진다. 온도가 313 K으로 상승했을 때 측정의 퍼센트 오차를 구하라. 구리의 선팽창 계수는 $17 \times 10^{-6} \text{K}^{-1}$으로 취한다.

길이는 $L_1 = 5.0 \text{m}$, 온도는 $t_1 = 288 \text{K}$, $t_2 = 313 \text{K}$, 그리고 $\alpha = 17 \times 10^{-6} \text{K}^{-1}$.

313 K에서 길이는 다음과 같이 주어진다:

$$
\begin{aligned}
\text{길이} \ L_2 &= L_1 \left[1 + \alpha (t_2 - t_1) \right] \\
&= 5.0 \left[1 + (17 \times 10^{-6})(313 - 288) \right] \\
&= 5.0 \left[1 + (17 \times 10^{-6})(25) \right] \\
&= 5.0 \left[1 + 0.000425 \right] \\
&= 5.0 \left[1.000425 \right] = 5.002125 \text{m}
\end{aligned}
$$

즉 테이프의 길이가 0.002125 m만큼 증가되었다.

313 K에서 측정의 퍼센트 오차

$$
\begin{aligned}
&= \frac{\text{길이의 증가}}{\text{원래 길이}} \times 100\% \\
&= \frac{0.002125}{5.0} \times 100\% = \mathbf{0.0425\%}
\end{aligned}
$$

[문제 4] 보일러 내 구리 튜브가 온도 20 °C에서 길이가 4.20 m이다. 다음 경우에 튜브의 길이를 구하라. 구리의 선팽창 계수는 $17 \times 10^{-6} \text{K}^{-1}$으로 가정한다.
(a) 10 °C 공급수로만 둘러싸일 때
(b) 보일러가 가동되어 튜브의 평균 온도가 320 °C일 때

(a) 초기 길이는 $L_1 = 4.20 \text{m}$, 초기 온도는 $t_1 = 20 °C$, 최종 온도는 $t_2 = 10 °C$, 그리고 $\alpha = 17 \times 10^{-6} \text{K}^{-1}$이다.

10 °C에서 최종 길이는 다음과 같이 주어진다.

$$
\begin{aligned}
L_2 &= L_1 \left[1 + \alpha (t_2 - t_1) \right] \\
&= 4.20 \left[1 + (17 \times 10^{-6})(10 - 20) \right] \\
&= 4.20 \left[1 - 0.00017 \right] = \mathbf{4.1993 \text{m}}
\end{aligned}
$$

즉 온도가 20 °C에서 10 °C로 감소할 때 튜브는 0.7 mm만큼 줄어든다.

(b) 길이 $L_1 = 4.20 \text{m}$, 온도 $t_1 = 20 °C$, $t_2 = 320 °C$, 그리고 $\alpha = 17 \times 10^{-6} \text{K}^{-1}$이다.

320 °C에서 최종 길이는 다음과 같이 주어진다.

$$
\begin{aligned}
L_2 &= L_1 \left[1 + \alpha (t_2 - t_1) \right] \\
&= 4.20 \left[1 + (17 \times 10^{-6})(320 - 20) \right] \\
&= 4.20 \left[1 + 0.0051 \right] = \mathbf{4.2214 \text{m}}
\end{aligned}
$$

즉 온도가 20 °C에서 320 °C로 증가할 때 튜브는 21.4 mm만큼 늘어난다.

◆ 이제 다음 연습문제를 풀어보자.

[연습문제 140] 선팽창 계수에 대한 확장 문제

1. 납 파이프가 온도 16 °C에서 길이가 50.0 m이다. 그 속으로 뜨거운 물이 통과할 때 파이프 온도가 80 °C로 상승했다. 만약 납의 선팽창 계수가 $29 \times 10^{-6} \text{K}^{-1}$이라면 뜨거운 파이프의 길이를 구하라.

2. 금속 봉이 285 K에서 길이가 3.521 m이다. 373 K에서 봉의 길이는 3.523 m이다. 금속의 선팽창 계수의 값을 구하라.

3. 공중의 구리 전송선이 지지대 사이에서 길이가 40.0 m이고 온도는 20 °C이다. 구리의 선팽창 계수가 $17 \times 10^{-6} \text{K}^{-1}$이라면, 50 °C에서 길이의 증가를 구하라.

4. 놋쇠 측정 테이프가 온도 15 °C에서 길이가 2.10 m이다. (a) 온도가 40 °C로 상승했을 때 길이와 (b) 40 °C에서 측정할 때 퍼센트 오차를 구하라. 놋쇠의 선팽창 계수는 $18 \times 10^{-6} \text{K}^{-1}$으로 가정한다.

5. 할아버지 시계의 진자가 강철로 되었고 길이가 2.0 m이다. 온도가 15 K만큼 상승한다면, 이때 진자의 길이 변화를 구하라. 강철의 선팽창 계수는 $15 \times 10^{-6} \text{K}^{-1}$으로 가정한다.

6. 온도 조절 시스템이 15 °C에서 200 mm 길이의 아연 봉이 팽창하면서 동작한다. 봉이 0.20 mm만큼 팽창할 때 열 공급의 원천이 차단되도록 시스템이 만들어져 있다면, 시스템이 제한되는 온도를 구하라. 아연의 선팽창 계수는 $31 \times 10^{-6} \text{K}^{-1}$으로 가정한다.

7 온도가 288 K일 때 강철 철도 선로의 길이가 30.0 m 이다. 온도가 303 K으로 상승할 때 선로 길이의 증가를 구하라. 강철의 선팽창 계수는 $15 \times 10^{-6} K^{-1}$ 으로 가정한다.

8 놋쇠 축이 직경이 15.02 mm 이고 직경이 15.0 mm 인 구멍에 끼워야만 한다. 힘을 가하지 않고 이것을 가능하게 하려면 축을 얼마나 식혀야 하는지 구하라. 놋쇠의 선팽창 계수는 $18 \times 10^{-6} K^{-1}$ 으로 가정한다.

30.5 면적팽창 계수

온도가 1도 증가할 때 물질의 단위 면적이 늘어나는 양을 물질의 면적팽창 계수coefficient of superficial(즉, area) expansion 라고 부르고, β(그리스 문자 베타)로 표시한다.

초기에 표면적이 A_1이고 온도가 t_1이며 면적팽창 계수 β를 갖는 물질이 온도가 t_2로 증가한다면, 그때 물질의 새 표면적 A_2는 다음과 같이 주어진다.

새 표면적 = 원래 표면적 + 증가된 면적

즉, $\qquad A_2 = A_1 + A_1 \beta(t_2 - t_1)$

즉, $\qquad \boldsymbol{A_2 = A_1 [1 + \beta(t_2 - t_1)]}$ $\qquad$ (2)

아래 **[문제 5]**에서 면적팽창 계수는 매우 근접한 근사치로 선팽창 계수의 두 배, 즉 $\beta \approx 2\alpha$임을 보여준다.

> **[문제 5]** 치수가 $L \times b$인 물질의 직사각형 면적에 대해, 면적팽창 계수가 $\beta \approx 2\alpha$임을 보여라. α는 선팽창 계수 이다.

초기 면적은 $A_1 = Lb$이다. 1 K의 온도 증가에 대해, 변 L은 $(L + L\alpha)$로 늘어나고 변 b는 $(b + b\alpha)$로 늘어날 것이다. 따라서 직사각형의 새 면적 A_2는 다음과 같이 주어진다.

$$A_2 = (L + L\alpha)(b + b\alpha) = L(1 + \alpha)b(1 + \alpha)$$
$$= Lb(1 + \alpha)^2 = Lb(1 + 2\alpha + \alpha^2)$$
$$\approx Lb(1 + 2\alpha)$$

* α^2은 매우 작으므로(30.4절의 전형적인 값들을 참조)

따라서 $A_2 \approx A_1(1 + 2\alpha)$이다.

$(t_2 - t_1)$ [K]의 온도 상승에 대해 다음과 같다.

$$A_2 \approx A_1 [1 + 2\alpha(t_2 - t_1)]$$

따라서 식 (2)로부터, $\boldsymbol{\beta \approx 2\alpha}$이다.

30.6 부피팽창 계수

온도가 1도 증가할 때 물질의 단위 부피가 늘어나는 양을 물질의 부피팽창 계수coefficient of cubic(즉, volumetric) expansion 라고 부르고, γ(그리스 문자 감마)로 표시한다.

초기에 부피가 V_1이고 온도가 t_1이며 부피팽창 계수 γ를 갖는 물질이 온도가 t_2로 증가한다면, 그때 물질의 새 부피 V_2는 다음과 같이 주어진다.

새 부피 = 원래 부피 + 증가된 부피

즉, $\qquad V_2 = V_1 + V_1 \gamma(t_2 - t_1)$

즉, $\qquad \boldsymbol{V_2 = V_1 [1 + \gamma(t_2 - t_1)]}$ $\qquad$ (3)

아래 **[문제 6]**에서 부피팽창 계수는 매우 근접한 근사치로 선팽창 계수의 세 배, 즉 $\gamma \approx 3\alpha$임을 보여준다. 액체는 정해진 모양이 없고 단지 부피 혹은 입방의 팽창만이 고려된다. 따라서 액체의 팽창에 식 (3)이 사용된다.

> **[문제 6]** 치수가 L, b, h인 물질의 직사각형 블록에 대해, 부피팽창 계수가 $\gamma \approx 3\alpha$임을 보여라. α는 선팽창 계수이다.

초기 부피는 $V_1 = Lbh$이다. 1 K의 온도 증가에 대해, 변 L은 $(L + L\alpha)$로 늘어나고, 변 b는 $(b + b\alpha)$로 늘어나며, 변 h는 $(h + h\alpha)$로 늘어날 것이다. 따라서 블록의 새 부피 V_2는 다음과 같이 주어진다.

$$V_2 = (L + L\alpha)(b + b\alpha)(h + h\alpha)$$
$$= L(1 + \alpha)b(1 + \alpha)h(1 + \alpha)$$
$$= Lbh(1 + \alpha)^3 = Lbh(1 + 3\alpha + 3\alpha^2 + \alpha^3)$$
$$\approx Lbh(1 + 3\alpha) \quad \text{두 항 } \alpha^2 \text{과 } \alpha^3 \text{은 매우 작으므로}$$

따라서 $V_2 \approx V_1(1 + 3\alpha)$이다.

$(t_2 - t_1)$ [K]의 온도 상승에 대해 다음과 같다.

$$V_2 \approx V_1 \left[1 + 3\alpha (t_2 - t_1) \right]$$

따라서 식 (3)으로부터, $\gamma \approx 3\alpha$ 이다.

$20\,^{\circ}\text{C}$(즉, $293\,\text{K}$)에서 부피팽창 계수의 몇 가지 **전형적인 값**typical values은 다음과 같다.

에틸알코올	$1.1 \times 10^{-3}\,\text{K}^{-1}$
수은	$1.82 \times 10^{-4}\,\text{K}^{-1}$
파라핀 오일	$9 \times 10^{-2}\,\text{K}^{-1}$
물	$2.1 \times 10^{-4}\,\text{K}^{-1}$

부피팽창 계수 γ는 제한된 온도 범위 내에서만 일정한 값을 갖는다.

[문제 7] 놋쇠 구가 온도 $289\,\text{K}$에서 직경 $50\,\text{mm}$이다. 만약 구의 온도가 $789\,\text{K}$으로 증가한다면, (a) 구 직경의 증가, (b) 구 표면적의 증가, (c) 구 부피의 증가를 구하라. 놋쇠의 선팽창 계수는 $18 \times 10^{-6}\,\text{K}^{-1}$을 가정한다.

(a) 초기 직경 $L_1 = 50\,\text{mm}$, 초기 온도 $t_1 = 289\,\text{K}$, 최종 온도 $t_2 = 789\,\text{K}$이고, $\alpha = 18 \times 10^{-6}\,\text{K}^{-1}$이다.

$789\,\text{K}$에서 새 직경은 다음과 같이 주어진다.

$$\begin{aligned} L_2 &= L_1 \left[1 + \alpha (t_2 - t_1) \right] \quad \text{식 (1)로부터} \\ L_2 &= 50 \left[1 + (18 \times 10^{-6})(789 - 289) \right] \\ &= 50 \left[1 + 0.009 \right] \\ &= 50.45\,\text{mm} \end{aligned}$$

따라서 직경의 증가는 $0.45\,\text{mm}$이다.

(b) 초기 구의 표면적은 다음과 같다.

$$A_1 = 4\pi r^2 = 4\pi \left(\frac{50}{2} \right)^2 = 2500\pi\ \text{mm}^2$$

$789\,\text{K}$에서 새 표면적은 다음과 같이 주어진다.

$$A_2 = A_1 \left[1 + \beta (t_2 - t_1) \right] \quad \text{식 (2)로부터}$$

즉 매우 근접한 근사치로 $\beta \approx 2\alpha$이므로

$$\begin{aligned} A_2 &= A_1 \left[1 + 2\alpha (t_2 - t_1) \right] \\ A_2 &= 2500\pi \left[1 + 2(18 \times 10^{-6})(500) \right] \\ &= 2500\pi \left[1 + 0.018 \right] \\ &= 2500\pi + 2500\pi (0.018) \end{aligned}$$

따라서 표면적의 증가는 $2500\pi (0.018) = 141.4\,\text{mm}^2$이다.

(c) 초기 구의 부피는 다음과 같다.

$$V_1 = \frac{4}{3}\pi r^3 = \frac{4}{3}\pi \left(\frac{50}{2} \right)^3\ \text{mm}^2$$

$789\,\text{K}$에서 새 부피는 다음과 같이 주어진다.

$$V_2 = V_1 \left[1 + \gamma (t_2 - t_1) \right] \quad \text{식 (3)으로부터}$$

즉 근접한 근사치로 $\gamma \approx 3\alpha$이므로

$$\begin{aligned} V_2 &= V_1 \left[1 + 3\alpha (t_2 - t_1) \right] \\ V_2 &= \frac{4}{3}\pi (25)^3 \left[1 + 3(18 \times 10^{-6})(500) \right] \\ &= \frac{4}{3}\pi (25)^3 \left[1 + 0.027 \right] \\ &= \frac{4}{3}\pi (25)^3 + \frac{4}{3}\pi (25)^3 (0.027) \end{aligned}$$

따라서 부피의 증가는 $\frac{4}{3}\pi (25)^3 (0.027) = 1767\,\text{mm}^3$이다.

[문제 8] 온도계에 담긴 수은이 $15\,^{\circ}\text{C}$에서 부피가 $476\,\text{mm}^3$이다. 수은의 부피가 $478\,\text{mm}^3$가 되는 온도를 구하라. 수은의 부피팽창 계수는 $1.8 \times 10^{-4}\,\text{K}^{-1}$을 가정한다.

초기 부피 $V_1 = 476\,\text{mm}^3$, 최종 부피 $V_2 = 478\,\text{mm}^3$, 초기 온도 $t_1 = 15\,^{\circ}\text{C}$, $\gamma = 1.8 \times 10^{-4}\,\text{K}^{-1}$이다.

최종 부피 $V_2 = V_1 \left[1 + \gamma (t_2 - t_1) \right]$ 식 (3)으로부터

즉, $V_2 = V_1 + V_1 \gamma (t_2 - t_1)$

$$t_2 - t_1 = \frac{V_2 - V_1}{V_1 \gamma} = \frac{478 - 476}{(476)(18 \times 10^{-4})} = 23.34\,^{\circ}\text{C}$$

따라서, $t_2 = 23.34 + t_1 = 23.34 + 15 = 38.34\,°\mathrm{C}$

따라서 수은의 부피가 $478\,\mathrm{mm}^3$인 온도는 $38.34\,°\mathrm{C}$이다.

[문제 9] $293\,\mathrm{K}$에서 직사각형 유리블록이 길이 $100\,\mathrm{mm}$, 폭 $50\,\mathrm{mm}$, 깊이 $20\,\mathrm{mm}$를 갖는다. $353\,\mathrm{K}$으로 가열되었을 때 길이 증가량이 $0.054\,\mathrm{mm}$이다. 유리의 선팽창 계수는? 또한 이러한 길이 변화로부터 발생한 (a) 표면적의 증가와 (b) 부피의 증가를 구하라.

최종 길이는 식 (1)로부터 $L_2 = L_1[1 + \alpha(t_2 - t_1)]$이다. 따라서 길이의 증가는 다음과 같이 주어진다.

$$L_2 - L_1 = L_1\alpha(t_2 - t_1)$$

따라서, $0.054 = (100)(\alpha)(353 - 293)$

이로부터 **선팽창 계수**는 다음과 같이 주어진다.

$$\alpha = \frac{0.054}{(100)(60)} = 9 \times 10^{-6}\,\mathrm{K}^{-1}$$

(a) 유리의 초기 표면적은 다음과 같다.

$$A_1 = (2 \times 100 \times 50) + (2 \times 50 \times 20) + (2 \times 100 \times 20)$$
$$= 10,000 + 2000 + 4000 = 16,000\,\mathrm{mm}^2$$

유리의 최종 표면적은 매우 가까운 근사로 $\beta \approx 2\alpha$이기 때문에 다음과 같다.

$$A_2 = A_1[1 + \beta(t_2 - t_1)] = A_1[1 + 2\alpha(t_2 - t_1)]$$

따라서, **표면적의 증가** $= A_1(2\alpha)(t_2 - t_1)$
$$= (16,000)(2 \times 9 \times 10^{-6})(60)$$
$$= 17.28\,\mathrm{mm}^2$$

(b) 유리의 초기 부피는 다음과 같다.

$$V_1 = 100 \times 50 \times 20 = 100,000\,\mathrm{mm}^3$$

유리의 최종 부피는 매우 가까운 근사로 $\gamma \approx 3\alpha$이기 때문에 다음과 같다.

$$V_2 = V_1[1 + \gamma(t_2 - t_1)] = V_1[1 + 3\alpha(t_2 - t_1)]$$

따라서, **부피의 증가** $= V_1(3\alpha)(t_2 - t_1)$
$$= (100,000)(3 \times 9 \times 10^{-6})(60)$$
$$= 162\,\mathrm{mm}^3$$

◆ **이제 다음 연습문제를 풀어보자.**

[연습문제 141] 면적팽창 계수와 부피팽창 계수에 대한 확장 문제

1. 은판이 $15\,°\mathrm{C}$에서 $800\,\mathrm{mm}^2$의 면적을 갖는다. 온도가 $100\,°\mathrm{C}$로 증가할 때 판 면적의 증가를 구하라. 은의 선팽창 계수는 $19 \times 10^{-6}\,\mathrm{K}^{-1}$이라고 가정한다.

2. $283\,\mathrm{K}$에서 온도계는 $440\,\mathrm{mm}^3$의 알코올을 담고 있다. 알코올의 부피팽창 계수가 $12 \times 10^{-4}\,\mathrm{K}^{-1}$이라고 가정하고, 부피가 $480\,\mathrm{mm}^3$가 되는 온도를 구하라.

3. 아연 구가 온도 $20\,°\mathrm{C}$에서 반경이 $30.0\,\mathrm{mm}$이다. 만약 구의 온도가 $420\,°\mathrm{C}$로 올라간다면, (a) 구 반경의 증가, (b) 구 표면적의 증가, (c) 구 부피의 증가를 구하라. 아연의 선팽창 계수는 $31 \times 10^{-6}\,\mathrm{K}^{-1}$이라고 가정한다.

4. $15\,°\mathrm{C}$에서 주철 블록이 $50\,\mathrm{mm} \times 30\,\mathrm{mm} \times 10\,\mathrm{mm}$의 치수를 갖는다. 블록의 온도가 $75\,°\mathrm{C}$로 증가될 때 부피의 증가를 구하라. 주철의 선팽창 계수는 $11 \times 10^{-6}\,\mathrm{K}^{-1}$라고 가정한다.

5. 물 $2l$가 초기에 $20\,°\mathrm{C}$이었다가 $40\,°\mathrm{C}$로 가열되었다. 이 온도 범위에서 물의 부피팽창 계수가 $30 \times 10^{-5}\,\mathrm{K}^{-1}$이라면, $40\,°\mathrm{C}$에서 물의 부피를 구하라.

6. 물의 부피팽창 계수가 $2.1 \times 10^{-4}\,\mathrm{K}^{-1}$이라면, 물 $3\,\mathrm{m}^3$를 $293\,\mathrm{K}$에서 끓는점으로 가열할 때, 체적 증가량을 $[l]$ 단위로 구하라$(1l \approx 10^{-3}\,\mathrm{m}^3)$.

7. 에틸알코올 $0.5l$의 온도를 $40\,°\mathrm{C}$에서 $-15\,°\mathrm{C}$로 낮출 때 부피의 감소를 구하라. 에틸알코올의 부피팽창 계수는 $1.1 \times 10^{-3}\,\mathrm{K}^{-1}$으로 한다.

[연습문제 142] 열팽창에 대한 단답형 문제

1. 대부분의 고체와 액체는 열을 가하면 (　　　)이/가 일어난다.

2 고체와 액체는 차가워질 때 보통 (   ).

3 금속의 팽창이 허용되어야만 하는 세 가지 실제 응용 예를 설명하라.

4 금속의 팽창이 일어날 때 현실적 단점을 설명하라.

5 액체 팽창의 현실적 단점 한 가지를 설명하라.

6 '팽창 계수coefficient of expansion'의 의미는?

7 선팽창 계수의 기호와 단위를 설명하라.

8 '면적팽창 계수'를 정의하고 기호를 설명하라.

9 물이 0°C와 4°C 사이에서 나타내는 예상치 못한 효과를 설명하라.

10 '부피팽창 계수coefficient of cubic expansion'를 정의하고, 기호를 설명하라.

[연습문제 143] 열팽창에 대한 사지선다형 문제

1 구리 봉의 온도가 올라갈 때, 그것의 길이는?
   (a) 같게 머문다.   (b) 증가한다.
   (c) 감소한다.

2 온도가 1도 올라갈 때 물질의 단위 길이가 증가되는 양을 무엇이라 하는가?
   (a) 부피팽창 계수   (b) 면적팽창 계수
   (c) 선팽창 계수

3 부피팽창을 나타내는 기호는?
   (a) γ (b) β (c) L (d) α

4 온도 $\theta_1[\text{K}]$에서 길이 L_1인 물질이 $\theta[\text{K}]$의 온도 증가를 받는다. 물질의 선팽창 계수는 $\alpha[\text{K}^{-1}]$이다. 팽창된 길이는?
   (a) $L_2(1+\alpha\theta)$ (b) $L_1\alpha(\theta-\theta_1)$
   (c) $L_1[1+\alpha(\theta-\theta_1)]$ (d) $L_1\alpha\theta$

5 어떤 철이 선팽창 계수가 $12\times10^{-6}\text{K}^{-1}$이다. 길이가 $100\,\text{mm}$인 철 파이프가 $20\,\text{K}$ 가열된다. 파이프가 늘어난 길이는?
   (a) $0.24\,\text{mm}$ (b) $0.024\,\text{mm}$
   (c) $2.4\,\text{mm}$ (d) $0.0024\,\text{mm}$

6 선팽창 계수가 A이고, 면적팽창 계수가 B이며, 부피팽창 계수가 C라면, 다음 설명 중 틀린 것은?
   (a) $C=3A$ (b) $A=\dfrac{B}{2}$
   (c) $B=\dfrac{3}{2}C$ (d) $A=\dfrac{C}{3}$

7 $100\,\text{mm}$ 길이의 금속 막대가 온도가 $100\,\text{K}$ 상승할 때 $0.3\,\text{mm}$ 만큼 증가했다. 이 금속의 선팽창 계수는?
   (a) $3\times10^{-3}\text{K}^{-1}$ (b) $3\times10^{-4}\text{K}^{-1}$
   (c) $3\times10^{-5}\text{K}^{-1}$ (d) $3\times10^{-6}\text{K}^{-1}$

8 온도 θ_1에서 액체의 부피가 V_1이다. 온도가 θ_2로 증가되었다. γ가 부피팽창 계수라면, 부피의 증가는?
   (a) $V_1\gamma(\theta_2-\theta_1)$ (b) $V_1\gamma\theta_2$
   (c) $V_1+V_1\gamma\theta_2$ (d) $V_1[1+\gamma(\theta_2-\theta_1)]$

9 다음 설명 중 틀린 것은?
   (a) 뜨거운 날씨에 비틀리는 것을 방지하기 위해, 철도 선로의 길이에 틈을 남겨두어야 한다.
   (b) 바이메탈 조각이 서모스탯에 사용되는데, 서모스탯은 온도에 의해 동작하는 스위치이다.
   (c) 물의 온도가 4°C에서 0°C로 감소할 때 수축이 일어난다.
   (d) 15°C의 온도 변화는 15K의 온도 변화와 동일하다.

10 온도 t_1에서 철로 된 직사각형 블록의 부피가 V_1이다. 온도가 t_2로 증가하면 부피는 V_2로 증가한다. 철의 선팽창 계수가 α라면, 부피 V_1은?
   (a) $V_2[1+\alpha(t_2-t_1)]$ (b) $\dfrac{V_2}{1+3\alpha(t_2-t_1)}$
   (c) $3V_2\alpha(t_2-t_1)$ (d) $\dfrac{1+\alpha(t_2-t_1)}{V_2}$

31

이상기체 법칙

Ideal gas laws

이상기체 법칙을 이해하는 것이 왜 중요할까?

기체 내에서 압력, 부피, 온도 사이에 존재하는 관계는 기체 법칙이라 부르는 일련의 법칙으로 주어지는데, 가장 기본적인 보일의 법칙, 샤를의 법칙, 그리고 압력 혹은 게이뤼삭의 법칙, 그와 함께 부분 압력의 돌턴 법칙과 특성 기체 방정식이 바로 그것이다. 이 법칙들은 기체를 저장하거나 전송하는 데 사용하는 원형 실린더와 구 모양인 압력 용기의 설계를 포함하여, 실제 온갖 종류의 응용에서 사용된다. 다른 예로 자동차 타이어 내 압력을 들 수 있는데, 이 압력은 온도 증가 때문에 증가하거나 온도 감소 때문에 감소할 수 있다. 또 다른 예는 대형과 중형의 가스 저장 실린더 및 가정용 스프레이 캔이 있다. 이들은 가열이 되면 폭발할 수 있다. 가정용 스프레이 캔의 경우, 창가에 내버려두면 햇빛이 그들을 가열시켜 가정환경에서도 위험한 폭발이 일어날 수 있고, 혹은 불 가운데에 던져질 때도 그러하다. 이런 경우에 그 결과는 재난이 될 수 있고, 따라서 '가득 찬' 스프레이 캔을 불 속에 던져서는 안 된다. 그렇게 한 것을 매우 슬프게 깊이 후회할지 모른다! 또 다른 예로 '지방' 가스 회사에서 천연 가스(메탄)를 가정용 소유물, 사업용, 기타 등등으로 공급할 때 가스 저장 용기를 사용하는 것을 들 수 있다.

학습포인트

- 보일의 법칙을 기술하고 보일의 법칙을 포함한 계산을 할 수 있다.
- '등온'이란 용어를 이해할 수 있다.
- 샤를의 법칙을 기술하고 샤를의 법칙을 포함한 계산을 할 수 있다.
- '등압'이란 용어를 이해할 수 있다.
- 압력 혹은 게이뤼삭의 법칙을 기술하고 이 법칙을 포함한 계산을 할 수 있다.
- 돌턴의 법칙을 기술하고 돌턴의 법칙을 포함한 계산을 할 수 있다.
- 특성 가스 방정식을 기술하고 특성 기체 방정식을 포함한 계산을 할 수 있다.
- STP란 용어를 이해할 수 있다.

31.1 보일의 법칙

보일의 법칙Boyle's law *은 다음과 같다.

고정된 질량의 기체 부피 V는 일정한 온도에서 절대 압력 p에 반비례한다.

즉 일정한 온도에서

$$p \propto \frac{1}{V} \ \text{혹은} \ p = \frac{k}{V} \ \text{혹은} \ pV = k$$

이다. 여기서 p는 [파스칼(Pa)] 단위의 절대 압력, V는 [m^3] 단위의 부피, k는 상수이다.

일정한 온도에서 일어나는 변화를 등온isothermal 변화라 부른다. 일정한 온도에서 고정된 질량의 기체가 압력 p_1과 부피 V_1에서, 압력 p_2와 부피 V_2로 변화할 때 다음과 같은 관계가 된다.

$$p_1 V_1 = p_2 V_2$$

*보일은 누구?

로버트 보일(Robert Boyle, 1627. 1. 25 ~ 1691. 12. 31)은 자연 철학자, 화학자, 물리학자, 그리고 발명가였다. 오늘날 첫 현대 화학자로 간주되고, 보일의 법칙으로 잘 알려져 있다. 이는 닫힌 시스템 내에서 온도가 일정하게 유지된다면, 기체의 절대 압력과 부피 사이에 반비례하는 관계를 설명해준다.

[문제 1] 기체가 1.8 MPa의 압력에서 부피가 $0.10\,\mathrm{m}^3$이다. (a) 일정한 온도에서 부피가 $0.06\,\mathrm{m}^3$로 변했을 때 압력을 구하고, (b) 일정한 온도에서 압력이 2.4 MPa로 변했을 때 부피를 구하라.

(a) 일정한 온도에서 변화가 일어났기 때문에(즉, 등온 변화), 보일의 법칙을 적용한다. 즉 $p_1 V_1 = p_2 V_2$이다. 여기서 $p_1 = 1.8\,\mathrm{MPa}$, $V_1 = 0.10\,\mathrm{m}^3$, $V_2 = 0.06\,\mathrm{m}^3$.

따라서 $(1.8)(0.10) = p_2 (0.06)$이고, 이로부터

$$\text{압력 } p_2 = \frac{1.8 \times 0.10}{0.06} = 3\,\mathrm{MPa}$$

(b) $p_1 V_1 = p_2 V_2$, 여기서 $p_1 = 1.8\,\mathrm{MPa}$, $V_1 = 0.10\,\mathrm{m}^3$, $p_2 = 2.4\,\mathrm{MPa}$이다.

따라서 $(1.8)(0.10) = (2.4)\,V_2$이고, 이로부터

$$\text{부피 } V_2 = \frac{1.8 \times 0.10}{2.4} = 0.075\,\mathrm{m}^3$$

[문제 2] 등온 과정에서, 다량의 기체 부피가 $3200\,\mathrm{mm}^3$에서 $2000\,\mathrm{mm}^3$로 축소되었다. 기체의 초기 압력이 110 kPa이라면, 최종 압력을 구하라.

이 과정은 등온이기 때문에, 일정한 온도에서 발생하고 따라서 보일의 법칙을 적용한다. 즉 $p_1 V_1 = p_2 V_2$이다. 여기서 $p_1 = 110\,\mathrm{kPa}$, $V_1 = 3200\,\mathrm{mm}^3$, $V_2 = 2000\,\mathrm{mm}^3$.

따라서 $(110)(3200) = p_2 (2000)$이고, 이로부터

$$\text{최종 압력 } p_2 = \frac{110 \times 3200}{2000} = 176\,\mathrm{kPa}$$

[문제 3] 소량의 기체가 실린더 내에 250 kPa의 압력으로 부피 $1.5\,\mathrm{m}^3$를 점유한다. 실린더 내를 움직이는 피스톤이 기체를 등온으로 압축하여 부피를 $0.5\,\mathrm{m}^3$로 만든다. 피스톤 단면이 $300\,\mathrm{cm}^2$라면, 기체가 압축될 때 피스톤에 가한 힘을 계산하라.

등온 과정은 일정한 온도를 의미하고 따라서 보일의 법칙을 적용한다. 즉 $p_1 V_1 = p_2 V_2$이다.

여기서 $V_1 = 1.5\,\mathrm{m}^3$, $V_2 = 0.5\,\mathrm{m}^3$, $p_1 = 250\,\mathrm{kPa}$.

따라서 $(250)(1.5) = p_2 (0.5)$이고, 이로부터

$$\text{압력 } p_2 = \frac{250 \times 1.5}{0.5} = 750\,\mathrm{kPa}$$

압력 $= \dfrac{\text{힘}}{\text{면적}}$ 이고, 이로부터 힘$=$압력$\times$면적이다. 따라서

$$\text{피스톤에 가한 힘} = (750 \times 10^3\,\mathrm{Pa})(300 \times 10^{-4}\,\mathrm{m}^2)$$
$$= 22.5\,\mathrm{kN}$$

[문제 4] 주사기 내 기체가 수은(Hg)의 600 mm 압력을 갖고, 부피가 20 mL이다. 주사기가 3 mL의 부피로 압축된다면, 그것의 온도가 변하지 않는다고 가정했을 때 기체의 압력은 얼마가 될까?

$p_1 V_1 = p_2 V_2$이므로

$$(600\,\mathrm{mmHg})(20\,\mathrm{mL}) = p_2 (3\,\mathrm{mL})$$

이다. 이로부터

$$\text{새 압력 } p_2 = \frac{600\,\mathrm{mmHg} \times 20\,\mathrm{mL}}{3\,\mathrm{mL}}$$
$$= 4000\,\mathrm{mm}\text{의 수은}$$

◆ 이제 다음 연습문제를 풀어보자.

[연습문제 144] 보일의 법칙에 대한 확장 문제

1 다량의 기체가 일정한 온도에서 압력이 $150\,kPa$에서 $750\,kPa$로 증가되었다. 초기 부피가 $1.5\,m^3$라면, 기체의 최종 부피를 구하라.

2 등온 과정에서, 다량의 기체가 $50\,cm^3$에서 $32\,cm^3$로 부피가 축소되었다. 기체의 초기 압력이 $80\,kPa$이라면, 최종 압력을 구하라.

3 공기 컴프레서의 피스톤이 칠 때마다 공기를 원래 부피의 $\frac{1}{4}$로 압축한다. 원래 압력이 $100\,kPa$이라면, 등온 변화를 가정했을 때 공기의 최종 압력을 구하라.

4 실린더 내 기체의 양이 $300\,kPa$의 압력에서 $2\,m^3$의 부피를 점유한다. 피스톤이 실린더 내를 움직여 보일의 법칙에 따라, 부피가 $0.5\,m^3$가 될 때까지 기체를 압축한다. 피스톤의 면적이 $0.02\,m^2$라면, 기체가 압축될 때 피스톤에 가해지는 힘을 계산하라.

5 단순한 펌프 내 기체가 수은(Hg)의 $400\,mm$ 압력을 갖고, 부피가 $10\,mL$이다. 펌프가 $2\,mL$의 부피로 압축된다면, 그것의 온도가 변하지 않는다고 가정했을 때 기체의 압력을 구하라.

＊샤를은 누구?

자크 알렉산더 세사르 샤를(Jacques Alexandre Cesar Charles, 1746. 11. 12 ~ 1823. 4. 7)은 프랑스 발명가, 과학자, 수학자이자 기구 조종사였다. 샤를의 법칙은 기체가 가열될 때 얼마나 팽창하는지를 설명해준다.

온도의 셀시우스 눈금과 열역학 혹은 절대 눈금 사이의 관계는 다음과 같다(29장 참조).

$$\text{켈빈} = \text{셀시우스 도} + 273$$
$$\text{즉, } K = {}^\circ C + 273 \quad \text{혹은} \quad {}^\circ C = K - 273$$

일정한 압력에서 주어진 질량의 기체가 온도 T_1에서는 부피 V_1을, 그리고 온도 T_2에서는 부피 V_2를 점유한다면, 그때 다음과 같은 관계가 된다.

$$\frac{V_1}{T_1} = \frac{V_2}{T_2}$$

31.2 샤를의 법칙

샤를의 법칙$^{\text{Charles' law*}}$은 다음과 같다.

일정한 압력에서 주어진 질량의 기체에 대하여, 부피 V는 열역학 온도 T에 비례한다.

즉 일정한 압력에서

$$V \propto T \quad \text{혹은} \quad V = kT \quad \text{혹은} \quad \frac{V}{T} = k$$

이다. 여기서 T는 [켈빈(K)] 단위의 열역학 온도이다. 일정한 압력에서 일어나는 변화를 등압^{isobaric} 변화라 부른다.

[문제 5] 기체가 $20\,^\circ C$에서 $1.2\,l$의 부피를 점유한다. 압력이 일정하게 유지된다면, $130\,^\circ C$에서 점유한 부피를 구하라.

변화가 일정한 압력에서 일어나기 때문에(즉, 등압 과정), 샤를의 법칙을 적용한다. 즉 $\frac{V_1}{T_1} = \frac{V_2}{T_2}$ 이다.
여기서 $V_1 = 1.2\,l$, $T_1 = 20\,^\circ C = (20 + 273)K = 293K$, $T_2 = (130 + 273)K = 403K$.

따라서 $\frac{1.2}{293} = \frac{V_2}{403}$ 이고, 이로부터

$$130\,^\circ C \text{에서 부피 } V_2 = \frac{(1.2)(403)}{293} = 1.65\,l$$

[문제 6] 150°C의 온도에서 기체가 등압 과정으로 1/3로 부피가 줄어들었다. 기체의 최종 온도를 계산하라.

과정이 등압이기 때문에 일정한 압력에서 일어나므로 샤를의 법칙을 적용한다. 즉 $\dfrac{V_1}{T_1} = \dfrac{V_2}{T_2}$ 이다.

여기서 $T_1 = (150+273)\mathrm{K} = 423\mathrm{K}$, $V_2 = \dfrac{2}{3}V_1$.

따라서 $\dfrac{V_1}{423} = \dfrac{\frac{2}{3}V_1}{T_2}$ 이고, 이로부터

$$\text{최종 온도 } T_2 = \frac{2}{3}(423) = 282\mathrm{K}$$

$$\text{혹은 } (282-273)°\mathrm{C} = 9°\mathrm{C}$$

[문제 7] 풍선이 일정한 내부 압력을 받고 있다. 35°C의 온도에서 그 부피가 $15l$라면, 10°C 온도에서 부피는 얼마일까?

$\dfrac{V_1}{T_1} = \dfrac{V_2}{T_2}$ 이고, 여기서

$T_1 = (35+273)\mathrm{K} = 308\mathrm{K}$, $T_2 = (10+273)\mathrm{K} = 283\mathrm{K}$.

따라서 $\dfrac{15l}{308\mathrm{K}} = \dfrac{V_2}{283\mathrm{K}}$ 이고, 이로부터

$$\text{새 부피 } V_2 = \frac{15l \times 283\mathrm{K}}{308\mathrm{K}} = 13.8l$$

◆ 이제 다음 연습문제를 풀어보자.

[연습문제 145] 샤를의 법칙에 대한 확장 문제

1   초기에 16°C인 소량의 기체가 일정한 압력을 받으면서 96°C로 가열되었다. 만약 기체의 초기 부피가 $0.8\,\mathrm{m}^3$라면, 기체의 최종 부피를 구하라.

2   압력 300kPa에서 $0.02\,\mathrm{m}^3$인 부피의 용기에 기체가 담겨있다. 기체를 부피 $0.015\,\mathrm{m}^3$인 용기로 통과시킨다. 압력이 동일하게 유지되기 위해서 기체를 얼마나 냉각시켜야 하는지 구하라.

3   등압 과정에서 120°C의 온도인 기체가 1/6로 부피가 축소되었다. 기체의 최종 온도를 구하라.

4   풍선의 부피가 27°C의 온도에서 $30l$이다. 풍선이 일정한 내부 압력을 받고 있다면 12°C의 온도에서 체적을 계산하라.

31.3 압력 혹은 게이뤼삭의 법칙

압력 혹은 게이뤼삭의 법칙$^{pressure\ or\ Gay\text{-}Lussac's\ law*}$은 다음과 같다.

고정된 질량의 기체의 압력 p는 일정한 부피에서 열역학 온도 T에 비례한다.

즉,

$$p \propto T \quad \text{혹은} \quad p = kT \quad \text{혹은} \quad \frac{p}{T} = k$$

일정한 부피에서 고정된 질량의 기체가 온도 T_1과 압력 p_1에서 온도 T_2와 압력 p_2로 변화할 때 다음과 같은 관계가 된다.

$$\frac{p_1}{T_1} = \frac{p_2}{T_2}$$

*게이뤼삭은 누구?

조셉 루이 게이뤼삭(Joseph Louis Gay-Lussac, 1778. 12. 6 ～ 1850. 5. 9)은 프랑스 화학자이고 물리학자였다. 그는 주로 기체에 관한 두 법칙으로 잘 알려져 있으며, 또한 알코올-물 혼합물에 대한 연구로 유명하다. 이는 많은 나라에서 알코올 음료를 만드는 데 사용되는 게이뤼삭 눈금을 이끌었다.

[문제 8] 초기에 온도 17˚C이고 압력 150 kPa인 기체가 온도가 124˚C가 될 때까지 일정한 부피에서 가열되었다. 기체의 손실이 없다고 가정하고, 기체의 최종 압력을 구하라.

기체가 일정한 부피이기 때문에, 압력 법칙이 적용된다. 즉

$\dfrac{p_1}{T_1} = \dfrac{p_2}{T_2}$ 이다. 여기서 $T_1 = (17+273)\mathrm{K} = 290\mathrm{K}$,

$T_2 = (124+273)\mathrm{K} = 397\mathrm{K}$, $p_1 = 150\,\mathrm{kPa}$.

따라서 $\dfrac{150}{290} = \dfrac{p_2}{397}$ 이고, 이로부터

$$\text{최종 압력 } p_2 = \frac{(150)(397)}{290} = 205.3\,\mathrm{kPa}$$

[문제 9] 단단한 압력 용기가 20˚C 온도에서 10 대기압의 기체 압력을 받는다. 압력 용기가 견딜 수 있는 최대 압력이 30 대기압이다. 이 용기가 견딜 수 있는 기체 온도 상승은?

(1 대기압은 $1.01325\,\mathrm{bar}$ 혹은 $1.01325 \times 10^5 \mathrm{Pa}$ 혹은 $14.5\,\mathrm{psi}$를 의미한다.)

$\dfrac{p_1}{T_1} = \dfrac{p_2}{T_2}$ 이다. 여기서 $T_1 = (20+273)\mathrm{K} = 293\mathrm{K}$이고,

$$\frac{10 \text{ 대기압}}{293\mathrm{K}} = \frac{30 \text{ 대기압}}{T_2}$$

이다. 이로부터 새 온도는 다음과 같다.

$$T_2 = \frac{30 \text{ 대기압} \times 293\,\mathrm{K}}{10 \text{ 대기압}}$$
$$= 879\,\mathrm{K} \text{ 혹은 } (879-273)˚\mathrm{C} = 606˚\mathrm{C}$$

따라서, **온도 상승** $= (879-293)\mathrm{K} = \mathbf{586\,K}$

혹은, **온도 상승** $= (606-20)˚\mathrm{C} = \mathbf{586˚C}$

`Note` 586 K의 온도 변화는 586˚C의 온도 변화와 동일하다.

◆ **이제 다음 연습문제를 풀어보자.**

[연습문제 146] 압력 법칙에 대한 확장 문제

1 초기에 27˚C 온도와 100 kPa인 압력을 갖는 기체가 일정한 부피에서 온도가 150˚C가 될 때까지 가열되었다. 기체의 손실이 없다고 가정하고, 기체의 최종 압력을 구하라.

2 15˚C 온도에서 8 대기압인 압력을 받는 압력 용기가 있다. 이 용기가 견딜 수 있는 최대 압력은 28 대기압이다. 용기가 견딜 수 있는 기체 온도 증가를 구하라.

31.4 부분 압력의 돌턴 법칙

부분 압력의 돌턴 법칙$^{\text{Dalton's law of partial pressure}*}$은 다음과 같다.

주어진 고정된 부피에서 혼합 기체의 총 압력은 고정된 온도에서, 각 기체를 분리하여 고려했을 때의 각 기체 압력을 모두 합한 것과 같다.

고정된 부피를 각 성분 기체가 홀로 점유할 때의 각 성분 기체의 압력을 그 기체의 부분 압력$^{\text{partial pressure}}$이라고 부른다.

이상기체$^{\text{ideal gas}}$는 31.2~31.5절에 주어진 기체 법칙을 완벽하게 따르는 기체이다. 실제 어떤 기체도 이상기체가 아니지만, 공기는 이상기체에 매우 가깝다. 계산 목적으로 보면 이상기체와 실제 기체 사이의 차이는 매우 적다.

***돌턴은 누구?**

존 돌턴(John Dalton, 1766. 9. 6 ~ 1844. 7. 27)은 영국 화학자, 기상학자이고 물리학자이었다. 그는 화학에서 현대 원자 이론의 개발에 대한 연구로 가장 잘 알려져 있으며, 부분 압력에 대한 그의 법칙은 현재 돌턴의 법칙으로 알려져 있다.

[문제 10] 용기 속 기체 R은 온도 $18\,°C$에서 압력 $200\,\mathrm{kPa}$을 발휘한다. 기체 Q가 용기에 더해지고 같은 온도에서 압력이 $320\,\mathrm{kPa}$로 증가되었다. 같은 온도에서 기체 Q가 홀로 발휘하는 압력을 구하라.

초기 압력 $p_R = 200\,\mathrm{kPa}$이고 기체 R과 Q를 합한 압력은 $p = p_R + p_Q = 320\,\mathrm{kPa}$이다.

부분 압력의 돌턴 법칙에 의해, **기체 Q 홀로의 압력**은 다음과 같다.

$$p_Q = p - p_R = 320 - 200 = 120\,\mathrm{kPa}$$

◆ 이제 다음 연습문제를 풀어보자.

[연습문제 147] 부분 압력의 돌턴 법칙에 대한 확장 문제

1 용기 속 기체 A는 온도 $20\,°C$에서 압력 $120\,\mathrm{kPa}$을 발휘한다. 기체 B가 용기에 더해지고 같은 온도에서 압력이 $300\,\mathrm{kPa}$로 증가되었다. 같은 온도에서 기체 B가 홀로 발휘하는 압력을 구하라.

31.5 특성 기체 방정식

종종 기체가 어떤 변화를 하고 있을 때, 압력, 온도, 부피는 모두 동시에 변화한다. 기체의 질량에 변화가 없다고 가정하면, 상기 기체 법칙은 서로 결합되어 다음과 같이 된다.

$$\frac{p_1 V_1}{T_1} = \frac{p_2 V_2}{T_2} = k, \quad \text{여기서 } k\text{는 상수}$$

이상기체에 대해, 상수 $k = mR$이다. 여기서 m은 $[\mathrm{kg}]$ 단위의 기체의 질량이고, R은 특성 기체 상수characteristic gas constant이다. 즉,

$$\frac{pV}{T} = mR \quad \text{혹은} \quad pV = mRT$$

이 식은 특성 기체 방정식characteristic gas equation이라 부른다. 이 방정식에서, p는 $[\mathrm{Pa}]$ 단위의 절대 압력, V는 $[\mathrm{m}^3]$ 단위의 부피, R은 $[\mathrm{J/(kg\,K)}]$ 단위의 특성 기체 상수, T는 $[\mathrm{K}]$ 단위의 열역학 온도이다.

특성 기체 상수 R의 몇 가지 전형적인 값들은 다음과 같다: 공기 $287\,\mathrm{J/(kg\,K)}$, 수소 $4160\,\mathrm{J/(kg\,K)}$, 산소 $260\,\mathrm{J/(kg\,K)}$, 이산화탄소 $184\,\mathrm{J/(kg\,K)}$.

표준 온도와 압력(STP)Standard Temperature and Pressure은 $0\,°C$, 즉 $273\,\mathrm{K}$의 온도, 그리고 $101.325\,\mathrm{kPa}$의 보통 대기압을 가리킨다.

31.6 특성 기체 방정식에 대한 실전문제

[문제 11] 기체가 $120\,°C$ 온도와 $100\,\mathrm{kPa}$ 압력일 때 $2.0\,\mathrm{m}^3$ 부피를 갖는다. 압력이 $250\,\mathrm{kPa}$이라면, $15\,°C$에서 이 기체의 부피를 구하라.

결합된 기체 법칙을 사용하면 $\dfrac{p_1 V_1}{T_1} = \dfrac{p_2 V_2}{T_2}$이다. 여기서 $V_1 = 2.0\,\mathrm{m}^3$, $p_1 = 100\,\mathrm{kPa}$, $p_2 = 250\,\mathrm{kPa}$, $T_1 = (120 + 273)\,\mathrm{K} = 393\,\mathrm{K}$, $T_2 = (15 + 273)\,\mathrm{K} = 288\,\mathrm{K}$ 이므로

$$\frac{(100)(2.0)}{393} = \frac{(250)\,V_2}{288}$$

이다. 이로부터 **$15\,°C$에서 부피**는 다음과 같다.

$$V_2 = \frac{(100)(2.0)(288)}{(393)(250)} = 0.586\,\mathrm{m}^3$$

[문제 12] 초기에 $180\,°C$ 온도와 $600\,\mathrm{kPa}$ 압력에서 $20{,}000\,\mathrm{mm}^3$ 부피를 갖던 공기가 압력이 $120\,\mathrm{kPa}$에서 부피가 $70{,}000\,\mathrm{mm}^3$로 팽창되었다. 이 과정에서 손실이 없다고 가정할 때, 공기의 최종 온도를 구하라.

결합된 기체 법칙을 사용하면 $\dfrac{p_1 V_1}{T_1} = \dfrac{p_2 V_2}{T_2}$이다. 여기서 $V_1 = 20{,}000\,\mathrm{mm}^3$, $V_2 = 70{,}000\,\mathrm{mm}^3$, $p_1 = 600\,\mathrm{kPa}$, $p_2 = 120\,\mathrm{kPa}$, $T_1 = (180 + 273)\,\mathrm{K} = 453\,\mathrm{K}$이므로

$$\frac{(600)(20{,}000)}{453} = \frac{(120)(70{,}000)}{T_2}$$

이다. 이로부터 **최종 온도**는 다음과 같다.

$$T_2 = \frac{(120)(70,000)(453)}{(600)(20,000)} = 317\text{K} \quad 혹은 \quad 44\,^\circ\text{C}$$

[문제 13] 4 bar 압력과 40 °C 온도에 있는 어떤 공기가 0.05 m³의 부피를 갖는다. 공기의 특성 기체 상수가 287 J/(kg K)이라고 가정할 때, 공기의 질량을 구하라.

$pV = mRT$이다. 여기서 $p = 4\,\text{bar} = 4 \times 10^5\,\text{Pa}$
(1 bar $= 10^5$ Pa이기 때문. 28장 참조), $V = 0.05\,\text{m}^3$,
$T = (40 + 273)\text{K} = 313\text{K}$, $R = 287\,\text{J/(kg K)}$ 이므로

$$(4 \times 10^5)(0.05) = m(287)(313)$$

이다. 이로부터 **공기의 질량**은 다음과 같다.

$$m = \frac{(4 \times 10^5)(0.05)}{(287)(313)} = 0.223\,\text{kg} \quad 혹은 \quad 223\,\text{g}$$

[문제 14] 헬륨 실린더의 부피가 600 cm³이다. 실린더가 25 °C 온도에서 200 g의 헬륨을 담고 있다. 헬륨의 특성 기체 상수가 2080 J/(kg K)이라면, 헬륨의 압력을 구하라.

특성 기체 방정식 $pV = mRT$로부터,
$V = 600\,\text{cm}^3 = 600 \times 10^{-6}\,\text{m}^3$, $m = 200\,\text{g} = 0.2\,\text{kg}$,
$T = (25 + 273)\text{K} = 298\text{K}$, $R = 2080\,\text{J/(kg K)}$이다.

따라서, $(p)(600 \times 10^{-6}) = (0.2)(2080)(298)$

이로부터,

$$압력\ p = \frac{(0.2)(2080)(298)}{600 \times 10^{-6}}$$
$$= 206,613,333\,\text{Pa} = 206.6\,\text{MPa}$$

[문제 15] 직경이 1.2 m인 구형 용기가 압력 2 bar이고 온도 −20 °C의 산소를 담고 있다. 용기 내 산소의 질량을 구하라. 산소의 특성 기체 상수는 0.260 kJ/(kg K)으로 한다.

특성 기체 방정식 $pV = mRT$로부터,

$V =$ 구형 용기의 체적

$$= \frac{4}{3}\pi r^3 = \frac{4}{3}\pi \left(\frac{1.2}{2}\right)^3 = 0.905\,\text{m}^3$$

$p = 2\,\text{bar} = 2 \times 10^5\,\text{Pa}$

$T = (-20 + 273)\text{K} = 253\text{K}$

$R = 0.260\,\text{kJ/(kg K)} = 260\,\text{J/(kg K)}$

따라서, $(2 \times 10^5)(0.905) = m(260)(253)$

이로부터,

$$산소의\ 질량\ m = \frac{(2 \times 10^5)(0.905)}{(260)(253)} = 2.75\,\text{kg}$$

[문제 16] 온도 20 °C와 압력 150 kPa에서 비체적specific volume이 0.5 m³/kg인 기체의 특성 기체 상수를 구하라.

특성 기체 방정식 $pV = mRT$로부터 $R = \dfrac{pV}{mT}$이다. 여기서,

$p = 150 \times 10^3\,\text{Pa}$

$T = (20 + 273)\text{K} = 293\text{K}$

비체적 $V/m = 0.5\,\text{m}^3/\text{kg}$

따라서 **특성 기체 상수**는 다음과 같다.

$$R = \left(\frac{p}{T}\right)\left(\frac{V}{m}\right) = \left(\frac{150 \times 10^3}{293}\right)(0.5)$$
$$= 256\,\text{J/(kg K)}$$

◆ **이제 다음 연습문제를 풀어보자.**

[연습문제 148] 특성 기체 방정식에 대한 확장 문제

1 압력 120 kPa과 온도 90 °C일 때 기체의 부피가 1.20 m³이다. 압력이 320 kPa로 증가한다면, 20 °C 에서 기체의 부피를 구하라.

2 압력 500 kPa과 온도 20 °C에서 주어진 질량의 공기 부피가 0.5 m³이다. STP에서 공기의 부피를 구하라.

3 풍선이 온도 22 °C에서 16 *l*의 부피를 가지고, 110 kPa의 내부 압력을 받고 있다. 풍선의 내부 압력 이 50 kPa로 감소된다면, 그리고 온도 또한 12 °C로 감소된다면, 풍선의 부피는 어떻게 되겠는가?

4 직경이 2.0 m인 구형 용기가 압력 300 kPa이고, 온도 −30°C의 수소를 담고 있다. 용기 내 수소의 질량을 구하라. 수소의 특성 기체 상수 R은 4160 J/(kg K)으로 가정한다.

5 직경이 200 mm이고 길이가 1.5 m인 실린더가 압력 2 MPa이고 온도 20°C의 산소를 담고 있다. 실린더 내 산소의 질량을 구하라. 산소의 특성 기체 상수는 260 J/(kg K)으로 가정한다.

6 압력이 5 MPa이 될 때까지 부피가 0.1 m³인 빈 실린더로 기체를 펌프질해서 넣었다. 기체의 온도는 40°C이다. 만약 기체가 더해졌을 때 실린더의 질량이 5.32 kg만큼 증가한다면, 특성 기체 상수 값을 구하라.

7 기체의 질량은 1.2 kg이고 STP에서 부피 13.45 m³를 점유한다. 이 기체의 특성 기체 상수를 구하라.

8 초기에 온도 150°C와 압력 500 kPa에서 30 cm³의 공기가 압력 200 kPa에서 100 cm³의 부피로 팽창되었다. 이 과정에서 손실이 없다고 가정할 때, 공기의 최종 온도를 구하라.

9 실린더 내 기체가 압력 400 kPa이고 온도 27°C에서 부피 0.05 m³를 점유하고 있다. 압력이 1 MPa이 될 때까지 보일의 법칙에 따라 압축되고, 그다음 부피가 0.03 m³가 될 때까지 샤를의 법칙에 따라 팽창한다. 기체의 최종 온도를 구하라.

10 온도 35°C와 압력 2 bar에 있는 소량의 공기가 부피 0.08 m³를 점유하고 있다. 공기의 특성 기체 상수를 287 J/(kg K)으로 가정하고, 공기의 질량을 구하라(1 bar = 10^5 Pa).

11 온도 17°C와 압력 200 kPa에서 비체적specific volume이 0.267 m³/kg인 기체의 특성 기체 상수 R을 구하라.

31.7 특성 기체 방정식에 대한 실전문제의 확장

[문제 17] 부피가 0.80 m³인 용기가 온도 17°C와 압력 450 kPa에서 헬륨과 수소의 혼합물을 담고 있다. 현재 헬륨 질량이 0.40 kg이라면 (a) 각 기체의 부분 압력과 (b) 현재 수소의 질량을 구하라. 헬륨의 특성 기체 상수는 2080 J/(kg K)이고, 수소의 특성 기체 상수는 4160 J/(kg K)으로 가정한다.

(a) $V = 0.80$ m³, $p = 450$ kPa,
$T = (17 + 273)$ K = 290 K, $m_{He} = 0.40$ kg,
$R_{He} = 2080$ J/(kg K)

p_{He}이 헬륨의 부분 압력이라면, 그때 특성 기체 방정식을 사용하여, $p_{He} V = m_{He} R_{He} T$는 다음과 같이 주어진다.

$$(p_{He})(0.80) = (0.40)(2080)(290)$$

이로부터 헬륨의 부분 압력은 다음과 같다.

$$p_{He} = \frac{(0.40)(2080)(290)}{(0.80)} = 301.6 \text{ kPa}$$

부분 압력의 돌턴 법칙에 따라 총 압력 p는 부분 압력들의 합, 즉 $p = p_H + p_{He}$로 주어진다. 이로부터 **수소의 부분 압력**은 다음과 같다.

$$p_H = p - p_{He} = 450 - 301.6 = \mathbf{148.4 \text{ kPa}}$$

(b) 특성 기체 방정식으로부터 $p_H V = m_H R_H T$이고, 따라서

$$(148.4 \times 10^3)(0.8) = m_H (4160)(290)$$

이다. 이로부터 **수소의 질량**은 다음과 같다.

$$m_H = \frac{(148.4 \times 10^3)(0.8)}{(4160)(290)}$$
$$= 0.098 \text{ kg 혹은 } 98 \text{ g}$$

[문제 18] 압축된 공기 실린더는 부피가 $1.2\,\text{m}^3$이고 온도 $25\,^\circ\text{C}$와 압력 $1\,\text{MPa}$의 공기를 담고 있다. 온도 $15\,^\circ\text{C}$와 압력 $300\,\text{kPa}$로 떨어질 때까지 실린더에서 공기가 방출되었다. (a) 용기로부터 방출된 공기의 질량과 (b) 방출된 공기가 STP에서 점유할 부피를 구하라. 공기의 특성 기체 상수는 $287\,\text{J/(kg\,K)}$으로 가정한다.

$V_1 = 1.2\,\text{m}^3 (= V_2)$, $p_1 = 1\,\text{MPa} = 10^6\,\text{Pa}$,

$T_1 = (25 + 273)\,\text{K} = 298\,\text{K}$,

$T_2 = (15 + 273)\,\text{K} = 288\,\text{K}$,

$p_2 = 300\,\text{kPa} = 300 \times 10^3\,\text{Pa}$

$R = 287\,\text{J/(kg\,K)}$

(a) 실린더 내 공기의 초기 질량을 구하기 위해, 특성 기체 방정식 $p_1 V_1 = m_1 R T_1$을 사용하면 다음과 같다.

$$(10^6)(1.2) = m_1 (287)(298)$$

이로부터,

$$\text{질량}\ m_1 = \frac{(10^6)(1.2)}{(287)(298)} = 14.03\,\text{kg}$$

이와 유사하게, 실린더 내 공기의 최종 질량을 구하기 위해 $p_2 V_2 = m_2 R T_2$를 사용하면,

$$(300 \times 10^3)(1.2) = m_2 (287)(288)$$

이로부터,

$$\text{질량}\ m_2 = \frac{(300 \times 10^3)(1.2)}{(287)(288)} = 4.36\,\text{kg}$$

실린더로부터 방출된 공기의 질량
$$= m_1 - m_2 = 14.03 - 4.36 = \mathbf{9.67\,kg}$$

(b) STP에서 $T = 273\,\text{K}$, $p = 101.325\,\text{kPa}$이다. 특성 기체 방정식 $pV = mRT$를 사용하면,

$$\text{부피}\ V = \frac{mRT}{p} = \frac{(9.67)(287)(273)}{101,325} = \mathbf{7.48\,m^3}$$

[문제 19] 용기^{vessel} X가 온도 $27\,^\circ\text{C}$와 압력 $750\,\text{kPa}$의 기체를 담고 있다. 온도 $27\,^\circ\text{C}$와 압력 $1.2\,\text{MPa}$의 유사한 기체로 채워진 용기 Y에 밸브를 통하여 용기 X가 연결되었다. 용기 X의 부피는 $2.0\,\text{m}^3$이고, 용기 Y의 부피는 $3.0\,\text{m}^3$이다. 밸브가 열리고 기체가 서로 섞이는 것이 허용될 때, $27\,^\circ\text{C}$에서 최종 압력을 구하라. 기체의 R은 $300\,\text{J/(kg\,K)}$으로 가정한다.

용기 X에 대해:

$p_X = 750 \times 10^3\,\text{Pa}$, $T_X = (27 + 273)\,\text{K} = 300\,\text{K}$,

$V_X = 2.0\,\text{m}^3$, $R = 300\,\text{J/(kg\,K)}$

특성 기체 방정식으로부터 $p_X V_X = m_X R T_X$이고, 따라서

$$(750 \times 10^3)(2.0) = m_X (300)(300)$$

이다. 이로부터, 용기 X 내 기체의 질량은 다음과 같다.

$$m_X = \frac{(750 \times 10^3)(2.0)}{(300)(300)} = 16.67\,\text{kg}$$

용기 Y에 대해:

$p_Y = 1.2 \times 10^6\,\text{Pa}$, $T_Y = (27 + 273)\,\text{K} = 300\,\text{K}$,

$V_Y = 3.0\,\text{m}^3$, $R = 300\,\text{J/(kg\,K)}$

특성 기체 방정식으로부터 $p_Y V_Y = m_Y R T_Y$이고, 따라서

$$(1.2 \times 10^6)(3.0) = m_Y (300)(300)$$

이다. 이로부터, 용기 Y 내 기체의 질량은 다음과 같다.

$$m_Y = \frac{(1.2 \times 10^6)(3.0)}{(300)(300)} = 40\,\text{kg}$$

밸브가 열리면, 혼합 기체의 질량은
$m = m_X + m_Y = 16.67 + 40 = 56.67\,\text{kg}$,
총 부피는 $V = V_X + V_Y = 2.0 + 3.0 = 5.0\,\text{m}^3$,
$R = 300\,\text{J/(kg\,K)}$, $T = 300\,\text{K}$ 이다.

특성 기체 방정식으로부터

$$pV = mRT$$
$$p(5.0) = (56.67)(300)(300)$$

이로부터 **최종 압력**은 다음과 같다.

$$p = \frac{(56.67)(300)(300)}{5.0} = 1.02\,\text{MPa}$$

◆ **이제 다음 연습문제를 풀어보자.**

[연습문제 149] 이상기체 법칙에 대한 확장 문제

1   용기 P가 온도 25 °C에서 압력 800 kPa의 기체를 담고 있다. 온도 25 °C에서 압력 1.5 MPa의 유사한 기체로 채워진 용기 Q에 밸브를 통하여 용기 P가 연결되었다. 용기 P의 부피는 1.5 m³이고, 용기 Q의 부피는 2.5 m³이다. 밸브가 열리고 기체가 서로 섞이는 것이 허용될 때, 25 °C에서 최종 압력을 구하라. 기체의 R은 297 J/(kg K)으로 가정한다.

2   용기가 온도 40 °C와 압력 600 kPa에서 질량 4 kg의 공기를 담고 있다. 용기가 다른 용기에 짧은 파이프로 연결되어 공기가 그 속으로 빠져나간다. 두 용기의 최종 압력은 250 kPa이고 온도는 모두 15 °C이다. 만약 두 번째 용기에 공기가 들어가기 전에 압력이 0이라면, 각 용기의 부피를 구하라. 공기의 R은 287 J/(kg K)으로 가정한다.

3   부피가 0.75 m³인 용기가 온도 27 °C와 압력 200 kPa에서 공기와 이산화탄소의 혼합물을 담고 있다. 현재 공기 질량이 0.5 kg이라면, (a) 각 기체의 부분 압력과 (b) 이산화탄소의 질량을 구하라. 공기의 특성 기체 상수는 287 J/(kg K)이고, 이산화탄소의 특성 기체 상수는 184 J/(kg K)으로 가정한다.

4   17 °C 온도에서 150 kPa 압력을 가질 때 다량의 기체가 0.02 m³의 부피를 점유한다. 만약 온도가 57 °C이고, 압력이 500 kPa이 될 때까지 기체가 압축된다면, 그리고 기체의 특성 기체 상수는 205 J/(kg K)이라고 하면, (a) 기체가 점유하는 부피와 (b) 기체의 질량을 구하라.

5   압축된 공기 실린더가 0.6 m³의 부피를 갖고 37 °C 온도와 1.2 MPa 압력에서 공기를 담고 있다. 사용 후에 절대 압력은 800 kPa이고 온도는 17 °C이다. (a) 실린더에서 제거된 공기의 질량과 (b) 제거된 공기의 질량이 STP 조건에서 점유할 부피를 구하라. 공기의 R은 287 J/(kg K)으로 가정하고, 대기압은 100 kPa로 한다.

[연습문제 150] 이상기체 법칙에 대한 단답형 문제

1   보일의 법칙을 설명하라.

2   샤를의 법칙을 설명하라.

3   압력 법칙을 설명하라.

4   부분 압력의 돌턴 법칙을 설명하라.

5   온도의 셀시우스 눈금과 열역학 눈금 간의 관계를 설명하라.

6   (a) 등온 변화와 (b) 등압 변화란 무엇인가?

7   이상기체를 정의하라.

8   특성 기체 방정식을 설명하라.

9   STP의 의미는 무엇인가?

[연습문제 151] 이상기체 법칙에 대한 사지선다형 문제

1   다음 설명 중 틀린 것은?
(a) 일정 온도에서, 샤를의 법칙이 적용된다.
(b) 일정한 온도에서 부피가 증가될 때, 주어진 질량의 기체 압력은 감소한다.
(c) 등압 변화는 일정한 압력에서 일어나는 변화이다.
(d) 보일의 법칙은 일정한 온도에서 적용된다.

2   기체가 400 kPa 압력에서 부피가 4 m³이다. 일정한 온도에서, 압력이 500 kPa로 증가되었다. 이 기체가 점유한 새 부피는?
(a) 5 m³   (b) 0.3 m³
(c) 0.2 m³   (d) 3.2 m³

3   온도 27 °C에서 기체가 5 m³의 부피를 점유한다. 압력은 동일하나 온도는 57 °C일 때 같은 질량의 기체 부피는?
(a) 10.56 m³   (b) 5.50 m³
(c) 4.55 m³   (d) 2.37 m³

4 다음 설명 중 틀린 것은?

(a) 이상기체는 기체 법칙들을 완벽하게 따르는 기체이다.

(b) 등온 변화는 일정한 부피에서 일어나는 변화이다.

(c) 일정한 압력에서 온도가 증가하면 기체의 부피는 증가한다.

(d) 일정한 압력에서 일어나는 변화를 등압 변화라고 부른다.

※ **(문제 5~6)** 압력이 $250\,\text{kPa}$이고 온도가 $400\,\text{K}$일 때 기체가 $0.4\,\text{m}^3$의 부피를 갖는다.

5 압력이 $400\,\text{kPa}$로 증가하고 부피가 $0.8\,\text{m}^3$로 증가할 때 온도는?

(a) $400\,\text{K}$ (b) $80\,\text{K}$

(c) $1280\,\text{K}$ (d) $320\,\text{K}$

6 온도가 $600\,\text{K}$으로 증가하고 부피가 $0.2\,\text{m}^3$로 감소할 때 압력은?

(a) $187.5\,\text{kPa}$ (b) $250\,\text{kPa}$

(c) $333.3\,\text{kPa}$ (d) $750\,\text{kPa}$

7 온도가 $546\,\text{K}$이고 압력이 $101.325\,\text{kPa}$에서 기체의 부피가 $3\,\text{m}^3$이다. 이 기체가 STP에서 점유하는 부피는?

(a) $3\,\text{m}^3$ (b) $1.5\,\text{m}^3$ (c) $6\,\text{m}^3$

8 다음 설명 중 틀린 것은?

(a) 특성 기체 상수의 단위는 $\text{J}/(\text{kg}\,\text{K})$이다.

(b) STP 조건은 $273\,\text{K}$, $101.325\,\text{kPa}$이다.

(c) 모든 기체는 이상기체이다.

(d) 이상기체는 기체 법칙들을 따르는 기체이다.

※ **(문제 9~10)** 질량 $5\,\text{kg}$인 공기가 부피 $2.87\,\text{m}^3$의 용기 속으로 펌프된다. 공기의 특성 기체 상수는 $287\,\text{J}/(\text{kg}\,\text{K})$이다.

9 온도가 $27\,°\text{C}$일 때 압력은?

(a) $1.6\,\text{kPa}$ (b) $6\,\text{kPa}$

(c) $150\,\text{kPa}$ (d) $15\,\text{kPa}$

10 압력이 $200\,\text{kPa}$일 때 온도는?

(a) $400\,°\text{C}$ (b) $127\,°\text{C}$

(c) $127\,\text{K}$ (d) $283\,\text{K}$

32

온도 측정
The measurement of temperature

온도 측정을 이해하는 것이 왜 중요할까?

물질 온도의 변화는 종종 하나 혹은 그 이상의 물리적 특성의 변화를 가져올 수 있다. 따라서 온도를 직접 측정할 수 없더라도, 그 효과는 측정할 수 있다. 온도 변화를 결정하기 위해 사용되는 물질의 몇몇 특성에는 치수, 전기 저항, 상태, 복사의 형태와 복사량 그리고 색 등의 변화가 포함된다. 온도를 측정할 수 있는 장치는 다양하고 많다. 이 장에서 설명한 것은 과학과 산업에서 가장 흔하게 사용되는 것들이다. 온도의 측정은 기계 및 과학과 공학의 많은 분야에서 중요하다.

학습포인트

- 다음 온도 측정 장치에 대한 구조, 동작 원리, 그리고 실제 응용을 설명할 수 있다.
  - (a) 유리 속 액체 온도계(수은의 이점과 오차의 원천을 포함)
  - (b) 열전기쌍(장점과 오차의 원천을 포함)
  - (c) 저항 온도계(백금 코일의 한계와 장점을 포함)
  - (d) 서미스터(thermistor)
  - (e) 파이로미터(pyrometer)(총 복사 타입과 광 타입, 장점과 단점을 포함)
- 다음의 동작 원리를 설명할 수 있다.
  - (a) 온도지시 페인트와 크레용
  - (b) 바이메탈 온도계(bimetallic thermometer)
  - (c) 강철 속 수은 온도계
  - (d) 가스 온도계
- 특정한 응용을 목적으로 할 때, 그에 적합한 온도 측정 장치를 선택할 수 있다.

32.1 서론

물질 온도의 변화는 종종 하나 혹은 그 이상의 물리적 특성의 변화를 가져올 수 있다. 따라서 온도를 직접 측정할 수 없더라도, 그 효과는 측정할 수 있다. 온도 변화를 결정하기 위해 사용되는 물질의 몇몇 특성에는 치수, 전기 저항, 상태, 복사의 형태와 복사량 그리고 색 등의 변화가 포함된다.

온도를 측정할 수 있는 장치는 다양하고 많다. 32.2~32.10절에서 설명한 것은 과학과 산업에서 가장 흔하게 사용되는 것들이다.

32.2 유리 속 액체 온도계

유리 속 액체 온도계^liquid-in-glass thermometer는 온도가 증가하면 액체가 팽창하는 원리를 이용한 것이다.

32.2.1 구조

전형적인 유리 속 액체 온도계는 [그림 32-1]과 같다. 유리로 만든, 모세관^capillary tube이라 부르는 균일하고 작은 구멍이 있는 튜브의 밀봉된 기둥으로 구성되는데, 한 쪽 끝에는 원통형 유리구가 있다. 구와 기둥 부분은 수은이나 알코올과 같은 액체로 채워지고, 튜브의 나머지 부분은 진공이다. 온도 눈금은 온도계의 기둥에 눈금을 에칭하여 표시한다. 온도가 눈금의 상한을 넘어 더 증가되었을 때, 그 속으로 액체가 들어가서 유리를 깨트리지 않고 팽창될 수 있도록 보통 안전 저장 공간을 만들어준다.

[그림 32-1]

32.2.2 동작 원리

유리 속 액체 온도계의 동작은, 온도가 증가하면 팽창하고 온도가 감소하면 수축되는 액체에 의존한다. [그림 32-1]과 같이 튜브 내 액체 기둥 끝에, 온도를 측정할 액체가 든 구^{bulb}가 있다. 온도계를 보정하기 위해 두 고정점이 필요한데, 두 고정점 사이의 간격을 '도'로 분할한다. 셀시우스가 만든 첫 온도계에서 선택한 고정점은 얼음이 녹는 온도 $(0\,°C)$와 표준 대기압에서 물이 끓는 온도$(100\,°C)$이고, 각 경우에 대해 백지 기둥에 액체 수준을 마크로 표시한다. 두 간격 사이의 거리는 기본 간격이라 부르는데, 100개의 등간격으로 나누고 각각을 $1\,°C$로 하여, 이렇게 눈금이 완성된다.

체온 근방에 한정된 눈금을 갖는 **체온계**$^{clinical\ thermometer}$, 최고 낮 온도와 최저 밤 온도를 기록하는 **최고 온도계**^{maximum} ^{thermometer} 혹은 **최저 온도계**$^{minimum\ thermometer}$, 그리고 고정점을 갖지 않고 오직 온도의 변화만을 정확히 측정하기 위해서 사용되는 **베크만 온도계**$^{Beckman\ thermometer*}$는 모두 같은 원리로 동작하는 유리 속 액체 온도계의 특별한 타입들이다.

32.2.3 장점

유리 속 액체 온도계는 구조가 간단하고, 상대적으로 저렴하며, 사용하기 쉽고 휴대가 가능해서, 산업, 화학, 임상, 기상 분야에 응용되는 온도 측정 방법에 가장 널리 사용된다.

32.2.4 단점

유리 속 액체 온도계는 깨지기 쉽고 따라서 쉽게 부서지며, 눈에 보이는 액체 기둥에만 사용될 수 있고, 표면의 온도 측정에는 사용될 수 없으며, 멀리 떨어져서 읽을 수 없고 고온 측정에는 부적합하다.

32.2.5 수은의 장점

온도계에 수은을 사용하면 많은 장점을 가진다. 왜냐하면 수은은:

- 명확히 눈에 보이고,
- 매우 균일한 팽창률을 가지며,
- 순수한 상태로 쉽게 얻을 수 있고,
- 유리를 '적시지' 않으며,
- 열의 훌륭한 전도체이다.

수은은 어는점이 $-39\,°C$이고 이 온도 아래에서는 온도계에 사용될 수 없다. 수은의 끓는점은 $357\,°C$이지만 만약 수은 위 공간이 진공이면 이 온도에 도달하기 전에 일부 수은의 증류가 일어난다. 이것을 방지하기 위해, 그리고 온도의 상한을 $500\,°C$ 이상으로 확장하기 위해, 모세관 튜브의 잔여 부분을 압력이 있는 질소 같은 불활성 기체로 채운다. 모세관 튜브 내에서 보일 수 있도록 종종 빨갛게 염색한 알코올이 사용되는데, 알코올은 수은보다 현저하게 싸고 어는점도 수은보다 현저하게 낮은 $-113\,°C$이다. 그러나 알코올은 끓는점이 약 $79\,°C$로 낮다.

*베크만은 누구?

베크만(Beckman)에 관한 정보는 www.routledge.com/cw/bird에서 찾을 수 있다.

32.2.6 오차

유리 속 액체 온도계에서 전형적인 오차는 다음과 같은 것 때문에 발생한다.

- 유리의 느린 냉각 속도
- 온도계의 잘못된 위치
- 안정되기 까지 온도계의 지연(즉, 느린 응답 시간)
- 모세관 튜브에서 구멍의 비균일성, 이는 기둥상에 표시된 동일한 간격이 같은 온도에 해당하지 않음을 의미한다.

32.3 열전기쌍

열전기쌍thermocouple은 두 개의 서로 다른 금속의 접점이 가열될 때 기전력(e.m.f.)electromotive force이 생성되는 것을 이용한다.

32.3.1 동작 원리

예를 들어 구리와 콘스탄탄constantan과 같은 두 개의 서로 다른 금속의 접점에는, 접점의 온도에 따라 변화하는 전위가 존재한다. 이것을 '열전 효과thermo-electric effect'라고 부른다. 만약 제2의 접점을 다른 온도에 존재하도록 하여 [그림 32-2]와 같이 회로를 완성한다면 전류가 회로를 따라 흐르게 될 것이다. 이 원리가 열전기쌍에 사용된다. [그림 32-2]는 끝을 함께 꼬아놓은 두 개의 서로 다른 금속 전도체이다. 두 접점이 서로 다른 온도에 존재한다면, 전류 I가 회로를 따라 흐른다.

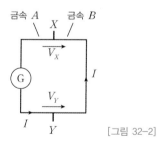

[그림 32-2]

갈바노미터 G에서 계기 바늘의 편향은 접점 X와 접점 Y 사이의 온도 차이에 따라 달라지고, 전압 V_x와 전압 V_y 사이의 차이에 의해 야기된다. 더 높은 쪽 온도를 갖는 접점을 보통 '열접점hot junction'이라고 부르고, 더 낮은 온도를 갖는 접점

을 '냉접점cold junction'이라고 부른다. 만약 알고 있는 온도에서 냉접점이 일정하게 유지된다면, 갈바노미터를 보정하면 갈바노미터가 열접점의 온도를 직접 지시하도록 할 수 있다. 그때 냉접점은 기준 접점reference junction이라고 부른다.

많은 계측 상황에서, 측정 계기는 측정이 실행되는 지점에서 멀리 떨어져 위치할 필요가 있다. 그때 연장선이 사용되는데, 보통 같은 열전기쌍 물질을 사용하지만 더 작은 게이지로 연장선을 만든다. 그러면 기준 접점은 사실상 양 끝으로 이동한다. 열전기쌍은 온도가 측정되는 곳에 열접점을 위치시켜 사용한다. 만약 기준 접점이 0°C에 존재한다면, 계기는 열접점의 온도를 지시할 것이다,

(열접점의 온도)=(냉접점의 온도)+(온도 차이)

실험실에서 기준 접점은 흔히 녹는 얼음 속에 위치시키지만, 산업계에서는 보통 일정한 온도로 조정되고 있는 오븐 내에 혹은 온도가 일정한 묻힌 땅속에 위치시킨다.

32.3.2 구조

열전기쌍 접점은 두 개의 서로 다른 금속 전선의 양 끝을 함께 서로 꼬아서 용접하여 만든다. 전형적인 산업용의 구리-콘스탄탄 열전기쌍 구조는 [그림 32-3]과 같다. 실제 접점으로부터 갈라져서, 두 전도체를 [그림 32-3]과 같이 적절한 절연체로 만든 쌍으로 구멍이 난 튜브에 통과시켜, 서로 전기적 절연을 시켜야만 한다. 전선과 절연체는 일반적으로 덮개 속에 삽입시켜, 주변 환경으로부터 손상되고 부식되는 것을 방지한다.

32.3.3 응용

구리-콘스탄탄 열전기쌍은 -250°C부터 약 400°C에 이르는 온도를 측정할 수 있고, 전형적으로 보일러 굴뚝 연도 가스, 조리 과정, 영하 온도 측정에 사용된다. 철-콘스탄탄 열전기쌍은 -200°C부터 약 850°C에 이르는 온도를 측정할 수 있고, 전형적으로 종이와 펄프 공장, 재연소 및 어닐링 노, 그리고 화학 반응기에서 사용된다. 크로멜-알루멜 열전기쌍은 -200°C부터 약 1100°C에 이르는 온도를 측정할 수 있고, 전형적으로 용광로 가스, 벽돌 가마와 유리 제조에 사용된다.

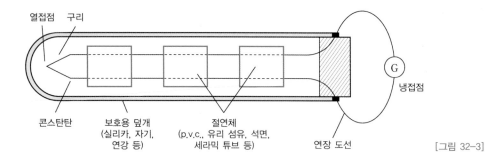

열접점 구리

콘스탄탄

보호용 덮개
(실리카, 자기,
연강 등)

절연체
(p.v.c., 유리 섬유, 석면,
세라믹 튜브 등)

연장 도선

G

냉접점

[그림 32-3]

1100°C 이상의 온도 측정에는 복사 파이로미터가 일반적으로 사용된다. 그러나 백금-백금/로듐으로 만든 열전기쌍도 사용 가능하고, 이것은 1400°C까지 온도 측정이 가능하다. 혹은 텅스텐-몰리브덴 열전기쌍은 2600°C까지 측정할 수 있다.

32.3.4 장점

열전기쌍은

- 매우 간단하고 상대적으로 덜 비싼 구조를 가지고,
- 매우 작고 소형으로 만들어 질 수 있으며,
- 튼튼하고,
- 손상되면 쉽게 대체되며,
- 응답 시간이 짧고,
- 실제 측정하려는 기계에서 얼마간 떨어져서 사용될 수 있고, 따라서 자동 및 원격 조정 시스템과 사용하기에 이상적이다.

32.3.5 오차의 원인

극복하기가 어려운, 열전기쌍에서 오차의 원인은 다음과 같다.

- 도선과 접점에서 전압 강하
- 냉접점에서의 온도 변화 가능성
- 두 금속으로 된 '이상적'인 열전기쌍 회로에 더 많은 금속을 추가할 때 야기되는 흩어져 있는 열전 효과

도선을 연장하거나 혹은 전압계 단자에 연결을 하기 위해 종종 도선을 추가하는 것이 필요하다.

열전기쌍은 밀리볼트 미터 대신 배터리로 혹은 전력 본선으로 동작하는 전자 온도계와 함께 사용되기도 한다. 이 장치들은 열전기쌍에서 발생한 작은 기전력을 증폭한 후, 온도 눈금으로 직접 보정해서 여러 범위로 측정하는 볼트미터로 이 증폭된 기전력을 공급한다. 이 장치들은 높은 정확도를 가지며, 도선과 접점에서 발생하는 전압 강하에 의해 거의 영향을 받지 않는다.

[문제 1] 크로멜-알루멜chromel-alumel 열전기쌍이 $5\,\text{mV}$의 기전력을 생성한다. 냉접점이 $15°\text{C}$의 온도에 존재하고, 열전기쌍의 민감도가 $0.04\,\text{mV}/°\text{C}$라면, 열접점의 온도를 구하라.

$5\,\text{mV}$의 온도차$= \dfrac{5\,\text{mV}}{0.04\,\text{mV}/°\text{C}} = 125°\text{C}$

열접점의 온도$=$냉접점의 온도$+$온도 차이
$\qquad\qquad = 15°\text{C} + 125°\text{C} = 140°\text{C}$

◆ 이제 다음 연습문제를 풀어보자.

[연습문제 152] 열전기쌍에 대한 확장 문제

1 백금-백금/로듐 열전기쌍이 $7.5\,\text{mV}$의 기전력을 생성한다. 냉접점이 $20°\text{C}$의 온도에 존재한다고 할 때, 열접점의 온도를 구하라. 열전기쌍의 민감도는 $6\,\mu\text{V}/°\text{C}$로 가정한다.

32.4 저항 온도계

저항 온도계resistance thermometer는 온도 변화에 의해 야기된 전기 저항의 변화를 이용한다.

32.4.1 구조

저항 온도계는 설계한 응용 목적에 따라 다양한 크기, 모양, 외형을 갖는다. [그림 32-4]에 일반적인 저항 온도계를 도식적으로 나타내었다. 백금의 민감도가 구리나 니켈 같은 다른 금속만큼 크지 않더라도, 이런 온도계에서 가장 흔하게 코일로 사용되는 금속은 백금이다. 백금은 매우 안정된 금속이고, 저항 온도계에서 재현성 있는 결과를 제공한다. 백금 저항 온도계는 종종 보정 장치로 사용된다. 백금은 비싸기 때문에 온도계를 측정 회로에 연결하기 위해서는 다른 금속, 즉 일반적으로는 구리를 연결 도선으로 사용한다.

[그림 32-4]에서 백금과 연결 도선이 A와 B에 결합되어 있고, 때로는 이 접점이 덮개 외부에 만들어질 수 있다. 그러나 이 도선들은 종종 열원과 가깝게 접촉이 되고, 이는 측정에 오차를 일으킬 수 있다. 이러한 오차는 모조 도선^{dummy lead}이라 부르는 한 쌍의 같은 도선을 포함시켜, 모조 도선을 통해 연장 도선과 같은 온도 변화를 이끌어냄으로써 제거할 수 있다.

32.4.2 동작 원리

대부분의 금속에서 온도 상승은 전기 저항을 증가시키고, 이 저항은 정확하게 측정될 수 있다. 따라서 이러한 특성을 온도를 측정하는 데 사용할 수 있다. 만약 $0°C$에서 일정 길이의 전선이 갖는 저항이 R_0이고 $\theta°C$에서 저항이 R_θ라면, 그때 $R_\theta = R_0(1+\alpha\theta)$이다. 여기서 α는 물질의 저항의 온도 계수이다(34장 참조). 재배열하면 다음과 같다.

$$온도 \ \theta = \frac{R_\theta - R_0}{\alpha R_0}$$

R_0와 α 값은 실험적으로 결정될 수 있거나 혹은 기존의 데이터로부터 구할 수 있다. 따라서 R_θ가 측정되면, 온도 θ는 계산될 수 있다. 이것이 저항 온도계의 동작 원리이다. R_θ를 측정하기 위해 민감한 저항계를 사용할 수도 있지만, 보다 정확히 측정하기 위하여 [그림 32-5]와 같은 휘트스톤* 브리지 회로^{Wheatstone bridge circuit}를 사용한다. 이 회로는 미지의 저항 R_θ와 나머지 기지의 저항들을 비교하는데, 기지의 저항은 고정 저항 R_1과 R_2, 가변 저항 R_3이다. 갈바노미터 G는 중앙이 0에 맞추어진 민감한 마이크로암페어미터이다. 갈바노미터에 편향이 0이 되도록, 즉 G를 통해서 전류가 흐르지 않고 브리지가 '평형'이 되었다고 할 때까지 R_3를 조정하도록 한다.

평형이 되었을 때, $R_2 R_\theta = R_1 R_3$

이로부터, $R_\theta = \dfrac{R_1 R_3}{R_2}$

R_1과 R_2가 같은 값이면, $R_\theta = R_3$이다.

저항 온도계는 [그림 32-5]에서 A와 B 두 점 사이에 연결될 수 있고, 어떤 온도 θ에 있는 저항 R_θ는 정확하게 측정된다. 팔 BC에 포함된 모조 도선은 이러한 온도계에서 일반적으로 연장 도선이 필요한데, 이 연장 도선에 의해 생기는 오차를 제거하도록 도와준다.

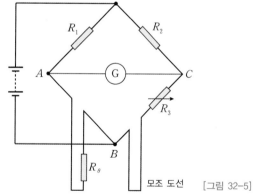

[그림 32-5]

모조 도선

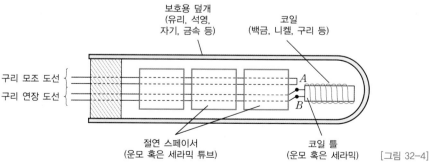

보호용 덮개
(유리, 석영, 자기, 금속 등)

코일
(백금, 니켈, 구리 등)

구리 모조 도선

구리 연장 도선

절연 스페이서
(운모 혹은 세라믹 튜브)

코일 틀
(운모 혹은 세라믹)

[그림 32-4]

*휘트스톤은 누구?

휘트스톤(Wheatstone)에 관한 정보는 www.routledge.com/cw/bird 에서 찾을 수 있다.

32.4.3 한계

니켈 코일을 사용하는 저항 온도계는 주로 $-100\,^\circ$C에서 $300\,^\circ$C의 범위에서 사용되고, 반면에 백금 저항 온도계는 더 높은 정확도로 $-200\,^\circ$C에서 약 $800\,^\circ$C의 범위에서 사용될 수 있다. 만약 높은 녹는점을 가진 물질이 덮개와 코일 구조에 사용된다면 온도 상한이 약 $1500\,^\circ$C까지 더 높은 범위로 확장될 수 있다.

32.4.4 백금 코일의 장점과 단점

백금은 화학적으로 비활성, 즉 반응이 없고, 부식과 산화에 강하다. 그리고 $1769\,^\circ$C의 높은 녹는점을 갖기 때문에 일반적인 저항 온도계에 사용된다. 백금의 단점은 온도 변화에 느리게 반응하는 응답 특성이다.

32.4.5 응용

백금 저항 온도계는 보정 장치로 사용될 수 있고, 혹은 열 처리 및 어닐링 공정과 같은 응용에도 사용된다. 또한 자동 기록 및 조절 시스템과 함께 사용되는 용도에 문제없이 잘 적용된다. 저항 온도계는 잘 깨지는 경향이 있고 쉽게 손상을 받는데, 특히 과도한 진동이나 충격이 가해지면 그러한 문제가 발생할 수 있어 주의를 요한다.

[문제 2] 백금 저항 온도계는 $0\,^\circ$C에서 25Ω의 저항을 갖는다. 어닐링 공정의 온도를 측정했을 때, 60Ω의 저항 값이 기록되었다. 이것은 몇 도의 온도에 해당하는가? 백금 저항의 온도 계수는 $0.0038/\,^\circ$C로 한다.

$R_\theta = R_0(1+\alpha\theta)$, 여기서 $R_0 = 25\Omega$, $R_\theta = 60\Omega$, $\alpha = 0.0038/\,^\circ$C이다. 재배열하면 다음과 같다.

$$온도\ \ \theta = \frac{R_\theta - R_0}{\alpha R_0} = \frac{60-25}{(0.0038)(25)} = 368.4\,^\circ C$$

◆ 이제 다음 연습문제를 풀어보자.

[연습문제 153] 저항 온도계에 대한 확장 문제

1 백금 저항 온도계는 $0\,^\circ$C에서 100Ω의 저항을 갖는다. 열 공정의 온도를 측정했을 때, 휘트스톤 브리지를 사용하여 177Ω의 저항 값이 기록되었다. 백금 저항의 온도 계수가 $0.0038/\,^\circ$C로 주어질 때, 열 공정의 온도를 구하라.

32.5 서미스터

서미스터^{thermistor}는 구리, 망간, 코발트 등의 산화물 혼합물과 같은 반도체 물질로, 두 도선에 연결되어 녹여 만든 구슬 형태를 하고 있다. 온도가 올라가면 저항은 급격히 감소한다. 서미스터와 보통의 금속에 대한 전형적인 저항/온도 곡선은 [그림 32-6]과 같다. 전형적인 서미스터의 저항은 $0\,^\circ$C에서 400Ω부터 $140\,^\circ$C에서 100Ω까지 변할 수 있다.

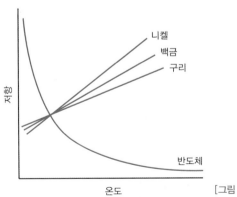

[그림 32-6]

32.5.1 장점

서미스터의 주요 장점은 높은 민감도와 작은 크기이다. 그것은 작은 온도 변화를 측정하고 검출하는 저렴한 방법을 제공한다.

32.6 파이로미터

파이로미터^{pyrometer}는 매우 높은 온도를 측정하는 장치로서, 모든 물질은 뜨거워질 때 복사 에너지를 방출하고, 그 방출 비율은 온도에 의존한다는 원리를 이용한다. 그러므로 열복사의 측정은 뜨거운 열원의 온도를 결정하는 편리한 방법이고, 특히 산업 공정에서 유용하다. 파이로미터의 두 가지 주요 타입은 총 복사 파이로미터와 광 파이로미터이다.

파이로미터는 열원으로부터 안전하고 편안한 위치에 떨어져 사용될 수 있기 때문에 매우 편리한 계기이다. 따라서 파이로미터는 용해된 금속, 용광로의 내부 혹은 화산의 내부에서 온도를 측정하는 데 사용된다. 총 복사 파이로미터는 또한 연속적으로 온도를 기록하고 조절하는 장치와 함께 사용될 수 있다.

32.6.1 총 복사 파이로미터

총 복사 파이로미터$^{total\ radiation\ pyrometer}$의 전형적인 배열은 [그림 32-7]과 같다. 용광로 같은 뜨거운 열원으로부터 복사된 에너지는 오목 거울에서 반사된 후 열전기쌍의 열접점 상에 초점이 맞춰진다. 열전기쌍에 의해 기록된 온도 증가는 받은 복사 에너지 양에 의존하고, 이는 다시 뜨거운 열원의 온도에 의존한다. 열전기쌍에 연결된 갈바노미터 G를 만들어진 기전력의 결과인 전류를 측정하고, 보정을 하면 뜨거운 열원의 온도를 직접 읽을 수 있다.

열전기쌍은 보는 바와 같이 가리개에 의해 직접 복사로부터 보호되고, 뜨거운 열원은 관찰 망원경을 통해 볼 수 있다. 더 큰 민감도를 위해, **서모파일**^{thermopile}이 사용되는데, 서모파일은 많은 수의 열전기쌍이 직렬로 연결된 것이다. 총 복사 파이로미터는 700 ° C에서 2000 ° C까지 범위의 온도 측정에 사용된다.

32.6.2 광 파이로미터

물체의 온도가 충분히 올라갈 때, 두 가지 시각적 효과가 일어난다. 즉 물체는 점점 더 밝아져 보이고, 방출되는 빛의 색에 변화가 일어난다. 이러한 효과들은 빛을 내는 뜨거운 열원의 밝기를 온도를 알고 있는 필라멘트에서의 빛과 서로 비교하거나 혹은 맞추어 보는 방식으로 광 파이로미터 optical pyrometer에 활용된다.

가장 빈번하게 사용되는 광 파이로미터는 소멸되는 필라멘트 파이로미터이고, 그에 대한 전형적인 배열은 [그림 32-8]과 같다. 뜨거운 열원으로부터의 복사를 받아들이는 망원경 장치 속에 필라멘트 램프를 세우고, 그것의 이미지를 접안렌즈를 통해 바라본다. 빨간 필터는 눈을 보호하기 위해 일체화된다.

램프를 통해 흐르는 전류는 가변 저항기로 조절된다. 전류가 증가되면서 필라멘트 온도도 증가하고 색이 변한다. 접안렌즈를 통해 볼 때, 램프의 필라멘트는 뜨거운 열원으로부터 복사된 에너지의 이미지 상에 중첩되어 나타난다. 필라멘트가 배경과 같이 밝게 빛을 낼 때까지 전류를 변화시킨다. 그러면 필라멘트가 배경에 융합되어 사라지는 것처럼 보이게 된다. 이렇게 되도록 만들기 위해 필요한 전류 값으로부터 뜨거운 열원의 온도 측정이 가능하며, 전류계를 보정하면 온도를 직접 읽을 수 있다. 광 파이로미터는 심지어 3000 ° C를 초과하는 온도까지 측정하는 데 사용될 수 있다.

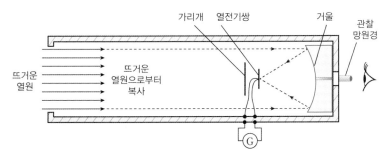

[그림 32-7]

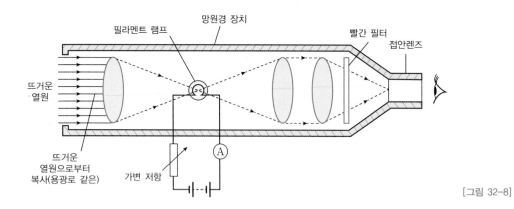

[그림 32-8]

필라멘트 램프 망원경 장치 빨간 필터 접안렌즈

뜨거운 열원

뜨거운 열원으로부터 복사(용광로 같은)

가변 저항

A

32.6.3 파이로미터의 장점

❶ 파이로미터가 측정할 수 있는 온도에 실제적 한계가 없다.

❷ 파이로미터는 뜨거운 영역에 직접 가져올 필요가 없어, 다른 측정 장치들에서의 사용 시 성능 악화의 원인이 되는 열과 화학적 공격의 영향으로부터 자유롭다.

❸ 파이로미터는 매우 빠른 속도의 온도 변화를 따라갈 수 있다.

❹ 움직이는 물체의 온도도 측정할 수 있다.

❺ 렌즈 시스템은 파이로미터가 열원으로부터의 거리에 실제적으로 무관하게 만든다.

32.6.4 파이로미터의 단점

❶ 파이로미터는 종종 다른 온도 측정 장치와 비교했을 때 더 비싸다.

❷ 열 공정을 직접 관찰할 필요가 있다.

❸ 수동 조정이 필요하다.

❹ 파이로미터를 보정하고 사용하는 데 어느 정도의 숙련과 주의가 필요하다. 새로운 측정 상황이 될 때마다 파이로미터는 다시 보정되어야만 한다.

❺ 주변 환경의 온도는 파이로미터를 읽는 데 영향을 주고, 그런 오차는 제거하기가 어렵다.

32.7 온도 지시 페인트와 크레용

온도 지시 페인트^{temperature-indicating paint}는 특정 온도로 가열이 되면 색이 변화되는 물질을 포함하고 있다. 이 변화는 일반적으로 물의 손실과 같은 화학적 분해 때문에 발생하는데, 특정 온도에 도달한 후 페인트의 색 변화는 영구적인 것이 될 것이다. 그러나 어떤 타입에서는 냉각이 되면 원래 색으로 되돌아간다. 온도 지시 페인트는 장치나 기계의 가까이하기 어려운 부분의 온도를 알 필요가 있는 곳에 사용된다. 그들은 냉각 조작을 하기 전에 부품의 온도를 알 필요가 있는 열처리 공정에서 특히 유용하다. 이러한 페인트에는 여러 가지가 가능하고, 대부분 좁은 온도 범위만을 가지므로 다른 온도에 대해서는 다른 페인트가 사용되어야만 한다. 이런 페인트로 커버되는 온도의 범위는 보통 약 30°C에서 700°C까지이다.

온도-민감 크레용^{temperature-sensitive crayon}은 막대 형태로 압축된 녹기 쉬운 고체로 구성된다. 그런 크레용의 녹는점은 주어진 온도에 도달했는지를 결정하는 데 사용된다. 크레용은 사용이 간편하지만 오직 한 온도, 즉 크레용의 녹는점 온도만 가리킨다. 각각 커버하는 온도의 특정 범위가 다른 100여 개 이상의 서로 다른 크레용들이 존재한다. 크레용은 50°C에서 1400°C의 범위 내 온도에 대해 사용 가능하다. 그런 크레용은 용접 전의 사전 가열, 경화, 어닐링 혹은 담금질과 같은 야금술 응용에, 혹은 기계의 중요한 부분의 온도를 모니터링하는 데, 혹은 고무나 플라스틱 산업에서 금형 온도를 체크하는 데 사용된다.

32.8 바이메탈 온도계

바이메탈 온도계^{bimetallic thermometer}는 지시 포인터로 동작하는 금속 조각들의 팽창에 의존한다. 온도 팽창이 다른 두 개의 얇은 금속 조각이 용접되어 함께 고정되어 있고, 온도 변화에 따라 바이메탈 조각의 굴곡 정도가 변한다. 더 높은 민감도를 갖도록 하려면 조각들을 둘둘 감아서 편평한 와선 혹은 나선형으로, 한쪽 끝은 고정시키고 다른 쪽 끝은 눈금 위에서 포인터가 회전되도록 만든다. 바이메탈 온도계는 극도의 정확도가 필수적이지 않은 온도 초과 및 경보 용도에 유용하다. 만약 전부 덮개 안에 위치한다면, 부식 환경으로부터 보호가 가능하지만 응답 특성에 감쇠가 발생한다. 이런 종류의 온도계가 갖는 보통의 온도 상한은 약 200°C이고, 그렇지만 특별한 금속과 함께하여 이 범위는 약 400°C로 확장될 수 있다.

32.9 강철 속 수은 온도계

강철 속 수은 온도계mercury-in-steel thermometer는 유리 속 수은 온도계의 원리를 확장한 것이다. 강철 구 내 수은은 작은 구멍의 모세관 튜브를 거쳐, 부르동 게이지Bourdon gauge라 부르는 압력-지시 장치 속으로 팽창된다. 포인터 위치는 팽창의 양을 가리키고, 이에 따라 온도를 가리킨다. 이 계기의 장점은 튼튼하다는 것과 모세관 튜브의 길이를 증가시키면 게이지는 구로부터 얼마간의 거리만큼 떨어뜨릴 수 있고, 따라서 유리 속 액체 온도계로는 측정하기 어려운 위치에서 온도를 모니터링하는 데 사용될 수 있다는 것이다. 그런 온도계는 600°C까지 높은 온도를 측정하는 데 사용될 수 있다.

32.10 가스 온도계

가스 온도계gas thermometer는 모세관 튜브에 의해 가스를 담은 용기에 연결된 유연성 있는 수은 U-튜브로 구성된다. 일정한 압력에서 고정된 질량의 가스 부피의 변화, 혹은 일정한 부피에서 고정된 질량의 가스 압력의 변화가 온도를 측정하는 데 사용될 수 있다. 이 온도계는 번거롭기 때문에 직접 온도를 측정하는 데는 거의 사용되지 않고, 종종 다른 타입의 온도계를 보정하기 위한 표준으로 사용된다. 순수한 수소와 함께하면 계기의 범위는 −240°C에서 1500°C까지 확장되고 최고의 정확도로 측정이 가능하다.

32.11 측정 장치의 선택

[문제 3] 다음 주어진 상황에서 어느 장치가 가장 적당한지 설명하라.

(a) 50°C에서 1600°C의 범위에 있는 용광로 내 금속을 측정하기 위해서
(b) 0°C에서 40°C의 범위에 있는 사무실 내 공기를 측정하기 위해서
(c) 15°C에서 300°C의 범위에 있는 보일러 굴뚝의 가스를 측정하기 위해서
(d) 425°C에 도달했을 때 시각적 지시가 필요한 금속 표면을 측정하기 위해서
(e) 2000°C에서 2800°C의 범위에 있는 고온 용광로 내의 물질을 측정하기 위해서
(f) −100°C에서 500°C의 범위에 있는 열전기쌍을 보정하기 위해서
(g) 900°C까지 가마 내의 벽돌을 측정하기 위해서
(h) −25°C에서 −75°C의 범위에 있는 식품 처리 응용을 위한 저렴한 방법

(a) 복사 파이로미터
(b) 유리 속 수은 온도계
(c) 구리-콘스탄탄 열전기쌍
(d) 온도-민감 크레용
(e) 광 파이로미터
(f) 백금 저항 온도계 혹은 가스 온도계
(g) 크로멜-알루멜 열전기쌍
(f) 유리 속 알코올 온도계

◆ 이제 다음 연습문제를 풀어보자.

[연습문제 154] 온도 측정에 대한 단답형 문제

※ (문제 1~10) 다음에 열거된 온도 측정 장치 각각에 대하여, 동작 원리와 측정 가능한 온도 범위를 간략하게 설명하라.

1 유리 속 수은 온도계

2 유리 속 알코올 온도계

3 열전기쌍

4 백금 저항 온도계

5 총 복사 파이로미터

6 광 파이로미터

7 온도-민감 크레용

8 바이메탈 온도계

9 강철 속 수은 온도계

10 가스 온도계

[연습문제 155] 온도 측정에 대한 사지선다형 문제

1 매우 작은 온도 변화를 측정하기 위해 가장 적합한 장치는?
(a) 서모파일   (b) 열전기쌍   (c) 서미스터

2 서로 다른 금속인 두 전선을 함께 꼰 후 접점에 열을 가하면 기전력이 생성된다. 열전기쌍에서 사용되는 이 효과는 무엇을 측정하기 위한 것인가?
(a) 기전력   (b) 온도
(c) 팽창   (d) 열

3 열전기쌍의 냉접점이 $15\,°C$인 온도에 존재한다. 열전기쌍 회로에 연결된 전압계는 $10\,mV$를 가리킨다. 만약 전압계가 $20\,°C/mV$로 보정된다면, 열접점의 온도는?
(a) $185\,°C$ (b) $200\,°C$
(c) $35\,°C$ (d) $215\,°C$

4 구리-콘스탄탄에 의해 생성된 기전력은 $15\,mV$이다. 냉접점의 온도가 $20\,°C$라면, 열전기쌍의 민감도가 $0.03\,mV/°C$일 때 열접점의 온도는?
(a) $480\,°C$ (b) $520\,°C$
(c) $20.45\,°C$ (d) $500\,°C$

※ (문제 5~12) 주어진 문제에 대해, 다음 보기 중에서 가장 적절한 온도 측정 장치를 선택하라.
(a) 구리-콘스탄탄 열전기쌍
(b) 서미스터
(c) 유리 속 수은 온도계
(d) 총 복사 파이로미터
(e) 백금 저항 온도계
(f) 가스 온도계
(g) 온도-민감 크레용
(h) 유리 속 알코올 온도계
(i) 바이메탈 온도계
(j) 강철 속 수은 온도계
(k) 광 파이로미터

5 약 $180\,°C$에서 온도 초과 경보

6 $-250\,°C$에서 $+250\,°C$의 범위에 있는 식품 처리 공장

7 $90\,°C$에서 $250\,°C$의 범위에 있는 열처리 공정을 위한 자동 기록 시스템

8 $1000\,°C$에서 $1800\,°C$의 범위에 있는 녹은 금속의 표면

9 유리 속 수은 온도계를 정확하게 보정하는 방법

10 $3000\,°C$까지의 용광로

11 매우 작은 온도 변화를 측정하는 저렴한 방법

12 온도가 $520\,°C$에 도달할 때 시각적 지시가 필요한 금속 표면

PART 3

전기 응용
Electrical applications

전기회로 개론
An introduction to electric circuits

전기회로 개론을 이해하는 것이 왜 중요할까?

전기회로는 현대 기술에서 기본 골격이 되는 한 영역이다. 회로는 전기 부품들을 서로 연결하여 구성하고, 기호를 사용하여 회로를 그릴 수 있다. 엔지니어는 전기회로를 사용하여 전력과 전기에너지를 생성하고 전송하고 소비하는 것과 같은, 현대 사회에서의 중요한 문제를 해결한다. 다른 전력 공급원과 달리 전기가 갖는 탁월한 특성은 이동성과 유연성이다. 전기회로에 사용되는 부품들에는 에너지원과 저항기, 커패시터, 인덕터 등이 포함된다. 전기회로 해석이란 회로 내 하나 혹은 그 이상의 부품들과 연관된 전압이나 전류, 전력과 같은 미지의 양을 결정하는 것을 의미한다. 이 장에서는 직류 전기회로 해석과 법칙의 기본을 설명할 것이고, 이런 지식은 공학적 문제를 해결하는 데 필수적이다.

학습포인트

- 일반적인 전기회로도의 기호를 인식할 수 있다.
- 전류는 전하량이 이동하는 비율이고 암페어(A)로 측정됨을 이해할 수 있다.
- 전하량의 단위가 쿨롱(C)임을 알 수 있다.
- 전하량, 즉 전기량 Q를 $Q = I \times t$로부터 계산할 수 있다.
- 회로 내 두 지점 간 전류가 흐르기 위해서 전위차가 필요함을 이해할 수 있다.
- 전위차의 단위가 볼트(V)임을 알 수 있다.
- 저항은 전류가 흐르는 것을 방해하고, 옴(Ω) 단위로 측정됨을 이해할 수 있다.
- 전류계, 전압계, 저항계, 멀티미터, 오실로스코프, 전력계, BM80, 420MIT 메거(megger), 태코미터와 스트로보스코프가 무엇을 측정하는지 알 수 있다.
- 옴(Ohm)의 법칙을 $V = I \times R$ 혹은 $I = \dfrac{V}{R}$ 혹은 $R = \dfrac{V}{I}$로 설명할 수 있다.
- 단위의 배수와 약수를 포함해서 옴의 법칙을 계산에 사용할 수 있다.
- 전도체와 절연체를 각각 예를 들어 묘사할 수 있다.
- 전력 P는 $P = V \times I = I^2 \times R = \dfrac{V^2}{R}$ 와트로 주어짐을 알 수 있다.
- 전력을 계산할 수 있다.
- 전기 에너지를 정의하고, 그 단위를 설명할 수 있다.
- 전기 에너지를 계산할 수 있다.
- 전류의 세 가지 주요 효과를 각각 실례를 들어 설명할 수 있다.
- 전기회로에서 퓨즈의 중요성을 설명할 수 있다.

33.1 서론

이 장은 전기회로에 대한 소개를 한다. 먼저 전기 회로도에 사용되는 기본적인 기호들을 소개하고, 전류와 전하, 전위차 및 저항을 정의한 후 전형적인 측정 기기들을 나열한다. 전기공학에서 가장 중요한 법칙인 옴의 법칙을 배수와 약수의 단위로 계산하는 것을 설명한다. 전력과 에너지 계산을 설명하고, 전류의 주요 효과를 열거한다. 추가하여 전도체와 절연체, 퓨즈의 사용을 설명한다.

33.2 전기 부품에 대한 표준 기호

전기 회로도에서 부품들은 기호로 나타낸다. 일반적으로 사용되는 기호들을 [그림 33-1]에 나타내었다.

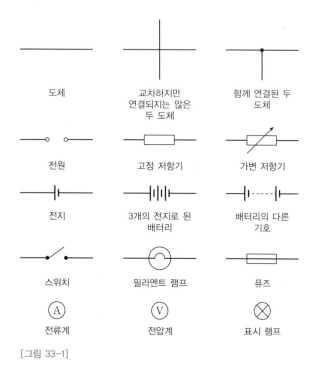

[그림 33-1]

33.3 전류와 전기량

모든 원자atom는 양성자proton와 중성자neutron와 전자electron들로 구성된다. 원자핵nucleus 안에는 양성자와 중성자가 포함되어 있고, 양성자는 양(+)의 전하량을 가지며, 중성자는 전하량을 갖지 않는다. 음(-)으로 대전된 미소한 입자인 전자는 원자핵에서 떨어져 있다. 서로 다른 물질의 원자는 서로 다른 개수의 양성자와 중성자와 전자를 갖는다. 한 원자 내에 존재하는 양성자와 전자의 개수는 같아서, 양전하량과 음전하량이 서로 상쇄되어 전기적으로 균형을 이루고 있다. 한 원자 내에 두 개 이상의 전자가 있을 때, 전자들은 원자핵으로부터 다양한 거리에 위치한 껍질shell에 배열한다.

모든 원자는 원자핵과 주변 전자들 간에 존재하는 강력한 인력에 의해 함께 묶여 있다. 그렇지만 원자의 최외각에 존재하는 전자들은, 원자핵 가까이에 위치한 껍질에 존재하는 전자들보다 그들의 원자핵에 끌리는 정도가 약하다.

원자가 전자를 잃어버릴 수 있는데, 이런 원자를 이온ion이라고 부른다. 원자가 전자를 잃어버리면 전기적인 균형이 깨지고 양(+)으로 대전되어, 다른 원자로부터 자기 쪽으로 전자를 끌어당길 수 있다. 한 원자에서 다른 원자로 이동하는 전자들을 자유 전자free electron라 부르며, 이런 임의의 운동은 한없이 계속될 수 있다. 그러나 만약 전기적 압력, 즉 전압voltage이 어떤 물질 양단에 가해진다면, 전자들을 특정한 방향으로 움직이도록 하는 경향이 존재한다. 표동drift이라고 불리는 이러한 자유 전자의 움직임은 전류의 흐름을 만들어낸다.

따라서 전류는 전하량이 이동하는 비율이다.

원자핵에 느슨하게 연결되어 한 원자에서 다른 원자로 물질을 관통하여 쉽게 움직일 수 있는 전자들을 포함하고 있는 물질이 도체conductor이다. 절연체는 전자들이 원자핵에 단단히 잡혀있는 물질이다.

전하량quantity of electrical charge Q를 측정하는 단위는 **쿨롱**coulomb* **C**라 한다(여기서 1쿨롱 = 6.24×10^{18} 전자이다).

도체에서 전자들의 표동이 초당 1쿨롱의 비율로 발생한다면, 1**암페어**ampere*의 전류가 흐른다고 한다.

$$1암페어 = 1쿨롱/초 \ 혹은 \quad 1\,A = 1\,C/s$$
$$1쿨롱 = 1암페어초 \ 혹은 \quad 1\,C = 1\,As$$

일반적으로 I가 암페어로 나타낸 전류이고 t는 초로 나타낸 시간이며 이 시간 동안 전류가 흐른다면, 그때 $I \times t$는 쿨롱으로 나타낸 전하량, 즉 다음 식과 같이 이동한 전하량을 표현한다.

$$Q = I \times t \ [C]$$

***쿨롱과 암페어는 누구?**

쿨롱(Coulomb)과 암페어(Ampere)에 관한 정보는 www.routledge.com/cw/bird에서 찾을 수 있다.

[문제 1] 0.24 C 이 15 ms 시간 동안 이동한다면, 얼마의 전류가 흐른 것인가?

전하량 $Q = I \times t$ 이므로,

$$\text{전류 } I = \frac{Q}{t} = \frac{0.24}{15 \times 10^{-3}} = \frac{0.24 \times 10^3}{15}$$

$$= \frac{240}{15} = \mathbf{16\,A}$$

[문제 2] 4분 동안 10 A가 흐른다면, 이동한 전하량은 얼마인가?

전하량 $Q = I \times t$ 쿨롱, $I = 10\,A$, $t = 4 \times 60 = 240\,s$ 이다. 따라서

$$\text{전하량 } Q = I \times t = 10 \times 240 = \mathbf{2400\,C}$$

◆ 이제 다음 연습문제를 풀어보자.

[연습문제 156] 전하에 대한 확장 문제

1 10 A의 전류는 50 C의 전하가 몇 시간에 이동하는 것인가?

2 6 A의 전류가 10분 동안 흐른다면, 얼마의 전하가 이동하는가?

3 80 C의 전하를 이동시키려면 100 mA의 전류가 얼마 동안 흘러야 하는가?

33.4 전위차와 저항

회로의 두 지점 간 연속적으로 전류가 흐르기 위해서는 그 두 지점 간에 전위차(p. d.)$^{\text{potential difference}}$ 혹은 전압^{voltage} V가 필요하다. 전기 에너지원으로부터 나와 전기 에너지원 쪽으로 들어가는 완전한 전도의 통로가 필요하다. 전위차의 단위는 **볼트**^{volt} V 이다(이탈리아 물리학자인 알레산드로 볼타$^{\text{Alessandro Volta}}$*에 경의를 표하여 이름 붙여짐).

[그림 33-2]는 필라멘트 램프 양단에 연결된 전지를 보여준다. 협약에 의해 전류 흐름은 전지의 양극 단자에서 나와

서 회로를 돌아 음극 단자로 흐르는 것으로 간주한다.

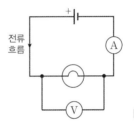

[그림 33-2]

전류의 흐름은 마찰을 받는다. 이 마찰 혹은 방해를 저항^{resistance} R이라 부르는데, 이는 전류를 제한하는 전도체의 특성이다. 저항의 단위는 **옴**^{ohm}*으로서 1옴(Ω)은 1 V 가 양단 간에 걸릴 때 1 A의 전류가 통과해 흐르는 저항으로 정의한다. 즉,

$$\text{저항 } R = \frac{\text{전위차}}{\text{전류}}$$

*볼타와 옴은 누구?

볼타(Volta)와 옴(Ohm)에 관한 정보는 www.routledge.com/cw/bird 에서 찾을 수 있다.

33.5 기본 전기 측정 계기

전류계^{ammeter}는 전류를 측정하는 계기이고, 회로와 **직렬**^{series}로 연결되어야만 한다. [그림 33-2]는 전류계를 직렬로 램프에 연결하여 램프를 통해 흐르는 전류를 측정하는 것을 보여준다. 회로의 모든 전류는 전류계를 통과하기 때문에 전류계는 매우 **낮은 저항**$^{\text{low resistance}}$을 가져야만 한다.

전압계^{voltmeter}는 전위차를 측정하는 계기이고, 전위차가 필요한 회로 부분과 병렬^{parallel}로 연결되어야만 한다. [그림

33-2]에서 양단 간 전위차를 측정하려는 램프와 전압계는 병렬로 연결되어 있다. 무시할 수 없을 정도의 큰 전류가 전압계를 통과해서 흐르는 것을 피하기 위해 전압계는 매우 **높은 저항**high resistance을 가져야만 한다.

저항계ohmmeter는 저항을 측정하는 계기이다.

멀티미터multimeter 혹은 범용 계기는 전압과 전류와 저항을 측정하는 데 사용될 수 있다. '**아보미터**Avometer'는 전형적인 구형 계기의 예이고, 더 많이 사용되는 멀티미터는 '**플루크**fluke 테스터기'이다.

오실로스코프oscilloscope는 파형을 관찰할 수 있고 전압과 전류를 측정한다. 오실로스코프의 표시장치는 스크린을 가로질러 움직이는 한 점의 빛을 사용한다. 그 점이 처음 위치에서 편향되는 정도는 오실로스코프의 단자에 가해진 전위차와 선택된 범위에 따라 달라진다. 변위는 'V/cm'로 보정된다. 예를 들어 점이 3 cm 편향되고 volts/cm 스위치가 10 V/cm 상에 있다면, 그때 전위차 크기는 3 cm × 10 V/cm, 즉 30 V이다.

전력계wattmeter는 전기 회로에서 전력을 측정하는 계기이다.

BM80 혹은 420 MIT 메거megger 혹은 브리지 메거bridge megger는 연결 및 절연 저항 모두를 측정하는 데 사용할 수 있다. **연결 측정**continuity testing은 케이블이 연속적인지, 즉 끊어지거나 높은 저항 이음매를 갖지 않는지를 알아보기 위해서 케이블의 저항을 측정하는 것이다. **절연 저항 측정** insulation resistance testing은 케이블 사이의 절연 저항, 그리고 각 케이블과 땅 혹은 금속 플러그 및 소켓 등의 절연 저항을 측정하는 것이다. 1 MΩ 이상의 절연 저항이라야 보통 받아들일 수 있다.

태코미터tachometer는 엔진 축이 회전하고 있는 속력을(보통 [rev/min] 단위로) 지시하는 계기이다.

스트로보스코프stroboscope는 (a) 회전하거나 진동하는 셔터 혹은 (b) 주기적으로 빛을 내도록 적절히 설계된 램프를 이용하여, 규칙적인 되풀이 간격으로 회전하고 있는 물체를 조사하기 위한 장치이다. 만약 연속적인 관찰 주기가 회전하는 물체의 한 회전당 시간과 정확히 같다면, 그리고 조사 지속 시간이 매우 짧다면, 물체는 정지해 있는 것으로 보일 것이다(전기적 측정 장치와 측정에 관한 더 자세한 내용은 42장을 참조).

33.6 옴의 법칙

옴의 법칙Ohm's law[1]은 만약 온도가 일정하게 유지된다면, 회로에 흐르는 전류 I 는 가해진 전압 V에 직접 비례하고 저항 R에 반비례함을 말한다. 따라서

$$I = \frac{V}{R} \text{ 혹은 } V = IR \text{ 혹은 } R = \frac{V}{I}$$

[문제 3] 20 V의 전위차가 가해졌을 때, 저항기를 통해 흐르는 전류가 0.8 A이다. 저항 값을 구하라.

옴의 법칙으로부터,

$$\text{저항 } R = \frac{V}{I} = \frac{20}{0.8} = \frac{200}{8} = 25\,\Omega$$

33.7 배수와 약수

전류, 전압, 저항은 종종 매우 크거나 매우 작다. 따라서 3장과 14장에서 설명한 것과 같이, 단위에 배수multiple와 약수sub-multiple가 종종 사용된다.

가장 흔하게 사용되는 것들은 각 예들과 함께 [표 33-1]에 열거하였다.

[문제 4] 10 mA의 전류가 흐르도록 하기 위해, 2 kΩ 저항기에 인가해야 하는 전위차를 구하라.

저항 $R = 2\,k\Omega = 2 \times 10^3 = 2000\,\Omega$

전류 $I = 10\,mA = 10 \times 10^{-3}A$ 혹은 $\frac{10}{10^3}A$

혹은 $\frac{10}{1000}A = 0.01\,A$

옴의 법칙으로부터, **전위차**는 다음과 같다.

$$V = IR = (0.01)(2000) = 20\,V$$

---

1 옴은 누구? 옴(Ohm)에 관한 정보는 www.routledge.com/cw/bird에서 찾을 수 있다.

[표 33-1]

접두어	이름	의미	예
M	메가	곱하기 1,000,000(즉, $\times 10^6$)	$2\,\mathrm{M\Omega} = 2,000,000\,\Omega$
k	킬로	곱하기 1,000(즉, $\times 10^3$)	$10\,\mathrm{kV} = 10,000\,\mathrm{V}$
m	밀리	나누기 1,000(즉, $\times 10^{-3}$)	$25\,\mathrm{mA} = \dfrac{25}{1000}\,\mathrm{A} = 0.025\,\mathrm{A}$
μ	마이크로	나누기 1,000,000(즉, $\times 10^{-6}$)	$50\,\mu\mathrm{V} = \dfrac{50}{1,000,000}\,\mathrm{V} = 0.00005\,\mathrm{V}$

[문제 5] 가해진 전압이 12V일 때 코일을 통과하여 흐르는 전류가 50mA이다. 코일의 저항은?

$$\text{저항 } R = \frac{V}{I} = \frac{12}{50 \times 10^{-3}} = \frac{12 \times 10^3}{50}$$

$$= \frac{12,000}{50} = 240\,\Omega$$

[문제 6] 두 저항기 A와 B에 대한 전류-전압 관계가 [그림 33-3]과 같다. 각 저항기의 저항 값을 구하라.

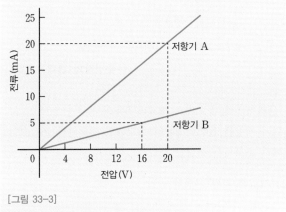

[그림 33-3]

저항기 A에 대하여,

$$R = \frac{V}{I} = \frac{20\,\mathrm{V}}{20\,\mathrm{mA}} = \frac{20}{0.02} = \frac{2000}{2}$$

$$= 1000\,\Omega \text{ 혹은 } 1\,\mathrm{k\Omega}$$

저항기 B에 대하여,

$$R = \frac{V}{I} = \frac{16\,\mathrm{V}}{5\,\mathrm{mA}} = \frac{16}{0.005} = \frac{16,000}{5}$$

$$= 3200\,\Omega \text{ 혹은 } 3.2\,\mathrm{k\Omega}$$

◆ 이제 다음 연습문제를 풀어보자.

[연습문제 157] 옴의 법칙에 대한 확장 문제

1 전열기를 통해 흐르는 전류는 5A이고, 이때 인가한 전위차는 35V이다. 이 전열기의 저항을 구하라.

2 240V 전원에 연결된 전구의 저항이 960Ω이다. 전구에 흐르는 전류를 구하라.

3 두 저항기 P와 Q에 대한 전류-전압 그래프가 [그림 33-4]와 같다. 각 저항기의 값을 구하라.

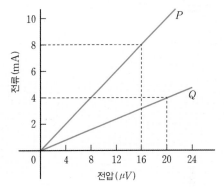

[그림 33-4]

4 6mA의 전류가 흐르도록 하기 위해, 5kΩ 저항기에 인가해야 하는 전위차를 구하라.

33.8 전도체와 절연체

전도체^{conductor}는 내부에 전류가 흐르도록 허용하는 낮은 저항을 갖는 물질이다. 모든 금속은 전도체이고, 몇 가지 예로 구리, 알루미늄, 놋쇠, 백금, 은, 금, 탄소가 있다.

절연체[insulator]는 내부에 전류가 흐르도록 허용하지 않는 높은 저항을 갖는 물질이다. 절연체의 몇 가지 예에는 플라스틱, 고무, 유리, 자기, 공기, 종이, 코르크, 마이카, 세라믹, 특정 기름들이 있다.

33.9 전력과 전기 에너지

33.9.1 전력

전기 회로에서 전력[power] P는 전위차 V와 전류 I를 곱한 값으로 주어진다. 전력의 단위는 **와트**[watt][1](W)이다. 따라서

$$P = V \times I \, [\mathrm{W}] \tag{1}$$

옴의 법칙으로부터, $V = IR$. 이를 식 (1)의 V에 대입하면,

$$P = (IR) \times I$$

$$즉, \quad P = I^2 R \, [\mathrm{W}]$$

또한 옴의 법칙으로부터, $I = \dfrac{V}{R}$. 이를 식 (1)의 I에 대입하면,

$$P = V \times \frac{V}{R}$$

$$즉, \quad P = \frac{V^2}{R} \, [\mathrm{W}]$$

따라서 전력을 계산하는 데 사용될 수 있는 세 가지 가능한 식이 존재한다.

[문제 7] 100 W 전구가 250 V 전원에 연결되어 있다. (a) 전구에 흐르는 전류와 (b) 전구의 저항을 구하라.

전력 $P = V \times I$, 이로부터 전류 $I = \dfrac{P}{V}$

(a) **전류** $I = \dfrac{100}{250} = \dfrac{10}{25} = \dfrac{2}{5} = \mathbf{0.4\,A}$

(b) **저항** $R = \dfrac{V}{I} = \dfrac{250}{0.4} = \dfrac{2500}{4} = \mathbf{625\,\Omega}$

---

1 **와트는 누구?** 와트(Watt)에 관한 정보는 www.routledge.com/cw/bird 에서 찾을 수 있다.

[문제 8] 저항 5 kΩ을 통해 전류 4 mA가 흐를 때, 소모되는 전력을 구하라.

전력 $P = I^2 R = (4 \times 10^{-3})^2 (5 \times 10^3)$

$$= 16 \times 10^{-6} \times 5 \times 10^3 = 80 \times 10^{-3}$$

$$= \mathbf{0.08\,W} \ 혹은 \ \mathbf{80\,mW}$$

또는 $I = 4 \times 10^{-3}$, $R = 5 \times 10^3$이기 때문에 옴의 법칙으로부터, 전압은

$$V = IR = 4 \times 10^{-3} \times 5 \times 10^3 = 20\,\mathrm{V}$$

이다. 따라서

전력 $P = V \times I = 20 \times 4 \times 10^{-3} = \mathbf{80\,mW}$

[문제 9] 전기 주전자가 저항 30 Ω을 가진다. 이 전기 주전자를 240 V 전원에 연결했을 때 흐르는 전류는? 또 주전자의 전력을 구하라.

전류 $I = \dfrac{V}{R} = \dfrac{240}{30} = \mathbf{8\,A}$

전력 $P = VI = 240 \times 8 = 1920\,\mathrm{W} = \mathbf{1.92\,kW}$

$$= \mathbf{주전자의\ 전력}$$

[문제 10] 전기 모터의 코일에 5 A의 전류가 흐르고, 코일의 저항은 100 Ω이다. (a) 코일의 전위차와 (b) 코일에서 소모되는 전력을 구하라.

(a) 코일에 걸린 전위차

$$V = IR = 5 \times 100 = \mathbf{500\,V}$$

(b) 코일에서 소모되는 전력

$$P = I^2 R = 5^2 \times 100 = \mathbf{2500\,W} \ 혹은 \ \mathbf{2.5\,kW}$$

다른 방법으로,

$$P = V \times I = 500 \times 5 = \mathbf{2500\,W} \ 혹은 \ \mathbf{2.5\,kW}$$

33.9.2 전기 에너지

전기 에너지＝전력×시간

전력이 와트로 측정되고 시간이 초로 측정되면, 그때 에너지의 단위는 와트–초 혹은 **줄**^{joule} [1]이다. 전력이 킬로와트로 측정되고 시간이 시로 측정되면, 그때 에너지의 단위는 **킬로와트–시**$^{kilowatt-hour}$인데 이는 '**전기의 단위**$^{unit\ of\ electricity}$'라고 부르기도 한다. 집에서 사용하는 '계량기$^{electricity\ meter}$'는 사용된 킬로와트–시의 숫자를 기록하며 따라서 에너지 계기이다.

[문제 11] 12 V 배터리가 40 Ω의 저항을 가진 부하에 연결된다. 부하에 흐르는 전류와 소모되는 전력, 그리고 2분 동안 소모된 에너지를 구하라.

전류 $I = \dfrac{V}{R} = \dfrac{12}{40} = 0.3\,\text{A}$

소모된 전력 $P = VI = (12)(0.3) = \mathbf{3.6\,W}$

따라서 소모된 에너지는 다음과 같다.

소모된 에너지＝전력×시간
$$= (3.6\,\text{W})(2 \times 60\,\text{s})$$
$$= \mathbf{432\,J} \quad \text{1J = 1Ws 이기 때문}$$

[문제 12] 기전력원 15 V가 2 A의 전류를 6 min 동안 공급했다. 이 시간 동안 공급된 에너지는?

에너지＝전력×시간, 전력＝전압×전류

따라서 공급된 에너지는 다음과 같다.

$$\text{에너지} = VIt = 15 \times 2 \times (6 \times 60)$$
$$= 10,800\,\text{Ws 혹은 J} = \mathbf{10.8\,kJ}$$

[문제 13] 사무실 내 전기 장치가 240 V 전원으로부터 13 A의 전류를 취한다. 장치가 매주 30시간 동안 사용되고 1 kWh의 에너지 요금이 1250원이라면 매 주당 전기 요금을 추정하라.

전력＝VI 와트＝$240 \times 13 = 3120\,\text{W} = 3.12\,\text{kW}$

주당 사용된 에너지＝전력×시간
$$= 3.12\,\text{kW} \times 30\,\text{h} = 93.6\,\text{kWh}$$

1,250원/kWh로 환산했을 때 비용＝$93.6 \times 1,250$
$$= 117,000\,원$$

따라서 **주당 전기 요금**은 **117,000원**이다.

[문제 14] 전기 히터가 40분 동안 250 V 전원에 연결될 때 3.6 MJ을 소모한다. 히터의 전력과 전원에서 취한 전류를 구하라.

전력＝$\dfrac{에너지}{시간} = \dfrac{3.6 \times 10^6\,\text{J}}{40 \times 60\,\text{s}}$ (혹은 W) $= 1500\,\text{W}$

즉, **히터의 전력＝1.5 kW**

전력 $P = VI$, 따라서 $I = \dfrac{P}{V} = \dfrac{1500}{250} = 6\,\text{A}$

따라서 전원에서 취한 전류는 **6 A**이다.

[문제 15] 점포는 매주 평균 20시간 동안 3 kW 히터 2개를 사용하고, 매주 30시간 동안 150 W 전등 6개를 사용한다. 전기 요금이 단위당 1400원이라면, 점포의 주당 전기 요금을 구하라.

에너지＝전력×시간

20시간 동안 하나의 3 kW 히터에 의해 사용된 에너지
$$= 3\,\text{kW} \times 20\,\text{h} = 60\,\text{kWh}$$

따라서, 2개의 3 kW 히터에 의해 사용된 주당 에너지
$$= 2 \times 60 = 120\,\text{kWh}$$

30시간 동안 하나의 150 W 전등에 의해 사용된 에너지
$$= 150\,\text{W} \times 30\,\text{h} = 4500\,\text{Wh} = 4.5\,\text{kWh}$$

따라서, 6개의 150 W 전등에 의해 사용된 주당 에너지
$$= 6 \times 4.5 = 27\,\text{kWh}$$

총 주당 사용된 에너지＝$120 + 27 = 147\,\text{kWh}$

전기 한 단위＝1 kWh의 에너지

따라서 1,400원/kWh이므로, **주당 에너지 요금**은 $1,400 \times 147 = \mathbf{205,800\,원}$이다.

---

1 줄은 누구? 줄(Joule)에 관한 정보는 www.routledge.com/cw/bird에서 찾을 수 있다.

◆ 이제 다음 연습문제를 풀어보자.

[연습문제 158] 전력과 전기 에너지에 대한 확장 문제

1 250 V 필라멘트 램프가 고온에서 저항이 625 Ω이다. 램프에 의한 전류와 전력을 구하라.

2 240 V 전원으로부터 12 A의 전류를 취하는 전기 히터의 저항을 구하라. 또한 히터의 전력과 20시간 동안 사용된 에너지를 구하라.

3 저항 8 kΩ을 갖는 전기 기구를 통하여 10 mA의 전류가 흐를 때 소모되는 전력을 구하라.

4 85.5 J의 에너지가 9초 동안 열로 변환되었다. 소모된 전력은?

5 4 A의 전류가 전도체를 통하여 흐르고 10 W가 소모된다. 전도체의 양단에 존재하는 전위차는?

6 다음의 경우 소모되는 전력을 구하라:
   (a) 5 mA의 전류가 20 kΩ의 저항을 통하여 흐를 때
   (b) 400 V의 전압이 120 kΩ의 저항기 양단에 걸릴 때
   (c) 저항기에 공급된 전압이 10 kV이고 흐르는 전류가 4 mA일 때

7 직류 전기 모터가 2분 30초 동안 400 V 전원에 연결될 때 72 MJ을 소모한다. 모터의 전력과 전원으로부터 취한 전류를 구하라.

8 500 V 전위차가 전기 모터의 전선에 인가되고 전선의 저항은 50 Ω이다. 코일에 의해 소모되는 전력을 구하라.

9 한 가정에서 어느 한 주 동안 3개의 2 kW의 히터가 각각 평균 25시간 동안 사용되었고 8개의 100 W 전구가 각각 평균 35시간 동안 사용되었다. 한 단위의 전기에 대한 요금이 1500원이라고 할 때, 그 주의 전기 요금을 구하라.

10 저항 30 Ω의 전기 히터 기기에 10 A의 전류가 흐를 때, 소모되는 전력을 구하라. 일주일에 30시간 동안 켜 있다고 할 때, 사용된 에너지를 구하라. 또 전기 요금이 단위당 1350원이라고 할 때, 주당 에너지 요금을 구하라.

33.10 전류의 주요 효과

전류의 세 가지 주요 효과는 다음과 같다.

❶ 자기 효과   ❷ 화학 효과   ❸ 열 효과

다음은 전류의 효과를 실제 응용하는 몇 가지 예이다.

- **자기 효과**magnetic effect : 벨, 릴레이, 모터, 발전기, 변압기, 전화, 차-점화장치, 기중기 자석(38장 참조).
- **화학 효과**chemical effect : 일차 전지와 이차 전지와 전기도금(35장 참조).
- **열 효과**heating effect : 요리 기구, 물 히터, 전기 히터, 다리미, 용광로, 주전자, 납땜인두.

33.11 퓨즈

장치 일부에 누전이 발생한다면 과도한 전류가 흐를 수 있다. 이는 과열 현상을 일으키고 불이 날 수도 있다. 퓨즈fuse는 이러한 일을 방지해준다. 전원으로부터 장치로 흐르는 전류는 퓨즈를 통과한다. 퓨즈는 정해진 전류를 흘릴 수 있는 전선의 일부이고, 이 값을 넘어 전류가 흐르면 퓨즈는 녹을 것이다. 퓨즈가 녹아버리면(끊어지면) 개방 회로가 되고, 그때 전류는 흐를 수 없다(따라서 장치를 전원으로부터 절연시켜 장치를 보호하게 된다).

공차와 작은 전류 서지를 허용할 수 있도록, 퓨즈는 정상의 동작 전류보다 약간 더 큰 전류를 흘릴 수 있어야만 한다. 어떤 장치에서는 스위치를 켰을 때 짧은 시간 동안 매우 큰 서지 전류가 발생한다. 누전이 발생하여 전류가 정상 값보다 약간 높아진다면 이 누전에 대한 보호가 안 될 것이다. 그러므로 특별한 서지-방지 퓨즈가 만들어져야 한다. 이것들은 10 ms 동안 정격 전류보다 10배를 견딜 수 있다. 만약 서지가 이보다 더 오랫동안 지속된다면 퓨즈는 끊어져 버릴 것이다.

퓨즈에 대한 회로도 기호는 [그림 33-1]에 나타나 있다.

[문제 16] 5 A, 10 A, 13 A의 퓨즈가 가능하다고 한다. 모두 240 V 전원에 연결된 다음의 전기 기구에 대해 가장 적합한 퓨즈를 골라라.

(a) 1 kW의 전력 정격을 갖는 전기 토스터

(b) 3 kW의 전력 정격을 갖는 전기 히터

전력 $P = VI$, 이로부터 전류 $I = \dfrac{P}{V}$

(a) 토스터에 대해, 전류는

$$I = \frac{P}{V} = \frac{1000}{240} = \frac{100}{24} = 4.17\,\text{A}$$

이다. 따라서 **5 A 퓨즈**가 가장 적합하다.

(b) 히터에 대해, 전류는

$$I = \frac{P}{V} = \frac{3000}{240} = \frac{300}{24} = 12.5\,\text{A}$$

이다. 따라서 **13 A 퓨즈**가 가장 적합하다.

◆ 이제 다음 연습문제를 풀어보자.

[연습문제 159] 퓨즈에 대한 확장 문제

1 전력 정격 120 W인 텔레비전 세트와 전력 정격 1 kW인 전기 잔디 깎는 기계가 모두 250 V 전원에 연결되어 있다. 만약 3 A, 5 A, 13 A의 퓨즈가 가능하다면, 각 전기 기구에 가장 적합한 것은 어느 것인가?

[연습문제 160] 전기 회로 소개에 대한 단답형 문제

1 전기 회로도를 그릴 때 사용되는 다음 부품에 대한 기호를 그려라.
  (a) 고정 저항기   (b) 전지
  (c) 필라멘트 램프   (d) 퓨즈
  (f) 전압계

2 (a) 전류, (b) 전위차, (c) 저항의 단위를 말하라.

3 (a) 전류, (b) 전위차, (c) 저항을 측정하기 위해 사용되는 계기를 말하라.

4 멀티미터란 무엇인가?

5 (a) 엔진 회전 속력, (b) 연속 및 절연 테스트, (c) 전력을 측정하기 위해 사용되는 계기를 말하라.

6 옴의 법칙을 설명하라.

7 전기적 단위와 함께 사용되는 다음 접두어 약어의 의미를 설명하라.
  (a) k   (b) μ (c) m   (d) M

8 전도체란 무엇인가? 네 가지 예를 함께 설명하라.

9 절연체란 무엇인가? 네 가지 예를 함께 설명하라.

10 다음 설명을 완성하라.
  "전류계는 (   ) 저항을 갖고, 부하와 (   )(으)로 연결되어야만 한다."

11 다음 설명을 완성하라.
  "전압계는 (   ) 저항을 갖고, 부하와 (   )(으)로 연결되어야만 한다."

12 전력의 단위를 설명하라. 전력을 계산하기 위해 사용되는 공식 세 가지를 설명하라.

13 전기 에너지를 위해 사용되는 두 개의 단위를 설명하라.

14 전류의 세 가지 주요 효과를 설명하고, 각각에 대하여 두 가지 예를 설명하라.

15 전기회로에서 퓨즈의 역할은 무엇인가?

[연습문제 161] 전기 회로 소개에 대한 사지선다형 문제

1 옴은 무엇의 단위인가?
  (a) 전하   (b) 전기 위치 에너지
  (c) 전류   (d) 저항

2 0.1 C이 10 ms에 전송될 때 흐르는 전류는?
  (a) 10 A   (b) 1 A   (c) 10 mA   (d) 100 mA

3 100 μA의 전류를 흐르도록 하기 위해 1 kΩ 저항에 인가해야 하는 전위차는?
  (a) 1 V   (b) 100 V   (c) 0.1 V   (d) 10 V

4 전력에 대한 다음 식 중 틀린 것은?
  (a) VI (b) $\dfrac{V}{I}$ (c) $I^2 R$ (d) $\dfrac{V^2}{R}$

5 5A의 전류가 흐를 때 4Ω 저항기에 의해 소모되는 전력은?

(a) 6.25 W　　　　(b) 20 W

(c) 80 W　　　　(d) 100 W

6 다음 설명 중 올바른 것은?

(a) 전류는 볼트로 측정된다.

(b) 200 kΩ 저항은 2 MΩ과 같다.

(c) 전류계는 작은 저항을 갖고 회로에 병렬로 연결되어야만 한다.

(d) 전기 절연체는 높은 저항을 갖는다.

7 3A의 전류가 6Ω 저항기를 통하여 50시간 동안 흐른다. 이 저항기에 의해 소모된 에너지는?

(a) 0.9 kWh　　　　(b) 2.7 kWh

(c) 9 kWh　　　　(d) 27 kWh

8 전기 기구에 사용된 에너지를 계산하기 위해서 알아야만 하는 것은?

(a) 전압과 전류　　　(b) 전류와 동작 시간

(c) 전력과 동작 시간　(d) 전류와 저항

9 전압 강하란?

(a) 두 지점 간의 전위차

(b) 최대 전위

(c) 전원에 의해 생성된 전압

(d) 회로 끝 지점의 전압

10 3kW 히터에 의해 1분 동안 사용된 에너지는?

(a) 180,000 J　　　(b) 3000 J

(c) 180 J　　　　(d) 50 J

11 기전력을 공급하는 것은 무엇인가?

(a) 저항　　　　(b) 전도성 경로

(c) 전기 공급원　　(d) 전류

12 240 V에 60 W인 램프의 동작 저항은?

(a) 1400Ω　(b) 60Ω　　(c) 960Ω　(d) 325Ω

13 원자가 전자를 잃어버릴 때 원자는?

(a) 어떤 효과도 일어나지 않는다.

(b) 양으로 대전된다.

(c) 분해된다.

(d) 음으로 대전된다.

14 5A 퓨즈로 맞춰진 240 V 전원이 동작시킬 수 있는 60 W 전구의 최대 개수는?

(a) 20　　(b) 48　　(c) 12　　(d) 4

15 전류의 단위는?

(a) J　　(b) C　　(c) A　　(d) V

16 다음 중 잘못된 것은?

(a) $1\,W = 1\,Js^{-1}$　　(b) $1\,J = 1\,N/m$

(c) $\eta = \dfrac{\text{출력 에너지}}{\text{입력 에너지}}$　(d) 에너지 = 전력 × 시간

17 쿨롱은 무엇의 단위인가?

(a) 전압　　　　(b) 전력

(c) 에너지　　　(d) 전기의 양

18 [그림 33-5]의 회로에서, 전압계 눈금은 4V이고 전류계 눈금은 20 mA이면 저항기 R의 저항은?

(a) 0.005Ω　　　(b) 5Ω

(c) 80Ω　　　　(d) 200Ω

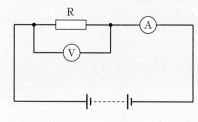

[그림 33-5]

저항 변화
Resistance variation

저항 변화를 이해하는 것이 왜 중요할까?

전기 회로의 전선과 부하를 통과해 이동하는 전자는 저항을 만난다. 저항은 전하의 흐름에 대한 방해이다. 전선을 통과하는 전하의 흐름은 흔히 파이프를 통과하는 물의 흐름과 비교된다. 전기 회로에서 전하의 흐름에 대한 저항은 물의 경로 내에 존재하는 물체에 의해 발생하는 저항뿐 아니라 물과 파이프 표면 사이의 마찰 효과와 유사하다. 이것은 물의 흐름을 방해하고 물의 흐르는 비율과 표동 속력을 모두 떨어뜨리는 저항이다. 물 흐름에 대한 저항과 같이, 전기 회로의 전선 내에서 전하 흐름에 대한 저항 총량은 몇 가지 명확히 지정할 수 있는 값들에 의해 영향을 받는다. 저항에 영향을 주는 요인들은 길이, 단면적 그리고 물질의 타입이다. 또한 저항기 값은 온도 변화에 따라 변화하지만, 이러한 변화는 우리가 예상하는 것처럼 팽창하거나 혹은 수축할 때 생기는 부품의 치수 변화가 주요 원인은 아니다. 이러한 변화는 저항기를 만든 원자의 활동에 변화가 생겨 야기된 물질의 저항률 변화가 주요 원인이 된다. 이 장에서는 길이, 단면적, 물질의 타입, 그리고 온도 변화 때문에 생긴 저항 변화를 설명하고, 이해를 돕기 위해 몇 가지 계산을 해볼 것이다.

학습포인트

- 저항기 구조의 네 가지 방법을 설명할 수 있다.
- 전기 저항이 네 가지 요인에 의존하는 것을 이해할 수 있다.
- 저항 $R = \dfrac{\rho l}{a}$, 여기서 ρ는 저항률인 것을 이해할 수 있다.
- 저항률의 전형적인 값과 단위를 인식할 수 있다.
- $R = \dfrac{\rho l}{a}$ 을 사용하여 계산할 수 있다.
- 저항의 온도 계수 α를 정의할 수 있다.
- α의 전형적인 값을 인식할 수 있다.
- $R_\theta = R_0(1 + \alpha\theta)$를 사용하여 계산할 수 있다.

34.1 저항기 구조

저항기의 타입은 넓은 범위를 가진다. 구조 방법 중 가장 흔하게 사용되는 네 가지는 다음과 같다.

❶ 표면 실장 기술(SMT)^{Surface Mount Technology}

많은 현대 회로에서 SMT 저항기를 사용한다. 작은 세라믹 칩상에 주석 산화물 같은 저항성 물질의 필름을 증착시키는 방법이 제조에 사용된다. 소자의 양단 간에 정밀한 저항을 제공하기 위해 저항기의 양 끝을 정확하게 갈거나 혹은 레이저로 절단한다. 공차는 ±0.02%만큼 낮아질 수 있으며, SMT 저항기는 보통 전력 소모가 매우 낮다. 주요 장점은 부품의 밀도를 매우 높게 할 수 있다는 것이다.

❷ 권선 저항기^{wire wound resistor}

단위 길이당 저항 값을 알고 있는, 니크롬 혹은 망간과 같은 전선을 원하는 길이로 잘라 세라믹 코일 틀 주위에 감은 후 보호를 위해 래커 칠을 한다. 이 타입의 저항기는 물리적 크기가 크고, 이는 단점이 된다. 그러나 정확도가 매우 높게 제작이 될 수 있고 **고전력 정격**을 가질 수 있다.

권선 저항기는 **전력 회로와 모터 시동기**^{motor starter}에 사용될 수 있다.

❸ 금속 피막 저항기^{metal film resistor}

금속 피막 저항기는 니켈 합금과 같은 금속으로 작은 세라믹 막대를 코팅하여 만든다. 저항 값은 일차적으로 코팅 층의 두께에 의해 조절하고(층이 두꺼울수록, 저항 값은 낮아진다), 이차적으로 레이저 혹은 다이아몬드 절단기를 사용하여 막대를 따라 정교한 나선 모양의 홈을 잘라, 저항기를 형성하는 긴 나선 모양 조각으로 금속 코팅을 절단한다. 금속 피막 저항기는 낮은 공차의 정밀한 저항기(±1% 혹은 그 이하)이고, **전자회로**에 사용된다.

❹ 탄소 피막 저항기^{carbon film resistor}

탄소 피막 저항기는 금속 피막 저항기와 유사한 구조이지만, 일반적으로 넓은 공차(전형적으로 ±5%)를 갖는다. 보통의 용도에서 이것들은 비싸지 않고 **전자회로**에 사용된다.

34.2 저항과 저항률

전기 전도체의 저항은 다음의 네 가지 요인에 의존한다.

- 전도체의 길이
- 전도체의 단면적
- 물질의 타입
- 물질의 온도

저항 R은 전도체의 길이에 정비례한다. 즉 $R \propto l$이다. 따라서 가령 전선 조각의 길이가 두 배가 된다면, 저항도 두 배가 된다. 저항 R은 전도체의 단면적 a에 반비례한다. 즉 $R \propto \dfrac{1}{a}$이다. 따라서 가령 만약 전선 조각의 단면적이 두 배가 된다면, 저항은 절반이 된다.

$R \propto l$이고 $R \propto \dfrac{1}{a}$이기 때문에 $R \propto \dfrac{l}{a}$이 된다. 이 관계식에 비례상수를 삽입하여 사용된 물질의 타입을 고려할 수 있다. 이 비례상수를 물질의 ^{resistivity}저항률이라고 하며, 기호로는 ρ(그리스 문자 rho)를 사용한다. 따라서 저항 $R = \dfrac{\rho l}{a}\,\Omega$, ρ는 $[\Omega\text{m}]$ 단위로 측정된다.

저항률의 값은 육면체의 마주한 두 면 사이에서 측정된 물질의 단위 체적의 저항이다. 저항률은 온도에 따라 변화하는데, 대략 상온에서 측정된 몇 가지 전형적인 저항률의 값은 다음과 같다.

구리	$1.7 \times 10^{-8}\,\Omega\text{m}$(또는 $0.017\mu\Omega\text{m}$)
알루미늄	$2.6 \times 10^{-8}\,\Omega\text{m}$(또는 $0.026\mu\Omega\text{m}$)
탄소(흑연)	$10 \times 10^{-8}\,\Omega\text{m}$(또는 $0.10\mu\Omega\text{m}$)
유리	$1 \times 10^{10}\,\Omega\text{m}$(또는 $10^{4}\mu\Omega\text{m}$)
마이카	$1 \times 10^{13}\,\Omega\text{m}$(또는 $10^{7}\mu\Omega\text{m}$)

Note 전기의 훌륭한 전도체는 작은 값의 저항률을 갖고 훌륭한 절연체는 큰 값의 저항률을 갖는다.

[문제 1] 길이 5m인 전선의 저항이 600Ω이다. (a) 같은 전선이 길이가 8m일 때의 저항과 (b) 저항이 420Ω일 때 같은 전선의 길이를 구하라.

(a) 저항 R은 길이에 정비례, 즉 $R \propto l$이다. 따라서 $600\Omega \propto 5\text{m}$ 혹은 $600 = (k)(5)$이고, 여기서 k는 비례상수이다. 따라서

$$k = \frac{600}{5} = 120$$

길이 l이 8m일 때, **저항**은

$$R = kl = (120)(8) = \textbf{960}\,\boldsymbol{\Omega}$$

(b) 저항이 420Ω일 때, $420 = kl$

이로부터 **길이** $l = \dfrac{420}{k} = \dfrac{420}{120} = \textbf{3.5m}$

[문제 2] 단면적이 2mm^2인 전선 조각이 300Ω의 저항을 갖는다. (a) 단면적이 5mm^2인, 같은 물질이면서 같은 길이인 전선의 저항과 (b) 저항이 750Ω인, 같은 물질이면서 같은 길이인 전선의 단면적을 구하라.

저항 R은 전도체의 단면적 a에 반비례, 즉 $R \propto \dfrac{1}{a}$이다. 따라서

$$300\Omega \propto \frac{1}{2\text{mm}^2} \quad \text{혹은} \quad 300 = (k)\left(\frac{1}{2}\right)$$

이로부터 비례상수는 $k = 300 \times 2 = 600$이다.

(a) 단면적이 5mm^2일 때,

$$\text{저항 } R = (k)\left(\frac{1}{5}\right) = (600)\left(\frac{1}{5}\right) = 120\,\Omega$$

Note 단면적이 증가하면 저항은 감소한다.

(b) 저항이 $750\,\Omega$일 때, $750 = (k)\left(\dfrac{1}{a}\right)$

이로부터 **단면적** $a = \dfrac{k}{750} = \dfrac{600}{750} = 0.8\,\text{mm}^2$

[문제 3] 길이가 $8\,\text{m}$이고 단면적이 $3\,\text{mm}^2$인 전선이 $0.16\,\Omega$의 저항을 갖는다. 전선의 단면적이 $1\,\text{mm}^2$가 될 때까지 늘린다면, 그때 전선의 저항을 구하라.

저항 R은 길이 l에 정비례하고, 단면적 a에 반비례한다. 즉 $R \propto l$ 혹은 $R \propto \dfrac{1}{a}$이고, 여기서 k는 비례상수이다.

$R = 0.16$, $l = 8$, $a = 3$이므로, $0.16 = (k)\left(\dfrac{8}{3}\right)$

이로부터 $k = 0.16 \times \dfrac{3}{8} = 0.06$

만약 단면적이 원래 면적의 $\dfrac{1}{3}$로 줄어든다면 길이는 3×8, 즉 $24\,\text{m}$로 세 배가 되어야만 한다.

$$\text{새 저항 } R = k\left(\frac{l}{A}\right) = 0.06\left(\frac{24}{1}\right) = 1.44\,\Omega$$

[문제 4] 케이블의 단면적이 $100\,\text{mm}^2$라면, 길이가 $2\,\text{km}$인 공중의 알루미늄 전력 케이블의 저항을 계산하라. 알루미늄의 저항률은 $0.03 \times 10^{-6}\,\Omega\text{m}$라고 한다.

길이 $l = 2\,\text{km} = 2000\,\text{m}$

면적 $a = 100\,\text{mm}^2 = 100 \times 10^{-6}\,\text{m}^2$

저항률 $\rho = 0.03 \times 10^{-6}\,\Omega\text{m}$

$$\text{저항 } R = \frac{\rho l}{a} = \frac{(0.03 \times 10^{-6}\,\Omega\text{m})(2000\,\text{m})}{100 \times 10^{-6}\,\text{m}^2}$$
$$= \frac{0.03 \times 2000}{100}\,\Omega = 0.6\,\Omega$$

[문제 5] 길이가 $40\,\text{m}$이고 저항이 $0.25\,\Omega$인 구리 전선 조각의 단면적을 $[\text{mm}^2]$ 단위로 계산하라. 구리의 저항률은 $0.02 \times 10^{-6}\,\Omega\text{m}$라고 한다.

저항 $R = \dfrac{\rho l}{a}$. 따라서 단면적은 다음과 같다.

$$a = \frac{\rho l}{R} = \frac{(0.02 \times 10^{-6}\,\Omega\text{m})(40\,\text{m})}{0.25\,\Omega}$$
$$= 3.2 \times 10^{-6}\,\text{m}^2$$
$$= (3.2 \times 10^{-6}) \times 10^{6}\,\text{mm}^2$$
$$= 3.2\,\text{mm}^2$$

[문제 6] 길이가 $1.5\,\text{km}$이고 단면적이 $0.17\,\text{mm}^2$인 전선의 저항이 $150\,\Omega$이다. 전선의 저항률을 구하라.

저항 $R = \dfrac{\rho l}{a}$이므로,

$$\text{저항률 } \rho = \frac{Ra}{l} = \frac{(150\,\Omega)(0.17 \times 10^{-6}\,\text{m}^2)}{1500\,\text{m}}$$
$$= 0.017 \times 10^{-6}\,\Omega\text{m} \ \text{혹은} \ 0.017\,\mu\Omega\text{m}$$

[문제 7] 구리의 저항률은 $1.7 \times 10^{-8}\,\Omega\text{m}$라고 하면, 직경 $12\,\text{mm}$이고 길이가 $1200\,\text{m}$인 구리 케이블의 저항을 구하라.

케이블의 단면적은 다음과 같다.

$$a = \pi r^2 = \pi\left(\frac{12}{2}\right)^2 = 36\pi\,\text{mm}^2 = 36\pi \times 10^{-6}\,\text{m}^2$$

$$\text{저항 } R = \frac{\rho l}{a} = \frac{(1.7 \times 10^{-8}\,\Omega\text{m})(1200\,\text{m})}{36\pi \times 10^{-6}\,\text{m}^2}$$
$$= \frac{1.7 \times 1200 \times 10^{6}}{10^{8} \times 36\pi}\,\Omega$$
$$= \frac{1.7 \times 12}{36\pi}\,\Omega = 0.180\,\Omega$$

◆ 이제 다음 연습문제를 풀어보자.

[연습문제 162] 저항과 저항률에 대한 확장 문제

1 길이가 $2\,\text{m}$인 케이블의 저항이 $2.5\,\Omega$이다. (a) $7\,\text{m}$ 길이인 같은 케이블의 저항과 (b) 저항이 $6.25\,\Omega$일 때 같은 전선의 길이를 구하라.

2 단면적이 $1\,\text{mm}^2$인 어떤 전선의 저항이 $20\,\Omega$이다. (a) 단면적이 $4\,\text{mm}^2$인, 같은 물질이면서 같은 길이

인 전선의 저항과 (b) 저항이 32Ω인, 같은 물질이면서 같은 길이인 전선의 단면적을 구하라.

3 길이가 5m이고 단면적이 2mm²인 어떤 전선의 저항이 0.08Ω이다. 단면적이 1mm²가 될 때까지 전선을 늘인다면, 그때 전선의 저항을 구하라.

4 단면적이 20mm²이고 길이가 800m인 구리 케이블의 저항을 구하라. 구리의 저항률은 0.02μΩm라고 한다.

5 길이 100m이고 저항이 2Ω인 알루미늄 전선 조각의 단면적을 [mm²] 단위로 계산하라. 알루미늄의 저항률은 0.03 × 10⁻⁶Ωm라고 한다.

6 단면적이 2.6mm²이고 길이가 500m인 전선의 저항이 5Ω이다. 전선의 저항률을 [μΩm] 단위로 구하라.

7 구리의 저항률이 0.017 × 10⁻⁶Ωm라면, 직경이 10mm이고 길이가 1km인 구리 케이블의 저항을 구하라.

34.3 저항의 온도 계수

일반적으로 물질의 온도가 증가하면, 대부분의 전도체는 저항이 증가하고 절연체는 저항이 감소하며, 반면에 몇 가지 특별 합금의 저항은 거의 일정하게 유지된다.

물질의 저항 온도 계수는 1℃의 온도가 증가할 때 그 물질의 1Ω 저항기의 저항 증가이다. 저항의 온도 계수에 사용되는 기호는 α(그리스 문자 알파)이다. 따라서 만약 저항 1Ω의 어떤 구리 전선이 1℃ 가열될 때 저항이 1.0043Ω으로 측정되었다면, 그때 구리에 대한 저항 온도 계수는 $\alpha = 0.0043/℃$이다. 보통 단위는 [/℃]로만 표현한다. 즉 구리에 대해 $\alpha = 0.0043/℃$로 표현한다.

만약 구리의 1Ω 저항기가 100℃로 가열될 때, 그때 100℃에서 저항은 $1 + 100 \times 0.0043 = 1.43Ω$이 될 것이다.

0℃에서 측정된 몇 가지 저항 온도 계수의 값은 다음과 같다.

구리	0.0043/℃
니켈	0.0062/℃
콘스탄탄	0
알루미늄	0.0038/℃
탄소	−0.00048/℃
유리카[1]	0.00001/℃

Note 탄소의 음수 부호는 온도가 증가할 때 저항이 감소함을 의미한다.

만약 0℃에서 물질의 저항을 알고 있다면, 다른 온도에서의 저항은 다음 식으로 구할 수 있다.

$$R_\theta = R_0(1 + \alpha_0\theta)$$

여기서 $R_0 = 0℃$에서 저항,

R_θ = 온도 $\theta℃$에서 저항,

α_0 = 0℃에서 저항의 온도 계수

[문제 8] 온도가 0℃일 때 구리 전선 코일의 저항이 100Ω이다. 0℃에서 구리의 저항 온도 계수가 0.0043/℃라면, 70℃에서의 저항을 구하라.

저항 $R_\theta = R_0(1 + \alpha_0\theta)$

따라서 70℃에서 저항은 다음과 같다.

$$R_{70} = 100[1 + (0.0043)(70)]$$
$$= 100[1 + 0.301] = 100(1.301) = 130.1Ω$$

[문제 9] 35℃의 온도에서 알루미늄 케이블의 저항이 27Ω이다. 0℃에서의 저항을 구하라. 0℃에서 저항 온도 계수는 0.0038/℃로 한다.

$\theta℃$에서 저항 $R_\theta = R_0(1 + \alpha_0\theta)$

따라서 0℃에서 저항은 다음과 같다.

$$R_0 = \frac{R_\theta}{1 + \alpha\theta} = \frac{27}{1 + (0.0038)(35)}$$
$$= \frac{27}{1 + 0.133} = \frac{27}{1.133} = 23.83Ω$$

---

1 Cu-Ni(콘스탄탄)계 합금의 상품명

[문제 10] 0℃의 온도에서 탄소 저항기의 저항이 $1\text{k}\Omega$이다. 80℃에서의 저항을 구하라. 0℃에서 탄소의 저항 온도 계수는 $-0.0005/℃$로 가정한다.

θ℃에서 저항 $R_\theta = R_0(1+\alpha_0\theta)$이므로,

$$R_\theta = 1000\left[1+(-0.0005)(80)\right]$$
$$= 1000\left[1-0.040\right] = 1000(0.96) = \mathbf{960\Omega}$$

상온(약 20℃)에서 물질의 저항 R_{20}과 20℃에서 저항 온도 계수 α_{20}을 알고 있다면, 그때 온도 θ℃에서 저항 R_θ는 다음과 같이 주어진다.

$$\boldsymbol{R_\theta = R_{20}\left[1+\alpha_{20}(\theta-20)\right]}$$

[문제 11] 20℃의 온도에서 구리 전선 코일의 저항이 10Ω이다. 20℃에서 구리의 저항 온도 계수가 $0.004/℃$라면, 100℃로 온도 상승이 있을 때 코일의 저항을 구하라.

θ℃에서 저항 $R_\theta = R_{20}[1+\alpha_{20}(\theta-20)]$

따라서 100℃에서 저항은 다음과 같다.

$$R_{100} = 10\left[1+(0.004)(100-20)\right]$$
$$= 10\left[1+(0.004)(80)\right]$$
$$= 10\left[1+0.32\right]$$
$$= 10(1.32) = \mathbf{13.2\Omega}$$

[문제 12] 18℃의 온도에서 알루미늄 전선 코일의 저항이 200Ω이다. 전선의 온도가 올라가서 저항이 240Ω으로 증가했다. 18℃에서 알루미늄의 저항 온도 계수가 $0.0039/℃$라면, 코일의 온도 상승을 구하라.

온도가 θ℃로 올라갔다고 하자.
θ℃에서 저항 $R_\theta = R_{18}\left[1+\alpha_{18}(\theta-18)\right]$

즉,
$$240 = 200\left[1+(0.0039)(\theta-18)\right]$$
$$240 = 200+(200)(0.0039)(\theta-18)$$
$$240-200 = 0.78(\theta-18)$$
$$40 = 0.78(\theta-18)$$

$$\frac{40}{0.78} = \theta-18$$
$$51.28 = \theta-18$$

이로부터 $\theta = 51.28+18 = 69.28$℃, 따라서 **코일의 온도는 69.28℃로 증가한다.**

θ℃에서 저항을 모른다면, 그러나 어떤 다른 온도인 θ_1에서의 저항은 알고 있다면, 그때 어떤 온도에서의 저항은 다음과 같이 구할 수 있다.

$$R_1 = R_0(1+\alpha_0\theta_1),\ \ R_2 = R_0(1+\alpha_0\theta_2)$$

한 식을 다른 식으로 나누면 다음과 같다.

$$\boldsymbol{\frac{R_1}{R_2} = \frac{1+\alpha_0\theta_1}{1+\alpha_0\theta_2}}$$

여기서 $R_2 =$ 온도 θ_2에서의 저항

[문제 13] 20℃의 온도에서 어떤 구리 전선의 저항이 200Ω이다. 전류가 전선에 흘러 전선의 온도가 90℃로 올라갔다. 0℃에서 저항 온도 계수가 $0.004/℃$라 가정하고, 90℃에서 전선의 저항을 가장 가까운 [Ω] 단위로 구하라.

$R_{20} = 200\Omega,\ \ \alpha = 0.004/℃,\ \ \dfrac{R_{20}}{R_{90}} = \dfrac{\left[1+\alpha_0(20)\right]}{\left[1+\alpha_0(90)\right]}$

따라서 $R_{90} = \dfrac{R_{20}\left[1+90\alpha_0\right]}{\left[1+20\alpha_0\right]} = \dfrac{200\left[1+90(0.004)\right]}{\left[1+20(0.004)\right]}$

$$= \frac{200\left[1+0.36\right]}{\left[1+0.08\right]} = \frac{200(1.36)}{1.08} = 251.85\Omega$$

즉 **90℃에서 전선의 저항은 가장 근접한 [Ω] 단위로 보정하면 252Ω이다.**

◆ **이제 다음 연습문제를 풀어보자.**

[연습문제 163] 저항 온도 계수에 대한 확장 문제

1 온도가 0℃일 때 알루미늄 전선 코일의 저항이 50Ω이다. 0℃에서 알루미늄의 저항 온도 계수가 $0.0038/℃$라면, 100℃에서의 저항을 구하라.

2 온도가 50℃일 때 구리 케이블의 저항이 30Ω이다. 0℃에서의 저항을 구하라. 0℃에서 구리의 저항 온도 계수는 0.0043/℃로 한다.

3 0℃에서 탄소의 저항 온도 계수는 −0.00048/℃이다. 음수 부호는 무엇을 의미하는가? 탄소 저항기가 0℃에서 500Ω의 저항을 갖는다. 50℃에서의 저항을 구하라.

4 18℃에서 구리 전선 코일의 저항이 20Ω이다. 18℃에서 구리의 저항 온도 계수가 0.004/℃라면, 온도가 98℃로 상승할 때 코일의 저항을 구하라.

5 20℃에서 니켈 전선 코일의 저항이 100Ω이다. 전선의 온도가 올라가서 저항이 130Ω으로 증가하였다. 20℃에서 니켈의 저항 온도 계수가 0.006/℃라면, 코일 온도가 몇 도까지 올라갔는지 구하라.

6 20℃에서 어떤 알루미늄 전선의 저항이 50Ω이다. 전선이 가열되어 온도가 100℃가 되었다. 0℃에서 저항 온도 계수가 0.004/℃라고 가정하고, 100℃에서 전선의 저항을 구하라.

7 구리 케이블의 길이가 1.2km이고 단면적은 5mm²이다. 구리의 저항률이 0.02×10^{-6} Ωm이고 저항 온도 계수가 0.004/℃라고 하면, 80℃에서 구리 케이블의 저항을 구하라.

[연습문제 164] 저항 변화에 대한 단답형 문제

1 저항기 구조의 세 가지 타입을 열거하고, 각각에 대한 한 가지 실제 응용을 설명하라.

2 전도체의 저항 값에 영향을 줄 수 있는 네 가지 요인을 열거하라.

3 일정한 단면적을 갖는 전선 조각의 길이가 반으로 줄어든다면, 전선의 저항은 (   ).

4 일정한 길이를 갖는 케이블의 단면적이 3배가 된다면, 케이블의 저항은 (   ).

5 저항률은 무엇인가? 저항률의 단위와 사용되는 기호를 설명하라.

6 다음 설명을 완성하라.
"전기의 훌륭한 전도체는 (   ) 값의 저항률을 갖고 훌륭한 절연체는 (   ) 값의 저항률을 갖는다."

7 '저항 온도 계수'의 의미는 무엇인가? 그것의 단위와 사용되는 기호를 설명하라.

8 0℃에서 금속의 저항은 R_0, R_θ는 온도 θ℃에서 저항, 그리고 α_0는 0℃에서 저항 온도 계수라고 하면, 그때 $R_\theta = ($ $)$이다.

[연습문제 165] 저항 변화에 대한 사지선다형 문제

1 저항률의 단위는?
   (a) Ω   (b) Ωmm   (c) Ωm   (d) Ω/m

2 저항이 100Ω인 어떤 전도체의 길이가 두 배로 되고 단면적은 반으로 줄었다. 새로운 저항은?
   (a) 100Ω   (b) 200Ω
   (c) 50Ω   (d) 400Ω

3 길이가 2km이고 단면적이 2mm²이며 저항률이 2×10^{-8} Ωm인 케이블의 저항은?
   (a) 0.02Ω   (b) 20Ω
   (c) 0.02mΩ   (d) 200Ω

4 흑연 조각의 단면적이 10mm²이다. 만약 흑연 조각의 저항이 0.1Ω이고 저항률이 10×10^{-8} Ωm라면, 그것의 길이는?
   (a) 10km   (b) 10cm
   (c) 10mm   (d) 10m

5 저항 온도 계수의 단위 기호는?
   (a) Ω/℃   (b) Ω   (c) ℃   (d) Ω/Ω℃

6 전선 코일이 0℃에서 10Ω의 저항을 갖는다. 전선의 저항 온도 계수가 0.004/℃라면, 100℃에서 저항은?
   (a) 0.4Ω   (b) 1.4Ω   (c) 14Ω   (d) 10Ω

7 니켈 코일이 50℃에서 13Ω의 저항을 갖는다. 0℃에서 저항 온도 계수가 0.006/℃라면, 0℃에서 저항은?
   (a) 16.9Ω   (b) 10Ω   (c) 43.3Ω   (d) 0.1Ω

Chapter 35

배터리와 대체 에너지원

Batteries and alternative sources of energy

배터리와 대체 에너지원을 이해하는 것이 왜 중요할까?

배터리는 닫힌 에너지 시스템 내부에, 화학적 형태로 전기를 저장한다. 배터리는 재충전되어 작은 전기 기구, 기계 장치, 원격 장소에서 전원으로 재사용될 수 있다. 배터리는 태양광, 풍력, 수력 전력 같은 재생 가능원에 의해 생성된 직류 전기 에너지를 화학적 형태로 저장할 수 있다. 일반적으로 재생 에너지–충전원은 사실상 동작이 간헐적이기 때문에, 태양이 비치거나 혹은 바람이 불거나 관계없이 전기 부하에 비교적 일정한 전원을 제공하기 위해 배터리는 에너지를 저장시켜 둔다. 예를 들면 전력망에 연결되지 않은 광기전성(PV) 시스템에서, 하루 중 어느 시간대인지 혹은 현재의 날씨 조건이 어떠한지에 관계없이 저장된 배터리는 일반 가정용 전기 기구에 전력을 공급한다. 전력망에 연결된 배터리 백업 PV 시스템에서 배터리는 공공 전력이 부족할 경우에 무정전 전력을 제공한다. 에너지는 움직임을 일으킨다. 즉 무엇인가 움직일 땐 언제나, 에너지가 사용된다. 에너지는 자동차를 움직이고, 기계 장치를 가동시키며, 오븐을 덥히고, 그리고 우리집을 밝힌다. 에너지의 한 형태는 다른 형태로 변환될 수 있다. 가솔린이 자동차 엔진 안에서 탈 때, 가솔린에 저장된 에너지는 열에너지로 변환된다. 우리가 햇빛 속에 서 있을 때 빛에너지는 열로 변환된다. 토치 혹은 회중 전등이 켜질 때, 배터리에 저장된 화학 에너지는 빛과 열로 변환된다. 어떤 에너지가 있는지 찾아보기 위하여, 운동, 열, 빛, 소리, 화학 작용, 혹은 전기를 살펴보라. 태양은 모든 에너지의 원천이다. 태양의 에너지는 석탄, 석유, 천연 가스, 음식, 물, 바람에 저장된다. 에너지에는 재사용 가능 에너지와 재사용 불가능 에너지의 두 타입이 있지만, 우리가 사용하는 대부분의 에너지는 재사용 불가능한 연료(석탄, 석유 혹은 오일, 혹은 천연 가스)를 태워서 얻는다. 소비자의 필요를 만족시키기 위해 그들 에너지를 큰 규모로 변환하는 방법을 설계함으로써, 우리가 필요한 에너지의 대부분을 공급한다. 에너지 원천이 무엇이든 관계없이, 그들 안에 포함된 에너지는 전기라는 더 유용한 형태로 변환된다. 이 장에서는 점점 더 중요해지고 있는 영역인 배터리 사용에 대하여 탐구하고 간단히 몇 가지 대체 에너지원을 살펴본다.

학습포인트

- 배터리의 실제적 응용을 열거할 수 있다.
- 전기도금을 포함하여, 전기분해와 그것의 응용을 이해할 수 있다.
- 간단한 전지의 목적과 구조를 이해할 수 있다.
- 편극과 국부적 작용을 설명할 수 있다.
- 부식과 그 영향을 설명할 수 있다.
- 기전력 E와 전지의 내부 저항 r의 용어를 정의할 수 있다.
- $V = E - Ir$을 사용하여 계산할 수 있다.
- 직렬과 병렬로 연결된 전지들에 대하여 총 기전력과 총 내부 저항을 구할 수 있다.
- 일차 전지와 이차 전지를 구별할 수 있다.
- 르클랑셰, 수은, 납–산, 알칼리 전지의 구조와 실제 응용을 설명할 수 있다.
- 납–산 전지를 능가하는 알칼리 전지의 장점과 단점을 열거할 수 있다.
- '전지 용량'이란 용어를 이해하고 그 단위를 설명할 수 있다.
- 안전하게 배터리를 폐기하는 것의 중요성을 이해할 수 있다.
- 연료 전지의 장점과 미래에 있음직한 연료 전지의 응용을 알 수 있다.
- 대체 에너지원의 의미를 이해하고 다섯 가지 예를 설명할 수 있다.

35.1 배터리에 대한 서론

배터리battery는 **화학 에너지를 전기로 변환하는 소자**이다. 전기기구가 단자 사이에 연결된다면 생성된 전류는 장치에 동력을 공급할 것이다. 배터리는 많은 전자 장치에 없어서는 안 되는 품목이고, 전력망 전력 공급이 가능하지 않을 때 전력이 필요한 장치에 필수적이다. 예를 들어 배터리 없이는 이동 전화기나 휴대용 컴퓨터는 불가능했을 것이다.

현재 배터리의 역사는 200년이 넘었고 배터리는 상업용 및 산업용 제품들 거의 어디에서나 볼 수 있다. 배터리가 사용되는 몇 가지 **실제적 예**는 랩톱laptop에, 카메라에, 이동 전화기에, 자동차에, 손목시계와 탁상시계에, 보안 장치를 위해, 전자계기에, 연기 경보기를 위해, 가정에서 가스와 물 그리고 전기 소모량을 측정하는 계기를 위해, 몸속 내부를 들여다보는 내시경의 카메라에 전력을 공급하기 위해, 그리고 전 세계 고속도로의 통행료 징수를 위한 트랜스폰더를 위해 사용된다.

배터리는 두 종류로 분류되는데, 첫째는 일차 배터리primary battery로서 전기적으로 재충전되지 않도록 설계된다. 즉 사용 후 폐기된다(35.6절 참조). 그리고 또 다른 하나는 이차 배터리secondary battery로서 이동 전화기에 사용되는 것과 같이 재충전이 되도록 설계되었다(35.7절 참조).

최근에는 크기는 축소된 반면 수명과 용량은 증가된 배터리를 설계할 필요성이 대두되었다. 만약 작은 크기와 고전력이 필요한 경우라면 1.5V 배터리가 사용된다. 만약 더 긴 수명이 필요하다면 3~3.6V 배터리가 사용된다. 1970년대에 1.5V **망간 배터리**manganese battery는 **알칼린 배터리**alkaline battery로 점차 교체되었다. **은산화물 배터리**silver oxide battery들은 1960년대에 점차 등장했고, 오늘날엔 손목시계용으로 여전히 선호되고 있는 기술이다.

더 긴 수명에 대한 필요성 때문에 **리튬이온 배터리**Lithium-ion battery가 1970년대에 소개되었다. 실로 이 리튬이온 배터리들은 교체되기 전 10년을 넘게 수명이 지속되는 것으로 알려져 있다. 이러한 배터리는 오늘날 디지털 카메라에 때로는 손목시계와 컴퓨터 시계 용도로 여전히 매우 많은 수요가 있다. 리튬 배터리는 고전류를 공급하지만 다소 비싼 경향이 있다.

더 많은 종류의 배터리들과 그 용도는 [표 35-2]를 참고하라.

35.2 전기의 화학적 효과

물질이 전류를 흘릴 수 있으려면 물질이 **전하 입자**charged particle들을 포함하고 있어야만 한다. **고체**solid에서 전류는 전자electron들에 의해 운반된다. 구리, 납, 알루미늄, 철, 탄소 등은 고체 전도체의 몇 가지 예이다. **액체**liquid 및 **기체**gas에서 전류는 **이온**ion이라 불리는 전하량을 가진 분자 입자에 의해 흐른다. 이들은 양전하량 혹은 음전하량을 가질 수 있고, 그 예로는 수소 이온 H^+, 구리 이온 Cu^{++}, 수산이온 OH^-가 있다. 증류수는 이온을 포함하지 않아서 불량의 전기 전도체이고, 반면에 소금물은 이온들을 포함해서 아주 훌륭한 전기 전도체이다.

전기분해electrolysis는 전류를 통과시켜 액체 화합물을 분해하는 것이다. 전기분해의 실제 응용은 금속 도금(아래 참조), 구리 정제 그리고 광석에서 알루미늄의 추출 등이 있다.

전해질electrolyte은 전기분해를 시킬 화합물이다. 예로는 소금물, 황산구리, 황산 등이 있다.

전극electrode은 전해질에 전류를 운반하는 두 전도체이다. (+)에 연결된 전극을 **양극**anode이라 하고, (−)에 연결된 전극을 **음극**cathode이라고 한다.

배터리에 연결된 두 구리도선이 소금물 용액을 담고 있는 비커 속에 위치하면, 용액을 통과하여 전류가 흐를 것이다. 전기분해에 의해 물이 수소와 산소로 변하면서 공기 기포가 도선 주위에 나타난다.

전기도금electroplating은 한 금속을 다른 금속으로 얇게 코팅하기 위해 전기분해의 원리를 사용한다. 몇 가지 예로는 강철의 주석 도금, 니켈 합금의 은 도금, 강철의 크롬 도금 등이 있다. 배터리에 연결된 두 구리도선이 전해질인 황산구리를 담고 있는 비커 속에 위치하면, 음극(즉, 배터리의 (−) 단자에 연결된 전극)은 구리를 얻고 반면에 양극은 구리를 잃는다.

35.3 간단한 전지

전지electric cell의 목적은 화학 에너지를 전기 에너지로 변환시키는 것이다.

간단한 전지simple cell는 전해질 속의 두 개의 서로 다른 전도체(전극)로 구성된다. [그림 35-1]은 그러한 전지를 나타내며, 이는 구리와 아연 전극으로 구성되어 있다. 전류가 두 전극 사이에 흐르는 것을 볼 수 있다. 다른 가능한 전극 쌍도 존재하는데, 아연-납과 아연-철의 경우이다. 전극 전위(즉, 전극 사이에 측정되는 전위차)는 각 금속 쌍에 따라 다르다. 어떤 표준 전극에 대한 각 금속의 기전력(e.m.f.)을 알면, 모든 금속 쌍에 대한 기전력을 결정할 수 있다. 표준으로 사용되는 것은 수소 전극이다. **전기화학 계열** electrochemical series은 전위의 순서를 원소별로 열거한 것으로 [표 35-1]은 그런 계열로 원소들을 나열한 표이다.

간단한 전지에 두 가지 결점이 존재하는데, 이는 **분극** polarization과 **국부적 작용**local action에 기인한다.

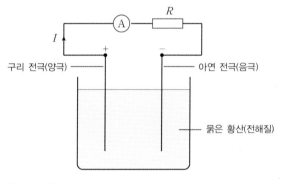

[그림 35-1]

[표 35-1] **전기화학 계열의 일부분**

칼륨
나트륨
알루미늄
아연
철
납
수소
구리
은
탄소

35.3.1 분극

[그림 35-1]의 간단한 전지가 연결된 채 얼마 동안 시간이 지나면, 전류 I는 매우 급격하게 감소한다. 이것은 구리 양극상에 수소 기포 막이 형성되기 때문이다. 이러한 효과를 전지의 분극polarisation이라고 한다. 수소는 구리 전극과 전해질 사이의 완전한 접촉을 방해하고, 이것은 전지의 내부 저항을 증가시킨다. 이러한 문제는 생성되는 수소 기포를 제거하는 중크롬산칼륨과 같은 화학적 감극 약품 혹은 감극제를 사용하여 극복할 수 있다. 이것은 전지가 일정한 전류를 공급하도록 해준다.

35.3.2 국부적 작용

시판용 아연이 묽은 황산 내에 위치할 때, 수소 가스가 황산에서 유리되고 아연이 용해된다. 그 이유는 아연 속에 존재하는 철의 흔적 같은 불순물이 아연과 함께 작은 일차 전지를 형성하기 때문이다. 이 작은 전지는 전해질에 의해 단락되고 그 결과 국부적 전류가 흘러 부식 작용을 일으킨다. 이러한 작용을 전지의 국부적 작용local action이라고 한다. 이것은 아연 표면에 소량의 수은을 문질러 주면 방지가 되는데, 이는 전극 표면에 보호막을 형성하기 때문이다. 두 금속이 간단한 전지에 사용될 때, 전기화학 계열을 사용해 전지의 동작을 예측할 수 있다.

- 높은 계열에 있는 금속은 음극으로 작용하고, 그 역도 성립한다. 예를 들어 [그림 35-1]에 있는 전지에서 아연 전극은 음극이고, 구리 전극은 양극이다.
- 두 금속 사이에 계열 간극이 클수록 전지에 의해 생성된 기전력은 커진다.

전기화학 계열은 금속의 반응정도를 나타내고 그 화합물은

- 계열이 높은 금속은 산소와 더 쉽게 반응하고 그 역도 성립한다.
- 두 금속 전극이 간단한 전지에 사용될 때, 높은 계열에 있는 금속일수록 전해질에 더 쉽게 용해된다.

35.4 부식

부식^{corrosion}은 습기 찬 환경 속에서 간단한 전지 작용에 의해 금속이 점진적으로 파괴되는 것이다. 녹스는 데 필요한 습기와 공기가 존재하는 것에 추가하여, 부식을 위해서는 전해질과 양극과 음극이 필요하다. 따라서 전기화학 계열에서 멀리 떨어진 위치의 금속들이 전해질이 존재하는 가운데 서로 접촉하고 있다면 부식이 일어날 것이다. 예를 들어, 강철로 만들어진 열 시스템에 황동 밸브가 조립된다면 부식이 일어날 것이다.

부식의 영향$^{effects\ of\ corrosion}$으로 구조물은 약화되고, 부품의 수명은 단축되며, 재료가 소모되고 교체 비용이 들어간다.

부식은 페인트 코팅, 그리스, 플라스틱 코팅과 에나멜, 혹은 주석이나 크롬 도금 등에 의해 **방지된다**. 또한 철의 부식을 막는 데 도움을 주는 아연 층을 사용해서 즉 철을 아연 도금하기도 한다.

35.5 전지의 기전력과 내부 저항

전지의 기전력(e.m.f.)$^{electromotive\ force}$ **E**는 단자가 부하에 연결되지 않았을 때(즉, 전지에 부하가 없을 때) 단자 간의 전위 차이(전위차)이다. 전지의 기전력은 전지와 병렬로 연결된 **고저항 전압계**$^{high\ resistance\ voltmeter}$를 사용하여 측정한다. 전압계는 고저항을 가져야만 하는데, 그렇지 않으면 전류를 흘리게 되고 전지는 부하가 없는 상태가 안 되기 때문이다. 예를 들면, 만약 전지의 저항이 1Ω이고 전압계의 저항이 $1M\Omega$인 경우, 회로의 등가 저항은 $1M\Omega+1\Omega$, 즉 대략 $1M\Omega$이 되고, 따라서 전류는 흐르지 않고 전지는 부하가 없게 된다.

전지의 단자 간에 나타나는 전압은 부하가 연결될 때 떨어진다. 이것은 전지의 물질이 전류 흐름에 저항하는 특성인 전지의 **내부 저항**$^{internal\ resistance}$ 때문에 발생한다. 내부 저항은 회로에서 다른 저항과 직렬로 동작한다. [그림 35-2]는 기전력 E 볼트와 내부 저항 r인 전지를 나타내고, XY는 전지의 단자를 나타낸다.

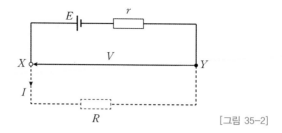

[그림 35-2]

부하(저항 R로 표시된)가 연결되지 않았을 때, 전류는 흐르지 않고 단자 기전력 $V=E$이다. R이 연결될 때 전류 I가 흐르고 전지에 전압 강하 Ir을 야기한다. 전지 단자에 나타나는 기전력은 전지의 기전력보다 작고 다음 식으로 주어진다.

$$V = E - Ir$$

따라서 만약 배터리 기전력이 12V이고 내부 저항이 0.01Ω이라면, $100A$의 전류를 공급하고 단자 기전력은 다음과 같다.

$$V = 12 - (100)(0.01) = 12 - 1 = 11\,V$$

전지 혹은 전원 양단 간 서로 다른 전위차 V가 서로 다른 전류 값 I에 대응하여 측정될 때, [그림 35-3]과 같이 그래프가 그려진다. 전지 혹은 전원의 기전력 E는 단자 간 부하가 없을 때(즉, $I=0$)의 전위차이기 때문에, E는 점선으로 나타난다.

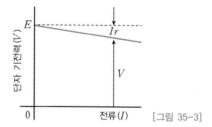

[그림 35-3]

$V=E-Ir$이기 때문에 내부 저항은 다음 식으로 계산된다.

$$r = \frac{E - V}{I}$$

전류가 [그림 35-2]와 같은 방향으로 흐를 때, 전지는 방전$^{discharging}(E>V)$되고 있다고 말한다. 전류가 [그림 35-2]의 반대 방향으로 흐를 때, 전지는 충전$^{charging}(V>E)$되고 있다고 말한다.

배터리^{battery}는 한 개보다 많은 전지들의 조합이다. 배터리의 전지들은 직렬 혹은 병렬로 연결된다.

❶ 직렬 연결된 전지^{cells connected in series}

총 기전력＝전지 기전력들의 합

총 내부 저항＝전지 내부 저항들의 합

❷ 병렬 연결된 전지^{cells connected in parallel}

각 전지가 같은 기전력과 내부 저항을 갖는다면,

총 기전력＝한 전지의 기전력

n 전지의 총 내부 저항＝$\frac{1}{n}×$한 전지 내부 저항

[문제 1] 각각의 기전력이 2.2V이고 내부 저항이 0.2Ω인 전지 8개를 (a) 직렬과 (b) 병렬로 연결하였다. 이렇게 만든 배터리의 기전력과 내부 저항을 구하라.

(a) 직렬로 연결할 때,

총 기전력＝전지 기전력들의 합

$$= 2.2×8 = 17.6\,V$$

총 내부 저항＝전지 내부 저항들의 합

$$= 0.2×8 = 1.6\,Ω$$

(b) 병렬로 연결할 때,

총 기전력＝한 전지의 기전력＝**2.2 V**

8개 전지의 총 내부 저항＝$\frac{1}{8}×$한 전지 내부 저항

$$= \frac{1}{8}×0.2 = 0.025\,Ω$$

[문제 2] 전지의 기전력이 2.0V이고 내부 저항이 0.02Ω이다. 전지가 (a) 5A, (b) 50A를 공급한다면 단자 간 전위차를 구하라.

(a) 단자 간 전위차 $V = E - Ir$

여기서 E＝전지의 기전력, I＝흐르는 전류이고, r＝전지의 내부 저항이다.

$E = 2.0\,V$, $I = 5\,A$, $r = 0.02\,Ω$이다.

따라서 **단자 간 전위차**^{terminal p.d.}는 다음과 같다.

$$V = 2.0 - (5)(0.02) = 2.0 - 0.1$$
$$= 1.9\,V$$

(b) 전류가 50A일 때, 단자 간 전위차는

$$V = E - Ir = 2.0 - 50(0.02)$$
$$즉,\ \ V = 2.0 - 1.0 = 0.1\,V$$

따라서 단자 간 전위차는 전류가 증가할 때 감소한다.

[문제 3] 부하가 없을 때 배터리 단자 간 전위차가 25V이고, 10A의 전류가 흐르도록 부하가 연결될 때 배터리 단자 간 전위차가 24V이다. 배터리의 내부 저항을 구하라.

부하가 없을 때 배터리 E의 기전력이 단자 간 기전력 V, 즉 $E = 25\,V$와 같다.

전류 $I = 10\,A$이고 단자 간 전위차 $V = 24\,V$일 때

$V = E - Ir$, 즉 $24 = 25 - (10)r$이다.

따라서 재배열하면 $10r = 25 - 24 = 1$이고,

내부 저항 $r = \frac{1}{10} = 0.1\,Ω$이다.

[문제 4] 각각이 0.2Ω의 내부 저항을 갖는 10개의 1.5V 전지가 58Ω의 부하에 직렬로 연결되었다. (a) 회로에 흐르는 전류와 (b) 배터리 단자 간 전위차를 구하라.

(a) 10개의 전지에 대해,

배터리 기전력 $E = 10×1.5 = 15\,V$,

총 내부 저항 $r = 10×0.2 = 2\,Ω$

58Ω의 부하에 연결될 때 회로는 [그림 35-4]와 같이 된다.

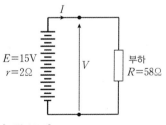

[그림 35-4]

$$전류\ I = \frac{기전력}{총\ 저항} = \frac{15}{58+2} = \frac{15}{60} = 0.25\,A$$

(b) 배터리 단자 간 전위차 $V = E - Ir$

$$즉,\ V = 15 - (0.25)(2) = 14.5\,V$$

◆ 이제 다음 연습문제를 풀어보자.

[연습문제 166] 전지의 기전력과 내부 저항에 대한 확장 문제

1 각각의 기전력이 1.5V이고 내부 저항이 0.24Ω인 전지 12개를 (a) 직렬과 (b) 병렬로 연결하였다. 이렇게 만든 배터리의 기전력과 내부 저항을 구하라.

2 전지의 기전력이 2.2V이고 내부 저항이 0.03Ω이다. 만약 전지가 (a) 1A, (b) 20A, (c) 50A를 공급한다면 단자 간 전위차를 구하라.

3 부하가 없을 때 배터리 단자 간 전위차가 16V이고, 8A의 전류가 흐르도록 부하가 연결될 때, 배터리 단자 간 전위차가 14V이다. 배터리의 내부 저항을 구하라.

4 기전력이 20V이고 내부 저항이 0.2Ω인 배터리가 부하에 10A의 전류를 공급한다. 배터리 단자 간 전위차와 부하의 저항을 구하라.

5 각각이 0.1Ω의 내부 저항을 갖는 10개의 2.2V 전지가 21Ω의 부하에 직렬로 연결되었다. (a) 회로에 흐르는 전류와 (b) 배터리 단자 간 전위차를 구하라.

6 [그림 35-5]의 회로에 대해, 저항들은 배터리의 내부 저항을 나타낸다. 각 경우에 대하여, (ⅰ) PQ 간의 총 기전력과 (ⅱ) 배터리의 총 등가 내부 저항을 구하라.

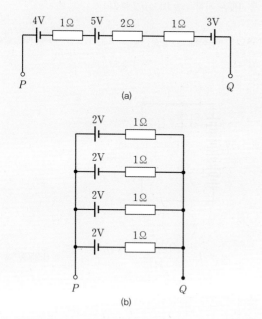

[그림 35-5]

7 부하가 없을 때 배터리 단자 간 전압이 52V이고, 80A의 전류가 흐르도록 부하가 연결될 때, 배터리 단자 간 전압이 48.8V이다. 배터리의 내부 저항을 구하라. 20A의 전류가 흐르도록 부하가 연결될 때, 단자 간 전압은 얼마인가?

35.6 일차 전지

일차 전지$^{primary\ cell}$는 재충전될 수 없다. 즉 화학 에너지를 전기 에너지로 변환하는 것의 거꾸로는 진행되지 않으며, 전지는 한 번 화학물질을 다 소모한 후에는 사용될 수 없다. 일차 전지의 예로는 르클랑셰 전지와 수은 전지가 있다.

35.6.1 르클랑셰 전지

전형적인 건전지인 르클랑셰 전지$^{Leclanché\ cell*}$는 [그림 35-6]과 같다. 이 전지는 새 것일 때 약 1.5V의 기전력을 갖는데, 연속적으로 계속 사용하면 분극 때문에 기전력이 급격하게 저하된다. 탄소 전극상에 수소 박막이 탈분극제에 의해 소모되는 것보다 더 빠른 속도로 형성된다. 르클랑셰 전지는 오직 간헐적 용도로만 적합한데, 응용 예로는 토치, 트랜지스터 라디오, 종, 신호표시 회로, 가스라이터, 스위치-기어 조절 등이 있다. 이 전지는 가장 일반적으로 사용되는 일차 전지이고, 싸며, 보수할 필요가 거의 없고, 약 2년의 저장수명을 가진다.

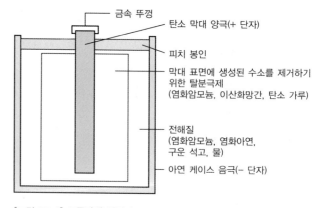

[그림 35-6] **르클랑셰 건전지**

35.6.2 수은 전지

전형적인 수은 전지는 [그림 35-7]과 같다. 이 전지는 약 1.3 V의 기전력을 가지며, 비교적 오랫동안 일정한 상태를 유지한다. 르클랑셰 전지와 비교해 이 전지의 주요 장점은 작은 크기와 긴 저장 수명이다. 수은 전지는 일반적으로 보청기, 의료 전자장비, 카메라와 유도 미사일 등에 응용된다.

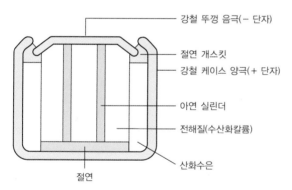

[그림 35-7] 수은 전지

35.7 이차 전지

이차 전지secondary cell는 사용 후에 재충전될 수 있다. 즉 화학 에너지를 전기 에너지로 변환하는 것이 거꾸로도 진행될 수 있으며, 전지는 여러 번 사용될 수 있다. 2차 전지의 예로는 납-산 전지와 알칼린 전지가 해당된다. 이 전지의 실제 응용에는 자동차 배터리, 전화기 회로, 우유 배달 밴과 지게차 같은 견인 목적용 사용이 해당된다.

35.7.1 납-산 전지

전형적인 납-산 전지는 다음과 같은 것들로 구성된다.

❶ 유리, 에보나이트 혹은 플라스틱으로 만든 용기
❷ 납 플레이트lead plate
  • (−) 플레이트(음극)는 해면질의 납으로 구성된다.
  • (+) 플레이트(양극)는 과산화 납을 납 그리드에 압착시켜 형성한다.
    유효 단면적을 높이고 내부 저항을 줄이기 위해 [그림 35-8]과 같이 플레이트는 사이사이에 끼워진 형태이다.

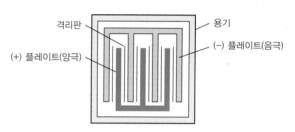

[그림 35-8] 납-산 전지의 설계도면

❸ 유리, 셀룰로이드 혹은 나무로 만든 격리판separator
❹ 황산과 증류수의 혼합물인 전해질electrolyte

납-산 전지의 상대적 밀도(혹은 비중)는 액체 비중계로 측정되는데, 전지가 완전히 충전되었을 때 약 1.26에서부터 방전되었을 때 약 1.19까지 변화한다. 납-산 전지의 단자 간 전위차는 약 2 V이다.

전지가 부하에 전류를 공급할 때 방전discharging된다고 말한다. 방전되는 동안,

  • 과산화 납(+ 플레이트)과 해면질의 납(− 플레이트)은 황화 납으로 변환되고,
  • 과산화 납속 산소는 전해질속 수소와 결합하여 물로 변한다. 따라서 전해질은 묽어지고 상대적 밀도가 떨어진다.

완전히 방전되었을 때 납-산 전지의 단자 간 전위차는 약 1.8 V가 된다.

전지의 단자에 직류 전원을 연결하면 충전charged이 되고, 전지의 (+) 단자가 전원의 (+) 단자에 연결된다. 충전할 때 전류는 방전 전류와 역방향으로 흐르고 화학적 작용도 반대로 일어난다. 충전되는 동안,

- (+)와 (−) 플레이트상의 황화 납이 과산화 납과 납으로 각각 되돌아가는 변화가 일어나고,
- 전해질로부터 산소가 나와 (+) 플레이트의 납과 결합하면서 전해질의 물 함유량은 감소된다. 따라서 전해질의 상대적 밀도는 증가한다.

(+) 플레이트의 색은 완전히 충전되면 암갈색이고, 방전되면 연갈색이다. (−) 플레이트의 색은 완전히 충전되면 회색이고, 방전되면 연회색이다.

35.7.2 니켈−카드뮴 전지와 니켈−금속 전지

이 두 형태의 전지에서 (+) 플레이트는 가늘게 구멍이 뚫린 강철 튜브들로 수산화 니켈을 둘러싸서 만들고, 저항은 순수한 니켈 혹은 흑연을 첨가하면 줄어든다. 이 튜브들은 니켈−강철 플레이트 속에 조립된다.

니켈−금속 전지(**에디슨 전지**Edison* cell 혹은 **나이프 전지** nife cell라 부르기도 함)에서 (−) 플레이트는 산화철로 만들고, 저항은 약간의 산화수은을 사용하면 줄어든다. 재료 전체를 구멍이 뚫린 강철 튜브로 둘러싸고 이 튜브들은 강철 플레이트 속에 조립된다. 니켈−카드뮴 전지에서 (−) 플레이트는 카드뮴으로 만든다. 각 형태의 전지에서 전해질은 수산화칼륨 용액인데, 이 용액은 어떤 화학적 변화도 받지 않으므로 그 양을 최소한도로 사용할 수 있다. 플레이트들은 절연 막대로 분리되고, 강철 용기 안에 조립된 다음, 비금속 틀 상자에 넣어져 전지들 간에는 서로 절연된다. 알칼린 전지의 평균 방전 전위차는 약 1.2 V이다.

납−산 전지에 비해 우수한 니켈−카드뮴 전지 혹은 니켈−금속 전지의 **장점**은 다음과 같다.

- 더 견고한 구조
- 과중한 충전 및 방전 전류를 손상 없이 견디는 능력
- 더 긴 수명
- 주어진 용량에 대해 더 가벼운 무게
- 충전이나 방전의 어떤 상태에서든 손상 없이 무기한 방치될 수 있음
- 스스로 방전되지 않음

납−산 전지에 비해 못한 니켈−카드뮴 전지 혹은 니켈−금속 전지의 **단점**은 다음과 같다.

- 상대적으로 더 비쌈
- 주어진 기전력에 대해 더 많은 전지가 필요함
- 더 큰 내부 저항을 가짐
- 밀봉되어 있어야만 함
- 효율이 낮음

니켈 전지는 극한 온도에서 사용될 수 있고, 진동이 있는 조건이나 혹은 긴 휴면 시간이나 과중한 방전 전류가 필요한 조건에서 사용될 수 있다. 실제 예로는 견인 및 해양 업무, 철도 객차 조명, 군사용 휴대 라디오, 디젤 및 가솔린 엔진 시동 등에 사용된다. [표 35−2]도 참조하라.

*에디슨은 누구?

토마스 에디슨(Thomas Alva Edison, 1847. 2. 11 ~ 1931. 10. 18)은 미국의 발명가이자 사업가로서, 전력 생성 및 분배 시스템을 개발한 것으로 가장 잘 알려졌다. 또한 그는 상업용 실제 백열등을 처음 발명했다. 에디슨은 역사상 네 번째로 가장 많은 발명을 한 발명가이며, 그의 이름으로 1,000개를 넘는 미국 특허를 보유했다.

35.8 전지 용량

전지 용량capacity은 암페어−시(Ah)로 측정된다. 10시간 방전 정격을 갖는 완전히 충전된 50 Ah 배터리는 10시간 동안 5 A의 전류를 꾸준히 흘리며 방전될 수 있지만, 부하 전류가 10 A로 증가된다면 배터리는 3~4시간 내 방전된다. 이는 방전 전류가 클수록 배터리의 유효 용량이 낮아지기 때문이다. 납−산 전지의 전형적인 방전 특성은 [그림 35−9]와 같다.

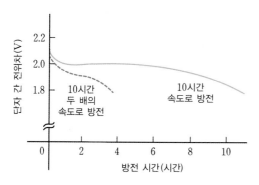

[그림 35-9]

35.9 배터리의 안전한 폐기

쓰레기 매립지에 매년 3억 개 정도 퇴적되는 배터리(2만톤 이상의 폐기물 홍수)와 그 위험성에 대해 경각심이 생겨나고 있다. 어떤 배터리는 화재 위험을 야기할 뿐 아니라, 인간 및 생물, 환경에 위험 요소가 될 수 있는 물질을 함유하고 있다. 또 어떤 배터리는 함유된 금속을 회수하기 위해 재활용될 수 있다.

폐기 배터리는 수은, 납, 카드뮴과 같은 독성 중금속의 농축원이 된다. 만약 중금속을 함유한 배터리를 잘못 폐기한다면, 금속은 용해되어 토양과 지하수를 오염시키고, 인간과 야생 생물을 위태롭게 할 수 있다. 카드뮴에 오랫동안 노출되면, 카드뮴은 발암 물질이므로 간과 폐 질환을 일으킬 수 있다. 수은은 인간의 뇌, 척추 시스템, 신장, 간에 손상을 일으킬 수 있다. 납-산 배터리 내 황산은 심각한 피부 화상 혹은 접촉 염증을 일으킬 수 있다. 모든 종류의 배터리를 올바르게 폐기하는 것이 점점 더 중요해지고 있다.

[표 35-2]는 배터리의 여러 형태와 배터리의 일반적인 용도, 위험한 성분, 그리고 폐기/재활용 가능 여부를 보여준다.

[표 35-2]

배터리 형태	일반적 용도	위험한 성분	폐기/재활용 가능 여부
습전지(즉, 액체 전해질을 가진 일차 전지)			
납-산 배터리	전기 에너지를 자동차, 트럭, 보트, 트랙터, 모터 사이클 등의 탈 것들을 위해 공급한다. 밀봉된 작은 납-산 배터리는 비상등과 무정전 전원장치로 사용된다.	황산, 납	재생 : 대부분의 가솔린 주유소와 자동차 수리소는 오래된 자동차 배터리를 수납하고, 지방 의회 폐기물 시설은 납-산 배터리를 위한 수집 장소를 갖춘다.
건전지 : 충전 불가능하고 일회 사용(예 AA, AAA, C, D, 랜턴 및 소형 시계 크기)			
아연-탄소	토치, 탁상시계, 면도기, 라디오, 장난감, 연기 경보기	아연	위험한 폐기물로 분류되지 않음 : 집안 폐기물과 함께 폐기될 수 있다.
염화 아연	토치, 탁상시계, 면도기, 라디오, 장난감, 연기 경보기	아연	위험한 폐기물로 분류되지 않음 : 집안 폐기물과 함께 폐기될 수 있다.
알칼린 망간	개인 스트레오 및 라디오/카세트 플레이어	망간	위험한 폐기물로 분류되지 않음 : 집안 폐기물과 함께 폐기될 수 있다.
일차 버튼 전지 (즉, 소형 전자 장치에 사용되는 '버튼' 모양의 소형 평탄 배터리)			
산화수은	보청기, 심장박동 조절장치, 카메라	수은	가능하다면, 지방 의회 폐기물 시설에서 재활용
아연-공기	보청기, 페이저, 카메라	아연	가능하다면, 지방 의회 폐기물 시설에서 재활용
산화은	계산기, 손목시계, 카메라	은	가능하다면, 지방 의회 폐기물 시설에서 재활용
리튬	계산기, 손목시계, 카메라	리튬 (폭발성 및 화염성)	가능하다면, 지방 의회 폐기물 시설에서 재활용
재충전 건전지 - 이차 배터리			
니켈-카드뮴 (NiCd)	휴대전화, 무선 전력 공구, 랩톱 컴퓨터, 면도기, 모터 사용 장난감, 개인 스테레오	카드뮴	가능하다면, 지방 의회 폐기물 시설에서 재활용
니켈-금속 하이드라이드 (NiMH)	NiCd 배터리에 대한 대체물이지만, 더 긴 수명을 가짐	니켈	가능하다면, 지방 의회 폐기물 시설에서 재활용
리튬 이온 (Li-ion)	NiCd과 NiMH 배터리에 대한 대체물이지만, 더 큰 에너지 저장 용량을 가진다.	리튬	가능하다면, 지방 의회 폐기물 시설에서 재활용

배터리 폐기는 쓰레기 매립 처리 법규$^{Landfill\ Regulation}$ 2002 와 위험 폐기물 법규$^{Hazardous\ Waste\ Regulation}$ 2005 이후 더욱 통제되고 있다. 2007년 7월에 시작한 전기 전자 장치의 폐기물(WHEE)$^{Waste\ Electrical\ and\ Electronic\ Equipment}$ 법규^{Regulation} 2006으로부터, 모든 전기 및 전자 장치의 생산자 (제조업자와 수출업자)는 영국에서 생산된 WHEE의 의무화된 수집, 처리 및 재활용 비용에 대한 책임을 져야 한다.

35.10 연료 전지

연료 전지$^{fuel\ cell}$는 전기화학 에너지 변환 장치라는 점에서는 배터리와 유사하지만, 반응 물질이 소모되면 소모된 반응 물질을 계속 채우도록 설계되었다는 점에서 배터리와 차이가 있다. 즉 연료 전지는 연료와 산소를 공급하는 외부 원천으로부터 전기를 생성한다. 반면 배터리는 한정된 에너지 저장 용량을 갖는다. 또한 배터리 내부 전극은 배터리가 충전되거나 혹은 방전될 때 반응하고 변화한다. 반면에 연료 전지의 전극은 촉매이고(즉, 영구히 변화하지 않고) 상대적으로 안정하다.

연료 전지에 사용되는 전형적인 반응 물질은 양극 쪽 수소와 음극 쪽 산소(즉, 수소 전지$^{hydrogen\ cell}$)이다. 보통 반응 물질이 흘러 들어오고 반응 생성물이 흘러 나간다. 사실상 이러한 흐름이 계속되는 한 전지는 장기간 연속적인 동작이 가능하다.

이산화탄소를 생산하는 천연 가스 혹은 메탄 같은 지금의 현대 연료와는 대조적으로, 연료 전지는 높은 효율을 가지며 공해 배출물이 이상적으로는 전혀 없는 현대적 응용 분야에서는 매우 매력적인 연료이다. 순수한 수소로 동작하는 연료 전지의 유일한 부산물은 수증기이다.

일반적으로 연료 전지는 내부 연소 엔진에 대한 대안으로는 매우 고가이다. 그러나 계속적인 연구 개발로 수년 내에 시장가로 가능한 연료 전지 자동차를 제작할 것으로 보인다.

연료 전지는 우주선, 원격 기상 관측소, 특정 군사적 용도와 같은 멀리 떨어진 지역에서의 전력원으로 매우 유용하다. 수소로 동작하는 연료 전지는 소형이고, 가벼우며, 분산발전으로 송전손실이 없다.

35.11 대체 및 재생 에너지원

대체 에너지$^{alternative\ energy}$는 석탄, 전통적인 가스와 오일을 대체할 수 있는 에너지를 일컫는다. 이들 모두는 연료로 태울 때 대기 중 탄소를 증가시킨다. 재생 에너지$^{renewable\ energy}$는 원천이 자동으로 계속 공급되거나 혹은 사실상 무한한 원천으로부터 생성됨으로써 소모하더라도 고갈되지 않는다는 것을 의미한다. 석탄, 가스, 오일은 매장지가 여러 대에 걸쳐서 지속될지라도 지속되는 시간이 유한하고, 결국에는 고갈될 것이기 때문에 재생 에너지가 아니다. 우리의 환경에 주는 손상 충격이 적은 에너지를 동력화하는 여러 가지 수단이 존재하는데, 이는 다음과 같은 것들이다.

❶ 태양 에너지$^{solar\ energy}$는 미래에 가장 풍부한 자원을 가진 에너지원 중의 하나이다. 그 이유는 매년 태양으로부터 얻는 총 에너지가 인류가 사용하는 총 에너지의 약 35,000배이기 때문이다. 그러나 이 에너지의 약 삼분의 일이 대기권 밖에서 흡수되거나 우주로 반사된다. 태양 에너지는 자동차, 발전소, 우주선을 운전하는 데 사용될 수 있다. 지붕 위 **태양광 패널**$^{solar\ panel}$은 물 저장 시스템 안에 열을 포획한다. **광기전성 전지**$^{photovoltaic\ cell}$는 적절하게 위치하면 태양 빛을 전기로 변환시킨다.

❷ 풍력$^{wind\ power}$은 자연에 해가 되는 부산물을 생산하지 않으면서 활용될 수 있는 또 다른 대체 에너지원이다. 꼬리 날개에 의해 바람에 수직으로 유지되는 수직면 내에서 풍차의 날개들이 회전한다. 바람이 풍차의 날개를 가로질러 흐를 때 날개는 힘을 받아 회전하고, 전기를 생산한다(39장 참조). 태양 에너지와 마찬가지로, 바람을 동력화하는 것은 날씨와 위치에 크게 의존한다. 지구상에서 평균 풍속은 약 $9\,m/s$이고, 풍차가 $10\,m.p.h.$ $^{mile\ per\ hour}$(즉, 약 $4.5\,m/s$)의 바람을 맞을 때 생산할 수 있는 전력은 약 $50\,W$이다.

❸ 수력$^{hydro\ electricity}$은 강을 막아 댐을 건설하고 물의 위치 에너지를 활용하여 얻을 수 있다. 댐 뒤쪽에 저장된 물은 높은 압력으로 방출되면서 물의 운동에너지가 터빈 날개에 전달되어 전기를 생산하게 된다. 이 시스템은 막대한 초기 비용이 들지만, 유지비용이 상대적으로 저렴하고 전력을 매우 싼 값으로 제공한다.

❹ 조력^{tidal power}은 조류가 저장소를 채운 후 전기 생산 터빈을 통과해 천천히 방출되는, 자연스런 조류의 움직임을 이용한다.

❺ 지열 에너지^{geothermal energy}는 행성 내부의 열로부터 얻어지며, 지열 에너지는 증기 터빈을 운전하는 증기를 생산하는 데 사용될 수 있고, 그때 증기 터빈은 전기를 생산한다. 지구의 반경은 약 4000 마일이고, 중심에 있는 내부 핵의 온도는 약 4000℃이다. 지구 표면으로부터 3 마일의 구멍을 뚫으면 100℃의 온도를 만나게 된다. 이 온도는 스팀 전력의 발전소를 운전하기 위한 물을 끓이기에 충분하다. 3마일 내려가는 구멍을 뚫는 것이 가능할지라도 이는 쉽지 않다. 그러나 다행히 **지열 열지점** ^{geothermal hotspot}이라고 하는 화산 지형이 전 세계에서 발견된다. 이 지형은 지구 내부로부터 과잉의 내부 열을, 전기를 생산하는 데 사용될 수 있는 지각 바깥으로 내보내주는 영역이다.

◆ **이제 다음 연습문제를 풀어보자.**

[연습문제 167] 배터리와 대체 에너지원에 대한 단답형 문제

1 배터리를 정의하라.

2 배터리의 다섯 가지 실제 응용을 설명하라.

3 알칼린 배터리를 능가하는 리튬–이온 배터리의 장점을 설명하라.

4 전기분해란 무엇인가?

5 전해질은 무엇인가?

6 전해질의 전기전도는 무엇 때문인가?

7 (+)에 연결된 전극은 (   )(이)라 부르고, (−)에 연결된 전극은 (   )(이)라 부른다.

8 전기분해의 두 가지 실제 응용을 설명하라.

9 전지의 목적은 (   )을/를 (   )(으)로 변환하는 것이다.

10 간단한 전지를 스케치하고, 그 명칭을 붙여보라.

11 전기화학 계열이란 무엇인가?

12 간단한 전지를 기준으로 해서 (a) 분극과 (b) 국부적 작용이 의미하는 바를 간단히 설명하라.

13 부식은 무엇인가? 부식의 두 가지 효과를 명기하고, 부식을 어떻게 방지하는지 그 방법을 설명하라.

14 전지의 기전력은 무엇을 의미하는가? 어떻게 전지의 기전력을 측정할 수 있는가?

15 내부 저항을 정의하라.

16 전지가 E[V]의 기전력을 갖고, 내부 저항이 r[Ω]이며, 부하에 전류 I[A]를 공급한다면, 단자 간 전위차 V[V]는 다음과 같이 주어진다: $V = ($ $)$

17 전지의 두 가지 주요 형태를 명기하라.

18 일차 전지와 이차 전지 사이의 차이점을 간단히 설명하라.

19 일차 전지의 두 가지 형태를 명기하라.

20 이차 전지의 두 가지 형태를 명기하라.

21 일차 전지의 전형적인 세 가지 응용을 설명하라.

22 이차 전지의 전형적인 세 가지 응용을 설명하라.

23 전지의 용량을 측정하는 단위는 무엇인가?

24 전지를 안전하게 폐기하는 것은 왜 중요한가?

25 임의로 여섯 가지 형태의 배터리를 명기하고, 각각에 대해 세 가지 일반적 응용을 설명하라.

26 '연료 전지'란 무엇인가? 이것은 배터리와 무엇이 다른가?

27 연료 전지의 장점을 설명하라.

28 연료 전지의 세 가지 실제적 응용을 설명하라.

29 (a) 대체 에너지와 (b) 재생 에너지가 의미하는 것은 무엇인가?

30 다섯 가지 대체 에너지원을 설명하고, 각각에 대해 간단히 설명하라.

[연습문제 168] 배터리와 대체 에너지원에 대한 사지선다형 문제

1 배터리는 무엇으로 구성되는가?

    (a) 하나의 전지   (b) 회로

    (c) 발전기   (d) 다수의 전지

2 2V의 기전력을 갖고 0.1Ω의 내부 저항을 갖는 전지가 5A의 전류를 공급할 때 단자 간 전위차는?

    (a) 1.5V   (b) 2V   (c) 1.9V   (d) 2.5V

3 2V의 기전력을 갖고 0.5Ω의 내부 저항을 갖는 전지 다섯 개를 직렬로 연결해 만든 배터리의 기전력과 내부 저항은?

    (a) 2V의 기전력과 0.5Ω의 내부 저항

    (b) 10V의 기전력과 2.5Ω의 내부 저항

    (c) 2V의 기전력과 0.1Ω의 내부 저항

    (d) 10V의 기전력과 0.1Ω의 내부 저항

4 위 **2**번 문항의 전지 5개가 병렬로 연결된다면, 그렇게 만든 배터리의 기전력과 내부 저항은?

    (a) 2V의 기전력과 0.5Ω의 내부 저항

    (b) 10V의 기전력과 2.5Ω의 내부 저항

    (c) 2V의 기전력과 0.1Ω의 내부 저항

    (d) 10V의 기전력과 0.1Ω의 내부 저항

5 다음 설명 중 틀린 것은?

    (a) 르클랑셰 전지는 토치에서 사용하기에 적합하다.

    (b) 니켈-카드뮴 전지는 일차 전지의 한 예이다.

    (c) 전지가 충전될 때 단자 간 전위차는 전지 기전력을 초과할 수 없다.

    (d) 이차 전지는 사용 후 재충전된다.

6 다음 설명 중 틀린 것은? 두 금속 전극이 간단한 전지에서 사용될 때, 전기화학 계열이 더 높은 금속 전극은

    (a) 전해질에서 더 용해되기 쉽다.

    (b) 항상 $(-)$ 단자이다.

    (c) 산소와 매우 쉽게 작용한다.

    (d) 양극으로 작용한다.

7 0.2Ω의 내부 저항을 갖는 2V 전지 다섯 개가 직렬로 부하 저항 14Ω에 연결되었다. 이 회로에 흐르는 전류는?

    (a) 10A   (b) 1.4A   (c) 1.5A   (d) $\dfrac{2}{3}$A

8 위 **7**번 문항의 회로에서 배터리 단자에서 전위차는?

    (a) 10V   (b) $9\dfrac{1}{3}$V   (c) 0V   (d) $10\dfrac{2}{3}$V

9 다음 설명 중 올바른 것은?

    (a) 전지 용량의 측정 단위는 [V]이다.

    (b) 일차 전지는 전기 에너지를 화학 에너지로 변환시킨다.

    (c) 아연 도금된 철은 부식을 방지하는 것을 도와준다.

    (d) $(+)$ 전극은 음극이라 부른다.

10 전지의 내부 저항이 클수록

    (a) 단자 간 전위차가 더 커진다.

    (b) 기전력이 더 작아진다.

    (c) 기전력이 더 커진다.

    (d) 단자 간 전위차가 더 작아진다.

11 건전지의 $(-)$ 극은 무엇으로 만드나?

    (a) 탄소   (b) 구리   (c) 아연   (d) 수은

12 이차 전지의 에너지는 보통 어떻게 새롭게 회복되는가?

    (a) 전지를 통하여 전류를 통과시킨다.

    (b) 전지는 전혀 새롭게 회복될 수 없다.

    (c) 전지의 화학물질을 새롭게 갱생시킨다.

    (d) 전지를 가열시킨다.

13 다음 설명 중 올바른 것은?

    (a) 아연-탄소 배터리는 재충전할 수 있고 위험한 것으로 분류되지 않는다.

    (b) 니켈-카드뮴 배터리는 재충전되지 않고 위험한 것으로 분류된다.

    (c) 리튬 배터리는 손목시계에 사용되고 재충전되지 않는다.

    (d) 알칼린 망간 배터리는 토치에 사용되고 위험한 것으로 분류된다.

Chapter

36

직렬 및 병렬 회로망

Series and parallel networks

직렬 및 병렬 회로망을 이해하는 것이 왜 중요할까?

부품들이 전기 회로에서 서로 연결되는 방법에는 두 가지가 있다. 한 방법은 부품들의 '끝과 끝'이 연결되는 '직렬' 연결이고, 다른 방법은 부품들이 '서로 가로질러' 연결되는 '병렬' 연결이다. 회로가 둘 혹은 세 회로 소자보다 더 많아 복잡할 때, 그것은 개개의 직렬 및 병렬 회로들의 회로망처럼 보인다. 직렬 및 병렬 회로와 연관된 기본 원리에 대해 제대로 이해한다면, 이러한 이해는 어떤 단일 전원 직류 회로망이 회로 소자 혹은 가지들의 직렬 및 병렬 조합을 갖는 경우 이 회로망에 대한 조사를 시작하기에 충분한 기초가 된다. 직-병렬 회로망의 해석에 대한 자신감은 노출, 실행, 경험을 통해서만 얻어진다. 처음 잠깐 보면 이 회로들은 복잡해 보이지만, 방법론적으로 해석을 해보면 회로의 기능이 명확해질 수 있다. 이 장에서는 예제와 함께, 직렬 회로망과 병렬 회로망, 그리고 직렬/병렬 회로망을 설명한다. 이 회로망에 대한 전압, 전류, 저항들 사이의 관계를 계산을 통해 살펴본다.

학습포인트

- 직렬 회로에서 미지의 전압, 전류, 저항들을 계산할 수 있다.
- 직렬 회로에서 전압 분배를 이해할 수 있다.
- 병렬 회로망에서 미지의 전압, 전류, 저항들을 계산할 수 있다.
- 직/병렬 회로망에서 미지의 전압, 전류, 저항들을 계산할 수 있다.
- 두 가지의 병렬 회로망에서 전류 분배를 이해할 수 있다.
- 램프의 직렬 및 병렬 연결에 대한 장점과 단점을 설명할 수 있다.

36.1 서론

전기 회로를 분석할 수 있는 것, 즉 회로 내 전류와 전위차를 계산할 수 있는 것은 중요하다. 회로를 연결하는 방법에는 두 가지가 있다. 한 방법은 부품들의 끝과 끝이 연결되는 '직렬' 연결이고, 다른 방법은 부품들이 서로 가로질러 연결되는 '병렬' 연결이다. 종종 회로는 직렬과 병렬 연결의 혼합 형태이다. 이 장에서는 전압 및 전류 배분을 사용하는 것을 포함하여, 직렬 회로망과 병렬 회로망, 그리고 직렬-병렬 회로망에서 어떻게 전류와 전압을 계산하는지 보여준다. 또한 램프의 직렬 및 병렬 연결에 대한 장점과 단점을 설명한다.

36.2 직렬 회로

[그림 36-1]은 V[volt]의 배터리 전원과 함께, 세 개의 저항기 R_1, R_2, R_3가 끝과 끝이 연결된, 즉 직렬로 연결된 것을 보여준다. 회로가 닫혔기 때문에 전류 I가 흐를 것이고, 각 저항기 양단 간 전위차는 V_1, V_2, V_3의 전압계를 읽어 결정한다.

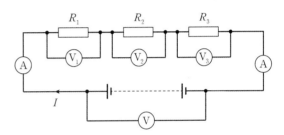

[그림 36-1]

직렬 회로에서

❶ 전류 I 는 회로의 모든 부분에서 동일하고, 따라서 각 전류계상에 동일한 값이 나타난다.

❷ 전압 V_1, V_2, V_3의 합은 가해준 총 전압 V와 같다.

$$즉, \quad V = V_1 + V_2 + V_3$$

옴의 법칙으로부터, $V_1 = IR_1$, $V_2 = IR_2$, $V_3 = IR_3$, $V = IR$ 이며, 여기서 R은 총 회로 저항이다.

$V = V_1 + V_2 + V_3$ 이기 때문에 $IR = IR_1 + IR_2 + IR_3$이다.

I로 전체를 나누면 다음과 같다.

$$R = R_1 + R_2 + R_3$$

따라서 직렬 회로에서, 총 저항은 분리된 저항들의 값을 모두 더해서 얻는다.

[문제 1] [그림 36-2]의 회로에서, R_1, R_2, R_3를 가로질러 전위차가 각각 $5\,\mathrm{V}$, $2\,\mathrm{V}$, $6\,\mathrm{V}$라고 하면, (a) 배터리 전압 V, (b) 회로의 총 저항, (c) 저항기 R_1, R_2, R_3의 값을 구하라.

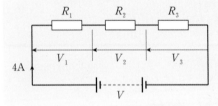

[그림 36-2]

(a) 배터리 전압

$$V = V_1 + V_2 + V_3 = 5 + 2 + 6 = \mathbf{13\,V}$$

(b) 총 회로 저항

$$R = \frac{V}{I} = \frac{13}{4} = \mathbf{3.25\,\Omega}$$

(c) 저항 $R_1 = \dfrac{V_1}{I} = \dfrac{5}{4} = \mathbf{1.25\,\Omega}$

저항 $R_2 = \dfrac{V_2}{I} = \dfrac{2}{4} = \mathbf{0.5\,\Omega}$

저항 $R_3 = \dfrac{V_3}{I} = \dfrac{6}{4} = \mathbf{1.5\,\Omega}$

Check $R_1 + R_2 + R_3 = 1.25 + 0.5 + 1.5 = 3.25\,\Omega = R$

[문제 2] [그림 36-3]의 회로에서, 저항기 R_3의 양단 간 전위차를 구하라. 회로의 총 저항이 $100\,\Omega$이라면, 저항기 R_1을 통과하는 전류를 구하라. 또한 저항기 R_2의 저항을 구하라.

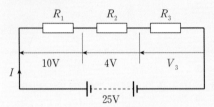

[그림 36-3]

R_3의 양단 간 전위차 $V_3 = 25 - 10 - 4 = \mathbf{11\,V}$

각 저항에 흐르는 전류 $I = \dfrac{V}{R} = \dfrac{25}{100} = \mathbf{0.25\,A}$

저항 $R_2 = \dfrac{V_2}{I} = \dfrac{4}{0.25} = \mathbf{16\,\Omega}$

[문제 3] 각각의 저항이 $4\,\Omega$, $9\,\Omega$, $11\,\Omega$인 세 저항기가 직렬로 연결된 회로에 $12\,\mathrm{V}$ 배터리가 연결되어 있다. $9\,\Omega$ 저항기를 통과하여 흐르는 전류와 양단 간 전위차를 구하라. 또한 $11\,\Omega$ 저항기에서 소모되는 전력을 구하라.

회로 그림은 [그림 36-4]와 같다.

총 저항 $R = 4 + 9 + 11 = 24\,\Omega$

$9\,\Omega$ 저항기에 흐르는 전류 $I = \dfrac{V}{R} = \dfrac{12}{24} = \mathbf{0.5\,A}$

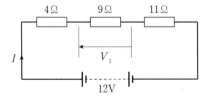

[그림 36-4]

$9\,\Omega$ 저항기 양단 간 전위차는

$$V_1 = I \times 9 = 0.5 \times 9$$
$$= \mathbf{4.5\,V}$$

$11\,\Omega$ 저항기에서 소모되는 전력은

$$P = I^2 \times R = (0.5)^2(11)$$
$$= (0.25)(11) = \mathbf{2.75\,W}$$

36.3 분압기

[그림 36-5(a)]의 회로에서 전압 분포는 다음과 같다.

$$V_1 = \left(\frac{R_1}{R_1 + R_2}\right)V, \quad V_2 = \left(\frac{R_2}{R_1 + R_2}\right)V$$

[그림 36-5(b)]의 회로를 분압기$^{\text{potential divider}}$ 회로라고도 부른다. 그런 회로는 한 전압원을 가로질러 직렬로 연결된 많은 유사한 소자들로 구성되고, 전압은 소자 간 연결부에서 취한다. 종종 [그림 36-5(b)]에서 보는 것처럼 분배기는 두 저항기로 구성되고, 거기에서

$$V_{\text{OUT}} = \left(\frac{R_2}{R_1 + R_2}\right)V_{\text{IN}}$$

이다. 분압기는 더 높은 기전력을 갖는 전원으로부터 더 낮은 기전력의 전원을 생성하는 가장 간단한 방법이고, 전위차를 정확하게 측정하는 측정 장치인 전위차계^{potentiometer}의 기본 작동 구조가 된다.

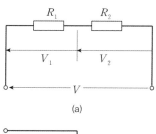

(a)

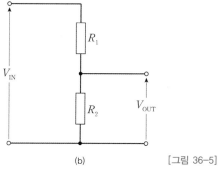

(b)   [그림 36-5]

[문제 4] [그림 36-6]에서 전압 값 V를 구하라.

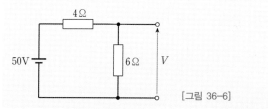

[그림 36-6]

[그림 36-6]은 [그림 36-7]과 같이 다시 그릴 수 있다. 전압은 다음과 같다.

$$V = \left(\frac{6}{6+4}\right)(50) = 30\,\text{V}$$

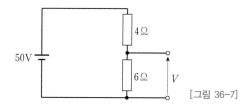

[그림 36-7]

[문제 5] 두 저항기가 24 V 전원의 양단 간에 직렬로 연결되고 3 A의 전류가 회로에 흐른다. 만약 저항기 중 하나가 2Ω의 저항을 갖는다면, (a) 다른 저항의 값과 (b) 2Ω 저항기 양단 간 전위차를 구하라. 만약 회로가 50시간 동안 연결된다면, 사용된 에너지는 얼마인가?

회로도는 [그림 36-8]과 같다.

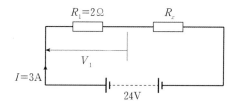

[그림 36-8]

(a) 총 회로 저항은 $R = \dfrac{V}{I} = \dfrac{24}{3} = 8\,\Omega$

  미지의 저항 값은 $R_x = 8 - 2 = 6\,\Omega$

(b) 2Ω 저항 양단 간 전위차는

$$V_1 = IR_1 = 3 \times 2 = 6\,\text{V}$$

다른 방법으로, 위로부터

$$V_1 = \left(\frac{R_1}{R_1 + R_x}\right)V$$
$$= \left(\frac{2}{2+6}\right)(24) = 6\,\text{V}$$

사용된 에너지 = 전력 × 시간 = $(V \times I) \times t$
$$= (24 \times 3\,\text{W})(50\,\text{h})$$
$$= 3600\,\text{Wh}$$
$$= 3.6\,\text{kWh}$$

◆ 이제 다음 연습문제를 풀어보자.

[연습문제 169] 직렬 회로에 대한 확장 문제

1 직렬로 연결된 세 저항기를 가로질러 측정된 전위차가 5V, 7V, 10V이고, 전원 전류는 2A이다. (a) 전압원, (b) 총 회로 저항, (c) 세 저항기의 값을 구하라.

2 [그림 36-9]의 회로에서, V_1의 값을 구하라. 만약 총 회로 저항이 36Ω이라면, 전원 전류와 저항기 R_1, R_2, R_3의 값을 구하라.

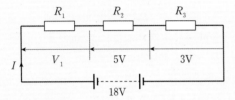

[그림 36-9]

3 [그림 36-10]의 회로에서 스위치가 닫힐 때, 전압계1의 눈금이 30V이고 전압계2의 눈금이 10V이다. 전류계의 눈금과 저항기 R_x의 값을 구하라.

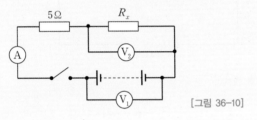

[그림 36-10]

4 [그림 36-11]에서 전압 V의 값을 계산하라.

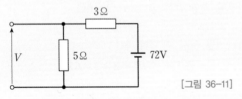

[그림 36-11]

5 두 저항기가 18V 전원과 직렬로 연결되고 5A의 전류가 흐른다. 저항기 중 하나가 2.4Ω의 값을 가진다면, (a) 다른 저항기의 값과 (b) 2.4Ω 저항기 양단 간 전위차를 구하라.

6 아크등$^{arc lamp}$이 55V에서 9.6A가 흐른다. 아크등이 120V 전원으로부터 동작한다. 직렬로 연결되는 안정 저항기의 값을 구하라.

7 오븐이 240V에서 15A가 흐른다. 오븐의 전류를 12A로 줄여야 한다. (a) 직렬로 연결되어야 하는 저항기와 (b) 저항기 양단 간 전압을 구하라.

36.4 병렬 회로망

[그림 36-12]는 세 저항 R_1, R_2, R_3가 각각 가로질러 연결된, 즉 병렬로 V볼트의 배터리 전원에 가로질러 연결된 회로를 나타낸다.

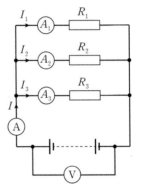

[그림 36-12]

병렬 회로에서,

(a) 전류 I_1, I_2, I_3의 합은 총 회로 전류 I와 같다. 즉,

$$I = I_1 + I_2 + I_3$$

(b) 전원의 전위차 V 볼트는 저항기 양단 간에서 측정되는 전압과 같다. 옴의 법칙으로부터,

$$I_1 = \frac{V}{R_1} \ , \ I_2 = \frac{V}{R_2} \ , \ I_3 = \frac{V}{R_3} \ , \ I = \frac{V}{R}$$

여기서 R은 총 회로 저항이다.

$I = I_1 + I_2 + I_3$이므로 $\dfrac{V}{R} = \dfrac{V}{R_1} + \dfrac{V}{R_2} + \dfrac{V}{R_3}$

V로 양변을 나누면 다음과 같이 된다.

$$\frac{1}{R} = \frac{1}{R_1} + \frac{1}{R_2} + \frac{1}{R_3}$$

병렬 회로의 총 저항 R을 구할 때 이 방정식을 사용해야만 한다.

병렬 연결된 두 저항기의 특수한 경우에는 다음과 같다.

$$\frac{1}{R} = \frac{1}{R_1} + \frac{1}{R_2} = \frac{R_2 + R_1}{R_1 R_2}$$

따라서 $\quad R = \dfrac{R_1 R_2}{R_1 + R_2} \quad (\text{즉, } \dfrac{곱}{합})$

[문제 6] [그림 36-13]의 회로에서 (a) 전류계의 눈금과 (b) 저항 R_2의 값을 구하라.

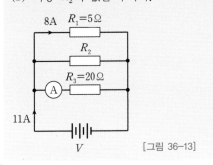

[그림 36-13]

R_1 양단 간 전위차는 인가한 전압 V와 같다.
따라서 전원 전압 $V = 8 \times 5 = 40\,\text{V}$

(a) **전류계 눈금**

$$I = \frac{V}{R_3} = \frac{40}{20} = 2\,\text{A}$$

(b) R_2를 통과해 흐르는 전류 $= 11 - 8 - 2 = 1\,\text{A}$

따라서 $\boldsymbol{R_2} = \dfrac{V}{I_2} = \dfrac{40}{1} = \boldsymbol{40\,\Omega}$

[문제 7] 저항이 $3\,\Omega$과 $6\,\Omega$인 두 저항기가 전압 $12\,\text{V}$인 배터리 양단 간에 병렬로 연결된다. (a) 총 회로 저항과 (b) $3\,\Omega$ 저항기에 흐르는 전류를 구하라.

회로 그림은 [그림 36-14]와 같다.

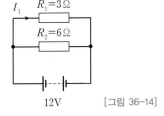

[그림 36-14]

(a) 총 회로 저항 R은 다음과 같다

$$\frac{1}{R} = \frac{1}{R_1} + \frac{1}{R_2} = \frac{1}{3} + \frac{1}{6}$$

$$= \frac{2+1}{6} = \frac{3}{6}$$

$\dfrac{1}{R} = \dfrac{3}{6}$ 이므로 **총 회로 저항**은 $\boldsymbol{R = 2\,\Omega}$이다.

다른 방법으로,

$$R = \frac{R_1 R_2}{R_1 + R_2} = \frac{3 \times 6}{3 + 6} = \frac{18}{9} = 2\,\Omega$$

(b) $3\,\Omega$ 저항에 흐르는 전류는 다음과 같다.

$$I_1 = \frac{V}{R_1} = \frac{12}{3} = 4\,\text{A}$$

[문제 8] [그림 36-15]의 회로에서, (a) 전원 전압 V의 값과 (b) 전류 I의 값을 구하라.

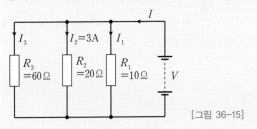

[그림 36-15]

(a) $20\,\Omega$ 저항기 양단 간 전위차는 $I_2 R_2 = 3 \times 20 = 60\,\text{V}$
따라서 회로가 병렬로 연결되었기 때문에 **전원 전압** $\boldsymbol{V = 60\,\text{V}}$ 이다.

(b) $I_1 = \dfrac{V}{R_1} = \dfrac{60}{10} = 6\,\text{A}$, $\quad I_2 = 3\,\text{A}$, $\quad I_3 = \dfrac{V}{R_3} = \dfrac{60}{60} = 1\,\text{A}$

전류 $I = I_1 + I_2 + I_3$이므로, $\boldsymbol{I = 6 + 3 + 1 = 10\,\text{A}}$

다른 방법으로,

$$\frac{1}{R} = \frac{1}{60} + \frac{1}{20} + \frac{1}{10} = \frac{1+3+6}{60} = \frac{10}{60}$$

따라서 총 저항 $R = \dfrac{60}{10} = 6\ \Omega$

전류 $I = \dfrac{V}{R} = \dfrac{60}{6} = \boldsymbol{10\,\text{A}}$

[문제 9] 네 개의 1Ω 저항기가 있을 때, 총 저항이 (a) $\frac{1}{4}$Ω, (b) 1Ω, (c) $1\frac{1}{3}$Ω, (d) $2\frac{1}{2}$Ω이 되도록 하려면 어떻게 연결해야 하는지 설명하라. 각 경우 네 개 저항기는 모두 연결된다.

(a) 네 저항 모두 병렬로 연결([그림 36-16] 참조)

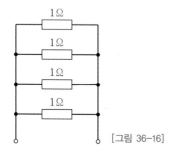

[그림 36-16]

$\frac{1}{R} = \frac{1}{1} + \frac{1}{1} + \frac{1}{1} + \frac{1}{1} = \frac{4}{1}$ 이기 때문에 $R = \frac{1}{4}$ Ω

(b) **직렬로 연결된 두 저항기와, 또 다른 직렬로 연결된 두 저항기를 병렬로 연결**([그림 36-17] 참조). 1Ω과 1Ω을 직렬로 연결하면 2Ω이 되고, 2Ω과 2Ω을 병렬로 연결하면 다음과 같이 된다.

$$\frac{2 \times 2}{2+2} = \frac{4}{4} = 1 \text{ Ω}$$

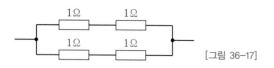

[그림 36-17]

(c) **세 개를 병렬로 연결하고 이를 나머지 한 개와 직렬로 연결**([그림 36-18] 참조). 세 개를 병렬로 연결하면,

$$\frac{1}{R} = \frac{1}{1} + \frac{1}{1} + \frac{1}{1} = \frac{3}{1}$$

즉 $\frac{1}{3}$Ω이 되고, $\frac{1}{3}$Ω과 1Ω을 직렬로 연결하면 $1\frac{1}{3}$Ω이 된다.

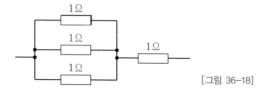

[그림 36-18]

(d) **병렬 연결된 두 저항과 직렬 연결된 두 저항을 직렬로 연결**([그림 36-19] 참조). 두 개를 병렬로 연결하면,

$$R = \frac{1 \times 1}{1+1} = \frac{1}{2} \text{Ω}$$

그리고 $\frac{1}{2}$Ω과 1Ω과 1Ω을 직렬로 연결하면 $2\frac{1}{2}$Ω이 된다.

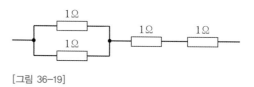

[그림 36-19]

[문제 10] [그림 36-20]의 회로에 대한 등가 저항을 구하라.

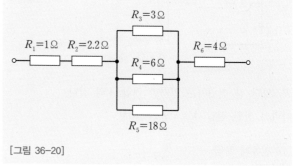

[그림 36-20]

R_3, R_4, R_5가 병렬로 연결되었고, 따라서 그 등가 저항 R은 다음과 같이 주어진다.

$$\frac{1}{R} = \frac{1}{3} + \frac{1}{6} + \frac{1}{18} = \frac{6+3+1}{18} = \frac{10}{18}$$

따라서 $\qquad R = \frac{18}{10} = 1.8 \text{ Ω}$

이제 회로는 네 개의 저항이 직렬로 연결되었고, 따라서

등가 회로 저항 $= 1 + 2.2 + 1.8 + 4 = 9Ω$

[문제 11] 10Ω, 20Ω, 30Ω의 저항이 240V 전원에 (a) 직렬로, 그리고 (b) 병렬로 연결된다. 각 경우에 전원 전류를 구하라.

(a) 직렬 회로는 [그림 36-21]과 같다.

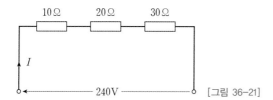

[그림 36-21]

등가 저항은 $R = 10\,\Omega + 20\,\Omega + 30\,\Omega = 60\,\Omega$

전원 전류 $I = \dfrac{V}{R_T} = \dfrac{240}{60} = \mathbf{4A}$

(b) 병렬 회로는 [그림 36-22]와 같다.

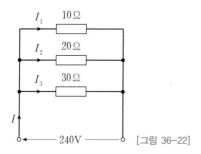

[그림 36-22]

병렬로 연결된 $10\,\Omega$, $20\,\Omega$, $30\,\Omega$ 저항의 등가 저항 R_T는 다음과 같이 된다.

$$\frac{1}{R_T} = \frac{1}{10} + \frac{1}{20} + \frac{1}{30} = \frac{6+3+2}{60} = \frac{11}{60}$$

따라서 $R_T = \dfrac{60}{11}\,\Omega$

전원 전류 $I = \dfrac{V}{R_T} = \dfrac{240}{\dfrac{60}{11}} = \dfrac{240 \times 11}{60} = \mathbf{44A}$

Check $I_1 = \dfrac{V}{R_1} = \dfrac{240}{10} = 24\text{A}$, $I_2 = \dfrac{V}{R_2} = \dfrac{240}{20} = 12\text{A}$,

$I_3 = \dfrac{V}{R_3} = \dfrac{240}{30} = 8\text{A}$

병렬 회로에 대해, $I = I_1 + I_2 + I_3 = 24 + 12 + 8 = \mathbf{44A}$, 즉 위와 동일하다.

36.5 전류 배분

[그림 36-23]의 회로에서, 총 회로 저항 R_T는 다음과 같다.

$$R_T = \frac{R_1 R_2}{R_1 + R_2}, \quad V = I R_T = I\left(\frac{R_1 R_2}{R_1 + R_2}\right)$$

전류 $I_1 = \dfrac{V}{R_1} = \dfrac{I}{R_1}\left(\dfrac{R_1 R_2}{R_1 + R_2}\right) = \left(\dfrac{\boldsymbol{R_2}}{\boldsymbol{R_1 + R_2}}\right)\!(\boldsymbol{I})$

전류 $I_2 = \dfrac{V}{R_2} = \dfrac{I}{R_2}\left(\dfrac{R_1 R_2}{R_1 + R_2}\right) = \left(\dfrac{\boldsymbol{R_1}}{\boldsymbol{R_1 + R_2}}\right)\!(\boldsymbol{I})$

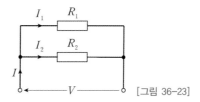

[그림 36-23]

요약하면, [그림 36-23]을 기준으로 다음과 같다.

$$\boldsymbol{I_1 = \left(\frac{R_2}{R_1 + R_2}\right)(I)}, \quad \boldsymbol{I_2 = \left(\frac{R_1}{R_1 + R_2}\right)(I)}$$

중요한 것은 위 전류 분배가 두 개의 병렬 저항기에서만 적용될 수 있다는 것이다. 만약 두 개보다 많은 병렬 저항이 있다면, 전류 분배는 위의 식을 이용해서 구할 수 없다.

[문제 12] [그림 36-24]와 같은 직-병렬 배열에서 (a) 전원 전류, (b) 각 저항기를 통과해 흐르는 전류, (c) 각 저항기 양단 간 전위차를 구하라.

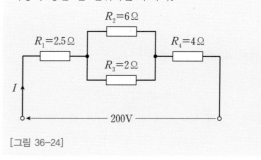

[그림 36-24]

(a) 병렬 연결된 R_2, R_3의 등가 저항 R_x는 다음과 같다.

$$R_x = \frac{6 \times 2}{6 + 2} = 1.5\,\Omega$$

직렬 연결된 R_1, R_x, R_4의 등가 저항 R_T는 다음과 같다.

$$R_T = 2.5 + 1.5 + 4 = 8\,\Omega$$

전원 전류 $I = \dfrac{V}{R_T} = \dfrac{200}{8} = \mathbf{25A}$

(b) R_1과 R_4를 통과해 흐르는 전류는 25A이다.

R_2를 통과해 흐르는 전류

$$= \left(\frac{R_3}{R_2 + R_3} \right) I = \left(\frac{2}{6+2} \right) 25 = \mathbf{6.25\,A}$$

R_3를 통과해 흐르는 전류

$$= \left(\frac{R_2}{R_2 + R_3} \right) I = \left(\frac{6}{6+2} \right) 25 = \mathbf{18.75\,A}$$

> **Note** R_2와 R_3를 통과해 흐르는 전류는 더해서 병렬 배열로 흐르는 총 전류, 즉 25A가 된다.

(c) [그림 36-24]의 등가 회로는 [그림 36-25]와 같다.

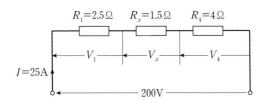

[그림 36-25]

R_1 양단 간 전위차 $V_1 = IR_1 = (25)(2.5) = \mathbf{62.5\,V}$

R_x 양단 간 전위차 $V_x = IR_x = (25)(1.5) = \mathbf{37.5\,V}$

R_4 양단 간 전위차 $V_4 = IR_4 = (25)(4) = \mathbf{100\,V}$

따라서 R_2 양단 간 전위차$= R_3$ 양단 간 전위차
$$= \mathbf{37.5\,V}$$

[문제 13] [그림 36-26]의 회로에서 (a) 회로에서 소모되는 총 전력이 2.5kW가 되도록 하는 저항기 R_x의 값, (b) 네 개 저항기 각각에 흐르는 전류를 계산하라.

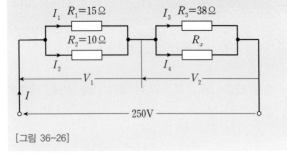

[그림 36-26]

(a) 소모되는 전력 $P = VI$ 와트, 따라서

$$2500 = (250)(I) \text{, 즉, } I = \frac{2500}{250} = 10\text{A}$$

옴의 법칙으로부터, $R_T = \dfrac{V}{I} = \dfrac{250}{10} = 25\,\Omega$

여기서 R_T는 등가 회로 저항이다.

병렬 연결된 R_1과 R_2의 등가 저항은

$$\frac{15 \times 10}{15 + 10} = \frac{150}{25} = 6\,\Omega$$

병렬 연결된 R_3와 R_x의 등가 저항은 $25\,\Omega - 6\,\Omega$
$= 19\,\Omega$과 같다.

R_x를 구하는 방법에는 세 가지가 있다.

[방법 1]
전압 $V_1 = IR_1$, 여기서 R은 $6\,\Omega$이므로,
$V_1 = (10)(6) = 60\text{V}$
따라서 $V_2 = 250\text{V} - 60\text{V} = 190\text{V}$
$\qquad\qquad = R_3$ 양단 간 전위차
$\qquad\qquad = R_x$ 양단 간 전위차
$I_3 = \dfrac{V_2}{R_3} = \dfrac{190}{38} = 5\text{A}$
따라서 $I = 10\text{A}$이므로, 또한 $I_4 = 5\text{A}$이다.
따라서 $\mathbf{R_x} = \dfrac{V_2}{I_4} = \dfrac{190}{5} = \mathbf{38\,\Omega}$

[방법 2]
병렬 연결된 R_3와 R_x의 등가 저항이 $19\,\Omega$이므로,
$$19 = \frac{38R_x}{38 + R_x} \quad \left(\text{즉, } \frac{곱}{합}\right)$$
따라서 $19(38 + R_x) = 38R_x$
$\qquad 722 + 19R_x = 38R_x$
$\qquad\qquad 722 = 38R_x - 19R_x = 19R_x$
따라서 $\mathbf{R_x} = \dfrac{722}{19} = \mathbf{38\,\Omega}$

[방법 3]
같은 값을 갖는 두 저항기기가 병렬 연결될 때 등가 저항은 항상 저항기 중 하나 값의 절반이다. 따라서 이 경우에, $R_T = 19\,\Omega$이고 $R_3 = 38\,\Omega$이므로, $R_x = 38\,\Omega$은 바로 추론할 수 있다.

(b) 전류 $I_1 = \left(\dfrac{R_2}{R_1+R_2}\right)I = \left(\dfrac{10}{15+10}\right)(10)$

$$= \left(\dfrac{2}{5}\right)(10) = \textbf{4A}$$

전류 $I_2 = \left(\dfrac{R_1}{R_1+R_2}\right)I = \left(\dfrac{15}{15+10}\right)(10)$

$$= \left(\dfrac{3}{5}\right)(10) = \textbf{6A}$$

[방법 1]의 (a)로부터, $\boldsymbol{I_3 = I_4 = 5\text{A}}$

[문제 14] [그림 36-27]과 같은 배열에서, 전류 I_x를 구하라.

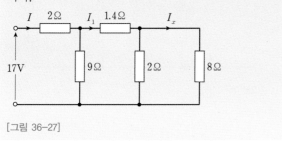

[그림 36-27]

[그림 36-27]의 배열의 오른쪽에서 시작하면, 회로는 점차적으로 [그림 36-28(a)~(d)]와 같이 축소된다.

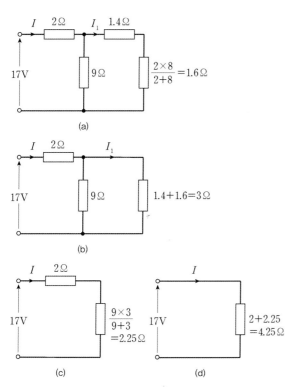

[그림 36-28]

[그림 36-28(d)]로부터,

$$I = \dfrac{17}{4.25} = 4\text{A}$$

[그림 36-28(b)]로부터,

$$I_1 = \left(\dfrac{9}{9+3}\right)I = \left(\dfrac{9}{12}\right)(4) = 3\text{A}$$

[그림 36-27]로부터,

$$I_x = \left(\dfrac{2}{2+8}\right)I_1 = \left(\dfrac{2}{10}\right)(3) = \textbf{0.6A}$$

◆ 이제 다음 연습문제를 풀어보자.

[연습문제 170] 병렬 회로망에 대한 확장 문제

1 9V 배터리 양단 간에 4Ω과 12Ω 저항이 병렬로 연결된다. (a) 등가 회로 저항, (b) 전원 전류, (c) 각 저항기의 전류를 구하라.

2 [그림 36-29]의 회로에서 (a) 전류계 눈금과 (b) 저항 R의 값을 구하라.

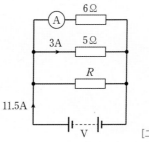

[그림 36-29]

3 다음의 저항들이 (a) 직렬 연결, (b) 병렬 연결되었을 때 등가 저항을 구하라.
❶ 3Ω, 2Ω   ❷ 20kΩ, 40kΩ
❸ 4Ω, 8Ω, 16Ω   ❹ 800Ω, 4kΩ, 1500Ω

4 [그림 36-30(a)]의 회로에서 단자 A와 B 사이의 총 저항을 구하라.

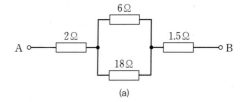

(a)

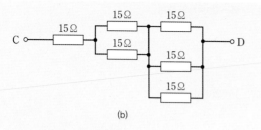

[그림 36-30]

5 [그림 36-30(b)]의 회로에서 단자 C와 D 사이의 총 저항을 구하라.

6 20Ω, 20Ω, 30Ω 저항기가 병렬로 연결되어 있다. 이 조합과 직렬로 얼마의 저항을 연결해야 총 저항이 10Ω이 되는가? 완전한 회로가 0.36 kW의 전력을 소모한다면, 총 흐르는 전류를 구하라.

7 (a) [그림 36-31]에서 30Ω 저항기에 흐르는 전류를 계산하라. (b) 전원 전압은 고정시킨 상태에서, 전원 전류를 8A로 바꾸기 위해서 20Ω과 30Ω 저항기에 병렬로 얼마의 저항을 추가해서 연결해야 하는가?

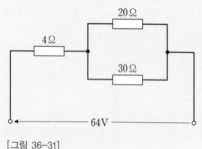

[그림 36-31]

8 [그림 36-32]의 회로에서, 흐르는 전류를 계산하지 않고 (a) V_1, (b) V_2를 구하라.

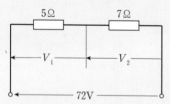

[그림 36-32]

9 [그림 36-33]의 회로에서 표시된 전류와 전압을 구하라.

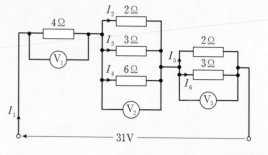

[그림 36-33]

10 [그림 36-34]에서 전류 I를 구하라.

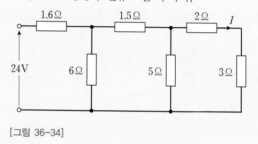

[그림 36-34]

36.6 직렬 및 병렬의 램프 연결

36.6.1 직렬 연결

[그림 35-35]는 240V 정격인 세 개의 램프가 240V 전원의 양단 간에 직렬로 연결되어 있는 것을 보여준다.

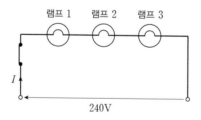

[그림 36-35]

❶ 각 램프는 램프 양단 간에 $\frac{240}{3}$V, 즉 80V만을 갖고, 따라서 각 램프는 희미하게 타오른다.

❷ 같은 정격의 또 다른 램프가 세 램프에 직렬로 더해진다면, 각 램프는 램프 양단 간에 $\frac{240}{4}$V, 즉 60V만을 갖고, 그렇게 되면 각 램프는 더욱 희미하게 타오른다.

❸ 회로에서 한 램프가 제거된다면 혹은 한 램프가 결함이 생긴다면(즉, 개방 회로) 혹은 스위치가 열린다면, 그때 회로는 끊어지고 전류는 흐르지 않으며, 나머지 램프들도 빛이 나지 않을 것이다.

❹ 병렬 연결보다 직렬 연결 시에 케이블이 더 적게 필요하다.

램프의 직렬 연결은 보통 크리스마스 트리와 같은 장식용 조명으로만 제한적으로 사용된다.

36.6.2 병렬 연결

[그림 36-36]은 240V 정격인 세 개의 램프가 240V 전원의 양단 간에 병렬로 연결되어 있는 것을 보여준다.

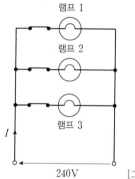

[그림 36-36]

❶ 각 램프는 램프 양단 간에 240V가 걸리고, 따라서 각 램프는 정격 전압에서 밝게 타오른다.

❷ 회로에서 어떤 램프가 제거된다면 혹은 결함이 생긴다면 (즉, 개방 회로) 혹은 스위치가 열린다면, 나머지 램프들은 영향을 받지 않는다.

❸ 같은 램프들을 병렬로 더하는 것은 다른 램프의 밝기에 영향을 주지 않는다.

❹ 직렬 연결보다 병렬 연결 시에 케이블이 더 많이 필요하다.

램프의 병렬 연결은 전기 장치에 가장 넓게 사용된다.

[문제 15] 세 개의 램프가 병렬로 연결되었고, 합동 저항이 150Ω이라고 할 때, 한 램프의 저항을 구하라.

한 램프의 저항을 R이라고 하면

$$\frac{1}{150} = \frac{1}{R} + \frac{1}{R} + \frac{1}{R} = \frac{3}{R}$$

이로부터, $R = 3 \times 150 = 450\,\Omega$

[문제 16] 세 개의 동일한 램프 A, B, C가 150V 전원 양단 간에 직렬로 연결되어 있다. (a) 각 램프 양단 간 전압 R과, (b) 램프 C의 고장이 미치는 효과를 설명하라.

(a) 각 램프는 동일하고 직렬로 연결되어 있기 때문에, 각각의 양단 간 전압은 $\frac{150}{3}$V, 즉 50V이다.

(b) 만약 램프 C가 고장이 나면, 즉 개방 회로가 되면, 전류가 흐르지 않을 것이고 램프 A와 B는 동작하지 않을 것이다.

◆ **이제 다음 연습문제를 풀어보자.**

[연습문제 171] 램프의 직렬 및 병렬 연결에 대한 확장 문제

1 네 개의 동일한 램프가 병렬로 연결되었고, 합동 저항이 100Ω이라고 할 때, 램프 하나의 저항을 구하라.

2 세 개의 동일한 필라멘트 램프가 (a) 직렬, (b) 병렬로 210V 전원에 연결되었다. 각각의 연결에 대하여 각 램프 양단 간 전위차를 설명하라.

[연습문제 172] 직렬 회로망 및 병렬 회로망에 대한 단답형 문제

1 직렬 회로의 세 가지 특성을 명명하라.

2 직렬로 연결된 세 저항기 R_1, R_2, R_3에 대하여 등가 저항 R은 다음과 같이 주어짐을 보여라.
$$R = R_1 + R_2 + R_3$$

3 병렬 회로의 세 가지 특성을 명명하라.

4 병렬로 연결된 세 저항기 R_1, R_2, R_3에 대하여 등가 저항 R은 다음과 같이 주어짐을 보여라.
$$\frac{1}{R} = \frac{1}{R_1} + \frac{1}{R_2} + \frac{1}{R_3}$$

5 분압기 회로를 설명하라.

6 (a) 직렬 및 (b) 병렬로 램프를 연결했을 때, 서로 장점을 비교하라.

[연습문제 173] 직렬 회로망과 병렬 회로망에 대한 사지선다형 문제

1 두 4Ω 저항기가 직렬로 연결되면 회로의 유효 저항은?

(a) 8Ω　　　　　　(b) 4Ω

(c) 2Ω　　　　　　(d) 1Ω

2 두 4Ω 저항기가 병렬로 연결되면 회로의 유효 저항은?

(a) 8Ω　　　　　　(b) 4Ω

(c) 2Ω　　　　　　(d) 1Ω

3 [그림 36-37]에서 스위치가 닫히면, 전류계 눈금은 어떤 값을 가리키겠는가?

(a) $1\frac{2}{3}$A　　　　　(b) 75A

(c) $\frac{1}{3}$A　　　　　(d) 3A

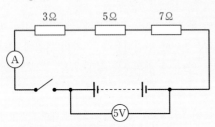

[그림 36-37]

4 전기 공급원에 병렬 부하를 추가해서 연결하면 다음 중 무엇을 증가시키는 효과가 있나?

(a) 부하의 저항

(b) 공급원의 전압

(c) 공급원으로부터의 전류

(d) 부하 양단 간 전위차

5 $\frac{1}{3}$Ω 저항기가 $\frac{1}{4}$Ω 저항과 병렬로 연결될 때 등가 저항은?

(a) $\frac{1}{7}$Ω　(b) 7Ω　(c) $\frac{1}{12}$Ω　(d) $\frac{3}{4}$Ω

6 6Ω 저항기가 [그림 36-38]의 세 저항기와 병렬로 연결되었다. 스위치가 닫히면 전류계 눈금은 무엇을 가리킬 것인가?

(a) $\frac{3}{4}$A　　　　　(b) 4A

(c) $\frac{1}{4}$A　　　　　(d) $1\frac{1}{3}$A

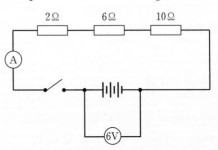

[그림 36-38]

7 10Ω 저항기가 15Ω 저항기와 병렬로 연결되고, 이 결합이 12Ω 저항기와 직렬로 연결되었다. 이 회로의 등가 저항은?

(a) 37Ω　(b) 18Ω　(c) 27Ω　(d) 4Ω

8 세 개의 3Ω 저항기가 병렬로 연결될 때 총 저항은?

(a) 3Ω　　　　　　(b) 9Ω

(c) 1Ω　　　　　　(d) 0.333Ω

9 두 저항기 R_1과 R_2가 병렬로 연결될 때 총 저항은 다음 중 무엇인가?

(a) $R_1 + R_2$　　　　(b) $\frac{1}{R_1} + \frac{1}{R_2}$

(c) $\frac{R_1 + R_2}{R_1 R_2}$　　　　(d) $\frac{R_1 R_2}{R_1 + R_2}$

10 [그림 36-39]의 회로에서, 전압계 눈금이 5V이고 전류계 눈금이 25mA이면, 저항기 R의 저항은?

(a) 0.005Ω　　　　(b) 3Ω

(c) 125Ω　　　　　(d) 200Ω

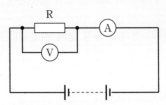

[그림 36-39]

37

키르히호프의 법칙
Kirchhoff's laws

키르히호프의 법칙을 이해하는 것이 왜 중요할까?

이전 챕터에서 두 개 이상의 저항들이 직렬, 병렬 혹은 이 둘의 조합으로 연결되어 있을 때에 하나의 등가 저항을 찾을 수 있고, 이 회로들은 옴의 법칙을 따름을 살펴보았다. 그러나 더욱 복잡한 회로들에서는 단순히 옴의 법칙만을 사용해서 회로 내 전압 혹은 순환하는 전류를 찾아내기가 어려운 경우가 많다. 이러한 경우에 계산을 하기 위해서는 회로 방정식을 얻기 위한 특정 법칙이 필요한데, 이때 키르히호프의 법칙을 사용할 수 있다. 이 장에서는 키르히호프의 법칙을 다수의 수치 작업된 예시들을 통해 자세히 살펴볼 것이다. 전기/전자 엔지니어는 각 가지(branch)에 흐르는 전류와 각 가지에 걸리는 전압을 알아내기 위해 전기 회로망을 분석하는 일에 능통해야 한다.

학습포인트

• 키르히호프의 법칙을 설명할 수 있다.
• 직류 회로에서 미지의 전류와 전압을 구하기 위해 키르히호프의 법칙을 사용할 수 있다.

37.1 서론

복잡한 직류 회로는 옴의 법칙과 직렬 및 병렬 저항을 위한 공식들만으로 항상 회로해석을 할 수는 없다. **키르히호프** kirchhoff*(독일 물리학자)는 직류 직렬/병렬 회로망에서 미지의 전류와 전압을 결정하기에 훨씬 유용한 두 개의 법칙을 개발했다. 이 장에서는 키르히호프의 법칙을 설명하고, 어떻게 직렬/병렬 회로에서 미지의 전류와 전압을 구하는지 보여줄 것이다.

＊키르히호프는 누구?

키르히호프(kirchhoff)에 관한 보다 많은 정보는 www.routledge.com/ cw/bird에서 찾을 수 있다.

37.2 키르히호프의 전류 법칙과 전압 법칙

37.2.1 전류 법칙

전기 회로에 있는 어떤 접합에서든지 그 접합을 향해 흐르는 총 전류는 그 접합으로부터 빠져나가는 총 전류와 같다. 즉, $\Sigma I = 0$.

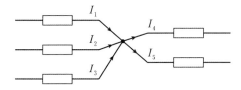

[그림 37-1]

따라서 [그림 37-1]에 의하면

$$I_1 + I_2 + I_3 = I_4 + I_5$$

또는 $$I_1 + I_2 + I_3 - I_4 - I_5 = 0$$

37.2.2 전압 법칙

회로망의 어떠한 닫힌 루프에서든지, 루프를 돌면서 취한 전압 강하(즉, 전류와 저항의 곱)의 산술적 합은 그 루프 내에 작용하는 결과적 기전력과 같다.

따라서 [그림 37-2]에 의해 다음과 같다.

$$E_1 - E_2 = IR_1 + IR_2 + IR_3$$

Note 전류가 전원의 (+) 단자로부터 흘러나온다면, 그 전원은 관례에 의해 (+)로 간주된다. 따라서 [그림 37-2]의 루프 주위를 시계반대방향으로 이동할 때, E_1은 (+)이고 E_2는 (−)이다.

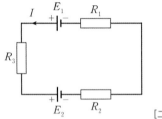

[그림 37-2]

37.3 키르히호프의 법칙 문제들

[문제 1] [그림 37-3]에 표시된 미지의 전류 값을 구하라.

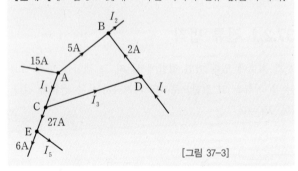

[그림 37-3]

차례로 각 접합에 키르히호프의 전류 법칙을 적용하면 다음과 같다.

접합 A에서 : $15 = 5 + I_1$

$$I_1 = 10\,\text{A}$$

접합 B에서 : $5 + 2 = I_2$

$$I_2 = 7\,\text{A}$$

접합 C에서 : $I_1 = 27 + I_3$

$$10 = 27 + I_3$$

$$I_3 = 10 - 27 = -17\,\text{A}$$

(즉, [그림 37-3]에서의 방향의 반대 방향으로)

접합 D에서 : $I_3 + I_4 = 2$

$$-17 + I_4 = 2$$

$$I_4 = 17 + 2 = 19\,\text{A}$$

접합 E에서 : $27 = 6 + I_5$

$$I_5 = 27 - 6 = 21\,\text{A}$$

[문제 2] [그림 37-4]에서 기전력 E의 값을 구하라.

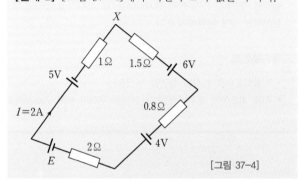

[그림 37-4]

[그림 37-4]에서 꼭짓점 X에서 시작하여 루프를 시계방향으로 돌면서 키르히호프의 전압 법칙을 적용하면 다음 식이 나온다.

$6 + 4 + E - 5 = I(1.5) + I(0.8) + I(2) + I(1)$

전류 $I = 2$A이므로 $5 + E = I(5.3) = 2(5.3)$

따라서 $5 + E = 10.6$

기전력 $E = 10.6 - 5 = 5.6\text{V}$

[문제 3] 키르히호프 법칙을 사용하여, [그림 37-5]의 회로망에서 4Ω 저항에 흐르는 전류를 구하라.

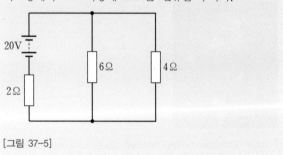

[그림 37-5]

[1단계]

[그림 37-6]과 같이 20V 전원의 (+) 단자로부터 흘러나오는 전류를 I_1이라 하고, 6Ω 저항을 통해 흐르는 전류를 I_2라고 하자. 키르히호프 전류 법칙^{Kirchhoff's current law}에 의해 4Ω 저항에 흐르는 전류는 $(I_1 - I_2)$가 되어야 한다.

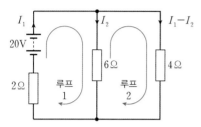

[그림 37-6]

[2단계]

[그림 37-6]과 같이 루프1과 2를 정하자(모든 루프는 같은 방향일 필요는 없을지라도, 모두 시계방향이다). 키르히호프의 전압 법칙^{Kirchhoff's voltage law}은 각 루프에 번갈아 적용된다.

루프1에 대해 : $20 = 2I_1 + 6I_2$ (1)

루프2에 대해 : $0 = 4(I_1 - I_2) - 6I_2$ (2)

> **Note** 루프2에 전압원이 없기 때문에 방정식 (2)의 좌변이 0이다. 또한 $6I_2$의 부호는 (−)이다. 이는 전류 I_2의 반대 방향으로 6Ω 저항을 통과하여 루프2가 이동하기 때문이다.

방정식 (2)는 다음과 같이 간단하게 된다.

$$0 = 4I_1 - 10I_2$$ (3)

[3단계]

전류 I_1과 I_2에 대한 연립방정식 (1)과 (2)를 푼다(8장 참조).

$$20 = 2I_1 + 6I_2$$ (1)

$$0 = 4I_1 - 10I_2$$ (3)

$2 \times$방정식 (1)은 다음과 같다.

$$40 = 4I_1 + 12I_2$$ (4)

방정식 (4)−방정식 (3)은 다음과 같다.

$$40 = 0 + (12I_2 - (-10I_2))$$

$$40 = 22I_2$$

따라서 **전류** $I_2 = \dfrac{40}{22} = 1.818\,\text{A}$

$I_2 = 1.818$을 방정식 (1)에 대입하면 다음과 같다.

$$20 = 2I_1 + 6(1.818)$$

$$20 = 2I_1 + 10.908$$

$$20 - 10.908 = 2I_1$$

$$I_1 = \frac{20 - 10.908}{2} = \frac{9.092}{2} = 4.546\,\text{A}$$

따라서 4Ω 저항에 흐르는 전류는 다음과 같다.

$$I_1 - I_2 = 4.546 - 1.818 = \mathbf{2.728\,A}$$

전류와 전류의 방향은 [그림 37-7]에서 볼 수 있다.

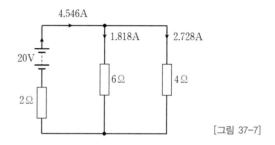

[그림 37-7]

[문제 4] 키르히호프의 법칙을 사용하여, [그림 37-8]의 회로망에서 각 가지에 흐르는 전류를 구하라.

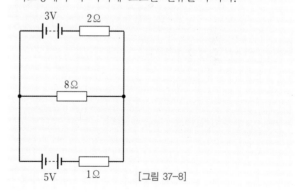

[그림 37-8]

[1단계]

전류 I_1과 I_2를 [그림 37-9]와 같이 이름 붙이고, 키르히호프의 전류 법칙을 사용하면 8Ω 저항 내 전류는 $I_1 + I_2$가 된다.

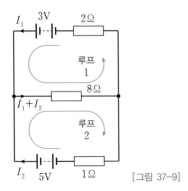

[그림 37-9]

[2단계]

루프1과 루프2를 [그림 37-9]와 같이 이름 붙이고, 이제 키르히호프의 전압 법칙을 각 루프에 차례로 적용한다.

루프1에 대해 : $3 = 2I_1 + 8(I_1 + I_2)$ (1)

루프2에 대해 : $5 = 8(I_1 + I_2) + (1)(I_2)$ (2)

방정식 (1)은 다음과 같이 간단히 된다.

$$3 = 10I_1 + 8I_2 \tag{3}$$

방정식 (2)는 다음과 같이 간단히 된다.

$$5 = 8I_1 + 9I_2 \tag{4}$$

$4 \times$방정식 (3)은 다음과 같다.

$$12 = 40I_1 + 32I_2 \tag{5}$$

$5 \times$방정식 (4)는 다음과 같다.

$$25 = 40I_1 + 45I_2 \tag{6}$$

방정식 (6)−방정식 (5)는 다음과 같다.

$$13 = 13I_2$$
$$\boldsymbol{I_2 = 1\,\text{A}}$$

$I_2 = 1$을 방정식 (3)에 대입하면 다음과 같다.

$$3 = 10I_1 + 8(1)$$
$$3 - 8 = 10I_1$$
$$I_1 = \frac{-5}{10} = -0.5\,\text{A}$$

(즉 I_1은 [그림 37-9]의 방향과 반대 방향으로 흐르고 있다.)

8Ω 저항에 흐르는 전류는 다음과 같다.

$$I_1 + I_2 = -0.5 + 1 = 0.5\,\text{A}$$

◆ **이제 다음 연습문제를 풀어보자.**

[연습문제 174] 키르히호프의 법칙에 대한 확장 문제

1 [그림 37-10]에서 전류 I_3, I_4, I_6을 구하라.

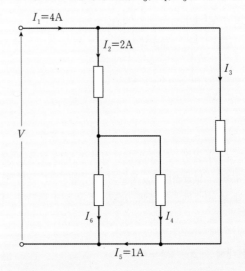

[그림 37-10]

2 [그림 37-11]의 회로망에 대하여, 표시된 전류들의 값을 구하라.

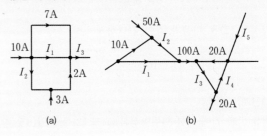

[그림 37-11]

3 키르히호프의 법칙을 사용하여 [그림 37-12]의 6Ω 저항기에 흐르는 전류와 4Ω 저항기에서 소모되는 전력을 구하라.

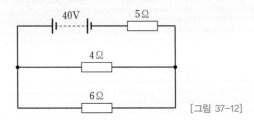

[그림 37-12]

4 [그림 37-13(a)]의 회로망에서 3Ω 저항기에 흐르는 전류를 구하라. 또 10Ω과 2Ω 저항기 양단 간의 전위차를 구하라.

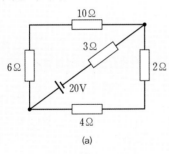

(a)

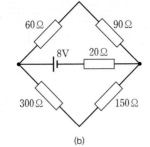

(b)

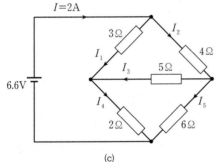

(c)

[그림 37-13]

5 [그림 37-13(b)]의 회로망에서 다음을 구하라.
(a) 배터리에 흐르는 전류
(b) 300Ω 저항기에 흐르는 전류
(c) 90Ω 저항기에 흐르는 전류
(d) 150Ω 저항기에서 소모되는 전력

6 [그림 37-13(c)]의 브리지 회로망에서 전류 $I_1 \sim I_5$를 구하라

[연습문제 175] 키르히호프의 법칙에 대한 단답형 문제

1 키르히호프의 전류 법칙을 설명하라.

2 키르히호프의 전압 법칙을 설명하라.

[연습문제 176] 키르히호프의 법칙에 대한 사지선다형 문제

1 직류 회로의 가지에 흐르는 전류는 다음 중 어느 것을 사용하여 구하는가?
(a) 키르히호프의 법칙
(b) 렌츠의 법칙
(c) 패러데이의 법칙
(d) 플레밍의 왼손 법칙

2 [그림 37-14]의 회로망 내 접합에 대해, 다음 중 올바른 것은?
(a) $I_5 - I_4 = I_3 - I_2 + I_1$
(b) $I_1 + I_2 + I_3 = I_4 + I_5$
(c) $I_2 + I_3 + I_5 = I_1 + I_4$
(d) $I_1 - I_2 - I_3 - I_4 + I_5 = 0$

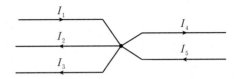

[그림 37-14]

3 [그림 37-15]의 회로에 대해, 다음 중 올바른 것은?
(a) $E_1 + E_2 + E_3 = Ir_1 + Ir_2 + Ir_3$
(b) $E_2 + E_3 - E_1 - I(r_1 + r_2 + r_3) = 0$
(c) $I(r_1 + r_2 + r_3) = E_1 - E_2 - E_3$
(d) $E_2 + E_3 - E_1 = Ir_1 + Ir_2 + Ir_3$

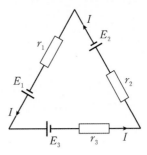

[그림 37-15]

4 [그림 37-16]의 회로에서 저항기 R에 흐르는 전류 I는?
(a) $I_2 - I_1$
(b) $I_1 - I_2$
(c) $I_1 + I_2$
(d) I_1

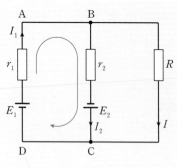

[그림 37-16]

5 [그림 37-16]의 회로에서 루프 ABCD 주위를 시계 방향으로 키르히호프의 전압 법칙을 적용하면 어떻게 되는가?

(a) $E_1 - E_2 = I_1 r_1 + I_2 r_2$

(b) $E_2 = E_1 + I_1 r_1 + I_2 r_2$

(c) $E_1 + E_2 = I_1 r_1 + I_2 r_2$

(d) $E_1 + I_1 r_1 = E_2 + I_2 r_2$

38

자기와 전자기
Magnetism and electromagnetism

자기와 전자기를 이해하는 것이 왜 중요할까?

많은 보편적인 장치들은 자기에 의존한다. 친숙한 예로 컴퓨터 디스크 드라이브, 테이프 레코더, VCR, 변압기, 모터, 발전기 등이 있다. 자기장은 에너지를 전달하고 연결하는 매체로 작용하는데, 이러한 자기장의 모양을 만들고 방향을 잡기 위하여 실제적으로 모든 변압기와 전기 기계류는 자성 물질을 사용한다. 그러므로 이러한 장치들을 이해하기 위해 자기장 크기를 분석하고 묘사할 수 있어야 한다. 자성 물질은 전자기 장비나 전기기기의 특성을 결정하는 데 중요하며, 이 장비와 기기의 크기와 효율에 영향을 미친다. 자성 물질의 작용을 이해하기 위해선 자기와 자기 회로 법칙에 대한 지식이 필요하다. 이 장에서는 자기의 기초, 전기량과 자기량 사이의 관계, 자기 회로 개념, 분석 방법들을 살펴본다.

자기에 대한 기본 사실들은 고대부터 알려져 왔으나, 전기와 자기 간의 관련성이 만들어지고 현대 전자기학 이론의 토대가 설립된 것은 18세기 초반이나 되어서였다. 1819년에 덴마크 과학자인 외르스테드(Hans Christian Oersted)는 나침반 바늘이 전류가 흐르는 도체에 의해 방향을 바꾸는 현상을 보여줌으로써 전기와 자기가 연관되어 있다는 사실을 증명했다. 그 다음 해에 앙드레 마리 암페어(Andre Ampere)는 전류가 흐르는 도체가 자석처럼 서로를 끌어당기거나 밀어내는 것을 보여주었다. 그러나 자속선을 사용하여 자기장의 강도와 방향 모두를 개념적으로 나타내는, 즉 공간에서 자속선의 집합으로 자기장을 묘사하는 현재의 자기장 개념을 개발한 사람은 패러데이(Michael Faraday)였다. 이러한 개념을 통해 자기의 이해와 변압기 및 발전기 같은 중요한 실제적 장치가 발달할 수 있었다. 전기 장치에서 자기 회로는 강자성체에 의해 형성되거나(변압기에서처럼), 혹은 공기 속의 강자성체에 의해 형성된다(회전하는 기계에서처럼). 대부분의 전기 장치에서 자기장은 강자성체에 감겨진 코일을 통해 전류를 통과시켜 생성한다. 이 장에서는 전자기의 중요한 개념들을 설명하고, 간단한 계산을 해볼 것이다.

학습포인트

- 영구자석 주위에 자기장을 묘사할 수 있다.
- 근접한 두 자석에 대한 자석의 끌어당김과 밀어냄의 법칙을 설명할 수 있다.
- 자기장의 방향을 결정하기 위해 나사 법칙을 적용할 수 있다.
- 솔레노이드 주위 자기장이 자석의 자기장과 유사함을 인식할 수 있다.
- 자기장 방향을 결정하기 위해 솔레노이드에 나사 법칙 혹은 그립 법칙(grip rule) 적용할 수 있다.
- 자기장이 전류에 의해 생성된다는 것을 이해할 수 있다.
- 전기 벨, 릴레이, 리프팅 마그네트, 전화기 수신기 같은 전자석의 실질적 응용을 인식하고 묘사할 수 있다.
- 자속 Φ와 자속밀도 B를 정의하고, 그들의 단위를 설명할 수 있다.
- $B = \dfrac{\Phi}{A}$ 를 포함하는 간단한 계산을 수행할 수 있다.
- 전류가 흐르는 도체상에 작용하는 힘이 무엇에 의존하는지 그 요인들을 평가할 수 있다.
- $F = BIl$ 과 $F = BIl\sin\theta$ 를 사용하여 계산을 할 수 있다.
- 확성기가 힘 F의 실제적 응용이라는 사실을 인식할 수 있다.
- 전류가 흐르는 도체 내 힘의 방향을 예정하기 위해 플레밍의 왼손 법칙을 사용할 수 있다.
- 간단한 직류 모터의 동작 원리를 묘사할 수 있다.
- 자기장 내 전하량에 작용하는 힘 F가 $F = QvB$로 주어짐을 이해할 수 있다.
- $F = QvB$를 사용하여 계산을 할 수 있다.

38.1 자기 및 자기 회로에 대한 서론

자기 연구는 길버트^{William Gilbert}*, 외르스테드^{Hans Christian Øersted}*, 패러데이^{Michael Faraday}*, 맥스웰^{James Maxwell}*, 암페어^{Andre Ampere}*, 웨버^{Wilhelm Weber}*와 같은 많은 유명한 과학자와 물리학자들에 의해 13세기에 시작되었고, 모든 연구는 그 후의 자성 연구에 기초가 되었다. 전기와 자기 사이의 관계는 맨 처음 자기의 기초를 이해했던 때와 비교하여 보면 아주 최근의 발견이다.

오늘날 자석은 **매우 다양하게 실생활에서 응용**되고 있다. 예를 들면 모터와 발전기, 전화기, 릴레이, 확성기, 컴퓨터 하드 드라이브와 플로피 디스크, 앤티록 브레이크, 카메라, 낚시 릴, 전자 점화 시스템, 키보드, 텔레비전과 라디오 부품, 트랜스미션 장치에서 사용된다.

자기에 대한 완전한 이론은 가장 복잡한 주제 중 하나이다. 이 장에서는 그 주제에 대해 소개한다.

*길버트는 누구?

윌리엄 길버트(William Gilbert, 1544. 5. 24 ~ 1603. 11. 30)는 전기(electricity)라는 용어를 처음 사용한 사람 중의 한 명이라 알려진 영국의 의사, 물리학자이면서 자연 철학자였다. 기자력의 단위 [Gb(길버트)]는 그에게 경의를 표하여 붙인 이름이다.

*외르스테드는 누구?

한스 크리스찬 외르스테드(Hans Christian Ørsted, 1777. 8. 14 ~ 1851. 3. 9)는 전류가 자기장을 생성한다는 것을 발견한 덴마크의 물리학자이자 화학자였다. 단위 [Oe(에르스텟)](oersted)은 그의 이름을 딴 것이다.

*패러데이는 누구?

마이클 패러데이(Michael Faraday, 1791. 9. 22 ~ 1867. 8. 25)는 전자기 유도, 반자성, 전기분해 등을 발견한 영국의 과학자였다. 커패시턴스의 SI 단위인 [F(패럿)]은 그에게 경의를 표하여 붙인 이름이다.

James Clerk Maxwell.

*맥스웰과 암페어는 누구?

맥스웰(Maxwell)과 암페어(Ampere)에 관한 정보는 www.routledge.com/cw/bird에서 찾을 수 있다.

*웨버는 누구?

윌헬름 에드워드 웨버(Wilhelm Eduard Weber, 1804. 10. 24 ~ 1891. 6. 23)는 가우스와 함께 전자석 전신기를 처음 발명한 독일 물리학자였다. 자속의 SI 단위인 [Wb(웨버)]는 그의 이름을 딴 것이다.

38.2 자기장

영구자석permanent magnet은 (철, 니켈 혹은 코발트 같은) 강자성 물질의 조각으로, 이 물질들의 다른 조각을 끌어당기는 특성을 갖는다. 자석 주위의 영역을 자기장magnetic field이라 하는데, 이는 자석에 의해 생성된 자력magnetic force의 영향이 감지될 수 있는 영역이다. 막대자석의 자기장은 [그림 38-1]과 같이 '힘의 선'(혹은 '자속'의 선이라 부름)을 그려 그림으로 나타낼 수 있다. 그러한 장의 패턴은 자석 주위에 철가루들을 뿌려 생성할 수 있다.

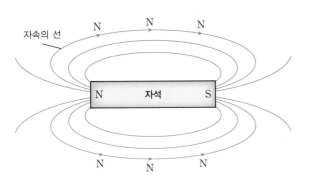

[그림 38-1]

어느 지점에서 장의 방향은 그 장 속에 나침반을 매달 때 나침반 바늘의 북극이 가리키는 방향으로 정한다. 자석의 외부에서 장의 방향은 북극에서 남극을 향한다.

자석의 인력과 척력의 법칙은 두 개의 막대자석을 사용해서 설명할 수 있다. [그림 38-2(a)]에서, 인접한 **다른 극** 사이에는 인력attraction이 일어난다. [그림 38-2(b)]에서, 인접한 **같은 극** 사이에는 척력repulsion이 일어난다.

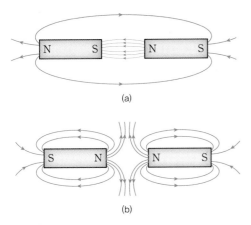

[그림 38-2]

자기장은 영구자석뿐 아니라 전류에 의해서도 생성된다. 전류를 운반하는 도체를 중앙에 두고 장은 원형 패턴을 형성한다. 그 결과는 관습적으로 [그림 38-3]과 같이 그림으로 나타낸다.

(a) 관측자에게서 멀어지는 방향으로 흐르는 전류

(b) 관측자에게 다가오는 방향으로 흐르는 전류

[그림 38-3]

❶ 관측자에게서 **멀어지는** 방향으로, 즉 종이 속으로 흐르는 전류는 ⊕으로 나타낸다. 이것은 화살 축의 깃털 끝으로 생각할 수 있다. [그림 38-3(a)] 참조.

❷ 관측자에게 **다가오는** 방향으로, 즉 종이 바깥으로 흐르는 전류는 ●으로 나타낸다. 이것은 화살촉으로 생각할 수 있다. [그림 38-3(b)] 참조.

자속선의 방향은 다음과 같은 나사 법칙screw rule을 이용하면 잘 기억할 수 있다.

통상의 오른손 나삿니를 가진 나사를 돌려 박을 때, 나사가 들어가는 방향이 도체를 따라 전류가 흐르는 방향이라면, 나사의 회전 방향이 자기장 방향이다.

예를 들면, 관측자에게서 멀어지는 방향으로 흐르는 전류([그림 38-3(a)])인 경우 오른손 나삿니를 갖는 나사를 종이 속으로 들어가게 하려면 시계방향으로 회전시켜야 한다. 따라서 자기장의 방향은 시계방향이다.

[그림 38-4]는 긴 코일 또는 솔레노이드solenoid에 의해 형성된 자기장을 보여주는데, 이는 막대자석의 자기장과 유사하다. 솔레노이드를 철 막대에 감으면 더 강한 자기장이 생성되고, 철은 자화되며 영구자석처럼 행동한다. 전류 I에 의해 솔레노이드 내에 생성되는 자기장의 **방향**direction은 두 가지 방법, 즉 나사 법칙 혹은 그립 법칙grip rule에 의해 찾을 수 있다.

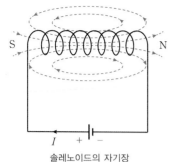
솔레노이드의 자기장 　　　　[그림 38-4]

(a) **나사 법칙**screw rule : 통상의 오른손 나삿니를 갖는 나
　　사를 솔레노이드 축을 따라 위치시킬 때 나사의 회전
　　방향이 전류의 방향과 같다면, 나사가 움직이는 방향이
　　솔레노이드 **내부**에서 자기장의 방향(즉, 북극 방향으로
　　가리킨다)이라는 법칙

(b) **그립 법칙**grip rule : 오른손 네 개 손가락을 전류의 방향으
　　로 해서 코일을 **오른손**으로 잡는다면, 솔레노이드 축에
　　평행해서 내민 엄지가 솔레노이드 **내부**에서 자기장의 방
　　향을 가리킨다(즉 북극 방향으로 가리킨다)는 법칙

[문제 1] [그림 38-5]는 배터리
에 연결된 철심에 감긴 코일의
모습이다. 코일에 흐르는 전류에
의해 생성되는 자기장 패턴을 그
리고, 장의 극을 결정하라.

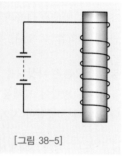
[그림 38-5]

[그림 38-5]의 솔레노이드에 대한 자기장은 막대자석에 대
한 자기장과 유사하며, 이는 [그림 38-6]과 같다. 장의 극
은 나사 법칙 혹은 그립 법칙으로 구할 수 있다. 따라서 북
극은 바닥이고, 남극은 꼭대기이다.

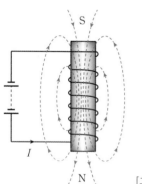
[그림 38-6]

38.3 전자석

솔레노이드는 전자석 이론에서 매우 중요하다. 이는 솔레노
이드 내부의 자기장이 특정 전류에 대해서 사실상 균일하
며, 전류의 변화가 자기장 세기를 변화시킬 수 있기 때문이
다. 솔레노이드에 기반한 전자석은 전기 장치의 많은 품목
에 주성분으로 사용되는데, 그 예로 전기 벨, 릴레이, 리프
팅 마그네트, 전화기 수신기가 있다.

38.3.1 전기 벨

단차 벨single-stroke bell, 트럼블러 벨trembler bell, 부저, 연속
적으로 울리는 종을 포함하여 다양한 종류의 전기 벨이 있
지만, 이는 모두 전자석이 연철 접극자를 끌어당기는 원리
로 움직인다. 전형적인 단차 벨의 회로를 [그림 38-7]에
나타내었다. 누름 버튼이 동작하면, 코일에 전류가 흐른다.
철심 코일에 에너지가 공급되면 연철 접극자가 전자석에 붙
는다. 또 접극자에는 공gong [1]을 치는 스트라이커가 달려
있다. 회로가 끊기면 코일은 자성을 잃고, 긴 강철 스프링
은 접극자를 원래 위치로 돌려놓는다. 스트라이커는 누름
버튼이 동작할 때만 작동할 것이다.

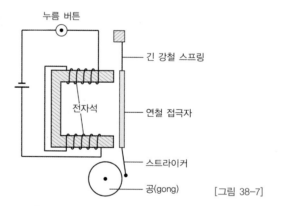
[그림 38-7]

38.3.2 릴레이

릴레이는 타격당하는 공 대신에, 접촉이 닫히거나 혹은 열
리는 것 말고는 전기 벨과 유사하다. 전형적인 간단한 릴레
이는 [그림 38-8]과 같으며, 연철 심에 코일이 감겨있는
모습이다.

1 **(옮긴이)** 공 : 청동이나 놋쇠로 만든 원반형의 타악기

코일에 에너지가 공급될 때 경첩이 달린 연철 접극자가 전자석에 끌려가서 두 고정 접점이 눌리고, 두 접점이 함께 연결되며, 따라서 어떤 다른 전기 회로를 닫게 된다.

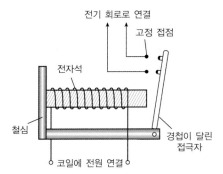

[그림 38-8]

38.3.3 리프팅 마그네트

큰 전자석을 합체하여 만든 리프팅 마그네트$^{\text{lifting magnet}}$는 금속 파편을 들어 올리는 철 및 강철 작업에 사용된다. [그림 38-9]는 큰 인력을 발휘할 수 있는, 강력한 전형적인 리프팅 마그네트의 단면도와 평면도를 나타낸다. 그림에서 코일 C는 철 주물의 중심 코어 P 주위에 감겨있다. 전자석 면 위에 보호용으로 얇은 비자성 물질 R이 위치한다. 코일에 전원이 공급되면 부하 Q(반드시 자성 물질이어야 함)가 들어 올려진다. 이때의 자속 경로 M을 그림에서 점선으로 나타내었다.

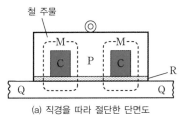

(a) 직경을 따라 절단한 단면도

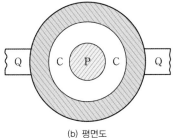

(b) 평면도

[그림 38-9]

38.3.4 전화기 수신기

송신기나 마이크는 음파를 전기 신호로 변화시키는 반면, 전화기 수신기는 전파를 음파로 다시 변화시킨다. 전형적인 전화기 수신기는 [그림 38-10]과 같으며, 극상에 코일이 감겨 있는 영구자석으로 구성된다. 얇고 휘기 쉬운 자성 물질의 진동판이 자극 가까이 위치하지만 접촉은 하지 않은 채 고정되어 있다. 송신기로부터 전달된 전류의 변화는 자기장을 변화시키고, 그 결과로 진동판이 진동한다. 진동은 전송된 신호에 해당하는 소리의 변화를 생성한다.

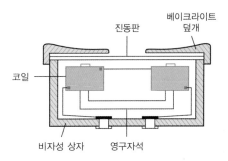

[그림 38-10]

38.4 자속 및 자속밀도

자속$^{\text{magnetic flux}}$은 자기장 원천에 의해 생성된 자기장의 양(혹은 역선의 수)이다. 자속의 기호는 Φ(그리스 문자 파이)이다. 자속의 단위는 **웨버**(Wb)^{weber}*이다.

자속밀도는 자속의 방향에 수직으로 위치한 단위면적을 통과하는 자속의 양이다.

$$\text{자속밀도} = \frac{\text{자속의 양}}{\text{면적}}$$

자속밀도의 기호는 B이다. 자속밀도의 단위는 **테슬라**(T)^{tesla}*이고, 여기서 $1\,\text{T} = 1\,\text{Wb/m}^2$이다. 따라서 다음과 같다.

$$B = \frac{\Phi}{A} \text{ 테슬라}$$

여기서 $A\,[\text{m}^2]$는 면적이다.

[문제 2] 자극의 표면이 $200\,\text{mm} \times 100\,\text{mm}$ 의 직사각형 단면을 갖고 있다. 극으로부터 나오는 총 자속이 $150\,\mu\text{Wb}$ 라고 할 때, 자속밀도를 구하라.

자속 $\Phi = 150\,\mu\text{Wb} = 150 \times 10^{-6}\,\text{Wb}$

단면적 $A = 200 \times 100 = 20,000\,\text{mm}^2 = 20,000 \times 10^{-6}\,\text{m}^2$

자속 $B = \dfrac{\Phi}{A} = \dfrac{150 \times 10^{-6}}{20,000 \times 10^{-6}}$

$\qquad\qquad = 0.0075\,\text{T}$ 또는 $7.5\,\text{mT}$

[문제 3] 리프팅 마그네트의 최대 동작 자속밀도는 $1.8\,\text{T}$ 이고, 극 표면의 유효면은 단면이 원이다. 총 자속밀도가 $353\,\text{mWb}$ 라고 할 때, 극 표면의 반지름을 구하라.

자속밀도 $B = 1.8\,\text{T}$,

$\Phi = 353\,\text{mWb} = 353 \times 10^{-3}\,\text{Wb}$ 이므로

단면적 $B = \dfrac{\Phi}{A}$ 이다.

$$A = \frac{\Phi}{B} = \frac{353 \times 10^{-3}}{1.8}\,\text{m}^2 = 0.1961\,\text{m}^2$$

극 표면은 원이므로 면적$=\pi r^2$이다. 여기서 r은 반지름이다. 따라서 $\pi r^2 = 0.1961$ 이고, 이로부터

$$r^2 = \frac{0.1961}{\pi}, \quad \text{즉 } r = \sqrt{\frac{0.1961}{\pi}} = 0.250\,\text{m}$$

즉 극 표면의 반지름은 $250\,\text{mm}$ 이다.

◆ **이제 다음 연습문제를 풀어보자.**

[연습문제 177] 자기 회로에 대한 확장 문제

1 단면적이 $20\,\text{cm}^2$이고 자속이 $3\,\text{mWb}$인 자기장의 자속밀도는 얼마인가?

2 자속밀도가 $0.9\,\text{T}$라고 할 때, $5\,\text{cm} \times 6\,\text{cm}$ 의 면적을 갖는 자극 표면으로부터 나오는 총 자속을 구하라.

3 리프팅 마그네트의 최대 동작 자속밀도가 $1.9\,\text{T}$이고, 극 표면의 유효면이 원인 단면을 갖는다. 생성된 총 자속이 $611\,\text{mWb}$라면, 극 표면의 반지름을 구하라.

4 정사각형 단면의 전자석이 $0.45\,\text{T}$의 자속밀도를 생성한다. 자속밀도가 $720\,\mu\text{Wb}$라면, 전자석 단면의 크기를 구하라.

38.5 전류가 흐르는 도체에 작용하는 힘

전류가 흐르는 도체가 영구자석에 의해 생성된 자기장 안에 위치한다면, 그때 전류가 흐르는 도체 때문에 생긴 장과 영구자석은 상호작용을 하여 도체에 힘을 발휘하게 된다. 전류가 흐르는 도체가 자기장 속에서 받는 힘은 다음 요인들에 의존한다.

❶ 장의 자속밀도, B 테슬라
❷ 전류의 강도, I 암페어
❸ 자기장에 수직인 도체의 길이, l 미터
❹ 장과 전류의 방향

자기장, 전류, 도체가 서로 직각으로 위치할 때 :

$$힘 \quad F = BIl \ [\text{N}]$$

도체와 장이 서로 $\theta°$의 각도로 위치할 때 :

$$힘 \quad F = BIl\sin\theta \ [\text{N}]$$

자기장, 전류, 도체가 서로 직각으로 위치할 때, $F = BIl$이기 때문에, 자속밀도 B는 $B = \dfrac{F}{Il}$로 정의된다. 즉 도체에 흐르는 전류가 1 A일 때 1 m 길이의 도체가 받는 힘이 1 N이라면, 자속밀도가 1 T이다.

38.5.1 확성기

위에서 말한 힘에 대한 간단한 응용의 예로는 가동 코일 확성기가 있다. 확성기는 전기 신호를 음파로 변환하는 데 사용된다.

[그림 38-11]은 영구자석과 연철 극 조각으로 구성된 자기 회로를 갖는, 그래서 강한 자기장이 짧은 원통 모양 공기-갭에 형성된 전형적인 확성기의 모습이다. 전류가 코일을 통해 흐르면, 코일이 힘을 발휘해 전류의 방향에 따라 앞뒤로 원뿔체를 이동시킨다. 원뿔체는 피스톤으로 작동해서 이 힘을 공기에 전달하고 필요한 음파를 생성한다.

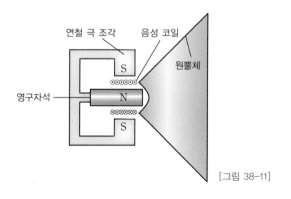

[그림 38-11]

[문제 4] 20 A의 전류가 흐르는 도체가 자속밀도가 0.9 T인 자기장에 직각으로 위치한다. 장 내에 위치한 도체의 길이가 30 cm라면, 도체에 작용하는 힘을 구하라. 또한 도체가 장의 방향과 30°의 각도로 기울어져 있다면 힘의 크기를 구하라.

$B = 0.9\,\text{T}$, $I = 20\,\text{A}$, $l = 30\,\text{cm} = 0.30\,\text{m}$

[그림 38-12(a)]와 같이, 도체가 장에 직각일 때 힘 $F = BIl = (0.9)(20)(0.30)\,[\text{N}]$, 즉

$$F = 5.4\,\text{N}$$

[그림 38-12(b)]와 같이, 도체가 장의 방향과 30°의 각도로 기울어져 있다면, 힘은

$$F = BIl\sin\theta$$
$$= (0.9)(20)(0.30)\sin 30° = 2.7\,\text{N}$$

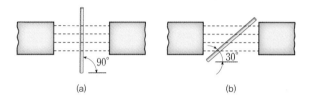

(a)   (b)

[그림 38-12]

[그림 38-3(a)]에서 전류가 흐르는 도체가 [그림 38-13(a)]와 같이 자기장 내에 위치한다면, 두 장은 상호작용을 하고 [그림 38-13(b)]와 같이 도체에 힘을 발휘하게 된다. 도체 위쪽에서 장은 강화되고, 아래쪽에서 장은 약화된다. 따라서 도체가 아래쪽으로 움직이게 된다. 이 현상은 전기 모터의 기본 동작 원리이다(38.6절 참조).

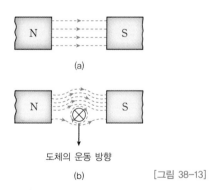

(a)

도체의 운동 방향

(b)   [그림 38-13]

도체에 작용하는 힘의 방향은 **플레밍*의 왼손 법칙**Fleming's left-hand rule(**모터 법칙**motor rule이라고도 함)을 사용하여 예측할 수 있다. 이 법칙은 다음과 같다.

([그림 38-14]와 같이) 왼손의 엄지, 첫 번째 손가락, 그리고 두 번째 손가락을 각각 서로 직각이 되도록 편다. 첫 번째 손가락이 자기장의 방향을 가리키고, 두 번째 손가락이 전류의 방향을 가리킨다면, 그때 엄지는 도체의 운동 방향을 가리킨다.

요약하면,

첫 번째 손가락(First finger) − 장(Field)
두 번째 손가락(seCond finger) − 전류(Current)
엄지(thuMb) − 운동(Motion) 방향

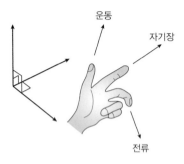

[그림 38-14]

*플레밍은 누구?

존 앰브로즈 플레밍(Sir John Ambrose Fleming, 1849. 11. 29 ∼ 1945. 4. 18)은 진공관을 발명한 것으로 잘 알려진 영국의 전기 공학자이자 물리학자인데, 이 진공관의 발명은 현대 전자공학의 흐름을 출발시킨 것으로 인정받고 있다.

[문제 5] 도체가 1.2 T의 자속밀도를 갖는 자기장에 직각으로 위치할 때 1.92 N의 힘이 도체에 작용한다면, 전기 모터의 400 mm 길이인 도체에 필요한 전류를 구하라. 만약 도체가 수직이고 전류는 아래쪽으로 흐르며, 자기장의 방향은 왼쪽에서 오른쪽이라면, 힘의 방향은 어디인가?

힘$=1.92\,\mathrm{N}$, $l=400\,\mathrm{mm}=0.40\,\mathrm{m}$, $B=1.2\,\mathrm{T}$

$F=BIl$ 이므로, $I=\dfrac{F}{Bl}$. 따라서

$$\text{전류 } I = \frac{1.92}{(1.2)(0.4)} = 4\,\mathrm{A}$$

전류가 아래쪽으로 흐르면, 전류 단독으로 생성한 자기장의 방향은 위에서 바라볼 때 시계방향이 될 것이다. 자속선은 도체의 뒤쪽에서 주요 자기장을 보강할(즉, 강화시킬) 것이고, 앞쪽에서 반대쪽일(즉, 장을 약화시킬) 것이다. **따라서 도체에 작용하는 힘은 뒤에서 앞쪽으로(즉, 관측자 쪽으로) 향할 것이다.** 이 방향은 또한 플레밍의 왼손 법칙으로도 추론할 수 있다.

[문제 6] 350 mm 길이의 도체에 전류가 10 A 흐르고, 각각 반지름이 60 mm인 두 원형 극 표면 사이의 자기장에 도체가 수직으로 놓인다. 극 표면 사이 총 자속이 0.5 mWb라면, 도체에 작용하는 힘의 크기를 구하라.

$l=350\,\mathrm{mm}=0.35\,\mathrm{m}$, $I=10\,\mathrm{A}$,
극 표면의 면적 $A=\pi r^2=\pi(0.06)^2\,\mathrm{m}^2$,
$\varPhi=0.5\,\mathrm{mWb}=0.5\times10^{-3}\,\mathrm{Wb}$

힘 $F=BIl$, $B=\dfrac{\varPhi}{A}$, 따라서

$$\text{힘 } F=\frac{\varPhi}{A}Il=\frac{(0.5\times10^{-3})}{\pi(0.06)^2}(10)(0.35)\,[\mathrm{N}]$$

즉 **힘** $=0.155\,\mathrm{N}$이다.

[문제 7] [그림 38-15]를 기준으로 다음을 구하라.
(a) [그림 38-15(a)]에서 도체에 작용하는 힘의 방향
(b) [그림 38-15(b)]에서 도체에 작용하는 힘의 방향
(c) [그림 38-15(c)]에서 전류의 방향
(d) [그림 38-15(d)]에서 자기 시스템의 극

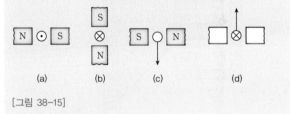

[그림 38-15]

(a) 주요 자기장의 방향은 북극에서 남극으로, 즉 왼쪽에서 오른쪽으로 향한다. 전류는 관측자를 향하고, 나사 법칙을 사용하면 장의 방향은 반시계방향이다. 따라서 플레밍의 왼손 법칙으로부터 혹은 [그림 38-16(a)]와 같이 상호작용하는 자기장을 스케치해보면, 도체에 작용하는 힘의 방향은 위쪽을 향한다.

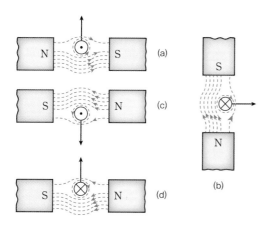

[그림 38-16]

(b) 위 (a)와 같은 방법을 사용하면, 도체에 작용하는 힘이 오른쪽으로 향한다. [그림 38-16(b)] 참조.

(c) 플레밍의 왼손법칙을 사용하거나 혹은 [그림 38-16(c)]와 같이 스케치하면, 전류가 관찰자 쪽으로, 즉 종이 바깥쪽으로 향한다.

(d) 위 (c)와 마찬가지로, 자기 시스템의 극성은 [그림 38-16(d)]와 같이 된다.

◆ 이제 다음 연습문제를 풀어보자.

[연습문제 178] 전류가 흐르는 도체에 작용하는 힘에 대한 확장 문제

1 1.5 T의 자속밀도를 가진 자기장에 수직으로 위치한, 70 A의 전류가 흐르는 도체가 있다. 자기장 속에 있는 도체의 길이가 200 mm라면 도체에 작용하는 힘을 계산하라. 도체와 자기장이 45° 각도로 위치할 때 힘은 얼마인가?

2 1.25 T 자속밀도의 자기장에 수직으로 도체가 위치할 때 1.20 N의 힘이 도체에 가해진다면, 직류 모터의 240 mm 길이인 도체에 필요한 전류를 계산하라.

3 30 cm 길이의 도체가 자기장에 수직으로 위치하고 있다. 도체 내의 15 A 전류가 3.6 N의 힘을 도체에 작용한다면, 자기장의 강도를 구하라.

4 각각의 지름이 80 mm인 두 개의 원형극면 사이의 자기장에 수직으로 위치하고, 13 A 전류가 흐르는 300 mm 길이의 도체가 있다. 두 개의 극면 사이의 총 자속이 0.75 mWb라면, 도체에 발휘된 힘을 계산하라.

5 (a) 25 A 전류가 흐르는 400 mm 길이의 도체가 전기모터의 두 극 사이 자기장에 수직으로 놓여있다. 두 극은 원형 단면을 갖고 있다. 만약 도체에 발휘되는 그 힘이 80 N이고, 두 극면 사이에 총 자속이 1.27 mWb라면, 극 표면의 지름을 구하라.
(b) (a)에서 도체가 수직이고 전류가 아래로 흐르며 자기장의 방향이 왼쪽에서 오른쪽으로 향한다면, 80 N 힘의 방향은?

38.6 간단한 직류 모터의 작동 원리

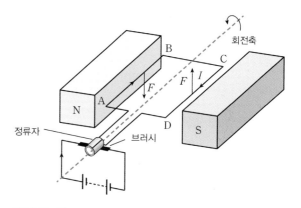

[그림 38-17]

[그림 38-17]에서 고정된 축에 대해 자유롭게 회전하는 직사각형 코일이, 영구자석에 의해 생성된 자기장 안에 놓여 있다. 직류 전류가 정류자를 누르고 있는 탄소 브러시를 통해 코일에 공급된다. 정류자는 절연체에 의해 분리되어 있는, 두 개의 반쪽으로 나누어진 금속 링으로 구성된다. 코일에 전류가 흐를 때 자기장이 코일 주위에 발생하고, 이 자기장은 자석에 의해 생성된 자기장과 상호작용한다. 이 현상은 전류가 흐르는 도체에 힘을 발휘하고, 플레밍의 왼손법칙에 의하면 이 힘 F는 보이는 전류 방향에 대해 A와 B 사이에서는 아래쪽으로, 그리고 C와 D 사이에서는 위쪽으로 향한다. 이것은 회전력을 일으키고 코일을 반시계방향으로 회전시킨다.

코일이 [그림 38-17]에 보이는 위치로부터 90° 회전을 할 때 전원의 양극과 음극 단자에 연결된 브러시는 정류기 링의 다른 절반에 접촉한다. 따라서 도체에 흐르는 전류의 방향을 반대로 만든다. 만약 전류가 반대가 아니면서 코일이

이 위치를 지나서 회전한다면, 코일에 작용하는 힘은 방향을 바꾸고 코일이 반대 방향으로 회전하므로, 따라서 반 바퀴 이상은 결코 회전시킬 수 없다. 전류 방향은 코일이 수직 위치를 통과하여 회전하는 매순간 방향을 바꾸고, 따라서 코일은 전류가 흐르는 동안 계속 반시계방향으로 회전한다. 이것은 직류 모터의 동작 원리가 되며, 따라서 모터는 전기 에너지를 기계 에너지로 변환하는 장치이다.

38.7 전하에 작용하는 힘

Q 쿨롱의 전하가 자속밀도가 B 테슬라인 자기장 안에서 $v\,[\mathrm{m/s}]$의 속도로 움직이고, 그 전하가 자기장에 수직으로 움직일 때, 전하에 작용하는 힘 F의 크기는 다음과 같이 주어진다.

$$F = QvB\,[\mathrm{N}]$$

[문제 8] 텔레비전 진공관 내 전자가 1.6×10^{-19} 쿨롱의 전하를 갖고, 자속밀도 $18.5\,\mu\mathrm{T}$에 수직으로 $3 \times 10^7 \mathrm{m/s}$의 속도로 움직인다. 장 내 전자에 작용하는 힘을 구하라.

힘 $F = QvB\,[\mathrm{N}]$ 이고, 여기서
  Q =쿨롱으로 나타낸 전하= $1.6 \times 10^{-19}\mathrm{C}$
  v =전하의 속도= $3 \times 10^7 \mathrm{m/s}$
  B =자속밀도= $18.5 \times 10^{-6}\mathrm{T}$

따라서 **전자에 작용하는 힘**은 다음과 같다.

$$\begin{aligned} \boldsymbol{F} &= 1.6 \times 10^{-19} \times 3 \times 10^7 \times 18.5 \times 10^{-6} \\ &= 1.6 \times 3 \times 18.5 \times 10^{-18} \\ &= 88.8 \times 10^{-18} \\ &= 8.88 \times 10^{-17}\,\mathrm{N} \end{aligned}$$

◆ 이제 다음 연습문제를 풀어보자.

[연습문제 179] 전하에 작용하는 힘에 대한 확장 문제

1 자속밀도 $2 \times 10^{-7}\mathrm{T}$인 자기장에 수직으로 $2 \times 10^6\,\mathrm{m/s}$의 속도로 움직이는 $2 \times 10^{-18}\mathrm{C}$ 전하에 작용하는 힘을 구하라.

2 자속밀도 $10^{-7}\mathrm{T}$인 자기장에 수직으로 움직이는 $10^{-19}\mathrm{C}$인 전하에 작용하는 힘이 $10^{-20}\mathrm{N}$이라면, 전하의 속도를 구하라.

[연습문제 180] 전자기에 대한 단답형 문제

1 자석을 실제적으로 응용한 예 여섯 가지를 설명하라.

2 영구자석은 무엇인가?

3 막대자석과 관련된 자기장의 패턴을 스케치하라. 자기장의 방향을 표시하라.

4 전류가 흐르는 도체 주위에 자기장의 방향은 (   ) 법칙을 사용하여 기억한다.

5 배터리에 연결된, 그리고 철 막대에 감긴 솔레노이드와 관련된 자기장 패턴을 스케치하라. 이때 자기장의 방향도 표시하라.

6 전자기의 응용 세 가지를 명명하라.

7 전류가 흐르는 도체가 두 자석 사이의 자기장 속에 위치할 때 어떤 현상이 일어나는지 설명하라.

8 자속을 정의하라.

9 자속의 기호는 (   )이고 자속의 단위는 (   )이다.

10 자속밀도를 정의하라.

11 자속밀도의 기호는 (   )이고, 자속밀도의 단위는 (   )이다.

12 자기장 속에 있는, 전류가 흐르는 도체에 작용하는 힘은 네 가지 요인에 의존한다. 무엇인지 명명하라.

13 자기장 속에 있는, 도체에 작용하는 힘의 방향은 플레밍의 (   ) 법칙에 의해 예측된다.

14 전류가 흐르는 도체에 작용하는 힘을 응용한 예를 두 가지 설명하라.

15 간단한 직류 모터의 동작을 스케치하면서 설명하라.

[연습문제 181] 전자기에 대한 사지선다형 문제

1 자속밀도의 단위는?

   (a) 웨버

   (b) 웨버/미터

   (c) 암페어/미터

   (d) 테슬라

2 전기 벨의 동작은 무엇에 의존하는가?

   (a) 영구자석

   (b) 전류의 반전

   (c) 망치와 공

   (d) 전자석

3 릴레이는 무엇으로 사용되는가?

   (a) 회로의 전류를 감소시킨다.

   (b) 회로를 더 쉽게 조정한다.

   (c) 회로의 전류를 증가시킨다.

   (d) 원격으로 회로를 조정한다.

4 전류가 흐르는 두 도체 사이에 끌어당기는 힘이 존재하면 전류는:

   (a) 반대 방향으로 흐른다.

   (b) 같은 방향으로 흐른다.

   (c) 다른 크기이다.

   (d) 같은 크기이다.

5 전류가 흐르는 도체 때문에 생긴 자기장의 형태는?

   (a) 직사각형들

   (b) 동심원들

   (c) 웨이브가 된 선들

   (d) 사방으로 뻗치는 직선들

6 전기 기계의 코어에서 총 자속은 $20\,mWb$이고 자속밀도는 $1\,T$이다. 코어의 단면적은 얼마인가?

   (a) $0.05\,m^2$

   (b) $0.02\,m^2$

   (c) $20\,m^2$

   (d) $50\,m^2$

7 $500\,mT$의 자속밀도를 갖는 자기장에 직각으로 $10\,A$ 전류가 흐르는 도체가 있다. 자기장 속의 도체 길이가 $20\,cm$라면, 도체에 작용하는 힘은 얼마인가?

   (a) $100\,kN$

   (b) $1\,kN$

   (c) $100\,N$

   (d) $1\,N$

8 도체가 수평이고, 전류는 왼쪽에서 오른쪽으로 흐르며, 주위 자기장의 방향은 위에서 아래를 향한다면, 도체에 작용하는 힘은:

   (a) 왼쪽에서 오른쪽으로 향한다.

   (b) 위에서 아래를 향한다.

   (c) 관측자로부터 멀어진다.

   (d) 관측자에게로 향한다.

9 [그림 38-18(a)]와 같이 자기장 속에 놓인 전류가 흐르는 도체에 대해, 도체에 작용하는 힘의 방향은:

   (a) 왼쪽으로 향한다.

   (b) 위를 향한다.

   (c) 오른쪽으로 향한다.

   (d) 아래를 향한다.

10 [그림 38-18(b)]와 같이 자기장 속에 놓인 전류가 흐르는 도체에 대해, 도체에 흐르는 전류의 방향은:

   (a) 관측자에게로 향한다.

   (b) 관측자로부터 멀어진다.

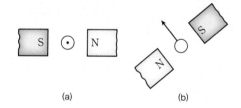

[그림 38-18]

11 [그림 38-19]는 자기장 속에 위치한 직사각형 코일을 보여준다. 코일은 AB 축 주위를 자유롭게 회전한다. 만약 전류가 코일의 C 점으로 들어간다면, 코일은:

   (a) 반시계방향으로 회전하기 시작한다.

   (b) 시계방향으로 회전하기 시작한다.

   (c) 수직 위치에 그대로 머문다.

   (d) 북극 쪽으로 힘을 받는다.

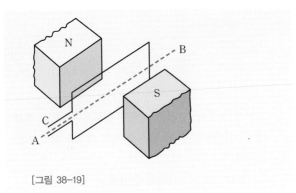

[그림 38-19]

12 자속밀도 $10\,\mu\mathrm{T}$인 자기장 속을 $10^7\mathrm{m/s}$의 속도로 움직이는 전자에게 작용하는 힘이 $1.6\times10^{-17}\mathrm{N}$이다. 전자가 갖는 전하량은?

(a) $1.6\times10^{-28}\mathrm{C}$

(b) $1.6\times10^{-15}\mathrm{C}$

(c) $1.6\times10^{-19}\mathrm{C}$

(d) $1.6\times10^{-25}\mathrm{C}$

전자기 유도

Electromagnetic induction

전자기 유도를 이해하는 것이 왜 중요할까?

전자기 유도는 도체가 변화하는 자기장에 노출될 때 도체를 가로질러 전위차(전압)가 생성되는 것이다. 일반적으로 패러데이가 1830년대 유도 현상을 발견한 것으로 알려져 있다. 패러데이의 전자기 유도 법칙은 자기장이 전기 회로와 상호작용하여 기전력 (e.m.f.)을 어떻게 생성하는지를 예견하는 전자기의 기본 법칙이다. 이것은 변압기, 인덕터, 그리고 여러 형태의 전기 모터, 발전기, 솔레노이드의 기본 동작 원리가 된다. 교류 발전기가 회전 운동을 일으키는 것에, 즉 전기 및 자기 에너지를 회전 운동 에너지로 변환시키는 것에 패러데이 법칙을 적용한다. 이 아이디어는 모든 종류의 모터를 운전하는 데 적용될 수 있다. 고금을 막론하고 가장 위대한 발명 중의 하나는 변압기가 될 것이다. 일차 코일의 교류는 이차 코일을 가로질러 빠르게 전후로 움직인다. 변화하는 자기장(자속)이 자기장 변동을 발생시키고, 이 자기장 변동은 이차 코일에 유도 전류가 흐르게 한다. 이 장에서는 전자기 유도, 패러데이 법칙, 렌츠의 법칙, 플레밍의 법칙을 설명하고, 개념 이해를 돕기 위해 다양한 계산을 할 것이다.

변압기는 가장 간단한 전기 장치 중의 하나이다. 변압기의 기본 설계, 재료, 원리는 지난 100년에 걸쳐 거의 변화되지 않은 반면, 변압기 설계와 재료는 계속 개선되고 있다. 변압기는 고전압 송전에 필수적인데, 고전압 송전은 경제적인 장거리 송전을 가능하게 한다. 변압기의 주요 용도는 케이블을 통해 먼 거리로 전기 에너지를 전송하기 전에 전압을 높이는 것이다. 케이블은 저항을 갖고 있고, 따라서 전기 에너지를 소모한다. 전력을 전송하고 그런 후 다시 받고 그러기 위해, 전력을 고전압 형태로 변환하면 그 결과 전력이 저전류 형태로 변환되면, 변압기는 먼 거리에 전력을 경제적으로 전송할 수 있다. 결과적으로, 변압기가 있음으로 인해 전기의 수요지점으로부터 멀리 떨어진 곳에 발전소가 위치할 수 있게 되어 변압기는 전기 공급 산업을 발전시켰다. 소량인 일부분을 제외한 나머지 세계 모든 전력은 소비자에게 도달하기까지 일련의 변압기들을 통해 전달된다. 또한 변압기는 전원 전압을 저전압 회로 용도에 적합한 수준으로 낮추기 위해 전자 제품에 광범위하게 사용된다. 또한 변압기는 최종 사용자를 전원 전압과 접촉되지 않도록 전기적으로 격리시킨다. 신호 및 오디오 변압기는 증폭기 단들을 결합시키는 데 사용되고, 마이크와 레코드 플레이어 같은 장치를 증폭기 입력에 정합시키는 데 사용된다. 오디오 변압기를 사용하면 전화기 회로가 한 쌍의 전선을 통해 쌍방으로 대화를 수행하는 것이 가능하다. 이 장은 변압기의 동작 원리를 설명한다.

학습포인트

- 기전력이 어떻게 도체에 유도되는지를 이해할 수 있다.
- 전자기 유도에 관한 패러데이의 법칙을 설명할 수 있다.
- 렌츠의 법칙을 설명할 수 있다.
- 상대적인 방향을 구하기 위해 플레밍의 오른손 법칙을 사용할 수 있다.
- 유도 기전력 $E = Blv$ 혹은 $E = Blv\sin\theta$ 를 평가할 수 있다.
- B, l, v, θ가 주어졌을 때 유도 기전력을 계산하고 상대적인 방향을 구할 수 있다.
- 인덕턴스 L을 정의하고 그 단위를 설명할 수 있다.
- 상호 인덕턴스를 정의할 수 있다.
- $E_2 = -M\dfrac{dI_1}{dt}$ 을 사용하여 상호 인덕턴스를 계산할 수 있다.
- 변압기의 동작 원리를 이해할 수 있다.
- 변압기의 용어 '정격'을 이해할 수 있다.
- 변압기에 대한 계산에서 $\dfrac{V_1}{V_2} = \dfrac{N_1}{N_2} = \dfrac{I_2}{I_1}$ 를 사용할 수 있다.

39.1 서론

도체가 자기장을 가로질러 움직이면서 역선(혹은 자속)을 끊고 통과할 때, 기전력(e.m.f.)이 도체에 생성된다. 도체가 폐회로의 부분을 형성하면 생성된 기전력이 회로 주위에 전류가 흐르도록 한다. 따라서 도체가 자기장을 가로질러 움직인 결과로 기전력(그리고 그에 따른 전류)이 도체에 '유도'된다. 이러한 효과를 '전자기 유도electromagnetic induction'라고 한다.

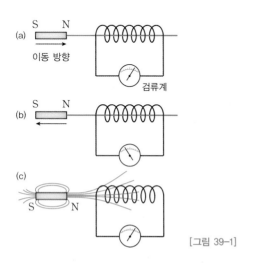

[그림 39-1]

[그림 39-1(a)]는 중앙-영점인 검류계에 연결된 전선 코일을 나타낸다. 검류계는 민감한 전류계로 전류가 0인 지점이 눈금의 중앙에 위치한다.

❶ 자석이 일정한 속도로 코일 쪽으로 이동할 때([그림 39-1(a)]), 검류계상에 편향이 일어나 코일에 전류가 생성되었음을 보여준다.

❷ 자석이 ❶에서와 같은 속도로 그러나 코일에서 멀어지는 쪽으로 이동할 때, 검류계상에 같은 편향이 일어나지만 방향은 반대가 된다([그림 39-1(b)] 참조).

❸ 자석이 정지한 채로 머무를 때, 코일 내부에조차 편향은 일어나지 않는다.

❹ 코일이 ❶에서와 같은 속도로 이동하고 자석이 정지한 채로 머무를 때, 검류계상에 같은 편향이 일어난다.

❺ 상대적인 속도가 두 배가 된다면, 검류계 편향도 두 배가 된다.

❻ 더 강한 자석이 사용되었을 때, 검류계 편향은 더 커진다.

❼ 코일에 전선 감은 횟수가 증가되었을 때, 검류계 편향은 더 커진다.

[그림 39-1(c)]는 자석과 관련된 자기장을 보여준다. 자석이 코일 쪽으로 이동하면서, 자석의 자속은 코일을 가로 질러 이동하거나 코일을 자른다. **자속과 코일의 상대적인 움직임은 코일에 유도되는 기전력을 발생시키고 따라서 전류를 흐르게 한다.** 이러한 효과를 전자기 유도electromagnetic induction라고 한다. 39.2절에 기술된 전자기 유도 법칙은 위에서 묘사한 실험들로부터 도출되었다.

39.2 전자기 유도 법칙

전자기 유도의 패러데이* 법칙Faraday's law은 다음과 같다.

- 회로와 고리 형태로 얽혀 교차하고 있는(쇄교하는) 자속이 변화할 때마다 유도 기전력이 생긴다.
- 어느 회로에서 유도 기전력의 크기는 회로와 쇄교하는 자속의 변화율에 비례한다.

렌츠*의 법칙은 다음과 같다.

유도 기전력의 방향은 그 움직임에 혹은 그 기전력을 유도시킨 자속의 변화에 저항하는 전류를 생성하는 방향으로 항상 생긴다.

상대적인 방향을 결정하는 렌츠의 법칙에 대한 대안적 방법은 플레밍*의 오른손 법칙Fleming's Right-hand rule(종종 발전기generRator 법칙이라 불림: 발전기의 철자 R과 오른손의 철자 R이 같은 것으로 기억)인데 이는 다음과 같다.

([그림 39-2]에서 보는 바와 같이) 오른손의 엄지, 첫 번째 손가락, 두 번째 손가락을 각각 서로 직각이 되도록 편다. 만약 첫 번째 손가락이 자기장의 방향을 가리키고, 엄지가 자기장에 대한 도체의 운동 방향을 가리킨다면, 그때 두 번째 손가락이 유도 기전력의 방향을 가리킨다.

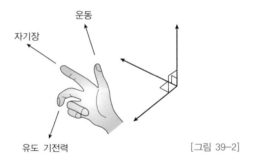

[그림 39-2]

요약하면,

첫 번째 손가락 – 장(First finger – Field)
엄지 – 운동(thuMb – Motion)
두 번째 손가락 – 기전력(sEcond finger – E.m.f.)

전기 회로를 구성하는 도체가 자기장을 관통하여 이동하도록 발전기를 제작한다. 패러데이 법칙에 의해 기전력이 도체에 유도되고 따라서 기전력의 원천이 만들어진다. 발전기는 기계 에너지를 전기 에너지로 변환시킨다(간단한 교류 발전기의 동작은 40장에서 설명된다).

[그림 39–3]에서 도체의 양끝 사이에 생성된 유도 기전력 E는 다음과 같이 주어진다.

$$E = Blv \quad [\text{V}]$$

여기서 자속밀도 B는 [T]^{tesla} 단위로 측정되고, 자기장 속 도체의 길이 l은 [m] 단위로 측정되며, 도체 속도 v는 [m/s]로 측정된다.

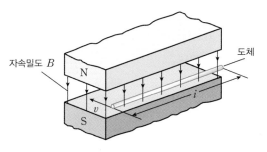

[그림 39–3]

만약 도체가 (위에서 가정한 90° 대신) 자기장에 대해 각도 $\theta°$로 움직인다면 그때

$$E = Blv \sin\theta \quad [\text{V}]$$

[문제 1] 300 mm 길이의 도체가 자속밀도 1.25 T의 균일 자기장에 직각으로 4 m/s 의 일정한 속도로 움직이고 있다. 다음 각 경우에 대해 도체에 흐르는 전류를 구하라.
(a) 도체의 양끝이 개방 회로일 때
(b) 도체의 양끝이 20 Ω 저항의 부하에 연결될 때

도체가 자기장 속에서 움직일 때 도체는 내부에 유도되는 기전력을 갖게 되지만, 이 기전력은 폐회로일 때만 오직 전류를 생성할 수 있다.

$$\text{기전력 } E = Blv = (1.25)\left(\frac{300}{1000}\right)(4)$$
$$= 1.5 \, \text{V}$$

(a) 도체의 양끝이 개방 회로라면 1.5 V가 유도될지라도 **아무 전류도 흐르지 않을 것이다.**

(b) 옴의 법칙으로부터, 전류는 다음과 같다.

$$I = \frac{E}{R} = \frac{1.5}{20} = 0.075 \, \text{A} \ \text{또는} \ \textbf{75 mA}$$

[문제 2] 0.6 T의 자속밀도를 갖는 자기장을 자르는 75 mm 길이의 도체에 9 V 기전력이 유도되었다면 도체의 속도는 얼마여야 하는가? 도체, 자기장, 운동의 방향은 서로 직각이라고 가정하라.

유도 기전력 $E = Blv$, 따라서 속도 $v = \dfrac{E}{Bl}$, 따라서 속도는 다음과 같다.

$$v = \frac{9}{(0.6)(75 \times 10^{-3})} = \frac{9 \times 10^3}{0.6 \times 75}$$
$$= 200\,\mathrm{m/s}$$

[문제 3] 한 변의 길이가 $2\,\mathrm{cm}$인 정사각형 표면의 두 극 사이에 형성된 자기장에 대하여 (a) $90°$, (b) $60°$, (c) $30°$의 각도로 $15\,\mathrm{m/s}$ 속도로 도체가 움직인다. 극 표면에서 나가는 자속이 $5\,\mu\mathrm{Wb}$라면, 각 경우에 유도 기전력의 크기를 구하라.

$v = 15\,\mathrm{m/s}$, 자기장 속 도체의 길이 $l = 2\,\mathrm{cm} = 0.02\,\mathrm{m}$, $A = 2 \times 2\,\mathrm{cm}^2 = 4 \times 10^{-4}\,\mathrm{m}^2$, $\varPhi = 5 \times 10^{-6}\,\mathrm{Wb}$

(a) $E_{90} = Blv\sin90° = \left(\dfrac{\varPhi}{A}\right)lv\sin90°$

$\qquad = \left(\dfrac{5 \times 10^{-6}}{4 \times 10^{-4}}\right)(0.02)(15)(1)$

$\qquad = 3.75\,\mathrm{mV}$

(b) $E_{60} = Blv\sin60° = E_{90}\sin60°$

$\qquad = 3.75\sin60° = \mathbf{3.25\,mV}$

(c) $E_{30} = Blv\sin30° = E_{90}\sin30°$

$\qquad = 3.75\sin30° = \mathbf{1.875\,mV}$

[문제 4] 금속 비행기의 날개 길이가 $36\,\mathrm{m}$이다. 비행기가 $400\,\mathrm{km/h}$의 속도로 비행하고 있다면, 비행기 두 날개 끝 사이에 유도된 기전력을 구하라. 지구 자기장의 수직 성분은 $40\,\mu\mathrm{T}$로 가정하라.

두 날개 끝 사이에 유도된 기전력 $E = Blv$

$$B = 40\,\mu\mathrm{T} = 40 \times 10^{-6}\,\mathrm{T}, \; l = 36\,\mathrm{m}$$

$$v = 400\,\frac{\mathrm{km}}{\mathrm{h}} \times 1000\,\frac{\mathrm{m}}{\mathrm{km}} \times \frac{1\mathrm{h}}{60 \times 60\,\mathrm{s}}$$
$$= \frac{(400)(1000)}{3600} = \frac{4000}{36}\,\mathrm{m/s}$$

따라서 기전력은 다음과 같다.

$$\boldsymbol{E} = Blv = (40 \times 10^{-6})(36)\left(\frac{4000}{36}\right)$$
$$= 0.16\,\mathrm{V}$$

[문제 5] [그림 39-4]의 도면은 기전력의 발생을 표현하고 있다. 다음을 구하라.

(a) [그림 39-4(a)]에서 도체가 이동하는 방향

(b) [그림 39-4(b)]에서 유도 기전력의 방향

(c) [그림 39-4(c)]에서 자기장의 극

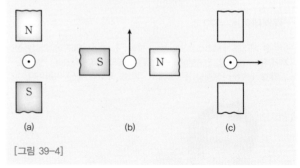

[그림 39-4]

기전력의 방향과 기전력에 기인한 전류는 렌츠의 법칙이나 혹은 플레밍의 오른손 법칙을 사용하여 얻을 수 있다.

(a) **렌츠의 법칙을 사용** : 자석에 의한 자기장과 전류가 흐르는 도체에 의한 자기장은 [그림 39-5(a)]와 같으며, 도체의 왼쪽으로 강화되는 것을 볼 수 있다. 따라서 도체에 작용하는 힘은 오른쪽을 향한다. 그러나 렌츠의 법칙은 유도 기전력의 방향이 항상 그것을 생성하는 효과에 저항하는 방향임을 설명한다. **따라서 도체는 왼쪽으로 움직여야 할 것이다.**

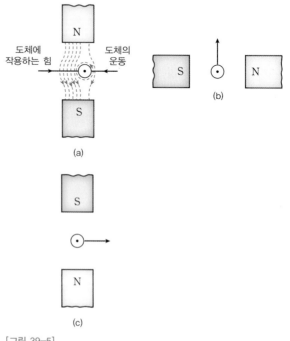

[그림 39-5]

(b) 플레밍의 오른손 법칙을 사용 :

첫 번째 손가락 – 장. 즉, 북극에서 남극으로, 혹은 오른쪽에서 왼쪽으로

엄지 – 운동. 즉, 위쪽

두 번째 손가락 – 기전력.

즉 [그림 39-5(b)]와 같이, **관측자를 향하는 방향 혹은 종이의 바깥쪽을 향한다.**

(c) [그림 39-4(c)]의 자기 시스템의 극은 [그림 39-5(c)]와 같고, 이는 플레밍의 오른손 법칙을 사용하여 얻을 수 있다.

◆ 이제 다음 연습문제를 풀어보자.

[연습문제 182] 유도 기전력에 대한 확장 문제

1 15 cm 길이의 도체가 1.2 T의 균일한 자속밀도에 직각으로 750 mm/s의 속도로 이동한다. 도체 내 유도 기전력을 구하라.

2 1.8 V의 기전력을 유도하기 위해, 자속밀도가 0.6 T인 자기장에 직각으로 120 mm 길이의 도체가 이동해야 하는 속도를 구하라.

3 자속밀도 1.2 T의 균일한 자기장을 통과하여 길이 25 cm인 도체가 8 m/s의 일정한 속도로 이동한다. 다음 각 경우에 대해 도체에 흐르는 전류를 구하라.
   (a) 도체의 양끝이 개방 회로일 때
   (b) 도체의 양끝이 부하 15 Ω 저항에 연결될 때

4 길이 500 mm인 곧은 도체가 그 길이 방향과 균일한 자기장에 모두 직각인 방향으로 일정한 속도로 운동하고 있다. 도체에 유도된 기전력이 2.5 V이고 속도는 5 m/s라고 하면, 자기장의 자속밀도를 구하라. 도체가 총 저항 5 Ω의 폐회로의 부분을 형성한다면, 도체에 작용하는 힘을 계산하라.

5 자동차가 80 km/h의 속도로 이동하고 있다. 자동차 차축의 길이가 1.76 m이고 지구 자기장의 수직 성분이 40 μT라고 가정할 때, 운동에 의해 축에 생성된 기전력을 구하라.

6 한 변의 길이가 2.5 cm인 정사각형 표면의 두 극 사이에 형성된 자기장에 대하여 (a) 90°, (b) 45°, (c) 30°의 각도로 20 m/s 속도로 도체가 움직인다. 극 표면상 자속이 60 mWb라면, 각 경우에 유도 기전력의 크기를 구하라.

7 0.85 T 자기장에 70° 각도로 길이 400 mm인 도체가 이동한다. 도체의 속도가 115 km/h라면, 다음을 계산하라.
   (a) 유도 전압
   (b) 8 Ω 저항기에 연결되었을 때 도체에 작용하는 힘

39.3 자기 인덕턴스

인덕턴스inductance는 41장에 기술된 것과 같이, 전류의 변화가 쇄교 자속의 변화를 가져오고, 쇄교 자속이 변하면 회로에 기전력이 유도된다는 회로의 특성을 가리키는 이름이다.

전류가 변하고 있는 회로와 동일한 회로에 기전력이 유도될 때, 그 특성은 자기 인덕턴스self inductance L이라고 부른다.

인덕턴스의 단위는 **헨리**(H)henry[1]이다.

39.4 상호 인덕턴스

인접한 회로에서 전류가 변하기 때문에 생긴 자속의 변화로 회로에 기전력이 유도될 때, 그 특성은 상호 인덕턴스mutual inductance M이라고 부른다.

이차 코일에 상호 유도된 기전력은 다음과 같다.

$$E_2 = -M\frac{dI_1}{dt} \ [\text{V}]$$

여기서 M은 헨리 단위인 두 코일 간의 **상호 인덕턴스**이고, $\frac{dI_1}{dt}$은 일차 코일에서 전류의 변화율이다.

---

1 **헨리는 누구?** 헨리(Henry)에 관한 정보는 www.routledge.com/cw/bird에서 찾을 수 있다.

[문제 6] 한 코일에서 200 A/s로 변하는 전류가 다른 코일에 1.5 V의 기전력을 유도할 때 두 코일 사이의 상호 인덕턴스를 계산하라.

유도 기전력 $|E_2| = M\dfrac{dI_1}{dt}$, 즉 $1.5 = M(200)$

따라서 **상호 인덕턴스**는 다음과 같다.

$$M = \frac{1.5}{200} = 0.0075\,\text{H} \quad 혹은 \quad 7.5\,\text{mH}$$

[문제 7] 두 코일 사이의 상호 인덕턴스가 18 mH이다. 다른 코일에 0.72 V의 기전력을 유도하기 위해 한 코일에 흐르는 전류의 고정된 변화율을 계산하라.

유도 기전력 $|E_2| = M\dfrac{dI_1}{dt}$

따라서 전류 변화율은 다음과 같다.

$$\frac{dI_1}{dt} = \frac{|E_2|}{M} = \frac{0.72}{0.018} = 40\,\text{A/s}$$

[문제 8] 두 코일이 0.2 H의 상호 인덕턴스를 갖는다. 만약 한 코일의 전류가 10 A에서 4 A로 10 ms의 시간 동안 변화했다면, (a) 이차 코일에서 평균 유도 기전력과, (b) 이차 코일이 500회 감겨있었을 때 이차 코일과 쇄교된 자속의 변화를 계산하라.

(a) **유도 기전력** $E_2 = -M\dfrac{dI_1}{dt}$

$$= -(0.2)\left(\frac{10-4}{10 \times 10^{-3}}\right)$$

$$= -120\,\text{V}$$

(b) 41.8절로부터 유도 기전력 $|E_2| = N\dfrac{d\Phi}{dt}$

그러므로 $d\Phi = \dfrac{|E_2|\,dt}{N}$

따라서 **자속의 변화**는 다음과 같다.

$$d\Phi = \frac{(120)(10 \times 10^{-3})}{500} = 2.4\,\text{mWb}$$

◆ 이제 다음 연습문제를 풀어보자.

[연습문제 183] 상호 인덕턴스에 대한 확장 문제

1 두 코일 사이의 상호 인덕턴스는 150 mH이다. 한 코일의 전류가 30 A/s 비율로 증가하고 있을 때 다른 코일에 유도된 기전력 크기를 구하라.

2 한 코일의 전류가 50 A/s 비율로 변하는 것이 다른 코일에 80 mV의 기전력을 유도할 때, 두 코일 사이의 상호 인덕턴스를 구하라.

3 두 코일이 0.75 H의 상호 인덕턴스를 갖는다. 다른 코일의 전류가 2.5 A에서 15 ms 동안 반전되었을 때 한 코일에 유도된 기전력 크기를 구하라.

4 두 코일 사이의 상호 인덕턴스는 240 mH이다. 한 코일의 전류가 15 A에서 6 A로 12 ms 동안 변화한다면, 다음을 계산하라.
   (a) 다른 코일에 유도된 평균 기전력
   (b) 다른 코일이 400회 감겨있었을 때 다른 코일과 쇄교된 자속의 변화

39.5 변압기

변압기는 교류 전압과 전류를 변환하기 위해 상호 유도 현상을 이용하는 장치이다. 사실, 변압기를 이용하여 쉽게 교류전압을 증가시키거나 혹은 감소시킬 수 있다는 것은 교류 전송과 분배의 주요 장점 중 하나이다.

변압기 내 손실은 일반적으로 적고 따라서 변압기는 효율이 높다. 고정된 변압기는 긴 수명을 가지며 매우 안정적으로 동작한다.

변압기는 전자 장치에 사용되는 작은 부품에서부터 발전소에 사용되는 고전력 변압기에 이르기까지 다양한 규모를 갖는다. 동작 원리는 각각에 대해 모두 동일하다.

변압기는 두 전기 회로가 공통된 강자성체 코어에 의해 쇄교되어 [그림 39-6(a)]와 같이 구성된다. 전원에 연결된 한 코일은 일차 권선primary winding이라 하고, 부하에 연결되는 다른 코일은 이차 권선secondary winding이라 한다. 변압기의 회로도면 기호는 [그림 39-6(b)]와 같다.

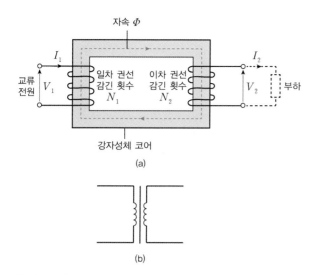

자속 Φ

I_1 I_2

교류
전원 V_1

일차 권선
감긴 횟수
N_1

이차 권선
감긴 횟수
N_2

V_2 부하

강자성체 코어

(a)

(b)

[그림 39-6]

39.5.1 변압기 동작 원리

이차 회로가 개방회로이고 교류전압 V_1이 일차 권선에 인가될 때, 작은 전류(무부하 전류 I_0라 불림)가 흐르고, 이는 코어에 자속을 생성한다. 이 교류 자속은 일차 코일과 이차 코일 모두를 연결시키고 상호 유도에 의해 코일 각각에 E_1과 E_2의 기전력을 유도한다.

N번 감은 코일에서 유도 기전력 E는 $E = -N\dfrac{d\Phi}{dt}$ 볼트, 여기서 $N\dfrac{d\Phi}{dt}$ 는 자속의 변화율이다(41장 참조). 이상적인 변압기에서, 자속의 변화율은 일차 코일과 이차 코일 모두 같고 따라서 $\dfrac{E_1}{N_1} = \dfrac{E_2}{N_2}$, 즉 **감은 횟수당 유도 기전력은 일정하다.**

무손실을 가정할 때 $E_1 = V_1$, $E_2 = V_2$이므로,

$$\frac{V_1}{N_1} = \frac{V_2}{N_2} \quad \text{혹은} \quad \frac{V_1}{V_2} = \frac{N_1}{N_2} \tag{1}$$

$\dfrac{V_1}{V_2}$은 전압비라고 부르고, $\dfrac{N_1}{N_2}$은 권선비 혹은 변압기의 '변압비 transformation ratio'라 부른다. 만약 N_2가 N_1보다 작으면 그때 V_2는 V_1보다 작고, 그 장치는 강압 변압기 step-down transformer라 부른다. 만약 N_2가 N_1보다 크면 그때 V_2는 V_1보다 크고, 그 장치는 승압 변압기 step-up transformer라 부른다.

부하가 이차 권선에 연결될 때, 전류 I_2가 흐른다. 이상 변압기에서 손실은 무시되고 변압기는 100% 효율적이라고 간주한다.

따라서 입력 전력=출력 전력, 혹은 $V_1 I_1 = V_2 I_2$, 즉 이상 변압기에서 **일차 및 이차 암페어-턴은 같다.** 따라서

$$\frac{V_1}{V_2} = \frac{I_2}{I_1} \tag{2}$$

식 (1)과 (2)를 결합하면 다음과 같이 된다.

$$\frac{V_1}{V_2} = \frac{N_1}{N_2} = \frac{I_2}{I_1} \tag{3}$$

변압기의 정격 rating은 과열되지 않고 변환할 수 있는 볼트-암페어의 용어를 사용해 기술한다. [그림 39-6(a)]를 기준으로, 변압기 정격은 $V_1 I_1$ 혹은 $V_2 I_2$이고, 여기서 I_2는 최대-부하 이차 전류이다.

[문제 9] 변압기가 일차 권선 500턴, 이차 권선 3000턴을 갖는다. 일차 전압이 240 V라면, 이상 변압기를 가정하여 이차 전압을 구하라.

이상 변압기에서 전압비=권선비, 즉 $\dfrac{V_1}{V_2} = \dfrac{N_1}{N_2}$ 이다. 그러므로 $\dfrac{240}{V_2} = \dfrac{500}{3000}$.

따라서 **이차 전압**은

$$V_2 = \frac{(240)(3000)}{500} = 1440\,\text{V} \quad \text{혹은} \quad 1.44\,\text{kV}$$

[문제 10] 권선비 2:7인 이상적인 변압기가 240 V 전원으로부터 공급된다. 이것의 출력 전압을 구하라.

권선비 2:7은 변압기의 이차 코일 매 7턴당 일차 코일에 2턴을 한 것을 의미한다(즉, 승압 변압기). 따라서 $\dfrac{N_1}{N_2} = \dfrac{2}{7}$.

이상 변압기에서,

$$\frac{N_1}{N_2} = \frac{V_1}{V_2} \text{이므로} \quad \frac{2}{7} = \frac{240}{V_2}$$

따라서 이차 전압은

$$V_2 = \frac{(240)(7)}{2} = 840\,\text{V}$$

[문제 11] 이상 변압기가 8:1의 권선비를 갖고 240V로 공급될 때 일차 전류가 3A이다. 이차 전압과 전류를 구하라.

권선비 8:1은 $\dfrac{N_1}{N_2} = \dfrac{8}{1}$ 을 의미한다(즉, 강압 변압기).

$\dfrac{N_1}{N_2} = \dfrac{V_1}{V_2}$ 이므로, 이차 전압은 다음과 같다.

$$V_2 = V_1\left(\frac{N_2}{N_1}\right) = 240\left(\frac{1}{8}\right) = 30\,\text{V}$$

또한 $\dfrac{N_1}{N_2} = \dfrac{I_2}{I_1}$ 이므로, 이차 전류는 다음과 같다.

$$I_2 = I_1\left(\frac{N_1}{N_2}\right) = 3\left(\frac{8}{1}\right) = 24\,\text{A}$$

[문제 12] 240V에 연결된 이상 변압기가 12V, 150W 램프에 전원 공급을 한다. 그 변압기의 권선비와 전원으로부터의 전류를 계산하라.

$V_1 = 240\,\text{V}$, $V_2 = 12\,\text{V}$, 전력 $P = VI$ 이므로,

$$I_2 = \frac{P}{V_2} = \frac{150}{12} = 12.5\,\text{A}$$

$$\text{권선비} = \frac{N_1}{N_2} = \frac{V_1}{V_2} = \frac{240}{12} = 20$$

$\dfrac{V_1}{V_2} = \dfrac{I_2}{I_1}$ 으로부터 $I_1 = I_2\left(\dfrac{V_2}{V_1}\right) = 12.5\left(\dfrac{12}{240}\right)$

따라서 **전원으로부터의 전류**는

$$I_1 = \frac{12.5}{20} = 0.625\,\text{A}$$

[문제 13] 이차 전압이 120V인 이상 변압기의 이차 권선에 12Ω 저항기가 연결되어 있다. 공급 전류가 4A라고 할 때, 일차 전압을 구하라.

이차 전류 $I_2 = \dfrac{V_2}{R_2} = \dfrac{120}{12} = 10\,\text{A}$

$\dfrac{V_1}{V_2} = \dfrac{I_2}{I_1}$ 로부터 이차 전압은

$$V_1 = V_2\left(\frac{I_2}{I_1}\right) = 120\left(\frac{10}{4}\right) = 300\,\text{V}$$

◆ **이제 다음 연습문제를 풀어보자.**

[연습문제 184] 변압기 동작 원리에 대한 확장 문제

1 변압기가 1.5kV 전원에 연결된 일차 권선 600턴을 가진다. 무손실을 가정하고, 출력 전압이 240V가 되기 위한 이차 권선의 턴 수를 구하라.

2 권선비가 2:9인 이상 변압기가 220V로부터 공급된다. 출력 전압을 구하라.

3 이상 변압기가 12:1의 권선비를 갖고 192V로부터 공급된다. 이차 전압을 구하라.

4 415V 전원에 연결된 변압기의 일차 권선이 750턴이다. 만약 1.66kV의 출력이 필요하다면 이차 측에 얼마나 많은 턴 수가 필요한지 구하라.

5 이상 변압기가 15:1의 권선비를 갖고 일차 전류가 4A일 때 180V로 공급된다. 이차 전압과 전류를 계산하라.

6 권선비 20:1인 강압 변압기가 4kV의 일차 전압과 10kW의 부하를 갖는다. 손실을 무시하고, 이차 전류 값을 구하라.

7 변압기의 일차 대 이차 권선비가 1:15이다. 240V를 부하에 공급하는 데 필요한 일차 전압을 계산하라. 부하 전류가 3A라고 할 때 일차 전류를 구하라. 손실은 무시한다.

8 이차 전압이 150 V인 단상 전력 변압기의 이차 권선에 20 Ω의 저항이 연결되어 있다. 손실은 무시하고, 전원 전류가 5 A라고 할 때 일차 전압과 권선비를 계산하라.

[연습문제 185] 전자기 유도에 대한 단답형 문제

1 전자기 유도란 무엇인가?

2 전자기 유도의 패러데이 법칙을 설명하라.

3 렌츠의 법칙을 설명하라.

4 발전기의 원리를 간단히 설명하라.

5 발전기에 유도된 기전력의 방향은 플레밍의 (   ) 법칙을 사용해 구할 수 있다.

6 움직이는 도체에 유도된 기전력 E는 식 $E = Blv$ 를 사용해 계산할 수 있다. 식에 나타난 물리량들이 무엇인지 명명하고, 그 단위를 써라.

7 자기–인덕턴스란 무엇인가? 그것의 기호와 단위를 기술하라.

8 상호–인덕턴스란 무엇인가? 그것의 기호와 단위를 기술하라.

9 두 코일 사이의 상호 인덕턴스는 M이다. 다른 코일에서 $\dfrac{dI_1}{dt}$으로 변하는 전류에 의해 한 코일에 유도된 기전력 E_2는 다음 식으로 주어진다; $E_2 = ($ $)$ V.

10 변압기란 무엇인가?

11 변압기의 이차 권선에 유도되는 전압이 얼마인지 간단히 설명하라.

12 변압기의 회로도면 기호를 그려보라.

13 변압기의 권선비와 전압비 사이의 관계를 설명하라.

14 변압기는 어떻게 정격이 정해지는가?

15 변압기의 동작 원리를 간단히 설명하라.

[연습문제 186] 전자기 유도에 대한 사지선다형 문제

1 5 H의 인덕턴스를 갖는 코일에 5 A/s의 비율로 변화하는 전류는 다음 기전력을 유도한다.
   (a) 인가한 전압과 같은 방향으로 25 V
   (b) 인가한 전압과 같은 방향으로 1 V
   (c) 인가한 전압과 반대 방향으로 25 V
   (d) 인가한 전압과 반대 방향으로 1 V

2 중앙–영점인 검류계에 연결된 전선 코일 쪽으로 1.0 m/s의 고정된 속도로 막대자석이 이동하고 있다. 자석이 지금 동일한 경로를 따라 0.5 m/s의 속도로 물러난다. 검류계의 편향은 어떻게 되는가?
   (a) 이전과 같은 방향으로 편향의 크기는 두 배
   (b) 이전과 반대 방향으로 편향의 크기는 절반
   (c) 이전과 같은 방향으로 편향의 크기는 절반
   (d) 이전과 반대 방향으로 편향의 크기는 두 배

3 0.5 T의 자기장 속에서 10 cm/s의 속도로 움직이는 도체에 1 V의 기전력이 유도된다. 자기장 속에 도체의 유효 길이는?
   (a) 20 cm   (b) 5 m
   (c) 20 m   (d) 50 m

4 다음 설명 중 틀린 것은?
   (a) 플레밍의 왼손 법칙 혹은 렌츠의 법칙은 유도 기전력의 방향을 구하는 데 사용된다.
   (b) 회로와 쇄교하는 자기장이 변할 때마다 유도 기전력이 생성된다.
   (c) 유도 기전력의 방향은 항상 그것을 생성시킨 효과에 저항하는 방향이다.
   (d) 어떤 회로의 유도 기전력은 그 회로와 쇄교하는 자속의 변화율에 비례한다.

5 강한 영구자석이 코일 속으로 돌진한 후 코일 속에서 정지한 채 멈추어 있다. 짧은 시간이 흐른 뒤에 코일에 생기는 효과는 무엇인가?
   (a) 감긴 코일이 뜨거워진다.
   (b) 코일 절연물이 타 버린다.
   (c) 고전압이 유도된다.
   (d) 아무런 효과가 없다.

6 자기-인덕턴스는 언제 발생하는가?

(a) 전류가 변화할 때

(b) 회로가 변화할 때

(c) 자속이 변화할 때

(d) 저항이 변화할 때

7 전자기 유도에 관한 패러데이 법칙은 무엇에 연관되는가?

(a) 화학 전지의 기전력

(b) 발전기의 기전력

(c) 도체에 흐르는 전류

(d) 자기장의 강도

8 한 코일에 20 A/s로 변화하는 전류가 다른 코일에 10 mV의 기전력을 유도할 때, 두 코일 사이의 상호 인덕턴스는?

(a) 0.5 H   (b) 200 mH

(c) 0.5 mH   (d) 2 H

9 변압기의 일차 권선이 800턴이고 이차 권선이 100턴이다. 이차 권선에서 40 V를 얻기 위해, 일차 권선에 가해야 하는 전압은?

(a) 5 V   (b) 20 V

(c) 2.5 V   (d) 320 V

10 승압 변압기의 권선비가 10이다. 출력 전류가 5 A라면, 입력 전류는?

(a) 50 A   (b) 5 A   (c) 2.5 A   (d) 0.5 A

11 440 V/110 V 변압기의 일차 권선이 1000턴이다. 이차 권선의 턴 수는?

(a) 550   (b) 250   (c) 4000   (d) 25

12 1 kV/250 V 변압기의 이차 권선이 500턴이다. 일차 권선의 턴 수는?

(a) 2000   (b) 125   (c) 1000   (d) 250

13 본선 변압기에 대한 입력 전력이 200 W이다. 일차 전류가 2.5 A라면 이차 전압은 2 V이다. 변압기의 손실을 무시한다면, 권선비는?

(a) 80:1 승압   (b) 40:1 승압

(c) 80:1 강압   (d) 40:1 강압

14 이상 변압기가 1:5의 권선비를 갖고, 일차 전류가 3 A일 때 200 V로 공급된다. 다음 설명 중 틀린 것은?

(a) 권선비는 승압 변압기를 의미한다.

(b) 이차 전압은 40 V이다.

(c) 이차 전류는 15 A이다.

(d) 변압기 정격은 0.6 kVA이다.

(e) 이차 전압은 1 kV이다.

(f) 이차 전류는 0.6 A이다.

교류 전압과 전류

Alternating voltages and currents

교류 전압과 전류를 이해하는 것이 왜 중요할까?

교류 전류(AC)에서는 전하가 흐르는 방향이 주기적으로 반전되는 반면에, 직류 전류(DC)에서는 오직 전하가 한 방향으로만 흐른다. 발전소에서는, 가스나 증기 터빈, 혹은 워터 임펠러를 사용하여, 코일 세트 내부에 회전 자석이 있는 구조인 발전기를 구동함으로써 전기를 가장 쉽게 만들 수 있다. 그 결과로 얻어진 전압은 자석이 회전하기 때문에 항상 '변화한다(alternating)'. 현재 교류 전압은 직류 전압보다 훨씬 더 효과적으로 케이블을 경유하여 전국에 운반될 수 있다. 그 이유는 변압기를 통해서 교류가 잘 전달될 수 있고, 또한 높은 전압을 가정에서 사용하기에 적합한 낮은 전압으로 낮출 수 있기 때문이다. 가정에 도달하는 전기는 교류 전압이다. 전구와 토스터는 교류 220V로 완벽하게 동작할 수 있다. 텔레비전 같은 다른 장치는 내부 전원을 갖고 있어, 이 전원이 교류 220V를 전자 회로에 적합한 낮은 직류 전압으로 변환시킨다. 이것은 어떻게 가능할까? 몇 가지 방법이 있는데, 그중 가장 간단한 것은 변압기를 사용하여 전압을 가령 교류 12V로 낮추는 것이다. 이렇게 낮아진 전압은 '정류기(rectifier)'를 통해 공급될 수 있고, 정류기는 음과 양의 교류 사이클을 결합해서 양의 사이클만 나타나게 한다. 전력은 사업장과 주택에 교류의 형태로 공급된다. 교류 전력 회로의 통상적 파형은 사인파이다. 어떤 응용에서는 삼각파 혹은 사각파와 같은 다른 파형들이 사용된다. 또한 전선을 따라 전달되는 오디오와 라디오 신호도 교류 전류의 예이다. 전기 시스템의 주파수는 나라마다 다르며, 대부분의 전력은 50 혹은 60Hz로 생성된다. 몇몇 나라에서, 눈에 띄게는 일본이 50Hz와 60Hz 전원을 혼합해 사용한다. 낮은 주파수를 사용하면 전기 모터, 특히 승강기, 분쇄 및 압연 용도를 위한 전기 모터의 설계가 쉽고, 철도 같은 분야에 응용하는 정류자형 견인 전동기의 설계가 쉽다. 그러나 낮은 주파수에서는 아크 램프 및 백열전구가 현저하게 깜박이는 문제도 발생할 수 있다. 낮은 주파수를 사용하는 것은 또한 주파수에 비례하는 임피던스 손실을 더 낮추어 주는 장점이 있다. 오스트리아, 독일, 노르웨이, 스웨덴, 스위스 같은 몇몇 유럽 철도 시스템에서 여전히 16.7Hz가 사용된다. 군용, 섬유산업, 해양, 컴퓨터 메인프레임, 항공기, 우주선 응용에서는 장치의 무게를 줄이거나 모터 속도를 빠르게 하기 위해 간혹 400Hz를 사용한다. 이 장은 그 용어와 뜻과 함께, 교류 전류와 전압을 소개한다.

학습포인트

- 직류보다 교류를 선호하는 이유를 이해할 수 있다.
- 교류 발전기의 동작 원리를 묘사할 수 있다.
- 단방향 파형과 교류 파형을 구분할 수 있다.
- 파형의 사이클, 주기 혹은 주기적 시간 T, 주파수 f를 정의할 수 있다.
- $T = \dfrac{1}{f}$을 포함한 계산을 수행할 수 있다.
- 사인파에 대한 순간 값, 피크 값, 평균값과 실횻값(rms), 파형률과 파고율을 정의할 수 있다.
- 주어진 파형에 대한 평균값과 실횻값, 파형률과 파고율을 계산할 수 있다.

40.1 서론

전기는 발전소에서 발전기에 의해 생산되고 그다음 산업계와 가정용으로 전송선의 광대한 망(국가 그리드 시스템 National Grid system이라 불림)에 의해 배급된다. 직류(DC)보다는 교류(AC,)Alternating Current를 생산하는 것이 더 쉽고 저렴하며, 교류는 직류보다 더 편리하게 배급된다. 그 이유는 변압기를 사용하면 교류 전압을 쉽게 바꿀 수 있기 때문이다. 교류보다 직류가 더 필요할 때는 정류기rectifier라고 하는 장치로 교류를 직류로 변환해서 사용한다.

40.2 교류 발전기

[그림 40-1]과 같이 자석 시스템의 두 극 사이에 일정한 각속도로 대칭적으로 자유롭게 회전하는, 한 번 감은 코일을 놓아보자.

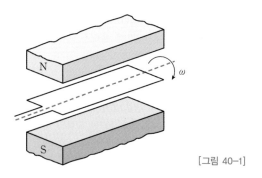

[그림 40-1]

규칙적인 간격으로 크기를 바꾸고 방향을 뒤집는 코일에 (패러데이 법칙에 의해) 기전력이 생성된다. 그 이유는 [그림 40-2]에 나타나 있다.

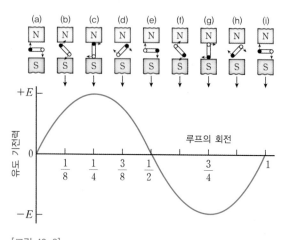

[그림 40-2]

(a), (e), (i) 위치에서 루프의 도체는 자기장을 따라 효율적으로 움직이고 있다. 어떤 자속도 자르지 않고 따라서 어떤 기전력도 유도되지 않는다. (c) 위치에서 자속을 최대로 자르며, 따라서 기전력이 최대로 유도된다. (g) 위치에서 다시 자속을 최대로 자르며, 따라서 기전력이 최대로 유도

된다. 그러나 플레밍의 오른손 법칙을 사용하면, 유도 기전력은 (c) 위치에서의 유도 기전력에 반대 방향을 가지며, 따라서 −E로 나타난다. (b), (d), (f), (h) 위치에서 약간의 자속을 자르고 따라서 약간의 기전력이 유도된다. 코일의 모든 지점들을 고려해보면, 코일이 한 번 회전하면 교류 기전력의 한 사이클이 그림처럼 생성된다. 이것이 교류 발전기AC generator(즉, 교류기alternator)의 동작 원리이다.

40.3 파형

시간 t에 따라 변화하는 물리량의 값들을 시간에 대하여 그림을 그렸을 때, 그 결과로 얻어진 그래프를 파형waveform이라고 한다. 몇 가지 전형적인 파형을 [그림 40-3]에 나타내었다. 파형 (a)와 (b)는 단방향 파형unidirectional waveform인데, 이는 그 값들이 시간에 따라 상당히 변할지라도 오직 한 방향으로(즉, 파형이 시간 축을 가로질러 음의 값이 되지 않는다) 흐르기 때문이다. (c)에서 (g)까지의 파형은 교류 파형alternating waveform이라고 부르는데, 그 이유는 그 값들이 계속해서 방향을 바꾸기 때문이다(즉, 양과 음을 번갈아서).

[그림 40-3(g)]와 같은 형태의 파형은 사인파sine wave라고 부른다. 그것은 교류기에 의해 생성된 기전력의 파형이며 따라서 전기 본선 전원은 '사인곡선'형이다. 하나의 완전한 일련의 값들을 사이클cycle이라고 부른다(즉, [그림 40-3(g)]의 0에서 P까지). 교류량이 한 사이클을 완성하기 위해 소요되는 시간을 주기period 혹은 파형의 주기적 시간periodic time T라고 부른다.

1초 동안 완성된 사이클 수를 전원의 주파수frequency f라고 부르고 헤르츠[1](Hz)hertz 단위로 측정한다. 우리나라에서 전원의 표준 주파수는 60 Hz이다.

$$T = \frac{1}{f} \text{ 혹은 } f = \frac{1}{T}$$

---

1 **헤르츠는 누구?** 헤르츠(Hertz)에 관한 정보는 www.routledge.com/cw/bird에서 찾을 수 있다.

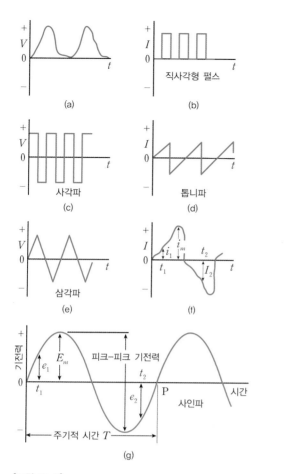

[그림 40-3]

[문제 1] (a) $50\,\mathrm{Hz}$, (b) $20\,\mathrm{kHz}$의 주파수에 대한 주기를 구하라.

(a) 주기 $T = \dfrac{1}{f} = \dfrac{1}{50} = 0.02$ 혹은 **$20\,\mathrm{ms}$**

(b) 주기 $T = \dfrac{1}{f} = \dfrac{1}{20,000} = 0.00005\,\mathrm{s}$ 혹은 **$50\,\mu\mathrm{s}$**

[문제 2] (a) $4\,\mathrm{ms}$, (b) $8\,\mu\mathrm{s}$의 주기에 대한 주파수를 구하라.

(a) 주파수 $f = \dfrac{1}{T} = \dfrac{1}{40 \times 10^{-3}} = \dfrac{1000}{4} = 250\,\mathrm{Hz}$

(b) 주파수 $f = \dfrac{1}{T} = \dfrac{1}{8 \times 10^{-6}} = \dfrac{1,000,000}{8}$

$= 125,000\,\mathrm{Hz}$ 혹은 **$125\,\mathrm{kHz}$**

혹은 **$0.125\,\mathrm{MHz}$**

[문제 3] 교류가 $8\,\mathrm{ms}$에 5사이클을 완성한다. 주파수는 얼마인가?

한 사이클의 시간 $= \dfrac{8}{5}\,\mathrm{ms} = 1.6\,\mathrm{ms} =$ 주기 T

주파수 $f = \dfrac{1}{T} = \dfrac{1}{1.6 \times 10^{-3}} = \dfrac{1000}{1.6} = \dfrac{10,000}{16}$

$= 625\,\mathrm{Hz}$

◆ **이제 다음 연습문제를 풀어보자.**

[연습문제 187] 주파수와 주기에 대한 확장 문제

1 다음 주파수에 대한 주기를 구하라.

    (a) $2.5\,\mathrm{Hz}$ (b) $100\,\mathrm{Hz}$ (c) $40\,\mathrm{kHz}$

2 다음 주기에 대한 주파수를 구하라.

    (a) $5\,\mathrm{ms}$ (b) $50\,\mu\mathrm{s}$ (c) $0.2\,\mathrm{s}$

3 교류가 $5\,\mathrm{ms}$에 4사이클을 완성한다. 주파수는 얼마인가?

40.4 교류 값

순간 값$^{\text{instantaneous value}}$은 시간의 어떤 특정 시점에서 교류 양의 값이다. 순간 값은 i, v, e 등의 소문자로 표시한다 ([그림 40-3]의 (f), (g) 참조). 절반 사이클에서 도달한 최댓값을 파형의 피크 값$^{\text{peak value}}$ 혹은 최댓값$^{\text{maximum value}}$ 혹은 마루값$^{\text{crest value}}$ 혹은 진폭^{amplitude}이라고 부른다. 이 값들은 V_m, I_m, E_m 등으로 표시한다([그림 40-3]의 (f), (g) 참조). 기전력의 피크-피크$^{\text{peak-to-peak}}$ 값은 [그림 40-3(g)]에서 보는 바와 같이 이는 사이클에서 최댓값과 최솟값 사이의 차이이다.

대칭인 교류 양(사인파와 같은)의 평균값$^{\text{average 혹은 mean value}}$은 반 사이클에 걸쳐 측정된 평균값이다(완전한 사이클에 걸쳐 평균값은 0이기 때문에).

$$\text{평균값} = \frac{\text{곡선 아래 면적}}{\text{밑변의 길이}}$$

곡선 아래 면적은 사다리꼴 법칙, 중심-세로좌표 법칙 혹은 심슨 법칙Simpson's rule 같은 근사적 방법을 사용하여 구한다. 평균값은 V_{AV}, I_{AV}, E_{AV} 등으로 표시한다.

사인파에 대해:

$$평균값 = 0.637 \times 최댓값 \quad (즉, \ \frac{2}{\pi} \times 최댓값)$$

교류의 실횻값effective value은 교류가 생성하는 것과 동일한 열 효과를 생성하는 등가 직류이다. 실횻값은 rmsroot mean square 값이라 부르고, 교류 양이 주어질 때마다 rms 값이라고 가정한다. 예를 들어 우리나라에서 국내 본선 전원은 220V이고, 이는 '220 V rms'를 의미한다. rms 값을 위해 사용되는 기호는 I, V, E 등이다. [그림 40-4]와 같이 사인파가 아닌 파형인 경우, rms 값은 다음과 같이 주어진다.

$$I = \sqrt{\frac{i_1^2 + i_2^2 + \cdots + i_n^2}{n}}$$

여기서 n은 사용된 간격의 수이다.

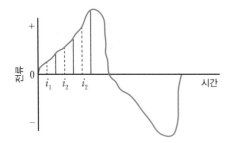

[그림 40-4]

사인파에 대해 :

$$rms \ 값 = 0.707 \times 최댓값 \quad (즉, \ \frac{1}{\sqrt{2}} \times 최댓값)$$

$$파형률 \text{form factor} = \frac{rms \ 값}{평균값}$$

사인파의 경우, 파형률 = 1.11

$$파고율 \text{peak factor} = \frac{최댓값}{rms \ 값}$$

사인파의 경우, 파고율 = 1.41

파형률과 파고율 값은 파형의 모양을 나타낸다.

[문제 4] [그림 40-5]와 같은 주기적 파형에서 다음 각각을 구하라.

❶ 주파수, ❷ 절반 사이클에서 평균값, ❸ rms 값, ❹ 파형률, ❺ 파고율

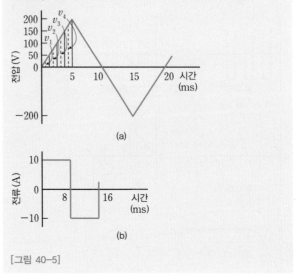

[그림 40-5]

(a) **삼각파 :** [그림 40-5(a)]

❶ 하나의 완전한 사이클 시간 = 20 ms = 주기 T

따라서 주파수 $f = \dfrac{1}{T} = \dfrac{1}{20 \times 10^{-3}}$

$$= \frac{1000}{20} = 50 \, Hz$$

❷ 절반 사이클에서 삼각파형 아래 면적

$$= \frac{1}{2} \times 밑변 \times 높이 = \frac{1}{2} \times (10 \times 10^{-3}) \times 200$$

$$= 1 \ 볼트 \ 초$$

파형의 평균값

$$= \frac{곡선 \ 아래 \ 면적}{밑변의 \ 길이} = \frac{1 \ 볼트 \ 초}{10 \times 10^{-3} \ 초}$$

$$= \frac{1000}{10} = 100 \, V$$

❸ [그림 40-5(a)]에서, 첫 $\dfrac{1}{4}$ 사이클이 4개 간격으로 나누어진다. 따라서

$$rms \ 값 = \sqrt{\frac{v_1^2 + v_2^2 + v_3^2 + v_4^2}{4}}$$

$$= \sqrt{\frac{25^2 + 75^2 + 125^2 + 175^2}{4}}$$

$$= 114.6 \, V$$

Note 간격의 개수가 증가할수록, 결과의 정확도가 올라간다. 예를 들어, 세로좌표가 위에서 선택된 것보다 두 배가 된다면 rms 값은 115.6 V가 된다.

❹ 파형률 $= \dfrac{\text{rms 값}}{\text{평균값}} = \dfrac{114.6}{100} = \mathbf{1.15}$

❺ 파고율 $= \dfrac{\text{최댓값}}{\text{rms 값}} = \dfrac{200}{114.6} = \mathbf{1.75}$

(b) **직사각형 파형** : [그림 40-5(b)]

❶ 하나의 완전한 사이클 시간 $= 16\,\text{ms} = $ 주기 T

따라서 주파수 $f = \dfrac{1}{T} = \dfrac{1}{16 \times 10^{-3}}$

$= \dfrac{1000}{16} = \mathbf{62.5\,Hz}$

❷ 절반 사이클에서 평균값

$= \dfrac{\text{곡선 아래 면적}}{\text{밑변의 길이}} = \dfrac{10 \times (8 \times 10^{-3})}{8 \times 10^{-3}} = \mathbf{10\,A}$

❸ rms 값 $= \sqrt{\dfrac{i_1^2 + i_2^2 + i_3^2 + i_4^2}{4}} = \mathbf{10\,A}$

그러나 파형이 직사각형이므로 많은 간격이 선택된다.

❹ 파형률 $= \dfrac{\text{rms 값}}{\text{평균값}} = \dfrac{10}{10} = \mathbf{1}$

❺ 파고율 $= \dfrac{\text{최댓값}}{\text{rms 값}} = \dfrac{10}{10} = \mathbf{1}$

[문제 5] 다음 표는 교류의 절반 사이클에 대한 시간과 전류의 값을 나타낸다.

시간 t[ms]	0	0.5	1.0	1.5	2.0	2.5
전류 i[A]	0	7	14	23	40	56
시간 t[ms]	3.0	3.5	4.0	4.5	5.0	
전류 i[A]	68	76	60	5	0	

음의 절반 사이클은 양의 절반 사이클과 동일한 형상이라고 가정하여 파형을 그리고, 파형에 대해 (a) 전원의 주파수, (b) 1.25 ms와 3.8 ms 지나서 전류의 순간 값, (c) 피크 값 혹은 최댓값, (d) 평균값, (e) rms 값을 구하라.

교류의 절반 사이클은 [그림 40-6]과 같다.

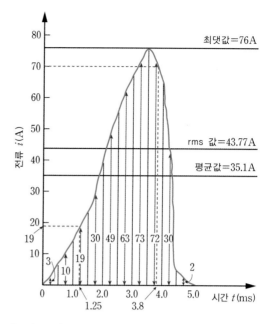

[그림 40-6]

(a) 절반 사이클에 대한 시간 $= 5\,\text{ms}$

그러므로 한 사이클의 시간, 즉 주기 $T = 10\,\text{ms}$ 혹은 $0.01\,\text{s}$.

$$\text{주파수 } f = \dfrac{1}{T} = \dfrac{1}{0.01} = \mathbf{100\,Hz}$$

(b) [그림 40-6]으로부터, 1.25 ms 지나서 전류의 순간 값은 **19 A**이다. [그림 40-6]으로부터, 3.8 ms 지나서 전류의 순간 값은 **70 A**이다.

(c) 피크 값 혹은 최댓값 $= \mathbf{76\,A}$

(d) 평균값 $= \dfrac{\text{곡선 아래 면적}}{\text{밑변의 길이}}$

10개 간격에 중심-세로좌표 법칙을 사용하면, 0.5 ms 폭의 각 면적은 다음과 같다.

곡선 아래 면적
$= (0.5 \times 10^{-3})(3 + 10 + 19 + 30 + 49 + 63$
$\qquad + 73 + 72 + 30 + 2)$ [그림 40-6] 참조
$= (0.5 \times 10^{-3})(351)$

그러므로 평균값 $= \dfrac{(0.5 \times 10^{-3})(351)}{5 \times 10^{-3}} = \mathbf{35.1\,A}$

(e) rms 값 $= \sqrt{\dfrac{\begin{array}{c}3^2+10^2+19^2+30^2+49^2\\+63^2+73^2+72^2+30^2+2^2\end{array}}{10}}$

$\quad\quad = \sqrt{\dfrac{19157}{10}} = 43.8\,\text{A}$

[문제 6] 최댓값이 20 A인 사인파 전류의 rms 값을 계산하라.

사인파에 대해,

rms 값= 0.707 × 최댓값 = 0.707 × 20 = **14.14 A**

[문제 7] 240 V 본선 전원에 대해 피크 값과 평균값을 구하라.

사인파에 대해, 전압의 rms 값 $V = 0.707 \times V_m$

240 V 본선 전원은 240 V가 rms 값이라는 것을 의미하고, 따라서

$$V_m = \frac{V}{0.707} = \frac{240}{0.707} = \mathbf{339.5\,V} = \text{피크 값}$$

평균값 $V_{AV} = 0.637\,V_m = 0637 \times 339.5 = \mathbf{216.3\,V}$

[문제 8] 전원 전압이 150 V의 평균값을 갖는다. 최댓값과 rms 값을 구하라.

사인파에 대해, 평균값 = 0.637 × 최댓값

따라서 **최댓값** $= \dfrac{\text{평균값}}{0.637} = \dfrac{150}{0.637} = \mathbf{235.5\,V}$

rms 값 = 0.707 × 최댓값

$\quad\quad = 0.707 \times 235.5 = \mathbf{166.5\,V}$

◆ **이제 다음 연습문제를 풀어보자.**

[연습문제 188] 파형의 교류 값에 대한 확장 문제

1 다음 표와 같이 절반 사이클에 걸쳐서 시간에 따라 교류가 변화한다.

전류 [A]	0	0.7	2.0	4.2	8.4	8.2
시간 [ms]	0	1	2	3	4	5
전류 [A]	2.5	1.0	0.4	0.2	0	
시간 [ms]	6	7	8	9	10	

음의 절반 사이클도 비슷하다. 그 곡선을 그리고 다음을 구하라.

(a) 주파수

(b) 3.4 ms와 5.8 ms일 때 순간 값

(c) 평균값

(d) rms 값

2 [그림 40-7]의 파형에서 각각에 대하여 다음을 구하라.

❶ 주파수   ❷ 절반 사이클의 평균값

❸ r.m.s. 값   ❹ 파형률

❺ 파고율

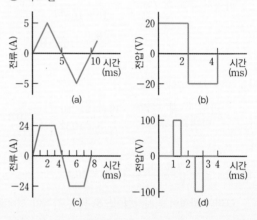

[그림 40-7]

3 교류 전압이 삼각파 모양이고, 8 ms 동안 최댓값 300 V로 일정한 비율로 상승한 후 4 ms 동안 일정한 비율로 0으로 하강한다. 음의 절반 사이클은 양의 절반 사이클과 동일한 모양이다. (a) 절반 사이클에 걸쳐 평균값, (b) rms 값을 계산하라.

4 최댓값 300 V의 사인파 곡선의 rms 값을 계산하라.

5 200 V 본선 전원의 피크 값과 평균값을 구하라.

6 사인파 전압이 최댓값 120 V를 갖는다. rms 값과 평균값을 계산하라

7 사인파 전류가 15.0 A의 평균값을 갖는다. 최댓값과 rms 값을 구하라.

[연습문제 189] 교류 전압과 전류에 대한 단답형 문제

1 단순 교류 발전기의 동작 원리를 간략하게 설명하라.

2 (a) 파형, (b) 사이클은 무엇을 의미하는가?

3 단방향 파형과 교류 파형의 차이점은 무엇인가?

4 파형의 한 사이클을 완성하는 데 걸리는 시간을 (　　　)(이)라고 부른다.

5 주파수란 무엇인가? 또한 단위도 말하라.

6 본선 전원 전압은 (　　　)(이)라고 불리는 특별한 파형의 모양을 갖는다.

7 피크 값을 정의하라.

8 rms 값은 무엇을 의미하는가?

9 최댓값 100 V를 갖는 사인파 교류 기전력의 평균값은 얼마인가?

10 사인파 파형의 실횻값은 (　　　)×최댓값이다.

[연습문제 190] 교류 전압과 전류에 대한 사지선다형 문제

1 1초 동안 발생하는 교류의 완전한 사이클의 수를 무엇이라 부르는가?
(a) 교류의 최댓값　　　(b) 교류의 주파수
(c) 교류의 피크 값　　　(d) rms 혹은 실횻값

2 어떤 주어진 순간의 교류 값은?
(a) 최댓값　　　(b) 피크 값
(c) 순간 값　　　(d) rms 값

3 교류가 0.1 s 동안 100사이클을 완성한다. 주파수는 얼마인가?
(a) 20 Hz　　　(b) 100 Hz
(c) 0.002 Hz　　　(d) 1 kHz

4 [그림 40-8]과 같은 순간에, 생성된 기전력은 무엇이 될 것인가?
(a) 0　　　(b) rms 값
(c) 평균값　　　(d) 최댓값

[그림 40-8]

5 소비자를 위한 전기 에너지의 공급은 보통 교류이다. 그 이유는 무엇인가?
(a) 전송과 분배가 더 쉽고 효율적이다.
(b) 변속 모터에 가장 적합하다.
(c) 케이블의 전압 강하가 최소화된다.
(d) 케이블 전력 손실이 무시된다.

6 다음 설명 중 틀린 말은?
(a) 직류보다 교류를 사용하는 것이 저렴하다.
(b) 변압기를 사용하면 전압이 쉽게 변환되므로 직류보다 교류의 분배가 더 편리하다.
(c) 교류기alternator는 교류 발전기이다.
(d) 정류기는 직류를 교류로 변화시킨다.

7 최댓값 100 V의 교류 전압이 램프에 인가된다. 같은 휘도로 램프가 빛나도록 하기 위해서, 다음 중 어떤 직류 전압을 램프에 가해야하는가?
(a) 100 V　　　(b) 63.7 V
(c) 70.7 V　　　(d) 141.4 V

8 교류 전류와 전압을 지칭했을 때 보통 그 값이 의미하는 전압은?
(a) 순간 값　　　(b) rms 값
(c) 평균값　　　(d) 피크 값

9 사인파에 대한 다음 설명 중 틀린 것은?
(a) 파고율은 1.414이다.
(b) rms 값은 0.707× 피크 값이다.
(c) 평균값은 0.637× rms 값이다.
(d) 파형률은 1.11이다.

10 교류 전원이 70.7 V, 50 Hz이다. 다음 설명 중 틀린 것은?
(a) 주기는 20 ms이다.
(b) 전압의 피크 값은 70.7 V이다.
(c) 전압의 rms 값은 70.7 V이다.
(d) 전압의 피크 값은 100 V이다.

커패시터와 인덕터

Capacitors and inductors

커패시터와 인덕터를 이해하는 것이 왜 중요할까?

커패시터는 널리 사용되는 전기 부품으로서 커패시터를 유용하고 중요하게 만든 몇 가지 특징이 있다. 커패시터는 에너지를 저장할 수 있어 전원에서 쉽게 찾아볼 수 있다. 커패시터는 충전과 방전의 시간을 정하고 조절하기 위해, 전원의 파형을 평탄하게 하기 위해, 오디오 시스템 단과 확성기를 결합시키기 위해, 오디오 시스템의 톤 조절에서 필터링 목적으로, 라디오 시스템에서 조율 목적으로, 그리고 카메라 플래시 회로에서 에너지를 저장하기 위해 사용한다. 커패시터는 증폭기와 전원장치를 포함해, 발진기, 적분기 등 이외 많은 아날로그 회로에서부터 사실상 거의 모든 유형의 전자회로에 사용되는 것을 볼 수 있다. 또한 커패시터는 논리회로에도 사용된다. 전원선에서 발생하는 스파이크와 리플(ripple)이 회로의 오작동을 유발할 수 있는데, 이를 방지하기 위해 스파이크와 리플을 회로와 분리시키는 데 커패시터를 사용한다. 그래서 커패시터는 전기 및 전자회로에 매우 중요한 부품이다. 이 장에서는 커패시터와 관련된 용어와 이해를 돕는 계산들을 소개한다. 인덕터는 아날로그 회로와 신호처리에 광범위하게 사용되며 크기도 다양하다. 큰 인덕터로는 전원장치에 사용하는 인덕터를 들 수 있는데, 여기서 인덕터는 필터 커패시터와 함께 전력용 본선의 험(hum)이나 기타 변동 잡음들을 직류 출력 전류로부터 제거하는 기능을 한다. 작은 인덕터로는 케이블 주위에 설치된 페라이트 구슬의 작은 인덕턴스를 들 수 있는데, 여기서 인덕터는 전선을 통해 전달되는 라디오 주파수의 간섭을 방지해준다. 인덕터는 직류를 생성하는 여러 가지 스위치-모드 전원장치에서 에너지를 저장하는 소자로 사용된다. 커패시터에 연결된 인덕터는 동조 회로를 형성하여, 전류를 진동시키는 공진기로 동작한다. 동조회로는 널리 사용되는데, 무선 송신기 및 수신기와 같은 라디오 주파수 장치에서, 복합 신호로부터 단 한 개의 주파수를 골라내는 좁은 대역통과 필터로 사용되고, 그리고 사인파 신호를 만들기 위한 전자 발진기에도 사용된다. 결합된 자속(상호 인덕턴스)을 갖는 근접한 두 인덕터(혹은 그 이상)는 변압기를 형성하는데, 이 변압기는 모든 공공 전력 그리드의 필수 부품이다.

학습포인트

- 정전기장(electrostatic field)을 설명할 수 있다.
- 전계 세기 E를 정의하고, 그것의 단위를 설명할 수 있다.
- 커패시턴스를 정의하고, 그것의 단위를 설명할 수 있다.
- 커패시터를 설명하고, 회로도면 기호를 그릴 수 있다.
- $C = \dfrac{Q}{V}$와 $Q = It$를 포함한 간단한 계산을 수행할 수 있다.
- 자속 밀도 D를 정의하고, 그것의 단위를 설명할 수 있다.
- ϵ_o, ϵ_r, ϵ을 구분하면서 유전율을 정의할 수 있다.
- $D = \dfrac{Q}{A}$, $E = \dfrac{V}{d}$와 $\dfrac{D}{E} = \epsilon_o \epsilon_r$을 포함한 간단한 계산을 수행할 수 있다.
- 평행판 커패시터에 대한 $C = \dfrac{\epsilon_o \epsilon_r A(n-1)}{d}$을 이해할 수 있다.
- 병렬과 직렬로 연결된 커패시터를 포함하는 계산을 수행할 수 있다.
- 유전체 강도를 정의하고, 그것의 단위를 설명할 수 있다.
- 커패시터에 저장된 에너지가 $W = \dfrac{1}{2}CV^2$[J]으로 주어지는 것을 설명할 수 있다.
- 실제 커패시터의 여러 종류를 설명할 수 있다.
- 커패시터를 방전시킬 때 조심해야 할 점들을 이해할 수 있다.
- 인덕턴스의 특성을 이해할 수 있다.
- 인덕턴스 L을 정의하고 그것의 단위를 설명할 수 있다.
- 기전력 $E = -N\dfrac{d\Phi}{dt} = -L\dfrac{dI}{dt}$를 이해할 수 있다.

- 주어진 N, t, L, 자속 변화 혹은 전류 변화에서 유도 기전력을 계산할 수 있다.
- 인덕터의 인덕턴스에 영향을 주는 인자들을 평가할 수 있다.
- 인덕터에 대한 회로도면 기호를 그릴 수 있다.
- $W = \frac{1}{2}LI^2$ [J]을 사용하여 인덕터에 저장된 에너지를 계산할 수 있다.
- $L = \frac{N\Phi}{l}$ 가 주어질 때, 코일의 인덕턴스 L을 계산할 수 있다.

41.1 서론

커패시터^{capacitor}는 전기 에너지를 저장할 수 있는 소자이다. 저항 다음으로, 커패시터는 전기 회로에서 가장 일반적으로 만날 수 있는 부품이다. 커패시터는 전기 및 전자회로에서 광범위하게 사용된다. 예를 들어 커패시터는 정류된 교류 출력을 평탄하게 하는 데 사용되고, 커패시터는 (무선 수신기 같은) 통신 장치에서 원하는 주파수에 동조시키기 위해 사용된다. 몇 가지 실제 응용을 살펴보자면, 커패시터는 시간 지연 회로에서, 전기 필터에서, 발진기 회로에서, 그리고 의료 신체 스캐너 내 자기 공명 이미지(MRI)에서 사용된다.

[그림 41-1]은 공기 같은 절연체로 분리된 한 쌍의 평행 금속판 X와 Y로 구성된 커패시터이다. 판이 전기 전도체이므로 각 판에는 이동할 수 있는 많은 전자들이 존재한다. 판이 직류 전원에 연결되었기 때문에 판 X 상에 있는 작은 음 전하를 갖는 전자들은 전원의 양극으로 끌릴 것이고, 전원의 음극으로부터 전자들은 판 Y로 반발될 것이다. X는 전자가 부족하기 때문에 양(+)으로 대전될 것이고, 반면에 Y는 전자의 과잉으로 음전하를 가질 것이다.

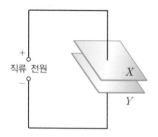

[그림 41-1]

판 사이의 전하 차이로 인해 두 판 사이에 전위차가 발생한다. 두 판 사이의 전위차가 전원 전압과 같아지면서 전자의 흐름은 잠잠해지다가 멈춘다. 그때 판들은 충전^{charge}된다고 말하고, 두 판 사이에는 전기장$^{electric\ field}$이 존재한다. [그림 41-2]는 '전속선'으로 묘사되는 장과 함께 판의 측면을 보여준다. 만약 두 판이 전원에서 연결이 끊기고 저항을 통해 서로 연결되면, 음극판의 과잉 전자들이 저항을 통해 양극판으로 흐를 것이다. 이것을 방전^{discharge}이라 부른다. 전류의 흐름은 판상의 전하가 줄어들면서 0으로 감소될 것이다. 저항에 흐르는 전류는 열을 방출시킬 것이고, 이는 **에너지가 전기장에 저장되어 있음**을 보여준다.

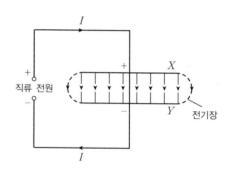

[그림 41-2]

전기회로 도면에 사용되는 고정 커패시터와 가변 커패시터의 기호는 [그림 41-3]과 같다.

고정 커패시터   가변 커패시터

[그림 41-3]

41.1.1 중요한 식과 정의의 요약

33장에서 전하 Q는 다음과 같이 주어졌다.

$$Q = I \times t \ \text{[쿨롱]}^*$$

여기서 I는 [A] 단위의 전류이고, t는 [초] 단위의 시간이다.

유전체dielectric는 대전된 표면을 분리시키는 절연 매개물이다.

전기장 세기electric field strength, 전기력, 혹은 전압 경도는 다음과 같다.

$$E = \frac{\text{유전체 양단 간 전위차}}{\text{유전체 두께}}$$

즉, $$E = \frac{V}{d} \ [\text{V/m}]$$

전속밀도electric flux density는 다음과 같다.

$$D = \frac{Q}{A} \ [\text{C/m}^2]$$

커패시터상의 전하charge Q는 인가한 전압 V에 비례한다. 즉, $Q \propto V$.

$$Q = CV$$

여기서 비례상수 C는 커패시턴스capacitance이다.

$$\text{커패시턴스} \ C = \frac{Q}{V}$$

커패시턴스의 단위인 패럿은 **마이클 패러데이**Michael Faraday*의 이름을 따른 것이다. 커패시턴스의 단위는 **패럿(F)**farad (혹은 더 일반적으로는 $\mu\text{F} = 10^{-6}\text{F}$ 혹은 $\text{pF} = 10^{-12}\text{F}$)으로서, 이는 $1\,\text{C}$으로 대전된 판 사이에 $1\,\text{V}$의 전위차가 나타나는 커패시터의 커패시턴스로 정의된다.

전도체로 되어 있는 모든 시스템은 커패시턴스를 가지고 있다. 예를 들면, 상공에 있는 전송선 도체 사이에도 커패시턴스가 존재하고 또한 전화 케이블의 전선 사이에도 존재한다. 이러한 종류의 커패시턴스 성분은 원하지 않지만 받아들일 수밖에 없는 성분이기 때문에 최소화를 시키던가 혹은 보정해야 한다. 이와 달리 우리가 원하는 커패시턴스가 있는데, 커패시터 소자가 갖는 커패시턴스는 바람직한 특성이다.

전계 강도 E에 대한 전속밀도 D의 비율을 유전체의 절대 유전율absolute permittivity ϵ이라 부른다. 따라서 $\frac{D}{E} = \epsilon$이다.

자유 공간의 유전율permittivity of free space은 상수이고 다음과 같다.

$$\epsilon_0 = 8.85 \times 10^{-12} \ \text{F/m}$$

비유전율relative permittivity은 다음과 같다(ϵ_r은 단위가 없음).

$$\epsilon_r = \frac{\text{유전체 내 전속밀도}}{\text{진공 내 전속밀도}}$$

ϵ_r 값의 예는 다음과 같다.

공기 $= 1.00$, 폴리에틸렌 $= 2.3$, 마이카 $= 3 \sim 7$, 유리 $= 5 \sim 10$, 세라믹 $= 6 \sim 1000$.

절대 유전율 $\epsilon = \epsilon_0 \epsilon_r$, 따라서

$$\frac{D}{E} = \epsilon_0 \epsilon_r$$

[문제 1] 다음 물음에 답하라.
(a) $5\,\text{mC}$으로 충전될 때 $4\,\mu\text{F}$ 커패시터 양단 간 전압을 구하라.
(b) 그것에 가해지는 전압이 $2\,\text{kV}$일 때 $50\,\text{pF}$상에서의 전하를 구하라.

(a) $C = 4\,\mu\text{F} = 4 \times 10^{-6}\,\text{F}$, $Q = 5\,\text{mC} = 5 \times 10^{-3}\,\text{C}$,

$C = \frac{Q}{V}$이므로

$$V = \frac{Q}{C} = \frac{5 \times 10^{-3}}{4 \times 10^{-6}} = \frac{5 \times 10^6}{4 \times 10^3} = \frac{5000}{4}$$

따라서 전위차는 $V = 1250\,\text{V}$ 혹은 $1.25\,\text{kV}$이다.

(b) $C = 50\,\mathrm{pF} = 50 \times 10^{-12}\,\mathrm{F}$, $V = 2\,\mathrm{kV} = 2000\,\mathrm{V}$,

$$Q = CV = 50 \times 10^{-12} \times 2000 = \frac{5 \times 2}{10^8} = 0.1 \times 10^{-6}$$

따라서 전하는 $Q = 0.1\,\mu\mathrm{C}$이다.

[문제 2] 사전에 충전되어 있지 않은 $20\,\mu\mathrm{F}$의 커패시터에 $3\,\mathrm{ms}$ 동안 $4\,\mathrm{A}$의 직류 전류가 흐른다. 두 판 사이 전위차를 구하라.

$I = 4\,\mathrm{A}$, $C = 20\,\mu\mathrm{F} = 20 \times 10^{-6}\,\mathrm{F}$, $t = 3\,\mathrm{ms} = 3 \times 10^{-3}\,\mathrm{s}$,
$Q = I \times t = 4 \times 3 \times 10^{-3}\,\mathrm{C}$,

$$V = \frac{Q}{C} = \frac{4 \times 3 \times 10^{-3}}{20 \times 10^{-6}} = \frac{12 \times 10^6}{20 \times 10^3}$$
$$= 0.6 \times 10^3 = 600\,\mathrm{V}$$

따라서 두 판 사이 전위차는 **600V**이다.

[문제 3] $5\,\mu\mathrm{F}$의 커패시터가 두 판 사이에 전위차가 $800\,\mathrm{V}$가 되도록 충전된다. $2\,\mathrm{mA}$의 평균 방전 전류를 커패시터가 얼마나 오랫동안 공급할 수 있는지 계산하라.

$C = 5\,\mu\mathrm{F} = 5 \times 10^{-6}\,\mathrm{F}$, $V = 800\,\mathrm{V}$,
$I = 2\,\mathrm{mA} = 2 \times 10^{-3}\,\mathrm{A}$,
$Q = CV = 5 \times 10^{-6} \times 800 = 4 \times 10^{-3}\,\mathrm{C}$.

또한 $Q = I \times t$이므로, $t = \dfrac{Q}{I} = \dfrac{4 \times 10^{-3}}{2 \times 10^{-3}} = 2\,\mathrm{s}$

그러므로 커패시터는 **2mA**의 **평균 방전 전류를 2초 동안 공급할 수 있다.**

[문제 4] $20\,\mathrm{cm} \times 40\,\mathrm{cm}$인 두 개의 평행한 직사각형 판이 $0.2\,\mu\mathrm{C}$의 전하를 가지고 있다. 전속밀도를 계산하라. 두 판이 $5\,\mathrm{mm}$ 떨어져 분리되어 있고 둘 사이 전압이 $0.25\,\mathrm{kV}$라면 전기장의 강도를 구하라.

면적 $A = 20\,\mathrm{cm} \times 40\,\mathrm{cm} = 800\,\mathrm{cm}^2 = 800 \times 10^{-4}\,\mathrm{m}^2$,
전하 $Q = 0.2\,\mu\mathrm{C} = 0.2 \times 10^{-6}\,\mathrm{C}$.

전속밀도는

$$D = \frac{Q}{A} = \frac{0.2 \times 10^{-6}}{800 \times 10^{-4}} = \frac{0.2 \times 10^4}{800 \times 10^6}$$
$$= \frac{2000}{800} \times 10^{-6} = 2.5\,\mu\mathrm{C/m}^2$$

전압 $V = 0.25\,\mathrm{kV} = 250\,\mathrm{V}$
판 간격 $d = 5\,\mathrm{mm} = 5 \times 10^{-3}\,\mathrm{m}$

따라서 **전속밀도는**

$$E = \frac{V}{d} = \frac{250}{5 \times 10^{-3}} = 50\,\mathrm{kV/m}$$

◆ 이제 다음 연습문제를 풀어보자.

[연습문제 191] 커패시터와 커패시턴스에 대한 확장 문제

※ ϵ_0는 $8.85 \times 10^{-12}\,\mathrm{F/m}$로 근사적으로 취한다.

1 인가한 전압이 $250\,\mathrm{V}$일 때 $10\,\mu\mathrm{F}$인 커패시터의 전하를 구하라.

2 $1000\,\mathrm{pF}$인 커패시터를 $2\,\mu\mathrm{C}$으로 충전하려면 양단 간 전압을 구하라.

3 두 판 사이의 전위가 $2.4\,\mathrm{kV}$일 때 커패시터의 커패시터 판의 전하가 $6\,\mathrm{mC}$이다. 커패시터의 커패시턴스를 구하라.

4 두 판 사이의 전위차를 $500\,\mathrm{V}$로 높이려면, $5\,\mu\mathrm{F}$인 커패시터에 $2\,\mathrm{A}$의 충전 전류를 얼마나 오랫동안 공급해야만 하는가?

5 사전에 충전되어 있지 않은 $5\,\mu\mathrm{F}$의 커패시터에 $1\,\mathrm{ms}$ 동안 $10\,\mathrm{A}$의 직류 전류가 흐른다. 두 판 사이 전위차를 구하라.

6 커패시터가 두께 $0.04\,\mathrm{mm}$인 유전체를 사용하고 $30\,\mathrm{V}$에서 동작한다. 이 전압에서 유전체를 가로지르는 전기장 세기는?

7 $60\,\mathrm{mm} \times 80\,\mathrm{mm}$인 두 개의 평행한 직사각형 판에 $1.5\,\mu\mathrm{C}$의 전하가 존재한다. 전속밀도를 계산하라. 두 판이 $10\,\mathrm{mm}$ 떨어져 분리되어 있고 둘 사이 전압이 $0.5\,\mathrm{kV}$라면, 전기장의 강도를 구하라.

41.2 평행판 커패시터

실험 결과에 따르면, 평행판 커패시터에서 커패시턴스 C는 판의 면적 A에 비례하고 판 사이의 간격 d(유전체 두께)에 반비례하며, 유전체의 성질에 따라 달라짐을 알 수 있다.

$$\text{커패시턴스 } C = \frac{\epsilon_0 \epsilon_r A(n-1)}{d} \text{ [F]}$$

여기서 $\epsilon_0 = 8.85 \times 10^{-12}$ F/m (상수),

$\epsilon_r =$ 비유전율,

$A = [\text{m}^2]$ 단위의 판 하나의 면적,

$d = [\text{m}]$ 단위의 유전체 두께,

$n =$ 판의 수.

[문제 5] 다음 물음에 답하라.

(a) 세라믹 커패시터가 비유전율이 100이고 두께가 0.1 mm인 세라믹에 의해 분리되어 있고, 4 cm^2의 유효 판 면적을 가지고 있다. 이 커패시터의 커패시턴스를 [pF] 단위로 계산하라.

(b) 문제 (a)의 커패시터에 $1.2 \mu\text{C}$의 전하가 주어진다면, 판 사이의 전위차는 얼마인가?

(a) 면적 $A = 4 \text{ cm}^2 = 4 \times 10^{-4} \text{ m}^2$,

$d = 0.1 \text{ mm} = 0.1 \times 10^{-3} \text{ m}$,

$\epsilon_0 = 8.85 \times 10^{-12} \text{ F/m}$, $\epsilon_r = 100$.

$$\text{커패시턴스 } C = \frac{\epsilon_0 \epsilon_r A}{d} \text{ F}$$

$$= \frac{8.85 \times 10^{-12} \times 100 \times 4 \times 10^{-4}}{0.1 \times 10^{-3}} \text{ F}$$

$$= \frac{8.85 \times 4}{10^{10}} \text{ F} = \frac{8.85 \times 4 \times 10^{12}}{10^{10}} \text{ pF}$$

$$= 3540 \text{ pF}$$

(b) $Q = CV$이므로,

$$V = \frac{Q}{C} = \frac{1.2 \times 10^{-6}}{3540 \times 10^{-12}}$$

$$= 339 \text{ V}$$

[문제 6] 밀랍된 종이 커패시터가 각각의 유효 면적이 800 cm^2인 두 평행판을 가지고 있다. 만약 이 커패시터의 커패시턴스가 4425 pF이고 종이의 비유전율이 2.5라면, 종이의 유효 두께를 계산하라.

$A = 800 \text{ cm}^2 = 800 \times 10^{-4} \text{ m}^2 = 0.08 \text{ m}^2$,

$C = 4425 \text{ pF} = 4425 \times 10^{-12} \text{ F}$,

$\epsilon_0 = 8.85 \times 10^{-12} \text{ F/m}$, $\epsilon_r = 2.5$.

$$C = \frac{\epsilon_0 \epsilon_r A}{d} \text{ [F]}이므로,$$

$$d = \frac{\epsilon_0 \epsilon_r A}{C} = \frac{8.85 \times 10^{-12} \times 2.5 \times 0.08}{4425 \times 10^{-12}} = 0.0004 \text{ m}$$

따라서 종이의 두께는 **0.4 mm**이다.

[문제 7] 평행판 커패시터가 각 판의 면적이 $75 \text{ mm} \times 75 \text{ mm}$인 19개의 판들이 서로 간지를 낀 형태를 취하면서, 두께가 0.2 mm인 마이카 박판에 의해 분리되어 있다. 마이카의 비유전율이 5라고 가정하고, 커패시터의 커패시턴스를 계산하라.

$n = 19$, 따라서 $n - 1 = 18$.

$A = 75 \times 75 = 562 \text{ m}^2 = 5625 \times 10^{-6} \text{ m}^2$,

$\epsilon_r = 5$, $\epsilon_0 = 8.85 \times 10^{-12} \text{ F/m}$,

$d = 0.2 \text{ mm} = 0.2 \times 10^{-3} \text{ m}$.

$$\text{커패시턴스 } C = \frac{\epsilon_0 \epsilon_r A(n-1)}{d}$$

$$= \frac{8.85 \times 10^{-12} \times 5 \times 5625 \times 10^{-6} \times 18}{0.2 \times 10^{-3}} \text{ F}$$

$$= 0.0224 \mu\text{F} \text{ 또는 } 22.4 \text{ nF}$$

◆ 이제 다음 연습문제를 풀어보자.

[연습문제 192] 평행판 커패시터에 대한 확장 문제

※ ϵ_0는 8.85×10^{-12} F/m로 근사적으로 취한다.

1 커패시터가 각각 면적이 0.01 m^2인 두 평행판으로 분리되어 있다. 평행판 사이에는 0.1 mm의 공기층이 있다. [pF]의 단위로 커패시턴스를 계산하라.

2 밀랍된 종이 커패시터가 각각 유효면적이 $0.2\,\mathrm{m}^2$인 두 평행판을 갖고 있다. 커패시턴스가 $4000\,\mathrm{pF}$이고, 비유전율이 2라면, 종이의 유효 두께를 구하라.

3 각 판이 $40\,\mathrm{mm} \times 40\,\mathrm{mm}$이고, 각 유전체의 비유전율이 6이며, 두께가 $0.102\,\mathrm{mm}$라면, $5\,\mathrm{nF}$의 커패시턴스를 갖는 평행판 커패시터는 몇 장의 판을 갖는가?

4 평행판 커패시터가 비유전율이 5인 마이카로 분리된 각각 $70\,\mathrm{mm} \times 120\,\mathrm{mm}$인 25장의 판으로 구성된다. 커패시터의 커패시턴스가 $3000\,\mathrm{pF}$이라면, 마이카 판의 두께를 구하라.

5 커패시터가 평행판들로 조립되고 $50\,\mathrm{pF}$의 값을 갖는다. 판 면적이 두 배가 되고 판 간격이 반으로 준다면, 커패시터의 커패시턴스가 어떻게 되는가?

41.3 병렬 및 직렬로 연결된 커패시터

n개의 **병렬연결 커패시터**parallel-connected capacitor에 대해, 등가 커패시턴스 C는 다음과 같다(**직렬**연결된 **저항**과 유사함).

$$C = C_1 + C_2 + C_3 + \cdots + C_n$$

또한, 총 전하 Q는 다음과 같다.

$$Q = Q_1 + Q_2 + Q_3$$

n개의 **직렬연결 커패시터**series-connected capacitor에 대해, 등가 커패시턴스 C는 다음과 같다(**병렬**연결된 **저항**과 유사함).

$$\frac{1}{C} = \frac{1}{C_1} + \frac{1}{C_2} + \frac{1}{C_3} + \cdots + \frac{1}{C_n}$$

직렬로 연결될 때 각 커패시터상의 전하는 같다.

[문제 8] $6\,\mu\mathrm{F}$과 $4\,\mu\mathrm{F}$인 두 커패시터가 (a) 병렬로, 또 (b) 직렬로 연결된 경우, 등가 커패시턴스를 계산하라.

(a) 병렬인 경우, 등가 커패시턴스는 다음과 같다.

$$C = C_1 + C_2 = 6\,\mu\mathrm{F} + 4\,\mu\mathrm{F} = 10\,\mu\mathrm{F}$$

(b) 직렬로 연결된 두 커패시터의 경우에

$$\frac{1}{C} = \frac{1}{C_1} + \frac{1}{C_2} = \frac{C_2 + C_1}{C_1 C_2}$$

그러므로 $C = \dfrac{C_1 C_2}{C_1 + C_2}$ (즉, $\dfrac{곱}{합}$)

따라서 $C = \dfrac{6 \times 4}{6 + 4} = \dfrac{24}{10} = 2.4\,\mu\mathrm{F}$

[문제 9] 등가 커패시턴스가 $12\,\mu\mathrm{F}$이 되도록 하기 위해서 $30\,\mu\mathrm{F}$ 커패시터와 직렬로 얼마의 커패시턴스가 연결되어야만 하는가?

$C = 12\,\mu\mathrm{F}$(등가 커패시턴스), $C_1 = 30\,\mu\mathrm{F}$, C_2는 미지의 커패시턴스이다.

직렬연결된 두 커패시터에 대해

$$\frac{1}{C} = \frac{1}{C_1} + \frac{1}{C_2}$$

그러므로 $\dfrac{1}{C_2} = \dfrac{1}{C} - \dfrac{1}{C_1} = \dfrac{C_1 - C}{C C_1}$

따라서 $C_2 = \dfrac{C C_1}{C_1 - C} = \dfrac{12 \times 30}{30 - 12} = \dfrac{360}{18} = 20\,\mu\mathrm{F}$

[문제 10] $3\,\mu\mathrm{F}$, $6\,\mu\mathrm{F}$, $12\,\mu\mathrm{F}$의 커패시터가 $350\,\mathrm{V}$ 전원에 직렬로 연결된다. 다음을 계산하라.
(a) 등가 회로 커패시턴스
(b) 각 커패시터의 전하량
(c) 각 커패시터의 전위차

회로 도면은 [그림 41-4]와 같다.

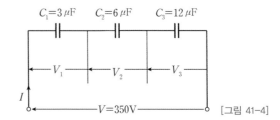

[그림 41-4]

(a) 직렬로 연결된 세 커패시터의 등가 회로 커패시턴스는 다음과 같다.

$$\frac{1}{C} = \frac{1}{C_1} + \frac{1}{C_2} + \frac{1}{C_3}$$

즉, $\quad \dfrac{1}{C} = \dfrac{1}{3} + \dfrac{1}{6} + \dfrac{1}{12} = \dfrac{4+2+1}{12} = \dfrac{7}{12}$

그러므로 등가 회로 커패시턴스는 $C = \dfrac{12}{7} = 1\dfrac{5}{7}\,\mu\text{F}$ 혹은 $1.714\,\mu\text{F}$이다.

(b) 총 전하 $Q_T = CV$, 그러므로

$$Q_T = \frac{12}{7} \times 10^{-6} \times 350 = 600\,\mu\text{C} \ \ \text{혹은} \ \ 0.6\,\text{mC}$$

세 커패시터가 직렬로 연결되어 있으므로, 각각의 전하는 $0.6\,\text{mC}$이다.

(c) $3\,\mu\text{F}$ 커패시터 양단 간 전압은

$$V_1 = \frac{Q}{C_1} = \frac{0.6 \times 10^{-3}}{3 \times 10^{-6}} = 200\,\text{V}$$

$6\,\mu\text{F}$ 커패시터 양단 간 전압은

$$V_2 = \frac{Q}{C_2} = \frac{0.6 \times 10^{-3}}{6 \times 10^{-6}} = 100\,\text{V}$$

$12\,\mu\text{F}$ 커패시터 양단 간 전압은

$$V_3 = \frac{Q}{C_3} = \frac{0.6 \times 10^{-3}}{12 \times 10^{-6}} = 50\,\text{V}$$

Cote 직렬 회로에서 $V = V_1 + V_2 + V_3$.
$V_1 + V_2 + V_3 = 200 + 100 + 50 = 350\,\text{V} = $ 전원 전압

실제로, 커패시터는 같은 커패시턴스들이 아니면 거의 직렬로 연결해서 사용하지 않는다. 그 이유는 위 예제에서 볼 수 있는데, 최솟값 커패시터(즉, $3\,\mu\text{F}$)가 양단 간 최댓값 전위차(즉, $200\,\text{V}$)를 갖는다. 이 사실은 모든 커패시터가 같은 구조를 갖는다면, 그들 모두 최고 높은 전압에서 사용될 수 있음을 의미한다.

◆ **이제 다음 연습문제를 풀어보자.**

[연습문제 193] 병렬 및 직렬연결된 커패시터에 대한 확장 문제

1 $2\,\mu\text{F}$과 $6\,\mu\text{F}$의 커패시터가 (a) 병렬과 (b) 직렬로 연결되어 있다. 각 경우에 등가 커패시턴스를 구하라.

2 등가 커패시턴스가 $6\,\mu\text{F}$이 되도록 $10\,\mu\text{F}$ 커패시터와 직렬로 연결된 커패시턴스를 구하라.

3 $0.15\,\mu\text{F}$과 $0.10\,\mu\text{F}$의 커패시터가 (a) 직렬과 (b) 병렬로 연결되어 있다면, 각 경우에 얻을 수 있는 커패시턴스 값을 구하라.

4 두 개의 $6\,\mu\text{F}$ 커패시터가 직렬로 $12\,\mu\text{F}$의 커패시턴스를 갖는 커패시터와 연결된다. 총 등가 회로 커패시턴스를 구하라. $1.2\,\mu\text{F}$의 커패시턴스를 얻기 위해서는 얼마의 커패시턴스가 직렬로 연결되어야만 하는가?

5 [그림 41-5]의 배열에서 (a) 등가 회로 커패시턴스와 (b) $4.5\,\mu\text{F}$ 커패시터에 걸리는 전압을 구하라.

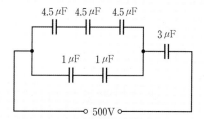

[그림 41-5]

6 [그림 41-6]에서 커패시터 P, Q, R이 동일하고, 회로의 전체 등가 커패시턴스가 $3\,\mu\text{F}$이다. P, Q, R의 값을 구하라.

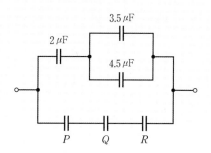

[그림 41-6]

41.4 유전체 강도

유전체가 견딜 수 있는 전기장 강도의 최대량을 재료의 유전체 강도dielectric strength라고 한다.

$$\text{유전체 강도 } E_m = \frac{V_m}{d}$$

[문제 11] 커패시턴스가 $0.2\,\mu\text{F}$이고 단자 간 전위차가 $1.25\,\text{kV}$가 되도록 조립된 커패시터가 있다. 유전체는 $50\,\text{MV/m}$의 유전체 강도를 가진 마이카이다. (a) 필요한 마이카의 두께와, (b) 두 판 구조를 가정했을 때 판의 면적을 구하라(마이카의 ϵ_r은 6이라고 가정함).

(a) 유전체 강도 $E = \dfrac{V}{d}$.

즉, $d = \dfrac{V}{E} = \dfrac{1.25 \times 10^3}{50 \times 10^6}\,\text{m} = 0.025\,\text{mm}$

(b) 커패시턴스 $C = \dfrac{\epsilon_0 \epsilon_r A}{d}$ [H].

그러므로 면적

$A = \dfrac{Cd}{\epsilon_0 \epsilon_r} = \dfrac{0.2 \times 10^{-6} \times 0.025 \times 10^{-3}}{8.85 \times 10^{-12} \times 6}\,\text{m}^2$

$= 0.09416\,\text{m}^2 = 941.6\,\text{cm}^2$

41.5 커패시터에 저장된 에너지

커패시터에 저장된 에너지 W는 다음과 같다.

$$W = \frac{1}{2}CV^2 \text{ [J]}$$

[문제 12] (a) $400\,\text{V}$로 충전되었을 때, $3\,\mu\text{F}$ 커패시터에 저장된 에너지를 구하라. (b) 또한 이 에너지가 $10\,\mu\text{s}$ 시간 동안에 소모된다면 발생된 평균 전력을 구하라.

(a) 저장된 에너지

$W = \dfrac{1}{2}CV^2 \text{[J]} = \dfrac{1}{2} \times 3 \times 10^{-6} \times 400^2$

$= \dfrac{3}{2} \times 16 \times 10^{-2} = 0.24\,\text{J}$

(b) 전력 $= \dfrac{\text{에너지}}{\text{시간}} = \dfrac{0.24}{10 \times 10^{-6}}\,\text{W} = 24\,\text{kW}$

[문제 13] $12\,\mu\text{F}$의 커패시터를 사용하여 $4\,\text{J}$의 에너지를 저장하려고 한다. 커패시터를 어느 정도 충전시켜야 하는지 전위차를 구하라.

저장된 에너지 $W = \dfrac{1}{2}CV^2$, 그러므로 $V^2 = \dfrac{2W}{C}$

전위차 $V = \sqrt{\dfrac{2W}{C}} = \sqrt{\dfrac{2 \times 4}{12 \times 10^{-6}}}$

$= \sqrt{\dfrac{2 \times 10^6}{3}} = 816.5\,\text{V}$

◆ 이제 다음 연습문제를 풀어보자.

[연습문제 194] 커패시터에 저장된 에너지에 대한 확장 문제

※ $\epsilon_0 = 8.85 \times 10^{-12}\,\text{F/m}$를 가정한다.

1 커패시터가 $200\,\text{V}$ 전원 양단에 연결되었을 때 전하가 $4\,\mu\text{C}$이다. 다음을 구하라.
   (a) 커패시턴스   (b) 저장된 에너지

2 $10\,\mu\text{F}$ 커패시터가 $2\,\text{kV}$로 충전될 때 저장된 에너지를 구하라.

3 $3300\,\text{pF}$ 커패시터를 사용하여 $0.5\,\text{mJ}$의 에너지를 저장하려고 한다. 커패시터를 어느 정도 충전시켜야 하는지 전위차를 구하라.

4 베이클라이트Bakelite 커패시터는 $0.04\,\mu\text{F}$의 커패시턴스를 갖도록 조립되었고, 최대 $1\,\text{kV}$의 정상 동작 전위를 갖는다. 안정하게 동작할 수 있는 최대 전기장 응력이 $25\,\text{MV/m}$라고 할 때 다음을 구하라.
   (a) 필요한 베이클라이트의 두께
   (b) 베이클라이트의 비유전율이 5라고 할 때 필요한 판의 면적
   (c) 커패시터에 저장되는 최대 에너지
   (d) 이 에너지가 소모되는 시간이 $20\,\mu\text{s}$라고 할 때 발생된 평균 전력

41.6 실제 커패시터의 종류

실제 커패시터의 종류는 유전체로 사용된 물질의 특성에 따라 나뉘는데, 주요 커패시터에 사용되는 유전체 물질로는 다음과 같은 것들이 있다: 가변 공기, 마이카, 종이, 세라믹, 플라스틱, 산화티타늄, 전해질.

❶ **가변 공기 커패시터**^{variable air capacitor} : 이 커패시터는 보통 두 세트의 금속판(알루미늄 같은)으로 이루어져 있다. 하나는 고정되어 있고 하나는 가변상태이다. 움직이는 판 세트가 [그림 41-7]과 같이 주축을 기준으로 회전한다. 움직이는 판이 반 바퀴를 지나 회전하면서 두 판의 겹침이 변하고, 이에 따라 커패시턴스 값이 최솟값에서 최댓값으로 변한다. 가변 공기 커패시터는 라디오나 손실률이 매우 낮아야 하는 전자회로, 혹은 가변 커패시턴스가 필요한 곳에 사용된다. 이러한 커패시터의 최댓값은 $500\,\mathrm{pF}$에서 $1000\,\mathrm{pF}$ 사이에 존재한다.

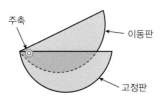

[그림 41-7]

❷ **마이카 커패시터**^{mica capacitor} : 일반적인 구식 구조는 [그림 41-8]과 같다. 보통 커패시터 전체에 왁스가 스며들어 있고 베이클라이트 케이스^{Bakelite case} 내에 놓여 있다. 마이카는 박막 형태로 쉽게 얻을 수 있고, 좋은 절연체이다. 하지만 마이카는 비싸고, 약 $0.2\,\mu\mathrm{F}$을 넘는 커패시터에는 사용되지 않는다. 변형된 마이카 커패시터는 은^{silver} 코팅 마이카 형태이다. 즉 마이카는 양쪽 면이 판을 형성하는 얇은 층의 은으로 코팅되어 있다. 커패시턴스는 안정적이고 시간이 지남에 따라서 변화의 가능성도 낮다. 이러한 커패시터는 온도가 변해도 일정한 커패시턴스를 갖고, 동작 전압 정격이 높으며, 그리고 수명이 길고, 약 $1000\,\mathrm{pF}$까지 고정된 커패시턴스를 가지며 고주파 회로에서 사용된다.

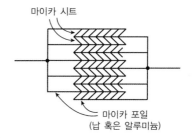

[그림 41-8]

❸ **종이 커패시터**^{paper capacitor} : 일반적인 종이 커패시터는 [그림 41-9]와 같으며, 이때 롤의 길이는 필요한 커패시턴스 값에 의존한다. 커패시터 전체는 통상적으로 수분을 제거하기 위해 기름이나 왁스가 스며들어 있고, 플라스틱이나 알루미늄 용기 내에 위치시켜 보호한다. 종이 커패시터는 약 $150\,\mathrm{kV}$까지 다양한 동작 전압을 갖도록 제작되고, 손실이 크게 중요하지 않는 곳에 사용된다. 이 종류의 커패시터가 갖는 최대 커패시턴스 값은 $500\,\mathrm{pF}$에서 $10\,\mu\mathrm{F}$ 사이에 존재한다. 종이 커패시터의 단점은 온도 변화에 따라 커패시턴스가 변하는 것과 대부분의 다른 커패시터 종류보다 수명이 짧다는 것이다.

[그림 41-9]

❹ **세라믹 커패시터**^{ceramic capacitor} : 세라믹 커패시터는 다양한 형태로 만들어지는데, 각 종류의 구조는 필요한 커패시턴스의 값에 의존한다. 큰 커패시턴스 값을 위해서는 세라믹 물질로 된 튜브가 사용되며, [그림 41-10]과 같은 단면을 보인다. 작은 커패시턴스 값을 위해서는 [그림 41-11]과 같이 컵 형태의 구조가 사용된다. 더 작은 커패시턴스 값을 위해서는 [그림 41-12]와 같이 디스크 형태의 구조가 사용된다. 특정 세라믹 물질은 매우 큰 유전율을 가지고 있어, 높은 정격 동작 전압을 갖고 물리적으로 작은 크기이면서 높은 커패시턴스를 갖는 커패시터를 만들 수 있게 한다. 세라믹 커패시터는 $1\,\mathrm{pF}$

에서 $0.1\,\mu F$까지 사용 가능하고, 넓은 온도 범위를 필요로 하는 고주파 전자회로에 사용할 수 있다.

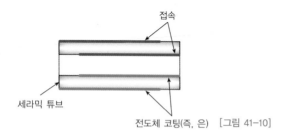

[그림 41-10]

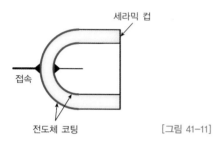

[그림 41-11]

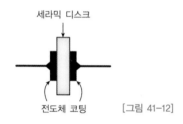

[그림 41-12]

❺ **플라스틱 커패시터**plastic capacitor : 폴리스틸렌polystyrene과 테플론Teflon 같은 일부 플라스틱 물질들은 유전체로 사용될 수 있다. 구조는 종이 커패시터와 유사하지만 종이 대신에 플라스틱 필름이 사용된다. 플라스틱 커패시터는 고온에서 잘 동작하고, 정확한 커패시턴스 값을 제공하며, 수명이 매우 길고 높은 신뢰도를 갖는다.

❻ **산화 티타늄 커패시터**Titanium oxide capacitor : 저온에서 사용할 때 물리적으로 작은 크기이면서 매우 높은 커패시턴스를 갖는다.

❼ **전해질 커패시터**electrolytic capacitor : 구조는 종이 커패시터와 유사한데, 판으로 사용되는 알루미늄 포일과, 판을 분리시켜 주는, 그리고 전해질(암모늄 붕산염)이 주입되어 있는 종이 같은 두꺼운 흡수성 물질을 갖고 있다. 완성된 커패시터는 보통 알루미늄 용기 안에 조립되고 밀폐되어 봉인된다. 전해질 커패시터의 동작은 적절한 직류 전위가 판 사이에 유지되고 있을 때, 전해 작용에 의해 양극positive판에 얇은 산화알루미늄 층이 형성되는 것

에 의존한다. 이 산화물 층은 매우 얇고 유전체를 형성한다(판 사이의 흡수성 종이는 도체이며, 유전체로서 동작하지 않는다). 이러한 커패시터들은 **항상 직류에만 사용되고 올바른 극성에 연결되어야 한다.** 만약 그러지 않는다면 커패시터는 산화물 층이 파괴되기 때문에 망가질 것이다. 전해질 커패시터는 정확도가 일반적으로 매우 높지는 않더라도, $6\,V$에서 $600\,V$의 동작 전압을 갖도록 제조된다. 이 커패시터들은 산화물 필름이 단지 수 마이크론의 두께를 갖기 때문에, **비슷한 부피를 갖는 다른 종류의 커패시터보다 더 높은 커패시턴스를 갖는다.** 직류 전원에서만 사용할 수 있다는 점이 전해질 커패시터의 유용성을 제한한다.

41.7 슈퍼커패시터

전기 이중층 커패시터(EDLC)electrical double-layer capacitor는 의사커패시터pseudo-capacitor와 함께 슈퍼커패시터super-capacitor라고 불리는 새로운 종류의 전기화학 커패시터의 일종이며, 또한 울트라커패시터ultra-capacitor라고도 한다.

슈퍼커패시터는 단위부피당 **가장 높은 커패시턴스**를 가지며, 모든 커패시터 중에 에너지 밀도가 가장 높다. 슈퍼커패시터는 전해질 커패시터 값보다 10,000배 정도의 특정 커패시턴스 값인 $12{,}000\,F/1.2\,V$까지 지원한다. 슈퍼커패시터는 커패시터와 배터리의 중간에 위치하지만, 배터리는 여전히 슈퍼커패시터의 약 10배 되는 용량을 가지고 있다.

슈퍼커패시터는 **분극**polarized이 되며, 극성을 올바르게 해서 사용해야만 한다.

전력과 에너지가 필요한 곳에 사용되는 슈퍼커패시터의 응용으로는 전자 장치에서 정적 메모리(SRAM)에 오랜 시간 동안 작은 전류를 공급하는 것과, 포뮬러 1 자동차Formula 1 car의 KERS 시스템에서 매우 짧고 큰 전류를 필요로 하는 전력전자, 그리고 자동차의 브레이킹 에너지의 회복 등이 있다.

슈퍼커패시터의 장점들은 다음과 같다.

- 수십만 번을 넘는 충전 사이클에도 거의 손상이 일어나지 않는, 긴 수명

- 사이클당 낮은 비용
- 훌륭한 가역성
- 매우 높은 충전 및 방전 속도
- 극도로 작은 내부 저항(ESR), 필연적인 높은 사이클 효율(95% 혹은 그 이상), 극도로 낮은 발열 현상
- 고출력 전력
- 높은 비전력
- 향상된 안정성, 부식성 없는 전해질, 재료의 낮은 독성
- 간단한 충전 방법 : 완전 충전의 감지가 필요 없다; 과도한 충전으로 인한 위험이 없다.
- 재충전 배터리와 함께 사용될 때, 몇몇 용도에서 EDLC는 짧은 시간 동안 에너지를 공급할 수 있어, 배터리 사이클을 줄여주고 수명을 늘여준다.

슈퍼커패시터의 단점들은 다음과 같다.

- 무게당 저장된 에너지양이 일반적으로 전기화학 배터리보다 더 낮다.
- 다른 종류 커패시터보다 유전체 흡수가 가장 크다.
- 높은 자가 방전 : 속도가 전기화학 배터리보다 현저하게 높다.
- 낮은 최대전압 : 더 높은 전압을 얻기 위해서는 직렬로 연결돼야 하고, 전압의 평형이 이뤄져야 한다.
- 실용적 배터리와 다르게, EDLC를 포함해서, 어떤 슈퍼커패시터의 양단 간 전압도 방전될 때에는 눈에 띄게 떨어진다. 효율적으로 에너지를 저장하고 회복하기 위해 복잡한 전자 제어 및 스위칭 장치가 필요하며, 그 결과 에너지 손실이 발생한다.
- 매우 낮은 내부 저항으로 인해 단락이 될 때 극도로 빠르게 방전이 되어, 유사한 전압 및 커패시턴스를 갖는 다른 커패시터와 마찬가지로 스파크 위험이 발생한다(이러한 위험은 일반적으로 전기화학 전지보다 매우 크다).

요약

슈퍼커패시터는 전력을 순식간에 급상승시켜 공급하기에 가장 좋은 장치이다. 울트라커패시터는 화학 작용이 아닌 전기장에 에너지를 저장하기 때문에, 배터리보다 수십만 번 이상의 충·방전 사이클에도 생존할 수 있다.

41.8 커패시터 방전

커패시터가 전원으로부터 연결이 끊겼을 때, 커패시터는 여전히 충전되어 있을 수 있고 이 전하를 상당한 시간 동안 보유할 수 있다. 따라서 전원이 꺼진 후에도 커패시터가 자동적으로 방전되었는지를 확실히 확인해야만 한다. 커패시터의 방전을 확인하기 위해서는 커패시터 양단 간에 큰 값의 저항을 연결하여 실행한다.

41.9 인덕턴스

인덕턴스^{inductance}는 전류 변화에 의해 생성된 쇄교 자속의 변화 때문에 회로에 유도된 기전력(e.m.f.)이 존재하는 회로의 특성이다. 전류가 변화하고 있는 회로와 기전력이 유도된 회로가 동일할 때, 그 특성은 **자기 인덕턴스**$^{self-inductance}$ L이라고 부른다.

인덕턴스의 **단위는 헨리(H)**^{henry1}로서 다음과 같은 의미이다.

$1A/s$의 비율로 변하는 전류에 의해 $1V$의 기전력이 그 안에 유도될 때 회로는 $1H$의 인덕턴스를 갖는다.

N번 감은 코일(N턴 코일)에서 유도 기전력은 다음과 같다.

$$E = -N\frac{d\Phi}{dt} \text{ [V]}$$

여기서 $d\Phi$는 [Wb] 단위인 자속의 변화이고, dt는 [s] 단위인 자속이 변화하는 데 걸린 시간(즉, $\frac{d\Phi}{dt}$는 자속 변화율)이다.

인덕턴스가 L[H]인 코일에 유도된 기전력은 다음과 같다.

$$E = -L\frac{dI}{dt} \text{ [V]}$$

여기서 dI는 [A] 단위인 전류의 변화이고, dt는 [s] 단위인 전류가 변화하는 데 걸린 시간(즉, $\frac{dI}{dt}$는 전류 변화율)이다.

---

1 **헨리는 누구?** 헨리(henry)에 관한 정보는 www.routledge.com/cw/bird에서 찾을 수 있다.

위의 두 방정식에서 각 음의 부호는 (렌츠의 법칙으로 주어지는) 기전력의 방향을 의미한다.

[문제 14] 50 ms 동안 코일과 쇄교하는 자속 변화가 25 mWb일 때 200턴의 코일에 유도된 기전력을 구하라.

유도 기전력 $E = -N\dfrac{d\Phi}{dt} = -(200)\left(\dfrac{25 \times 10^{-3}}{50 \times 10^{-3}}\right)$

$$= -100\,\text{V}$$

[문제 15] 150턴의 코일을 통과하여 자속 $400\,\mu\text{Wb}$가 40 ms 동안 역전된다. 평균 유도 기전력을 구하라.

자속이 역전되기 때문에, 자속은 $+400\,\mu\text{Wb}$에서 $-400\,\mu\text{Wb}$로 변하고, 총 $800\,\mu\text{Wb}$의 자속 변화가 발생한다.

유도 기전력 $E = -N\dfrac{d\Phi}{dt} = -(150)\left(\dfrac{800 \times 10^{-6}}{40 \times 10^{-3}}\right)$

$$= -\dfrac{150 \times 800 \times 10^{3}}{40 \times 10^{6}}$$

따라서 **평균 유도 기전력 $E = -3\,\text{V}$**이다.

[문제 16] $4\,\text{A/s}$의 비율로 변하는 전류에 의해 12 H의 인덕턴스 코일에 유도된 기전력을 계산하라.

유도 기전력 $E = -L\dfrac{dI}{dt} = -(12)(4) = -48\,\text{V}$

[문제 17] 4 A의 전류가 8 ms 동안 0으로 일정하게 줄어들 때 코일에 1.5 kV의 기전력이 유도된다. 코일의 인덕턴스를 구하라.

전류의 변화는 다음과 같다.

$dI = 4 - 0 = 4\,\text{A}, \quad dt = 8\,\text{ms} = 8 \times 10^{-3}\,\text{s},$

$\dfrac{dI}{dt} = \dfrac{4}{8 \times 10^{-3}} = \dfrac{4000}{8} = 500\,\text{A/s},$

$E = 1.5\,\text{kV} = 1500\,\text{V}.$

$|E| = L\dfrac{dI}{dt}$ 이므로 **인덕턴스 $L = \dfrac{|E|}{\dfrac{dI}{dt}} = \dfrac{1500}{500} = 3\,\text{H}$**

Note $|E|$는 음의 부호를 무시한 'E의 크기'를 의미한다.

◆ **이제 다음 연습문제를 풀어보자.**

[연습문제 195] 인덕턴스에 대한 확장 문제

1 40 ms 동안 코일과 쇄교하는 자속 변화가 30 mWb일 때 200턴의 코일에 유도된 기전력을 구하라.

2 코일과 쇄교하는 자속 변화가 12 mWb일 때 300턴의 코일에 25 V의 기전력이 유도된다. 자속이 변화하는 동안의 시간을 [ms] 단위로 구하라.

3 10,000턴을 가진 점화 코일이 8 kV의 유도 기전력을 갖는다. 이 일이 일어나기 위해 필요한 자속의 변화율은?

4 125턴 코일을 통과하는 0.35 mWb의 자속이 25 ms 동안 역전이 되었다. 유도된 평균 기전력의 크기를 구하라.

5 15 A/s의 비율로 변하는 전류에 의해 6 H의 인덕턴스 코일에 유도된 기전력을 계산하라.

41.10 인덕터

인덕터^{inductor}는 회로에 인덕턴스 특성이 필요할 때 사용되는 부품이다. 인덕터의 기본 형태는 단순한 전선의 코일이다.

인덕터의 인덕턴스에 영향을 주는 요인은 다음과 같다.

- **전선의 턴 수** : 턴 수가 많을수록 인덕턴스가 크다.
- **전선 코일의 단면적** : 단면적이 클수록 인덕턴스가 크다.
- **자기 코어의 존재** : 코일이 철 코어에 감길 때 전류가 동일하더라도 더 집중된 자기장을 생성시키고 인덕턴스는 증가한다.
- **감는 배열 방식** : 짧고 굵은 전선 코일이 길고 가는 것보다 큰 인덕턴스를 갖는다.

41.11 실제 인덕터

[그림 41-13]에 실제 인덕터의 두 가지 예를 나타내었다. 공심 및 철심 인덕터에 대한 표준 전기회로 도면 기호는

[그림 41-14]와 같다. 철심 인덕터가 교류 회로에 사용될 때 그것에 흐르는 전류를 제한하는 초킹 효과를 갖기 때문에, 철심 인덕터를 초크choke라고 부르기도 한다. 회로에서 인덕턴스가 달갑지 않은 경우들도 있다. 인덕턴스를 최솟값으로 줄이기 위해 [그림 41-15]와 같이 전선을 그 자체에 되돌려 감는다. 그 결과 한 도체의 자기 효과가 인접한 도체의 자기 효과에 의해 중화된다. 전선은 그림에서 보듯이 절연체 주위에 둘둘 감겨 있고, 인덕턴스가 증가되지 않는다. 표준 저항기는 이런 방식으로 인덕턴스가 없도록 감겨 있다.

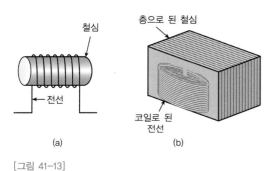

[그림 41-13]

[그림 41-14]

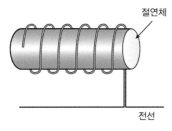

[그림 41-15]

41.12 인덕터에 저장된 에너지

인덕터는 에너지를 저장하는 능력을 가진다. 인덕터의 자기장 내에 저장된 에너지 W는 다음과 같이 주어진다.

$$W = \frac{1}{2}LI^2 \, [\text{J}]$$

[문제 18] 8 H 인덕터를 통과해 흐르는 전류가 3 A이다. 이 인덕터의 자기장에 저장된 에너지는 얼마인가?

저장된 에너지 $W = \frac{1}{2}LI^2 = \frac{1}{2}(8)(3)^2$

$$= 36 \, \text{J}$$

◆ **이제 다음 연습문제를 풀어보자.**

[연습문제 196] 저장된 에너지에 대한 확장 문제

1   20 H 인덕터를 통과해 흐르는 전류가 2.5 A이다. 이 인덕터의 자기장에 저장된 에너지를 구하라.

2   30 mA의 전류가 400 mH의 인덕턴스를 갖는 코일에 흐를 때 저장된 에너지 값을 계산하라.

3   인덕터에 흐르는 전류가 2 A일 때 인덕터의 자기장에 저장된 에너지가 80 J이다. 코일의 인덕턴스를 계산하라.

41.13 코일의 인덕턴스

전류가 0에서 I 암페어로 변하면서 자속이 0에서 Φ 웨버로 변한다면, 이때 $dI = I$이고 $d\Phi = \Phi$이다. 따라서 41.8절로부터,

$$\text{유도 기전력} \quad E = \frac{N\Phi}{t} = \frac{LI}{t}$$

이로부터 **코일의 인덕턴스**는 다음과 같다.

$$L = \frac{N\Phi}{I} \, [\text{H}]$$

[문제 19] 800턴의 코일에 4 A의 전류가 코일과 쇄교된 자속 5 mWb를 생성할 때 코일 인덕턴스를 계산하라.

코일에 대한 인덕턴스는 다음과 같다

$$E = \frac{N\Phi}{t} = \frac{(800)(5 \times 10^{-3})}{4}$$

$$= 1 \, \text{H}$$

[문제 20] 3 A의 전류가 코일을 통해 흐를 때 1500턴의 코일과 쇄교된 자속이 25 mWb이다. 다음을 계산하라.

(a) 코일 인덕턴스

(b) 자기장에 저장된 에너지

(c) 전류가 150 ms 동안 0으로 떨어진다고 할 때 유도되는 평균 기전력

(a) **인덕턴스**는 다음과 같다.

$$L = \frac{N\Phi}{I} = \frac{(1500)(25 \times 10^{-3})}{3} = 12.5\,\text{H}$$

(b) 저장된 에너지는 다음과 같다.

$$W = \frac{1}{2}LI^2 = \frac{1}{2}(12.5)(3)^2 = 56.25\,\text{J}$$

(c) 유도 기전력은 다음과 같다.

$$E = -L\frac{dI}{dt} = -(12.5)\left(\frac{3-0}{150 \times 10^{-3}}\right) = -250\,\text{V}$$

다른 방법으로, 전류가 0으로 떨어지면 자속도 0으로 떨어지기 때문에 다음과 같이 구할 수도 있다.

$$E = -N\frac{d\Phi}{dt} = -(1500)\left(\frac{25 \times 10^{-3}}{150 \times 10^{-3}}\right) = -250\,\text{V}$$

[문제 21] 1.5 A의 전류가 코일에 흐를 때 코일과 쇄교된 자속이 90 μWb이다. 코일 인덕턴스가 0.60 H라면, 코일의 턴 수를 계산하라.

코일에 대하여 $L = \dfrac{N\Phi}{I}$

따라서 $N = \dfrac{LI}{\Phi} = \dfrac{(0.6)(1.5)}{90 \times 10^{-6}} = 10{,}000\,\text{턴}$

◆ **이제 다음 연습문제를 풀어보자.**

[연습문제 197] 코일의 인덕턴스에 대한 확장 문제

1 5 A의 전류가 코일에 흐를 때 30 mWb의 자속이 1200턴인 코일과 쇄교한다. 다음을 계산하라.
   (a) 코일 인덕턴스
   (b) 자기장에 저장된 에너지

(c) 전류가 0.20 s 동안 0으로 떨어진다고 할 때 유도되는 평균 기전력

2 5 A의 전류가 10 ms 동안 0으로 일정하게 줄어들 때 2 kV의 기전력이 코일에 유도된다. 코일 인덕턴스를 구하라.

3 7.5 A의 전류가 역전될 때 인덕턴스가 160 mH인 코일에 평균 60 V의 기전력이 유도된다. 전류 역전이 일어나는 데 소요된 시간을 계산하라.

4 2 A의 전류가 흐를 때 2500턴인 코일이 10 mWb의 자속과 쇄교한다. 코일 인덕턴스와 전류가 20 ms 동안 0으로 줄어들 때 코일에 유도된 기전력을 계산하라.

5 2 A의 전류가 코일에 흐를 때, 코일과 쇄교하는 자속이 80 μWb이다. 코일 인덕턴스가 0.5 H라면, 코일의 턴 수를 계산하라.

[연습문제 198] 커패시터와 인덕터에 대한 단답형 문제

1 두 평행 금속판 사이에 '전기장'이 어떻게 생성될 수 있는가?

2 커패시턴스는 무엇인가?

3 커패시턴스의 단위를 설명하라.

4 다음 식을 완성하라: 커패시턴스 = $\dfrac{(\qquad)}{(\qquad)}$

5 다음을 완성하라:
   (a) 1 μF = ( ) F   (b) 1 pF = ( ) F

6 다음 식을 완성하라: 전기장 강도 $E = \dfrac{(\qquad)}{(\qquad)}$

7 다음 식을 완성하라: 전속밀도 $D = \dfrac{(\qquad)}{(\qquad)}$

8 커패시터에 대한 전기회로 도면 기호를 그려라.

9 원하지 않았음에도 불구하고 커패시턴스가 존재하는 두 가지 실제적 예를 말하라.

10 커패시터의 두 판을 분리시키는 절연 물질을 ( )(이)라고 부른다.

11 커패시터에 10V를 가하면 5C의 전하가 발생한다. 커패시터의 커패시턴스는 얼마인가?

12 세 개의 $3\,\mu\text{F}$ 커패시터가 병렬로 연결되어 있다. 등가 커패시턴스는 (　　　)이다.

13 세 개의 $3\,\mu\text{F}$ 커패시터가 직렬로 연결되어 있다. 등가 커패시턴스는 (　　　)이다.

14 직렬연결된 커패시터의 장점을 설명하라.

15 커패시턴스가 무엇에 의존하는지 세 가지 요인을 말하라.

16 '비유전율'은 무엇을 의미하는가?

17 '자유 공간의 유전율'을 정의하라.

18 물질의 '유전체 강도'가 의미하는 것은 무엇인가?

19 커패시터에 저장된 에너지를 구하기 위해 사용하는 식을 설명하라.

20 일반적으로 사용되는 커패시터의 다섯 가지 종류를 말하라.

21 일반적인 둘둘 말린 종이 커패시터를 그려보라.

22 가변 공기 커패시터의 구조를 간단히 설명하라.

23 마이카 커패시터의 세 가지 장점과 한 가지 단점을 설명하라.

24 종이 커패시터의 두 가지 단점을 말하라.

25 보통 세라믹 커패시터는 얼마의 커패시턴스 값 범위에서 제공되는가?

26 플라스틱 커패시터의 주요 장점들을 설명하라.

27 전해질 커패시터의 구조를 간단히 설명하라.

28 전해질 커패시터의 주요 단점은 무엇인가?

29 전해질 커패시터의 중요한 장점을 설명하라.

30 슈퍼커패시터의 세 가지 응용을 설명하라.

31 슈퍼커패시터의 다섯 가지 장점과 다섯 가지 단점을 설명하라.

32 커패시터와 전원과의 연결을 끊을 때 어떤 안전 예방책들이 취해져야 하는가?

33 인덕턴스를 정의하고, 그 단위를 말하라.

34 어떤 요인들이 인덕터의 인덕턴스에 영향을 주는가?

35 인덕터란 무엇인가? 일반적인 실제 인덕터의 모습을 스케치하라.

36 표준 저항기는 어떻게 인덕턴스가 없도록 선을 감는지 설명하라.

37 인덕터의 자기장에 저장된 에너지 W는 다음과 같이 주어진다: $W = ($　　$)\,\text{J}$

[연습문제 199] 커패시터와 인덕터에 대한 사지선다형 문제

1 커패시터의 커패시턴스는 어떤 비율인가?
 (a) 판 사이 전위차에 대한 전하 비율
 (b) 판 간격에 대한 판 사이 전위차 비율
 (c) 유전체의 두께에 대한 판 사이 전위차의 비율
 (d) 전하에 대한 판 사이 전위차의 비율

2 $10\,\mu\text{F}$ 커패시터를 $10\,\text{mC}$으로 충전하기 위한 양단 간 전위차는 얼마인가?
 (a) $10\,\text{V}$　(b) $1\,\text{kV}$　(c) $1\,\text{V}$　(d) $100\,\text{V}$

3 $10\,\text{pF}$ 커패시터에 가한 전압이 $10\,\text{kV}$일 때 전하는 얼마인가?
 (a) $100\,\mu\text{C}$ (b) $0.1\,\text{C}$　(c) $0.1\,\mu\text{C}$ (d) $0.01\,\mu\text{C}$

4 네 개의 $2\,\mu\text{F}$ 커패시터가 병렬로 연결되어 있다. 등가 커패시턴스는 얼마인가?
 (a) $8\,\mu\text{F}$　(b) $0.5\,\mu\text{F}$ (c) $2\,\mu\text{F}$　(d) $6\,\mu\text{F}$

5. 네 개의 $2\,\mu\text{F}$ 커패시터가 직렬로 연결되어 있다. 등가 커패시턴스는 얼마인가?
 (a) $8\,\mu\text{F}$　(b) $0.5\,\mu\text{F}$ (c) $2\,\mu\text{F}$　(d) $6\,\mu\text{F}$

6 다음 설명 중 틀린 것을 말하라. 커패시터의 커패시턴스는?
 (a) 판의 단면적에 비례한다.
 (b) 판 사이의 거리에 비례한다.
 (c) 판의 수에 의존한다.
 (d) 유전체의 비유전율에 비례한다.

7 다음 설명 중 틀린 것은?

(a) 공기 커패시터는 보통 가변 형태이다.

(b) 종이 커패시터는 일반적으로 대부분의 다른 종류 커패시터보다 수명이 짧다.

(c) 전해질 커패시터는 오직 교류 전원으로만 사용되어야 한다.

(d) 플라스틱 커패시터는 일반적으로 고온의 조건에서 만족하게 동작한다.

8 $10\,\mu\mathrm{F}$ 커패시터가 $500\,\mathrm{V}$로 충전될 때 저장된 에너지는 얼마인가?

(a) $1.25\,\mathrm{mJ}$　　　(b) $0.025\,\mu\mathrm{J}$

(c) $1.25\,\mathrm{J}$　　　(d) $1.25\,\mathrm{C}$

9 가변 공기 커패시터의 커패시턴스는 언제 최대인가?

(a) 이동판이 고정판을 절반 겹쳤을 때

(b) 이동판이 고정판으로부터 가장 넓게 분리되었을 때

(c) 두 판이 정확히 겹쳤을 때

(d) 이동판이 고정판의 다른 쪽 면보다 한쪽 면에 가깝게 있을 때

10 $1\,\mathrm{kV}$ 전압이 커패시터에 가해질 때, 커패시터에 존재하는 전하가 $500\,\mathrm{nC}$이다. 커패시터의 커패시턴스는 얼마인가?

(a) $2 \times 10^9\,\mathrm{F}$　　　(b) $0.5\,\mathrm{pF}$

(c) $0.5\,\mathrm{mF}$　　　(d) $0.5\,\mathrm{nF}$

11 $10\,\mathrm{Wb}$의 자속이 20턴인 회로와 $2\,\mathrm{s}$ 동안 쇄교할 때, 유도 기전력은 얼마인가?

(a) $1\,\mathrm{V}$　(b) $4\,\mathrm{V}$　(c) $100\,\mathrm{V}$　(d) $400\,\mathrm{V}$

12 1000턴의 코일에 $10\,\mathrm{A}$ 전류가 흐를 때 $10\,\mathrm{mWb}$의 자속이 코일과 쇄교한다. 코일의 인덕턴스는 얼마인가?

(a) $10^6\,\mathrm{H}$　(b) $1\,\mathrm{H}$　　(c) $1\,\mu\mathrm{H}$　(d) $1\,\mathrm{mH}$

13 다음 설명 중 틀린 것은? 인덕터의 인덕턴스는 다음 상황에서 증가한다:

(a) 짧고, 굵은 코일일수록

(b) 철심에 감길 때

(c) 턴 수가 증가할 때

(d) 코일의 단면적이 감소할 때

14 자기 인덕턴스는 언제 발생하는가?

(a) 전류가 변화할 때

(b) 회로가 변화할 때

(c) 자속이 변화할 때

(d) 저항이 변화할 때

42

전기 계측기와 측정
Electrical measuring instruments and measurements

전기 계측기와 측정을 이해하는 것이 왜 중요할까?

미래 전기 엔지니어는 모든 실제 현장에서 사용되는 기본적인 측정 기술, 계측기, 방법들을 평가해볼 필요가 있다. 이 장은 아날로그 및 디지털 계측기, 측정 오차, 브리지, 오실로스코프, 데이터 획득, 계측기 조정 및 측정 시스템을 다룬다. 정확한 측정은 실질적으로 모든 과학과 공학 분야에서 핵심이 된다. 전기적 측정은 흔히 전류를 측정하거나 전압을 측정하는 것으로 귀결된다. 주파수를 측정할지라도 전류 신호 혹은 전압 신호의 주파수를 측정하게 될 것이고, 전압이나 전류를 어떻게 측정하는지 알아야 할 필요가 있다. 많은 경우 전압이나 전류를 측정하기 위해 디지털 멀티미터(DMM)를 사용할 것이다. 사실상, 보통 DMM은 또한 (전압 신호의) 주파수와 저항을 측정할 것이다. 측정 계측기의 질은 확도. 정도, 신뢰성, 내구성 등에 의해 평가되고, 이 모든 것은 가격과 연관이 되어 있다.

학습포인트

- 전기 회로에서 테스트와 측정의 중요성을 인식할 수 있다.
- 전자 계측기의 장점을 이해할 수 있다.
- 전력계의 동작을 이해할 수 있다.
- 직류 및 교류 측정을 하는 오실로스코프의 동작을 이해할 수 있다.
- 오실로스코프상의 파형으로부터 주기, 주파수, 피크−피크 값을 계산할 수 있다.
- 휘트스톤 브리지 및 직류 전위차계를 위한 영 눈금 측정 방법을 이해할 수 있다.

42.1 서론

테스트 및 측정은 전기 회로 및 장치를 설계하고, 평가하고, 유지하고 사용하는 데 있어서 중요하다. 전류, 전압, 저항 혹은 전력 같은 전기량을 측정하기 위해, 전기량 혹은 상태를 눈에 보이는 표시로 변환시키는 것이 필요하다. 이것은 매겨진 눈금 위로 움직이는 포인터의 위치에 따라(아날로그 계기라 불림), 혹은 십진수의 형태로(디지털 계기라 불림) 양의 크기를 표시하는 계기(혹은 미터)를 활용하면 수행 가능하다.

디지털 계측기는 주로 최근에 선택하는 계측기가 되었다. 특히 컴퓨터 기반의 계측기들이 급속하게 기존의 테스트 장치 품목들을 대체하고 있는데, 가상의 저장 테스트 계측기인, **디지털 저장 오실로스코프**가 가장 일반적이다.

42.2 전자 계측기들

전자 계측기는 움직이는 철이나 움직이는 코일 미터와 같은 계측기들에 비해 큰 장점을 갖는다. 전자 계측기는 매우 큰 입력 저항($1000\,\text{M}\Omega$과 같이 큰 값)을 갖고, 매우 넓은 주파수 범위(직류에서 MHz까지)를 다룰 수 있다.

디지털 볼트미터(DVM)는 측정되는 전압을 디지털 디스플레이로 제공하는 미터이다. 아날로그 계기에 비해 DVM이 갖는 장점은, 높은 정확도와 분해능을 갖고, 관측 혹은 판독 오차가 없으며, 입력 저항이 매우 높고, 모든 범위에서 일정하다는 것이다.

디지털 멀티미터는 DVM에 회로를 추가하여, 교류 전압, 직류 및 교류 전류와 저항을 측정할 수 있다.

일반적으로 교류 측정을 하는 계측기는 사인파 신호가 계측기에 인가될 때 실횻값(rms)을 나타내기 위해 교류 사인파형으로 보정된다.

측정될 양은 간혹 복잡한 파형을 가지며, 계측기가 사인파에 대해서만 보정이 되었다면 그 양이 사인파가 아닐 경우는 언제나 계측기 판독에 오차가 일어날 수 있다. 그러한 파형 오차는 전자 계측기를 사용하여 대부분 제거할 수 있다.

42.3 멀티미터

디지털 멀티미터(DMM)^{digital multimeter}는 현재 가장 보편적으로 사용되고 있고, 플루크 디지털 멀티미터^{Fluke digital multimeter}는 성능, 정확도, 분해능, 단단함, 신뢰성, 안정성에서 산업계 선두가 되고 있다. 이러한 계측기는 직류 전류와 전압, 저항과 연속상태, 교류 실횻값 전류 및 전압, 온도, 그리고 그 이상을 측정한다.

42.4 전력계

전력계^{wattmeter}는 회로에서 전력을 측정하는 계기이다. [그림 42-1]은 부하에 공급되는 전력을 측정하는 데 사용되는 전력계의 전형적인 연결을 보여준다. 계기는 다음 두 개의 코일을 갖는다.

- 암미터^{ammeter}처럼 부하와 직렬로 연결되는 전류 코일
- 볼트미터^{voltmeter}처럼 부하와 병렬로 연결되는 전압 코일

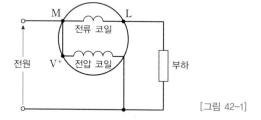

[그림 42-1]

42.5 계측기 '부하' 효과

어떤 계측기는 그 동작이 측정하고 있는 회로로부터 취한 전력에 의존한다. 계측기의 '부하' 효과(즉, 동작시키기 위해 취한 전류)에 의존하여 보통의 회로 상태가 변화될 수 있다.

각각의 볼트미터는 규정 감도(혹은 '장점 척도')를 가지고 있어서 볼트미터의 저항을 계산할 수 있는데, 이 감도는 흔히 전체 눈금 편향(f.s.d.)^{full scale deflection}의 'kΩ/V'로 기술된다. 볼트미터는 가능한 한 큰(이상적으로 무한대) 저항을 가져야만 한다. 교류 회로에서 계측기의 임피던스는 주파수에 따라 변화하고, 따라서 계측기의 부하 효과는 변할 수 있다.

[문제 1] (a) $R = 250\,\Omega$, (b) $R = 2\,\text{M}\Omega$일 때 [그림 42-2]에서 볼트미터와 저항 R에 의해 소모되는 전력을 계산하라. 볼트미터의 감도(혹은 '장점 척도')는 $10\,\text{k}\Omega/\text{V}$로 가정한다.

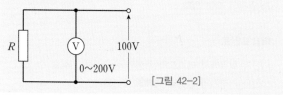

[그림 42-2]

(a) 볼트미터의 저항 R_v = 감도 × f.s.d.

따라서 $R_v = (10\,\text{k}\Omega/\text{V}) \times (200\,\text{V}) = 2000\,\text{k}\Omega = 2\,\text{M}\Omega$

볼트미터에 흐르는 전류는 다음과 같다.

$$I_v = \frac{V}{R_v} = \frac{100}{2 \times 10^6} = 5 \times 10^{-6}\,\text{A}$$

볼트미터에 의해 소모되는 전력

$$= VI_v = (100)(50 \times 10^{-6}) = 5\,\text{mW}$$

$R = 250\,\Omega$일 때, 저항에 흐르는 전류는 다음과 같다.

$$I_R = \frac{V}{R} = \frac{100}{250} = 0.4\,\text{A}$$

부하 저항 R에서 소모되는 전력 $= VI_R$

$$= (100)(0.4) = 40\,\text{W}$$

따라서 볼트미터에서 소모되는 전력은 부하에서 소모되는 전력과 비교했을 때 미미하다.

(b) $R = 2\,\text{M}\Omega$일 때, 저항에 흐르는 전류는 다음과 같다.

$$I_R = \frac{V}{R} = \frac{100}{2 \times 10^6} = 50 \times 10^{-6}\,\text{A}$$

부하 저항 R에서 소모되는 전력

$$= VI_R = 100 \times 50 \times 10^{-6} = 5\,\text{mW}$$

이 경우에 부하저항이 클수록 소모되는 전력은 줄어들어 볼트미터가 부하만큼 큰 전력을 사용하게 된다.

[문제 2] 암미터가 100mA의 f.s.d.와 50Ω 저항을 갖고 있다. 전원 전압이 10V일 때, 500Ω 부하 저항에 흐르는 전류를 측정하기 위해 이 암미터가 사용된다. 다음을 계산하라.

(a) (암미터의 저항을 무시하고) 예상되는 암미터의 측정값

(b) 회로 내 실제 전류

(c) 암미터에서 소모되는 전력

(d) 부하에서 소모되는 전력

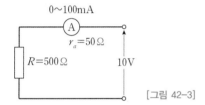

[그림 42-3]

[그림 42-3]에서,

(a) 예상되는 암미터의 측정값 $= \dfrac{V}{R}$

$$= \frac{10}{500} = 20\,\text{mA}$$

(b) 실제 암미터의 측정값 $= \dfrac{V}{R+r_a}$

$$= \frac{10}{500+50} = 18.18\,\text{mA}$$

따라서 암미터 자신이 회로 상황을 20 mA에서 18.18 mA로 변화되도록 만들었다.

(c) 암미터에서 소모되는 전력

$$= I^2 r_a = (18.18 \times 10^{-3})^2 (50) = 16.53\,\text{mW}$$

(d) 부하 저항에서 소모되는 전력

$$= I^2 R = (18.18 \times 10^{-3})^2 (500) = 165.3\,\text{mW}$$

[문제 3] 다음 물음에 답하라.

(a) 2Ω의 저항을 가진 부하를 통해 20A의 전류가 흐르고 있다. 부하에서 소모된 전력을 구하라.

(b) 전류코일의 저항이 0.01Ω인 전력계가 [그림 42-4]와 같이 연결되었다. 전력계 측정값을 구하라.

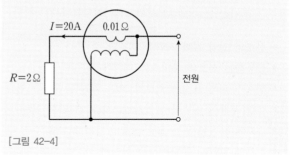

[그림 42-4]

(a) 부하에서 소모되는 전력은 다음과 같다.

$$P = I^2 R = (20)^2 (2) = 800\,\text{W}$$

(b) 회로에 연결된 전력계와 함께 총 저항 R_T는 $2+0.01 = 2.01\,\Omega$이다.

따라서 전력계 측정값은 다음과 같이 된다.

$$I^2 R_T = (20)^2 (2.01) = 804\,\text{W}$$

◆ 이제 다음 연습문제를 풀어보자.

[연습문제 200] 계기 '부하' 효과에 대한 확장 문제

1 50Ω의 저항을 가지고 있는 0~1A 암미터를 전원 전압이 250V일 때 1kΩ 저항에 흐르는 전류를 측정하는 데 사용한다. 다음을 계산하라.

(a) (암미터 저항을 무시하고) 전류의 근삿값

(b) 회로에 흐르는 실제 전류

(c) 암미터에서 소모되는 전력

(d) 1 kΩ 저항에서 소모되는 전력

2 다음 물음에 답하라.

(a) 4Ω의 저항을 가지는 부하를 통해 15A의 전류가 흐른다. 부하에서 소모되는 전력을 구하라.

(b) ([그림 42-4]와 같이) 전류코일의 저항이 0.02Ω인 전력계가 부하 내 전력을 측정하기 위해 연결되었다. 부하 내 전류를 여전히 15A라 가정하고 전력계 측정값을 구하라.

42.6 오실로스코프

오실로스코프는 기본적으로 그래프를 디스플레이해주는 장치이다. 오실로스코프는 전기 신호의 그래프를 그려주는데, 대부분의 용도에서 그래프는 시간에 따라 어떻게 신호가 변하는지 보여준다. 그래프로부터 다음 사항들이 가능하다.

- 신호의 전압 값과 시간을 결정할 수 있다.
- 진동하는 신호의 주파수를 계산할 수 있다.
- 신호에 의해 표시된 회로의 '이동 부분'을 볼 수 있다.
- 불량 부품이 신호를 왜곡시키는지를 말할 수 있다.
- 신호에서 직류 또는 교류 신호의 양을 찾아낼 수 있다.
- 신호에 얼마나 잡음이 있고 잡음이 시간에 따라 변하고 있는지를 말할 수 있다.

오실로스코프는 텔레비전 수리 기술자에서부터 물리학자까지 모든 사람들이 사용한다. 오실로스코프는 전자 장치를 설계하거나 혹은 수리하는 모든 사람들에게 필수적이다. 오실로스코프의 유용성은 전자 세상에 국한되지 않는다. 적절한 변환기(즉, 음향, 기계적 응력, 압력, 빛 또는 열과 같은 물리적 자극에 반응하여 전기 신호를 생성하는 장치)를 함께 사용하면, 오실로스코프는 어떤 종류의 현상이라도 측정할 수 있다. 자동차 엔지니어는 엔진 진동을 측정하기 위해 오실로스코프를 사용하고, 의학 연구자는 뇌파 측정을 위해 오실로스코프를 사용하는 등 다방면으로 사용된다.

오실로스코프는 아날로그와 디지털 타입 양쪽 모두 가능하다, 아날로그 오실로스코프analog oscilloscope는 측정되는 전압을 오실로스코프 화면을 가로질러 움직이는 전자 빔에 직접적으로 적용하여 작동한다. 전압은 화면의 파형을 추적하면서, 빔을 위 또는 아래 방향으로 전압에 비례하여 편향시킨다. 이것은 파형의 즉각적인 사진을 제공한다.

대조적으로, 디지털 오실로스코프digital oscilloscope는 파형을 샘플링하고 아날로그-디지털 컨버터를 사용하여 측정된 전압을 디지털 정보로 변환한다. 그런 다음 이 디지털 정보를 사용하여 화면상에 파형을 재구성한다.

많은 응용 분야에서 아날로그 오실로스코프 또는 디지털 오실로스코프가 적합하다. 하지만 각각의 타입은 어떤 특정한 일의 경우에는 어느 한 쪽을 더 혹은 덜 적합하게 만드는 몇몇 독특한 특성들을 가지고 있다.

아날로그 오실로스코프를 흔히 선호하는 경우는 '실시간'으로(즉, 신호가 발생할 때) 변화하는 신호를 빠르게 디스플레이하는 것이 중요할 때이다.

디지털 오실로스코프로는 단 한 번만 발생하는 사건을 붙잡아 볼 수 있다. 디지털 오실로스코프는 디지털 파형 데이터를 처리할 수 있고, 혹은 데이터를 처리하기 위해 컴퓨터에 데이터를 보내줄 수 있다. 또한, 디지털 오실로스코프는 나중에 보거나 출력할 목적으로 디지털 파형 데이터를 저장할 수 있다. 디지털 저장 오실로스코프는 42.8절에 설명된다.

42.6.1 아날로그 오실로스코프

오실로스코프 프로브가 회로에 연결되었을 때, 전압 신호는 프로브를 통해 오실로스코프의 수직 시스템으로 이동한다. [그림 42-5]는 아날로그 오실로스코프가 측정된 신호를 어떻게 디스플레이하는지를 보여주는 간단한 블록 다이어그램이다.

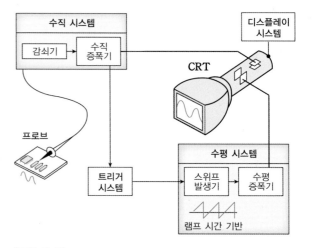

[그림 42-5]

수직 눈금(volts/division 조절)의 설정에 따라, 감쇠기가 신호 전압을 낮추거나 증폭기가 신호 전압을 높인다. 그 다음, 신호는 음극선관(CRT)Cathode Ray Tube의 수직 편향판으로 직접 이동한다. 이 편향판에 가해진 전압은 반짝이는 점을 움직이게 한다(CRT 내부의 형광체를 때리는 전자 빔은 반짝이는 점을 만든다). 양의 전압은 점을 위로 움직이게 하는 반면에, 음의 전압은 점을 아래로 움직이게 한다.

또한 신호는 트리거 시스템으로 이동해서 '수평 스위프horizontal sweep'를 시작하거나 트리거trigger한다. 수평 스위프란 반짝이는 점을 화면을 가로질러 움직이도록 하는 수평 시스템의 동작을 지칭하는 용어이다. 수평 시스템의 트리거는 특정한 시간 간격 동안 왼쪽에서 오른쪽으로 화면을 가로질러 반짝이는 점을 움직여서 수평시간 축을 형성한다. 연속으로 빠르게 많은 스위프를 하면 반짝이는 점의 움직임이 실선이 된다. 더 높은 속도에서, 그 점은 매초마다 오십만 번까지 화면을 쓸고 지나갈 수 있다.

수평 스위프 동작(즉, X 방향)과 수직 편향 동작(즉, Y 방향)이 동시에 진행되면서 화면상에 신호 그래프가 그려진다. 반복되는 신호를 안정화시키려면 트리거가 필요하다. 트리거를 하면 반복되는 신호의 동일한 지점에서 스위프가 시작되도록 하여 깨끗한 그래프를 얻을 수 있다.

결론적으로, 아날로그 오실로스코프를 사용하려면 들어오는 신호를 수용하기 위한 다음과 같은 세 가지 기본 설정을 조정할 필요가 있다:

- **신호의 감쇄 또는 증폭** : volts/division 조절을 사용해서 신호를 수직 편향판에 인가하기 전에 신호의 진폭 범위를 맞춤
- **시간 축** : time/division 조절을 사용해서 화면을 가로질러 수평으로 나타나는 분할당 시간의 양을 설정
- **오실로스코프의 트리거링** : 트리거 레벨을 사용해서 단일 사건에 대한 트리거링뿐만 아니라, 반복되는 신호를 안정화시킴

또한 디스플레이의 초점과 밝기를 조정하여 보다 선명하게 볼 수 있다.

❶ **직류 전압 측정**direct voltage measurement에서는 음극선 오실로스코프(c.r.o.)cathode ray oscilloscope상의 Y 증폭기 'V/cm' 스위치만 사용된다. 전압을 Y 판에 가하지 않았을 때 화면상에 점 트레이스의 위치가 표시되고, 직류 전압을 Y 판에 인가하면 점 트레이스의 새로운 위치가 표시되면서 전압의 크기를 나타낸다. 예를 들어 [그림 42-6(a)]에서 Y 판에 전압을 가하지 않았을 때, 점 트레이스는 화면의 가운데(초기 위치)에 위치해 있고 그 다음 직류 전압을 적용하면 점 트레이스는 보는 바와 같이 최종 위치로 2.5 cm 이동한다. 'V/cm' 스위치를 10 V/cm로 설정하면 직류 전압의 크기는 2.5 cm × 10 V/cm , 즉 25 V이다.

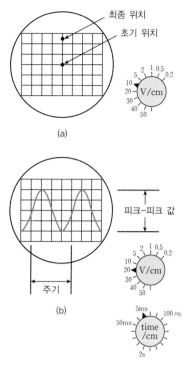

[그림 42-6]

❷ **교류 전압 측정**alternating voltage measurement으로 [그림 42-6(b)]와 같이 음극선 오실로스코프(c.r.o.) 화면상에 사인파형을 디스플레이해보자.

'time/cm' 스위치가 가령 5 ms/cm에 있으면, 그때 사인파의 **주기**periodic time T는 5 ms/cm × 4 cm , 즉 **20 ms** 혹은 0.02 s이다. 주파수 $f = \dfrac{1}{T}$ 이기 때문에, **주파수** $= \dfrac{1}{0.02} = \mathbf{50\,Hz}$ 이다.

만약 'V/cm' 스위치가 20 V/cm라면 사인파의 **진폭**amplitude 혹은 **피크 값**peak value은 20 V/cm × 2 cm , 즉 40 V이다.

rms 전압 $= \dfrac{\text{피크 전압}}{\sqrt{2}}$ (40장 참조)이므로,

$$\text{rms 전압} = \frac{40}{\sqrt{2}} = 28.28\,V$$

더블 빔 오실로스코프double beam oscilloscope는 동시에 두 신호를 비교할 때 유용하다. 이 음극선 오실로스코프를 조절하는 데는 적당한 기술이 필요하다. 그러나 더블 빔 오실로스코프의 가장 큰 이점은 파형의 모양을 관측하는 데 있다.

이는 다른 계측기들은 가지고 있지 않은 특징이다.

42.6.2 디지털 오실로스코프

디지털 오실로스코프를 구성하고 있는 몇몇 시스템은 아날로그 오실로스코프 경우와 똑같다. 하지만 디지털 오실로스코프는 추가적인 데이터 처리 시스템을 가지고 있는데, [그림 42-7]의 블록 다이어그램이 이를 보여준다. 이 추가적인 시스템을 가지고, 디지털 오실로스코프는 전체 파형을 위해 데이터를 모은 후 그것을 디스플레이해서 보여준다.

디지털 오실로스코프의 프로브probe를 회로에 가져다 대면, 아날로그 오실로스코프처럼 수직 시스템은 신호의 진폭을 조절한다. 그다음, 획득 시스템에서 아날로그-디지털 변환기(ADC)는 시간의 불연속 지점들에서 신호를 샘플링해서 이 점들에서의 신호 전압을 '샘플 포인트sample point'라 하는 디지털 값으로 변환시킨다. 수평 시스템의 샘플 클록은 ADC가 샘플을 취하는 빈도를 결정한다. 시계가 '똑딱거리는' 속도를 샘플 속도라 하고, 초당 샘플수로 측정된다.

ADC로부터의 샘플 포인트들은 메모리에 파형 포인트 waveform point들로 저장된다. 하나 이상의 샘플 포인트가 하나의 파형 포인트를 만들 수 있다.

파형 포인트들은 모여서 하나의 파형 레코드record를 만든다. 파형 레코드를 만드는 데 사용된 파형 포인트 수를 레코드 길이record length라고 한다. 트리거 시스템은 레코드의 시작과 끝 포인트를 결정한다. 디스플레이는 이런 레코드 포인트들을 메모리에 저장한 다음 받아들인다.

오실로스코프의 성능에 따라 샘플 포인트들을 추가적으로 처리할 수 있고, 이는 디스플레이의 성능을 향상시킨다. 사전-트리거를 이용하면 트리거 포인트가 보이기 이전에도 사건, 즉 파형을 관측하는 것이 가능하다.

본질적으로, 아날로그 오실로스코프와 마찬가지로 디지털 오실로스코프를 사용할 때도 측정을 하기 위해서는 수직, 수평, 트리거 설정을 조정할 필요가 있다.

[문제 4] [그림 42-8]의 오실로스코프의 사각 전압 파형에 대해, (a) 주기, (b) 주파수, (c) 피크-피크 전압을 구하라. 'time/cm'(혹은 시간 기반 조절) 스위치가 $100 \mu s/cm$ 이고, 'V/cm'(혹은 신호 진폭 조절) 스위치는 $20 V/cm$ 이다.

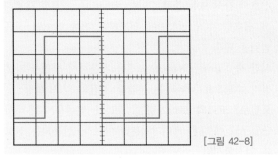

[그림 42-8]

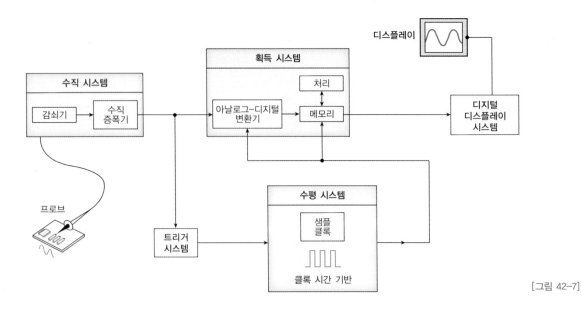

[그림 42-7]

※ ([그림 42-8] ~ [그림 42-14]) 사각형은 $1\,\mathrm{cm} \times 1\,\mathrm{cm}$라고 가정한다.

(a) 완전한 한 사이클의 폭은 $5.2\,\mathrm{cm}$이다. 따라서

$$\text{주기 } T = 5.2\,\mathrm{cm} \times 100 \times 10^{-6}\,\mathrm{s/cm} = 0.52\,\mathrm{ms}$$

(b) 주파수 $f = \dfrac{1}{T} = \dfrac{1}{0.52 \times 10^{-3}} = 1.92\,\mathrm{kHz}$

(c) 디스플레이의 피크-피크 높이는 $3.6\,\mathrm{cm}$이다. 따라서,

$$\text{피크-피크 전압} = 3.6\,\mathrm{cm} \times 20\,\mathrm{V/cm} = 72\,\mathrm{V}$$

[문제 5] [그림 42-9]의 오실로스코프의 펄스 파형에 대해, 'time/cm' 스위치가 $50\,\mathrm{ms/cm}$이고, 'V/cm' 스위치는 $0.2\,\mathrm{V/cm}$이다. (a) 주기, (b) 주파수, (c) 펄스 전압의 크기를 구하라.

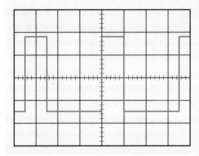

[그림 42-9]

(a) 완전한 한 사이클의 폭은 $3.5\,\mathrm{cm}$이다. 따라서

$$\text{주기 } T = 3.5\,\mathrm{cm} \times 50\,\mathrm{ms/cm} = 175\,\mathrm{ms}$$

(b) 주파수 $f = \dfrac{1}{T} = \dfrac{1}{0.175} = 5.71\,\mathrm{Hz}$

(c) 펄스의 높이는 $3.4\,\mathrm{cm}$이다. 따라서

$$\text{펄스 전압의 크기} = 3.4\,\mathrm{cm} \times 0.2\,\mathrm{V/cm} = 0.68\,\mathrm{V}$$

[문제 6] 오실로스코프에 디스플레이된 사인파 전압 트레이스는 [그림 42-10]과 같다. 'time/cm' 스위치는 $500\,\mu\mathrm{s/cm}$이고 'V/cm' 스위치는 $5\,\mathrm{V/cm}$라면, 파형에 대해 (a) 주파수, (b) 피크-피크 전압, (c) 진폭, (d) rms 값을 구하라.

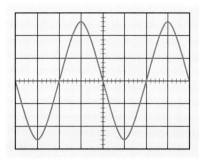

[그림 42-10]

(a) 완전한 한 사이클의 폭은 $4\,\mathrm{cm}$이다. 따라서 주기 T는 $4\,\mathrm{cm} \times 500\,\mu\mathrm{s/cm}$, 즉 $2\,\mathrm{ms}$이다.

$$\text{주파수 } f = \dfrac{1}{T} = \dfrac{1}{2 \times 10^{-3}} = 500\,\mathrm{Hz}$$

(b) 파형의 피크-피크 높이는 $5\,\mathrm{cm}$이다. 따라서

$$\text{피크-피크 전압} = 5\,\mathrm{cm} \times 5\,\mathrm{V/cm} = 25\,\mathrm{V}$$

(c) 진폭 $= \dfrac{1}{2} \times 25\,\mathrm{V} = 12.5\,\mathrm{V}$

(d) 전압의 피크 값은 진폭, 즉 $12.5\,\mathrm{V}$이고,

$$\text{rms 전압} = \dfrac{\text{피크 값}}{\sqrt{2}} = \dfrac{12.5}{\sqrt{2}} = 8.84\,\mathrm{V}$$

[문제 7] [그림 42-11]의 더블-빔 오실로스코프 디스플레이에 대해, (a) 각 파형 A, B의 주파수, (b) 각 파형의 rms 값, (c) 두 파형 간의 위상차를 구하라. 'time/cm' 스위치는 $100\,\mu\mathrm{s/cm}$이고, 'V/cm' 스위치는 $2\,\mathrm{V/cm}$이다.

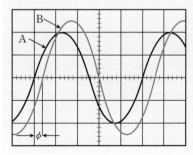

[그림 42-11]

(a) 두 개의 파형에서 각각의 완전한 사이클 폭은 $5\,\mathrm{cm}$이다. 따라서 각 파형의 주기 T는 $5\,\mathrm{cm} \times 100\,\mu\mathrm{s/cm}$, 즉 $0.5\,\mathrm{ms}$이다.

각 파형의 주파수 $f = \dfrac{1}{T} = \dfrac{1}{0.5 \times 10^{-3}} = 2\,\text{kHz}$

(b) A 파형의 피크 전압은 $2\,\text{cm} \times 2\,\text{V/cm} = 4\,\text{V}$, 따라서

$$\text{A 파형의 rms 값} = \frac{4}{\sqrt{2}} = 2.83\,\text{V}$$

B 파형의 피크 전압은 $2.5\,\text{cm} \times 2\,\text{V/cm} = 5\,\text{V}$, 따라서

$$\text{B 파형의 rms 값} = \frac{5}{\sqrt{2}} = 3.54\,\text{V}$$

(c) 5 cm가 한 사이클을 나타내기 때문에, 5 cm는 360°를 나타낸다. 즉 1 cm는 $\dfrac{360}{5} = 72°$이다.

$$\text{위상각} \quad \phi = 0.5\,\text{cm} = 0.5\,\text{cm} \times 72°/\text{cm} = 36°$$

따라서 A 파형은 B 파형보다 36° 앞선다.

◆ 이제 다음 연습문제를 풀어보자.

[연습문제 201] 음극선 오실로스코프에 대한 확장 문제

1 [그림 42-12]와 같이 음극선 오실로스코프(c.r.o.)에 디스플레이된 사각 전압 파형에 대해, (a) 주파수, (b) 피크-피크 전압을 구하라.

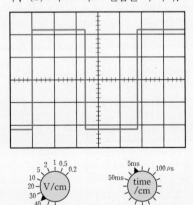

[그림 42-12]

2 [그림 42-13]의 펄스 파형에 대해, (a) 주파수, (b) 펄스 전압의 크기를 구하라.

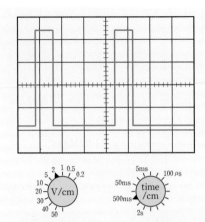

[그림 42-13]

3 [그림 42-14]의 사인 파형에 대해, (a) 주파수, (b) 피크-피크 전압, (c) rms 전압을 구하라.

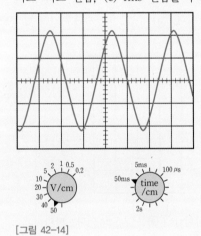

[그림 42-14]

42.7 가상의 테스트 및 계측기

컴퓨터 기반 계측기는 근래의 많은 테스트 및 측정 응용 분야에서 기존의 테스트 장치들을 빠르게 대체하고 있다. 아마도 가장 일반적인 가상의 테스트 계기는 디지털 오실로스코프(DSO)Digital Storage Oscilloscope일 것이다. PC와 결합하여 대규모 저장 능력을 보유한 처리 능력 때문에, 컴퓨터 기반 가상의 DSO는 스펙트럼 분석과, 주파수 및 전압 모두를 디지털 디스플레이하는 등 다양한 추가 기능을 제공할수 있다. 게다가, 파형과 캡쳐된 측정 데이터를 저장하는 기능은 나중에 데이터를 분석하거나 비교할 때 활용할 수있어 매우 중요하며, 특히 표준 또는 정격과 일치한다는 증거가 필요할 때에 그 가치가 있다.

기존의 오실로스코프(일차적으로 파형 디스플레이를 위해 제작)와는 다르게, 컴퓨터 기반 가상의 오실로스코프는 한 개의 패키지에 여러 테스트 계기들을 효율적으로 결합한다. 이러한 계측기는 보통 다음과 같은 기능과 측정 능력을 갖추고 있다.

- 실시간 혹은 저장된 파형의 디스플레이
- 정확한 시간과 전압 측정(조정 가능한 커서 이용)
- 전압의 디지털 디스플레이
- 주파수만 표시하거나, 주기 시간만 표시하거나, 혹은 두 가지 모두를 디지털 디스플레이
- 위상각의 정확한 측정
- 주파수 스펙트럼의 디스플레이 및 분석
- 데이터 로깅(저장된 파형 데이터가 기존의 스프레드시트 패키지와 호환성이 있는 포맷, 즉 .xls 파일과 같은 포맷으로 추출될 수 있음)
- 그래프 포맷(즉, .jpg 혹은 .bmp 파일 같은)으로 파형과 기타 정보를 저장하거나 프린트하는 능력

가상의 계측기들은 다음과 같은 여러 형태를 취할 수 있다.

- 기존의 PCI 확장 카드 형태인 내부 하드웨어
- 기존 25-핀 병렬 포트 커넥터나 혹은 직렬 USB 커넥터로 PC에 연결되는 외부 하드웨어 유닛

소프트웨어(및 필수 드라이버)는 CD-ROM으로 제공되거나 제조사의 웹사이트에서 다운로드할 수 있다. 또한 일부 제조사는 소프트웨어 드라이버를 제공할 때, 가상의 테스트 계기를 사용자가 조절할 수 있도록 비주얼 베이직 혹은 C++ 같은 대중적 프로그램 언어들로 개발된 자신들의 소프트웨어와 함께 충분한 문서를 제공한다.

42.8 가상의 디지털 저장 오실로스코프(DSO)

일반적으로 이용 가능한 가상의 디지털 저장 오실로스코프 (DSO)^{Digital Storage Oscilloscope}에는 여러 가지 형태가 있다. 응용 분야에 따라 편의상 다음의 세 가지 종류로 구분한다.

- 저가 DSO
- 고속 DSO
- 고분해능 DSO

안타깝게도, 마지막 두 종류 간에는 간혹 혼란이 발생하기도 한다. 고속 DSO는 빠르게 변하고 있는 파형을 시험하기 위해 설계되는데, 이러한 계기는 반드시 고해상도 측정을 제공하는 건 아니다. 마찬가지로 고분해능 DSO는 높은 수준의 정밀도로 파형을 디스플레이하는 데 유용하지만, 빠른 파형을 시험하기에 적합하지 않을 수 있다. 이 두 가지 DSO 타입 사이의 차이점은 추후 명확해질 것이다. 저가 DSO는 일차적으로 저주파 신호(전형적으로 약 20 kHz 까지의 신호) 용도로 설계되었으며, 보통 신호를 초당 10^4개 샘플과 10^5 샘플 사이의 속도로 샘플링할 수 있다. 분해능은 보통 8비트 혹은 12비트(각기 256 및 4096 이산 전압 수준에 해당)로 제한된다.

고속 DSO는 CRT 기반 오실로스코프를 빠르게 대체하고 있다. 고속 DSO는 항상 듀얼-채널 계측기이며 기존의 오실로스코프가 갖고 있는 모든 기능인 트리거 선택, 시간 축 및 전압 범위, $X-Y$ 모드에 동작하는 기능을 갖추고 있다.

컴퓨터 기반 계측기이기에 가능한 추가 기능에는 과도 신호를 캡처하는 기능(기존 DSO와 마찬가지로)과 향후 분석을 위해 파형을 저장하는 기능이 해당된다. 주파수 스펙트럼의 용어로 신호를 분석하는 기능은 아직은 DSO에서만 가능한 또 다른 특성이다.

42.8.1 주파수 상한

DSO의 신호 주파수 상한은 우선 들어오는 신호를 샘플링할 수 있는 속도에 의해 결정된다. 서로 다른 종류인 가상의 계측기에 대한 전형적인 샘플링 속도는 다음과 같다.

DSO 종류	전형적인 샘플링 속도
저가 DSO	$20 \text{k/s} \sim 100 \text{k/s}$
고속 DSO	$100 \text{M/s} \sim 1000 \text{M/s}$
고분해능 DSO	$20 \text{M/s} \sim 100 \text{M/s}$

적합한 정확도로 파형을 디스플레이하기 위해서는 보통 샘플링 속도가 최고 신호 주파수의 **최소 두 배에서 되도록이면 다섯 배 이상**되어야 한다고 알려져 있다. 따라서 10 MHz 신

호를 어느 정도의 정확도를 갖고 디스플레이하기 위해서는 초당 50 M 샘플의 샘플링 속도가 필요할 것이다.

'다섯 배 법칙five times rule'에 대해서는 조금 설명할 필요가 있다. 디지털–아날로그 변환기에서 신호를 샘플링할 때 우리는 보통 **나이퀴스트**Nyquist[1] 기준을 적용하는데, 이는 샘플링 주파수가 가장 높은 아날로그 신호 주파수에 적어도 두 배가 되어야만 한다는 것이다. 하지만 안타깝게도, 신호를 정확하게 디스플레이하려고 더 빠른 속도로 샘플링할 필요가 있는 DSO의 경우에는 이 기준이 더 이상 적용되지 않는다. 실제로 파형을 높은 충실도로 재현하려면, 샘플링된 파형의 한 사이클 내에서 최소 5개의 포인트가 필요하다. 따라서 파형을 매우 정확히 디스플레이하기 위해서 샘플링 속도는 가장 높은 신호 주파수의 최소 다섯 배가 되어야 한다.

듀얼–채널 DSO에는 특별한 경우가 존재한다. 여기서 샘플링 속도는 두 채널 사이에 공유된다. 따라서 초당 20 M 샘플의 유효한 샘플링 속도는 두 채널 각각에 대해 초당 10 M 샘플의 샘플링과 같다. 이 경우에 주파수 상한은 4 MHz가 아니고 단지 2 MHz에 불과하다.

여러 가지 다른 타입의 신호들을 상당히 정확하게 디스플레이하기 위해 필요한 근사 대역폭은 다음 표와 같다.

신호	필요한 대역폭(근사치)
저주파, 전력	직류에서 10 kHz
오디오 주파수(일반적)	직류에서 20 kHz
오디오 주파수(고품질)	직류에서 50 kHz
사각 및 펄스 파형(5 kHz까지)	직류에서 100 kHz
짧은 상승 시간을 갖는 빠른 펄스	직류에서 1 MHz
비디오	직류에서 10 MHz
무선 전신(저주파, 중간 주파, 고주파)	직류에서 50 MHz

사각파와 펄스 신호에 대해서는 대역폭이 최고 신호 주파수에 최소 열 배가 되어야 하는 반면, 사인파 신호에 대해서는 대역폭은 이상적으로 최고 신호 주파수에 최소 두 배가 되어야 한다는 것이 일반적 법칙이다.

---

1 **나이퀴스트는 누구?** 나이퀴스트(Nyquist)에 관한 보다 많은 정보는 www.routledge.com/cw/bird에서 찾을 수 있다.

대부분의 제조사는 사인파 입력 신호가 참값의 0.707로(즉, −3 dB 포인트) 떨어지는 주파수를 계측기의 대역폭으로 정의한다는 점에 주목하자. 좀 더 설명을 하자면, 디스플레이된 기록이 차단 주파수에서 29%의 터무니없이 큰 오차를 가질 것이다.

42.8.2 분해능

분해능과 신호 정확도(대역폭이 아님) 간의 관계는 간단하다. 즉 변환 과정에 사용된 비트 수가 많을수록, 더 많은 개별 전압 값이 DSO에 의해 분해될 수 있다는 것이다. 그 관계는 다음과 같다.

$$x = 2^n$$

여기서 x는 개별 전압 값의 수이고, n은 비트의 수이다. 따라서 변환 과정에 비트가 추가될 때마다, 아래 표와 같이 DSO의 분해능이 두 배가 된다.

비트의 수 n	개별 전압 값의 수 x
8비트	256
10비트	1024
12비트	4096
16비트	65,536

42.8.3 버퍼 메모리 용량

DSO는 캡처한 파형 샘플을 버퍼 메모리에 저장한다. 그러므로 주어진 샘플링 속도에서, 이 메모리 버퍼의 크기는 버퍼 메모리가 가득차기 전에 DSO가 얼마나 길게 신호를 캡처할 수 있는지를 결정할 것이다.

샘플링 속도와 버퍼 메모리 용량 간의 관계는 중요하다. 고속 샘플링 속도이지만 적은 메모리를 갖는 DSO는 최대한의 샘플링 속도를 사용할 수 있는 시간 축 범위가 얼마 되지 않을 것이다. 간단한 예를 통해 좀 더 설명해보겠다.

10 MHz 사각파의 10,000사이클을 디스플레이할 필요가 있다고 가정하자. 이 신호는 1 ms의 시간 프레임 내에 발생할 것이다. 만약 '다섯 배 법칙'을 적용한다면 이 신호를 정

확히 디스플레이하기 위해 최소 50 MHz의 대역폭을 필요로 할 것이다.

사각파를 재구성하기 위해 최소 초당 약 다섯 샘플이 필요하고, 최소 샘플링 속도는 초당 $5 \times 10\,\mathrm{MHz} = 50\,\mathrm{M}$ 샘플이 될 것이다. $1\,\mathrm{ms}$의 시간 간격 동안 초당 $50\,\mathrm{M}$ 샘플의 속도로 캡처하기 위해 50,000 샘플을 저장할 수 있는 메모리가 필요하다. 만약 각 샘플이 16비트를 사용한다면 극도로 빠른 메모리 100k 바이트가 필요할 것이다.

42.8.4 정확도

DSO의 측정 분해능 혹은 측정 정확도(측정될 수 있는 최소 전압 변화)는 선택된 실제 범위에 따라 다르다. 그래서 예를 들면, 선택된 범위가 $1\,\mathrm{V}$이면 8비트 DSO는 1볼트의 256분의 1 $(= \frac{1}{256}\,\mathrm{V}$ 혹은 $\approx 4\,\mathrm{mV})$을 측정할 수 있다. 대부분의 측정 응용 분야에서 이 값은 전체 범위$^{\text{full-scale}}$의 약 0.4%의 정확도에 달하기 때문에 훌륭한 정확도를 가진다고 할 수 있다.

[그림 42–15]는 피코스코프^{PicoScope} 소프트웨어 디스플레이를 보여주는데, 기존의 오실로스코프 파형 디스플레이와, 스펙트럼 분석기 디스플레이, 주파수 디스플레이, 볼트미터 디스플레이를 다중 창 형태로 제공하고 있다.

조절 가능한 커서를 통해 아주 정확한 측정이 가능하다. [그림 42–16]에서, (수치 10 V 피크) 파형의 피크 값이 정확히 $9625\,\mathrm{mV}\,(9.625\,\mathrm{V})$로 측정되었다. (0 V에서) 피크 값에 도달하는 시간은 $246.7\,\mu s\,(0.2467\,\mathrm{ms})$로 측정되었다.

제2시간 커서를 추가하면 두 사건 사이의 시간을 정확히 측정할 수 있다. [그림 42–17]에서, 사건 'o'는 트리거 포인트 전 $131\,\mathrm{ns}$에 발생하고, 사건 'x'는 트리거 포인트 후 $397\,\mathrm{ns}$에 발생한다. 이 두 사건 사이에 경과한 시간은 $528\,\mathrm{ns}$이다. 이 두 커서는 마우스(혹은 다른 가리키는 장치) 혹은, 더 정확하게는 PC의 커서 키로 조정할 수 있다.

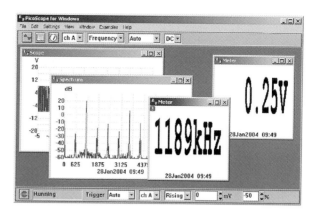

[그림 42–15]

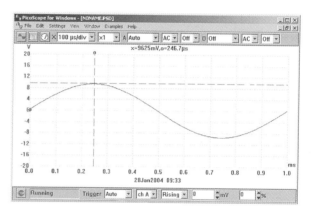

[그림 42–16]

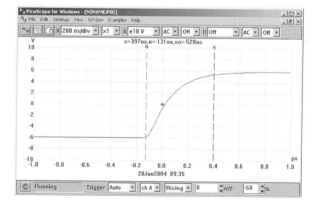

[그림 42–17]

42.8.5 자동 범위

자동 범위(자동으로 적합한 범위나 크기를 선택하는 것)는 보통 가상의 DSO와 함께 제공되는 매우 유용한 기능이다. 정기적으로 다양한 측정을 하기 위해 기존의 오실로스코프를 사용한다면 계측기의 수직 감도를 조절하기 위해 얼마나 많은 시간이 필요한지 너무도 잘 알고 있을 것이다.

42.8.6 고분해능 DSO

고분해능 DSO는, 정확히 파형을 재생하고 또한 바닥 잡음과 고조파 성분을 정확하게 분석할 수 있는 정밀한 응용에 사용된다. 전형적인 응용으로는 소신호 작업과 고품질 오디오가 있다.

전형적으로 8비트 해상도와 직류 정확도가 보잘 것 없는 저가 DSO와는 달리 고분해능 DSO는 보통 1%보다 더욱 정확하고 12비트나 16비트 분해능을 가진다. 이것은 오디오나 잡음 및 진동 측정에 이상적인 특성이다.

또한 분해능resolution이 증가되었으므로 계기가 매우 넓은 역동적 범위(100 dB까지)를 갖는 스펙트럼 분석기로 사용될 수 있다. 이 특성은 저수준 아날로그 회로상의 잡음과 왜곡 측정을 수행하기에 이상적이다.

DSO가 정확하게 고주파 신호를 포획할 수 있음을 대역폭 하나로 확증하기에는 불충분하다. 제조사의 목적은 평평한 주파수 응답을 갖도록 하는 것이다. 이 응답을 최대 평탄 포락 지연(MFED)Maximally Flat Envelope Delay이라 하기도 한다. 이러한 유형의 주파수 응답은 과잉overshoot이나 부족undershoot 및 진동ringing을 최소로 만들어 뛰어난 펄스 충실도를 제공한다.

만약 입력신호가 정확한 사인파형이 아니라면 그것은 많은 고조파 성분을 포함하고 있을 것임을 기억하자. 예를 들어 사각파형은 주파수가 증가하면서 점차적으로 줄어드는 레벨을 갖는 홀수 고조파를 포함할 것이다. 따라서 1 MHz 사각파형을 정확하게 디스플레이하기 위해서는 3 MHz, 5 MHz, 7 MHz, 9 MHz, 11 MHz 등의 주파수에 존재하는 신호 성분이 있을 것임을 고려할 필요가 있다.

42.8.7 스펙트럼 분석

가상의 DSO에 의해 갭쳐된 데이터를 사용하고 소프트웨어 알고리즘으로 계산되는 고속 푸리에 변환(FFT)Fast Fourier Transformation 기술을 활용하면 주파수 스펙트럼 디스플레이

가 가능하다. 그러한 디스플레이는 합성 파형 내의 여러 신호 간의 관계뿐 아니라 파형의 고조파 성분을 조사하는 용도로도 사용될 수 있다.

[그림 42-18]은 왜곡이 작은 신호 발생기에서 나온 1 kHz 사인파형 신호의 주파수 스펙트럼을 보여준다. 여기서 가상의 DSO는 직류에서 12.2 kHz까지의 주파수 범위 내에서 초당 4096 속도로 샘플들을 캡쳐하도록 설정되어 있다. 이 디스플레이는 제2고조파(−50 dB 혹은 기본 주파수와 비교해 −70 dB 수준)와, 3 kHz, 5 kHz, 7 kHz의 추가 고조파들(모두 기본 주파수와 비교해 75 dB보다 더 아래임)도 표시한다.

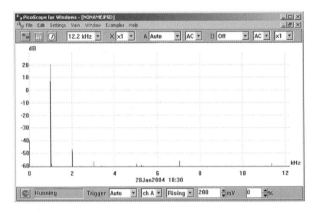

[그림 42-18]

[문제 8] [그림 42-19]는 가상의 고속 DSO에 디스플레이된 1184 kHz 신호의 주파수 스펙트럼을 보여준다. (a) 'o'와 'x'로 표시된 신호 사이의 고조파 관계, (b) 'o'와 'x'로 표시된 신호 사이의 크기 차이([dB] 단위로), (c) 기본 주파수 신호 'o'에 대한 제2고조파의 크기를 구하라.

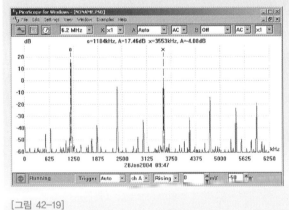

[그림 42-19]

(a) 신호 'x'는 3553 kHz의 주파수에 존재한다. 이것은

1184kHz에 있는 신호 'o' 주파수의 3배이다. 따라서 **'x'는 신호 'o'의 제3고조파이다.**

(b) 신호 'o'는 +17.46dB 크기를 가지고 있고, 반면에 신호 'x'는 −4.08dB의 크기를 가지고 있다. 따라서 **이 둘의 차이** = (+17.46) − (−4.08) = **21.54dB** 이다.

(c) 제2고조파의 크기(약 2270kHz에 나타난) = **−5dB**

42.9 영 눈금 측정 방법

영 눈금 측정 방법[null method of measurement]은 계측기 판독이 0 전류만 읽도록 맞추어진, 간단하고 정확하며 널리 사용되는 방법이다. 이 방법은 다음을 가정한다.

- 어떤 편향이 일단 존재한다면, 그때는 약간의 전류가 흐르고 있다.
- 편향이 전혀 없다면, 그때 전류는 흐르지 않는다(즉, 영[null] 조건).

따라서 이런 방식으로 사용될 때 미터기를 전류 흐름 감지에 대해 보정할 필요는 없다. 중앙에 0 위치를 세팅한 민감한 밀리암미터[milliammeter] 혹은 마이크로암미터[microammeter]를 검류계[galvanometer]라고 부른다. 이 방법이 사용되는 두 가지 예로는 휘트스톤 브리지(42.10절 참조)와 직류 전위차계(42.11절 참조)가 있다.

42.10 휘트스톤 브리지 (전기저항 측정기)

[그림 42-20]은 휘트스톤 브리지[Wheatstone[2] bridge] 회로를 보여준다. 이는 미지의 저항 R_x와 다른 고정된 아는 저항 R_1, R_2와 가변 저항 R_3를 비교하는 회로이다. R_3는 검류계 G에서 편향이 0이 될 때까지 변화시킨다. 편향이 0이 되었을 때 미터기에 흐르는 전류는 없고, $V_A = V_B$, 그리고 브리지는 '평형'이라고 한다.

---

2 휘트스톤은 누구? 휘트스톤(Wheatstone)에 관한 보다 많은 정보는 www.routledge.com/cw/bird에서 찾을 수 있다.

평형에서,

$$R_1 R_x = R_2 R_3, \quad 즉 \quad \boldsymbol{R_x = \frac{R_2 R_3}{R_1}} \, [\Omega]$$

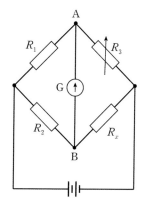

[그림 42-20]

[문제 9] 휘트스톤 브리지 ABCD에서, 검류계가 A와 C 사이에 연결되고 배터리가 B와 D 사이에 연결된다. 미지의 값을 갖는 저항이 A와 B 사이에 연결된다. 브리지가 평형일 때, B와 C 사이의 저항은 100Ω이고, C와 D 사이의 저항은 10Ω이며, D와 A 사이의 저항은 400Ω이다. 미지의 저항 값을 계산하라.

휘트스톤 브리지는 [그림 42-21]과 같다. 여기서 R_x는 미지의 저항이다.

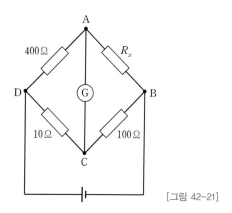

[그림 42-21]

평형에서, 반대쪽 가지의 저항과의 곱이 같다고 하면 다음과 같다.

$$(R_x)(10) = (100)(400)$$

$$R_x = \frac{(100)(400)}{10} = 4000\Omega$$

따라서 **미지의 저항 $R_x = 4k\Omega$** 이다.

42.11 직류 전위차계

직류 전위차계$^{\text{dc potentiometer}}$는 영-평형 계측기이며, 이미 알고 있는 기전력이나 전위차와 비교하여 미지의 기전력과 전위차 값들을 구하는 데 사용한다. [그림 42-22(a)]에서, 이미 알고 있는 기전력 E_1을 가진 표준 전지를 사용하여, 평형이 될 때까지(즉, 검류계 편향이 0이다) 슬라이더 S가 슬라이드 전선을 따라 l_1으로 나타난 길이를 이동한다.

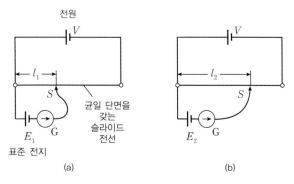

[그림 42-22]

표준 전지는 이제 미지의 기전력 E_2의 전지로 대체되고([그림 42-22(b)]), 다시 평형이 되었다(l_2로 표현).

$E_1 \propto l_1$이고 $E_2 \propto l_2$이므로,

$$\frac{E_1}{E_2} = \frac{l_1}{l_2} \ , \quad E_2 = E_1\left(\frac{l_2}{l_1}\right) [\text{V}]$$

전위차계는 저항성인 두-소자 전위 분배기로 만들어지는데, 간단한 가변 직류 전원을 제공하도록 분할 비율을 조절한다. 이러한 장치는 제어 노브를 회전시키거나 직선으로 움직여, 미끄럼 접촉$^{\text{sliding contact}}$을 이동시키는 저항성 소자의 형태로 구성된다.

> **[문제 10]** 직류 전위차계에서, 1.0186 V인 표준 전지를 사용할 때 400 mm 길이에서 평형이 되었다. 만약 650 m인 길이에서 평형이 되었다면, 건전지의 기전력을 구하라.

$E_1 = 1.0186\,\text{V}$, $l_1 = 400\,\text{mm}$, $l_2 = 650\,\text{mm}$.

[그림 42-22]를 기준으로 하면,

$$\frac{E_1}{E_2} = \frac{l_1}{l_2}$$

이로부터 $E_2 = E_1\left(\dfrac{l_2}{l_1}\right) = (1.0186)\left(\dfrac{650}{400}\right) = \mathbf{1.655\,V}$

◆ **이제 다음 연습문제를 풀어보자.**

[연습문제 202] 휘트스톤 브리지와 직류 전위차계에 대한 확장 문제

1 휘트스톤 브리지 PQRS에서, 검류계가 Q와 S 사이에 연결되고 전압원이 P와 R 사이에 연결된다. 미지의 저항 R_x가 P와 Q 사이에 연결된다. 브리지가 평형일 때, Q와 R 사이의 저항은 200Ω이고, R과 S 사이의 저항은 10Ω이며, S와 P 사이의 저항은 150Ω이다. R_x의 값을 계산하라.

2 직류 전위차계에서, 1.0186 V인 표준 전지를 사용할 때 31.2 cm에서 평형이 되었다. 만약 46.7 cm인 길이에서 평형이 되었다면, 건전지의 기전력을 계산하라.

[연습문제 203] 전기 계측기와 측정에 대한 단답형 문제

1 움직이는 코일 혹은 움직이는 철 계측기와 비교할 때, 전자 계측기의 두 가지 장점을 말하라.

2 멀티미터란 무엇인가?

3 오실로스코프로 측정할 수 있는 다섯 가지 양을 말하라.

4 아날로그 오실로스코프가 측정된 신호를 어떻게 디스플레이하는지를 보여주는 간단한 블록 다이어그램을 그려보라.

5 디지털 오실로스코프가 측정된 신호를 어떻게 디스플레이하는지를 보여주는 간단한 블록 다이어그램을 그려보라.

6 컴퓨터 기반 가상의 오실로스코프가 가질 수 있는 다섯 가지 기능을 설명하라.

7 영 눈금 측정 방법이 의미하는 것은 무엇인가?

8 직류 회로에서 미지의 저항을 측정하기 위해 사용하는 휘트스톤 브리지 회로를 스케치하고, 평형 조건을 설명하라.

9 직류 전위차계가 어떻게 전위차를 측정하는 데 사용되는지 설명하라.

[연습문제 204] 전기 계측기와 측정에 대한 사지선다형 문제

※ **(문제 1~5)** 사인파형이 음극선 오실로스코프 스크린에 디스플레이 되었다. 피크-피크 거리가 5cm이고 사이클 사이 거리는 4cm이다. '가변' 스위치는 $100\mu s/cm$에 있고, 'V/cm' 스위치는 $10V/cm$에 있다. 주어진 문제에 대해, 다음 값에서 올바른 답을 선택하라.

(a) 25 V (b) 5 V (c) 0.4 ms (d) 35.4 V

(e) 4 ms (f) 50 V (g) 250 Hz

(h) 2.5 V (i) 2.5 kHz (j) 17.7 V

1 피크-피크 전압을 구하라.

2 파형의 주기를 구하라.

3 전압의 최댓값을 구하라.

4 파형의 주파수를 구하라.

5 파형의 rms 값을 구하라.

※ **(문제 6~12)** [그림 42-23]은 이중-빔 c.r.o. 파형 자국을 보여준다. 주어진 문제에서 기술된 양에 대해, 다음 값에서 올바른 답을 선택하라.

(a) 30 V (b) 0.2 s (c) 50 V

(d) $\dfrac{15}{\sqrt{2}}$ (e) 54° 앞섬 (f) $\dfrac{250}{\sqrt{2}}$ V

(g) 15 V (h) $100\,\mu s$ (i) $\dfrac{50}{\sqrt{2}}$ V

(j) 250 V (k) 10 kHz (l) 75 V

(m) $40\,\mu s$ (n) $\dfrac{3\pi}{\sqrt{2}}$ 뒤섬 (o) $\dfrac{25}{\sqrt{2}}$ V

(p) 5 Hz (q) $\dfrac{30}{\sqrt{2}}$ V (r) 25 kHz

(s) $\dfrac{75}{\sqrt{2}}$ (t) $\dfrac{3\pi}{10}$ 앞섬

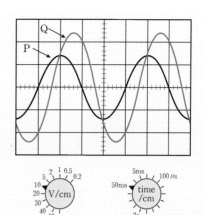

[그림 42-23]

6 파형 P의 크기

7 파형 Q의 피크-피크 값

8 두 파형의 주기

9 두 파형의 주파수

10 파형 P의 rms 값

11 파형 Q의 rms 값

12 파형 P에 대한 파형 Q의 위상 변위

13 전위차계는 무엇에 사용되는가?
(a) 전압을 비교하기 위해
(b) 전력 인자를 측정하기 위해
(c) 전류를 비교하기 위해
(d) 위상 순서를 측정하기 위해

공학 시스템

Engineering systems

Chapter 43

공학 시스템 소개
Introduction to engineering systems

공학 시스템을 이해하는 것이 왜 중요할까?

공학에 사용되는 시스템의 일반적 형태에는 전기기계, 통신, 유체공학, 전기화학, 정보, 제어 및 운송 시스템, 그리고 이외에도 더 많은 예가 있다. 이 장에서 시스템 다이어그램과 시스템 제어(아날로그, 디지털, 순차 그리고 조합 제어 시스템)에 대한 개념을 알아보고 이에 대해 간단히 설명한다. 또 개방 루프, 닫힌 루프, 온/오프, 히스테리시스, 비례 제어 방법도 다룬다. 시스템 응답, 음과 양의 피드백, 시스템 응답의 평가에 대해서도 간략하게 탐구한다. 공학의 어떤 분야를 다루든지, 공학 시스템에 대한 지식은 중요하다.

학습포인트

- 기본 시스템의 구성 부분을 정의할 수 있다.
- 공학 시스템의 형태를 명명할 수 있다.
- 트랜스듀서(변환기)를 정의할 수 있다.
- 시스템 다이어그램을 스케치할 수 있다.
- 아날로그 및 디지털 제어 시스템을 설명할 수 있다.
- 제어 방법을 설명할 수 있다.
- 시스템 응답을 평가할 수 있다.
- 음과 양의 피드백 차이를 구분할 수 있다.
- 시스템 응답이 어떻게 평가되는지 설명할 수 있다.

43.1 서론

공학 시스템의 연구는 그 자체가 숙고할 만한 주제이고 모든 책이 이 주제에 관해 다룬다. 이 장에서는 공학 시스템 분야에 대해 간단하게 개요를 살펴보는데, 이는 더 많은 연구를 할 때에 충분한 기초가 될 것이다.

43.2 시스템

시스템^{system}은 많은 소자, 부품 혹은 서브시스템^{sub-systems}들로 구성되는데, 이들은 함께 특별한 방식으로 연결되어 원하는 기능을 수행할 수 있게 된다. 공학 시스템의 개별 소자들은 함께 상호작용을 해서 특별히 요구되는 기능을 만족시킨다.

기본 시스템은 ❶ 기능 혹은 목적, ❷ 입력(예 가공하지 않은 물질, 에너지, 제어 값들)과 출력(예 완성된 생산물, 처리된 물질, 변환된 에너지), ❸ 경계, ❹ 다수의 더 작은 링크된 부품들 혹은 소자들을 갖는다.

43.3 시스템의 형태

다음은 공학에 사용되는 가장 일반적인 시스템의 몇 가지 형태이다.

❶ **전기기계 시스템**electromechanical system : 이를테면, 배터리, 시동 모터, 점화 코일, 접촉 브레이커 및 배전기로 구성된 차량 전기 시스템

❷ **통신시스템**communication system : 이를테면, 파일 서버, 동축 케이블, 네트워크 어댑터, 여러 대의 컴퓨터, 레이저 프린터로 구성된 근거리 통신망

❸ **유체공학 시스템**fluidic system : 이를테면, 발로 작동되는 레버, 마스터 실린더, 종속 실린더, 배관, 유체 저장소로 구성된 차량 브레이크 시스템

❹ **전기화학 시스템**electrochemical system : 이를테면, 가스를 연료로 사용하여 전기와 순수한 물과 열을 생산하는 전지

❺ **정보 시스템**information system : 이를테면, 전산화된 공항 비행 도착 시스템

❻ **제어 시스템**control system : 이를테면, 다이 캐스팅 공정die casting process에 사용되는 재료의 온도와 흐름을 조절하는 마이크로컴퓨터 기반 컨트롤러

❼ **운송 시스템**transport system : 이를테면, 채석장의 자갈을 인근 처리 현장으로 운송하기 위한 상공의 컨베이어

43.4 트랜스듀서

트랜스듀서transducer는 에너지 형태 중 하나인 입력 신호에 반응해서 입력 신호와 관계가 있지만, 다른 형태의 에너지인 출력 신호를 제공하는 장치이다. 예를 들면, 타이어 압력 게이지tyre pressure gauge는 타이어 공기압을 눈금 단위의 수치로 변환하는 트랜스듀서이다. 이와 유사하게, 광전지는 빛을 전압으로 변환하고, 모터는 전류를 축 속도로 변환한다.

43.5 시스템 다이어그램

[그림 43-1]은 단순한 실제 처리 시스템processing system을 나타내는데, 이는 입력과 출력과 에너지원으로 구성되고, 이와 함께 존재할 수도 있고 존재하지 않을 수도 있는 불필요한 입력 및 출력들도 공존한다.

[그림 43-1]

[그림 43-2]는 전형적인 공공 주소 시스템public address system을 나타낸다. 마이크로폰microphone은 소리 압력파sound pressure wave 형태인 음향 에너지를 수집하고, 이를 작은 전압 및 전류 형태인 전기 에너지로 변환하는 입력 트랜스듀서로 사용된다. 마이크로폰에서 나온 신호는 트랜지스터와 집적회로가 개별로 또는 함께 들어있는 전자회로에 의해 증폭된 후 확성기에 공급된다. 이 출력 트랜스듀서는 자신에게 공급된 전기 에너지를 다시 음향 에너지로 변환한다.

[그림 43-2]

서브시스템sub-system은 전체 시스템 내에서 지정된 기능을 수행하는 시스템의 일부이다. [그림 43-2]의 증폭기는 서브시스템의 한 예이다. 부품component 혹은 소자element는 보통 구체적이고 명확한 기능을 가진 시스템의 가장 단순한 부분으로서, [그림 43-2]의 마이크로폰이 이에 해당된다.

[그림 43-1]과 [그림 43-2]의 그림을 블록 다이어그램block diagram이라고 하는데, 매우 복잡할 수 있는 공학 시스템을 이러한 방식으로 분해함으로써 보다 쉽게 이해할 수 있다. 전체 시스템이 어떻게 작동하는지 알기 위해 각 서브시스템 내부에 무엇이 있는지를 항상 정확히 알 필요는 없다.

공학 시스템의 또 다른 예로, [그림 43-3]의 **온도 조절 시스템**temperature control system이 있다. 이는 열 자원(가스보일러), 연료조절기(전기 솔레노이드 밸브), 온도조절장치, 전기 에너지원을 포함한다. [그림 43-3]의 시스템은 [그림 43-4]와 같이 블록 다이어그램 형태로 보여줄 수도 있으며, 여기서 온도조절장치는 실제 실내 온도와 원하는 온도

를 비교하여 난방을 켜거나 끈다.

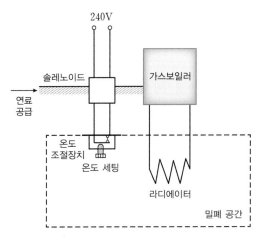

[그림 43-3]

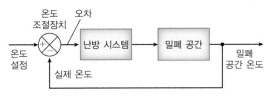

[그림 43-4]

공학 시스템의 유형은 다양하게 존재하지만, 그런 모든 시스템은 블록 다이어그램으로 나타낼 수 있다.

43.6 시스템 제어

대부분의 시스템 동작은 입력(공급)과 출력(요구)의 변화에 따라 달라진다. 또한 시스템의 동작은 시스템을 구성하는 부품의 특성 변화에 반응해서 바뀔 수 있다. 실제로는 이 세 가지 형태의 변동에 비교적 영향을 받지 않도록, 시스템의 출력을 조절하는 몇 가지 방법을 포함시키는 것이 바람직하다. 시스템 제어는 ❶ 입력량, ❷ 시스템 부품의 원하지 않는 변동, 혹은 ❸ 출력의 요구 수준(혹은 '로딩')에 영향을 줄 수 있는 어떤 교란에도 관계없이, 시스템 출력을 원하는 수준으로 유지시키는 것을 말한다.

제어 방법이 달라지면 적절한 유형의 시스템도 달라진다. 종합적인 제어 전략은 아날로그 혹은 디지털 기술에 기초를 둘 수 있으며, 순차 혹은 조합으로 분류될 수 있다.

43.6.1 아날로그 제어

아날로그 제어는 지속적으로 가변적인 신호와 양을 사용한다. 아날로그 제어 시스템 내에서, 신호는 지정된 두 한계 사이의 어떤 값도 취할 수 있는 전압 및 전류로 나타낸다. [그림 43-5(a)]는 전형적인 아날로그 시스템의 출력이 시간에 따라 어떻게 변화하는지를 보여준다.

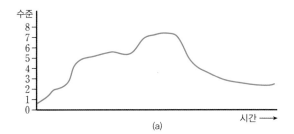

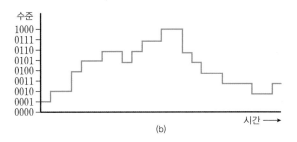

[그림 43-5]

아날로그 제어 시스템은 항상 **연산 증폭기**operational amplifier 를 기반으로 동작한다([그림 43-6] 참조). 연산 증폭기는 더하기, 빼기, 곱하기, 나누기, 적분 및 미분과 같은 수학적 연산을 수행할 수 있다.

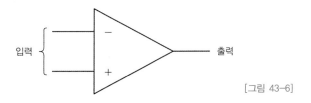

[그림 43-6]

43.6.2 디지털 제어

디지털 제어는 이산 스텝으로 변하는 신호 및 양을 사용한다. 두 개의 근접한 스텝 사이의 수치를 갖는 값은 스텝의 한 값 아니면 다른 값을 취해야만 한다. [그림 43-5(b)]는 전형적인 디지털 시스템의 출력이 시간에 따라 어떻게 변화하는지를 보여준다.

디지털 제어 시스템은 보통 논리 소자들(AND 게이트, OR 게이트, NAND 게이트, NOR 게이트 같은), 혹은 마이크로프로세서 기반 컴퓨터 시스템에 기반을 둔다.

43.6.3 순차 제어 시스템

많은 시스템이 순서를 설정하고 그에 따라 일련의 동작을 수행할 필요가 있다. 예를 들어, **가스보일러의 점화 시스템**은 다음과 같이 순차적인 동작을 수행한다.

① 조작자가 시작 버튼을 누른다.
② 팬 모터가 동작한다.
③ 60초가 소요된다.
④ 가스 공급 밸브를 연다.
⑤ 2초 동안 점화가 실시된다.
⑥ 만약 점화가 실패하면, 가스 공급 밸브를 잠그고, 60초가 지난 후 팬 모터를 멈춘다.
⑦ 만약 점화가 성공하면, 보일러는 정지 스위치가 동작하거나 불꽃이 없어질 때까지 계속 동작할 것이다.

간단한 순차 시스템sequential system의 구성 요소에는 주로 타이머, 릴레이, 카운터 등이 포함되며, 더 복잡한 시스템에는 디지털 논리 및 마이크로프로세서 기반 제어기들이 사용된다.

43.6.4 조합 제어 시스템

조합 제어 시스템combinational control system은 다수의 입력을 사용하여 연속적으로 비교를 수행한다. 사실상 모든 일이 동시에 일어난다. 즉 지연이 없고 순차 제어기와 연관된 사전 예정된 순서가 없다. 예를 들어, **항공기 계기 착륙 시스템(ILS)**aircraft instrument landing system은 ILS 무선 빔에 대한 항공기 위치를 지속적으로 비교한다. 편차가 감지되면, 항공기의 비행 제어 장치에 적절한 교정이 이뤄진다.

43.7 제어 방법

43.7.1 개방 루프 제어

개방 루프 제어open-loop control를 하는 시스템에서, 입력 변수 값은 출력이 원하는 값에 도달할 것으로 예측해 지정한 값으로 설정된다. 이 시스템에서는 차이를 보정하기 위해 실제 출력 값과 원하는 출력 값을 자동 비교하지 않는다. 개방 루프 제어 방법의 간단한 예로, **가스레인지**의 요리판에 버너로 연결되는 가스 흐름을 제어하는 조절기의 수동 조정을 들 수 있다. 주어진 시간 내에 음식이 타지 않으면서 올바른 온도로 올라갈 것이라는 기대감으로 이러한 조정이 수행된다. 요리사가 가끔씩 주의하는 것 말고는, 음식의 실제 온도에 반응해서 가스 흐름을 자동으로 조절할 방법은 없다.

개방 루프 제어 시스템의 또 다른 예는 [그림 43-7]의 블록 다이어그램과 같은 **전기 팬히터**의 시스템이 있다.

[그림 43-7]

43.7.2 닫힌 루프 제어

앞에서 살펴본 개방 루프 제어는 몇 가지 중요한 단점을 갖는다. 설정된 입력 제어 변수와 비교하여 실제 출력 값을 연속적으로 자동 비교하기 위해 루프를 닫는 몇 가지 수단이 필요하다. 앞의 예에서 요리사는 실제 간헐적으로 루프를 닫는다. 만들어진 음식의 일관된 맛을 보장하기 위해 사실상 요리 기구는 사람의 개입이 필요하다.

모든 실제 공학 시스템은 닫힌 루프 제어closed-loop control를 사용한다. 어떤 경우에는 원하는 출력과 실제의 출력 사이의 편차를 결정하는 인간 오퍼레이터에 의해 루프가 닫힐 수 있다. 그러나 대부분의 경우에 시스템 동작은 완전 자동화가 되어, 초기에 원하는 출력 값을 설정할 때 외에는 어떠한 인간의 개입도 필요하지 않다. 닫힌 루프 제어 시스템의 원리는 [그림 43-8]에 나타나 있다.

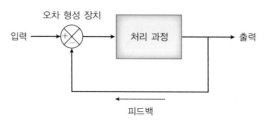

[그림 43-8]

완전 자동화 시스템을 만들어야 하는 이유는 다음과 같다.

❶ 어떤 시스템은 매우 많은 수의 입력 변수를 사용하고 있고, 인간 오퍼레이터가 그것들 모두를 놓치지 않고 따라가는 것은 어렵거나 불가능할 수 있다.

❷ 어떤 처리과정은 지극히 복잡하고, 입력 변수들 간에 중대한 상호작용이 있을 수 있다.

❸ 어떤 시스템은 변수 변화에 매우 빠르게 반응해야만 한다.

❹ 어떤 시스템은 매우 높은 수준의 정밀도를 요구한다.

[그림 43-9]의 아날로그 닫힌 루프 제어 시스템에서 **직류 모터 M에 대해 속도 제어**를 한다. 실제 모터 속도는 출력축에 결합되어 있는 작은 직류 속도 발생기 G에 의해 감지된다. 속도 발생기에 의해 생성된 전압은 원하는 속도로 설정된 전위차계 R의 슬라이더에서 생성된 전압과 비교된다. 비교기 기능을 하는 연산 증폭기에서 두 전압(즉, 세트 포인트에 해당하는 전압과 속도 발생기의 전압) 값이 비교된다. 비교기단의 출력은 전력 증폭기에 인가되어 직류 모터에 전류를 공급한다. 변압기, 정류기, 평탄 회로로 구성된 본선에서 동력이 공급되는 직류 전원으로부터 에너지가 공급된다.

43.7.3 온/오프 제어

온/오프 제어$^{on/off\ control}$는 제어의 가장 간단한 형태로서, 단순히 출력을 켜고 끄는 동작을 반복적으로 해서 출력 변수의 요구된 수준을 얻는다. 시스템 출력이 어느 특정 순간의 시간에 완전히 온^{on} 혹은 완전히 오프^{off}되기 때문에(즉, 중간 상태는 없음), 이런 형태의 제어는 때때로 '불연속'이라고 지칭한다.

온/오프 제어 시스템의 가장 흔한 예는 간단한 **가정용 실내 히터**의 제어이다. 가변 온도조절 장치가 세트 포인트(SP)^{set} ^{point} 온도 값을 결정하는 데 사용된다. 실제 온도가 SP 값 아래일 때, 히터는 켜지고(즉, 전기 에너지가 히팅 요소에 인가됨), 결국 방안 온도는 SP 값을 넘어서게 되고, 이 순간에 히터는 꺼진다. 그 후에 온도는 열 손실 때문에 떨어지고, 다시 한 번 방안 온도는 SP 값 아래로 떨어질 것이고 히터는 다시 한 번 켜질 것이다([그림 43-10] 참조). 정상 동작을 하게 되면 켜지고 꺼지는 과정은 언제까지나 계속될 것이다.

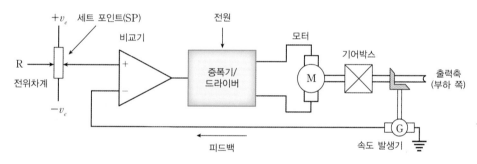

[그림 43-9]

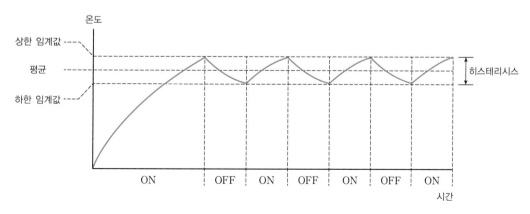

[그림 43-10]

43.7.4 히스테리시스

실제로 대부분의 온/오프 제어 시스템에는 소량의 히스테리시스(이력 현상)^{hysteresis}가 존재한다. 앞의 예에서, 이 히스테리시스는 히터가 너무 빠르게 켜지고 꺼지는 것을 방지해서, 결국 온도조절장치에 장착된 스위치 접점이 빠르게 손상되는 것을 막아준다. 그러나 히스테리시스가 있다는 것은 언제든지, 실제 온도가 항상 상한 및 하한 임계값 사이에 있음을 의미한다([그림 43-10] 참조).

43.7.5 비례 제어

온/오프 제어는 섬세하지는 않지만 많은 간단한 용도에서 효율적일 수 있다. 더 좋은 방법은 세트 포인트(SP) 값과의 편차 크기에 따라, 적절하게 시스템에 적용되는 보정 값을 변경하는 것이다. 실제 값과 원하는 값과의 차이가 작아지면, 이에 상응하여 보정 값도 작아지게 된다. 이러한 제어 형태에 해당하는 간단한 예로 **물탱크**에서 물의 높이를 제어하는 것을 들 수 있다.

43.8 시스템 응답

완전한 시스템에서, 출력 값 C는 입력 S의 변화에 순간적으로 반응할 것이다. 어떤 값이 다른 값으로 변할 때 지연이 전혀 없고, 출력이 최종 값으로 '안정화'될 때까지 전혀 시간이 들지 않는다. 이상적인 상태는 [그림 43-11(b)]와 같다. 실제로는, 현실에서의 시스템은 최종 상태에 도달하기까지 시간이 걸린다. 정말로 어떤 경우에는 급격한 출력 변화는 바람직하지 않을 수 있다. 더욱이 많은 시스템에서는 관성이 존재한다.

[그림 43-12]와 같은 **모터 속도 제어 시스템**의 경우를 생각해보자. 여기서 출력 축이 튼튼한 플라이휠^{flywheel}에 연결되어 있다. 플라이휠은 세트 포인트(SP)가 증가될 때 모터 속도의 가속을 효율적으로 제한한다. 더욱이 출력 속도가 원하는 값에 도달하면서, 모터에 가해지는 전압 C의 감소에도 불구하고 관성 때문에 속도는 계속해서 증가할 것이다. 따라서 출력 축 속도는 원하는 값을 초월했다가 결국 다시 원하는 값으로 떨어질 것이다. 시스템에 존재하는 이득을 증가시키면 가

속도가 증가하는 효과가 있겠지만, 결국 이에 따라 오버슈트^{overshoot}도 커진다. 역으로, 이득을 감소시키는 것은 오버슈트를 감소시키지만, 그에 따라 응답이 둔해진다. 시스템의 실제 응답은 속도와 오버슈트 허용치 사이의 절충을 표현한다. [그림 43-11(c)]는 [그림 43-11(a)]의 계단 입력에 대한 시스템의 전형적인 응답을 보여준다.

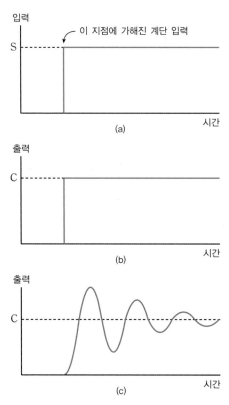

[그림 43-11]

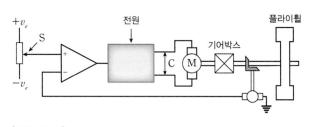

[그림 43-12]

43.8.1 이차 응답

[그림 43-11(c)]의 그래프는 '이차$^{second-order}$' 응답이다. 이 응답은 지수 함수적 증가 곡선과 감쇠되는 진동의 두 가지 기본 성분을 갖는다. 진동하는 성분은 시스템의 응답을

인공적으로 더디게 하여 감소시킬 수(혹은 제거할 수) 있다. 이를 '제동damping'이라고 한다. 제동의 최적 값은 단지 오버슈트를 막아줄 정도면 된다. 시스템이 '부족제동(저감쇠)underdamped'될 때, 여전히 약간의 오버슈트가 존재한다. 역으로 '과잉제동(과감쇠)overdamped'된 시스템은 입력의 급격한 변화에 반응하는 데 상당히 많은 시간이 소요된다. 이 제동 상태들을 [그림 43-13]에 나타내었다.

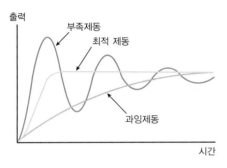

[그림 43-13]

43.9 음과 양의 피드백

대부분의 시스템은 시스템의 조작 파라미터를 정밀하게 제어하기 위해, 그리고 시스템의 내부 파라미터가 넓게 변화함에도 출력을 유지하기 위해 음의 피드백을 사용한다. 예를 들어 증폭기의 경우에, 음의 피드백은 이득을 안정화시킬 뿐만 아니라 왜곡을 줄이고 대역폭을 향상시키기 위해 사용될 수 있다.

피드백의 양은 전체(혹은 닫힌 루프) 이득을 결정한다. 이 형태의 피드백은 회로의 전체 이득을 줄이는 효과를 가지므로, 이러한 유형의 피드백을 '음의 피드백negative feedback'이라고 한다. 출력이 입력을 강화시키는(입력으로부터 빼기보다는) 방식으로 피드백되는, 다른 유형의 피드백을 '양의 피드백positive feedback'이라고 한다.

43.10 시스템 응답의 평가

시스템의 평가는 장치별로 실용적으로 수행될 수 있다. 이런 평가에는 다음과 같은 **측정**이 해당될 수 있다.

- 정확도
- 반복성
- 안정도
- 오버슈트
- 교란 후 정착 시간
- 감도
- 응답 속도

시스템을 평가할 때, 다음 사항을 **인지하는 것이 중요**하다.

- 모든 변수는 시간에 의존한다.
- 속도는 거리 변화의 비율이다.
- 전류는 전하 변화의 비율이다.
- 유량은 양의 변화 비율이다.

또한 **오차의 원인**들이 존재하는데, 예를 들어 다음 사항이 해당된다.

- 치수 공차
- 부품 공차
- 보정 공차
- 계기 정확도
- 계기 분해능
- 인간 관측

◆ 이제 다음 연습문제를 풀어보자.

[연습문제 205] 공학 시스템에 대한 단답형 문제

1 시스템을 정의하라.

2 각각에 대한 시스템 블록 다이어그램을 그려, 네 가지 일반적 유형의 공학 시스템을 기술하고, 간단히 설명하라.

3 트랜스듀서를 정의하고, 네 가지 예를 들어보라.

4 시스템 제어의 세 가지 방법을 설명하라.

5 (a) 개방 루프 제어, (b) 닫힌 루프 제어를 간단히 설명하라.

6 완전 자동화 시스템을 제작하는 세 가지 이유를 설명하라.

7 (a) 음의 피드백, (b) 양의 피드백을 설명하라.

8 (a) 부족제동, (b) 과잉제동을 설명하라.

9 시스템 응답을 평가하는 데 포함할 수 있는 네 가지 측정을 설명하라.

10 시스템 응답을 평가할 때 존재할 수 있는 네 가지 가능한 오차의 원인을 설명하라.

1 자세한 열차 시간표를 포함하는, 망으로 된 컴퓨터 데이터베이스는 어떤 시스템의 예인가?

(a) 전기기계 시스템

(b) 운송 시스템

(c) 컴퓨터 시스템

(d) 정보 시스템

2 관절로 이어진 트럭에 설치된 앤티록$^{anti-lock}$식(급브레이크 때에도 바퀴의 회전이 멈추지 않는) 브레이크 시스템은 어떤 시스템의 예인가?

(a) 전기기계 시스템

(b) 유체공학 시스템

(c) 논리 시스템

(d) 정보 시스템

3 다음 중 어떤 시스템 부품이 전기 에너지를 저장하는 데 사용되는 장치인가?

(a) 플라이휠

(b) 액추에이터

(c) 배터리

(d) 변압기

4 다음 중 시스템 출력 장치가 아닌 것은?

(a) 선형 액추에이터

(b) 스태퍼 모터

(c) 릴레이

(d) 속도 발생기

5 다음 중 시스템 입력 장치가 아닌 것은?

(a) 마이크로스위치

(b) 릴레이

(c) 가변 저항

(d) 로터리 스위치

6 다음 중 음의 피드백을 사용하는 장점이 아닌 것은?

(a) 시스템에 의해 생산되는 전체 이득이 증가한다.

(b) 시스템이 개별 부품의 특성 변화에 덜 변화한다.

(c) 시스템의 동작이 더 예측 가능하다.

(d) 시스템의 안정도가 증가한다.

7 컴퓨터화된 공항 비행 착륙 시스템은 어떤 시스템의 예인가?

(a) 전기기계 시스템

(b) 정보 시스템

(c) 화학 시스템

(d) 유체공학 시스템

8 정유 공장$^{oil\ refinery}$은 어떤 시스템의 예인가?

(a) 전기기계 시스템

(b) 유체공학 시스템

(c) 화학 시스템

(d) 정보 시스템

부록 A

공학도를 위한 여러 가지 공식

List of formulae for science for engineering

수학 공식

지수법칙

$$a^m \times a^n = a^{m+n} \qquad \frac{a^m}{a^n} = a^{m-n}$$

$$(a^m)^n = a^{mn} \qquad a^{m/n} = \sqrt[n]{a^m}$$

$$a^{-n} = \frac{1}{a^n} \qquad a^0 = 1$$

평면도형의 넓이

❶ 직사각형 넓이 $= l \times b$

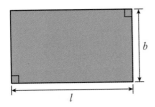

❷ 평행사변형 넓이 $= b \times h$

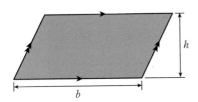

❸ 사다리꼴 넓이 $= \frac{1}{2}(a+b)h$

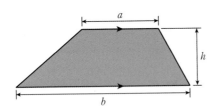

❹ 삼각형 넓이 $= \frac{1}{2} \times b \times h$

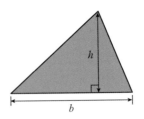

❺ 원 넓이 $= \pi r^2$, 원주 $= 2\pi r$

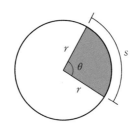

- 라디안 척도 : 2π 라디안 $= 360°$
- 원의 부채꼴 :

  호의 길이, $s = \dfrac{\theta°}{360}(2\pi r) = r\theta$ (θ: [rad])

  음영의 넓이 $= \dfrac{\theta°}{360}(\pi r^2) = \dfrac{1}{2}r^2\theta$ (θ: [rad])

기본적인 입체의 부피와 겉넓이

❶ 직육면체(또는 정육면체)
- 부피 $= l \times b \times h$
- 겉넓이 $= 2(bh + hl + lb)$

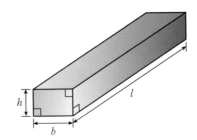

❷ 원기둥

- 부피 $= \pi r^2 h$

- 전체 겉넓이 $= 2\pi rh + 2\pi r^2$

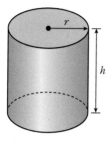

❸ 사각뿔

밑면의 넓이 $= A$, 높이 $= h$일 때,

- 부피 $= \dfrac{1}{3} \times A \times h$

- 전체 겉넓이
  =측면을 형성하는 삼각형 넓이의 합
  　＋밑면의 넓이

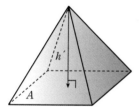

❹ 원뿔

- 부피 $= \dfrac{1}{3} \pi r^2 h$

- 측면의 겉넓이 $= \pi rl$

- 전체 겉넓이 $= \pi rl + \pi r^2$

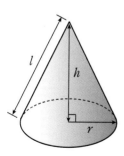

❺ 구

- 부피 $= \dfrac{4}{3} \pi r^3$

- 겉넓이 $= 4\pi r^2$

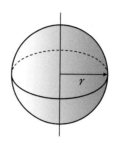

직각삼각형

❶ 피타고라스 정리

$b^2 = a^2 + c^2$

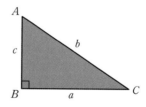

❷ 삼각비

$\sin C = \dfrac{c}{b}$

$\cos C = \dfrac{a}{b}$

$\tan C = \dfrac{c}{a}$

직각이 아닌 삼각형

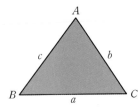

❶ 사인법칙 : $\dfrac{a}{\sin A} = \dfrac{b}{\sin B} = \dfrac{c}{\sin C}$

❷ 코사인법칙 : $a^2 = b^2 + c^2 - 2bc\cos A$

❸ 임의의 삼각형의 넓이

(i) $\dfrac{1}{2} \times$ 밑변 $\times$ 높이

(ii) $\dfrac{1}{2} ab\sin C$ 또는 $\dfrac{1}{2} ac\sin B$ 또는 $\dfrac{1}{2} bc\sin A$

그래프

직선의 방정식 $y = mx + c$

기계공학 공식

공식	공식 기호	단위
밀도 $=\dfrac{\text{질량}}{\text{부피}}$	$\rho=\dfrac{m}{V}$	$\mathrm{kg/m^3}$
평균 속도 $=\dfrac{\text{이동 거리}}{\text{소요 시간}}$	$v=\dfrac{s}{t}$	$\mathrm{m/s}$
가속도 $=\dfrac{\text{속도 변화}}{\text{소요 시간}}$	$a=\dfrac{v-u}{t}$	$\mathrm{m/s^2}$
힘 $=$ 질량 $\times$ 가속도	$F=ma$	N
무게 $=$ 질량 $\times$ 중력장	$W=mg$	N
구심 가속도	$a=\dfrac{v^2}{r}$	$\mathrm{m/s^2}$
구심력	$F=\dfrac{mv^2}{r}$	N
한 일 $=$ 힘 $\times$ 움직인 거리	$W=Fs$	J
효율 $=\dfrac{\text{유용한 출력 에너지}}{\text{입력 에너지}}$		
일률 $=$ 가속도 $=\dfrac{\text{사용된 에너지(혹은 한 일)}}{\text{소요 시간}}=$ 힘 $\times$ 속도	$P=\dfrac{E}{t}=Fv$	W
위치 에너지 $=$ 무게 $\times$ 높이 변화	$E_p=mgh$	J
운동 에너지 $=\dfrac{1}{2}\times$ 질량 $\times$ (속도)^2	$E_k=\dfrac{1}{2}mv^2$	J
모멘트 $=$ 힘 $\times$ 수직 거리	$M=Fd$	Nm
각속도	$\omega=\dfrac{\theta}{t}=2\pi n$	$\mathrm{rad/s}$
선속도	$v=\omega r$	$\mathrm{m/s}$
초기 속도 u, 최종 속도 v, 변위 s, 시간 t, 일정한 가속도 a 사이의 관계식	$\begin{cases} s=ut+\dfrac{1}{2}at^2 \\ v^2=u^2+2as \end{cases}$	m $(\mathrm{m/s})^2$
초기 각속도 ω_1, 최종 각속도 ω_2, 각 θ, 시간 t, 각 가속도 a 사이의 관계식	$\begin{cases} \theta=\omega_1 t+\dfrac{1}{2}\alpha t^2 \\ \omega_2^2=\omega_1^2+2\alpha\theta \end{cases}$	rad $(\mathrm{rad/s})^2$
마찰력 $=$ 마찰계수 $\times$ 수직 힘	$F=\mu N$	N
힘의 비율(역비) $=\dfrac{\text{하중}}{\text{작용력}}$		
이동 비율(이동비) $=\dfrac{\text{작용력에 의해 이동한 거리}}{\text{하중에 의해 이동한 거리}}$		

공식	공식 기호	단위
효율=$\dfrac{\text{힘의 비율}}{\text{이동 비율}}$		
응력=$\dfrac{\text{가한 힘}}{\text{단면적}}$	$\sigma=\dfrac{F}{A}$	Pa
변형=$\dfrac{\text{변한 길이}}{\text{원래 길이}}$	$\epsilon=\dfrac{x}{L}$	
영의 탄성률=$\dfrac{\text{응력}}{\text{변형}}$	$E=\dfrac{\sigma}{\epsilon}$	Pa
강성=$\dfrac{\text{힘}}{\text{연장}}$		N/m
운동량=질량×속도		kg m/s
충격량=가한 힘×시간=운동량 변화		kg m/s
토크=힘×수직 거리	$T=Fd$	Nm
일률=토크×각속도	$P=T\omega=2\pi nT$	W
토크=관성 모멘트×각 가속도	$T=I\alpha$	Nm
압력=$\dfrac{\text{힘}}{\text{면적}}$	$p=\dfrac{F}{A}$	Pa
압력=밀도×중력가속도×높이	$p=\rho gh$	Pa
1바(bar)=10^5파스칼(Pa)		
절대 압력=게이지 압력+대기압		
열에너지 양=질량×비열용량×온도 변화	$Q=mc(t_2-t_1)$	J
켈빈 온도=셀시우스 온도+273		
새 길이=원래 길이+팽창	$L_2=L_1\big[1+\alpha(t_2-t_1)\big]$	m
새 표면적=원래 표면적+면적 증가	$A_2=A_1\big[1+\beta(t_2-t_1)\big]$	m^2
새 부피=원래 부피+부피 증가	$V_2=V_1\big[1+\gamma(t_2-t_1)\big]$	m^3
기체 상태 방정식	$\dfrac{p_1V_1}{T_1}=\dfrac{p_2V_2}{T_2}=k$	
	$pV=mRT$	

전기공학 공식

공식	공식 기호	단위
전하＝전류×시간	$Q = It$	C
저항＝$\dfrac{전위차}{전류}$	$R = \dfrac{V}{I}$	Ω
전력＝전위차×전류	$P = VI = I^2R = \dfrac{V^2}{R}$	W
단자 전위차＝전원 기전력−(전류)(저항)	$V = E - Ir$	V
저항＝$\dfrac{저항률×도체\ 길이}{단면적}$	$R = \dfrac{\rho l}{A}$	Ω
직렬연결된 총 저항	$R = R_1 + R_2 + \cdots$	Ω
병렬연결된 총 저항	$\dfrac{1}{R} = \dfrac{1}{R_1} + \dfrac{1}{R_2} + \cdots$	
자속 밀도＝$\dfrac{자속}{면적}$	$B = \dfrac{\Phi}{A}$	T
도체가 받는 힘＝자속 밀도×전류×도체 길이	$F = BIl$	N
전하가 받는 힘＝전하×속도×자속 밀도	$F = QvB$	N
유도 기전력＝자속 밀도×도체 길이×도체 속도	$E = Blv$	V
유도 기전력＝코일의 턴 수×자속의 변화율	$E = -N\dfrac{d\Phi}{dt}$	V
유도 기전력＝인덕턴스×전류의 변화율	$E = -L\dfrac{dI}{dt}$	V
인덕턴스＝코일의 턴 수×$\dfrac{자속}{전류}$	$L = \dfrac{N\Phi}{I}$	H
상호 유도 기전력	$E_2 = -M\dfrac{dI_1}{dt}$	V
이상 변압기에 대해	$\dfrac{V_1}{V_2} = \dfrac{N_1}{N_2} = \dfrac{I_2}{I_1}$	
전기장 강도＝$\dfrac{유전체\ 양단\ 간\ 전위차}{유전체\ 두께}$	$E = \dfrac{V}{d}$	V/m
전속 밀도＝$\dfrac{전하}{면적}$	$D = \dfrac{Q}{A}$	C/m^2
전하＝커패시턴스×전위차	$Q = C \times V$	C
평행판 커패시터	$C = \dfrac{\epsilon_0\epsilon_r A(n-1)}{d}$	F

공식	공식 기호	단위
직렬연결된 총 커패시턴스	$\dfrac{1}{C} = \dfrac{1}{C_1} + \dfrac{1}{C_2} + \cdots$	
병렬연결된 총 커패시턴스	$C = C_1 + C_2 + \cdots$	F
커패시터에 저장된 에너지	$W = \dfrac{1}{2} CV^2$	J
휘트스톤 브리지	$R_x = \dfrac{R_2 R_3}{R_1}$	Ω
전위차계	$E_2 = E_1 \left(\dfrac{l_2}{l_1} \right)$	V
주기	$T = \dfrac{1}{f}$	s
rms 전류	$I = \sqrt{\dfrac{i_1^2 + i_2^2 + \cdots + i_n^2}{n}}$	A
사인파에 대해		
평균값	$I_{AV} = \dfrac{2}{\pi} I_m$	
rms 값	$I = \dfrac{1}{\sqrt{2}} I_m$	
파형률 $= \dfrac{\text{rms}}{\text{평균}}$		
파고율 $= \dfrac{\text{최댓값}}{\text{rms}}$		

부록 B

용어 해설

Glossary of terms

SI 단위$^{\text{SI units}}$: 국제단위계 시스템(MKS 시스템 : 미터, 킬로그램, 초)에서 끌어낸 국제적으로 동의한 단위 시스템. 일곱 가지 기본 단위는 미터(m), 킬로그램(kg), 초(s), 암페어(A), 켈빈 (K), 몰(mol), 칸델라(cd)이다.

STP : 표준 온도와 압력의 약자.

가속도^{Acceleration} : 물체의 속도가 어떤 정해진 시간에 증가하는 양.

각 가속도$^{\text{Angular acceleration}}$: 각속도의 변화 비율.

각속도$^{\text{Angular velocity}}$: 고정점에 대한 물체의 각 위치의 변화 비율.

각운동량$^{\text{Angular momentum}}$: 물체의 관성 모멘트 I와 각속도 ω의 곱

검류계^{Galvanometer} : 전류를 감지하고, 비교하고, 측정하는 계측기.

관성^{Inertia} : 물체가 운동 상태의 변화에 저항하는 방식의 척도인 모든 물질이 소유한 성질.

관성 모멘트$^{\text{Moment of inertia}}$: 회전하는 물체에 대한 것. 회전하는 물체의 질량 요소들과 회전축으로부터 각 질량 요소까지의 거리 제곱을 곱한 결과들의 합. 물체를 회전시키기 위해 필요한 힘을 결정할 때 질량의 분포를 찾는 것은 매우 중요하다.

구심력$^{\text{Centripetal force}}$: 원 혹은 곡선 운동에서, 계속 원형 경로를 움직이게 하는 물체 상에 작용하는 힘. 예를 들면, 끈에 붙어있는 물체가 사람의 머리 위에서 원운동으로 회전한다면, 물체상에 작용하는 구심력은 끈의 장력이다. 이와 유사하게, 태양 주위를 도는 지구에 작용하는 구심력은 중력이다. 뉴턴의 법칙에 따라, 이에 대한 반작용은 크기는 같고 방향은 반대인 원심력으로 간주될 수 있다.

기계 장치^{Machine} : 유용한 일을 하기 위해서 힘을 조절하거나 전달하는 장치. 단순 기계에서, 힘(작용력)은 더 큰 힘(하중)에 저항한다. 작용력(입력 힘)에 대한 하중(출력 힘)의 비율이 기계의 힘의 비율(역비)이고, 이전에는 기계적 확대율$^{\text{mechanical advantage}}$이라고 불렸다. 작용력에 의해 움직인 거리에 비해 하중에 의해 움직인 거리의 비를 거리 비율$^{\text{distance ratio}}$ 혹은 이동 비율$^{\text{movement ratio}}$이라고 하며, 이전에는 속도 비율$^{\text{velocity ratio}}$로 알려졌다. 기계에 주입된 일에 대해 기계에 의해 한 일의 비율은 효율이고, 일반적으로 퍼센트(%)로 표현된다.

기계적 확대율$^{\text{Mechanical advantage}}$: 단순 기계가 가해진 힘을 배가시키는 비율. 이는 작용력(입력 힘)에 대한 하중(출력 힘)의 비율이다.

기압계^{Barometer} : 대기압을 측정하는 계측기. 수은 기압계, 아네로이드 기압계의 두 가지 유형이 있다.

기어 바퀴$^{\text{Gear wheel}}$: 보통 톱니 모양으로 회전축에 붙어 있다. 한 기어의 이들은 회전 운동과 토크를 전달하고 조절하기 위해 다른 기어의 이들에 맞물려 있다. 한 쌍의 기어 중 더 작은 쪽을 피니언^{pinion}이라 부른다. 피니언이 구동축 상에 있으면, 속도가 감소되고 회전력이 증가한다. 더 큰 기어가 구동축상에 있으면, 속도가 증가하고 회전력이 감소한다. (웜 휠과 맞물리는 구동축의 나선인) 웜^{worm}이라고 하는 나사형 구동 기어는 구동되는 기어의 속도를 크게 감소시킨다.

기화^{Vaporisation} : 물이 증기로 변하는 것 같이, 액체 혹은 고체가 증기로 전환되는 것.

기화 잠열$^{\text{Latent heat of vaporisation}}$: 일정한 온도에서 물을 증기로 변화시키는 데 필요한 열.

나사^{Screw} : 단순 기계인 빗면의 변형. 나사는 나선형 와선으로, 보통은 금속으로 된 원뿔체 주위를 빙 둘러 절단된 빗면이다. 예를 들어 드라이버나 나사 잭의 지레를 사용하여 나사에 방사상으로 힘을 가하면, 나사는 피치로 결정된 길이(나사산의 꼭대기 간 거리)만큼 앞으로 진행한다.

냉동^{Refrigeration} : 냉장고 내에서 온도가 낮아지는 과정. 가정용 냉장고에서, 암모니아 혹은 클로로플루오르카본(CFC)과 같은 냉매 가스는 번갈아가면서 압축과 팽창이 된다. 먼저 가스는 펌프에 의해 압축되고 가스는 데워진다. 그 후 가스는 냉각기에서 차갑게 되어 액화된다. 그 후 증발기로 들어가 팽창되고 끓게 되며, 주위로부터 열을 흡수하여 냉장고를 냉각시킨다. 그 후 다시 펌프를 통과하여 압축이 된다.

뉴턴^{Newton} : 기호 N을 사용하는 힘의 SI 단위. 1N은 1kg의 질량을 $1\,m/s^2$의 가속도를 갖게 하는 힘이다. 1kg은 9.807N의 무게를 가한다.

대기압^{Atmospheric pressure} : 대기의 무게(지구로의 중력 인력) 때문에 작용되는 아래 방향의 힘으로 기압계로 측정되고, 보통 밀리바(mb)의 단위로 나타낸다. 해수면에서 표준 대기압은 1013.25mb이다.

대류^{Convection} : 동역학 이론에 따라 유체 내 물질의 흐름에 의한 열의 전달.

대수학^{Algebra} : 숫자와 알파벳 기호를 사용하여 나타낸 방정식의 연구를 다루는 수학의 한 분야로, 여기서 알파벳 기호는 결정해야 할 수량을 나타낸다.

도르래^{Pulley} : 힘을 배가시키기 위해 혹은 힘이 적용되는 방향을 바꾸기 위해 사용되는 단순 기계. 단순 도르래는 종종 홈이 있는 바퀴를 고정된 구조물에 부착시켜 구성한다. 복합 도르래는 둘 혹은 그 이상의 바퀴로 구성이 되는데, 사람들이 들어 올릴 수 있는 무게보다 더 무거운 물체를 들어 올리게 해주는 이동 도르래도 사용한다.

도체^{Conductor} : 자유 전자가 쉽게 통과하도록 허용하는, 그래서 열에너지 혹은 대전된 입자가 쉽게 흐르도록 허용하는 물질 혹은 물체. 도체는 작은 저항을 갖는다.

돌턴의 법칙^{Dalton's law} : 혼합 가스에서 각 가스에 의해 발휘되는 압력은 어떤 화학 반응도 일어나지 않는다고 하면, 다른 가스의 압력에 의존하지 않는다. 따라서 그런 혼합물의 총 압력은 (혼합물이 공유하고 있는 동일한 부피 내에 마치 홀로 존재하는 것처럼) 각 가스에 의해 발휘되는 부분 압력들의 합이다.

라디안^{Radian} : 두 반지름으로 잘라낸 호의 길이가 반지름의 길이와 같을 때, 원의 중심에서 두 반지름의 교차로 형성된 각도. 따라서 라디안은 57.296°와 같은 각의 단위이고, 360°는 2π 라디안이다.

마력^{Horsepower} : 일이 행해지는 비율을 가리키는 단위. 1마력과 같은 전력은 746W이다.

마찰^{Friction} : 접촉하고 있는 표면이 서로 미끄러지거나 혹은 서로 부딪쳐 구르거나, 또는 유체(액체 혹은 기체)가 표면을 따라 흐를 때 만나는 저항.

마찰계수^{Coefficient of friction} : 한 물체가 다른 물체를 따라 미끄러지거나 혹은 구르도록 하는 데 필요한 힘을 특정 짓는 숫자. 만약 물체가 무게 N을 갖고 마찰계수가 μ라고 하면, 수평면을 따라 가속 없이 물체를 이동하기 위해 필요한 힘 F는 $F = \mu N$이다. 정지 마찰계수는 움직임을 시작하기 위해 필요한 힘을 결정하고, 운동 마찰계수는 움직임을 유지하기 위해 필요한 힘을 결정한다. 운동 마찰은 보통 정지 마찰보다 작다.

모멘트의 원리^{Principle of moments} : 중심 피벗 혹은 지레의 받침점에 의해 균형을 이룬 두 물체의 모멘트는 같다(물체의 모멘트는 질량과 피벗으로부터의 거리를 곱한 양)는 것을 설명한 법칙.

무게^{Weight} : 중력 때문에 물체에 가해진 끄는 힘. 물체의 무게는 질량과 그 지점에서의 중력장 세기의 산물이다. 질량은 일정하게 유지되지만, 무게는 지구 표면상에 위치한 물체의 위치에 따라 달라지며, 고도가 증가하면 감소한다.

미터법^{Metric system} : m라고 하는 길이의 단위와 kg이라고 하는 질량의 단위에 기반을 둔 계량법의 십진 시스템. 1791년 프랑스에서 고안되었고, 미터 시스템은 국제적으로 사용되며(SI 단위) 대부분의 서방 국가들에서 채택하고 있다. 하지만 여전히 미국과 영국에서는 일반적으로 영국 도량형법 시스템을 사용하고 있다.

밀도^{Density} : SI 단위 kg/m^3로 표현되는, 주어진 물질에 대한 질량의 부피에 대한 비율. 밀도의 기호는 ρ(그리스 문자 rho)이다.

바^{Bar} : 압력의 단위. 0℃에서 수은 기둥 75.006 cm에 의한 압력 혹은 4℃에서 물 약 33.45피트에 의한 압력. 이는 10^5 파스칼과 같다. 표준 대기압은 (해수면에서) 1.01325 bar 혹은 1013.25 mb이다.

배터리^{Battery} : 화학 에너지를 전기 에너지로 변환하는 전기화학 전지들을 모은 것.

벡터^{Vector} : 크기와 방향 모두를 갖는 양; 속도, 가속도 그리고 힘은 벡터의 예이다.

벡터의 삼각형법$^{Triangle\ of\ vectors}$: 동일 평면상에 있고 평형을 이룬 세 벡터에 대해, 각 변이 세 벡터의 크기와 방향을 나타내는 삼각형. 벡터 삼각형은 종종 힘과 속도를 나타낸다. 두 힘의 크기와 방향을 알고 있다면, 삼각형의 두 변은 그릴 수 있다. 눈금을 그리고 삼각법을 사용하여 제3의 힘의 크기와 방향을 계산할 수 있다.

변형^{Strain} : 응력의 지배를 받는 물체의 크기 변화. 선형 변형은 원래 길이에 대한 막대의 길이 변화의 비율. 전단 응력은 반대편 면이 다른 방향으로 밀리는 물체의 모양 변화를 나타낸다. 탄성 재료에 대한 후크의 법칙이란, 재료의 비례성 한계까지 변형이 응력에 거의 비례함을 말한다.

보일의 법칙$^{Boyle's\ law}$: 일정 온도에서 가스의 부피는 압력에 역비례 한다. 이것은 압력이 증가할 때 가스의 부피는 감소함을 의미한다.

복사^{Radiation} : 원자보다 작은 입자들에 의한 전자기파 에너지의 전송.

부피 팽창 계수$^{Coefficient\ of\ cubic\ expansion}$: 단위온도 상승당 부피의 단편적 증가.

비열용량$^{Specific\ heat\ capacity}$: 물질 1kg을 1K의 온도만큼 증가시키는 데 필요한 열. 이는 J/kgK으로 측정된다.

비중$^{Relative\ density}$: 같은 온도와 압력에서 기준 물질의(보통은 물) 밀도에 대한 어떤 물질의 밀도의 비율.

비틀림^{Torsion} : 비트는 힘의 지배를 받는 재료의 변형. 엔진 드라이브 축과 같은, 막대 혹은 축에서, 비틀 때 비틀림 각도는 막대 지름의 4제곱과 재료의 전단율(상수)을 곱한 값에 반비례한다. 비틀림 막대는 몇몇 자동차 현가장치의 스프링 기구에 사용된다.

산^{Acid} : 염을 형성하기 위해 금속에 의해 혹은 다른 양이온에 의해 대체될 수 있는 수소를 포함하고 있는 화학 화합물. 산은 물에 해리되어 물의 수소 이온을 산출하고, 따라서 양성자 도너로 작용한다. 용액은 부식성이고 신맛을 내며, 지시약에 빨간 색을 나타내고, 7보다 작은 pH 값을 갖는다. 황산과 같은 강산은 완전히 이온으로 해리되고, 반면에 에탄산과 같은 약산은 단지 부분적으로 해리된다.

상태 변화$^{Change\ of\ state}$: 물질이 한 물리적 상태(기체, 액체, 혹은 고체)에서 다른 상태로 변화할 때 발생하는 변화.

샤를의 법칙$^{Charles'\ law}$: 일정 압력에서 가스의 부피는 절대 온도에 정비례한다.

서모커플(열전대)^{Thermocouple} : 서로 다른 두 금속이 한쪽 끝에 접합되어 있고, 또 다른 두 끝은 일정한 온도로 유지되어 있는, 두 전선으로 만들어진 온도계. 전선 간의 접합은 온도가 측정될 물체 내에 위치한다. 측정이 가능한 기전력이 생성되고 따라서 이를 측정하면 온도가 측정된다.

서모파일^{Thermopile} : 여러 개의 열전대를 직렬로 함께 연결시켜 구성한, 복사열을 측정하는 데 사용되는 장치. 번갈아 있는 접합들을 검게 만들어 복사열을 흡수하도록 하고, 다른 접합들은 복사로부터 차폐되어 있다. 접합 간 온도 차이로 발생된 기전력이 측정될 수 있다. 이로부터, 검게 된 접합의 온도가 계산될 수 있고, 따라서 복사 강도가 측정된다.

서미스터^{Thermistor} : 온도가 증가할 때 저항이 급격하게 떨어지는 반도체 형태. 20℃에서 저항은 수천 Ω 정도이고, 100℃에서는 단지 10Ω이 될 수 있다. 서미스터는 온도를 측정하는 데 쓰이고, 또 회로의 다른 부분에서 발생한 온도 변화를 측정하여 온도를 보정하거나 조절하는 데 사용된다.

선팽창 계수^{Coefficient of linear expansion} : 단위온도 상승당 길이의 단편적 증가.

셀시우스^{Celsius} : 물의 어는 온도(0℃)와 물이 끓는 온도(100℃)에 기반을 둔 온도 눈금. 이 두 지점 사이의 간격은 100도로 나누어진다. 이 눈금은 앤더스 셀시우스^{Anders Celsius}에 의해 고안되었다.

속도 비율^{Velocity ratio} : 단순 기계에서. 작용력(입력 힘)의 작용점이 움직인 거리를 하중(출력 힘)의 작용점이 움직인 거리로 나눈 것.

속도^{Velocity} : 어떤 방향으로 물체가 움직이는 비율.

수리학^{Hydraulics} : 정적 및 동적 상태에서 유체의 행동에 대한 물리 과학과 기술. 수리학은 운동 중인 유체의 실제적 응용을 다루고, 이를 활용하고 제어하는 장치들을 다룬다.

스칼라^{Scalar} : 크기만을 갖는 양. 질량, 에너지, 속력은 스칼라의 예이다.

아르키메데스의 원리^{Archimedes' principle} : 유체 속에 잡긴 물체는 대체된 유체의 무게와 같은 힘에 의해 위로 밀어 올려진다.

알칼리^{Alkali} : 산과 작용하여 물과 염을 형성하는 용해할 수 있는 염기. 알칼리 용액은 7보다 큰 pH를 갖고, 리트머스 색깔을 파랗게 변화시킨다. 알칼리 용액은 세정 재료로 사용된다.

암페어^{Ampere} : 전류의 SI 단위. 기호는 A이다.

압력^{Pressure} : 물체 표면상에 가해진 힘을 표면적으로 나눈 것. SI 단위는 파스칼(기호 Pa)이고, 이는 $1\,N/m^2$이다. 기상학에서는 일반적으로 밀리바(mb)가 사용되는데, 이는 $100\,Pa$이다. $1\,bar = 10^5\,Pa = 14.5\,psi$.

압력계^{Manometer} : 압력을 측정하는 장치.

액체(유체) 정역학^{Hydrostatics} : 정지해 있는 액체를 다루는 역학의 한 분야. 실제 응용은 주로 수리 공학에서 이루어지고, 수압 프레스, 자동 양수기, 양수 펌프, 자동차 브레이크 및 제어 시스템과 같은 장치의 설계에서 이루어진다.

양극^{Anode} : 전해질 전지의 양(+) 전극.

어는점^{Freezing point} : 물질이 액체에서 고체로 상(혹은 상태)을 변화시키는 온도. 압력이 증가할 때 대부분의 물질은 어는점이 증가한다. 고체에서 액체로 되는 역과정은 녹는 것이고, 따라서 녹는점은 어는점과 같다.

에너지 보존 법칙^{Conservation of energy, law of} : 에너지는 생성되거나 파괴될 수 없음을 말한다.

에너지^{Energy} : 한 일의 능력. J로 측정된다.

역학^{Dynamics} : 운동 중인 물체를 다루는 기계공학의 한 분야. 역학의 두 가지 주요 분야는 그것의 원인은 주목하지 않고 운동을 연구하는 운동학과, 그리고 운동을 일으키는 힘까지 고려한 동역학이다.

역학^{Mechanics} : 힘의 영향 하에 물체의 행동과 관련된 물리학의 한 분야. 고체 역학과 유체 역학으로 나눌 수 있고, 또 다른 분류로 정지해 있는 물체를 연구하는 정역학과 운동하고 있는 물체를 연구하는 동역학으로 나눌 수 있다.

연성^{Ductility} : 약화되지 않고 늘어날 수 있는 금속 혹은 어떤 다른 물질들의 능력.

열 전도Conduction, thermal : 물체의 뜨거운 영역에서 찬 영역으로 열의 전달.

열Heat : 원자들과 분자들의 일정한 진동과 연관된 에너지의 형태.

염기Base : 화학에서, 양성자를 받아들이는 어떤 화합물. 염기는 산을 중화시켜 염기와 물을 형성한다.

영국도량형법 시스템Imperial system : 영국에서 개발된 측정의 단위들. 이전에는 fps 시스템으로 알려졌는데, 이는 'foot-pound-second 시스템' 단위의 약자이다.

영률Young's modulus : 생성된 길이 방향의 변형에 대한 물체에 가해진 응력의 비율.

온도Temperature : 물체의 뜨겁고 차가운 척도.

옴Ohm : 전기 저항의 SI 단위로서, 옴Geo Simon Ohm의 이름에서 따왔다.

옴의 법칙Ohm's law : 재료를 통과하는 고정된 전류의 양은 재료의 양단 간 전압에 비례한다는 법칙.

와트Watt : 스코틀랜드 공학자인 제임스 와트James Watt의 이름에서 딴, 일률의 SI 단위. 초당 1J의 에너지를 소모하는 기계는 1W의 일률을 출력으로 갖는다. $1\,W=1\,J/s=1\,Nm/s$. 1마력은 746 W에 해당한다.

용해 잠열Latent heat of fusion : 일정한 온도에서 얼음을 물로 변화시키는 데 필요한 열.

운동량Momentum : 물체의 질량과 선속도의 곱. 물리학 기본 법칙 중의 하나는 물체들의 어떤 시스템이 갖는 총 운동량은 모든 시간에서, 충돌 중이거나 충돌 후에서도 보존된다(일정하게 유지된다)는 원리이다.

운동에너지Kinetic energy : 운동 중에 있는 물체가 소유하는 에너지. 이것은 물체가 운동 상태를 유지하도록 물체에 주어진 에너지이다. 부딪친 순간에, 운동에너지는 변형, 열, 소리, 빛과 같은 다른 에너지의 형태로 변환된다.

운동의 법칙laws of Motion : **아이작 뉴턴**Isaac Newton에 의해 제안된 세 가지 법칙은 운동과 힘에 관한 고전 연구의 초석을 형성하였다. 첫 번째 법칙에 따르면, 물체는 운동 상태의 변화에 저항한다. 즉 정지하고 있는 물체는 외부에서 힘이 작용하지 않는 한 계속 정지해 있으려고 하고, 운동하고 있는 물체는 외부에서 힘이 작용하지 않는 한 같은 속도로 계속 운동하려고 한다. 이러한 특성을 **관성**inertia이라고 한다. 두 번째 법칙은 힘을 가한 결과로 발생한 물체의 속도 변화는 힘에 직접 비례하고 물체의 질량에 반비례한다고 말한다. 세 번째 법칙에 따르면, 모든 작용에는 크기가 같고 방향이 반대인 반작용이 존재한다.

원소Element : 화학적 방법으로 더 단순한 물질로 쪼개질 수 없는 물질.

원자번호Atomic number : 원소의 원자핵에 있는 양성자의 수로서 핵 주위를 움직이는 전자의 수와 같다.

웨버Weber : 기호로는 Wb인 자속의 SI 단위.

위치에너지Potential energy : 물체의 위치나 모양 때문에 일을 할 수 있는 물체의 능력.

유전율Permittivity : 유전체가 전하의 흐름에 저항할 수 있는 정도의 척도.

유전체 강도Dielectric strength : 이온화되어 절연 파괴되지 않고 지탱할 수 있는 유전체의 최대 전기장.

유전체Dielectric : 커패시터 내에서 두 도체를 분리하는 전기 절연체와 같은 전도가 일어나지 않는 물질.

유체Fluid : 흐를 수 있는 어떤 물질. 물질의 일반적 세 가지 상태 중 기체와 액체는 유체로 간주되지만 고체는 그렇지 않다.

음극^{Cathode} : 전해질 전지의 음(−) 전극.

응력^{Stress} : 물체에 가해진 단위면적당 힘. 인장 응력은 물체를 늘이고, 압축 응력은 물체를 죄고, 전단 응력은 물체를 비스듬하게 변형시킨다. 유체는 비스듬하게 미끄러지기 때문에 유체에서 전단 응력은 불가능하고, 따라서 모든 유체 응력은 압력이다.

이상기체 법칙$^{Ideal\ gas\ laws}$: 이상(완벽한)기체의 압력, 온도, 부피의 관계 법칙은 $pV = mRT$이고, 여기서 R은 기체 상수이다. 이 법칙은 일정한 온도 T에서, 압력 p와 부피 V의 곱은 일정하고(보일의 법칙), 그리고 일정한 압력에서, 부피는 온도에 비례함(샤를의 법칙)을 의미한다.

이온^{Ion} : 전자의 총 수가 양성자의 총 수와 다른 원자 혹은 분자로서 알짜 양전하 혹은 음전하를 갖는 원자가 된다.

인덕턴스^{Inductance} : 전류의 변화 때문에 기전력을 생성하는 부품 혹은 전기 회로의 특성. 인덕턴스의 SI 단위는 헨리(H)이다.

인장 강도$^{Tensile\ strength}$: 인장 응력에 대해 물체가 주는 저항. 물체를 깨뜨리기 위해 필요한 최소의 인장 응력으로 정의된다.

일^{Work} : 힘의 작용점을 움직이는데 전달되는 에너지. 일은 힘과 힘 방향으로 움직인 거리를 곱한 크기와 같다.

일률^{Power} : 일을 하거나 에너지를 생성 혹은 소모하는 비율. 일률의 단위는 와트(W)이고, $1\,W = 1\,Nm/s$ 이다.

임피던스^{Impedance} : 전기 회로에서, 전압이 가해질 때 전류의 흐름에 저항하는 척도.

자기장$^{Magnetic\ field}$: 자석 주위 혹은 전류가 흐르고 있는 도체 주위 영역. 이 영역에서 나침반 바늘의 편향과 같은 자기장 효과가 감지될 수 있다.

자속$^{Magnetic\ flux}$: 자기장의 강도와 정도의 치수. 자속의 단위는 웨버(Wb)이다.

자유낙하$^{Free\ fall}$: 중력장 내에서 지지되지 않은 물체의 운동 상태.

자유낙하의 가속도$^{Acceleration\ of\ free\ fall}$: 물체가 지구 중력장 속에서 자유낙하할 때 경험하는 가속도. 이는 지구의 각 지역마다 다르지만, 표준 값은 $9.80665\,m/s^2$으로 지정되었고 'g'라 부른다. 공기 저항을 무시하면, 가속도는 낙하하는 물체의 크기와 모양에 따라 변하지 않는다. 적도지방에서 'g'의 값은 $\approx 9.78\,m/s^2$이고, 이는 극지방에서의 값 $\approx 9.83\,m/s^2$보다 작다.

잠열$^{Latent\ heat}$: 일정한 온도에서 물질의 상을 변화시킬 때(고체에서 액체 상태로 혹은 액체에서 가스로), 물질에 의해 흡수되는 혹은 발생되는 열.

전기 회로$^{Electric\ circuit}$: 전기 전도체, 전기 장치 혹은 전자 부품들이 함께 연결되어 전류가 계속 전도되는 경로를 형성한 시스템.

전기분해^{Electrolysis} : 전해질을 통해 직류 전류를 통과시킴으로써 야기되는 화학 작용.

전기장$^{Electric\ field}$: 전하 주위의 어떤 입자가 힘을 받는 영역.

전단력(전단 변형력)$^{Shearing\ force}$: 가해진 응력에 평행한 면을 따라 미끄러짐으로써 재료의 변형을 일으키려는 힘.

전류$^{Electric\ current}$: 도체를 따라 흐르는 전자들의 움직임.

전성^{Malleability} : 파괴되지 않고, 망치로 두들기고 말고 하여 영구적 모양이 만들어질 수 있는 재료(혹은 기타 물질)의 특성. 어떤 경우에는 온도를 높이면 전성이 증가된다.

전위차$^{Potential\ difference}$: 회로 혹은 전기장에서 두 지점 사이의 전위의 차이로서 보통 V로 표현된다.

전자^{Electron} : 음의 최소 단위 전하를 갖는 원자보다 작은 입자.

전자석Electromagnet : 절연된 전선의 코일이 감겨있는 연철 코어로 구성된 자석.

정역학Statics : 정지해 있는 물체의 연구. 정역학에서, 물체에 가해진 힘은 균형을 이루고 있고 물체는 평형에 있다고 말한다. 정적 평형은 안정, 불안정 혹은 중립일 수 있다.

줄Joule : 에너지의 SI 단위. 1J은 1m의 거리를 움직이면서 가한 1N의 힘에 의해 행해진 일이다. 기호는 J이고, $1J = 1Nm$이다.

중력 중심Centre of gravity : 물체의 무게가 집중되어 있다고 생각할 수 있는 지점으로 그 주변에서 물체의 무게는 대등하게 균형이 잡혀 있다. 균일한 중력장에서 중력의 중심은 질량의 중심과 같다.

중력Gravity : 행성 혹은 다른 천체 물체의 표면에서 끄는 중력의 힘. 지구의 중력은 모든 지지되지 않은 물체에 약 $9.8 m/s^2$의 가속도를 일으킨다.

지레Lever : 보통 무거운 하중을 들어올리기 위해, 물체에 가해진 힘을 배가시키는 데 사용되는 단순 기계. 지레는 막대와 막대가 회전하는 점인 지레의 받침점으로 구성된다. 예를 들어 쇠지레에서 가한 힘(작용력)과 움직여진 물체(하중)는 지레 받침점의 서로 반대쪽에 위치하고, 작용력이 가해지는 점은 받침점에서 더 멀리 있다. 지레는 두 거리의 비율에 의해 가한 힘을 배가시킨다.

지레의 받침점Fulcrum : 지레가 축으로 회전하는 지점

진공 플라스크Vacuum flask : 물체를(보통은 액체) 뜨겁게 혹은 차게 유지하기 위한 용기. 진공 플라스크는 거의 진공 상태로 분리되어 있는 은으로 코팅된 이중 유리벽으로 제작된다. 진공 상태에 의해 전도와 대류에 의한 열전달이 방지되고, 유리에 은을 코팅함으로써 복사에 의한 열 손실이 최소화된다.

짝힘Couple : 동일 선상에서 작용하지 않는 두 개의 동일하지만 방향이 반대인 평행한 힘. 그 힘은 회전 효과 혹은 토크를 생성한다.

칼로리Calorie : 열의 단위. 칼로리는 1g의 물을 14.5℃에서 15.5℃로 1℃ 올리는 데 필요한 열량이다. SI 단위계는 칼로리 대신에 J(1 cal = 4.184 J)을 사용한다. 1000g 칼로리 = 3.968 BtuBritish thermal unit이다. $1J = 1Nm$.

커패시터Capacitor : 커패시턴스를 가진 전기 회로 부품. 최소한 두 개의 금속판을 가지고 있고, 교류 전류 회로에 주로 사용된다.

커패시턴스Capacitance : 전하를 저장하는 전기 회로의 능력. 기호 C인 커패시턴스는 패럿(F)으로 측정된다.

켈빈Kelvin : 온도의 SI 단위. 켈빈온도 눈금은 절대영도에서 영점을 갖고 셀시우스 온도와 같은 크기의 온도 간격(켈빈)을 갖는다. 물의 어는점은 273K(0℃)에서 일어나고 끓는 점은 373K(100℃)이다.

코사인Cosine : 삼각법에서, 직각 삼각형의 빗변에 대한 예각에 인접한 변 길이의 비율이다.

쿨롱Coulomb : 전하의 SI 단위. 1초에 1암페어의 전류에 의해 운반되는 전하로 정의된다.

탄성Elasticity : 응력에 의해 변형이 된 후 크기와 모양을 회복하는 물질의 능력. 외부 힘(응력)이 가해질 때, 물질은 변형(치수의 변화)을 발생시킨다. 만약 물질이 탄성 한계를 넘어서면, 원래의 모양으로 되돌아갈 수 없을 것이다.

테슬라Tesla : 기호 T로 표현되는 자속 밀도의 SI 단위.

토크Torque : 힘의 회전 효과. 발전기를 돌리기 위해 회전축 상에 토크를 생성하는 터빈이 그 예이다. 측정 단위는 뉴턴 미터(Nm)이다.

파렌하이트^{Fahrenheit} : 물의 어는 온도(32℉)와 물이 끓는 온도(212℉)에 기반을 둔 온도 눈금. 이 두 지점 사이는 180개의 등간격으로 나누어진다. 셀시우스 눈금$^{Celsius\ scale}$으로 대체되긴 하더라도, 여전히 파렌하이트 눈금은 비과학적 측정에서 사용되기도 한다.

파스칼^{Pascal} : 기호 Pa로 나타내는 압력의 SI 단위. 이는 $1\,m^2$당 $1\,N$의 압력과 같다.

파이로미터(고온도계)^{Pyrometer} : 보통의 온도계 범주를 훨씬 넘어서는 극도로 높은 온도를 재기 위한 온도계.

패럿^{Farad} : 커패시턴스의 SI 단위. 기호는 F으로서 패럿^{farad}은 마이클 패러데이$^{Michael\ Faraday}$의 이름을 따른 것이다.

팽창^{Expansion} : 온도 변화로 생긴 물체의 크기 변화. 물은 4℃에서 0℃의 빙점으로 차가워질 때 팽창하는 것과 같이 예외가 있긴 하지만, 대부분 물질은 열을 가하면 팽창한다.

평형^{Equilibrium} : 입자 혹은 물체에 작용하는 힘들이 서로 무효로 만들어 알짜 힘이 존재하지 않는 안정한 상태.

표면 팽창 계수$^{Coefficient\ of\ superficial\ expansion}$: 단위온도 상승당 면적의 단편적 증가.

퓨즈^{Fuse} : 과부하를 막기 위한 안전장치. 일반적으로 퓨즈는 회로에 직렬로 연결되어 있는, 쉽게 녹는 금속으로 된 길고 가느다란 조각이다. 과부하가 발생할 때 퓨즈는 녹게 되고 회로가 끊어지게 되어 시스템의 나머지 부분이 손상되는 것을 막는다.

합금^{Alloy} : 둘 혹은 그 이상의 금속 화합물.

해상 마일$^{Nautical\ mile}$: 바다에서 거리를 측정하기 위해 사용되는 단위로, 지구 둘레의 호인 1분의 길이로 정의한다. 국제 해상 마일은 $1852\,m\,(6076.04$피트)와 같지만, 영국에서는 6080피트$(1853.18\,m)$로 정의한다. 시간당 1해상 마일의 속도를 노트^{knot}라고 부르며, 이 용어는 바다와 항공에서 모두 사용된다.

헤르츠^{Hertz} : 주파수의 SI 단위로 **하인리히 헤르츠**$^{Heinrich\ Hertz}$의 이름을 따라 붙인 것. $1\,Hz$는 초당 1사이클과 같다.

화합물^{Compound} : 물리적 수단에 의해 분리될 수 없는 둘 혹은 그 이상인 원소들의 화학적 화합에 의해 형성된 물질.

효율^{Efficiency} : 기계가 한 일(출력)을 투입한 일의 양(입력)으로 나눈 값으로 보통 퍼센트(%)로 표시된다. 단순 기계에서, 효율은 **힘의 비율(역비)**$^{force\ ratio}$(**기계적 확대율**$^{mechanical\ advantage}$)를 거리 비율(속도 비율)로 나눈 것으로 정의될 수 있다.

후크의 법칙$^{Hooke's\ law}$: 비례하는 한계 이내에서, 재료의 팽창은 가한 힘에 비례한다. 대략적으로, 후크의 법칙은 탄성 재료가 늘어날 때 가지는 응력과 변형 간의 관계를 말한다. 이 법칙은 응력(단위면적당 힘)은 변형(크기의 변화)에 비례한다는 것으로 기술된다. 이 법칙은 한정된 영역에서만 근사적으로 성립하고, 1676년에 **로버트 후크**$^{Robert\ Hooke}$에 의해 발견되었다.

힘^{Force} : 밀기, 당기기 혹은 회전. 물체에 작용한 힘은 (i) 평형 상태로 물체를 유지하도록(그래서 움직이지 않도록)하기 위해 크기는 같고 방향이 반대인 힘 혹은 힘들의 조합으로 힘의 균형을 잡거나, (ii) 물체의 운동 상태를(크기 혹은 방향) 변화시키거나, (iii) 물체의 모양이나 상태를 변화시킬 수 있다. 힘의 단위는 뉴턴(N)이다.

힘의 비율(역비)$^{Force\ ratio}$: 단순 기계가 가해진 힘을 증가시키는 비율. 이것은 작용력(입력 힘)에 대한 하중(출력 힘)의 비율이다.

힘의 평행사변형$^{Parallelogram\ of\ vectors}$: 두 벡터양의 합을 계산하는 방법. 벡터들의 방향과 크기는 삼각법 혹은 눈금 그리기를 이용해 결정할 수 있다. 두 벡터는 평행사변형의 두 인접 변으로 나타내고, 합은 교점을 통과하는 대각선이다.

찾아보기 Index